公 式 表

一、基本微分公式

1. $dk = 0$
2. $d(cf) = c\,df$
3. $d(f \pm g) = df \pm dg$
4. $d(fg) = f\,dg + g\,df$
5. $d\left(\dfrac{f}{g}\right) = \dfrac{g\,df - f\,dg}{g^2}$
6. $d(f^n) = nf^{n-1}\,df$

二、連鎖律

若 $y = f(u)$ 與 $u = g(x)$，則 $\dfrac{d}{dx} f(g(x)) = f'(g(x))\,g'(x)$ 或 $\dfrac{dy}{dx} = \dfrac{dy}{du}\,\dfrac{du}{dx}$.

三、偏導數公式

若 $u = u(x, y)$，$v = v(x, y)$，則

1. $\dfrac{\partial}{\partial x}(u \pm v) = \dfrac{\partial u}{\partial x} \pm \dfrac{\partial v}{\partial x}$

    $\dfrac{\partial}{\partial y}(u \pm v) = \dfrac{\partial u}{\partial y} \pm \dfrac{\partial v}{\partial y}$

2. $\dfrac{\partial}{\partial x}(cu) = c\,\dfrac{\partial u}{\partial x}$

    $\dfrac{\partial}{\partial y}(cu) = u\,\dfrac{\partial u}{\partial y}$

3. $\dfrac{\partial}{\partial x}(uv) = u\,\dfrac{\partial v}{\partial x} + v\,\dfrac{\partial u}{\partial x}$

    $\dfrac{\partial}{\partial y}(uv) = u\,\dfrac{\partial v}{\partial y} + v\,\dfrac{\partial u}{\partial y}$

4. $\dfrac{\partial}{\partial x}\left(\dfrac{u}{v}\right) = \dfrac{v\,\dfrac{\partial u}{\partial x} - u\,\dfrac{\partial v}{\partial x}}{v^2}$

    $\dfrac{\partial}{\partial y}\left(\dfrac{u}{v}\right) = \dfrac{v\,\dfrac{\partial u}{\partial y} - u\,\dfrac{\partial v}{\partial y}}{v^2}$

5. $\dfrac{\partial}{\partial x}(u^r) = ru^{r-1}\,\dfrac{\partial u}{\partial x}$

    $\dfrac{\partial}{\partial y}(u^r) = ru^{r-1}\,\dfrac{\partial u}{\partial y}$

四、基本積分公式

1. $\displaystyle\int du = u + C$
2. $\displaystyle\int k\,du = ku + C$
3. $\displaystyle\int [f(u) \pm g(u)]\,du = \int f(u)\,du \pm \int g(u)\,du$
4. $\displaystyle\int u^n\,du = \dfrac{u^{n+1}}{n+1} + C,\ n \neq -1$
5. $\displaystyle\int \dfrac{du}{u} = \ln|u| + C$

含 $a + bu$ 的積分

6. $\displaystyle\int \dfrac{u\,du}{a + bu} = \dfrac{1}{b^2}[a + bu - a\ln|a + bu|] + C$
7. $\displaystyle\int \dfrac{du}{u(a + bu)} = \dfrac{1}{a} \ln\left|\dfrac{u}{a + bu}\right| + C$

令 $a^2 \pm u^2$ 的積分

8. $\displaystyle\int \dfrac{du}{a^2 + u^2} = \dfrac{1}{a} \tan^{-1} \dfrac{u}{a} + C$

9. $\int \dfrac{du}{a^2-u^2} = \dfrac{1}{2a} \ln \left| \dfrac{u+a}{u-a} \right| + C = \begin{cases} \dfrac{1}{a} \tanh^{-1} \dfrac{u}{a} + C, & \text{若 } |u|<a \\ \dfrac{1}{a} \coth^{-1} \dfrac{u}{a} + C, & \text{若 } |u|>a \end{cases}$

10. $\int \dfrac{du}{u^2-a^2} = \dfrac{1}{2a} \ln \left| \dfrac{u-a}{u+a} \right| + C = \begin{cases} -\dfrac{1}{a} \tanh^{-1} \dfrac{u}{a} + C, & \text{若 } |u|<a \\ -\dfrac{1}{a} \coth^{-1} \dfrac{u}{a} + C, & \text{若 } |u|>a \end{cases}$

含 $\sqrt{u^2 \pm a^2}$ 的積分

11. $\int \dfrac{du}{\sqrt{u^2 \pm a^2}} = \ln | u + \sqrt{u^2 \pm a^2} | + C$

12. $\int \dfrac{du}{u\sqrt{u^2+a^2}} = -\dfrac{1}{a} \ln \left| \dfrac{a+\sqrt{u^2+a^2}}{u} \right| + C$

13. $\int \dfrac{du}{u\sqrt{u^2-a^2}} = \dfrac{1}{a} \sec^{-1} \left| \dfrac{u}{a} \right| + C$

14. $\int \dfrac{\sqrt{u^2+a^2}}{u} \, du = \sqrt{u^2+a^2} - a \ln \left| \dfrac{a+\sqrt{u^2+a^2}}{u} \right| + C$

15. $\int \dfrac{\sqrt{u^2-a^2}}{u} \, du = \sqrt{u^2-a^2} - a \sec^{-1} \left| \dfrac{u}{a} \right| + C$

含 $\sqrt{a^2-u^2}$ 的積分

16. $\int \dfrac{du}{\sqrt{a^2-u^2}} = \sin^{-1} \dfrac{u}{a} + C$

17. $\int \sqrt{a^2-u^2} \, du = \dfrac{u}{2} \sqrt{a^2-u^2} + \dfrac{a^2}{2} \sin^{-1} \dfrac{u}{a} + C$

18. $\int \dfrac{du}{u\sqrt{a^2-u^2}} = -\dfrac{1}{a} \ln \left| \dfrac{a+\sqrt{a^2-u^2}}{u} \right| + C = -\dfrac{1}{a} \cosh^{-1} \dfrac{a}{u} + C$

19. $\int \dfrac{\sqrt{a^2-u^2}}{u} \, du = \sqrt{a^2-u^2} - a \ln \left| \dfrac{a+\sqrt{a^2-u^2}}{u} \right| + C$
$= \sqrt{a^2-u^2} - a \cosh^{-1} \dfrac{a}{u} + C$

含三角函數的積分

20. $\int \sin u \, du = -\cos u + C$
21. $\int \cos u \, du = \sin u + C$

22. $\int \tan u \, du = \ln |\sec u| + C$
23. $\int \cot u \, du = \ln |\sin u| + C$

24. $\int \sec u \, du = \ln |\sec u + \tan u| + C = \ln \left| \tan \left(\dfrac{1}{4}\pi + \dfrac{1}{2}u \right) \right| + C$

25. $\int \csc u \, du = \ln |\csc u - \cot u| + C = \ln \left| \tan \dfrac{1}{2}u \right| + C$

第 5 版

工程數學

莊紹容・楊精松・朱紫媛 編著

東華書局

國家圖書館出版品預行編目資料

工程數學 / 楊精松, 莊紹容, 朱紫媛編著. -- 五版. -- 臺北市：臺灣東華，2010.05

544 面；19x26 公分

ISBN 978-957-483-598-0（平裝）

1. 工程數學

440.11　　　　　　　　　　　　　99008554

工程數學

編 著 者	楊精松・莊紹容・朱紫媛
發 行 人	陳錦煌
出 版 者	臺灣東華書局股份有限公司
地　　址	臺北市重慶南路一段一四七號三樓
電　　話	(02) 2311-4027
傳　　真	(02) 2311-6615
劃撥帳號	00064813
網　　址	www.tunghua.com.tw
讀者服務	service@tunghua.com.tw
門　　市	臺北市重慶南路一段一四七號一樓
電　　話	(02) 2371-9320
出版日期	2010 年 5 月 5 版 2019 年 9 月 5 版 6 刷

ISBN　978-957-483-598-0

版權所有・翻印必究

編輯大意

一、本書乃依據民國 95 年莊紹容與楊精松所著之工程數學，經修訂並增加高階線性微分方程及向量分析部分所編輯而成．全書包含微分方程式與級數解、拉普拉斯變換、矩陣與線性方程組、向量分析、傅立葉級數與變換、線性微分方程組、偏微分方程式．全書對各項觀念的介紹簡單明瞭，使學習者在嚴謹的數學方法要求下，能培養出推理、解題及演算的能力．

二、本書適合作為電機系、電子系、資工系、機械系、化工系、環工系、土木工程系，欲學習工程數學者每週二小時一學年講授之用．由於增加向量分析的部分，該書對於機械系、土木工程系更加適用．

三、本書對於電子系或電機系在電路學及自動控制方面所需用到的指數矩陣 e^A 與 e^{At} 之求法，均有詳細的討論．

四、編者等對於工程數學皆有實際的教學經驗及心得，並深知學生在工程數學方面的需求，故在編排方面力求條理分明，循序漸進，並以豐富而具有代表性的例題或習題相配合，闡釋內容的重點，俾使學習者能觸類旁通，事半功倍．

五、本書將第 10 章偏微分方程式，連同本書習題解答置於東華書局網站，供讀者下載研讀以增加學習效果．

六、本書雖經編者精心編著，惟謬誤之處在所難免，尚祈學者先進大力斧正，以匡不逮．

七、本書得以順利出版，要感謝東華書局董事長卓劉慶弟女士的鼓勵與支持，並承蒙產品部全體同仁的鼎力相助，在此一併致謝．

編者　謹識

中華民國 98 年 7 月

目 錄

chapter 1　一階常微分方程式　1

1-1　引　言 1
1-2　何謂常微分方程式？ 1
1-3　微分方程式的產生 3
1-4　微分方程式的解 5
1-5　初期值問題，邊界值問題 12
1-6　變數分離法 23
1-7　齊次微分方程式 31
1-8　正合(恰當)微分方程式 36
1-9　積分因子 46
1-10　一階線性微分方程式 56
1-11　可化成線性的微分方程式 65
1-12　一階微分方程式的應用 75

chapter 2　高階線性微分方程式　101

2-1　基本理論 101
2-2　常係數齊次線性微分方程式 110
2-3　常係數非齊次線性微分方程式 117
2-4　反多項式算子 129
2-5　柯西-歐勒方程式 142
2-6　二階微分方程式的應用 147

chapter 3　微分方程式的級數解　169

- 3-1　冪級數 ... 169
- 3-2　正則奇異點 ... 175

chapter 4　拉普拉斯變換　187

- 4-1　拉普拉斯變換 ... 187
- 4-2　拉氏變換的基本性質 ... 199
- 4-3　部分分式法 ... 210
- 4-4　拉氏變換的微分與積分 ... 213
- 4-5　利用拉氏變換解微分方程式 ... 217
- 4-6　t-軸上的移位 ... 225
- 4-7　週期函數的變換 ... 234
- 4-8　褶積定理 ... 239
- 4-9　拉氏變換在工程上的應用 ... 244
- 4-10　拉氏變換表 ... 254

chapter 5　矩陣與線性方程組　257

- 5-1　矩陣的意義 ... 257
- 5-2　矩陣的運算 ... 262
- 5-3　逆方陣 ... 277
- 5-4　矩陣的基本列運算，簡約列梯陣 ... 282
- 5-5　線性方程組的解法 ... 293
- 5-6　行列式 ... 305
- 5-7　矩陣之特徵值與特徵向量 ... 324
- 5-8　相似矩陣與矩陣對角線化 ... 331
- 5-9　指數矩陣的計算 ... 336

chapter 6　向量分析　　341

- 6-1　三維空間向量 341
- 6-2　向量函數 361
- 6-3　曲　線 368
- 6-4　方向導數，梯度 378
- 6-5　散度，旋度 384
- 6-6　線積分 388
- 6-7　面積分 401
- 6-8　散度定理，史托克定理 409

chapter 7　傅立葉級數　　415

- 7-1　傅立葉級數 415
- 7-2　半幅展開式 426
- 7-3　傅立葉級數的應用 432

chapter 8　傅立葉變換　　439

- 8-1　傅立葉積分 439
- 8-2　複數傅立葉級數與積分 448
- 8-3　傅立葉變換 458
- 8-4　傅立葉變換表 484

chapter 9　線性微分方程組　　489

- 9-1　齊次線性微分方程組 489
- 9-2　齊次線性微分方程組的解法 497
- 9-3　非齊次微分方程組 517

chapter 10　偏微分方程式　529

- 10-1　引　言 529
- 10-2　基本概念與定義 529
- 10-3　拉格蘭吉方程式 534
- 10-4　二階常係數偏微分方程式 539
- 10-5　變數分離法 543
- 10-6　拉普拉斯變換法 562

習題解答　567

此部分的內容已置於東華書局網站（www.tunghua.com.tw），供讀者下載研讀．

chapter 1

一階常微分方程式

1-1　引　言

微分方程為數學之一分支，其應用範圍甚廣．因為在物理上、化學上，甚至於工程上，經常會碰見一些狀態，如質點的直線運動、落體運動、單分子反應、機械振動、電路問題等．當我們將這些狀態以數學之解析式表示時，往往會發現方程式中含有一未知函數與其導函數，而非一般的代數方程式，於是就產生了微分方程式的觀念了．

1-2　何謂常微分方程式？

定義 1-2-1

凡含有自變數之未知函數的導函數或微分的方程式稱為**常微分方程式**．

一些常微分方程式如下：

(1) $\dfrac{dy}{dx} + xy = y^2$

(2) $y'' + 2y' + 6y = \cos x$

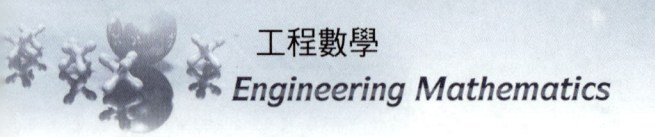

(3) $\left(\dfrac{d^3x}{dt^3}\right)^2 + \left(\dfrac{d^2x}{dt^2}\right)^5 + \dfrac{x}{t^2+1} = e^t$

(4) $xe^{x^2}\,dx + (y^5 - 1)\,dy = 0$

定義 1-2-2

常微分方程式的**階** (order) 是定義為方程式中所出現最高階導函數之階數．

上例中 (1) 及 (4) 式為一階常微分方程式，(2) 式為二階常微分方程式，(3) 式為三階常微分方程式．微分方程式的**次** (degree) 係以該方程式中最高階導函數的次方為基準．上例中，(1)、(2) 及 (4) 式皆為一次，(3) 式則為二次．

定義 1-2-3

一 n 階常微分方程式形如

$$F(x, y, y', y'', \cdots, y^{(n)}) = 0.$$

例如，一階微分方程式 $y' = f(x, y)$ 可以寫成

$$F(x, y, y') = 0$$

此處 $\qquad F(x, y, y') = y' - f(x, y)$

二階微分方程式 $y'' + a(x)y' + b(x)y = f(x)$ 可以寫成

$$F(x, y, y', y'') = y'' + a(x)y' + b(x)y - f(x) = 0.$$

形如 $a_0(x)y^{(n)} + a_1(x)y^{(n-1)} + \cdots + a_{n-1}(x)y' + a_n(x)y = R(x)$ 的微分方程式稱為**線性微分方程式** (linear differential equation)，如 (2) 式；否則，稱為**非線性微分方程式** (nonlinear differential equation)，如 (3) 式．若 $R(x) = 0$，則稱為**齊次微分方程式**；若 $R(x) \neq 0$，則稱為**非齊次微分方程式**．

例如，$3t^2 \dfrac{d^3y}{dt^3} - (\sin t)\dfrac{d^2y}{dt^2} - (\cos t)y = 0$ 為三階一次線性齊次微分方程

式．又如，$\dfrac{d^2y}{dx^2}+\dfrac{dy}{dx}+\cos y=0$ 為二階一次非線性齊次微分方程式．

1-3　微分方程式的產生

一、消去方程式中的任意常數產生微分方程式

微分方程式可由**原函數** (primitive) 利用微分而消去其中的常數而產生．若想由原函數中消去一個任意常數，僅需做一次微分．欲消去兩個任意常數，則需做二次微分．當然，欲消去原函數中的任意 n 個常數，需做 n 次微分．因此，原函數中的任意常數個數應與所產生的微分方程式的階數相等．

【例題 1】假設 a 為任意常數，試從 $(x-a)^2+y^2=a^2$ 中導出一最低階的微分方程式．

解　將原方程式對 x 微分，得

$$2(x-a)+2yy'=0$$

解得 $a=x+yy'$，再代入原方程式，則

$$(yy')^2+y^2=(x+yy')^2$$
$$\Rightarrow y^2y'^2+y^2=x^2+2xyy'+y^2y'^2$$
$$\Rightarrow (x^2-y^2)+2xy\dfrac{dy}{dx}=0$$
$$\Rightarrow (x^2-y^2)\,dx+2xy\,dy=0.$$

【例題 2】假設 a、b 與 c 皆為任意常數，試從方程式 $y=ae^{2x}+be^x+c$ 中導出一最低階的微分方程式．

解　連續微分，得

$$\begin{cases} y=ae^{2x}+be^x+c \\ y'=2ae^{2x}+be^x \\ y''=4ae^{2x}+be^x \\ y'''=8ae^{2x}+be^x \end{cases}$$

利用行列式法可以消去 a、b、c，而產生微分方程式如下：

$$\begin{vmatrix} e^{2x} & e^x & 1 & y \\ 2e^{2x} & e^x & 0 & y' \\ 4e^{2x} & e^x & 0 & y'' \\ 8e^{2x} & e^x & 0 & y''' \end{vmatrix} = 0 \text{ 或 } \begin{vmatrix} 1 & 1 & 1 & y \\ 2 & 1 & 0 & y' \\ 4 & 1 & 0 & y'' \\ 8 & 1 & 0 & y''' \end{vmatrix} = 0$$

即 $\begin{vmatrix} 1 & 1 & y' \\ 2 & 1 & y'' \\ 4 & 1 & y''' \end{vmatrix} = 0$ 或 $y''' + 2y' + 4y'' - 4y' - y'' - 2y''' = 0$,

即 $y''' - 3y'' + 2y' = 0.$

二、解析式產生微分方程式

【例題 3】設通過曲線 C 上任意點 $P(x, y)$ 的切線垂直於該點的動徑，試以解析式表示之.

解 通過此曲線上任意點切線的斜率為

$$m_1 = \tan \tau = \frac{dy}{dx}$$

而同一點動徑的斜率為

$$m_2 = \tan \theta = \frac{y}{x}$$

由於二直線互相垂直，故其斜率互為負倒數，即

$$m_1 = -\frac{1}{m_2}$$

可得 $\dfrac{dy}{dx} = -\dfrac{x}{y}$ 或 $\dfrac{dy}{dx} + \dfrac{x}{y} = 0$

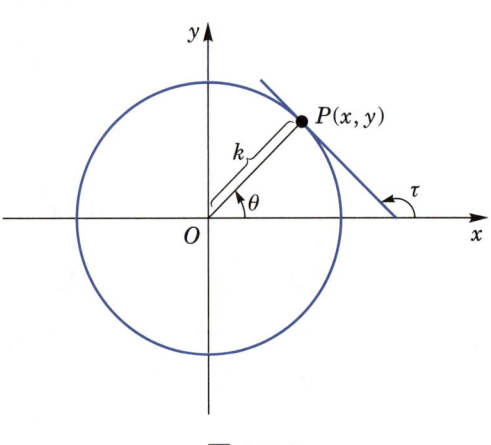

圖 **1-3-1**

此一階微分方程式為曲線 C 的解析式，以後我們學得此微分方程式的解法後，可得其解為

$$x^2 + y^2 = k^2$$

其乃一個以原點為圓心且半徑為 k 的圓 (見圖 1-3-1).

第 1 章　一階常微分方程式

【例題 4】長度為 l 的單擺與垂直線的交角為 θ (如圖 1-3-2 所示)，當其擺動時，運動方程式 (忽略空氣阻力及摩擦) 可表示為以時間 t 當作自變數的二階微分方程式

$$\frac{d^2\theta}{dt^2} = -\frac{g}{l}\sin\theta$$

其中 g 為重力加速度.

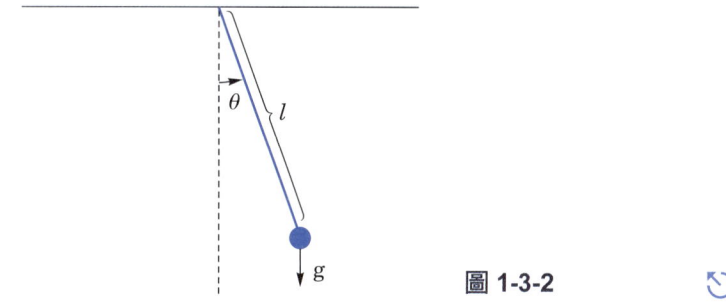

圖 1-3-2

【例題 5】設質量為 m 的物體受外力 F 作用沿著一直線運動，其在時間 t 的位置為 x (如圖 1-3-3 所示)，則依牛頓第二運動定律可寫出此物體運動的方程式為

$$m\frac{d^2x}{dt^2} = F(x)$$

此為未知函數 x 的二階微分方程式.

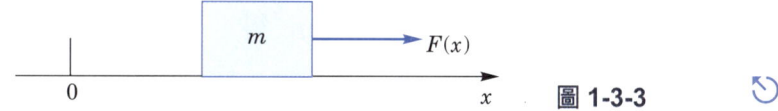

圖 1-3-3

1-4　微分方程式的解

定義 1-4-1

一 n 階微分方程式在區間 (a, b) 的解為在區間 (a, b) 滿足該微分方程式之一 n 次可微分函數.

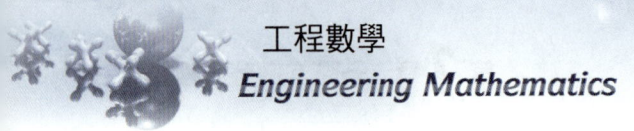

定義 1-4-2

一 n 階微分方程式 $F(x, y, y', y'', \cdots, y^{(n)})=0$ 之**顯函數解**為一定義在某區間 I 中並滿足

$$F(x, \phi(x), \phi'(x), \phi''(x), \cdots, \phi^{(n)}(x))=0, \ \forall \ x \in I$$

之 n 次可微分函數 $\phi(x)$.

【例題 1】試證 $\phi(x)=x^2-1$ 為微分方程式

$$x\frac{dy}{dx}=2y+2$$

在區間 $-\infty<x<\infty$ 之顯函數解.

解 $\phi(x)=x^2-1$ 之導函數為 $\phi'(x)=2x$, $\phi(x)$ 與 $\phi'(x)$ 在 $-\infty<x<\infty$ 皆有定義. 其次, 在微分方程式中以 $\phi(x)$ 取代 y, 以 $\phi'(x)$ 取代 $\frac{dy}{dx}$, 得

$$x\frac{dy}{dx}-2y-2=x(2x)-2(x^2-1)-2=2x^2-2x^2+2-2=0$$

所以 $\phi(x)$ 滿足原微分方程式, 故證得 $\phi(x)=x^2-1$ 為微分方程式在區間 $-\infty<x<\infty$ 之顯函數解.

【例題 2】試證: 函數 $y(x)=2x^{1/2}-x^{1/2}\ln x$ 為微分方程式 $4x^2y''+y=0$ 在區間 $(0, \infty)$ 的顯函數解.

解 我們首先求 $y'(x)$ 與 $y''(x)$, 得

$$y'(x)=-\frac{1}{2}x^{-1/2}\ln x, \ y''(x)=\frac{1}{4}x^{-3/2}\ln x-\frac{1}{2}x^{-3/2}$$

將 $y'(x)$ 與 $y''(x)$ 代入原微分方程式, 得

$$4x^2y''+y=4x^2\left(\frac{1}{4}x^{-3/2}\ln x-\frac{1}{2}x^{-3/2}\right)+2x^{1/2}-x^{1/2}\ln x=0$$

故 $\forall \ x>0, y(x)=2x^{1/2}-x^{1/2}\ln x$ 滿足微分方程式 $4x^2y''+y=0$.

【例題 3】試證 $y = \ln x$ 為微分方程式 $x\dfrac{d^2y}{dx^2} + \dfrac{dy}{dx} = 0$ 在區間 $(0, \infty)$ 之顯函數解，但在區間 $(-\infty, \infty)$ 則不為其解．

解 因 $y = \ln x$ 的定義域為 $(0, \infty)$，故

$$\frac{dy}{dx} = \frac{1}{x}, \ \frac{d^2y}{dx^2} = -\frac{1}{x^2}$$

代入已知方程式等號的左端，可得

$$x\frac{d^2y}{dx^2} + \frac{dy}{dx} = x\left(-\frac{1}{x^2}\right) + \frac{1}{x} = 0$$

因函數 $y = \ln x$ 滿足微分方程式，故其為微分方程式在區間 $(0, \infty)$ 的顯函數解．又因對數函數在區間 $(-\infty, \infty)$ 無定義，故 $y = \ln x$ 在區間 $(-\infty, \infty)$ 並非微分方程式的解．

定義 1-4-3

已知一 n 階微分方程式，若一方程式 $\phi(x, y) = 0$ 對 x 隱微分 (往往視微分方程式所含導函數之階數而定) 並代入該微分方程式而能滿足該微分方程式，則稱 $\phi(x, y) = 0$ 為已知微分方程式的**隱函數解**．

【例題 4】試證方程式 $xy - \ln|y| - x^2 = 0$ 為微分方程式

$$\frac{dy}{dx} = \frac{2xy - y^2}{xy - 1}$$

之隱函數解．

解 將方程式 $xy - \ln|y| - x^2 = 0$ 對 x 隱微分，得

$$\frac{d}{dx}(xy - \ln|y| - x^2) = \frac{d}{dx}(0)$$

得

$$x\frac{dy}{dx} + y - \frac{1}{y}\frac{dy}{dx} - 2x = 0$$

故

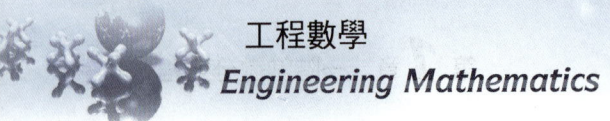

$$\left(x - \frac{1}{y}\right)\frac{dy}{dx} = 2x - y$$

$$\frac{xy-1}{y}\frac{dy}{dx} = 2x - y$$

$$\frac{dy}{dx} = \frac{y(2x-y)}{xy-1} = \frac{2xy-y^2}{xy-1}$$

此恰為原微分方程式，故 $xy - \ln|y| - x^2 = 0$ 為微分方程式之**隱函數解**.

由以上的討論，得知微分方程式的解可用**顯函數解** $y = \phi(x)$ 或**隱函數解** $\phi(x, y) = 0$ 來表示，它們皆是微分方程式的解．一般而言，常微分方程式的解所含任意常數的數目等於該微分方程式的階數．n 階常微分方程式的解若包含 n 個任意常數，則稱為該微分方程式的**通解** (general solution)．若由通解中指定任意常數的值，則所得的解稱為微分方程式的**特解** (particular solution)．一階常微分方程式的通解可以寫成

$$y = f(x, c) \quad 或 \quad F(x, y, c) = 0 \qquad (1\text{-}4\text{-}1)$$

c 為任意常數，凡是自通解中求特解，需另外再加一個條件，例如

$$y(x_0) = y_0 \qquad (1\text{-}4\text{-}2)$$

式中 x_0 與 y_0 為已知值，(1-4-2) 式表示當 $x = x_0$ 時，$y = y_0$．利用 (1-4-2) 式，可由 (1-4-1) 式中求得 c 的值，故 (1-4-2) 式稱為**初期條件** (initial condition)．有時，微分方程式的解除通解及特解之外，另外存在一種解，而此種解不能從通解中利用初期條件來確定，這樣的解稱為微分方程式的**奇異解** (singular solution).

我們從上面的討論可知，常微分方程式的特解是一函數，它的圖形稱為**積分曲線**，而通解稱為**積分曲線族**.

【例題 5】微分方程式 $\dfrac{dy}{dx} = x - y$ 在區間 $(-\infty, \infty)$ 具有一通解 $y = x - 1 + c_0 e^{-x}$. 試就 $c_0 = -1$, $c_0 = 0$, $c_0 = 0.5$, $c_0 = 1.0$, $c_0 = 2.0$ 決定其特解，並繪出積分曲線．

解 將每一個 c_0 值代入通解 $y = x - 1 + c_0 e^{-x}$，則求得微分方程式之特解.
例如，

$$c_0 = 2, \text{ 得 } y = x - 1 + 2e^{-x}$$
$$c_0 = 0.5, \text{ 得 } y = x - 1 + 0.5e^{-x}$$
$$c_0 = 0, \text{ 得 } y = x - 1$$

這些積分曲線如圖 1-4-1 所示.

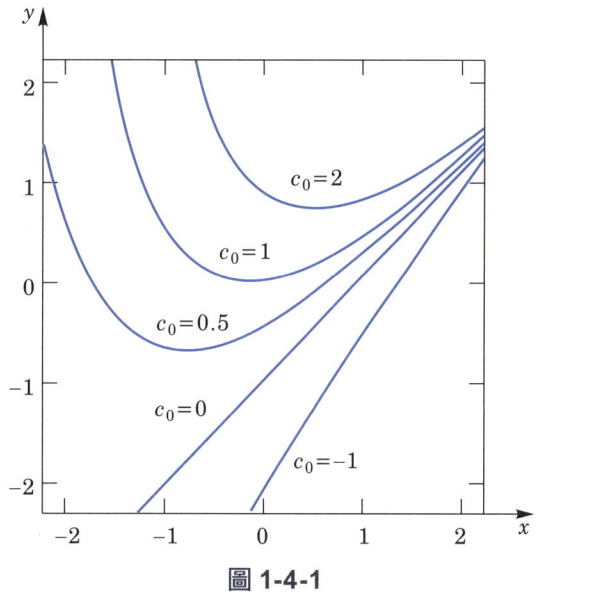

圖 **1-4-1**

【例題 6】試證 $y = t \ln t + ct$ 為微分方程式 $\dfrac{ty' - y}{t^2} = \dfrac{1}{t}$ 在區間 $(0, \infty)$ 之通解.

解 因

$$\frac{ty' - y}{t^2} = \frac{d}{dt}\left(\frac{y}{t}\right)$$

$$\frac{d}{dt}\left(\frac{y}{t}\right) = \frac{d}{dt}\left(\frac{t \ln t + ct}{t}\right) = \frac{d}{dt}(\ln t + c) = \frac{1}{t}$$

故

$$\frac{ty' - y}{t^2} = \frac{1}{t}$$

所以，$y = t \ln t + ct$ 為微分方程式 $\dfrac{ty' - y}{t^2} = \dfrac{1}{t}$ 在區間 $(0, \infty)$ 之通解.

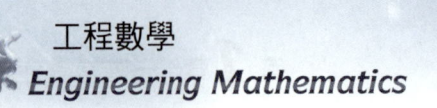

【例題 7】試證明微分方程式 $\dfrac{dy}{dx}=(y-x)^2+1$ 具有下列的解：

$$\text{通　解：} y=x-\dfrac{1}{x+c_0}$$
$$\text{奇異解：} y=x$$

解 微分 $y=x-\dfrac{1}{x+c_0}$，得

$$\dfrac{dy}{dx}=\dfrac{d}{dx}\left(x-\dfrac{1}{x+c_0}\right)=1-\dfrac{d}{dx}(x+c_0)^{-1}=1+\dfrac{1}{(x+c_0)^2}$$

代入 $\dfrac{dy}{dx}=(y-x)^2+1$，則

$$\dfrac{dy}{dx}-(y-x)^2-1=1+\dfrac{1}{(x+c_0)^2}-\left(x-\dfrac{1}{x+c_0}-x\right)^2-1$$
$$=1+\dfrac{1}{(x+c_0)^2}-\dfrac{1}{(x+c_0)^2}-1=0$$

故 $y=x-\dfrac{1}{x+c_0}$ 為微分方程式之通解.

又特解 $y=x$ 無法由通解 $y=x-(x+c_0)^{-1}$ 中指定適當之 c_0 值而求得，故 $y=x$ 為微分方程式之奇異解.

【例題 8】若 c_1 與 c_2 為任意常數，試證 $y=c_1\sin 2x+c_2\cos 2x$ 為微分方程式 $\dfrac{d^2y}{dx^2}+4y=0$ 的解.

解 因 $y=c_1\sin 2x+c_2\cos 2x$，故

$$\dfrac{dy}{dx}=2c_1\cos 2x-2c_2\sin 2x$$
$$\dfrac{d^2y}{dx^2}=-4c_1\sin 2x-4c_2\cos 2x$$

代入微分方程式等號的左端，可得

$$\frac{d^2y}{dx^2}+4y=(-4c_1\sin 2x-4c_2\cos 2x)+4(c_1\sin 2x+c_2\cos 2x)$$
$$=0$$

因此，$y=c_1\sin 2x+c_2\cos 2x$ 滿足已知微分方程式，故為其解．

【例題 9】 求函數 $y=cx+c^2$，$y=x+1$ 及 $y=-\dfrac{x^2}{4}$ 與微分方程式 $\left(\dfrac{dy}{dx}\right)^2+x\dfrac{dy}{dx}-y=0$ 的關係．

解 (i) 對 $y=cx+c^2$ 微分，可得 $\left(\dfrac{dy}{dx}\right)=c$，代入已知微分方程式的左端，則

$$\left(\frac{dy}{dx}\right)^2+x\frac{dy}{dx}-y=c^2+cx-(cx+c^2)=0$$

於是，$y=cx+c^2$ 滿足原微分方程式，且 c 為任意常數，故 $y=cx+c^2$ 為微分方程式的通解．

(ii) 對 $y=x+1$ 微分，可得 $\dfrac{dy}{dx}=1$，代入原微分方程式等號的左端，則 $y=x+1$ 能滿足原微分方程式，故知 $y=x+1$ 為微分方程式之一解，但此解可由通解 $y=cx+c^2$ 中指定 $c=1$ 而得，因而 $y=x+1$ 為微分方程式之一特解．

(iii) 對 $y=-\dfrac{x^2}{4}$ 微分，可得 $\dfrac{dy}{dx}=-\dfrac{x}{2}$，代入原微分方程式等號的左邊，則

$$\left(\frac{dy}{dx}\right)^2+x\frac{dy}{dx}-y=\left(-\frac{x}{2}\right)^2+x\left(-\frac{x}{2}\right)-\left(-\frac{x^2}{4}\right)$$
$$=\frac{x^2}{4}-\frac{x^2}{2}+\frac{x^2}{4}=0$$

於是，$y=-\dfrac{x^2}{4}$ 滿足原微分方程式，故為微分方程式的解，但此解因不含任意常數，且不能由其通解中指定一個 c 值而求得，故為微分方程式的奇異解．

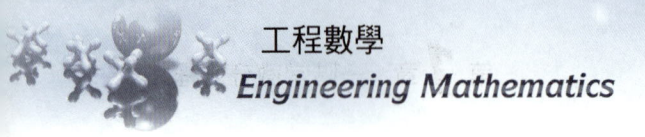

1-5 初期值問題，邊界值問題

一、初期值問題

在上一節中，我們已討論過什麼叫做微分方程式的初期條件．現在我們想再來研究一下，什麼叫做**初期值問題** (initial-value problem)．

首先，我們考慮一階微分方程式

$$\frac{dy}{dx} = f(x, y) \tag{1-5-1}$$

(1-5-1) 式中函數 $f(x, y)$ 在 xy- 坐標平面上某一定義域 R 中連續；且 (x_0, y_0) 為 R 中之一定點，所謂 (1-5-1) 式的初期值問題，即在求 (1-5-1) 式的解 $y = \phi(x)$，其定義於含 x_0 之某一區間中，且能滿足初期條件 $\phi(x_0) = y_0$．一般而言，初期值問題為一微分方程式附加一初期條件，可寫成下列的形式

$$\begin{cases} F(x, y, y') = 0 \\ y(x_0) = y_0 \end{cases} \tag{1-5-2}$$

但對於 n 階微分方程式

$$F(x, y, y', y'', ..., y^{(n)}) = 0 \tag{1-5-3}$$

因 (1-5-3) 式的通解應含 n 個任意常數，故初期值問題可寫成

$$\begin{cases} F(x, y, y', y'', ..., y^{(n)}) = 0 \\ y(x_0) = y_0 \\ y'(x_0) = y_1 \\ \quad \vdots \\ y^{(n-1)}(x_0) = y_{n-1} \end{cases} \tag{1-5-4}$$

此處 $y_0, y_1, y_2, \cdots, y_{n-1}$ 為給定常數．

【例題 1】試證 $y = 4e^{2x} + 2e^{-3x}$ 為初期值問題

$$\begin{cases} y'' + y' - 6y = 0 \\ y(0) = 6 \\ y'(0) = 2 \end{cases}$$

的解.

解 因 $y = 4e^{2x} + 2e^{-3x}$,故

$$y' = 8e^{2x} - 6e^{-3x}$$
$$y'' = 16e^{2x} + 18e^{-3x}$$

代入已知微分方程式的左邊,則

$$\frac{d^2y}{dx^2} + \frac{dy}{dx} - 6y = 16e^{2x} + 18e^{-3x} + 8e^{2x} - 6e^{-3x} - 24e^{2x} - 12e^{-3x} = 0$$

又 $y(0) = 4 + 2 = 6$,且 $y'(0) = 8 - 6 = 2$,因而 $y = 4e^{2x} + 2e^{-3x}$ 除可以滿足微分方程式之外,又可滿足初期條件,故為初期值問題的解.

【例題 2】 試證初期值問題

$$\begin{cases} \frac{dy}{dx} = xy^{1/3} \\ y(0) = 0 \end{cases}$$

在區間 $(-\infty, \infty)$ 至少具有二個解:$y = 0$ 與 $y = \frac{1}{3\sqrt{3}}x^3$.

解 零函數 $y = 0$ 顯然為微分方程式之解,對於函數 $y = \frac{1}{3\sqrt{3}}x^3$,我們得知,

$$y' = 3\frac{1}{3\sqrt{3}}x^2 = \frac{1}{\sqrt{3}}x^2 = x\left(\frac{x}{\sqrt{3}}\right) = xy^{1/3}$$

因為

$$y^{1/3} = \left(\frac{1}{3\sqrt{3}}x^3\right)^{1/3} = \left(\frac{x^3}{3\sqrt{3}}\right)^{1/3} = \frac{x}{(3^{3/2})^{1/3}} = \frac{x}{\sqrt{3}}$$

又 $x = 0$,可得 $y = 0$,故 $y = \frac{1}{3\sqrt{3}}x^3$ 為初期值問題之解.

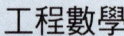
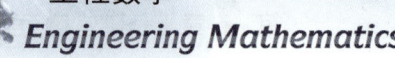

【例題 3】 試決定 c_1 與 c_2，使得 $y=c_1\sin 2x+c_2\cos 2x+1$ 滿足初期條件 $y\left(\dfrac{\pi}{8}\right)=0$ 與 $y'\left(\dfrac{\pi}{8}\right)=\sqrt{2}$.

解 由 $y=c_1\sin 2x+c_2\cos 2x+1$，可得

$$y'=2c_1\cos 2x-2c_2\sin 2x$$

將初期條件代入上面二式中，可得

$$y\left(\dfrac{\pi}{8}\right)=c_1\sin\dfrac{\pi}{4}+c_2\cos\dfrac{\pi}{4}+1$$

$$=\dfrac{\sqrt{2}}{2}c_1+\dfrac{\sqrt{2}}{2}c_2+1=0$$

即 $\qquad c_1+c_2=-\sqrt{2}$ ....①

又 $\qquad y'\left(\dfrac{\pi}{8}\right)=2c_1\cos\dfrac{\pi}{4}-2c_2\sin\dfrac{\pi}{4}$

$$=2c_1\left(\dfrac{\sqrt{2}}{2}\right)-2c_2\left(\dfrac{\sqrt{2}}{2}\right)$$

$$=\sqrt{2}c_1-\sqrt{2}c_2=\sqrt{2}$$

即 $\qquad c_1-c_2=1$ ....②

①與②聯立，解得

$$c_1=-\dfrac{1}{2}(\sqrt{2}-1),\ c_2=-\dfrac{1}{2}(\sqrt{2}+1).$$

【例題 4】 已知 $y=c_1+c_2\cos x+c_3\sin x$ 為微分方程式 $y'''+y'=0$ 的通解，求滿足下列初期條件

$$y(\pi)=0,\ y'(\pi)=2,\ y''(\pi)=-1$$

的特解.

解 由 $y=c_1+c_2\cos x+c_3\sin x$，可得

$$y' = -c_2 \sin x + c_3 \cos x$$
$$y'' = -c_2 \cos x - c_3 \sin x$$

將初期條件代入，可得

$$y(\pi) = c_1 - c_2 = 0$$
$$y'(\pi) = -c_3 = 2$$
$$y''(\pi) = c_2 = -1$$

解聯立方程式
$$\begin{cases} c_1 - c_2 = 0 \\ -c_3 = 2 \\ c_2 = -1 \end{cases}$$

得到

$$c_1 = -1,\ c_2 = -1,\ c_3 = -2$$

故微分方程式的特解為 $y = -1 - \cos x - 2\sin x$.

【例題 5】 試證 $y = 2(\sqrt{t} - 1) + ce^{-\sqrt{t}}$ 為微分方程式 $y' + \dfrac{y}{2\sqrt{t}} = 1$ 之通解. 並求下列初期值問題之解.

$$\begin{cases} y' + \dfrac{y}{2\sqrt{t}} = 1 \\ y(1) = 0 \end{cases}$$

解 (1) $y' = 2\dfrac{d}{dt}(\sqrt{t} - 1) + c\dfrac{d}{dt}e^{-\sqrt{t}} = 2\dfrac{1}{2\sqrt{t}} + ce^{-\sqrt{t}}\dfrac{d}{dt}(-\sqrt{t})$

$$= \dfrac{1}{\sqrt{t}} - \dfrac{ce^{-\sqrt{t}}}{2\sqrt{t}}$$

所以，

$$y' + \dfrac{y}{2\sqrt{t}} = \dfrac{1}{\sqrt{t}} - \dfrac{ce^{-\sqrt{t}}}{2\sqrt{t}} + \dfrac{2(\sqrt{t}-1) + ce^{-\sqrt{t}}}{2\sqrt{t}}$$

$$= \dfrac{1}{\sqrt{t}} - \dfrac{ce^{-\sqrt{t}}}{2\sqrt{t}} + 1 - \dfrac{1}{\sqrt{t}} + \dfrac{ce^{-\sqrt{t}}}{2\sqrt{t}} = 1$$

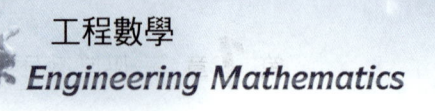

故 $y = 2(\sqrt{t}-1) + ce^{-\sqrt{t}}$ 為微分方程式 $y' + \dfrac{y}{2\sqrt{t}} = 1$ 之通解.

(2) 以 $t=1$, $y=0$ 代入通解 $y = 2(\sqrt{t}-1) + ce^{-\sqrt{t}}$ 中,
得 $\qquad 0 = 2(\sqrt{1}-1) + ce^{-1}$
則 $\qquad c = 0$
故初期值問題之解為 $y = 2(\sqrt{t}-1)$.

二、邊界值問題

對以上所討論的初期值問題，讀者應注意到，我們所附加的初期條件對 x 而言，僅有一個值；但對一個二階的微分方程式，如果所附加上去的條件牽連到二個不等的 x 值時 (稱為**邊界條件**)，下列的形式

$$\begin{cases} F(x, y, y', y'') = 0 \\ y(x_0) = y_0 \\ y(x_1) = y_1 \end{cases} \tag{1-5-5}$$

則稱為二點的**邊界值問題** (boundary-value problem).

【例題 6】解邊界值問題

$$\begin{cases} y'' = 1 \\ y(0) = 1 \\ y(2) = 4 \end{cases}$$

解 將 $y'' = 1$ 連續積分二次，可得微分方程式的通解為

$$y = \dfrac{1}{2}x^2 + c_1 x + c_2$$

利用邊界條件 $y(0) = 1$，求得 $c_2 = 1$；再利用第二個條件 $y(2) = 4$，求得

$$4 = \dfrac{1}{2}(2)^2 + 2c_1 + 1, \; c_1 = \dfrac{1}{2}$$

故邊界值問題的解為

$$y = \dfrac{1}{2}x^2 + \dfrac{1}{2}x + 1$$

【例題 7】若微分方程式的通解為 $y(x)=c_1\cos 4x+c_2\sin 4x$ 且邊界值問題為

$$\begin{cases} y''+16y=0 \\ y(0)=0 \\ y\left(\dfrac{\pi}{2}\right)=1 \end{cases}$$

試問該邊界值問題是否有解？

解 因 $y(0)=0$, $y\left(\dfrac{\pi}{2}\right)=1$，故 $\begin{cases} c_1+0=0 \\ c_1+0=1 \end{cases}$

此為矛盾方程組，故無解．

三、微分方程式解的存在性與唯一性

對於一個初期值問題，所應注意的是，此初期值問題是否有解？如果有解，其解是否為唯一．下面的定理是說明一階微分方程式

$$\begin{cases} \dfrac{dy}{dx}=f(x,y) \\ y(x_0)=y_0 \end{cases} \tag{1-5-6}$$

的解存在且為唯一的條件．

定理 1-5-1

假設 R 為 xy-平面上含定點 (x_0, y_0) 之一矩形區域，且 $f(x, y)$ 與偏導函數 $\partial f/\partial y$ 在 R 中皆為連續，則存在唯一函數 $y=f(x)$，其定義於某一區間 $[x_0-h, x_0+h]$ $(h>0)$，且滿足一階微分方程式 (1-5-6) 式．

此定理的證明因超出本書的範圍，故從略．但讀者應特別注意此定理所敘述的條件為**充分條件**而非**必要條件**．當 $f(x, y)$ 與 $\partial f/\partial y$ 在區域 R 中為連續，(1-5-6) 式恆存在唯一解且其積分曲線必過 R 中的定點 (x_0, y_0)．然而，如果定理中所敘述的條件不成立時，則初期值問題可能無解，也可能多於一個解，或者僅有一解．

【例題 8】如圖 1-5-1 所示，初期值問題

$$\begin{cases} \dfrac{dy}{dx} = xy^{1/2} \\ y(0) = 0 \end{cases}$$

具有二個解，其積分曲線分別為 $y=0$ 與 $y=\dfrac{x^4}{16}$，它們皆通過點 $(0, 0)$，但讀者應注意 $f(x, y) = xy^{1/2}$ 與 $\dfrac{\partial f}{\partial y} = \dfrac{x}{2\sqrt{y}}$ 在點 $(0, 0)$ 的近旁皆不連續．

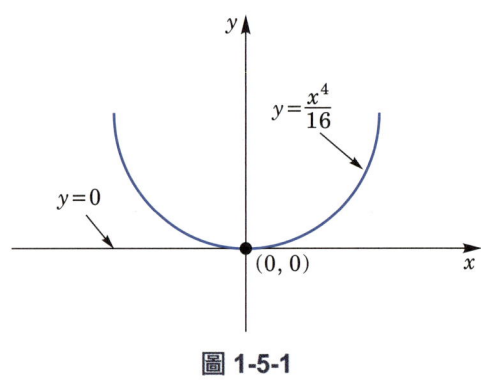

圖 1-5-1

【例題 9】對初期值問題

$$\begin{cases} \dfrac{dy}{dx} = xy^{1/3} \\ y(0) = 0 \end{cases}$$

我們得知 $\dfrac{\partial f}{\partial y} = \dfrac{\partial}{\partial y}(xy^{1/3}) = \dfrac{1}{3}xy^{-2/3} = \dfrac{x}{3y^{2/3}}$ 在初期點 $(0, 0)$ 無定義 (因為 $\dfrac{\partial f}{\partial y}$ 在 $(0, 0)$ 不連續)，故不能引用定理 1-5-1，但我們已在本節例題 2 中，證得 $y=0$ 與 $y=\dfrac{1}{3\sqrt{3}}x^3$ 皆為初期值問題的解．

【例題 10】對初期值問題

$$\begin{cases} \dfrac{dy}{dx} = xy^{1/2} \\ y(0) = 1 \end{cases}$$

因 $f(x, y) = xy^{1/2}$ 與 $\dfrac{\partial f}{\partial y} = \dfrac{x}{2\sqrt{y}}$ 在 $y > 0$ 所決定之半平面上皆為連續，故引用定理 1-5-1 可知，必存在唯一解，其定義在區間 $[-h, h](h > 0)$，且滿足微分方程式，而積分曲線通過點 $(0, 1)$.

【例題 11】函數 $y = 3e^x$ 為初期值問題

$$\begin{cases} y' - y = 0 \\ y(0) = 3 \end{cases}$$

的唯一解，因 $f(x, y) = y$ 與 $\dfrac{\partial f}{\partial y}$ 在整個 xy- 平面上為連續.

【例題 12】函數 $y = cx^4$ 滿足初期值問題

$$\begin{cases} xy' = 4y \\ y(0) = 0 \end{cases}$$

再者，如果我們任意選擇參數 c 的值，其積分曲線必過點 $(0, 0)$. 但是函數

$$y = \begin{cases} c_1 x^4, & x < 0 \\ c_2 x^4, & x \geq 0 \end{cases}$$

亦為初期值問題的解，如圖 1-5-2 所示. 對此微分方程式，$f(x, y) = \dfrac{4y}{x}$ 與 $\dfrac{\partial f}{\partial y} = \dfrac{4}{x}$ 僅在 $x > 0$ 或 $x < 0$ 所決定的區域中為連續.

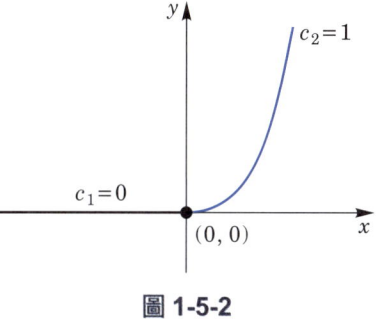

圖 1-5-2

【例題 13】若微分方程式的通解為 $y = c_1 \cos 4x + c_2 \sin 4x$，且邊界值問題為

$$\begin{cases} y'' + 16y = 0 \\ y(0) = 0 \\ y\left(\dfrac{\pi}{2}\right) = 0 \end{cases}$$

則其解是否為唯一？

解 首先由第一個條件得知 $c_1=0$，因而

$$y=c_2 \sin 4x$$

但是當 $x=\dfrac{\pi}{2}$ 時，我們又求得

$$0=c_2 \sin 2\pi$$

由於 $\sin 2\pi=0$，所以第二個條件 $y\left(\dfrac{\pi}{2}\right)=0$ 對任意選擇 c_2 的值皆可滿足，因而邊界值問題的解為曲線族 $y=c_2 \sin 4x$，如圖 1-5-3 所示，因有無限多個函數可滿足微分方程式且其圖形皆通過二點 $(0, 0)$ 與 $\left(\dfrac{\pi}{2}, 0\right)$，故此邊界值問題沒有唯一解.

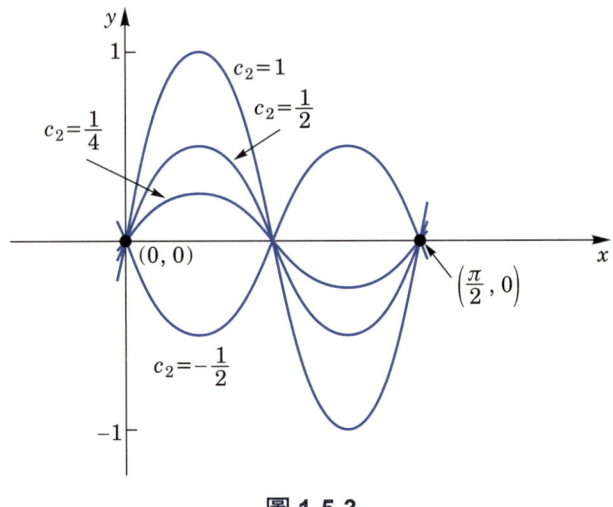

圖 1-5-3

【**例題 14**】對某些常數 m，函數 $y=x^m$ 為微分方程式 $x^2y''-7xy'+15y=0$ 的解，試決定 m 的值.

解 因 $y=x^m$，則

$$y'=mx^{m-1},\ y''=m(m-1)x^{m-2}$$

故
$$x^2y''-7xy'+15y=x^2m(m-1)x^{m-2}-7x\,mx^{m-1}+15x^m$$
$$=m(m-1)x^m-7mx^m+15x^m$$

$$= x^m[m(m-1) - 7m + 15]$$
$$= 0$$

所以，
$$m(m-1) - 7m + 15 = 0$$
$$m^2 - 8m + 15 = 0$$
$$(m-5)(m-3) = 0$$

解得 $m = 5$ 或 $m = 3$.

 習題 1-1

1. 就下列微分方程式，決定 (a) 階數，(b) 次數，(c) 線性，(d) 非線性.

   (1) $y''' - 5xy' = e^x + 1$

   (2) $t\dfrac{d^2y}{dt^2} + t^2\dfrac{dy}{dt} - (\sin t)\sqrt{y} = t^2 - t + 1$

   (3) $y\dfrac{d^2x}{dy^2} = y^2 + 1$

   (4) $y^{(4)} + xy''' + x^2 y'' - xy' + \sin y = 0$

   (5) $(y'')^3 + y = x$

   (6) $y^{(4)} + 3(\cos x)y''' + y' = 0$

2. 求下列原函數之相關的微分方程式.

   (1) $y = c_1 \sin x + c_2 \cos x + x^2$ (2) $y = a \cos x$

   (3) $y = c_1 x^2 + c_2 x^3$ (4) $y = c_1 e^x + c_2 e^{-x}$

   (5) $y = ae^{-x} + be^{2x}$ (6) $y = ax^2 + bx + c$

3. 試證下列左邊各函數為右邊微分方程式的解.

   (1) $y = c_1 e^x + c_2 e^{2x}$, $\dfrac{d^2y}{dx^2} - 3\dfrac{dy}{dx} + 2y = 0$

   (2) $y = c_1 x^2 + 2x + c_2$, $\dfrac{d^2y}{dx^2} - \dfrac{1}{x}\dfrac{dy}{dx} + \dfrac{2}{x} = 0$

   (3) $y = c_1 \cos(2x + c_2)$, $\dfrac{d^2y}{dx^2} + 4y = 0$

   (4) $\dfrac{1}{y^2} = ce^{x^2} + x^2 + 1$, $\dfrac{dy}{dx} + xy = x^3 y^3$

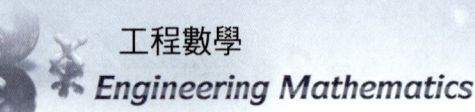

(5) $y = c_1 \sin x + c_2 x$, $(1 - x \cot x)\dfrac{d^2 y}{dx^2} - x\dfrac{dy}{dx} + y = 0$

4. 試證：$y = \int_1^x \dfrac{1}{t} dt + y_0 \ (x > 0)$ 為微分方程式 $\dfrac{dy}{dx} = \dfrac{1}{x}$ 之顯函數解.

5. 試證：$x^3 + 3xy^2 = 1$ 為微分方程式 $2xy\dfrac{dy}{dx} + x^2 + y^2 = 0$ 在區間 (0, 1) 的隱函數解.

6. 對某些常數 m，函數 $f(x) = e^{mx}$ 為微分方程式 $\dfrac{d^3 y}{dx^3} - 3\dfrac{d^2 y}{dx^2} - 4\dfrac{dy}{dx} + 12y = 0$ 的解，試決定 m 的值.

7. 試證：函數 $f(x) = 3e^{2x} - 2xe^{2x} - \cos 2x$ 滿足微分方程式 $\dfrac{d^2 y}{dx^2} - 4\dfrac{dy}{dx} + 4y = -8\sin 2x$，其中初期條件為 $f(0) = 2$ 與 $f'(0) = 4$.

8. 已知微分方程式 $\dfrac{dy}{dx} + y = 2xe^{-x}$ 的通解可以寫成 $y = (x^2 + c)e^{-x}$，解下列初期值問題：

(1) $\begin{cases} \dfrac{dy}{dx} + y = 2xe^{-x} \\ y(0) = 2 \end{cases}$
(2) $\begin{cases} \dfrac{dy}{dx} + y = 2xe^{-x} \\ y(-1) = e + 3 \end{cases}$

9. 已知微分方程式 $\dfrac{d^2 y}{dx^2} - \dfrac{dy}{dx} - 12y = 0$ 的通解可以寫成 $y = c_1 e^{4x} + c_2 e^{-3x}$，解下列初期值問題：

(1) $\begin{cases} \dfrac{d^2 y}{dx^2} - \dfrac{dy}{dx} - 12y = 0 \\ y(0) = 5 \\ y'(0) = 6 \end{cases}$
(2) $\begin{cases} \dfrac{d^2 y}{dx^2} - \dfrac{dy}{dx} - 12y = 0 \\ y(0) = -2 \\ y'(0) = 6 \end{cases}$

10. 試問初期值問題

$$\begin{cases} \dfrac{dy}{dx} = x^2 + y^3 \\ y(0) = 1 \end{cases}$$

在初期點 (0, 1) 附近之區域是否具有唯一解？

11. 已知微分方程式 $\dfrac{d^2 y}{dx^2} + y = 0$ 的通解可寫成 $y = c_1 \sin x + c_2 \cos x$，試證下列的邊界值問題 (1) 與 (2) 有解，但 (3) 無解.

(1) $\begin{cases} \dfrac{d^2 y}{dx^2} + y = 0 \\ y(0) = 0 \\ y\left(\dfrac{\pi}{2}\right) = 1 \end{cases}$
(2) $\begin{cases} \dfrac{d^2 y}{dx^2} + y = 0 \\ y(0) = 1 \\ y\left(\dfrac{\pi}{2}\right) = -1 \end{cases}$
(3) $\begin{cases} \dfrac{d^2 y}{dx^2} + y = 0 \\ y(0) = 0 \\ y(\pi) = 1 \end{cases}$

12. 若微分方程式的通解為 $y = c_1 \sin 2x + c_2 \cos 2x$，且邊界值問題為

$$\begin{cases} \dfrac{d^2 y}{dx^2} + 4y = 0 \\ y\left(\dfrac{\pi}{8}\right) = 0 \\ y\left(\dfrac{\pi}{6}\right) = 1 \end{cases}$$

求其解.

1-6　變數分離法

當我們將一階微分方程式

$$F(x,\ y,\ y') = 0 \tag{1-6-1}$$

化成下列的任一形式

$$P(x)dx + Q(y)\,dy = 0 \tag{1-6-2}$$

或

$$\frac{dy}{dx} = f(x)\,g(y),\ g(y) \neq 0 \tag{1-6-3}$$

則我們稱 (1-6-1) 式為**變數可分離的微分方程式**. 此種微分方程式的通解，只需要分別積分即可，因而可求得

$$\int P(x)\,dx + \int Q(y)\,dy = c \tag{1-6-4}$$

或

$$\int \frac{dy}{g(y)} = \int f(x)\,dx + c \tag{1-6-5}$$

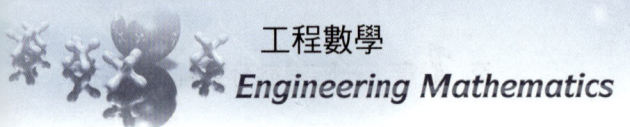

式中 c 為任意積分常數。如果為下列之初期值問題

$$\begin{cases} P(x)\,dx + Q(y)\,dy = 0 \\ y(x_0) = y_0 \end{cases} \quad (1\text{-}6\text{-}6)$$

則其特解為

$$\int_{x_0}^{x} P(x)\,dx + \int_{y_0}^{y} Q(y)\,dy = 0 \quad (1\text{-}6\text{-}7)$$

【例題 1】試解初期值問題

$$\begin{cases} \dfrac{dy}{dx} = \dfrac{y+1}{x-3} \\ y(1) = 0 \end{cases}$$

解 分離變數得

$$\frac{dy}{y+1} = \frac{dx}{x-3}$$

積分之,

$$\int \frac{dy}{y+1} = \int \frac{dy}{x-3}$$

$$\ln|y+1| = \ln|x-3| + C$$

$$\ln\left|\frac{y+1}{x-3}\right| = C$$

$$\left|\frac{y+1}{x-3}\right| = e^C = K$$

則
$$y+1 = \pm K(x-3) = L(x-3)$$
$$y = L(x-3) - 1$$

此處 C、K、L 皆為任意常數,現將初期條件 $x=1$, $y=0$ 代入,得

$$0 = L(1-3) - 1 \quad \text{或} \quad L = -\frac{1}{2}$$

故得初期值問題之解為 $y = -\dfrac{1}{2}x + \dfrac{1}{2}$.

【例題 2】試解微分方程式 $(1+x^2)\dfrac{dy}{dx}+xy=0$.

解 原式等號兩端乘以 dx，變成

$$(1+x^2)\,dy+xy\,dx=0$$

兩邊各項除以 $(1+x^2)y$，得

$$\frac{x}{1+x^2}dx+\frac{dy}{y}=0$$

積分之，

$$\frac{1}{2}\int\frac{2x}{1+x^2}dx+\int\frac{dy}{y}=C^*$$

$$\frac{1}{2}\ln(1+x^2)+\ln|y|=C^*$$

或

$$\ln(|y|\sqrt{1+x^2})=C^*$$

即

$$|y|\sqrt{1+x^2}=e^{C^*}$$

故

$$y=\pm e^{C^*}(1+x^2)^{-1/2}=C(1+x^2)^{-1/2}\quad(\diamondsuit C=\pm e^{C^*}).$$

【例題 3】試解下列微分方程式

$$(e^v+1)\cos u\,du+e^v(\sin u+1)\,dv=0$$

解 將原式同除以 $(e^v+1)(\sin u+1)$，得

$$\frac{\cos u}{\sin u+1}du+\frac{e^v}{e^v+1}dv=0$$

積分

$$\int\frac{\cos u}{\sin u+1}du+\int\frac{e^v}{e^v+1}dv=0$$

得

$$\ln|\sin u+1|+\ln|e^v+1|=c$$

或

$$\ln|(\sin u+1)(e^v+1)|=c$$

$$\Rightarrow|(\sin u+1)(e^v+1)|=e^c$$

$$\Rightarrow(\sin u+1)(e^v+1)=\pm e^c$$

$$\Rightarrow(\sin u+1)(e^v+1)=A\quad(\diamondsuit A=\pm e^c).$$

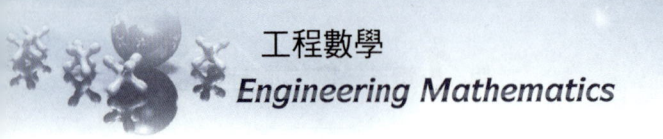

【例題 4】 試解微分方程式

$$t\frac{dx}{dt} = x^{3/2}$$

解 首先將微分方程式之變數分離，

$$x^{-3/2}\, dx = \frac{dt}{t}$$

將等號兩端分別積分，得 $\int x^{-3/2}\, dx = \int \frac{dt}{t}$

$$-2x^{-1/2} = \ln|t| + c_0$$

或 $\qquad x = \dfrac{4}{(\ln|t| + c_0)^2} = \dfrac{4}{(\ln|ct|)^2} \qquad (令\ c_0 = \ln c)$

讀者應注意 $f(t, x) = \left(\dfrac{1}{t}\right) x^{3/2}$ 在 $t = 0$ 時無定義，我們可取 $-\infty < t < 0$ 和 $0 < t < \infty$ 為解的存在區間．

【例題 5】 解初期值問題

$$\begin{cases} \dfrac{dy}{dx} = y^4 \sin x \\ y\left(\dfrac{\pi}{2}\right) = \dfrac{1}{2} \end{cases}$$

解 分離變數變成 $\qquad \sin x\, dx - \dfrac{1}{y^4}\, dy = 0$

特解為 $\qquad \displaystyle\int_{\pi/2}^{x} \sin x\, dx - \int_{1/2}^{y} \dfrac{1}{y^4}\, dy = 0$

$$-\cos x \Big|_{\pi/2}^{x} - \left(\dfrac{1}{-3y^3}\Big|_{1/2}^{y}\right) = 0$$

$$-\cos x + \dfrac{1}{3y^3} - \dfrac{8}{3} = 0$$

於是， $\qquad \dfrac{1}{3y^3} = \dfrac{3\cos x + 8}{3}$

故 $y = \dfrac{1}{(3\cos x + 8)^{1/3}}$ 為其特解.

【例題 6】解微分方程式 $(1+x^2)(1+y^2)\,dx - xy\,dy = 0$.

解 因原微分方程式中的變數沒有分離，故將其變成為

$$\frac{1+x^2}{x}dx = \frac{y}{1+y^2}dy$$

可得

$$\int \frac{1+x^2}{x}dx = \int \frac{y}{1+y^2}dy + c$$

$$\int \frac{1}{x}dx + \int x\,dx = \frac{1}{2}\int \frac{2y}{1+y^2}dy + c$$

故其解為

$$\ln|x| + \frac{1}{2}x^2 = \frac{1}{2}\ln(1+y^2) + c$$

上式為原微分方程式的隱函數解，若要化成顯函數解，可以將上式寫成

$$1+y^2 = e^{2\ln|x|+x^2-2c} = e^{2\ln|x|} \cdot e^{x^2} \cdot e^{-2c}$$
$$= kx^2 e^{x^2} \quad (\diamondsuit k = e^{-2c})$$

因此，微分方程式的顯函數解為

$$y = \pm\sqrt{kx^2 e^{x^2} - 1},\quad x^2 e^{x^2} \geq \frac{1}{k}.$$

【例題 7】解初期值問題

$$\begin{cases} x\sin y\,dx + (x^2+1)\cos y\,dy = 0 \\ y(1) = \dfrac{\pi}{2} \end{cases}$$

解 將微分方程式變數分離，得 $\dfrac{x}{x^2+1}dx + \dfrac{\cos y}{\sin y}dy = 0$

其特解為

$$\int_1^x \frac{x}{x^2+1}dx + \int_{\pi/2}^y \frac{\cos y}{\sin y}dy = 0$$

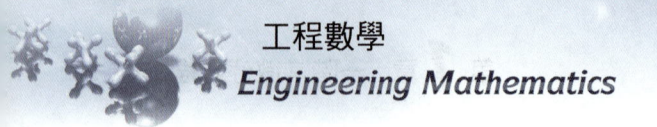

得 $$\frac{1}{2}\ln(x^2+1)\Big|_1^x + \ln|\sin y|\Big|_{\pi/2}^y = 0$$

或 $$\frac{1}{2}\ln(x^2+1) + \ln|\sin y| = \frac{1}{2}\ln 2.$$

【例題 8】解初期值問題

$$\begin{cases} x\cos x\, dx + (1-6y^5)\, dy = 0 \\ y(\pi) = 0 \end{cases}$$

解 因係初期值問題，故其特解為

$$\int_\pi^x x\cos x\, dx + \int_0^y (1-6y^5)\, dy = 0$$

現以分部積分法求 $\int_\pi^x t\cos t\, dt$.

令 $u=t$, $dv=\cos t\, dt$, 則 $du=dt$, $v=\sin t$

$$\int_\pi^x t\cos t\, dt = t\sin t\Big|_\pi^x - \int_\pi^x \sin t\, dt$$

$$= x\sin x - \pi\sin\pi + \cos t\Big|_\pi^x$$

$$= x\sin x + \cos x + 1$$

故 $$x\sin x + \cos x + 1 + \int_0^y (1-6y^5)\, dy = 0$$

$$x\sin x + \cos x + 1 + (y-y^6)\Big|_0^y = 0$$

即 $$x\sin x + \cos x + 1 = y^6 - y.$$

【例題 9】試解初期值問題

$$\begin{cases} (1-x)\dfrac{dx}{dt} = e^{t-x} \\ x(0) = 0 \end{cases}$$

解 原微分方程式變數沒有分離，改寫成

$$(1-x)\,dx = e^t e^{-x}\,dt$$
$$(1-x)\,e^x\,dx = e^t\,dt$$

得
$$\int (1-x)\,e^x\,dx = \int e^t\,dt$$

利用分部積分法求得 $\int xe^x\,dx = xe^x - e^x$ (令 $u=x$, $dv=e^x\,dx$)，故

$$e^x - (xe^x - e^x) = e^t + c$$

或
$$2e^x - xe^x = e^t + c$$

現在利用初期條件 $x(0)=0$，得

$$2e^0 - 0 \cdot e^0 = e^0 + c$$

即
$$c = 1$$

所以，$2e^x - xe^x - e^t = 1$ 為初期值問題之隱函數解．

【例題 10】解微分方程式 $\dfrac{dy}{dx} = \dfrac{1}{x+y+1}$．

解 此為變數不可分離的微分方程式，如果我們令 $w = x+y+1$，則可以將原式化成

$$M(w)\,dw + N(x)\,dx = 0$$

的形式．令 $\dfrac{dw}{dx} = 1 + \dfrac{dy}{dx}$，代入原方程式可得

$$\frac{dw}{dx} = \frac{1+w}{w}$$

因而
$$\left(1 - \frac{1}{1+w}\right)dw = dx$$

等號兩端積分，得 $\quad w - \ln|1+w| = x + c_1$

再將 $w = x+y+1$ 代入上式，得

$$x + y + 1 - \ln|x+y+2| = x + c_1$$

或
$$x+y+2 = \pm e^{1-c_1} \cdot e^y$$

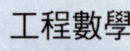

令 $c = \pm e^{1-c_1}$，則
$$x+y+2 = ce^y.$$

【例題 11】解初期值問題
$$\begin{cases} \cos y\, dx + (1+e^{-x}) \sin y\, dy = 0 \\ y(0) = \dfrac{\pi}{4} \end{cases}$$

解

變數分離，得
$$\frac{dx}{1+e^{-x}} + \frac{\sin y}{\cos y} dy = 0$$

其特解為
$$\int_0^x \frac{dx}{1+e^{-x}} + \int_{\pi/4}^y \frac{\sin y}{\cos y} dy = 0$$

得
$$\int_0^x \frac{e^x}{1+e^x} dx - \ln|\cos y|\Big|_{\frac{\pi}{4}}^y = 0$$

或
$$\ln(1+e^x)\Big|_0^x - \left(\ln|\cos y| - \ln\frac{\sqrt{2}}{2}\right) = 0$$

故 $\ln(1+e^x) - \ln|\cos y| = \dfrac{3}{2}\ln 2$ 為所求.

習題 1-2

1. 求下列各微分方程式的通解.

(1) $y' = \dfrac{x+1}{y^4+1}$

(2) $xy\, dx - (1+x^2)\, dy = 0$

(3) $y' = \dfrac{\cos x}{3y^2 + e^y}$

(4) $x(y+1)\, dx + y(x-1)\, dy = 0$

(5) $xe^{-x}\, dx + y^{-1}\, dy = 0$

(6) $(1+y^2)\, dx - (1+x^2)\, dy = 0$

(7) $y(x^2+2)dx-(x^3-x)dy=0$

(8) $v+x\dfrac{dv}{dx}=\dfrac{2x^2v}{x^2-x^2v^2}$

2. 解下列初期值問題.

(1) $\begin{cases} xe^{x^2}dx+(y^5-1)dy=0 \\ y(0)=0 \end{cases}$

(2) $\begin{cases} (x^2+1)dx+\dfrac{1}{y}dy=0 \\ y(-1)=1 \end{cases}$

(3) $\begin{cases} y'=\dfrac{x^3y-y}{y^4-y^2+1} \\ y(0)=1 \end{cases}$

(4) $\begin{cases} 2x\,dx-dy=x(x\,dy-2y\,dx) \\ y(-3)=1 \end{cases}$

(5) $\begin{cases} (y+2)y'=\sin x \\ y(0)=0 \end{cases}$

(6) $\begin{cases} \cos x(e^{2y}-y)\dfrac{dy}{dx}=e^y\sin 2x \\ y(0)=0 \end{cases}$

1-7　齊次微分方程式

一、齊次函數

定義 1-7-1

若 $f(\lambda x, \lambda y)=\lambda^n f(x,y)\,(\lambda\neq 0)$，則函數 $f(x,y)$ 稱為 ***n* 次齊次函數**.

【例題 1】證明函數 $f(x,y)=x^3+2x^2y-3xy^2+y^3$ 為三次齊次函數.

解 因 $f(\lambda x, \lambda y)=(\lambda x)^3+2(\lambda x)^2(\lambda y)-3(\lambda x)(\lambda y)^2+(\lambda y)^3$
$=\lambda^3(x^3+2x^2y-3xy^2+y^3)$
$=\lambda^3 f(x,y)$

所以 $f(x,y)$ 為三次齊次函數.

【例題 2】證明函數 $f(x,y)=\dfrac{2xye^{\frac{x}{y}}}{x^2+y^2\sin\left(\dfrac{x}{y}\right)}$ 為零次齊次函數.

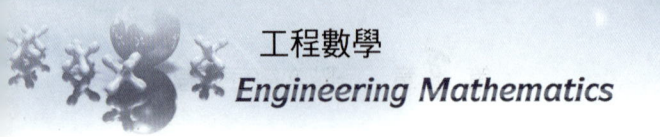

解 因 $f(\lambda x, \lambda y) = \dfrac{2(\lambda x)(\lambda y) e^{\frac{\lambda x}{\lambda y}}}{(\lambda x)^2 + (\lambda y)^2 \sin\left(\dfrac{\lambda x}{\lambda y}\right)} = \dfrac{\lambda^2 2xy e^{\frac{x}{y}}}{\lambda^2 x^2 + \lambda^2 y^2 \sin\left(\dfrac{x}{y}\right)}$

$= \dfrac{2xy e^{\frac{x}{y}}}{x^2 + y^2 \sin\left(\dfrac{x}{y}\right)} = \lambda^0 f(x, y)$

故 $f(x, y)$ 為零次齊次函數.

【例題 3】函數 $f(x, y) = 1 + x^2 + y^2$ 為一非齊次函數，因 $f(\lambda x, \lambda y) \neq \lambda^n f(x, y)$.
若 $f(x, y)$ 為 n 次齊次函數，則可以寫成

$$f(x, y) = x^n f\left(1, \dfrac{y}{x}\right)$$

與 $$f(x, y) = y^n f\left(\dfrac{x}{y}, 1\right).$$

【例題 4】$f(x, y) = x^2 + 3xy + y^2 = x^2\left[1 + 3\left(\dfrac{y}{x}\right) + \left(\dfrac{y}{x}\right)^2\right]$

$= x^2 f\left(1, \dfrac{y}{x}\right)$

$f(x, y) = y^2\left[\left(\dfrac{x}{y}\right)^2 + 3\left(\dfrac{x}{y}\right) + 1\right] = y^2 f\left(\dfrac{x}{y}, 1\right)$

定理 1-7-1

若 $M(x, y)$ 與 $N(x, y)$ 皆為 n 次齊次函數，則函數

$$f(x, y) = \dfrac{M(x, y)}{N(x, y)}$$

為零次齊次函數.

證 由 n 次齊次函數的定義可知 $M(\lambda x, \lambda y) = \lambda^n M(x, y)$, $N(\lambda x, \lambda y) = \lambda^n N(x, y)$,

因而

$$f(\lambda x, \lambda y) = \frac{M(\lambda x, \lambda y)}{N(\lambda x, \lambda y)} = \frac{\lambda^n M(x, y)}{\lambda^n N(x, y)}$$
$$= \lambda^0 f(x, y).$$

故本定理得證.

定理 1-7-2

若 $f(x, y)$ 為零次齊次函數，則 f 為 $\dfrac{y}{x}$ 之函數.

證 因為 f 為零次齊次函數，故

$$f(x, y) = f\left(1, \frac{y}{x}\right) = g\left(\frac{y}{x}\right).$$

二、齊次微分方程式

定義 1-7-2

已知微分方程式 $M(x, y)\,dx + N(x, y)\,dy = 0$，若 $M(x, y)$ 與 $N(x, y)$ 為同次齊次函數，則稱此微分方程式為**齊次微分方程式** (homogeneous differential equation).

定理 1-7-3

若 $M(x, y)\,dx + N(x, y)\,dy = 0$ 為 n 次齊次微分方程式，則令 $y = vx$ 的代換可將已知微分方程式轉換為以 v 及 x 為變數的可分離微分方程式.

證 將已知齊次微分方程式寫成

$$\frac{dy}{dx} = -\frac{M(x, y)}{N(x, y)}$$

令 $y = vx$，則

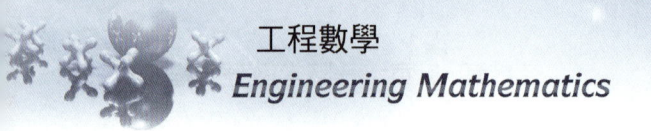

$$\frac{d}{dx}(vx) = -\frac{M(x, vx)}{N(x, vx)} = -\frac{x^n\, M(1, v)}{x^n\, N(1, v)}$$

故
$$v + x\frac{dv}{dx} = -\frac{M(1, v)}{N(1, v)}$$

上式右邊為 v 的函數，令
$$f(v) = -\frac{M(1, v)}{N(1, v)}$$

並寫成
$$v + x\frac{dv}{dx} = f(v)$$

分離變數可得

$$\frac{dx}{x} + \frac{dv}{v - f(v)} = 0 \tag{1-7-1}$$

將 (1-7-1) 式等號兩邊積分，再以 $v = \dfrac{y}{x}$ 代入，即可求得原微分方程式的解.

【例題 5】解微分方程式 $(y^2 - x^2)\, dx - 2xy\, dy = 0$.

解 該微分方程式為二次齊次微分方程式，令 $y = vx$，則

$$dy = v\, dx + x\, dv$$

代入原式得 $(v^2 x^2 - x^2)dx - 2vx^2(v\, dx + x\, dv) = 0$

即 $(v^2 + 1)x^2\, dx + 2vx^3\, dv = 0$

分離變數再積分，得 $\displaystyle\int \frac{dx}{x} + \int \frac{2v}{1 + v^2}\, dv = 0$

故 $\ln |x| + \ln(1 + v^2) = c_1$ 或 $\ln |x|(1 + v^2) = c_1$，
則 $|x|(1 + v^2) = e^{c_1}$，化簡得 $x(1 + v^2) = c$，（令 $c = e^{c_1}$，且 $e^{c_1} > 0$）
故得 $x^2 + y^2 = cx$.

【例題 6】解微分方程式 $\dfrac{dy}{dx} = \sqrt{1 - \left(\dfrac{y}{x}\right)^2} + \dfrac{y}{x}$.

解 該微分方程式為零次齊次函數，令 $y = vx$，則

$$\frac{dy}{dx} = v + x\frac{dv}{dx}$$

代入原微分方程式，得 $v + x\dfrac{dv}{dx} = \sqrt{1-v^2} + v$

分離變數再積分得 $\displaystyle\int \frac{dv}{\sqrt{1-v^2}} = \int \frac{dx}{x}$

故 $\sin^{-1} v = \ln|x| + c$ 或 $\sin^{-1}\left(\dfrac{y}{x}\right) = \ln|x| + c$ 為所求.

【例題 7】解微分方程式 $2x^2\dfrac{dy}{dx} = x^2 + y^2$.

解 該微分方程式為二次齊次微分方程式，令 $y = vx$，則

$$\frac{dy}{dx} = v + x\frac{dv}{dx}$$

代入原微分方程式，得 $2x^2\left(v + x\dfrac{dv}{dx}\right) = x^2 + v^2 x^2$

等號兩邊除以 x^2，得 $2v + 2x\dfrac{dv}{dx} = 1 + v^2$

移項得 $2x\dfrac{dv}{dx} = (v-1)^2$

分離變數再積分，得 $\displaystyle\int \frac{dv}{(v-1)^2} = \frac{1}{2}\int \frac{dx}{x}$

故 $-(v-1)^{-1} = \dfrac{1}{2}\ln|x| - c_1$ 或 $\dfrac{1}{2}\ln|x| + \dfrac{1}{v-1} = c_1$

再將 $v = \dfrac{y}{x}$ 代回上式，得 $\ln|x| + \dfrac{2x}{y-x} = c$ (令 $c = 2c_1$) 為所求.

習題 1-3

1. 判斷下列齊次函數的次數.

(1) $f(x, y) = x^2 + y^2 - 8xy$

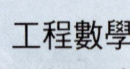

(2) $f(x, y) = e^{\frac{y}{x}} + \tan \frac{y}{x}$

(3) $f(x_1, x_2, x_3) = (x_1^2 + x_2^2 + x_3^2)^{-1/3}$

(4) $f(x, y) = x^2 \sin \frac{y}{x} + xy \ln \frac{x+y}{x-y} + y^2 \cos \frac{y}{x}$

(5) $f(x, y) = \dfrac{1}{\left(\dfrac{x}{y}\right)^2} + \tan \dfrac{x}{y} + \ln\left(\dfrac{2x}{y} + 1\right)$

2. 設 $u = f(x, y)$ 為 n 次齊次函數，試證 $x\dfrac{\partial u}{\partial x} + y\dfrac{\partial u}{\partial y} = nu$，此為**歐勒定理** (Eulers' theorem).

3. 解下列各微分方程式.

(1) $y - xe^{y/x} - x\dfrac{dy}{dx} = 0$

(2) $y' = \dfrac{y}{x + \sqrt{xy}}$

(3) $\begin{cases} x\dfrac{dy}{dx} = y + xe^{y/x} \\ y(1) = 1 \end{cases}$

(4) $2x^3 y\, dx + (x^4 + y^4)\, dy = 0$

(5) $\dfrac{dx}{dt} = \dfrac{(tx + x^2)}{t^2}$

(6) $[y^2 + y^2 e^{(x/y)^2} + 2x^2 e^{(x/y)^2}]\, dy - 2xy e^{(x/y)^2}\, dx = 0$

(7) $xyy' = x^2 + y^2$

(8) $(1 + 2e^{x/y})\, dx + 2e^{x/y}\left(1 - \dfrac{x}{y}\right) dy = 0$

(9) $x\, dy - y\, dx - \sqrt{x^2 - y^2}\, dx = 0$

1-8　正合(恰當) 微分方程式

一階微分方程式 $y' = f(x, y)$ 若變數不可分離，經整理後寫成

$$M(x, y)\, dx + N(x, y)\, dy = 0 \tag{1-8-1}$$

例如，$\dfrac{2xy}{1-x^2} - y' = 0$，整理後得

$$2xy\,dx + (x^2 - 1)\,dy = 0$$

定義 1-8-1 位勢函數

一函數 $\phi(x, y)$ 若能滿足

$$\dfrac{\partial \phi}{\partial x} = M(x, y) \ \text{與} \ \dfrac{\partial \phi}{\partial y} = N(x, y), \forall (x, y) \in R \tag{1-8-2}$$

則稱 $\phi(x, y)$ 為微分方程式 (1-8-1) 在平面區域 R 上之**位勢函數** (potential function).

定義 1-8-2 正合微分方程式

若**位勢函數**存在於一平面區域 R 上，則微分方程式

$$M(x, y)\,dx + N(x, y)\,dy = 0$$

在 R 上就稱為**正合**. 該正合微分方程式之通解為 $\phi(x, y) = c$.

【例題 1】考慮微分方程式 $y' = -\dfrac{2xy^3 + 2}{3x^2y^2 + 8e^{4y}}$，將它改寫成

$$(2xy^3 + 2)\,dx + (3x^2y^2 + 8e^{4y})\,dy = 0 \quad \cdots\cdots\cdots\cdots\cdots\text{①}$$

$$M(x, y) = 2xy^3 + 2,\ N(x, y) = 3x^2y^2 + 8e^{4y}$$

令 $\phi(x, y) = x^2y^3 + 2x + 2e^{4y}$，則

$$\dfrac{\partial \phi}{\partial x} = \dfrac{\partial}{\partial x}(x^2y^3 + 2x + 2e^{4y}) = 2xy^3 + 2 = M(x, y)$$

$$\dfrac{\partial \phi}{\partial y} = \dfrac{\partial}{\partial y}(x^2y^3 + 2x + 2e^{4y}) = 3x^2y^2 + 8e^{4y} = N(x, y)$$

故微分方程式 $(2xy^3 + 2)\,dx + (3x^2y^2 + 8e^{4y})\,dy = 0$ 為**正合**，至於如何求得 $\phi(x, y) = 0$，以後我們會討論到. 因此正合微分方程式 ① 之通解係由方程式 $\phi(x, y) = c$ 所定義的隱函數 $y(x)$. 於是，$y(x)$ 係由下式所定義

$$x^2y^3 + 2x + 2e^{4y} = c \quad \cdots\cdots\cdots\cdots\cdots\cdots\cdots\cdots\cdots\cdots ②$$

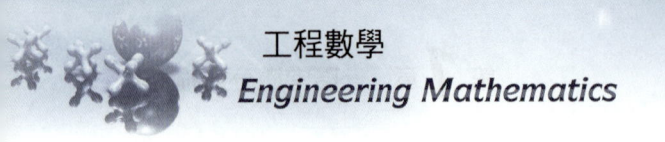

我們可以證明 ② 式確為正合微分方程式之解，若視 y 為 x 之可微分函數，對 x 隱微分，則求得

$$2xy^3 + 3x^2y^2y' + 2 + 8e^{4y}y' = 0$$

上式解出 y'，恰為原微分方程式 $y' = -\dfrac{2xy^3 + 2}{3x^2y^2 + 8e^{4y}}$.

【例題 2】如何由例題 1 之微分方程式中求得位勢函數 $\phi(x, y)$？

解 由例題 1 之微分方程式，我們可尋得函數 ϕ，使得

$$\frac{\partial \phi}{\partial x} = 2xy^3 + 2 \quad \text{與} \quad \frac{\partial \phi}{\partial y} = 3x^2y^2 + 8e^{4y}$$

選擇上述方程式當中之一並將它積分，如果我們選擇第一個，則對 x 積分，並視 y 為常數，可得

$$\phi(x, y) = \int^{(x)} (2xy^3 + 2)\, dx = x^2y^3 + 2x + k(y)$$

積分常數中可以含有 y，因為對 x 積分時 y 應視為常數．

註：$\int^{(x)} M(x, y)\, dx$ 代表將 M 中的 y 視作常數，而對 x 積分．

利用 $\dfrac{\partial \phi}{\partial y} = 3x^2y^2 + 8e^{4y}$ 可以求得 $k(y)$，

$$\frac{\partial \phi}{\partial y} = \frac{\partial}{\partial y}[x^2y^3 + 2x + k(y)] = 3x^2y^2 + k'(y)$$
$$= 3x^2y^2 + 8e^{4y}$$

則 $k'(y) = 8e^{4y}$，故 $k(y) = 2e^{4y}$.

因此位勢函數為 $\phi(x, y) = x^2y^3 + 2x + 2e^{4y}$.

讀者應注意，並非每一個一階微分方程式皆為正合．考慮微分方程式 $y' + y = 0$，雖然此微分方程式為變數可分離且為線性很容易求解，但它並非正合．(為什麼？) 因此我們提供一微分方程式正合性之檢定方法，如下述定理．

定理 1-8-1

假設 $M(x, y)$、$N(x, y)$、$\dfrac{\partial M}{\partial y}$ 與 $\dfrac{\partial N}{\partial x}$ 於平面矩形區域 R 之內部所有點 (x, y) 皆為連續，則

$$M(x, y)\, dx + N(x, y)\, dy = 0$$

在 R 上為正合，若且唯若對 R 內所有點 (x, y)，

$$\frac{\partial M}{\partial y} = \frac{\partial N}{\partial x} \tag{1-8-3}$$

恆成立.

證 若微分方程式為正合，則存在一位勢函數 ϕ，使

$$\frac{\partial \phi}{\partial x} = M(x, y),\ \frac{\partial \phi}{\partial y} = N(x, y)$$

故

$$\frac{\partial M}{\partial y} = \frac{\partial}{\partial y}\left(\frac{\partial \phi}{\partial x}\right) = \frac{\partial^2 \phi}{\partial y \partial x} = \frac{\partial^2 \phi}{\partial x \partial y} = \frac{\partial}{\partial x}\left(\frac{\partial \phi}{\partial y}\right) = \frac{\partial N}{\partial x}$$

(1-8-3) 式為正合微分方程式之**充分必要條件**.

現在我們要證明，如果 $\dfrac{\partial M}{\partial y} = \dfrac{\partial N}{\partial x}$ 對 R 內所有點 (x, y) 恆成立，則可找到一位勢函數 $\phi(x, y)$，使得 $\dfrac{\partial \phi}{\partial x} = M(x, y)$ 與 $\dfrac{\partial \phi}{\partial y} = N(x, y)$ 成立.

在 R 內選擇任意點 (x_0, y_0)，且定義

$$\phi(x, y) = \int_{x_0}^{x} M(s, y_0)\, ds + \int_{y_0}^{y} N(x, t)\, dt$$

在已知條件下，我們並不難證明 $\phi(x, y)$ 可定義微分方程式之位勢函數，首先由微積分基本定理，可得

$$\frac{\partial \phi}{\partial y} = N(x, y)$$

因為在 $\phi(x, y)$ 定義中之第一個積分與 y 無關，其次，我們計算

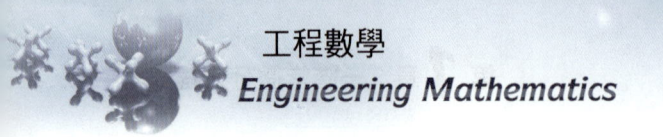

$$\frac{\partial \phi}{\partial x} = \frac{\partial}{\partial x}\int_{x_0}^{x} M(s, y_0)\, ds + \frac{\partial}{\partial x}\int_{y_0}^{y} N(x, t)\, dt$$

$$= M(x, y_0) + \int_{y_0}^{y} \frac{\partial N}{\partial x}(x, t)\, dt$$

$$= M(x, y_0) + \int_{y_0}^{y} \frac{\partial M}{\partial y}(x, t)\, dt$$

$$= M(x, y_0) + \left(M(x, t)\Big|_{y_0}^{y} \right)$$

$$= M(x, y_0) + M(x, y) - M(x, y_0)$$

$$= M(x, y)$$

故得證.

解正合微分方程式的步驟:

1. 首先將微分方程式整理成

$$M(x, y)\, dx + N(x, y)\, dy = 0$$

的形式.

2. 驗算 $\dfrac{\partial M}{\partial y} = \dfrac{\partial N}{\partial x}$.

3. 假設 $\dfrac{\partial \phi}{\partial x} = M(x, y)$,視 M 中的 y 為常數,對 x 積分,可求得位勢函數

$$\phi(x, y) = \int^{(x)} M(x, y)\, dx + g(y) \tag{1-8-4}$$

此處函數 $g(y)$ 為**任意積分常數**.

4. 將 (1-8-4) 式的 y 偏微分,並令 $\dfrac{\partial \phi}{\partial y} = N(x, y)$,則

$$\frac{\partial \phi}{\partial y} = \frac{\partial}{\partial y}\int^{(x)} M(x, y)\, dx + g'(y) = N(x, y)$$

即

$$g'(y) = N(x, y) - \frac{\partial}{\partial y}\int^{(x)} M(x, y)\, dx \tag{1-8-5}$$

5. 將 (1-8-5) 式對 y 積分,且將其結果代入 (1-8-4) 式,則求得正合微分方程式的通解為 $\phi(x, y) = c$.

第 1 章　一階常微分方程式

【例題 3】微分方程式 $(x+\sin y)\,dx+(x\cos y-2y)\,dy=0$ 是否為正合？

解　令 $M(x,y)=x+\sin y$，$N(x,y)=x\cos y-2y$，則

$$\frac{\partial M}{\partial y}=\cos y=\frac{\partial N}{\partial x}$$

故此微分方程式為正合．

【例題 4】試決定一函數 $M(x,y)$，使得

$$M(x,y)\,dx+(3xy^2+2y\cos x)\,dy=0$$

為正合微分方程式．

解　令 $N(x,y)=3xy^2+2y\cos x$，則

$$\frac{\partial N}{\partial x}=3y^2-2y\sin x$$

因而

$$\frac{\partial M}{\partial y}=3y^2-2y\sin x$$

故

$$M(x,y)=\int^{(y)}(3y^2-2y\sin x)\,dy$$
$$=y^3-y^2\sin x+h(x).$$

【例題 5】已知微分方程式為

$$(2x+3y-2)\,dx+(3x-4y+1)\,dy=0$$

(1) 驗證此微分方程式的正合性．

(2) 求此微分方程式的通解．

解　(1) $\dfrac{\partial M}{\partial y}=\dfrac{\partial}{\partial y}(2x+3y-2)=3$

$\dfrac{\partial N}{\partial x}=\dfrac{\partial}{\partial x}(3x-4y+1)=3$

因 $\dfrac{\partial M}{\partial y}=\dfrac{\partial N}{\partial x}$，故原式為正合微分方程式．

(2) 由 $\dfrac{\partial \phi}{\partial x}=M(x,y)=2x+3y-2$，可得

$$\phi = \int^{(x)} (2x+3y-2)\,dx = x^2 + 3xy - 2x + g(y)$$

而
$$\frac{\partial \phi}{\partial y} = 3x + g'(y) = 3x - 4y + 1$$

$$g'(y) = -4y + 1$$

可得
$$g(y) = -2y^2 + y + c_1$$

故通解為
$$x^2 + 3xy - 2x - 2y^2 + y = c.$$

【例題 6】試解微分方程式 $2xy\,dx + (x^2-1)dy = 0$.

解 令 $M(x,y) = 2xy,\ N(x,y) = x^2 - 1$

$$\frac{\partial M}{\partial y} = \frac{\partial}{\partial y}(2xy) = 2x,\quad \frac{\partial N}{\partial x} = \frac{\partial}{\partial x}(x^2-1) = 2x$$

因 $\dfrac{\partial M}{\partial y} = \dfrac{\partial N}{\partial x}$，故微分方程式為正合.

由 $\dfrac{\partial \phi}{\partial x} = M(x,y) = 2xy$，可得

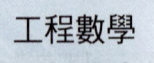

$$\phi(x,y) = \int^{(x)} 2xy\,dx = x^2 y + g(y)$$

而
$$\frac{\partial \phi}{\partial y} = \frac{\partial}{\partial y}[x^2 y + g(y)] = x^2 + g'(y) = x^2 - 1$$

故
$$g'(y) = -1$$

得
$$g(y) = -y + c_1$$

故通解為
$$x^2 y - y = c.$$

【例題 7】解微分方程式

$$(e^{2y} - y\cos xy)\,dx + (2xe^{2y} - x\cos xy + 2y)\,dy = 0$$

解 $M(x,y) = e^{2y} - y\cos xy,\ N(x,y) = 2xe^{2y} - x\cos xy + 2y$

$$\frac{\partial M}{\partial y} = \frac{\partial}{\partial y}(e^{2y} - y\cos xy) = 2e^{2y} + xy\sin xy - \cos xy$$

$$\frac{\partial N}{\partial x} = \frac{\partial}{\partial x}(2xe^{2y} - x\cos xy + 2y) = 2e^{2y} + xy\sin xy - \cos xy$$

因 $\dfrac{\partial M}{\partial y} = \dfrac{\partial N}{\partial x}$，故原微分方程式為正合微分方程式.

由 $\qquad \dfrac{\partial \phi}{\partial x} = M(x, y) = e^{2y} - y\cos xy$

可得 $\quad \phi(x, y) = \int^{(x)} (e^{2y} - y\cos xy)\, dx = xe^{2y} - \sin xy + g(y)$

而 $\quad \dfrac{\partial \phi}{\partial y} = 2xe^{2y} - x\cos xy + g'(y) = 2xe^{2y} - x\cos xy + 2y$

$g'(y) = 2y$，可得 $g(y) = y^2 + c_1$.
故通解為 $xe^{2y} - \sin xy + y^2 = c$，其中 c 為常數.

【例題 8】解微分方程式

$$(y^2 + e^x \sin y)\, dx + (2xy + e^x \cos y)\, dy = 0$$

解 $M(x, y) = y^2 + e^x \sin y,\ N(x, y) = 2xy + e^x \cos y$

$$\frac{\partial M}{\partial y} = \frac{\partial}{\partial y}(y^2 + e^x \sin y) = 2y + e^x \cos y$$

$$\frac{\partial N}{\partial x} = \frac{\partial}{\partial x}(2xy + e^x \cos y) = 2y + e^x \cos y$$

因 $\dfrac{\partial M}{\partial y} = \dfrac{\partial N}{\partial x}$，故原微分方程式為正合微分方程式.

由 $\qquad \dfrac{\partial \phi}{\partial x} = M(x, y) = y^2 + e^x \sin y$

可得 $\quad \phi(x, y) = \int^{(x)} (y^2 + e^x \sin y)\, dx = y^2 x + e^x \sin y + g(y)$

而 $\dfrac{\partial \phi}{\partial y} = \dfrac{\partial}{\partial y}[y^2 x + e^x \sin y + g(y)] = 2yx + e^x \cos y + g'(y) = 2xy + e^x \cos y$

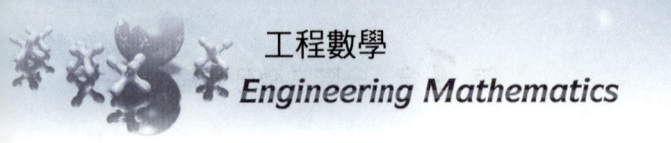

$g'(y)=0$，可得 $g(y)=c_1$.

故通解為 $xy^2+e^x \sin y=c$，其中 c 為常數.

上面所討論的解法為正合微分方程式的標準解法；然而，對許多正合微分方程式而言，只要將原式展開並作適當的重組，然後積分即可得其通解，非常方便．請看下面的例題．

【例題 9】解微分方程式

$$(2x+ye^{xy})\,dx+(xe^{xy})\,dy=0$$

解 $M(x,y)=2x+ye^{xy}$, $N(x,y)=xe^{xy}$

$$\frac{\partial M}{\partial y}=\frac{\partial}{\partial y}(2x+ye^{xy})=xye^{xy}+e^{xy},\quad \frac{\partial N}{\partial x}=\frac{\partial}{\partial x}(xe^{xy})=xye^{xy}+e^{xy}$$

因 $\dfrac{\partial M}{\partial y}=\dfrac{\partial N}{\partial x}$，故原微分方程式為正合微分方程式.

將原式展開並重組，可得

$$2x\,dx+ye^{xy}\,dx+xe^{xy}\,dy=0$$

即

$$d(x^2)+d(e^{xy})=0$$

積分得

$$\int d(x^2)+\int d(e^{xy})=c$$

故通解為 $x^2+e^{xy}=c$，其中 c 為常數.

【例題 10】解下列初期值問題

$$\begin{cases}\left(\dfrac{3-y}{x^2}\right)dx+\left(\dfrac{y^2-2x}{xy^2}\right)dy=0 \\ y(-1)=2\end{cases}$$

解 $M(x,y)=\dfrac{3-y}{x^2}$, $N(x,y)=\dfrac{y^2-2x}{xy^2}$

$$\frac{\partial M}{\partial y} = \frac{\partial}{\partial y}\left(\frac{3-y}{x^2}\right) = -\frac{1}{x^2},$$

$$\frac{\partial N}{\partial x} = \frac{\partial}{\partial x}\left(\frac{y^2 - 2x}{xy^2}\right) = \frac{\partial}{\partial x}\left(\frac{1}{x} - \frac{2}{y^2}\right) = -\frac{1}{x^2}$$

因 $\dfrac{\partial M}{\partial y} = \dfrac{\partial N}{\partial x}$，故原微分方程式為正合微分方程式.

將原式展開並重組，可得

$$\left(\frac{1}{x}dy - \frac{y}{x^2}dx\right) + \frac{3}{x^2}dx - \frac{2}{y^2}dy = 0$$

即

$$d\left(\frac{y}{x}\right) + 3d\left(-\frac{1}{x}\right) - d\left(-\frac{2}{y}\right) = 0$$

積分得

$$\int d\left(\frac{y}{x}\right) + 3\int d\left(-\frac{1}{x}\right) + \int d\left(\frac{2}{y}\right) = c$$

故通解為

$$\frac{y-3}{x} + \frac{2}{y} = c$$

將 $x = -1$, $y = 2$ 代入通解中，得 $\dfrac{2-3}{-1} + \dfrac{2}{2} = c$，則 $c = 2$，

故 $\dfrac{y-3}{x} + \dfrac{2}{y} = 2$ 為所求.

習題 1-4

1. 決定函數 $M(x, y)$ 使得

$$M(x, y)\,dx + \left(xe^{xy} + 2xy + \frac{1}{x}\right)dy = 0$$

為正合微分方程式.

2. 決定函數 $N(x, y)$ 使得

$$(x^{-2}y^{-2} + xy^{-3})\,dx + N(x, y)\,dy = 0$$

為正合微分方程式.

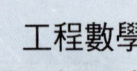

3. 解下列各微分方程式.

(1) $(3x^2+4xy)\,dx+(2x^2+2y)\,dy=0$

(2) $(y\cos x+2xe^y)\,dx+(\sin x+x^2e^y+2)\,dy=0$

(3) $(y^3-y^2\sin x-x)\,dx+(3xy^2+2y\cos x)\,dy=0$

(4) $2x(ye^{x^2}-1)\,dx+e^{x^2}\,dy=0$

(5) $(\cos y+y\cos x)\,dx+(\sin x-x\sin y)\,dy=0$

(6) $xy(x\,dy+y\,dx)=(1+y)\,dy$

(7) $\dfrac{x+y}{x^2+y^2}\,dx-\dfrac{x-y}{x^2+y^2}\,dy=0$

(8) $\left(2x\sin\dfrac{y}{x}-y\cos\dfrac{y}{x}\right)dx+x\cos\dfrac{y}{x}\,dy=0$

(9) $\dfrac{2xy+1}{y}+\dfrac{y-x}{y^2}\dfrac{dy}{dx}=0$

(10) $\left(\dfrac{2s-1}{t}\right)ds+\left(\dfrac{s-s^2}{t^2}\right)dt=0$

(11) $x^{-n}y^{-n+1}\,dx+x^{-n+1}y^{-n}\,dy=0,\ n\neq 1$

4. 解下列初期值問題.

(1) $\begin{cases}\dfrac{dy}{dx}=\dfrac{xy^2-\cos x\sin x}{y(1-x^2)}\\ y(0)=2\end{cases}$

(2) $\begin{cases}(2y\sin x\cos x+y^2\sin x)\,dx+(\sin^2 x-2y\cos x)\,dy=0\\ y(0)=3\end{cases}$

(3) $\begin{cases}y'=\dfrac{-2xy}{1+x^2}\\ y(2)=-5\end{cases}$

1-9　積分因子

一階微分方程式不一定皆為正合．若微分方程式

$$M(x, y)\, dx + N(x, y)\, dy = 0 \tag{1-9-1}$$

不能滿足 $\dfrac{\partial M}{\partial y} = \dfrac{\partial N}{\partial x}$ 的關係，則 (1-9-1) 式並非正合微分方程式．

> **定義 1-9-1　積分因子**
>
> 令 $M(x, y)$ 與 $N(x, y)$ 定義在平面區域 R 上，如果對所有 $(x, y) \in R$，存在一函數 $\mu(x, y) \neq 0$，使得 $\mu M\, dx + \mu N\, dy = 0$ 在 R 上為正合，則 $\mu(x, y)$ 為 (1-9-1) 式之**積分因子** (integrating factor).

【例題 1】試證 $\mu(x, y) = x$ 為微分方程式 $(y^2 + x)\, dx + xy\, dy = 0$ 之積分因子．

解　因原微分方程式非正合，故以 $\mu(x, y) = x$ 乘微分方程式之每一項，得

$$x[(y^2 + x)\, dx + xy\, dy] = 0$$

即

$$(y^2 x + x^2)\, dx + x^2 y\, dy = 0$$

而

$$\dfrac{\partial}{\partial y}(y^2 x + x^2) = 2yx = \dfrac{\partial}{\partial x}(x^2 y)$$

故 $x(y^2 + x)\, dx + x^2 y\, dy = 0$ 為正合微分方程式，
所以 $\mu(x, y) = x$ 為 $(y^2 + x)\, dx + xy\, dy = 0$ 之積分因子．

微分方程式的積分因子通常並非唯一．設 μ 為 (1-9-1) 式之一積分因子，則

$$\mu M(x, y)\, dx + \mu N(x, y)\, dy = du(x, y)$$

其中

$$\mu M = \dfrac{\partial u}{\partial x}, \qquad \mu N = \dfrac{\partial u}{\partial y}$$

又設 $F(u)$ 為 u 的任意函數，且其不定積分 $\phi(u)$ 為已知，則

$$\mu F(u)\, M\, dx + \mu F(u)\, N\, dy = F(u) \dfrac{\partial u}{\partial x}\, dx + F(u) \dfrac{\partial u}{\partial y}\, dy$$

$$= F(u)\, du = d\phi(u)$$

故 $\mu F(u)$ 為 (1-9-1) 式的積分因子．因 $F(u)$ 可任意選取，所以 (1-9-1) 式的積

分因子有很多個．積分因子之求得多依經驗，可是有一些積分因子可依觀察法而獲得．現將最常出現的微分方程式與其積分因子，列舉如下：

1. $x\,dy + y\,dx = 0$ 之積分因子，計有 $\mu = 1$，$\dfrac{1}{xy}$，$\dfrac{1}{x^2 y^2}$ 等．

因 $\quad d(xy) = x\,dy + y\,dx$

$$d\ln(xy) = \frac{1}{xy}d(xy) = \frac{1}{xy}(x\,dy + y\,dx) = \frac{x\,dy + y\,dx}{xy}$$

$$d\left(\frac{1}{xy}\right) = \frac{-d(xy)}{(xy)^2} = -\frac{x\,dy + y\,dx}{(xy)^2} = -\frac{x\,dy + y\,dx}{x^2 y^2}$$

2. $x\,dy - y\,dx = 0$ 之積分因子，計有 $\mu = \dfrac{1}{x^2}$, $\dfrac{1}{y^2}$, $\dfrac{1}{xy}$, $\dfrac{1}{x^2 + y^2}$, $\dfrac{1}{x^2 - y^2}$, $\dfrac{1}{(x-y)^2}$, $\dfrac{1}{x\sqrt{x^2 - y^2}}$ 等．

因

$$d\left(\frac{y}{x}\right) = \frac{x\,dy - y\,dx}{x^2}$$

$$d\left(-\frac{x}{y}\right) = \frac{x\,dy - y\,dx}{y^2}$$

$$d\left(\ln\frac{y}{x}\right) = \frac{1}{\frac{y}{x}}d\left(\frac{y}{x}\right) = \frac{x}{y}\frac{x\,dy - y\,dx}{x^2} = \frac{x\,dy - y\,dx}{xy}$$

$$d\left(\tan^{-1}\frac{y}{x}\right) = \frac{1}{1+\left(\frac{y}{x}\right)^2}d\left(\frac{y}{x}\right) = \frac{x^2}{x^2 + y^2}\frac{x\,dy - y\,dx}{x^2}$$

$$= \frac{x\,dy - y\,dx}{x^2 + y^2}$$

$$d\left(\frac{1}{2}\ln\frac{x+y}{x-y}\right) = \frac{1}{2}\frac{1}{\frac{x+y}{x-y}}d\left(\frac{x+y}{x-y}\right)$$

$$= \frac{1}{2}\frac{x-y}{x+y}\frac{(x-y)(dx+dy) - (x+y)(dx-dy)}{(x-y)^2}$$

$$= \frac{1}{2}\frac{2x\,dy - 2y\,dx}{x^2 - y^2} = \frac{x\,dy - y\,dx}{x^2 - y^2}$$

$$d\left(\sin^{-1}\frac{y}{x}\right) = \frac{1}{\sqrt{1-\left(\frac{y}{x}\right)^2}} d\left(\frac{y}{x}\right) = \frac{x}{\sqrt{x^2-y^2}} \frac{x\,dy - y\,dx}{x^2}$$

$$= \frac{x\,dy - y\,dx}{x\sqrt{x^2-y^2}}$$

今假設

$$M(x, y)\,dx + N(x, y)\,dy = 0$$

不為正合，則 $\mu(x, y)$ 為其積分因子的充要條件為

$$\frac{\partial}{\partial y}(\mu M) = \frac{\partial}{\partial x}(\mu N) \tag{1-9-2}$$

我們可求得下列情形之積分因子：

1. 若 $\dfrac{\dfrac{\partial M}{\partial y} - \dfrac{\partial N}{\partial x}}{N} = f(x)$，則 $\mu(x) = e^{\int f(x)dx}$ 為一積分因子.

證 假設 $\mu = \mu(x)$ 為 (1-9-1) 式之一積分因子，則由 (1-9-2) 式可得

$$\mu \frac{\partial M}{\partial y} - \mu \frac{\partial N}{\partial x} - N\frac{d\mu}{dx} = 0$$

或

$$\frac{d\mu}{\mu} = \frac{\dfrac{\partial M}{\partial y} - \dfrac{\partial N}{\partial x}}{N} dx$$

因

$$\frac{\dfrac{\partial M}{\partial y} - \dfrac{\partial N}{\partial x}}{N} = f(x)$$

可得

$$\frac{d\mu}{\mu} = f(x)\,dx$$

$$\ln|\mu| = \int f(x)\,dx$$

故 $\mu(x) = e^{\int f(x)dx}$ 為 (1-9-1) 式之一積分因子.

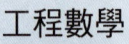

【例題 2】首先證明 $(e^x - \sin y)\,dx + \cos y\,dy = 0$ 不為正合微分方程式，然後再求其積分因子.

解 令 $M(x, y) = e^x - \sin y$, $N(x, y) = \cos y$, 則

$$\frac{\partial M}{\partial y} = -\cos y, \quad \frac{\partial N}{\partial x} = 0$$

因 $\dfrac{\partial M}{\partial y} \neq \dfrac{\partial N}{\partial x}$，故原式不為正合微分方程式.

但

$$\frac{\dfrac{\partial M}{\partial y} - \dfrac{\partial N}{\partial x}}{N} = \frac{-\cos y - 0}{\cos y} = -1 = f(x)$$

得知 $\mu(x) = e^{\int f(x)dx} = e^{-x}$ 為原式之一積分因子.

【例題 3】解微分方程式 $(x^2 + y^2 + x)\,dx + xy\,dy = 0$.

解 $M(x, y) = x^2 + y^2 + x$, $N(x, y) = xy$, $\dfrac{\partial M}{\partial y} = 2y$, $\dfrac{\partial N}{\partial x} = y$

因 $\dfrac{\partial M}{\partial y} \neq \dfrac{\partial N}{\partial x}$，故原微分方程式非正合微分方程式.

而

$$\frac{\dfrac{\partial M}{\partial y} - \dfrac{\partial N}{\partial x}}{N} = \frac{2y - y}{xy} = \frac{1}{x} = f(x)$$

得知 $\mu(x) = e^{\int f(x)\,dx} = e^{\int \frac{dx}{x}} = e^{\ln x} = x$ 為原微分方程式之一積分因子，故 $(x^3 + xy^2 + x^2)dx + x^2 y\,dy = 0$ 為正合微分方程式.

或

$$x^3\,dx + x^2\,dx + (xy^2\,dx + x^2 y\,dy) = 0$$

即

$$x^3\,dx + x^2\,dx + d\left(\frac{1}{2}x^2 y^2\right) = 0$$

積分得 $\dfrac{1}{4}x^4 + \dfrac{1}{3}x^3 + \dfrac{1}{2}x^2 y^2 = c_1$ 或 $3x^4 + 4x^3 + 6x^2 y^2 = c$，其中 c 為常數.

2. 若 $\dfrac{\dfrac{\partial M}{\partial y}-\dfrac{\partial N}{\partial x}}{M}=f(y)$，則 $\mu(y)=e^{-\int f(y)dy}$ 為一積分因子．

證 設 $\mu=\mu(y)$ 為 (1-9-1) 式之一積分因子，則由 (1-9-2) 式可得

$$\mu\frac{\partial M}{\partial y}+M\frac{d\mu}{dy}=\mu\frac{\partial N}{\partial x}$$

或

$$\frac{d\mu}{\mu}=\frac{\dfrac{\partial N}{\partial x}-\dfrac{\partial M}{\partial y}}{M}dy$$

因

$$\frac{\dfrac{\partial M}{\partial y}-\dfrac{\partial N}{\partial x}}{M}=f(y)$$

得知

$$\frac{d\mu}{\mu}=-f(y)\,dy$$

$$\ln|\mu|=-\int f(y)\,dy$$

故 $\mu(y)=e^{-\int f(y)dy}$ 為一積分因子．

【例題 4】解微分方程式 $(3x^2-y^2)\,dy-2xy\,dx=0$．

解 $M(x,y)=-2xy,\ N(x,y)=3x^2-y^2,\ \dfrac{\partial M}{\partial y}=-2x,\ \dfrac{\partial N}{\partial x}=6x$

因 $\dfrac{\partial M}{\partial y}\neq\dfrac{\partial N}{\partial x}$，故原微分方程式並非正合微分方程式．

而

$$\frac{\dfrac{\partial M}{\partial y}-\dfrac{\partial N}{\partial x}}{M}=\frac{-2x-6x}{-2xy}=\frac{4}{y}=f(y)$$

得知 $\mu(y)=e^{-\int f(y)dy}=e^{-\int \frac{4}{y}dy}=e^{-4\ln y}=y^{-4}$ 為原微分方程式之積分因子，故 $\left(\dfrac{3x^2-y^2}{y^4}\right)dy-\dfrac{2x}{y^3}dx=0$ 為正合微分方程式．

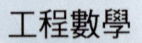

則 $\dfrac{\partial \phi}{\partial x} = -\dfrac{2x}{y^3}$，可得

$$\phi(x, y) = -\int^{(x)} \dfrac{2x}{y^3}\, dx = -\dfrac{x^2}{y^3} + g(y)$$

而 $\dfrac{\partial \phi}{\partial y} = \dfrac{\partial}{\partial y}\left(-\dfrac{x^2}{x^3} + g(y)\right) = \dfrac{3x^2}{y^4} + g'(y) = \dfrac{3x^2}{y^4} - \dfrac{1}{y^2}$

$g'(y) = -y^{-2}$，可得 $g(y) = \dfrac{1}{y} + c_1$

故 $\dfrac{1}{y} - \dfrac{x^2}{y^3} = c$ 為所求，其中 c 為常數. ↺

3. 若 $\dfrac{\dfrac{\partial M}{\partial y} - \dfrac{\partial N}{\partial x}}{yN - xM} = f(xy)$，則 $\mu(u) = e^{\int f(u)du}$ 為一積分因子，其中 $u = xy$.

證 設 μ 為 xy 的函數，即 $\mu = \mu(u)$，且為 (1-9-1) 式之一積分因子，則由 (1-9-2) 式可得

$$\mu(u)\dfrac{\partial M}{\partial y} + M\left(\dfrac{\partial}{\partial y}\mu(u)\right) = \mu(u)\dfrac{\partial N}{\partial x} + N\left(\dfrac{\partial}{\partial x}\mu(u)\right) \quad (1\text{-}9\text{-}3)$$

因 $u = xy$, $\dfrac{\partial u}{\partial y} = x$，故

$$\dfrac{\partial}{\partial y}\mu(u) = \mu'(u)\dfrac{\partial u}{\partial y} = x\dfrac{d}{du}\mu(u) \quad (1\text{-}9\text{-}4)$$

同理，$\dfrac{\partial u}{\partial x} = y$，而且

$$\dfrac{\partial}{\partial x}\mu(u) = \mu'(u)\dfrac{\partial u}{\partial x} = y\dfrac{d}{du}\mu(u) \quad (1\text{-}9\text{-}5)$$

將 (1-9-4)、(1-9-5) 式代入 (1-9-3) 式中，可得

$$\mu(u)\dfrac{\partial}{\partial y}M + M\left(x\dfrac{d}{du}\mu(u)\right) = \mu(u)\dfrac{\partial N}{\partial x} + N\left(y\dfrac{d}{du}\mu(u)\right)$$

或 $$\frac{d\mu(u)}{\mu(u)} = \frac{\frac{\partial M}{\partial y} - \frac{\partial N}{\partial x}}{yN - xM} du$$

因 $$\frac{\frac{\partial M}{\partial y} - \frac{\partial N}{\partial x}}{yN - xM} = f(u)$$

得知 $$\frac{d\mu(u)}{\mu(u)} = f(u)\, du$$

$$\ln|\mu(u)| = \int f(u)\, du$$

故 $\mu(u) = e^{\int f(u)du}$ 為一積分因子，其中 $u = xy$.

【例題 5】 解微分方程式 $(2xy^2 + y)\, dx + (x + 2x^2 y - x^4 y^3)\, dy = 0$.

解 $M(x, y) = 2xy^2 + y$, $N(x, y) = x + 2x^2 y - x^4 y^3$

$$\frac{\partial M}{\partial y} = 4xy + 1,\ \frac{\partial N}{\partial x} = 1 + 4xy - 4x^3 y^3$$

因 $\frac{\partial M}{\partial y} \neq \frac{\partial N}{\partial x}$，故原微分方程式非正合微分方程式.

而 $$\frac{\frac{\partial M}{\partial y} - \frac{\partial N}{\partial x}}{yN - xM} = \frac{4xy + 1 - 1 - 4xy + 4x^3 y^3}{xy + 2x^2 y^2 - x^4 y^4 - 2x^2 y^2 - xy}$$

$$= \frac{4x^3 y^3}{-x^4 y^4} = -\frac{4}{xy} = -\frac{4}{u}$$

$\mu(u) = e^{-\int \frac{4}{u} du} = e^{-4\ln|u|} = u^{-4} = (xy)^{-4}$ 為原微分方程式之一積分因子，

故 $\dfrac{2xy^2 + y}{x^4 y^4} dx + \dfrac{x + 2x^2 y - x^4 y^3}{x^4 y^4} dy = 0$ 為正合微分方程式.

由 $\dfrac{\partial \phi}{\partial x} = \dfrac{2xy^2 + y}{x^4 y^4} = \dfrac{2}{x^3 y^2} + \dfrac{1}{x^4 y^3}$，可得

$$\phi(x,y) = \int^{(x)} \left(\frac{2}{x^3 y^2} + \frac{1}{x^4 y^3} \right) dx = -\frac{1}{x^2 y^2} - \frac{1}{3}\frac{1}{x^3 y^3} + g(y)$$

而 $\quad \dfrac{\partial \phi}{\partial y} = -\dfrac{\partial}{\partial y}\left(\dfrac{1}{x^2 y^2} + \dfrac{1}{3x^3 y^3} - g(y) \right) = -\left(-\dfrac{2}{x^2 y^3} - \dfrac{1}{x^3 y^4} \right) + g'(y)$

$\qquad\qquad = \dfrac{1}{x^3 y^4} + \dfrac{2}{x^2 y^3} - \dfrac{1}{y}$

$g'(y) = -\dfrac{1}{y}$，可得 $g(y) = -\ln|y| + c_1$

故 $\dfrac{1}{x^2 y^2} + \dfrac{1}{3x^3 y^3} + \ln|y| = c$ 為所求，其中 c 為常數.

4. 若 $\dfrac{y^2 \left(\dfrac{\partial M}{\partial y} - \dfrac{\partial N}{\partial x} \right)}{xM + yN} = f\left(\dfrac{x}{y} \right)$，則 $\mu(u) = e^{\int f(u)du}$ 為一積分因子，其中 $u = \dfrac{x}{y}$．

證 因 $u = \dfrac{x}{y}$，故 $\dfrac{\partial u}{\partial y} = -\dfrac{x}{y^2}$ 且 $\dfrac{\partial u}{\partial x} = \dfrac{1}{y}$．

$$\frac{\partial}{\partial y}\mu(u) = \mu'(u)\frac{\partial u}{\partial y} = -\frac{x}{y^2}\frac{d}{du}\mu(u) \qquad (1\text{-}9\text{-}6)$$

$$\frac{\partial}{\partial x}\mu(u) = \mu'(u)\frac{\partial u}{\partial x} = \frac{1}{y}\frac{d}{du}\mu(u) \qquad (1\text{-}9\text{-}7)$$

將 (1-9-6)、(1-9-7) 式代入 (1-9-3) 式中，可得

$$\mu(u)\frac{\partial M}{\partial y} + M\left[-\frac{x}{y^2}\frac{d\mu(u)}{du} \right] = \mu(u)\frac{\partial N}{\partial x} + N\left[\frac{1}{y}\frac{d\mu(u)}{du} \right]$$

整理成 $\qquad\qquad \dfrac{d\mu(u)}{\mu(u)} = \dfrac{y^2 \left(\dfrac{\partial M}{\partial y} - \dfrac{\partial N}{\partial x} \right)}{xM + yN} du$

因 $$\frac{y^2\left(\dfrac{\partial M}{\partial y}-\dfrac{\partial N}{\partial x}\right)}{xM+yN}=f(u)$$

得知 $$\frac{d\mu(u)}{\mu(u)}=f(u)\,du$$

$$\ln|\mu(u)|=\int f(u)\,du$$

故 $\mu(u)=e^{\int f(u)\,du}$ 為一積分因子，其中 $u=\dfrac{x}{y}$.

【例題 6】解微分方程式 $3y\,dx-x\,dy=0$.

解 $\dfrac{\partial M}{\partial y}=\dfrac{\partial}{\partial y}(3y)=3,\ \dfrac{\partial N}{\partial x}=\dfrac{\partial}{\partial x}(-x)=-1$

因 $\dfrac{\partial M}{\partial y}\ne\dfrac{\partial N}{\partial x}$，故原微分方程式不為正合.

$$f(u)=\frac{y^2\left(\dfrac{\partial M}{\partial y}-\dfrac{\partial N}{\partial x}\right)}{xM+yN}=\frac{y^2(3+1)}{3xy-xy}=\frac{4y^2}{2xy}=\frac{2y}{x}=\frac{2}{u}$$

$\mu(u)=e^{\int\frac{2}{u}du}=e^{2\ln|u|}=u^2=\dfrac{x^2}{y^2}$ 為一積分因子，

可知 $\dfrac{3x^2}{y}dx-\dfrac{x^3}{y^2}dy=0$ 為正合微分方程式.

將上式整理成 $$\frac{3x^2y\,dx-x^3\,dy}{y^2}=0$$

$$d\left(\frac{x^3}{y}\right)=0$$

故 $x^3=cy$ 為微分方程式的解.

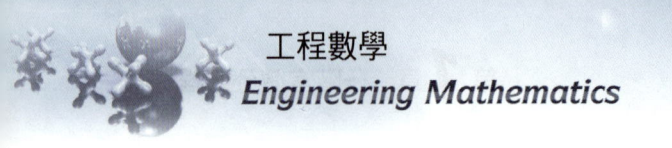

5. 若 $\dfrac{x^2\left(\dfrac{\partial N}{\partial x}-\dfrac{\partial M}{\partial y}\right)}{xM-yN}=f\left(\dfrac{y}{x}\right)$，則 $\mu(u)=e^{\int f(u)du}$ 為一積分因子，其中 $u=\dfrac{y}{x}$.

習題 1-5

1. 試證：$-\dfrac{1}{x^2}$ 為微分方程式 $y\,dx-x\,dy=0$ 之積分因子.

2. 試證：對任意實數 n，$\dfrac{1}{(xy)^n}$ 為微分方程式 $y\,dx+x\,dy=0$ 之積分因子.

3. 試證：對任意實數 α 與 β，$x^{\alpha-1}y^{\beta-1}$ 為微分方程式 $\alpha y\,dx+\beta x\,dy=0$ 之積分因子.

試解下列各微分方程式.

4. $(x+y)\,dx+x\ln x\,dy=0$
5. $(2xy^4 e^y+2xy^3+y)\,dx+(x^2y^4 e^y-x^2y^2-3x)\,dy=0$
6. $\dfrac{dy}{dx}=\dfrac{1}{x^2(1-3y)}$
7. $\dfrac{dy}{dx}=\dfrac{1}{2xy}$
8. $3y\,dx+x(2+y^3)\,dy=0$
9. $2y^2\,dx+(2x+3xy)\,dy=0$
10. $xy^3\,dx+(x^2y^2-1)\,dy=0$
11. $(y^3+xy^2+y)\,dx+(x^3+x^2y+x)\,dy=0$
12. $x^2\dfrac{dy}{dx}+xy+\sqrt{1-x^2y^2}=0$
13. $(x^3+xy^2-y)\,dx+x\,dy=0$
14. $xy^2\,dx+(x^2y^2+x^2y)\,dy=0$

1-10　一階線性微分方程式

定義 1-10-1

形如

$$\dfrac{dy}{dx}+P(x)y=Q(x) \tag{1-10-1}$$

的微分方程式稱為 y 的**一階線性微分方程式**.

定義 *1-10-2*

形如

$$\frac{dx}{dy} + H(y)x = K(y) \tag{1-10-2}$$

的微分方程式稱為 x 的**一階線性微分方程式**.

現在我們來討論 (1-10-1) 式的解法，首先將 (1-10-1) 式整理成

$$[P(x)y - Q(x)]\,dx + dy = 0 \tag{1-10-3}$$

現在

$$\frac{\partial}{\partial y}[P(x)y - Q(x)] = P(x),\ \text{而}\ \frac{\partial}{\partial y}(1) = 0$$

故 (1-10-3) 式不為正合微分方程式，除非 $P(x) = 0$. 若當 $P(x) = 0$ 時，則 (1-10-1) 式就變成變數可分離的微分方程式. 然而，(1-10-3) 式確實具有一個積分因子 $\mu(x)$，現以 $\mu(x)$ 乘 (1-10-3) 式各項，可得

$$[\mu(x)P(x)y - \mu(x)Q(x)]\,dx + \mu(x)\,dy = 0 \tag{1-10-4}$$

(1-10-4) 式應為正合微分方程式. 依正合的條件，可得

$$\frac{\partial}{\partial y}[\mu(x)P(x)y - \mu(x)Q(x)] = \frac{\partial}{\partial x}\mu(x)$$

故

$$\mu(x)P(x) = \frac{d\mu(x)}{dx}$$

即

$$\frac{d\mu(x)}{\mu(x)} = P(x)\,dx$$

可得

$$\ln \mu(x) = \int P(x)\,dx$$

或

$$\mu(x) = e^{\int P(x)\,dx} \tag{1-10-5}$$

(1-10-5) 式確為只含 x 的函數，由於積分因子只需一個，式中已取積分常數為零. 將此積分因子乘 (1-10-1) 式，可得

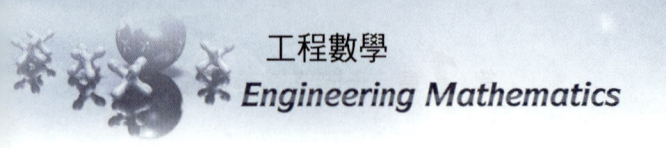

$$e^{\int P(x)\,dx} \frac{dy}{dx} + e^{\int P(x)\,dx} P(x)y = Q(x)\, e^{\int P(x)\,dx}$$

或

$$\frac{d}{dx}(e^{\int P(x)\,dx}\, y) = Q(x)\, e^{\int P(x)\,dx}$$

故

$$e^{\int P(x)\,dx}\, y = \int e^{\int P(x)\,dx}\, Q(x)\, dx + c$$

即

$$y = e^{-\int P(x)\,dx} \left[\int e^{\int P(x)\,dx}\, Q(x)\, dx + c \right]$$

定理 1-10-1

一階線性微分方程式

$$\frac{dy}{dx} + P(x)y = Q(x)$$

之積分因子為 $\mu(x) = e^{\int P(x)\,dx}$，其**通解**為

$$y = e^{-\int P(x)\,dx} \left[\int e^{\int P(x)\,dx}\, Q(x)\, dx + c \right]. \tag{1-10-6}$$

定理 1-10-2

一階線性微分方程式

$$\frac{dx}{dy} + H(y)x = K(y)$$

之積分因子為 $\mu(y) = e^{\int H(y)\,dy}$，其**通解**為

$$x = e^{-\int H(y)\,dy} \left[\int e^{\int H(y)\,dy}\, K(y)\, dy + c \right]. \tag{1-10-7}$$

【例題 1】解微分方程式 $\dfrac{dy}{dx} - 3y = 0$.

解 利用 (1-10-6) 式，由於 $Q(x) = 0$，故直接求得

$$y = ce^{-\int (-3)\,dx} = ce^{3x}.$$

【例題 2】試解微分方程式 $\dfrac{dy}{dx} + (\cot x)y = 2x \csc x$

解
$$\begin{aligned}
y &= e^{-\int \cot x\,dx} \left(\int e^{\int \cot x\,dx} \cdot 2x \csc x\,dx + c \right) \\
&= e^{-\ln|\sin x|} \left(\int e^{\ln|\sin x|} \cdot 2x \csc x\,dx + c \right) \\
&= \dfrac{1}{|\sin x|} \left(\int 2x |\sin x| \csc x\,dx + c \right) \\
&= x^2 \csc x + c \csc x, \text{ 其中 } c \text{ 為常數}.
\end{aligned}$$

【例題 3】解微分方程式 $\sin x \dfrac{dy}{dx} + (\cos x)y = 0$.

解 將原微分方程式變成 $\dfrac{dy}{dx} + (\cot x)y = 0$

利用 (1-10-6) 式, 可得 $y = ce^{-\int \cot x\,dx} = ce^{-\ln|\sin x|} = \dfrac{c}{|\sin x|}$.

【例題 4】解微分方程式 $x\dfrac{dy}{dx} - 4y = x^6 e^x$.

解 因 $\dfrac{dy}{dx}$ 前面之係數不為 1, 故原微分方程式變成

$$\dfrac{dy}{dx} - \dfrac{4}{x} y = x^5 e^x$$

利用 (1-10-6) 式, 可得

$$\begin{aligned}
y &= e^{\int \frac{4}{x} dx} \left(\int e^{-\int \frac{4}{x} dx} x^5 e^x\,dx + c \right) = e^{4\ln|x|} \left(\int e^{-4\ln|x|} x^5 e^x\,dx + c \right) \\
&= x^4 \left(\int x e^x\,dx + c \right) \ (\text{令 } u = x, \ dv = e^x\,dx, \ \text{則 } du = dx, \ v = e^x) \\
&= x^4 \left(x e^x - \int e^x\,dx + c \right) = x^4 (x e^x - e^x + c).
\end{aligned}$$

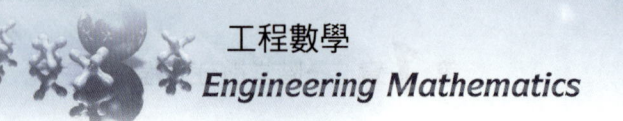

【例題 5】解初期值問題

$$\begin{cases} \dfrac{dy}{dx}+2xy=x \\ y(0)=-3 \end{cases}.$$

解 利用 (1-10-6) 式,而得

$$y=e^{-\int 2x\,dx}\left(\int e^{\int 2x\,dx}\,x\,dx+c\right)=e^{-x^2}\left(\int xe^{x^2}\,dx+c\right)$$

$$=e^{-x^2}\left(\dfrac{1}{2}\int e^{x^2}\,d(x^2)+c\right)=e^{-x^2}\left(\dfrac{1}{2}e^{x^2}+c\right)=\dfrac{1}{2}+ce^{-x^2}$$

當 $x=0$ 時,$y=-3$,可得 $c=-\dfrac{7}{2}$,故微分方程式的解為

$$y=\dfrac{1}{2}-\dfrac{7}{2}e^{-x^2}$$

其解曲線之圖形如圖 1-10-1 所示.

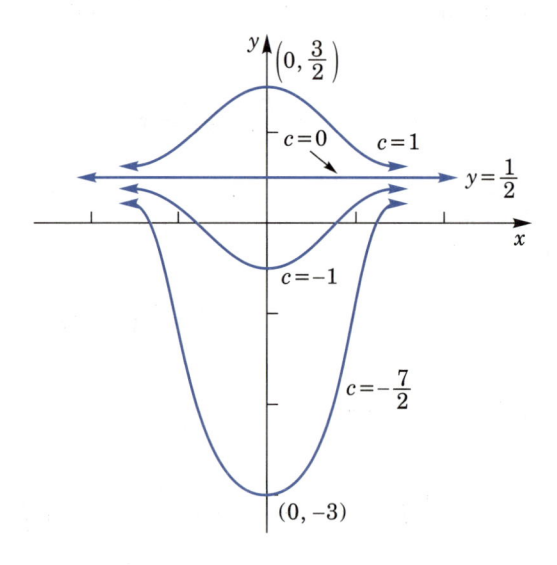

圖 1-10-1

【例題 6】解微分方程式 $(\cos^2 x - y\cos x)\,dx - (1+\sin x)\,dy = 0$.

解 首先將微分方程式改寫成 $\dfrac{dy}{dx}=\dfrac{\cos^2 x - y\cos x}{1+\sin x}$

即 $$\frac{dy}{dx}+\frac{\cos x}{1+\sin x}y=\frac{\cos^2 x}{1+\sin x}$$

故 $y=e^{-\int\frac{\cos x}{1+\sin x}dx}\left(\int e^{\int\frac{\cos x}{1+\sin x}dx}\cdot\frac{\cos^2 x}{1+\sin x}dx+c\right)$

$=e^{-\ln(1+\sin x)}\left(\int e^{\ln(1+\sin x)}\cdot\frac{\cos^2 x}{1+\sin x}dx+c\right)$

$=\frac{1}{1+\sin x}\left(\int(1+\sin x)\cdot\frac{\cos^2 x}{1+\sin x}dx+c\right)$

$=\frac{1}{1+\sin x}\left(\int\cos^2 x\,dx+c\right)=\frac{1}{1+\sin x}\left(\int\frac{\cos 2x+1}{2}dx+c\right)$

$=\frac{1}{1+\sin x}\left(\frac{1}{4}\sin 2x+\frac{x}{2}+c\right)$

即 $(1+\sin x)y=\frac{1}{4}\sin 2x+\frac{x}{2}+c$ 為所求，其中 c 為常數．

【例題 7】解微分方程式 $y\,dx-(3x+y^4)\,dy=0$.

解 將原式變成以 x 當因變數的線性微分方程式

$$\frac{dx}{dy}-\frac{3}{y}x=y^3$$

利用 (1-10-7) 式，可得

$x=e^{-\int\left(-\frac{3}{y}\right)dy}\left(\int e^{-\int\frac{3}{y}dy}\,y^3\,dy+c\right)$

$=e^{3\ln|y|}\left(\int e^{-3\ln|y|}\,y^3\,dy+c\right)=|y|^3\left(\int\frac{1}{|y|^3}y^3\,dy+c\right)$

$=\begin{cases}y^3\left(\int\dfrac{1}{y^3}y^3\,dy+c\right), & \text{若 } y>0\\ -y^3\left(\int\dfrac{1}{-y^3}y^3\,dy+c\right), & \text{若 } y<0\end{cases}$

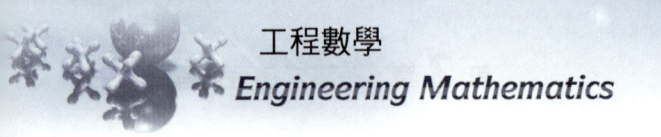

$$= \begin{cases} y^3(y+c) & \text{若 } y>0 \\ -y^3(-y+c) & \text{若 } y<0 \end{cases} = \begin{cases} y^4+cy^3, & \text{若 } y>0 \\ y^4-cy^3, & \text{若 } y<0 \end{cases}$$

$$= y^4 + cy^3 \text{ (因為 } c \text{ 為任意常數)}$$

【例題 8】解初期值問題 $\begin{cases} \dfrac{dy}{dx} = \dfrac{1}{x+y^2} \\ y(-2)=0 \end{cases}$.

解 將原微分方程式變成

$$\frac{dx}{dy} = x + y^2 \quad \text{或} \quad \frac{dx}{dy} - x = y^2$$

利用 (1-10-7) 式，可得

$$x = e^{-\int(-1)dy}\left(\int e^{-\int dy} y^2\, dy + c\right) = e^y\left(\int e^{-y} y^2\, dy + c\right)$$

現在以分部積分法求 $\int e^{-y} y^2\, dy$.

令 $u = y^2, dv = e^{-y} dy$，則 $du = 2y\, dy, v = -e^{-y}$

$$\int e^{-y} y^2\, dy = -y^2 e^{-y} + 2\int y e^{-y}\, dy$$

再令 $u = y, dv = e^{-y} dy$，則 $du = dy, v = -e^{-y}$.

故 $$\int e^{-y} y^2\, dy = -y^2 e^{-y} + 2\left(-y e^{-y} + \int e^{-y}\, dy\right)$$
$$= -y^2 e^{-y} - 2y e^{-y} - 2e^{-y}$$

所以，

$$x = e^y\left(\int e^{-y} y^2\, dy + c\right) = e^y(-y^2 e^{-y} - 2y e^{-y} - 2e^{-y} + c)$$
$$= -y^2 - 2y - 2 + ce^y$$

當 $x = -2$ 時，$y = 0$，可得 $c = 0$，故 $x = -y^2 - 2y - 2$ 為原微分方程式的

圖 1-10-2

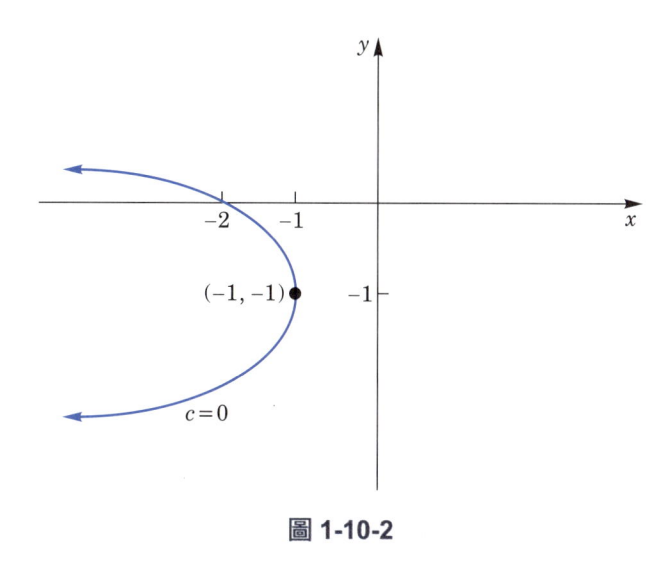

解，其解曲線之圖形如圖 1-10-2 所示.

【例題 9】解初期值問題 $\begin{cases} x\dfrac{dy}{dx}+y=e^x \\ y(1)=e \end{cases}$.

解 將原微分方程式變成 $\dfrac{dy}{dx}+\dfrac{1}{x}y=\dfrac{e^x}{x}$.

上式為 y 之一階線性微分方程式，依通解之公式得

$$y=e^{-\int\frac{1}{x}dx}\left(\int e^{\int\frac{1}{x}dx}\cdot\frac{e^x}{x}dx+c\right)=e^{-\ln|x|}\left(\int e^{\ln|x|}\cdot\frac{e^x}{x}dx+c\right)$$

$$=\frac{1}{|x|}\left(\int\frac{|x|e^x}{x}dx+c\right)=\frac{e^x}{x}+\frac{c}{x}$$

因 $y(1)=e$，代入上式得 $e=e+c$，即 $c=0$，故 $y=\dfrac{e^x}{x}$ 為所求.

【例題 10】設可微分函數 $y(t)$ 滿足於方程式

$$y(t)=\int_0^t y(s)\,ds+t+2$$

求 $y(t)$.

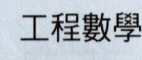

解 原方程式之兩邊對 t 微分，並由原方程式可得初期值問題

$$\begin{cases} y'(t) = \dfrac{d}{dt}\left[\displaystyle\int_0^t y(s)\,dx + t + 2\right] = y(t) + 1 \\ y(0) = 2 \end{cases}$$

故
$$\begin{aligned}
y(t) &= e^{\int dt}\left(\int e^{-\int dt}\,1 + dt + c\right) \\
&= e^t\left(\int e^{-t}\,dt + c\right) \\
&= e^t(-e^{-t} + c) \\
&= ce^t - 1
\end{aligned}$$

由 $y(0) = 2$，求得 $2 = ce^0 - 1$，即 $c = 3$，所以 $y(t) = 3e^t - 1$ 為所求．

習題 1-6

試解下列各微分方程式．

1. $\dfrac{dy}{dx} + y = \sin x$

2. $\dfrac{dy}{dx} - 2xy = x$

3. $x\dfrac{dy}{dx} + 2y = \dfrac{\cos 5x}{x}$

4. $(x^2 + 1)\dfrac{dy}{dx} + 4xy = x$

5. $y^2\,dx + (3x - 1)\,dy = 0$

6. $(1 + x^2)(dy - dx) = 2xy\,dx$

7. $\dfrac{dy}{dx} + (\tan x)\,y = \cos x$

8. $y\dfrac{dx}{dy} + \dfrac{x}{\ln y} = 1$

9. $\dfrac{dy}{dx} + (\tan x)\,y = \sin 2x$

10. $(x+1)y' + \tan y - (x^2 - 1)\sec y = 0$

11. $2xy\dfrac{dy}{dx} + 2y^2 = 3x - 6$

試解下列各初期值問題．

12. $\begin{cases} x\dfrac{dy}{dx} - 2y = 2x^4 \\ y(2) = 8 \end{cases}$

13. $\begin{cases} \dfrac{dy}{dx} + 3x^2 y = x^2 \\ y(0) = 2 \end{cases}$

14. $\begin{cases} \dfrac{dr}{d\theta} + r\tan\theta = \cos^2\theta \\ r\left(\dfrac{\pi}{4}\right) = 1 \end{cases}$

15. $\begin{cases} \dfrac{d^2x}{dt^2} + (\tan t)\dfrac{dx}{dt} = \cos t \\ x(0) = 1 = x'(0),\ -\dfrac{\pi}{2} < t < \dfrac{\pi}{2} \end{cases}$

16. 試證變數變換法 $v = f(y)$ 可將微分方程式

$$\frac{df(y)}{dy}\frac{dy}{dx} + P(x)f(y) = Q(x)$$

化成 v 的線性微分方程式.

17. 試利用 16 題之結果，解微分方程式

$$(y+1)\frac{dy}{dx} + x(y^2 + 2y) = x$$

1-11 可化成線性的微分方程式

某些非線性的微分方程式經過適當的變數變換後，便可化成線性微分方程式. 我們現在討論兩種典型的非線性微分方程式.

定義 1-11-1

形如

$$\frac{dy}{dx} + P(x)y = Q(x)y^n,\ n \neq 0 \text{ 或 } 1 \tag{1-11-1}$$

之微分方程式稱為**柏努利方程式** (Bernoulli's equation).

當 $n=0$ 時，(1-11-1) 式變成線性微分方程式. 又 $n=1$ 時，則 (1-11-1) 式變成變數可分離的微分方程式. 此種微分方程式，依變數變換可化成一階線性微分方程式，再利用積分因子即可求得其通解.

以 y^n 除 (1-11-1) 式，可得

$$y^{-n}\frac{dy}{dx} + P(x)y^{-n+1} = Q(x) \tag{1-11-2}$$

令 $v=y^{-n+1}$，則

$$\frac{dv}{dx} = (-n+1)y^{-n}\frac{dy}{dx}$$

代入 (1-11-2) 式，可得

$$\frac{1}{1-n}\frac{dv}{dx} + P(x)y^{1-n} = Q(x)$$

或

$$\frac{dv}{dx} + (1-n)P(x)v = (1-n)Q(x)$$

故

$$v = e^{-(1-n)\int P(x)dx}\left(\int (1-n)Q(x)e^{(1-n)\int P(x)dx}dx + c\right)$$

$$= e^{(n-1)\int P(x)dx}\left(c - (n-1)\int Q(x)e^{(1-n)\int P(x)dx}dx\right).$$

【例題 1】試解微分方程式 $x\dfrac{dy}{dx} + y = \dfrac{1}{y^2}$。

解 將原方程式變成 $y^2\dfrac{dy}{dx} + \dfrac{y^3}{x} = \dfrac{1}{x}$

令 $v=y^3$，則 $\quad \dfrac{dv}{dx} = \dfrac{d}{dx}y^3 = 3y^2\dfrac{dy}{dx}$

故 $\quad y^2\dfrac{dy}{dx} = \dfrac{1}{3}\dfrac{dv}{dx}$

代入上式得一以 v 為因變數之一階線性微分方程式如下

$$\frac{1}{3}\frac{dv}{dx} + \frac{1}{x}v = \frac{1}{x}$$

即

$$\frac{dv}{dx} + \frac{3}{x}v = \frac{3}{x}$$

上式之解為 $\quad v = e^{\int -\frac{3}{x}dx}\left(\int e^{\int \frac{3}{x}dx}\dfrac{3}{x}dx + c\right)$

$$
\begin{aligned}
&= e^{-3\ln|x|}\left(\int e^{3\ln|x|}\frac{3}{x}dx+c\right)\\
&= \frac{1}{|x|^3}\left(\int |x|^3\frac{3}{x}dx+c\right)\\
&= \begin{cases}\dfrac{1}{x^3}\left(\int x^3\dfrac{3}{x}dx+c\right),\text{若 }x>0\\[2mm] -\dfrac{1}{x^3}\left(\int -x^3\dfrac{3}{x}dx+c\right),\text{若 }x<0\end{cases}\\
&= \begin{cases}\dfrac{1}{x^3}(x^3+c),\text{若 }x>0\\[2mm] -\dfrac{1}{x^3}(-x^3+c),\text{若 }x<0\end{cases}\\
&= \begin{cases}1+cx^{-3},\text{若 }x>0\\ 1-cx^{-3},\text{若 }x<0\end{cases}\\
&= 1+cx^{-3}\;(\text{因 }c\text{ 為任意常數})
\end{aligned}
$$

以 $v=y^3$ 代入上式，可求得 $y^3=1+cx^{-3}$.

【例題 2】解微分方程式 $\dfrac{dy}{dx}+\dfrac{1}{x}y=3x^2y^3$.

解 此為 $n=3$ 的柏努利方程式，將原式等號兩邊除以 y^3，得

$$y^{-3}\frac{dy}{dx}+\frac{1}{x}y^{-2}=3x^2$$

令 $y^{-2}=v$，則 $-2y^{-3}\dfrac{dy}{dx}=\dfrac{dv}{dx}$ 代入上式得

$$-\frac{1}{2}\frac{dv}{dx}+\frac{1}{x}v=3x^2 \;\text{ 或 }\; \frac{dv}{dx}-\frac{2}{x}v=-6x^2$$

此為 v 的一階線性微分方程式. 其通解為

$$v=e^{\int\frac{2}{x}dx}\left[\int e^{-\int\frac{2}{x}dx}\cdot(-6x^2)\,dx+c\right]$$

$$= e^{2\ln|x|}\left[\int e^{-2\ln|x|}\cdot(-6x^2)\,dx+c\right]$$

$$= x^2\left(-6\int dx+c\right)=x^2(c-6x)=(cx^2-6x^3)$$

故原微分方程式之通解為 $y^{-2}=\dfrac{1}{x^2(c-6x)}$.

【例題 3】解微分方程式 $dx-(xy+x^2y^3)\,dy=0$.

解 將原方程式變成為 $\dfrac{dx}{dy}-yx=y^3x^2$，對 x 而言，其為 $n=2$ 之柏努利方程式，以 x^2 除全式，可得

$$x^{-2}\dfrac{dx}{dy}-x^{-1}y=y^3$$

令 $-x^{-1}=v$，則 $x^{-2}\dfrac{dx}{dy}=\dfrac{dv}{dy}$，代入上式可得 $\dfrac{dv}{dy}+yv=y^3$

此為 v 之一階線性微分方程式，其通解為

$$v=e^{-\int y\,dy}\left(\int e^{\int y\,dy}\cdot y^3\,dy+c\right)=e^{-\frac{1}{2}y^2}\left(\int e^{\frac{1}{2}y^2}\cdot y^3\,dy+c\right)$$

$$=e^{-\frac{1}{2}y^2}\left(y^2 e^{\frac{y^2}{2}}-2e^{\frac{y^2}{2}}+c\right)=y^2-2+ce^{-\frac{1}{2}y^2}$$

將 $v=-\dfrac{1}{x}$ 代入上式，則求得原微分方程式之通解為

$$-\dfrac{1}{x}=y^2-2+ce^{-\frac{1}{2}y^2} \text{ 或 } x=\dfrac{1}{2-y^2-ce^{-\frac{1}{2}y^2}}，\text{其中 } c \text{ 為常數}.$$

【例題 4】試用兩種不同方法求解 $(e^x+3y^2)\,dx+2xy\,dy=0$.

解 方法 1：

因 $\dfrac{\dfrac{\partial M}{\partial y}-\dfrac{\partial N}{\partial x}}{N}=\dfrac{6y-2y}{2xy}=\dfrac{2}{x}=f(x)$

得知
$$\mu(x) = e^{\int \frac{2}{x} dx} = e^{2\ln|x|} = x^2$$

為原微分方程式之一積分因子，故

$$x^2(e^x + 3y^2)\,dx + 2x^3 y\,dy = 0$$

為正合微分方程式．上式即為

$$x^2 e^x\,dx + d(x^3 y^2) = 0$$

得

$$\int x^2 e^x\,dx + \int d(x^3 y^2) = c_1$$

即 $(x^2 - 2x + 2)e^x + x^3 y^2 = c$ 為所求．

方法 2：

原方程式乘以 $\dfrac{1}{2xy}$ 可化為柏努利方程式

$$\frac{dy}{dx} + \frac{3}{2x}y = -\frac{e^x}{2x}y^{-1}$$

由柏努利方程式之解法先乘以 $2y$，得

$$2y\frac{dy}{dx} + \frac{3}{x}y^2 = -\frac{e^x}{x}$$

令 $v = y^2$，則 $\dfrac{dv}{dx} = 2y\dfrac{dy}{dx}$，代入上式可得

$$\frac{dv}{dx} + \frac{3}{x}v = -\frac{e^x}{x}$$

此為 v 的一階線性微分方程式，其通解為

$$v = e^{-\int \frac{3}{x} dx}\left[\int e^{\int \frac{3}{x} dx}\left(-\frac{e^x}{x}\right)dx + c\right]$$

$$= e^{-3\ln|x|}\left[\int e^{3\ln|x|}\left(-\frac{e^x}{x}\right)dx + c\right]$$

$$= \frac{1}{|x|^3}\left[\int |x|^3\left(-\frac{e^x}{x}\right)dx + c\right]$$

$$= \begin{cases} \dfrac{1}{x^3}\left[\int x^3\left(-\dfrac{e^x}{x}\right)dx + c\right], & \text{若 } x > 0 \\ -\dfrac{1}{x^3}\left[\int -x^3\left(-\dfrac{e^x}{x}\right)dx + c\right], & \text{若 } x < 0 \end{cases}$$

$$= \begin{cases} -\dfrac{1}{x^3}\left(\int x^2 e^x\, dx - c\right), & \text{若 } x > 0 \\ -\dfrac{1}{x^3}\left(\int x^2 e^x\, dx + c\right), & \text{若 } x < 0 \end{cases}$$

現在以分部積分法求 $\int x^2 e^x\, dx$.

令 $u = x^2$, $dv = e^x\, dx$, 則 $du = 2x\, dx$, $v = e^x$.

故
$$\int x^2 e^x\, dx = x^2 e^x - \int 2xe^x\, dx$$

再令 $u = x$, $dv = e^x\, dx$, 則 $du = dx$, $v = e^x$.

$$\int x^2 e^x\, dx = x^2 e^x - 2\left(xe^x - \int e^x\, dx\right)$$
$$= x^2 e^x - 2(xe^x - e^x)$$
$$= e^x(x^2 - 2x + 2)$$

故
$$v = \frac{1}{x^3}[-e^x(x^2 - 2x + 2) + c]$$

故原微分方程式之通解為 $y^2 = \dfrac{1}{x^3}[-e^x(x^2 - 2x + 2) + c]$

即
$$x^3 y^2 + e^x(x^2 - 2x + 2) = c.$$

【例題 5】解 $(y - x^2)\dfrac{dy}{dx} + xy = 0$.

解 原方程式變成
$$\frac{dx}{dy} = -\frac{y - x^2}{xy} = -\frac{1}{x} + \frac{x}{y}$$

即
$$\frac{dx}{dy} - \frac{1}{y}x = -\frac{1}{x}$$

或
$$x\frac{dx}{dy} - \frac{1}{y}x^2 = -1$$

令 $v = x^2$，則 $\frac{dv}{dy} = 2x\frac{dx}{dy}$，代入上式可得

$$\frac{1}{2}\frac{dv}{dy} - \frac{1}{y}v = -1$$

或
$$\frac{dv}{dy} - \frac{2}{y}v = -2$$

因而
$$v = e^{\int \frac{2}{y} dy} \left(-2\int e^{-\int \frac{2}{y} dy} \, dy + c \right)$$

$$= e^{2\ln|y|} \left(-2\int e^{-2\ln|y|} \, dy + c \right)$$

$$= y^2 \left(-2\int y^{-2} \, dy + c \right)$$

$$= y^2 \left(\frac{2}{y} + c \right) = y(2 + cy)$$

故原微分方程式的通解為 $x^2 = y(2 + cy)$.

定義 1-11-2

形如
$$\frac{dy}{dx} = P(x) + Q(x)y + R(x)y^2 \tag{1-11-3}$$

之微分方程式稱為**李克特方程式** (Riccati's equation)，其中 P、Q 與 R 皆為 x 的函數.

若李克特方程式之一特解為已知時，則可利用變數變換將原方程式變成

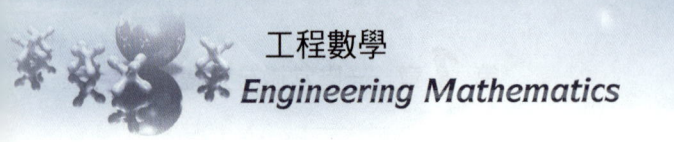

柏努利微分方程式，再經第二次變數變換，就可以化成一階線性微分方程式。現在假設 y_1 為由觀察可得或為一已知之特解，令 $y=y_1+z$ 代入 (1-11-3) 式，可得

$$\frac{dy_1}{dx}+\frac{dz}{dx}=P+Qy_1+Qz+Ry_1^2+2Ry_1z+Rz^2 \qquad (1\text{-}11\text{-}4)$$

因 y_1 為一特解，故應滿足 (1-11-3) 式，即

$$\frac{dy_1}{dx}=P+Qy_1+Ry_1^2$$

代入 (1-11-4) 式可得

$$\frac{dz}{dx}=z(Q+2Ry_1)+Rz^2 \qquad (1\text{-}11\text{-}5)$$

此為 $n=2$ 之柏努利方程式。再令 $z^{-1}=u$ 或 $z=\dfrac{1}{u}$，則 (1-11-5) 式可化成

$$-\frac{1}{u^2}\frac{du}{dx}=\frac{1}{u}(Q+2Ry_1)+\frac{R}{u^2}$$

或

$$\frac{du}{dx}+(Q+2Ry_1)u=-R$$

此為線性微分方程式，若直接設 $y=y_1+\dfrac{1}{u}$，亦可將李克特方程式化成線性微分方程式。

【例題 6】解微分方程式 $x^3\dfrac{dy}{dx}=x^2y+y^2-x^2$。

解 將原方程式變成 $\dfrac{dy}{dx}=-\dfrac{1}{x}+\dfrac{y}{x}+\dfrac{1}{x^3}y^2$，此式即為 $P(x)=-\dfrac{1}{x}$，$Q(x)=\dfrac{1}{x}$，$R(x)=\dfrac{1}{x^3}$ 的李克特方程式。

由觀察可知，當 $y=x$ 時，上式等號兩邊皆為 1，故 $y=x$ 為原式的特解，令 $y_1=x$，並設 $y=y_1+\dfrac{1}{u}=x+\dfrac{1}{u}$，代入原式可得

$$\frac{du}{dx}+\left(\frac{1}{x}+\frac{2}{x^2}\right)u=-\frac{1}{x^3}$$

此式為 u 的線性微分方程式，故

$$u=e^{-\int\left(\frac{1}{x}+\frac{2}{x^2}\right)dx}\left[\int e^{\int\left(\frac{1}{x}+\frac{2}{x^2}\right)dx}\left(-\frac{1}{x^3}\right)dx+c\right]$$

$$=e^{-\ln|x|}\,e^{\frac{2}{x}}\left(-\int e^{\ln|x|}\,e^{-\frac{2}{x}}\frac{1}{x^3}\,dx+c\right)$$

$$=|x|^{-1}\,e^{\frac{2}{x}}\left(-\int |x|\,e^{-\frac{2}{x}}\frac{1}{x^3}\,dx+c\right)$$

$$=\begin{cases}\dfrac{e^{\frac{2}{x}}}{x}\left(-\dfrac{1}{2}e^{-\frac{2}{x}}+c\right),\text{若 }x>0\\[2ex]\dfrac{e^{\frac{2}{x}}}{-x}\left(\dfrac{1}{2}e^{-\frac{2}{x}}+c\right),\text{若 }x<0\end{cases}$$

$$=\begin{cases}\dfrac{ce^{\frac{2}{x}}}{x}-\dfrac{1}{2x},\text{若 }x>0\\[2ex]-\dfrac{ce^{\frac{2}{x}}}{x}-\dfrac{1}{2x},\text{若 }x<0\end{cases}$$

$$=\frac{ce^{\frac{2}{x}}}{x}-\frac{1}{2x}\ (\text{因 }c\text{ 為任意常數})$$

故原微分方程式的通解為

$$y=x+\frac{1}{u}=x+\frac{1}{\dfrac{ce^{2/x}}{x}-\dfrac{1}{2x}}=x+\frac{2x}{2ce^{2/x}-1}$$

$$=\frac{2cxe^{2/x}+x}{2ce^{2/x}-1}=\frac{kxe^{2/x}+x}{ke^{2/x}-1}\ (k=2c).$$

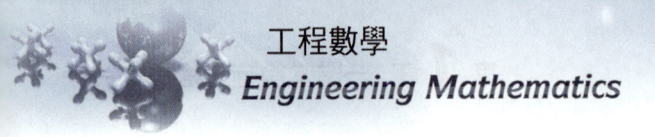

【例題 7】試解 $(x^2-1)\dfrac{dy}{dx}+y^2-2xy+1=0$.

解 因原微分方程式為李克特方程式，當 $y=x$ 可滿足原微分方程式，故 $y=x$ 為微分方程式之特解，令 $y_1=x$，並設 $y=y_1+\dfrac{1}{u}=x+\dfrac{1}{u}$，代入原式可得

$$(x^2-1)\left(1-\dfrac{1}{u^2}\dfrac{du}{dx}\right)+\left(x+\dfrac{1}{u}\right)^2-2x\left(x+\dfrac{1}{u}\right)+1=0$$

化簡得

$$\dfrac{du}{dx}=\dfrac{1}{x^2-1}$$

積分得

$$u=\dfrac{1}{2}\ln\left|\dfrac{x-1}{x+1}\right|+\ln c=\ln\left|\dfrac{x-1}{x+1}\right|^{1/2}+\ln c$$

故原微分方程式之通解為

$$y=x+\dfrac{1}{\ln c\left|\dfrac{x-1}{x+1}\right|^{1/2}}$$

即

$$c\left|\dfrac{x-1}{x+1}\right|^{1/2}=e^{\frac{1}{y-x}}.$$

習題 1-7

試解下列各微分方程式.

1. $\dfrac{dy}{dx}+xy=xy^2$

2. $\dfrac{dy}{dx}+\dfrac{y}{x}=xy^2$

3. $\dfrac{dy}{dx}+y=xy^3$

4. $x\dfrac{dy}{dx}+y=-2x^6y^4$

5. $\dfrac{dx}{dt}+\dfrac{t+1}{2t}x=\dfrac{t+1}{xt}$

6. $\dfrac{dy}{dx}=x+y(1-2x)-y^2(1-x)$ （已知 $y=1$ 為一特解）

7. $2xy'+y+3x^2y^2=0$

8. $y' + xy^2 - (2x+1)y + x + 1 = 0$ (已知 $y = 1$ 為一特解)

9. $x\dfrac{dy}{dx} - y + 2y^2 = 2x^2$ (已知 $y = x$ 為一特解)

10. $\dfrac{dy}{dx} + \dfrac{1}{3}y = \dfrac{1}{3}(1-2x)y^4$

11. $x\,dy - [y + xy^3(1 + \ln x)]\,dx = 0$

試解下列初期值問題．

12. $\begin{cases} \dfrac{dy}{dx} + \dfrac{y}{2x} = \dfrac{x}{y^3} \\ y(1) = 2 \end{cases}$

13. $\begin{cases} x\dfrac{dy}{dx} + 4y = (xy)^{3/2} \\ y(1) = 4 \end{cases}$

1-12　一階微分方程式的應用

一、幾何問題

令
$$F(x, y, c) = 0 \tag{1-12-1}$$

為 xy- 平面上具有一個參變數的曲線族，若一曲線與 (1-12-1) 式的曲線族正交，則稱它為已知曲線族的**正交軌線** (orthogonal trajectory)．因此，若一曲線族的每一曲線皆與另一曲線族的每一曲線正交，則稱此兩曲線族互為**正交軌線**．正交軌線在物理學或工程應用上均甚常見，例如靜電學裡，**電力線** (electric force line) 與**等位線** (equipotential line) 互為正交軌線．首先，我們來討論一種較簡單的正交軌線族．設 c 為任一常數，則方程式

$$y = cx^2 \tag{1-12-2}$$

表一拋物線族，可得

$$y' = 2cx$$

又因 $c = \dfrac{y}{x^2}$，故

$$y' = 2\dfrac{y}{x} \tag{1-12-3}$$

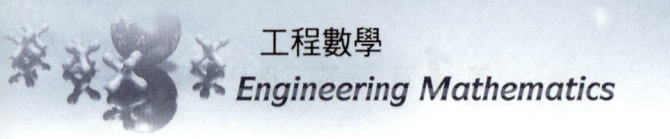

我們想求與拋物線族 (1-12-2) 式成正交的曲線族，即此兩曲線族均被彼此正交．於是，由 (1-12-3) 式可知所求曲線族在點 (x, y) 之切線的斜率為

$$y' = -\frac{x}{2y} \tag{1-12-4}$$

此為變數可分離的微分方程式．由 (1-12-4) 式可得

$$y^2 = -\frac{1}{2}x^2 + k$$

或

$$\frac{x^2}{2k} + \frac{y^2}{k} = 1$$

其中 $k > 0$，故我們所求的曲線族顯然為一橢圓族，如圖 1-12-1 所示.

令
$$F(x, y, c) = 0 \tag{1-12-5}$$

為 xy- 平面上具有一個參變數的曲線族，若一曲線與 (1-12-5) 式的曲線族相交成定角 $\alpha \neq \pi/2$，則稱它為已知曲線族的**斜交軌線** (oblique trajectory).

我們欲求與拋物線族 (1-12-2) 式相交成 $\pi/4$ 的曲線族，如圖 1-12-2 所示．

由圖可知
$$\tan(\phi_2 - \phi_1) = \tan\frac{\pi}{4}$$

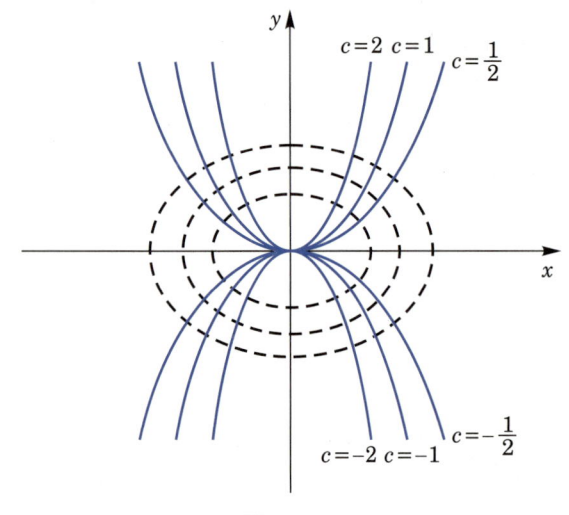

圖 1-12-1

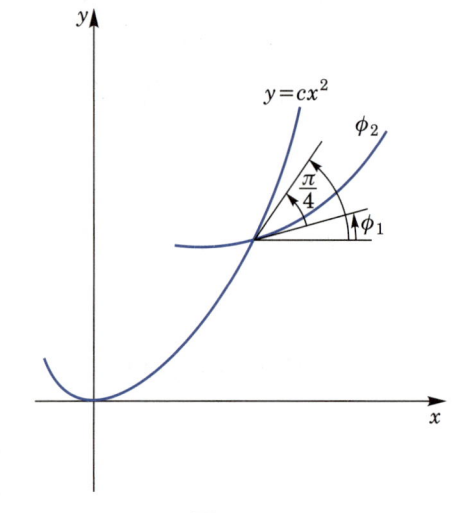

圖 1-12-2

即
$$\frac{\tan\phi_2 - \tan\phi_1}{1 + \tan\phi_2 \tan\phi_1} = \tan\frac{\pi}{4}$$

但 $\tan\phi_2 = \dfrac{2y}{x}$，若令 $\tan\phi_1 = y'$，則

$$\frac{\dfrac{2y}{x} - y'}{1 + \dfrac{2y}{x}y'} = 1$$

即
$$(2y + x)y' = 2y - x$$

上式為齊次微分方程式．令 $y = vx$，則可化成

$$\frac{4v + 2}{2v^2 - v + 1}v' = -\frac{2}{x}$$

得
$$\int\frac{4v - 1}{2v^2 - v + 1}dv + \int\frac{3}{2\left[\left(\dfrac{\sqrt{7}}{4}\right)^2 + \left(v - \dfrac{1}{4}\right)^2\right]}dv = -\int\frac{2}{x}dx$$

故
$$\ln(2v^2 - v + 1) + \frac{3}{2}\cdot\frac{1}{\dfrac{\sqrt{7}}{4}}\tan^{-1}\frac{v - \dfrac{1}{4}}{\dfrac{\sqrt{7}}{4}} = -2\ln|x| + k$$

即
$$\ln\left(\frac{2y^2 - xy + x^2}{x^2}\right) + \frac{6}{\sqrt{7}}\tan^{-1}\left(\frac{4y - x}{\sqrt{7}x}\right) = -\ln x^2 + k$$

所以，
$$\ln\left(2y^2 - xy + x^2\right) + \frac{6}{\sqrt{7}}\tan^{-1}\left(\frac{4y - x}{\sqrt{7}x}\right) = k$$

為所求的曲線族．

【例題 1】試求通過原點且圓心在 x- 軸上之圓族曲線的正交軌線．

解 圖 1-12-3 之圓族方程式為

$$x^2 + y^2 = 2kx \quad\cdots\cdots\cdots\cdots\cdots\cdots\cdots\cdots\cdots\cdots\cdots\cdots\text{①}$$

圖 1-12-3

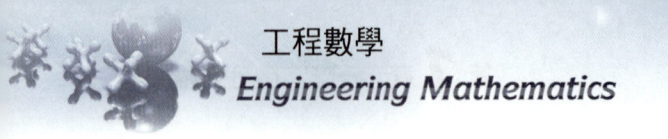

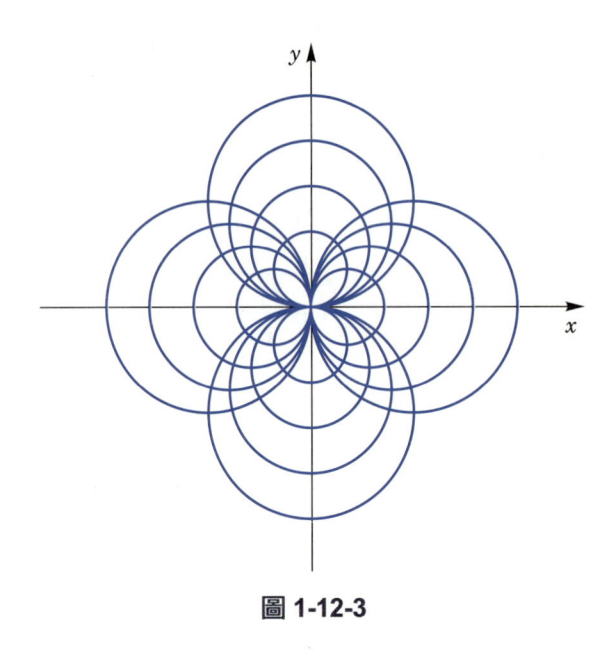

上式可化簡為

$$(x-k)^2+y^2=k^2 \quad \cdots\cdots\cdots\cdots\cdots\cdots\cdots\cdots\cdots\cdots ②$$

即為圓心在 $(k, 0)$ 上且通過原點之圓族方程式，其中 k 為參數，可以為正值或負值．微分 ② 式得

$$x+yy'=k$$

將上式代入 ① 式中，得

$$x^2+y^2=2x(x+yy')$$

或

$$y'=\frac{y^2-x^2}{2xy}$$

故此圓族之斜率為

$$\frac{dy}{dx}=y'=\frac{y^2-x^2}{2xy}$$

其負倒數為 $\dfrac{2xy}{x^2-y^2}$，即為與所予的圓垂直相交之所有曲線的斜率，要想求得正交軌線，只要解下列的微分方程式

$$\frac{dy}{dx} = \frac{2xy}{x^2 - y^2}$$

或　　　　　　　　　$(x^2 - y^2)dy - 2xy\,dx = 0$　…………………③

上式為二次齊次微分方程式，令 $y = vx$，則 $dy = v\,dx + x\,dv$，代入 ③ 式，得

$$(x^2 - v^2 x^2)(v\,dx + x\,dv) - 2x^2 v\,dx = 0$$

展開化簡得　　　$(1 - v^2)x\,dv - v(1 + v^2)\,dx = 0$

將上式分離變數後再積分得

$$\int \frac{1 - v^2}{v(1 + v^2)}\,dv - \int \frac{dx}{x} = \ln|c_1|$$

$$\int \left(\frac{1}{v} - \frac{2v}{1 + v^2}\right) dv - \int \frac{dx}{x} = \ln|c_1|$$

即　　　　　　$\ln|v| - \ln|1 + v^2| - \ln|x| = \ln|c_1|$

$$\ln\left|\frac{v}{1 + v^2}\right| = \ln|c_1 x|$$

令 $c_1 = \dfrac{1}{2c}$，則　　　$\dfrac{v}{1 + v^2} = \dfrac{x}{2c}$

再將 $y = vx$ 代入上式並重新組合，可得

$$\frac{\dfrac{y}{x}}{1 + \dfrac{y^2}{x^2}} = \frac{x}{2c}$$

即　　　　　　　　　$x^2 + y^2 = 2cy$

上式為圓心在 y- 軸上點 $(0, c)$ 處並通過原點之圓族方程式．兩圓族曲線永遠正交．

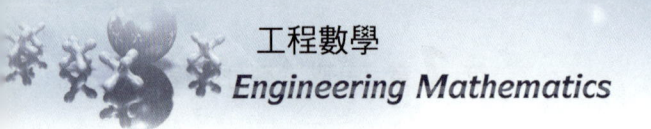

二、衰變問題

依據實驗得知，一種放射性物質在 t 時刻的衰變速率與該物質在 t 時刻的殘留量成正比，今若以 $x(t)$ 表此物質在 t 時刻的殘留量，則此物質在 t 時刻的衰變速率可以用一階微分方程式

$$\frac{dx}{dt} = -kx \tag{1-12-6}$$

表示之，其中 $k>0$ 為比例常數，而負號則因 x 為遞減函數．利用變數分離，寫成

$$\frac{dx}{x} = -k\,dt$$

可得

$$\ln x = -kt + \ln c$$

或

$$x = ce^{-kt} \tag{1-12-7}$$

其中積分常數 c 必須由已知初期條件始能決定．例如，若 x_0 為該物質在 $t=0$ 時的殘留量，則 $c=x_0$，而 (1-12-7) 式變成

$$x(t) = x_0\,e^{-kt} \tag{1-12-8}$$

此時若 k 為已知，則 (1-12-8) 式即表任意時刻 t 的殘留量，但若 k 為未知時，則需另加一條件始能確定．例如，假設 $x(t_1)=x_1$，將其代入 (1-12-8) 式，則

$$k = \frac{1}{t_1}\ln\frac{x_0}{x_1}$$

【例題 2】某一放射性物質的衰變速率與當時該物質的存量成正比．在開始 $t=0$ 時有 2 克的放射性物質，試問在開始衰變以後的時間中，其存量的變化如何？

解 令 $y(t)$ 表放射性物質在 t 時刻所具有的存量，則 $\dfrac{dy}{dt}$ 表存量的變化速率．依放射性理論，$\dfrac{dy}{dt}$ 與 y 成正比，即

$$\frac{dy}{dt} \propto y$$

所以
$$\frac{dy}{dt} = ky$$

上式中，k 為一固定的物理常數，其數值因不同的放射性物質而異．因物質的存量隨時間增加而減少，故 $\frac{dy}{dt}$ 為負，即 k 必為負值．解上面微分方程式，可得

$$\frac{dy}{y} = k\,dt$$

$$\ln|y| = \int k\,dt = kt + c_1$$

即
$$|y| = e^{kt+c_1} = e^{c_1} \cdot e^{kt}$$

故
$$y = ce^{kt}\,(c = \pm e^{c_1})$$

今將初期條件 $y(0)=2$，代入上式可得

$$y(0) = ce^0 = 2, \quad 即\ c = 2$$

故特解為 $y = 2e^{kt}$．

依此特解可決定放射性物質在任意時刻 $t \geq 0$ 的存量．

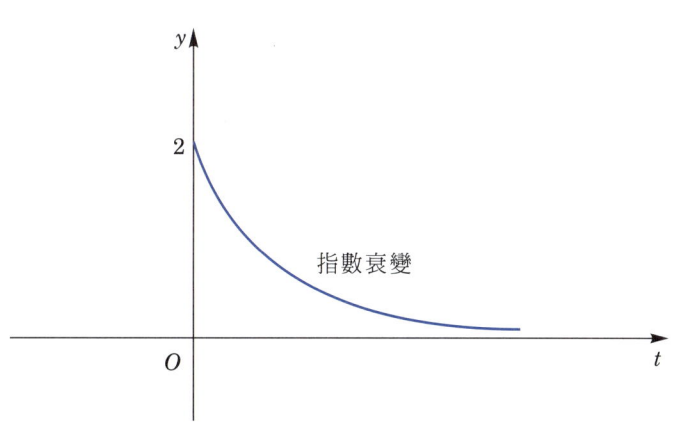

圖 1-12-4

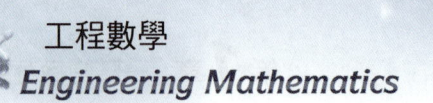

因物理常數 k 為負值，故 $y(t)$ 係隨時間 t 增加而減少，稱為**指數衰變** (exponential decay)，如圖 1-12-4 所示．

三、冷卻問題

根據**牛頓冷卻定律** (Newton's law of cooling)，一物體冷卻的速率與其本身溫度與周圍溫度的差成正比．因此，若 $T(t)$ 為某物體在 t 時刻的溫度，又若 T_0 (常數) 為其周圍環境的溫度，則該物體之溫度的時間變化率為 dT/dt，則牛頓冷卻定律可表成

$$\frac{dT}{dt} = -k(T - T_0) \tag{1-12-9}$$

或

$$\frac{dT}{dt} + kT = kT_0 \tag{1-12-10}$$

其中 $k > 0$ 為比例常數．

【例題 3】一物體在溫度為 $50°F$ 時置於戶外，其戶外溫度為 $100°F$．如果 5 分鐘後物體的溫度變成 $60°F$，試求：(1) 此物體的溫度要到達 $75°F$ 時，需要多久？(2) 20 分鐘以後，此物體的溫度如何？

解 利用 (1-12-10) 式，以 $T_0 = 100$ 代入，我們求得

$$\frac{dT}{dt} + kT = 100k$$

此微分方程式為 T 之一階線性微分方程式，其通解為

$$\begin{aligned} T &= e^{-\int k\,dt}\left(\int e^{\int k\,dt} 100k\,dt + c\right) \\ &= e^{-kt}\left(\int e^{kt} 100k\,dt + c\right) \\ &= e^{-kt}[100e^{kt} + c] \\ &= ce^{-kt} + 100 \end{aligned}$$

因為當 $t = 0$ 時，$T = 50$，代入通解中可得

$$50 = ce^{-k(0)} + 100 \quad 或 \quad c = -50$$

故
$$T = -50e^{-kt} + 100$$

在 $t=5$ 時，$T=60$，代入上式可得

$$60 = -50e^{-5k} + 100$$

即
$$-40 = -50e^{-5k}$$

或
$$k = \frac{-1}{5}\ln\frac{40}{50} = -\frac{1}{5}(-0.223) = 0.045$$

代入上式可得物體在任何時刻 t 的溫度為

$$T = -50e^{-0.045t} + 100$$

(1) 將 $T=75$ 代入上式，可得

$$75 = -50e^{-0.045t} + 100$$

或
$$e^{-0.045t} = \frac{1}{2}$$

$$-0.045t = \ln\frac{1}{2}$$

故
$$t = 15.4 \text{分鐘}$$

(2) 將 $t=20$ 代入

$$75 = -50e^{-0.045t} + 100$$

中，可得

$$T = -50e^{(-0.045)(20)} + 100 = -50(0.41) + 100 = 79.5°\text{F}.$$

四、化學溶液問題

【例題 4】有一圓桶容積為 200 加侖，桶內裝滿含 60 磅之鹽水．在 $t=0$ 時桶內鹽水被以 5 加侖/秒速率抽出，此時以同樣速率注入每加侖含 $\dfrac{1}{10}$

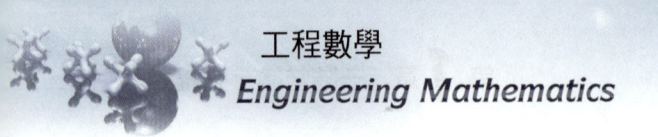

磅鹽之溶液．求在任何時刻 t 桶內含鹽量之表示式．

解 假設在時間 t 溶液內總含鹽量為 s 磅．在 200 加侖圓桶內鹽之濃度為 $\dfrac{s}{200}$，此時鹽被以 $\dfrac{5s}{200}$ 之速率抽出．在同一瞬間桶內每加侖之鹽亦被以 $\dfrac{5}{10}$ 速率注入之鹽溶液所代替．因此含鹽量對時間 t 的變化率為

$$\frac{ds}{dt} = \frac{5}{10} - \frac{5s}{200} \quad 或 \quad \frac{ds}{dt} + \frac{1}{40}s = \frac{1}{2}$$

此為一階線性微分方程式，故

$$s = e^{-\int \frac{1}{40}dt}\left(\int e^{\frac{1}{40}dt} \cdot \frac{1}{2}dt + c\right) = e^{-\frac{t}{40}}\left(\int e^{\frac{t}{40}} \frac{1}{2}dt + c\right)$$

$$= e^{-\frac{1}{40}}\left(20e^{\frac{t}{40}} + c\right) = 20 + ce^{-\frac{t}{40}}$$

利用初期條件 $t=0$ 時，$s=60$，故 $60=20+c$，$c=40$．
所以，在任何時刻 t 桶內含鹽量之表示式為

$$s(t) = 20 + 40e^{-\frac{t}{40}}.$$

五、直線運動問題

【例題 5】一質量為 m 之物體以初速 v_0 垂直向上拋，如果物體所遭遇空氣阻力與它的速度成正比．求

(1) 物體的運動方程式．
(2) 物體的速度表示式．
(3) 物體到達最大高度所需之時間．

解 參考圖 1-12-5 所示．

(1) 由圖示，物體所受重力及空氣阻力均朝下，即所受淨力為

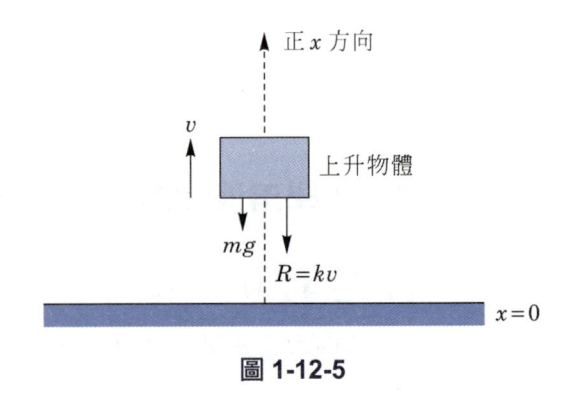

圖 **1-12-5**

$$F = -mg - kv$$

由牛頓第一定律　　　$F = ma = mv'$

因此，　　　$m\dfrac{dv}{dt} = -mg - kv$

即 $\dfrac{dv}{dt} = -g - \dfrac{k}{m}v$，此為所求之運動方程式.

(2) 欲求速度表示式，可解一階線性微分方程式

$$\dfrac{dv}{dt} + \dfrac{k}{m}v = -g$$

故　$v(t) = e^{-\int \frac{k}{m} dt} \left(\int e^{\int \frac{k}{m} dt} g \, dt + c \right) = e^{-\frac{k}{m}t} \left(-\int e^{\frac{k}{m}t} \cdot g \, dt + c \right)$

$= e^{-\frac{k}{m}t} \left(-\dfrac{m}{k} g e^{\frac{k}{m}t} + c \right) = -\dfrac{mg}{k} + ce^{-\frac{k}{m}t}$

因 $t=0$ 時，$v=v_0$，故 $v_0 = -\dfrac{mg}{k} + ce^0$，得 $c = v_0 + \dfrac{mg}{k}$

故物體在任何時刻 t 的速度為

$$v(t) = \left(v_0 + \dfrac{mg}{k} \right) e^{-\frac{k}{m}t} - \dfrac{mg}{k}$$

(3) 當物體到達最大高度時 $v=0$，即

$$0 = \left(v_0 + \dfrac{mg}{k} \right) e^{-\frac{k}{m}t} - \dfrac{mg}{k}$$

解 t 如下

$$e^{-\frac{k}{m}t} = \dfrac{\dfrac{mg}{k}}{v_0 + \dfrac{mg}{k}} = \dfrac{1}{\left(1 + \dfrac{v_0 k}{mg}\right)}$$

$$-\dfrac{k}{m}t = \ln \dfrac{1}{\left(1 + \dfrac{v_0 k}{mg}\right)} = -\ln\left(1 + \dfrac{v_0 k}{mg}\right)$$

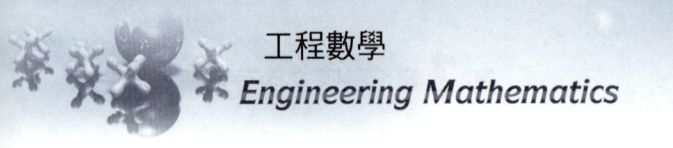

故
$$t = \frac{m}{k} \ln\left(1 + \frac{v_0 k}{mg}\right).$$

六、斜面上的運動問題

【例題 6】設一質量為 m 的物體，在傾角為 θ 的斜面上從頂端由靜止開始下滑，試求下列各情況下之速度變化.

(1) 假設不計摩擦力 (絕對平滑) 和空氣阻力；
(2) 假設考慮摩擦力 (摩擦係數為 μ) 而不計空氣阻力；
(3) 假設又有摩擦力 (摩擦係數為 μ)，又有空氣阻力，其大小與速度成正比 (比例係數為 n).

解 (1) 依據牛頓第二運動定律，首先建立物體運動的微分方程式.

$$m\frac{dv}{dt} = F \quad (F \text{ 為沿運動方向的合力})$$

由於物體只受由重力所產生的下滑分力，故

$$F = mg \sin\theta \quad (\text{與運動方向一致})$$

如圖 1-12-6 所示.

於是，求得初期值問題為

$$\begin{cases} m\dfrac{dv}{dt} = mg\sin\theta \\ v(0) = 0 \end{cases}$$

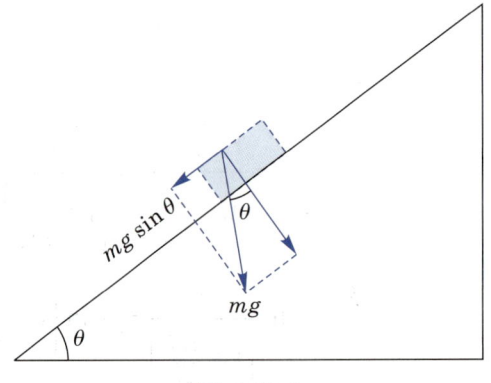

圖 1-12-6

其解即為質量為 m 的物體，沿斜面下滑的速度變化為

$$v(t) = g \sin \theta\, t$$

(2) 將重力 mg 分解為下滑分力 F_1 和物體作用在斜面上之垂直壓力 P，則

$$F_1 = mg \sin \theta,\ P = mg \cos \theta$$

摩擦力 F_2 與垂直壓力 P 成正比，故

$$F_2 = \mu P = \mu mg \cos \theta \qquad \text{(與運動方向相反)}$$

如圖 1-12-7 所示．

物體所受之合力 (淨力) 為

$$F = F_1 - F_2 = mg \sin \theta - \mu mg \cos \theta$$

於是求得初期值問題為

$$\begin{cases} m \dfrac{dv}{dt} = mg \sin \theta - \mu mg \cos \theta \\ v(0) = 0 \end{cases}$$

其解即為物體沿斜面下滑的速度變化

$$v(t) = (g \sin \theta - \mu g \cos \theta)\, t$$

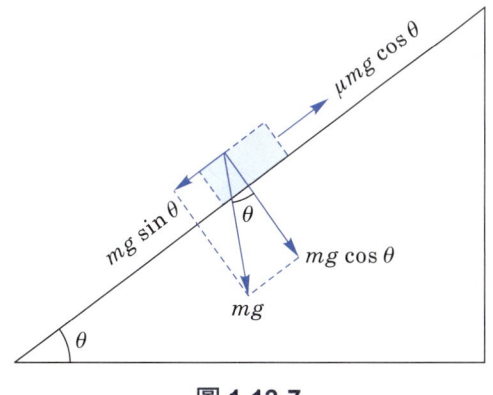

圖 1-12-7

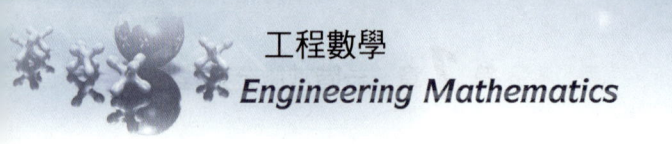

註： 在這種情況下須有 $\tan\theta > \mu$，才能下滑．

(3) 物體沿運動方向所受合力應為

$$F = 下滑力 - 空氣阻力 - 摩擦力$$

即
$$F = mg\sin\theta - nv - \mu mg\cos\theta$$

如圖 1-12-8 所示．

於是求得初期值問題為

$$\begin{cases} m\dfrac{dv}{dt} = mg\sin\theta - nv - \mu mg\cos\theta \\ v(0) = 0 \end{cases}$$

即
$$\begin{cases} \dfrac{dv}{dt} + \dfrac{n}{m}v = g\sin\theta - \mu g\cos\theta \\ v(0) = 0 \end{cases}$$

解此一階線性微分方程式，得

$$v(t) = e^{-\int \frac{n}{m}dt}\left[\int e^{\int \frac{n}{m}dt}(g\sin\theta - \mu g\cos\theta)\,dt + c\right]$$

$$= e^{-\frac{n}{m}t}\left[\int e^{\frac{n}{m}t}(g\sin\theta - \mu g\cos\theta)\,dt + c\right]$$

$$= e^{-\frac{n}{m}t}\left[\dfrac{mg}{n}(\sin\theta - \mu\cos\theta)e^{\frac{n}{m}t} + c\right]$$

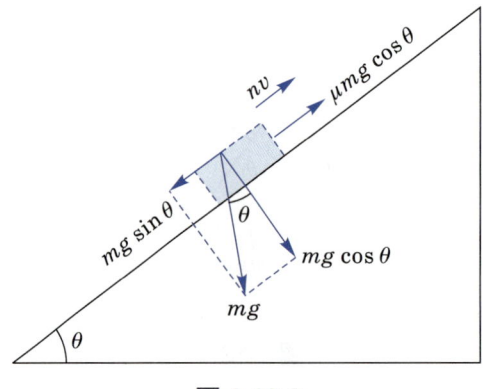

圖 1-12-8

由 $v(0)=0$，得

$$c = -\frac{mg}{n}(\sin\theta - \mu\cos\theta)$$

最後求得物體沿斜面下滑的速度變化為

$$v(t) = \frac{mg}{n}(\sin\theta - \mu\cos\theta)(1 - e^{-\frac{n}{m}t}).$$

七、電路問題

電路中最重要的觀念為**電流**，所謂**電流**即單位時間內流過導體之電荷，其單位為**安培**，1 安培等於 1 庫侖／秒. 由電流之定義，可得下式

$$I = \frac{dQ}{dt} \tag{1-12-11}$$

或

$$Q = \int_0^t I\,dt \tag{1-12-12}$$

在電路中，單位正電荷 (庫侖) 由一個位置移動至另一位置所作的功或能量，稱為兩位置間的**電位差** (potential difference) 或**電壓** (voltage)，電壓之單位為**伏特** (volt). 在一個簡單的 RL 電路或 RC 電路中，最重要的元件為電阻器 (R)、電感器 (L) 及電容器 (C)，此三元件對電壓及電流的關係說明如下：

1. 電阻器

跨於一**電阻器** (resistor) 兩端的電位差或**電壓降** E_R 與流經其上之電流成正比，即

$$E_R = RI \tag{1-12-13}$$

R 為比例常數，即電阻器的電阻值，(1-12-13) 式亦稱為**歐姆定理** (Ohm's law)，R 之單位為**歐姆**，簡稱 Ω.

2. 電感器

跨於一**電感器** (inductor) 兩端的電壓與流經其上之電流隨時間之變化率成正比，即

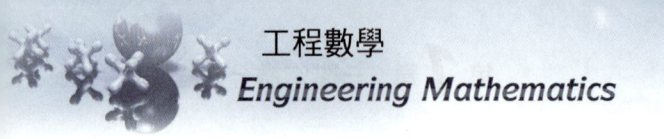

$$E_L = L \frac{dI}{dt} \tag{1-12-14}$$

(1-12-14) 式中之 L 為比例常數，即電感器的 **電感** (inductance)，單位為 **亨利** (Henry)．若將 (1-12-14) 式寫成積分形態，若時間由 $t=0$ 開始，則

$$I = \frac{1}{L} \int_0^t E_L \, dt \tag{1-12-15}$$

3. 電容器

跨於一 **電容器** (capacitor) 兩端之電壓與電容器上所儲存之電荷 Q 成正比，若時間由 $t=0$ 開始，則

$$E_C = \frac{1}{C} Q = \frac{1}{C} \int_0^t I \, dt \tag{1-12-16}$$

(1-12-16) 式中之 C 為比例常數，即電容器的 **電容** (capacitance)，單位為 **法拉** (farad)．

一階線性微分方程式常應用於解電路問題，而解電路問題除了要瞭解電路三元件之外，尚得瞭解 **克希荷夫定律**．

1. 克希荷夫電流定律 (Kirchhoff's current law)

在電路中任一 **節點** (node) 上，流進節點電流之代數和為零，或流進節點之電流等於流出節點之電流．

2. 克希荷夫電壓定律 (Kirchhoff's voltage law)

在封閉電路中，指定方向電壓升高之代數和為零，或電壓升高等於電壓降落．

【例題 7】在一個串聯電路中，用一恆定電感 L、恆定電阻 R 及恆定電壓 V．又該電路中的電流係由下列的微分方程式所控制

$$L \frac{dI}{dt} + RI = V$$

試求電流 I 的方程式，又電流是時間 t 的函數，求 $\lim_{t \to \infty} I(t)$ 之值．

解 將上列的方程式改寫成

$$\frac{dI}{dt} + \frac{R}{L}I = \frac{V}{L} \quad \cdots\cdots\cdots\cdots\cdots\cdots\cdots (*)$$

此為一階線性微分方程式，令 $P(t) = \frac{R}{L}$, $Q(t) = \frac{V}{L}$.

積分因子為 $\mu(t) = e^{\int P(t)\,dt} = e^{\frac{R}{L}t}$，以積分因子乘 (*) 式等號兩端，得

$$e^{\left(\frac{R}{L}\right)t} \frac{dI}{dt} + e^{\left(\frac{R}{L}\right)t} \frac{R}{L} I = \frac{V}{L} e^{\left(\frac{R}{L}\right)t}$$

即

$$\frac{d}{dt}\left(I e^{\left(\frac{R}{L}\right)t}\right) = \frac{V}{L} e^{\left(\frac{R}{L}\right)t}$$

$$\Rightarrow I e^{\left(\frac{R}{L}\right)t} = \int \frac{V}{L} e^{\left(\frac{R}{L}\right)t} \, dt = \frac{V}{L} \cdot \frac{L}{R} e^{\left(\frac{R}{L}\right)t} + c$$

$$\Rightarrow I e^{\left(\frac{R}{L}\right)t} = \frac{V}{R} e^{\left(\frac{R}{L}\right)t} + c$$

假如沒有初始電流，我們可假設，當 $t=0$ 時，$I=0$，於是得

$$0 \cdot e^{\left(\frac{R}{L}\right) \cdot 0} = \frac{V}{R} e^{\left(\frac{R}{L}\right) \cdot 0} + c$$

$$0 = \frac{V}{R} + c$$

或

$$c = -\frac{V}{R}$$

最後，我們解得 I

$$I e^{\left(\frac{R}{L}\right)t} = \frac{V}{R} e^{\left(\frac{R}{L}\right)t} - \frac{V}{R}$$

$$I = \frac{\frac{V}{R}\left(e^{\left(\frac{R}{L}\right)t} - 1\right)}{e^{\left(\frac{R}{L}\right)t}} \quad \text{或} \quad I = \frac{V}{R}\left(1 - e^{-\left(\frac{R}{L}\right)t}\right)$$

$$I = \frac{V}{R}\left(1 - \frac{V}{e^{\left(\frac{R}{L}\right)t}}\right)$$

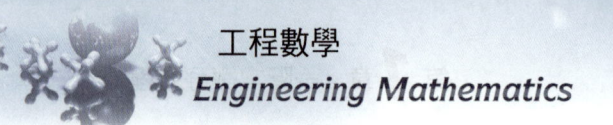

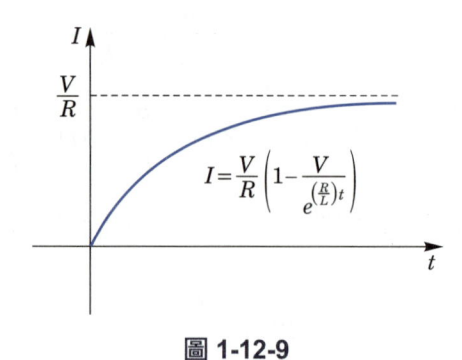

圖 1-12-9

當 $t \to \infty$ 時，$e^{-\left(\frac{R}{L}\right)t} \to 0$，故 $\lim\limits_{t \to \infty} I = \frac{V}{R}$，見圖 1-12-9 所示.

在電流 I 的方程式中，包含了兩項 $\frac{V}{R}$ 與 $\left(\frac{V}{R}\right)e^{-\left(\frac{R}{L}\right)t}$. 此 $\frac{V}{R}$ 項稱為**穩態解** (steady state solution)，表示沒有電感存在時的解 ($RI = V$). 另一項 $\left(\frac{V}{R}\right)e^{-\left(\frac{R}{L}\right)t}$，代表電感的影響，加上了這一項，就稱之為**暫態解** (transient state solution).

【例題 8】下式為一基本電路方程式

$$L\frac{dI}{dt} + RI = E(t) \quad \cdots\cdots\cdots\cdots\cdots\cdots\cdots ①$$

其中 L 為電感，R 為電阻，I 為電流，E 為電壓，如圖 1-12-10 所示. 求在 $E(t) = E_0 =$ 常數及 $t = 0$ 時，$I = I_0$ 的條件下，方程式 ① 之解為何？

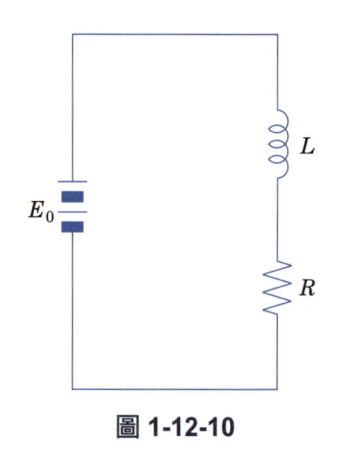

圖 1-12-10

(L、R 設為常數)

解 由已知條件 $E(t)=E_0=$ 常數，代入 ① 式，可得

$$L\frac{dI}{dt}+RI=E_0$$

或

$$\frac{dI}{dt}+\frac{R}{L}I=\frac{E_0}{L}$$

此為線性微分方程式，故

$$I(t)=e^{-\int\frac{R}{L}dt}\left(\int e^{\frac{R}{L}t}\frac{E_0}{L}dt+c\right)$$

$$=e^{-\frac{R}{L}t}\left(\frac{E_0}{R}e^{\frac{R}{L}t}+c\right)=\frac{E_0}{R}+ce^{-\frac{R}{L}t} \quad\cdots\cdots\cdots\cdots\cdots ②$$

將 $t=0$，$I=I_0$ 代入 ② 式，得

$$c=I_0-\frac{E_0}{R}$$

$$I=\frac{E_0}{R}\left(1-e^{-\frac{R}{L}t}\right)+I_0 e^{-\frac{R}{L}t}$$

當 $t\to\infty$ 時，② 式之最後一項趨近於零，故 $I(t)\to\dfrac{E_0}{R}$，亦即在一段長時間之後，I 趨近常數．如果設 $I(0)=0$，則 $c=-\dfrac{E_0}{R}$，① 式之特解為

$$I(t)=\frac{E_0}{R}\left(1-e^{-\frac{R}{L}t}\right)=\frac{E_0}{R}\left(1-e^{-\frac{t}{\tau_L}}\right)$$

其中 $\tau_L=\dfrac{L}{R}$，稱為電感時間常數．如果 ① 式中之 $E(t)=E_0\sin\omega t$，即週期變化的電動勢，則

$$I(t)=e^{-\int\frac{R}{L}dt}\left(\frac{E_0}{L}\int e^{\frac{R}{L}t}\sin\omega t\, dt+c\right)$$

$$= ce^{-\frac{R}{L}t} + \frac{E_0}{L} e^{-\frac{R}{L}t} \int e^{\frac{R}{L}t} \sin \omega t \, dt$$

現在利用公式 $\quad \int e^{ax} \sin bx \, dx = \dfrac{e^{ax}}{a^2+b^2}(a \sin bx - b \cos bx)$

在該式中，a 以 $\dfrac{R}{L}$ 代入，b 以 ω 代入，得

$$I(t) = ce^{-\frac{R}{L}t} + \frac{E_0}{L} e^{-\frac{R}{L}t} \int e^{\frac{R}{L}t} \sin \omega t \, dt$$

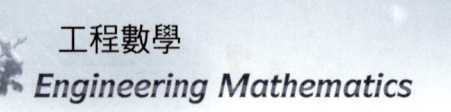

$$= ce^{-\frac{R}{L}t} + \frac{E_0}{L} e^{-\frac{R}{L}t} \frac{e^{\frac{R}{L}t}}{\left(\frac{R}{L}\right)^2 + \omega^2} \left(\frac{R}{L} \sin \omega t - \omega \cos \omega t\right)$$

$$= ce^{-\frac{R}{L}t} + \frac{E_0}{L} \frac{L^2}{R^2 + L^2\omega^2} \left(\frac{R \sin \omega t - L\omega \cos \omega t}{L}\right)$$

$$= ce^{-\frac{R}{L}t} + \frac{E_0}{R^2 + L^2\omega^2} (R \sin \omega t - L\omega \cos \omega t)$$

$$= ce^{-\frac{R}{L}t} + \frac{E_0}{\sqrt{R^2 + \omega^2 L^2}} \sin(\omega t - \delta) \quad\cdots\cdots\cdots\cdots\cdots\cdots ③$$

其中，$\delta = \tan^{-1} \dfrac{\omega L}{R}$.

當 $t \to \infty$ 時，③ 式的第一項趨近零，亦即在足夠的長時間之後，$I(t)$ 實際上為簡諧振動，相角 δ 為 $\omega L/R$ 的函數，如圖 1-12-11 所示．若

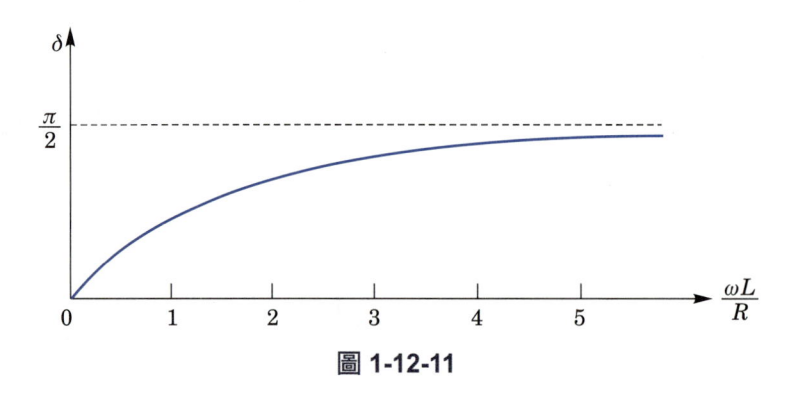

圖 1-12-11

$L = 0$，則 $\delta = 0$，故 $I(t)$ 的振動與 $E(t)$ 同相.

在 $E(t) = E_0 =$ 常數與 $E(t) = E_0 \sin \omega t$ 之兩情況中，② 式的前一項及 ③ 式的後一項稱為**穩態解** (steady state solution)，亦即不會隨著時間的變化而改變；② 式的後一項及 ③ 式的前一項則稱為**暫態解** (transient state solution). 因此我們可知在線路達到穩態之前，需有一短暫的暫態時期，當時間足夠長時方可趨於穩定.

【例題 9】試求圖 1-12-12 RC 串聯電路中之 $I(t)$ 值的大小，其中外加電壓 $E(t) = E$.

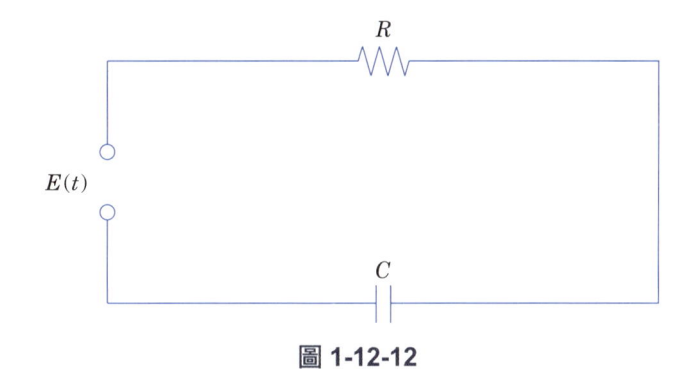

圖 1-12-12

解 由克希荷夫電壓定律得知，

$$RI + \frac{1}{C} \int I \, dt = E$$

將上式對 t 微分，則

$$R \frac{dI}{dt} + \frac{1}{C} I = 0$$

全式除以 R，得

$$\frac{dI}{dt} + \frac{1}{RC} I = 0$$

該式為齊次線性微分方程式，但亦可用分離變數法解之，故將上式分離變數，則

$$\frac{1}{I} dI + \frac{1}{RC} dt = 0$$

得 $$\int \frac{1}{I} dI + \int \frac{1}{RC} dt = K_1$$

故 $$\ln I = -\frac{1}{RC} t + K_1$$

即 $$I = e^{-\frac{1}{RC}t + K_1} = e^{K_1} \cdot e^{-\frac{1}{RC}t}$$

故 $$I(t) = Ke^{-\frac{1}{RC}t}, \text{ 其中 } K = e^{K_1} \quad \cdots\cdots\cdots\text{①}$$

當 $t=0$ 時，電容器視為短路，故 $I(0) = \frac{E}{R}$，代入①式中，得

$$\frac{E}{R} = Ke^0 = K$$

故 $$I(t) = \frac{E}{R} e^{-\frac{1}{RC}t} \quad \cdots\cdots\cdots\text{②}$$

當 $t \to \infty$ 時，$I(t) \to 0$，即表示穩態電流為零，故對直流電壓 E 加於本例題之 RC 電路中時，電容器可視為開路．②式電流之圖形如圖 1-12-13 所示．

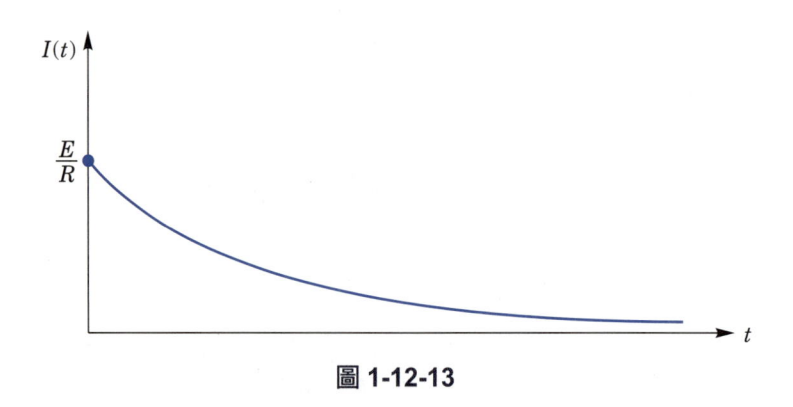

圖 1-12-13

習題 1-8

1. 求直線族 $y=x+k$ 的正交軌線族.
2. 求圓族 $x^2+(y-c)^2=c^2$ 的正交軌線族.
3. 求拋物線族 $y^2=kx$ 的正交軌線族.
4. 求等軸雙曲線 $x^2-y^2=c$ 的正交軌線族.
5. 求與直線族 $y=cx$ 交成 45° 角的斜交軌線族.
6. 求與曲線族 $y=\dfrac{c}{x-1}$ 交成 45° 角的斜交軌線族.
7. 求雙曲線族 $xy=c$ 的正交軌線族.
8. 最初培養數目 N_0 的細菌，於 $t=1$ 小時量得細菌的數目為 $\left(\dfrac{3}{2}\right)N_0$，若生長律定義為 $\dfrac{dx}{dt}=kx$，試決定細菌的數目為最初的三倍時所需的時間.
9. 放射性元素的衰變速率與其殘留量成正比，若一鈾同位素，在 20 天中其衰變量為原有量之半，求其殘留量與時間的關係式.
10. 根據牛頓冷卻定律，物體散熱之速率，即溫度之改變，與該物體和其周圍介質之溫度差成正比：

$$\dfrac{dT}{dt}=-k(T-T_0)$$

其中 T 為物體之溫度，T_0 為周圍介質之溫度，t 為時間．試證明 $T-T_0=(T_1-T_0)e^{-kt}$，T_1 為 $t=0$ 時之 T 值.

11. 一金屬棒之溫度為 100°C 時置於室溫恆為 0°C 之房間內．如果 20 分鐘後，金屬棒溫度為 50°C．求
    (1) 金屬棒溫度降為 25°C 所需之時間.
    (2) 金屬棒在 10 分鐘後的溫度.

12. 一水槽貯存有 100 加侖的鹽水，其最初溶有的鹽為 50 磅，設每加侖含一磅鹽的鹽水以 3 加侖／分的速率流進水槽，而混合溶液則以 2 加侖／分的速率流出水槽，問 30 分鐘之後，槽中的鹽尚有多少？

13. 一水池原盛鹽水 100 加侖，每加侖含鹽一磅，今以每加侖含鹽 2 磅之鹽水，每分鐘注入池中 5 加侖，然後隨時將池中鹽水加以攪勻，另有一出水管將此均勻的鹽

水以每分鐘 5 加侖 (亦即使池中容量永遠保有 100 加侖) 放出，求此項注放行動開始後，池中食鹽在任何時間的總量及鹽量增至 150 磅所需的時間.

14. 自一建築物以 48 呎／秒的速度向上投擲一球，設此建築物係位於地面上方 64 呎，試求

    (1) 此球將上升多高？
    (2) 此球將經歷多少時間落至地面？
    (3) 觸及地面時，此球的速度為何？

15. 有一 RL 電路，外加電壓 5 伏特，其電阻 50 歐姆，電感為 1 亨利，$t=0$ 時，$I=0$，求在時間 t 時的電流 I.

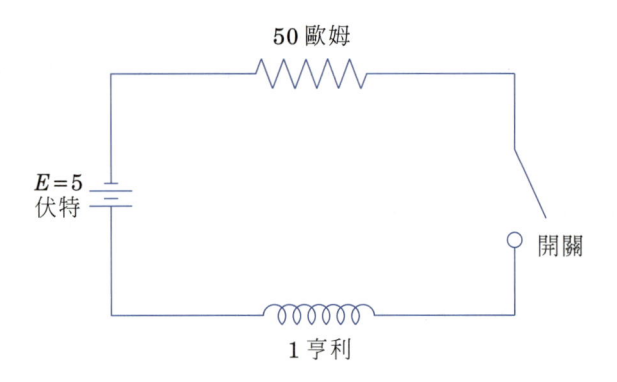

16. 若有一 RL 電路如下圖所示，當開關由位置 2 移至位置 1 後，求在時間 t 時的電流 I. 此處假設開關移動的時間與電流函數中的暫態時間相比可以忽略不計，而其時間參考點 $t=0$ 為連通的瞬間.

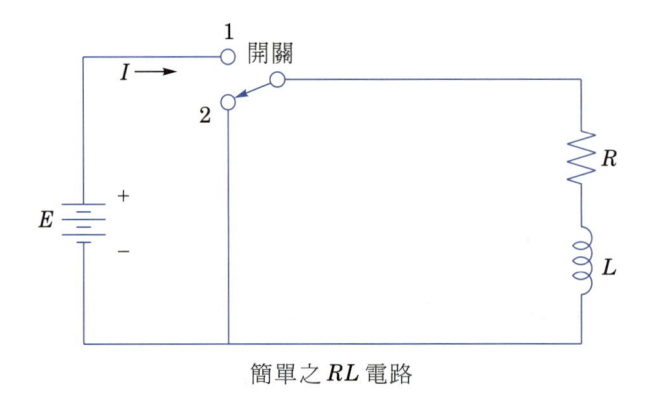

    簡單之 RL 電路

17. 假設一簡單之 RL 電路如下圖所示，電阻為 12 歐姆，電感量為 4 亨利，如果電池供應一固定電壓 60 伏特且當 $t=0$ 時開關是關閉的，故起始時之電流為 $I(0)=0$，

試求 (1) $I(t)$，(2) 1 秒鐘以後之電流，(3) 電流之極限值.

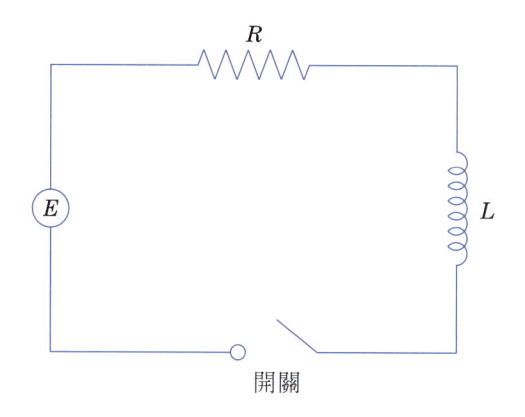

18. 假設上一題之 RL 電路上電阻與電感量均保持不變，我們用一發電機可產生一變動電壓 $E(t)=60\sin 30\,t$ 伏特來取代電池，試求 $I(t)$.

19. 下圖為一 RC 電路包含一電動勢，電容量為 C 法拉之電容器與一 R 歐姆電阻之電阻器．跨於電容器之電壓降為 $\dfrac{Q}{C}$，此處 Q 為電荷 (以庫侖為單位)，故由克希荷夫定律知

$$RI+\frac{Q}{C}=E(t)$$

但 $I=\dfrac{dQ}{dt}$，故我們得知

$$R\frac{dQ}{dt}+\frac{1}{C}Q=E(t)$$

今假設電阻為 5 歐姆，電容量為 0.05 法拉，有一電池供應 60 伏特之固定電壓，且起始電荷為 $Q(0)=0$. 試求在時間 t 時之電荷與電流.

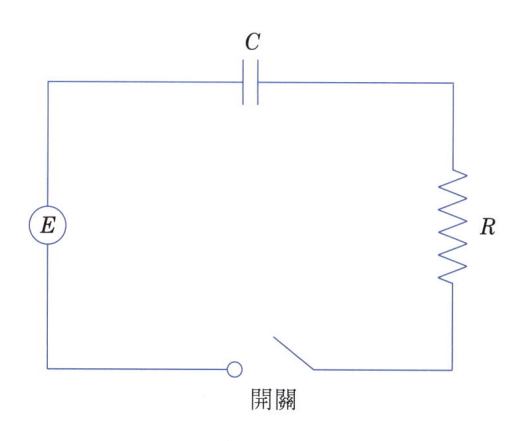

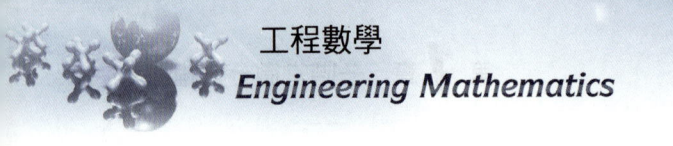

chapter 2

高階線性微分方程式

我們在科學與工程應用方面，經常會遇到線性微分方程式，而即使微分方程式不是線性，亦有可能被化為線性，所以線性微分方程式在實用上非常重要．本章主要的焦點大部分集中在探討二階 (含) 以上的常係數線性微分方程式．

2-1　基本理論

形如

$$a_n(x)y^{(n)}+a_{n-1}(x)y^{(n-1)}+\cdots+a_1(x)y'+a_0(x)y=f(x) \qquad (2\text{-}1\text{-}1)$$

(其中係數函數 $a_0, a_1, \cdots, a_n$ 與 f 在某開區間 I 皆為連續，$a_n(x) \neq 0$) 的微分方程式稱為 **n 階線性微分方程式** (*n* th-order linear differential equation)．在 (2-1-1) 式中，若 $f(x)=0$，即，

$$a_n(x)y^{(n)}+a_{n-1}(x)y^{(n-1)}+\cdots+a_1(x)y'+a_0(x)y=0 \qquad (2\text{-}1\text{-}2)$$

則 (2-1-2) 式稱為**齊次** (homogeneous)；否則稱為**非齊次** (nonhomogeneous)．此時所謂的齊次與一階微分方程式中所提的齊次無關，而是指 (2-1-1) 式的等號右邊為零函數．我們又稱 (2-1-2) 式為 (2-1-1) 式的**補充方程式** (complemenetary equation)．

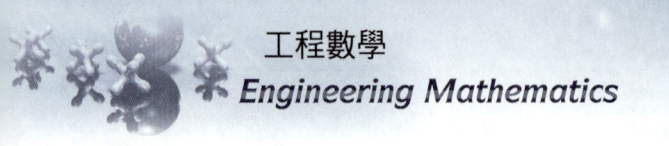

例如，方程式 $xy'' + 3xy' + x^3y = 0$ 為二階齊次線性微分方程式，而方程式 $y''' + xy'' - 3x^2y' - 5y = e^x$ 與 $y''' - 6y'' + 11y' - 6y = \sin x$ 皆為三階非齊次線性微分方程式.

我們現在給出 n 階線性微分方程式的初值問題.

定理 2-1-1　存在唯一定理

設函數 $a_0, a_1, \cdots, a_n$ 與 f 在包含點 x_0 的某開區間 I 皆為連續，且 $y_0, y_1, \cdots, y_{n-1}$ 為 n 個任意實數，則 n 階線性微分方程式

$$a_n(x)y^{(n)} + a_{n-1}(x)y^{(n-1)} + \cdots + a_1(x)y' + a_0(x)y = f(x)$$

在 I 中恰有一個解滿足 n 個初期條件

$$y(x_0) = y_0,\ y'(x_0) = y_1,\ \cdots,\ y^{(n-1)}(x_0) = y_{n-1}$$

在定理 2-1-1 中，n 階線性微分方程式與 n 個初期條件構成一個 n 階初值問題

$$\begin{cases} a_n(x)y^{(n)} + a_{n-1}(x)y^{(n-1)} + \cdots + a_1(x)y' + a_0(x)y = f(x) \\ y(x_0) = y_0 \\ y'(x_0) = y_1 \\ \quad \vdots \\ y^{(n-1)}(x_0) = y_{n-1} \end{cases}$$

【例題 1】考慮初值問題

$$\begin{cases} y'' + 3xy' + x^3y = e^x \\ y(1) = 2 \\ y'(1) = -5 \end{cases}$$

可知係數函數 1、$3x$、x^3 與函數 e^x 在區間 $(-\infty, \infty)$ 皆為連續. 點 $x_0 = 1$ 在 $(-\infty, \infty)$ 內，$y_0 = 2$，$y_1 = -5$. 依定理 2-1-1，我們確定此問題在 $(-\infty, \infty)$ 中有唯一解.

第 **2** 章　高階線性微分方程式

> **定義 2-1-1**
>
> 已知 n 個函數 $f_1, f_2, f_3, \cdots, f_n$，且 $c_1, c_2, c_3, \cdots, c_n$ 為 n 個常數，則
>
> $$c_1 f_1 + c_2 f_2 + c_3 f_3 + \cdots + c_n f_n$$
>
> 稱為 $f_1, f_2, f_3, \cdots, f_n$ 的**線性組合** (linear combination)。

> **定義 2-1-2**
>
> 若 n 個函數 $f_1, f_2, f_3, \cdots, f_n$ 定義在區間 I，且存在 n 個不全為零的常數 $c_1, c_2, c_3, \cdots, c_n$，使得在 I 中，
>
> $$c_1 f_1 + c_2 f_2 + c_3 f_3 + \cdots + c_n f_n = 0$$
>
> 則稱此 n 個函數在 I 為**線性相依** (linearly dependent)。如果上式只在 $c_1 = c_2 = c_3 = \cdots = c_n = 0$ 時才成立，則稱此 n 個函數為**線性獨立** (linearly independent)(即非線性相依)。

【例題 2】函數 $f_1(x) = 1-x, f_2(x) = 1+x, f_3(x) = 1-3x$ 在區間 $(-\infty, \infty)$ 是否為線性相依？

解 我們考慮方程式

$$c_1(1-x) + c_2(1+x) + c_3(1-3x) = 0 \quad \cdots\cdots\cdots\cdots\cdots \text{(*)}$$

並將 (*) 式改寫成

$$(-c_1 + c_2 - 3c_3)x + (c_1 + c_2 + c_3) = 0$$

此方程式僅在 $-c_1 + c_2 - 3c_3 = 0$ 與 $c_1 + c_2 + c_3 = 0$ 時，對所有 x 而言恆成立.

解聯立方程式
$$\begin{cases} -c_1 + c_2 - 3c_3 = 0 \\ c_1 + c_2 + c_3 = 0 \end{cases}$$

可得 $c_1 = -2c_3$，$c_2 = c_3$，c_3 可為任意常數。若選擇 $c_3 = 1$，則可求得一

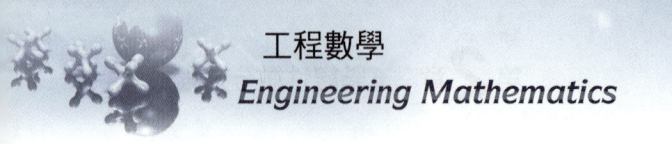

組不為零的常數，$c_1=-2$、$c_2=1$ 與 $c_3=1$，而能使 (*) 式成立，故函數 $1-x$, $1+x$, $1-3x$ 為線性相依.

【例題 3】函數 x、x^2 與 x^3 在 [0, 1] 為線性獨立，因為對所有 $x \in$ [0, 1]，由 $c_1 x + c_2 x^2 + c_3 x^3 = 0$ 可得 $c_1=0$, $c_2=0$, $c_3=0$. (何故？)

有時候，利用定義 2-1-2 去證明 n 個已知函數是線性獨立會出現冗長的計算，因而不是很方便．為了解決這個問題，我們可以考慮一種行列式，稱為**朗士基行列式** (Wronskian).

定義 2-1-3

設 n 個函數 $f_1, f_2, \cdots, f_n$ 皆為 $n-1$ 次可微分，則行列式

$$W(f_1, f_2, \cdots, f_n) = \begin{vmatrix} f_1 & f_2 & \cdots & f_n \\ f_1' & f_2' & \cdots & f_n' \\ f_1'' & f_2'' & \cdots & f_n'' \\ \vdots & \vdots & \vdots & \vdots \\ f_1^{(n-1)} & f_2^{(n-1)} & \cdots & f_n^{(n-1)} \end{vmatrix}$$

稱為這 n 個函數的朗士基行列式．

假設 n 個函數 $f_1, f_2, \cdots, f_n$ 在某區間 I 為線性相依，則存在 n 個不全為零的常數 $c_1, c_2, \cdots, c_n$ 使得

$$c_1 f_1 + c_2 f_2 + \cdots + c_n f_n = 0$$

將此式依序微分 $n-1$ 次，並連同此式可得齊次線性方程組

$$\begin{aligned} c_1 f_1 + c_2 f_2 + \cdots + c_n f_n &= 0 \\ c_1 f_1' + c_2 f_2' + \cdots c_n f_n' &= 0 \\ c_1 f_1'' + c_2 f_2'' + \cdots + c_n f_n'' &= 0 \\ \vdots \quad \vdots \quad \vdots & \\ c_1 f_1^{(n-1)} + c_2 f_2^{(n-1)} + \cdots + c_n f_n^{(n-1)} &= 0 \end{aligned}$$

其中常數 $c_1, c_2, \cdots, c_n$ 為未知數，而係數行列式就是朗士基行列式 $W(f_1, f_2, \cdots, f_n)$。因為至少有一個常數不等於零，所以朗士基行列式等於零。

定理 2-1-2

設 n 個函數 $f_1, f_2, \cdots, f_n$ 在某區間 I 皆為 $n-1$ 次可微分，若 $W(f_1, f_2, \cdots, f_n) \neq 0$，則此 n 個函數在 I 為線性獨立。

【例題 4】試證：函數 $\sin x$、$\cos x$ 在區間 $(-\infty, \infty)$ 為線性獨立。

解 朗士基行列式為

$$W(\sin x, \cos x) = \begin{vmatrix} \sin x & \cos x \\ \cos x & -\sin x \end{vmatrix} = -\sin^2 x - \cos^2 x = -1 \neq 0$$

所以，$\sin x$ 與 $\cos x$ 在 $(-\infty, \infty)$ 為線性獨立。

【例題 5】試問：e^x、e^{-x} 與 e^{2x} 在任何區間是否為線性獨立？

解

$$W(e^x, e^{-x}, e^{2x}) = \begin{vmatrix} e^x & e^{-x} & e^{2x} \\ e^x & -e^{-x} & 2e^{2x} \\ e^x & e^{-x} & 4e^{2x} \end{vmatrix} = e^{2x} \begin{vmatrix} 1 & 1 & 1 \\ 1 & -1 & 2 \\ 1 & 1 & 4 \end{vmatrix} = -6e^{2x} \neq 0$$

所以，此三個函數在任何區間為線性獨立。

定理 2-1-3

n 階齊次線性微分方程式恆有 n 個線性獨立解。若 $y_1, y_2, \cdots, y_n$ 為該微分方程式在某區間 I 中的 n 個線性獨立解，則 $y = c_1 y_1 + c_2 y_2 + \cdots + c_n y_n$ 亦為該微分方程式在 I 中的解 (稱為**通解**)，其中 $c_1, c_2, \cdots, c_n$ 皆為任意常數。

【例題 6】(1) 因 $\sin x$ 與 $\cos x$ 為 $y'' + y = 0$ 在區間 $(-\infty, \infty)$ 中的線性獨立解，故此微分方程式的通解為 $y = c_1 \sin x + c_2 \cos x$。

(2) 因 e^x、e^{-x} 與、e^{2x} 為 $y''' - 2y'' - y' + 2y = 0$ 在 $(-\infty, \infty)$ 中的線性獨立

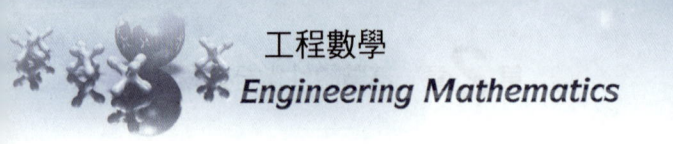

解，故此微分方程式的通解為 $y=c_1e^x+c_2e^{-x}+c_3e^{2x}$.

已知 n 階變係數齊次線性微分方程式

$$a_n(x)y^{(n)}+a_{n-1}(x)y^{(n-1)}+\cdots+a_1(x)y'+a_0(x)y=0.$$

設 y_1 為上式的一個非零解，則利用變換 $y=y_1(x)v(x)$ 可將上式化成以 v' 為因變數的 $n-1$ 階齊次線性微分方程式，這種將原微分方程式化成降低一階的新微分方程式的方法稱為**降階法** (method of reduction of order).

現在，我們考慮二階變係數齊次線性微分方程式

$$a_2(x)y''+a_1(x)y'+a_0(x)y=0 \tag{2-1-3}$$

已知 y_1 為 (2-1-3) 式的一個非零解，令 $y_2=y_1v$，其中 v 為 x 的函數，則

$$y_2'=y_1v'+y_1'v$$
$$y_2''=y_1v''+2y_1'v'+y_1''v$$

可得

$$a_2(x)(y_1v''+2y_1'v'+y_1''v)+a_1(x)(y_1v'+y_1'v)+a_0(x)y_1v=0$$

即，

$$a_2(x)y_1v''+[2a_2(x)y_1'+a_1(x)y_1]v'+[a_2(x)y_1''+a_1(x)y_1'+a_0(x)y_1]v=0$$

因 y_1 為 (2-1-3) 式的一解，可知 v 的係數為零，故上式化成

$$a_2(x)y_1v''+[2a_2(x)y_1'+a_1(x)y_1]v'=0$$

令 $w=v'$，則此式變成

$$a_2(x)y_1w'+[2a_2(x)y_1'+a_1(x)y_1]w=0 \tag{2-1-4}$$

$$\frac{dw}{w}=-\left[\frac{2y_1'}{y_1}+\frac{a_1(x)}{a_2(x)}\right]dx$$

可得

$$\ln|w|=-\ln y_1^2-\int\frac{a_1(x)}{a_2(x)}dx+\ln|c|$$

即，

$$w = \frac{ce^{-\int \frac{a_1(x)}{a_2(x)}dx}}{y_1^2}$$

此為 (2-1-4) 式的通解；取 $c=1$，並利用 $w=v'$，可得

$$v = \int \frac{e^{-\int \frac{a_1(x)}{a_2(x)}dx}}{y_1^2}dx$$

故

$$y_2 = y_1 \int \frac{e^{-\int \frac{a_1(x)}{a_2(x)}dx}}{y_1^2}dx$$

又 $W(y_1, y_2) = \begin{vmatrix} y_1 & y_2 \\ y_1' & y_2' \end{vmatrix} = \begin{vmatrix} y_1 & y_1 v \\ y_1' & y_1 v' + y_1' v \end{vmatrix} = y_1^2 v' = e^{-\int \frac{a_1(x)}{a_2(x)}dx} \neq 0$,

可知 y_1 與 y_2 為兩個線性獨立解.

定理 2-1-4

已知二階齊次線性微分方程式

$$a_2(x)y'' + a_1(x)y' + a_0(x)y = 0$$

的一解為 y_1，則另一線性獨立解為

$$y_2 = y_1 \int \frac{e^{-\int \frac{a_1(x)}{a_2(x)}dx}}{y_1^2}dx$$

通解為 $y = c_1 y_1 + c_2 y_2$.

【例題 7】已知 $y_1 = x$ 為微分方程式

$$(x^2+1)y'' - 2xy' + 2y = 0$$

之一解，求此微分方程式的另一線性獨立解，並寫出微分方程式的通解.

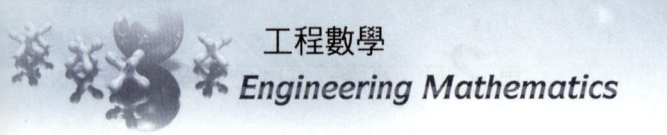

解 另一線性獨立解為

$$y_2 = x\int \frac{e^{\int \frac{2x}{x^2+1}dx}}{x^2}dx = x\int \frac{e^{\ln(x^2+1)}}{x^2}dx = x\int \frac{x^2+1}{x^2}dx$$

$$= x\int (1+x^{-2})\,dx = x\left(x-\frac{1}{x}\right)$$

$$= x^2 - 1$$

故原微分方程式的通解為 $y = c_1 x + c_2(x^2 - 1)$.

【例題 8】微分方程式

$$x^2 y'' + xy' + (x^2 - \alpha^2)y = 0$$

稱為 α **階貝索方程式** (Bessel's equation of order α)，此處 α 為參數. 已知當 $\alpha = \frac{1}{2}$ 時，$y_1(x) = \frac{\sin x}{\sqrt{x}}$ $(x > 0)$ 為其一解，試求另一線性獨立解.

解 另一線性獨立解為

$$y_2(x) = \frac{\sin x}{\sqrt{x}}\int \frac{e^{-\int \frac{x}{x^2}dx}}{\left(\frac{\sin x}{\sqrt{x}}\right)^2}dx = \frac{\sin x}{\sqrt{x}}\int \frac{e^{-\ln x}}{\frac{\sin^2 x}{x}}dx$$

$$= \frac{\sin x}{\sqrt{x}}\int x^{-1}\cdot \frac{x}{\sin^2 x}dx = \frac{\sin x}{\sqrt{x}}\int \csc^2 x\,dx$$

$$= \frac{\sin x}{\sqrt{x}}(-\cot x)$$

$$= -\frac{\cos x}{\sqrt{x}}.$$

【例題 9】已知 $y = e^{2x}$ 為微分方程式 $y'' - 4y' + 4y = 0$ 之一解，求此微分方程式的通解.

解 因 $y_1 = e^{2x}$ 為原微分方程式之一解，另一線性獨立解為

第 2 章　高階線性微分方程式

$$y_2 = e^{2x} \int \frac{e^{-\int (-4)\,dx}}{(e^{2x})^2}\,dx = e^{2x}\int \frac{e^{4x}}{e^{4x}}\,dx = xe^{2x}$$

故通解為 $y = c_1 e^{2x} + c_2 x e^{2x}$.

已知 n 階非齊次線性微分方程式

$$a_n(x)y^{(n)} + a_{n-1}(x)y^{(n-1)} + \cdots + a_1(x)y' + a_0(x)y = f(x) \tag{2-1-5}$$

與 (2-1-5) 式所對應的齊次線性微分方程式或補充方程式

$$a_n(x)y^{(n)} + a_{n-1}(x)y^{(n-1)} + \cdots a_1(x)y' + a_0(x)y = 0 \tag{2-1-6}$$

則

1. (2-1-6) 式的通解稱為 (2-1-5) 式的**補充函數** (complementary function)，記為 y_c.
2. (2-1-5) 式的任何一個不含任意常數的特解稱為 (2-1-5) 式的**特別積分** (particular integral)，記為 y_p.
3. $y_c + y_p$ 稱為 (2-1-5) 式的**通解**.

習題 2-1

1. 判斷下列各組函數為線性相依或線性獨立.
   (1) $1, \cos x, \sin x, -\infty < x < \infty$
   (2) $1, x, x^2, -\infty < x < \infty$
   (3) $\ln x, \ln x^2, \ln x^3, 0 < x < \infty$

2. 已知微分方程式 $x^2 y'' + xy' - 4y = 0$.
   (1) 試證 x^2 與 $\dfrac{1}{x^2}$ 為此方程式在區間 $(0, \infty)$ 上的線性獨立解.
   (2) 寫出已知微分方程式的通解.
   (3) 求滿足初期條件 $y(2) = 3$ 與 $y'(2) = -1$ 的特解.

3. 已知微分方程式 $\dfrac{d^2 y}{dx^2} - 5\dfrac{dy}{dx} + 6y = 0$.

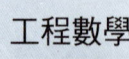

(1) 試證 e^{2x} 與 e^{3x} 為此方程式在區間 $(-\infty, \infty)$ 的線性獨立解.

(2) 寫出該已知方程式的通解.

(3) 求該微分方程式的解，使其滿足初期條件 $y(0)=2$，$y'(0)=3$.

4. 已知 $y_1 = \dfrac{\sin x}{x}$ 為 $y'' + \dfrac{2}{x}y' + y = 0$ 之一解，求另一線性獨立解.

5. 已知 $y_1 = \dfrac{e^x}{x}$ 為 $xy'' + 2y' - xy = 0$ 之一解，求另一線性獨立解.

6. 已知 $y_1 = e^{-2x}$ 為 $(2x+1)y'' + 4xy' - 4y = 0$ 之一解，求另一線性獨立解.

7. 已知 $y_1 = e^{2x}$ 為 $(2x+1)y'' - 4(x+1)y' + 4y = 0$ 之一解，求另一線性獨立解，並寫出其通解.

8. 已知 $y_1 = x^2$ 為 $x^2 y'' - 3xy' + 4y = 0$ 之一解，求另一線性獨立解，並寫出其通解.

9. 已知可微分函數 $f(x)$ 滿足方程式

$$\int_0^x (1+x^2) f''(t)\, dt = 2x\, f(x) - 2\int_0^x f(t)\, dt$$

且 $f(0)=1, f'(0)=3$，求 $f(x)$.

10. 解 $y'' - \dfrac{y'}{x} + \dfrac{y}{x^2} = 1$.

2-2 常係數齊次線性微分方程式

若微分方程式中未知函數及其導函數的係數皆為常數，則稱為**常係數線性微分方程式** (linear differential equation with constant coefficients).

在本節中，我們將探討 n 階常係數齊次線性微分方程式

$$a_n y^{(n)} + a_{n-1} y^{(n-1)} + \cdots + a_1 y' + a_0 y = 0$$

其中 $a_0, a_1, \cdots, a_n$ 皆為實常數，$a_n \neq 0$.

首先，我們考慮二階常係數齊次線性微分方程式

$$a_2 y'' + a_1 y' + a_0 y = 0 \tag{2-2-1}$$

(2-2-1) 式指出 y 之導函數的常數倍相加為零函數. 因 e^{rx} 的導函數為 e^{rx} 的常數倍，故假設

$$y = e^{rx}$$

為 (2-2-1) 式之一解，則

$$y' = e^{rx}, \; y'' = r^2 e^{rx}$$

代入 (2-2-1) 式中，可得

$$a_2 r^2 e^{rx} + a_1 r e^{rx} + a_0 e^{rx} = 0$$

或

$$e^{rx}(a_2 r^2 + a_1 r + a_0) = 0$$

因 $e^{rx} \neq 0$，故

$$a_2 r^2 + a_1 r + a_0 = 0 \tag{2-2-2}$$

(2-2-2) 式稱為 (2-2-1) 式的**輔助方程式** (auxiliary equation) 或**特徵方程式** (characteristic equation).

現在，我們就輔助方程式的根來討論 (2-2-1) 式的解.

1. 若 (2-2-2) 式有相異兩實根 r_1 與 r_2，則我們可求得 (2-2-1) 式的兩個解：$y_1 = e^{r_1 x}$ 與 $y_2 = e^{r_2 x}$

且 y_1 與 y_2 在區間 $(-\infty, \infty)$ 為線性獨立，故其線性組合

$$y = c_1 e^{r_1 x} + c_2 e^{r_2 x}$$

為 (2-2-1) 式的通解.

2. 若 (2-2-2) 式有兩個相等的實根，即，$r_1 = r_2 = r$，則我們僅能得到一個指數函數解 $y_1 = e^{rx}$ 然而，可由 2-1 節所討論的方法求得另一個線性獨立解，故

$$y_2 = e^{rx} \int \frac{e^{-\int \frac{a_1}{a_2} dx}}{e^{2rx}} dx$$

但由二次方程式根的公式，我們得知當兩根相等時，其應具備的充要條件為

$$a_1^2 - 4a_2 a_0 = 0$$

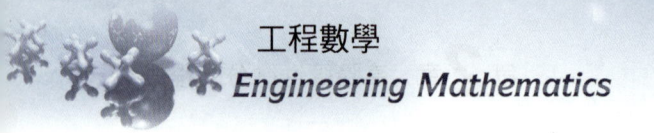

故
$$r = \frac{-a_1 \pm \sqrt{a_1^2 - 4a_2 a_0}}{2a_2} = \frac{-a_1}{2a_2}$$

$$y_2 = e^{rx} \int \frac{e^{\int 2r\,dx}}{e^{2rx}} dx = xe^{rx}$$

故 (2-2-1) 式的通解為 $y = (c_1 + c_2 x)e^{rx}$.

3. 若 (2-2-2) 式有共軛複數根：$r_1 = \alpha + i\beta$ 與 $r_2 = \alpha - i\beta$，此處 α 與 β 皆為實數，且 $i^2 = -1$，則 (2-2-1) 式的兩個線性獨立解為 $e^{(\alpha+i\beta)x}$ 與 $e^{(\alpha-i\beta)x}$，同時，這兩個解的線性組合亦為 (2-2-1) 式的解，故 (2-2-1) 式的通解為

$$y = Ae^{(\alpha+i\beta)x} + Be^{(\alpha-i\beta)x}$$

茲依**歐拉公式** (Euler's formula)

$$e^{i\theta} = \cos\theta + i\sin\theta$$

此處 θ 為任意實數，將 $e^{i\beta x}$ 與 $e^{-i\beta x}$ 分別化成

$$e^{i\beta x} = \cos\beta x + i\sin\beta x$$

與
$$e^{-i\beta x} = \cos\beta x - i\sin\beta x$$

故
$$\begin{aligned}
y &= Ae^{(\alpha+i\beta)x} + Be^{(\alpha-i\beta)x} \\
&= e^{\alpha x}(Ae^{i\beta x} + Be^{-i\beta x}) \\
&= e^{\alpha x}[A(\cos\beta x + i\sin\beta x) + B(\cos\beta x - i\sin\beta x)] \\
&= e^{\alpha x}[(A+B)\cos\beta x + (Ai - Bi)\sin\beta x]
\end{aligned}$$

因 $e^{\alpha x}\cos\beta x$ 與 $e^{\alpha x}\sin\beta x$ 在區間 $(-\infty, \infty)$ 為微分方程式的兩個線性獨立解，而令 $c_1 = A + B$ 與 $c_2 = i(A - B)$，故 (2-2-1) 式的通解為

$$y = e^{\alpha x}(c_1\cos\beta x + c_2\sin\beta x)$$

其次，我們推廣到 n 階常係數齊次線性微分方程式的解法，對下面的 n 階常係數齊次線性微分方程式

$$a_n y^{(n)} + a_{n-1} y^{(n-1)} + \cdots + a_1 y' + a_0 y = 0 \tag{2-2-3}$$

我們必須解 n 次方程式

$$a_n r^n + a_{n-1} r^{n-1} + \cdots + a_1 r + a_0 = 0 \tag{2-2-4}$$

現在，我們依照下列三種情況討論之.

1. 若輔助方程式 (2-2-4) 的根為 n 個相異實根 $r_1, r_2, \cdots, r_n$，則 (2-2-3) 式的 n 個線性獨立解為

$$y_1 = e^{r_1 x}, y_2 = e^{r_2 x}, \cdots, y_n = e^{r_n x}$$

故 (2-2-3) 式的通解為

$$y = c_1 e^{r_1 x} + c_2 e^{r_2 x} + \cdots + c_n e^{r_n x}$$

2. 若輔助方程式 (2-2-4) 有 k 個相等實根 r ($k \leq n$)，則對應於此 k 個重根，(2-2-3) 式通解的一部分為

$$(c_1 + c_2 x + c_3 x^2 + \cdots + c_k x^{k-1}) e^{rax}$$

若 (2-2-4) 式的解尚有 $(n-k)$ 個不等的實根 $r_{k+1}, r_{k+2}, \cdots, r_n$，則 (2-2-3) 式的通解為

$$y = (c_1 + c_2 x + c_3 x^2 + \cdots + c_k x^{k-1}) e^{rx} + c_{k+1} e^{r_{k+1} x} + c_{k+2} e^{r_{k+2} x} + \cdots + c_n e^{r_n x}$$

3. 若輔助方程式 (2-2-4) 有 k 對重複的共軛複數根 $\left(k \leq \dfrac{n}{2} \right)$，$\alpha \pm i\beta$，則對應於此 k 對共軛複數根，(2-2-3) 式之通解的一部分為

$$e^{\alpha x} [(c_1 + c_2 x + c_3 x^2 + \cdots + c_k x^{k-1}) \cos \beta x + (c_{k+1} + c_{k+2} x + \cdots + c_{2k} x^{k-1}) \sin \beta x]$$

為了讓讀者對上述的討論能夠一目了然，且方便理解，今列出一覽表 2-2-1.

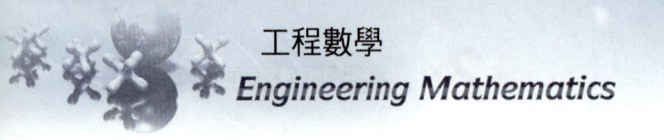

表 2-2-1

n 階常係數齊次線性微分方程式 $a_n y^{(n)} + a_{n-1} y^{(n-1)} + \cdots + a_1 y' + a_0 y = 0$ 輔助方程式 $a_n r^n + a_{n-1} r^{n-1} + \cdots + a_1 r + a_0 = 0$	
輔助方程式之根的性質	微分方程式的通解
n 個相異實根 $r_1, r_2, \cdots, r_n$	$y = c_1 e^{r_1 x} + c_2 e^{r_2 x} + \cdots + c_n e^{r_n x}$
k 個相等實根 r 及 $(k-r)$ 個相異實根 $r_{k+1}, r_{k+2}, \cdots, r_n$	$y = (c_1 + c_2 x + \cdots + c_k x^{k-1}) e^{rx}$ $+ c_{k+1} e^{r_{k+1} x} + c_{k+2} e^{r_{k+2} x} + \cdots + c_n e^{r_n x}$
n 個相等實根 r	$y = (c_1 + c_2 x + \cdots + c_n x^{n-1}) e^{rx}$
k 對重複的共軛複數根 $\alpha \pm i\beta$ 及 $(n-2k)$ 個相異實根 $r_{2k+1}, r_{2k+2}, \cdots, r_n$	$y = e^{\alpha x}[(c_1 + c_2 x + \cdots + c_k x^{k-1}) \cos \beta x$ $+ (c_{k+1} + c_{k+2} x + \cdots + c_{2k} x^{k-1}) \sin \beta x]$ $+ (c_{2k+1} e^{r_{2k+1} x} + \cdots + c_n e^{r_n x})$
k 對重複的共軛複數根 $\alpha \pm i\beta$ 及 $(n-2k)$ 個相等實根 r	$y = e^{\alpha x}[(c_1 + c_2 x + \cdots + c_k x^{k-1}) \cos \beta x$ $+ (c_{k+1} + c_{k+2} x + \cdots + c_{2k} x^{k-1}) \sin \beta x]$ $+ (c_{2k+1} + c_{2k+2} x + \cdots + c_n x^{n-2k-1}) e^{rx}$
$k \left(= \dfrac{n}{2} \right)$ 對重複的共軛複數根 $\alpha \pm i\beta$	$y = e^{\alpha x}[(c_1 + c_2 x + \cdots + c_k x^{k-1}) \cos \beta x$ $+ (c_{k+1} + c_{k+2} x + \cdots + c_{2k} x^{k-1}) \sin \beta x]$

【例題 1】解 $y'' + y' - 6y = 0$.

解 輔助方程式 $r^2 + r - 6 = 0$ 有兩相異實根 2 與 -3，故微分方程式的通解為

$$y = c_1 e^{2x} + c_2 e^{-3x}.$$

【例題 2】解 $y'' - 10y' + 25y = 0$.

解 輔助方程式 $r^2 - 10r + 25 = 0$ 有兩相等實根 5，故微分方程式的通解為

$$y = (c_1 + c_2 x) e^{5x}.$$

【例題 3】解初值問題
$$\begin{cases} y''-4y'+13y=0 \\ y(0)=-1 \\ y'(0)=2 \end{cases}.$$

解 輔助方程式為 $r^2-4r+13=0$，其兩根分別為

$$r_1=2+3i \quad 與 \quad r_2=2-3i$$

故 $$y=e^{2x}(c_1\cos 3x+c_2\sin 3x)$$

代入初期條件 $y(0)=-1$，可得

$$c_1=-1$$

所以， $$y=e^{2x}(-\cos 3x+c_2\sin 3x)$$

又 $y'=e^{2x}(3\sin 3x+3c_2\cos 3x)+2(-\cos 3x+c_2\sin 3x)e^{2x}$

代入 $y'(0)=2$，可得

$$2=3C_2-2$$

$$c_2=\frac{4}{3}$$

因此， $$y=e^{2x}\left(-\cos 3x+\frac{4}{3}\sin 3x\right).$$

【例題 4】解 $y'''-4y''+y'+6y=0$.

解 輔助方程式為

$$r^3-4r^2+r+6=0$$

即， $$(r+1)(r-2)(r-3)=0$$

其三個不等的實根分別為 $-1, 2, 3$
故微分方程式的通解為

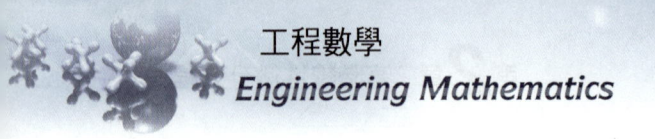

$$y = c_1 e^{-x} + c_2 e^{2x} + c_3 e^{3x}.$$

【例題 5】 解 $y''' + 3y'' - 4y = 0$.

解 輔助方程式為

$$r^3 + 3r^2 - 4 = 0$$

即，
$$(r-1)(r+2)^2 = 0$$

解得其根分別為：$1, -2, -2$.

故微分方程式的通解為

$$y = c_1 e^x + (c_2 + c_3 x)e^{-2x}$$

【例題 6】 解 $3y''' - 19y'' + 36y' - 10y = 0$.

解 輔助方程式為

$$3r^3 - 19r^2 + 36r - 10 = 0$$

即，
$$(3r-1)(r^2 - 6r + 10) = 0$$

解得其根分別為 $\dfrac{1}{3}, 3 \pm i$.

故微分方程式的通解為

$$y = c_1 e^{x/3} + e^{3x}(c_2 \cos x + c_3 \sin x).$$

習題 2-2

解下列各微分方程式.

1. $y'' - y' - 42y = 0$
2. $y'' + 4y' - 4y = 0$
3. $y'' + \sqrt{3}\, y' + 7y = 0$
4. $y'' + 9y = 0$
5. $2y'' - 3y' + 4y = 0$
6. $y'' - 4y' + 5y = 0$
7. $y'' + 4y' + 4y = 0$
8. $y''' - y'' + y' - y = 0$
9. $y''' + y'' - 2y = 0$
10. $y''' - 5y'' + 7y' - 3y = 0$

11. $y''' - 6y'' + 12y' - 8y = 0$

12. $y^{(4)} - 7y'' - 18y = 0$

13. $y^{(4)} + 2y'' + y = 0$

14. $y^{(4)} + y''' + y'' = 0$

解下列各初值問題.

15. $\begin{cases} y''' - 6y'' + 11y' - 6y = 0 \\ y(0) = 0 \\ y'(0) = 0 \\ y''(0) = 2 \end{cases}$

16. $\begin{cases} y''' - 2y'' + 4y' - 8y = 0 \\ y(0) = 2 \\ y'(0) = 0 \\ y''(0) = 0 \end{cases}$

17. $\begin{cases} y'' - 2y' + 10y = 0 \\ y(0) = 4 \\ y'(0) = 1 \end{cases}$

2-3 常係數非齊次線性微分方程式

現在，我們來討論常係數非齊次線性微分方程式的特別積分 (特解) 的解法：**未定係數法** (method of undetermined coefficients) 與**參數變化法** (method of variation of parameters).

一、未定係數法

此種方法是先假定所求特別積分的形式，稱為**試驗解** (trial soluation)，然後求出試驗解中的未定係數，就可得到欲求之解. 然而，本方法只能用在函數 $f(x)$ 為一些特殊的函數，如多項式函數、正弦函數、餘弦函數、指數函數，或以上函數的組合等等. 若 $f(x)$ 為其他函數，則本方法不適用. 假設試驗解的形式需視 $f(x)$ 的形式而定，現列於表 2-3-1 中.

讀者必須注意，當我們求得特別積分時，實際上必須注意特別積分是否與補充函數中某項有同形式的項. 如果相同，則以此特別積分去試，一定不會適合這非齊次微分方程式，因為補充函數的形式能適合齊次微分方程式，必定不能適合非齊次微分方程式，所以我們要避免同形項的出現，可利用下列的規則：

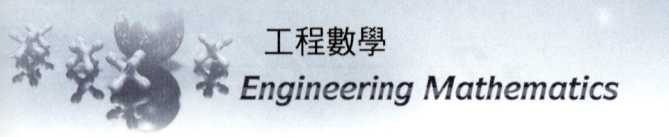

表 2-3-1

$f(x)$ 的形式	試驗解 y_p 的形式
$f(x)=a_n x^n + a_{n-1} x^{n-1} + \cdots a_1 x + a_0$	$y_p = A_n x^n + A_{n-1} x^{n-1} + \cdots + A_1 x + A_0$
$f(x)=ce^{ax}$	$y_p = A e^{ax}$
$f(x)=c \sin \beta x$	$y_p = A \cos \beta x + B \sin \beta x$
$f(x)=c \cos \beta x$	$y_p = A \cos \beta x + B \sin \beta x$

註：若 $f(x)$ 含有表中所列某些型的和 (或乘積)，則試驗解的形式為各對應型的和 (或乘積)。

1. 若 $f(x)$ 所設的試驗解與補充函數中某項有同形項，則其試驗解必須乘以 x^r，而 r 為齊次微分方程式的輔助方程式所含重根的個數。
2. 當 $f(x)$ 為 $x^m g(x)$ 的形式時，如 $g(x)$ 與補充函數有同形項，則以 $x^{m+r} f(x)$ 的形式來設試驗解 (r 為重根的個數)。

【例題 1】解 $y'' - 2y' - 3y = 2x$。

解 補充方程式的輔助方程式為 $r^2 - 2r - 3 = 0$，解得 $r = 3, -1$。

故原微分方程式的補充函數為

$$y_c = c_1 e^{3x} + c_2 e^{-x}$$

令試驗解的形式為 $y_p = A + Bx$，則

$$y_p' = B, \qquad y_p'' = 0$$

將這些值代入原方程式，可得

$$0 - 2B - 3(A + Bx) = 2x$$

比較等號兩端的係數，可知

$$\begin{cases} -2B - 3A = 0 \\ -3B = 2 \end{cases}$$

解得 $\quad A = \dfrac{4}{9}, \quad B = -\dfrac{2}{3}$

因而
$$y_p = \frac{4}{9} - \frac{2}{3}x$$

故微分方程式的通解為
$$y = y_c + y_p = c_1 e^{3x} + c_2 e^{-x} + \frac{4}{9} - \frac{2}{3}x.$$

【例題 2】解 $y''' + 4y'' + 4y' = -3xe^x + \sin x.$

解 補充方程式的輔助方程式為 $r^3 + 4r^2 + 4r = 0$，解得 $r = 0, -2, -2.$
故原微分方程式的補充函數為
$$y_c = c_1 + c_2 e^{-2x} + c_3 x e^{-2x}$$

令試驗解的形式為
$$y_p = Axe^x + Be^x + C\sin x + D\cos x$$

則
$$y_p''' + 4y_p'' + 4y_p'$$
$$= 9Axe^x + (15A + 9B)e^x + (-4C - 3D)\sin x + (3C - 4D)\cos x$$
$$= -3xe^x + \sin x$$

比較等號兩端的係數，可知

$$\begin{cases} 9A = -3 \\ 15A + 9B = 0 \\ -4C - 3D = 1 \\ 3C - 4D = 0 \end{cases}$$

解得 $A = -\dfrac{1}{3},\ B = \dfrac{5}{9},\ C = -\dfrac{4}{25},\ D = -\dfrac{3}{25}$

故微分方程式的通解為

$$y = y_c + y_p$$
$$= c_1 + c_2 e^{-2x} + c_3 x e^{-2x} - \frac{1}{3}xe^x + \frac{5}{9}e^x - \frac{4}{25}\sin x - \frac{3}{25}\cos x.$$

【例題 3】 解 $y'' - 2y' + y = e^x + x$.

解 補充方程式的輔助方程式為 $r^2 - 2r + 1 = 0$，解得 $r = 1, 1$，故原微分方程式的補充函數為

$$y_c = (c_1 + c_2 x)e^x$$

今欲求特別積分，先就微分方程式右端之各項分別考慮．方程式右端的 x 項提示 y_p 中需含有 $Ax + B$ 項；輔助方程式之重根 1 的個數為 2，則對應於方程式右端的 e^x 項，y_p 中應取 $Cx^2 e^x$ 而非 Ce^x．令試驗解的形式為

$$y_p = Ax + B + Cx^2 e^x$$

則 $\quad y_p'' - 2y_p' + y_p = Cx^2 e^x + 4Cxe^x + 2Ce^x - 2(A + Cx^2 e^x + 2Cxe^x)$
$$\qquad\qquad + Ax + B + Cx^2 e^x$$
$$= e^x + x$$

即，$\qquad\qquad 2Ce^x + Ax + (-2A + B) = e^x + x$

比較等號兩端的係數，可知

$$\begin{cases} 2C = 1 \\ A = 1 \\ -2A + B = 0 \end{cases}$$

解得 $\qquad\qquad A = 1,\ B = 2,\ C = \dfrac{1}{2}$

故微分方程式的通解為

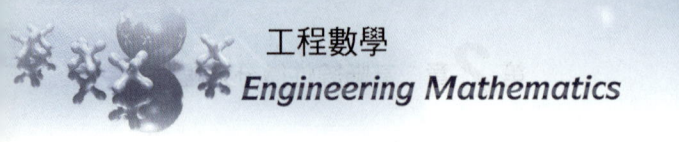

$$y = y_c + y_p = (c_1 + c_2 x)e^x + x + 2 + \frac{1}{2}x^2 e^x.$$

二、參數變化法

此種方法係將補充函數中的常數視為 x 的未定函數，而使此修正後之補充函數代入方程式的左端，恰等於右端 $f(x)$ 而不再為零．為簡明計，我們僅就二階非齊次線性微分方程式討論此法，至於高階非齊次線性微分方程式，可從而推廣．

設二階非齊次線性微分方程式為

$$a_2(x)y'' + a_1(x)y' + a_0(x)y = f(x) \tag{2-3-1}$$

若 y_1 與 y_2 為補充方程式的線性獨立解，則 (2-3-1) 式的補充函數應為

$$y_c = c_1 y_1 + c_2 y_2$$

此處 c_1 與 c_2 為任意兩常數．若想求 (2-3-1) 的解，我們可假設兩函數 $v_1 = v_1(x)$ 及 $v_2 = v_2(x)$ 分別代替 c_1 及 c_2，故 (2-3-1) 式的特別積分設為

$$y_p = v_1 y_1 + v_2 y_2$$

則

$$y_p' = v_1 y_1' + v_2 y_2' + (v_1' y_1 + v_2' y_2)$$

令

$$v_1' y_1 + v_2' y_2 = 0 \tag{2-3-2}$$

則

$$y_p' = v_1 y_1' + v_2 y_2'$$

$$y_p'' = v_1 y_1'' + v_1' y_1' + v_2 y_2'' + v_2' y_2'$$

可得

$$a_2(x)(v_1 y_1'' + v_1' y_1' + v_2 y_2'' + v_2' y_2') + a_1(x)(v_1 y_1' + v_2 y_2') + a_0(x)(v_1 y_1 + v_2 y_2) = f(x)$$

即，

$$[a_2(x)y_1'' + a_1(x)y_1' + a_0(x)y_1]v_1 + [a_2(x)y_2'' + a_1(x)y_2' + a_0(x)y_2]v_2 + v_1' a_2(x) y_1' + v_2' a_2(x) y_2' = f(x)$$

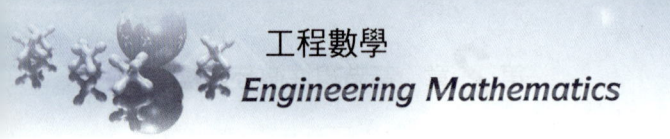

因 y_1 與 y_2 為齊次微分方程式的解，可知

$$a_2(x)y_1''+a_1(x)y_1'+a_0(x)y_1=0$$

$$a_2(x)y_2''+a_1(x)y_2'+a_0(x)y_2=0$$

故
$$v_1'y_1' + v_2'y_2' = \frac{f(x)}{a_2(x)} \tag{2-3-3}$$

(2-3-2) 式與 (2-3-3) 式聯立

$$\begin{cases} v_1'y_1 + v_2'y_2 = 0 \\ v_1'y_1' + v_2'y_2' = \dfrac{f(x)}{a_2(x)} \end{cases} \tag{2-3-4}$$

$$v_1' = \frac{\begin{vmatrix} 0 & y_2 \\ \dfrac{f(x)}{a_2(x)} & y_2' \end{vmatrix}}{W(y_1, y_2)} = -\frac{y_2(x)f(x)}{a_2(x)W(y_1, y_2)}$$

$$v_2' = \frac{\begin{vmatrix} y_1 & 0 \\ y_1' & \dfrac{f(x)}{a_2(x)} \end{vmatrix}}{W(y_1, y_2)} = \frac{y_1(x)f(x)}{a_2(x)W(y_1, y_2)}$$

故
$$v_1 = -\int \frac{y_2(x)f(x)}{a_2(x)W(y_1, y_2)} dx$$

$$v_2 = \int \frac{y_1(x)f(x)}{a_2(x)W(y_1, y_2)} dx$$

定理 2-3-1

若 y_1 與 y_2 為二階非齊次線性微分方程式

$$a_2(x)y''+a_1(x)y'+a_0(x)y=f(x) \tag{2-3-5}$$

所對應的齊次微分方程式

$$a_2(x)y'' + a_1(x)y' + a_0(x)y = 0$$

的兩個線性獨立解，則 (2-3-5) 式的特別積分為

$$y_p = -y_1(x)\int \frac{y_2(x)f(x)}{a_2(x)W(y_1, y_2)}dx + y_2(x)\int \frac{y_1(x)f(x)}{a_2(x)W(y_1, y_2)}dx \qquad (2-3-6)$$

【例題 4】解 $y'' + 4y = 12$.

解 補充方程式的輔助方程式為 $r^2 + 4 = 0, r = \pm 2i$.

原微分方程式的補充函數為

$$y_c = c_1 \cos 2x + c_2 \sin 2x$$

假設原微分方程式的特別積分為

$$y_p = v_1(x)\cos 2x + v_2(x)\sin 2x$$

而 $\qquad y_1(x) = \cos 2x, y_2(x) = \sin 2x$

$$W(y_1, y_2) = \begin{vmatrix} y_1 & y_2 \\ y_1' & y_2' \end{vmatrix} = -\begin{vmatrix} \cos 2x & \sin 2x \\ -2\sin 2x & 2\cos 2x \end{vmatrix}$$

$$= 2(\cos^2 2x + \sin^2 2x) = 2$$

可得
$$v_1(x) = -\int \frac{y_2(x)f(x)}{a_2(x)W(y_1, y_2)}dx$$

$$= -6\int \sin 2x\, dx = 3\cos 2x$$

$$v_2(x) = \int \frac{y_1(x)f(x)}{a_2(x)W(y_1, y_2)}dx$$

$$= 6\int \cos 2x\, dx = 3\sin 2x$$

因而 $\qquad y_p = 3\cos^2 2x + 3\sin^2 2x = 3$

故原微分方程式的通解為

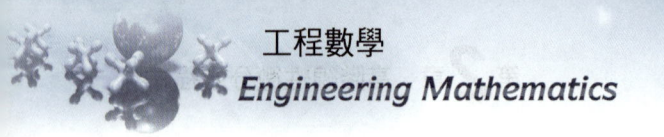

$$y = y_c + y_p = c_1 \cos 2x + c_2 \sin 2x + 3.$$

【例題 5】解 $y'' + y = \sec x$.

解 原微分方程式的補充函數為

$$y_c = c_1 \cos x + c_2 \sin x$$

假設原微分方程式的特別積分為

$$y_p = v_1(x) \cos x + v_2(x) \sin x$$

而

$$y_1(x) = \cos x,\ y_2(x) = \sin x$$

$$W(y_1,\ y_2) = \begin{vmatrix} y_1 & y_2 \\ y_1' & y_2' \end{vmatrix} = \begin{vmatrix} \cos x & \sin x \\ -\sin x & \cos x \end{vmatrix} = 1$$

可得

$$v_1(x) = -\int \frac{y_2(x)f(y)}{a_2(x)W(y_1,\ y_2)} dx = -\int \sin x \sec x\, dx$$
$$= \ln|\cos x|$$

$$v_2(x) = \int \frac{y_1(x)f(x)}{a_2(x)W(y_1,\ y_2)} dx = \int \cos x \sec x\, dx = x$$

因而

$$y_p = \cos x \ln|\cos x| + x \sin x$$

故原微分方程式的通解為

$$y = y_c + y_p = c_1 \cos x + c_2 \sin x + \cos x \ln|\cos x| + x \sin x.$$

【例題 6】解 $y'' - 4y' + 4y = (x+1)e^{2x}$.

解 原微分方程式的補充函數為 $y_c = c_1 e^{2x} + c_2 x e^{2x}$

假設原微分方程式的特別積分為

$$y_p = v_1(x) e^{2x} + v_2(x) x e^{2x}$$

而

$$y_1(x) = e^{2x}, \qquad y_2(x) = x e^{2x}$$

$$W(y_1,\ y_2) = \begin{vmatrix} y_1 & y_2 \\ y_1' & y_2' \end{vmatrix} = \begin{vmatrix} e^{2x} & xe^{2x} \\ 2e^{2x} & 2xe^{2x}+e^{2x} \end{vmatrix} = e^{4x}$$

可得
$$\begin{aligned} v_1(x) &= -\int \frac{y_2(x)f(x)}{a_2(x)W(y_1,\ y_2)}\,dx \\ &= -\int \frac{xe^{2x}(x+1)e^{2x}}{e^{4x}}\,dx = -\int (x^2+x)\,dx \\ &= -\frac{x^3}{3} - \frac{x^2}{2} \end{aligned}$$

$$\begin{aligned} v_2(x) &= \int \frac{y_1(x)f(x)}{a_2(x)W(y_1,\ y_2)}\,dx = \int \frac{e^{2x}(x+1)e^{2x}}{e^{4x}}\,dx \\ &= \frac{x^2}{2} + x \end{aligned}$$

因而
$$\begin{aligned} y_p &= \left(-\frac{x^3}{3} - \frac{x^2}{2}\right)e^{2x} + \left(\frac{x^2}{2} + x\right)xe^{2x} \\ &= \left(\frac{x^3}{6} + \frac{x^2}{2}\right)e^{2x} \end{aligned}$$

故原微分方程式的通解為

$$y = y_c + y_p = c_1 e^{2x} + c_2 xe^{2x} + \left(\frac{x^3}{6} + \frac{x^2}{2}\right)e^{2x}.$$

以上是二階非齊次線性微分方程式的參數變化法，我們可以推廣到 n 階非齊次線性微分方程式

$$a_n(x)y^{(n)} + a_{n-1}(x)y^{(n-1)} + \cdots + a_1(x)y' + a_0(x)y = f(x) \qquad (2\text{-}3\text{-}7)$$

設 (2-3-7) 式的特別積分為

$$y_p = v_1(x)y_1 + v_2(x)y_2 + \cdots + v_n(x)y_n$$

此處 $y_i = y_i(x)$ $(i = 1, 2, \cdots, n)$ 為 x 的可微函數，則

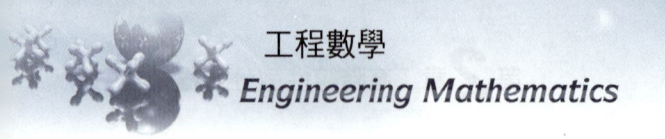

$$\begin{cases} v_1'y_1 + v_2'y_2 + \cdots + v_n'y_n = 0 \\ v_1'y_1' + v_2'y_2' + \cdots + v_n'y_n' = 0 \\ \vdots \quad \vdots \quad \vdots \quad \vdots \quad \vdots \\ v_1'y_1^{(n-2)} + v_2'y_2^{(n-2)} + \cdots + v_n'y_n^{(n-2)} = 0 \\ v_1'y_1^{(n-1)} + v_2'y_2^{(n-1)} + \cdots + v_n'y_n^{(n-1)} = f(x)/a_n(x) \end{cases} \quad (2\text{-}3\text{-}8)$$

【例題 7】解 $y''' + y' = 4\cos x$.

解 補充方程式的輔助方程式為

$$r^3 + r = 0$$

即
$$r(r^2 + 1) = 0$$
$$r = 0, \pm i$$

原微分方程式的補充函數為

$$y_c = c_1 + c_2\cos x + c_3\sin x$$

$$y_p = v_1(x)(1) + v_2(x)\cos x + v_3(x)\sin x$$

而
$$y_1(x) = 1,\ y_2(x) = \cos x,\ y_3(x) = \sin x$$

利用 (2-3-8)，取 $n = 3$，可知

$$\begin{cases} v_1' + v_2'\cos x + v_3'\sin x = 0 \\ -v_2'\sin x + v_3'\cos x = 0 \\ -v_2'\cos x - v_3'\sin x = 4\cos x \end{cases}$$

$$W(y_1, y_2, y_3) = \begin{vmatrix} 1 & \cos x & \sin x \\ 0 & -\sin x & \cos x \\ 0 & -\cos x & -\sin x \end{vmatrix}$$
$$= \sin^2 x + \cos^2 x = 1$$

分別求得

$$v_1' = \frac{\begin{vmatrix} 0 & \cos x & \sin x \\ 0 & -\sin x & \cos x \\ 4\cos x & -\cos x & -\sin x \end{vmatrix}}{W(y_1, y_2, y_3)}$$

$$= 4\cos^3 x + 4\cos x \sin^2 x$$

$$v_1 = 4\int (\cos^3 x + \cos x \sin^2 x)\, dx$$

$$= 4\int \cos x (\cos^2 x + \sin^2 x)\, dx$$

$$= 4\int \cos x\, dx = 4\sin x$$

$$v_2' = \frac{\begin{vmatrix} 1 & 0 & \sin x \\ 0 & 0 & \cos x \\ 0 & 4\cos x & -\sin x \end{vmatrix}}{W(y_1, y_2, y_3)}$$

$$= -4\cos^2 x$$

$$v_2 = -4\int \cos^2 x\, dx = -4\int \frac{1+\cos 2x}{2}\, dx$$

$$= -4\left(\frac{x}{2} + \frac{1}{4}\sin 2x\right)$$

$$= -2x - \sin 2x$$

$$v_3' = \frac{\begin{vmatrix} 1 & \cos x & 0 \\ 0 & -\sin x & 0 \\ 0 & -\cos x & 4\cos x \end{vmatrix}}{W(y_1, y_2, y_3)}$$

$$= -4\sin x \cos x$$

$$v_3 = -4\int \sin x \cos x\, dx = -4\left(\frac{\sin^2 x}{2}\right) = -2\sin^2 x$$

$$y_p = 4\sin x + (-2x - \sin 2x)\cos x + (-2\sin^2 x)\sin x$$
$$= 4\sin x - 2x\cos x - \sin 2x \cos x - 2\sin^3 x$$
$$= 4\sin x - 2x\cos x - 2\sin x \cos^2 x - 2\sin x(1 - \cos^2 x)$$
$$= 4\sin x - 2x\cos x - 2\sin x \cos^2 x - 2\sin x + 2\sin x \cos^2 x$$
$$= 2\sin x - 2x\cos x$$

故原微分方程式的通解為

$$y = y_c + y_p = c_1 + c_2 \cos x + c_3 \sin x + 2\sin x - 2x\cos x$$
$$= c_1 + c_2 \cos x + c_3' \sin x - 2x\cos x \ (c_3' = c_3 + 2).$$

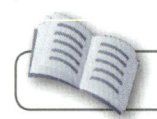

習題 2-3

1. 已知微分方程式

$$\frac{d^2y}{dx^2} - 3\frac{dy}{dx} + 2y = 4x^2$$

(1) 試證 e^x 與 e^{2x} 為微分方程式

$$\frac{d^2y}{dx^2} - 3\frac{dy}{dx} + 2y = 0$$

的線性獨立解．
(2) 寫出已知非齊次微分方程式的補充函數．
(3) 試證 $2x^2 + 6x + 7$ 為已知微分方程式的特別積分．
(4) 寫出已知非齊次微分方程式的通解．

利用未定係數法解下列各微分方程式．

2. $y'' + y = 3x + \cos x$

3. $y'' - 3y' + 2y = e^{3x} + 4x$

4. $y'' + y' - 2y = 2\sin 2x$

5. $y'' + 4y = 8\sin 2x$

6. $y'' + 4y' + 4y = 3xe^{-2x}$

7. $y'' - y' + 2y = x^2 e^{2x}$

8. $y'' + 2y' - 8y = e^x \cos x$

9. $y'' - 4y' + 4y = e^{2x} + e^x + 1$

10. $y''' - y'' - 8y' + 12y = 7e^{2x}$

利用參數變化法解下列各微分方程式．

11. $y'' - 2y' = e^x \sin x$

12. $y''' + y' = \csc x$

13. $y''' - 6y'' + 11y' - 6y = e^x$

14. $4y'' + 36y = \csc 3x$

15. $y'' + y = \tan x$

16. $y'' + 2y' + y = e^{-x} \ln x$

17. $y'' - 2y' + y = \dfrac{e^x}{x}$

18. $y''' + y' = \tan x$

2-4　反多項式算子

我們將在本節中介紹另外一種求常係數非齊次線性微分方程式的特解 (即特別積分) 較為便利的方法.

首先，我們回憶一下在微積分裡學過的**微分算子** (differential operator) D，它係用來代表對自變數 x 的微分運算，即 $D = \dfrac{d}{dx}$，因而

$$Dy = y', D^2y = y'', D^3y = y''', \cdots, D^ny = y^{(n)}.$$

$$P(D) = a_n D^n + a_{n-1} D^{n-1} + \cdots + a_1 D + a_0$$

(其中 $a_0, a_1, \cdots, a_n$ 皆為實常數，$a_n \neq 0$)

可視為以 D 為"變數"的 n 次多項式，它是一個**多項式算子** (polynomial operator).

一次多項式算子為 $D - a$ (a 為實數)，可得 $(D-a)y = Dy - ay = y' - ay$，這種算子對二次可微分函數 $y = y(x)$ 滿足交換律：

$$(D-a)(D-b)y = (D-b)(D-a)y$$

證明如下：

$$\begin{aligned}(D-a)(D-b)y &= (D-a)(y' - by) = D(y' - by) - a(y' - by) \\ &= y'' - by' - ay' + aby \\ &= y'' - ay' - (by' - aby) \\ &= D(y' - ay) - b(y' - ay) \\ &= (D-b)(y' - ay) \\ &= (D-b)(D-a)y\end{aligned}$$

有關多項式算子之間的運算遵循下列的規則：

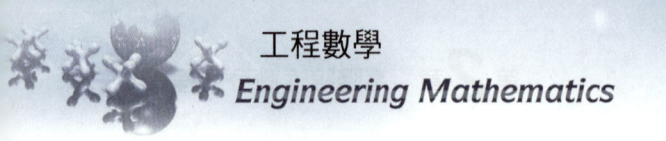

1. 交換律：

$$[P_1(D)+P_2(D)]y=[P_2(D)+P_1(D)]\,y$$

$$[P_1(D)P_2(D)]y=[P_2(D)P_1(D)]\,y$$

2. 結合律：

$$[(P_1(D)+P_2(D))+P_3(D)]y=[P_1(D)+(P_2(D)+P_3(D))]y$$

$$[(P_1(D)P_2(D))P_3(D)]y=[P_1(D)(P_2(D)P_3(D))]y$$

3. 分配律：

$$[P_1(D)(P_2(D)+P_3(D))]y=[P_1(D)P_2(D)+P_1(D)P_3(D)]y$$

定理 2-4-1

微分算子 $P(D)$ 具有下列的性質：

(1) $P(D)(cy_1)=cP(D)(y_1)$

(2) $P(D)(y_1+y_2)=P(D)(y_1)+P(D)(y_2)$

其中 y_1 與 y_2 皆為 n 次可微分函數，c 為任意常數.

現在，我們利用多項式算子 $P(D)$ 將所予常係數非齊次線性微分方程式表成

$$P(D)y=f(x) \tag{2-4-1}$$

然後定義 (2-4-1) 式的任意特別積分為

$$y_p=\frac{1}{P(D)}f(x) \tag{2-4-2}$$

當 $\dfrac{1}{P(D)}\big(P(D)f(x)\big)=f(x)$ 時，我們稱 $\dfrac{1}{P(D)}$ 為 $P(D)$ 的**反多項式算子**.

反多項式算子具有下列的基本性質：

1. $\dfrac{1}{P(D)}\big(P(D)f(x)\big)=f(x)$

2. $\dfrac{1}{P(D)}(af(x)+bg(x)) = a\dfrac{1}{P(D)}f(x)+b\dfrac{1}{P(D)}g(x)$ （a、b 皆為任意常數）

3. $\left(\dfrac{1}{P_1(D)}+\dfrac{1}{P_2(D)}\right)f(x) = \dfrac{1}{P_1(D)}f(x)+\dfrac{1}{P_2(D)}f(x)$

4. $\dfrac{1}{P_1(D)P_2(D)}f(x) = \dfrac{1}{P_1(D)}\left(\dfrac{1}{P_2(D)}f(x)\right) = \dfrac{1}{P_2(D)}\left(\dfrac{1}{P_1(D)}f(x)\right)$

由上面的討論，我們可得 (2-4-1) 式的通解為

$$y = y_c + y_p = y_c + \dfrac{1}{P(D)}f(x).$$

定理 2-4-2

若 $f(x) = bx^k$（k 為非負整數），$P(D) = D - a_0$，$a_0 \neq 0$，則

$$y_p = -\dfrac{b}{a_0}\left(x^k + \dfrac{k}{a_0}x^{k-1} + \dfrac{k(k-1)}{a_0^2}x^{k-2} + \cdots + \dfrac{k!}{a_0^k}\right)$$

證 $y_p = \dfrac{1}{D-a_0}(bx^k)$

$= \dfrac{1}{-a_0\left(1-\dfrac{D}{a_0}\right)}(bx^k)$

$= -\dfrac{1}{a_0}\left(1+\dfrac{D}{a_0}+\dfrac{D^2}{a_0^2}+\cdots+\dfrac{D^k}{a_0^k}+\cdots\right)(bx^k)$　（利用長除法）

$= -\dfrac{1}{a_0}\left(1+\dfrac{D}{a_0}+\dfrac{D^2}{a_0^2}+\cdots+\dfrac{D^k}{a_0^k}\right)(bx^k)$

$= -\dfrac{b}{a_0}\left(x^k+\dfrac{k}{a_0}x^{k-1}+\dfrac{k(k-1)}{a_0^2}x^{k-2}+\cdots+\dfrac{k!}{a_0^k}\right)$

若　$P(D)y = (a_nD^n + a_{n-1}D^{n-1} + a_{n-2}D^{n-2} + \cdots + a_1D + a_0)y = bx^k$

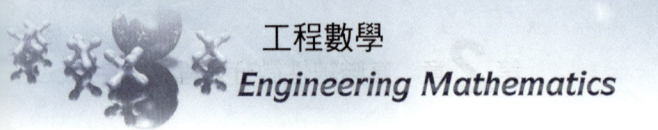

則 $$y_p = \frac{1}{P(D)}(bx^k) = \frac{1}{a_0\left(1 + \frac{a_1}{a_0}D + \frac{a_2}{a_0}D^2 + \cdots + \frac{a_n}{a_0}D^n\right)}(bx^k)$$

$$= \frac{b}{a_0}(1 + b_1 D + b_2 D^2 + \cdots + b_k D^k + \cdots)x^k$$

$$= \frac{b}{a_0}(1 + b_1 D + b_2 D^2 + b_3 D^3 + \cdots + b_k D^k + \cdots)x^k, \quad a_0 \neq 0 \quad (2\text{-}4\text{-}3)$$

若 $k=0$，則 (2-4-3) 式變成

$$y_p = \frac{1}{P(D)}b = \frac{b}{a_0}, \quad a_0 \neq 0. \quad (2\text{-}4\text{-}4)$$

【例題 1】求 $y'' - 2y' - 3y = 5$ 的特別積分.

解 將微分方程式改寫成 $(D^2 - 2D - 3)y = 5$，由 (2-4-4) 式可得特別積分為

$$y_p = \frac{1}{D^2 - 2D - 3}(5) = -\frac{5}{3}.$$

【例題 2】求 $4y'' - 3y' + 9y = 5x^2$ 的特別積分.

解 將微分方程式寫成 $(4D^2 - 3D + 9)y = 5x^2$，由 (2-4-3) 式可得特別積分為

$$y_p = \frac{1}{9\left(1 - \frac{D}{3} + \frac{4}{9}D^2\right)}(5x^2) = \frac{5}{9}\left(1 + \frac{D}{3} - \frac{D^2}{3}\right)(x^2)$$

$$= \frac{5}{9}\left(x^2 + \frac{2}{3}x - \frac{2}{3}\right).$$

定理 2-4-3

若 $P(D)y = f(x)$，$P(D) = D - a, a \neq 0$

則 $$y_p = \frac{1}{D-a}f(x) = e^{ax}\int e^{-ax}f(x)\,dx.$$

證　因
$$\frac{dy_p}{dx} - ay_p = f(x)$$

積分因子為
$$\mu(x) = e^{-\int a\,dx} = e^{-ax}$$

故
$$e^{-ax}\frac{dy_p}{dx} - e^{-ax}ay_p = e^{-ax}f(x)$$

即
$$\frac{d}{dx}(e^{-ax}y_p) = e^{-ax}f(x)$$

$$e^{-ax}y_p = \int e^{-ax}f(x)\,dx$$

故
$$y_p = e^{ax}\int e^{-ax}f(x)\,dx.$$

【例題 3】求 $(D^2 - 3D + 2)y = e^{5x}$ 的特別積分.

解
$$y_p = \frac{1}{D^2 - 3D + 2}(e^{5x}) = \frac{1}{D-1}\left[\frac{1}{D-2}(e^{5x})\right]$$

令 $u = \dfrac{1}{D-2}(e^{5x})$，則

$$u = e^{2x}\int e^{-2x}e^{5x}\,dx = e^{2x}\int e^{3x}\,dx = \frac{1}{3}e^{5x}$$

故
$$y_p = \frac{1}{D-1}\left(\frac{1}{3}e^{5x}\right) = e^x\int e^{-x}\frac{1}{3}e^{5x}\,dx$$
$$= \frac{1}{3}e^x\int e^{4x}\,dx$$
$$= \frac{1}{12}e^{5x}.$$

另解：
$$y_p = \frac{1}{(D-1)(D-2)}e^{5x} = \left(-\frac{1}{D-1} + \frac{1}{D-2}\right)e^{5x}$$
$$= -\frac{1}{D-1}e^{5x} + \frac{1}{D-2}e^{5x} = -e^x\int e^{-x}e^{5x}\,dx + e^{2x}\int e^{-2x}e^{5x}\,dx$$

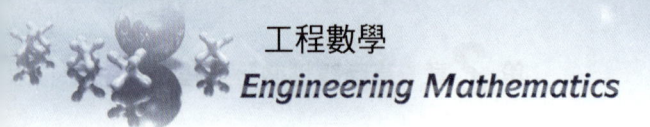

$$= -e^x \int e^{4x}\, dx + e^{2x} \int e^{3x}\, dx = -\frac{1}{4}e^{5x} + \frac{1}{3}e^{5x}$$

$$= \frac{1}{12}e^{5x}.$$

定理 2-4-4

若 $f(x) = bx^k$，$P(D) = a_n D^n + a_{n-1}D^{n-1} + a_{n-2}D^{n-2} + \cdots a_r D^r$，則

$$y_p = \frac{1}{D^r}\left[\frac{1}{a_n D^{n-r} + \cdots + a_{r+1}D + a_r}(bx^k)\right], \quad a_r \neq 0$$

註：$\dfrac{1}{D^r} f(x) = \underbrace{\int \cdots \int}_{r} f(x)\, dx \cdots dx$ （$r = 1, 2, 3, \cdots$；積分不含任意常數）

【例題 4】求 $y''' - y'' = 2x + 3$ 的特別積分．

解 將微分方程式改寫成 $(D^3 - D^2)y = 2x + 3$，因 $P(D) = D^2(D-1)$，故

$$y_p = \frac{1}{D^2(D-1)}(2x+3) = \frac{1}{D^2}\left[\frac{1}{D-1}(2x+3)\right]$$

$$= \frac{1}{D^2}[(-1-D)(2x+3)] = \frac{1}{D^2}(-2x-5)$$

$$= -\frac{1}{3}x^3 - \frac{5}{2}x^2.$$

定理 2-4-5

若 $f(x) = be^{ax}$，且 $P(a) \neq 0$，則

$$y_p = \frac{1}{P(D)}(be^{ax}) = \frac{be^{ax}}{P(a)}$$

證 因 $\qquad D^r(be^{ax}) = ba^r e^{ax}\,(r = 1, 2, \cdots, n),$

故 $\qquad P(D)be^{ax} = bP(a)e^{ax}$

可得
$$be^{ax} = \frac{1}{P(D)}[bP(a)e^{ax}]$$

即，
$$y_p = \frac{1}{P(D)}(be^{ax}) = \frac{be^{ax}}{P(a)}.$$

【例題 5】求 $y''' - y'' + y' + y = 3e^{-2x}$ 的特別積分.

解 將微分方程式改寫成 $(D^3 - D^2 + D + 1)y = 3e^{-2x}$，因 $P(D) = D^3 - D^2 + D + 1$，故

$$\begin{aligned} y_p &= \frac{1}{P(D)}(3e^{-2x}) = \frac{1}{D^3 - D^2 + D + 1}(3e^{-2x}) \\ &= \frac{3e^{-2x}}{(-2)^3 - (-2)^2 + (-2) + 1} \\ &= -\frac{3}{13}e^{-2x}. \end{aligned}$$

定理 2-4-6

若 $P(D)y = e^{ax}u(x)$，且 u 為 x 的多項式函數，則

$$y_p = \frac{1}{P(D)}e^{ax}u(x) = e^{ax}\frac{1}{P(D+a)}u(x)$$

證 因
$$\begin{aligned} De^{ax}u(x) &= e^{ax}Du(x) + ae^{ax}u(x) \\ &= e^{ax}(D+a)u(x) \end{aligned}$$

$$\begin{aligned} D^2 e^{ax}u(x) &= ae^{ax}(D+a)u(x) + e^{ax}D(D+a)u(x) \\ &= e^{ax}(D+a)^2 u(x) \end{aligned}$$

$$\vdots$$

$$D^n e^{ax}u(x) = e^{ax}(D+a)^n u(x)$$

故
$$P(D)e^{ax}u(x) = e^{ax}P(D+a)u(x) \cdots\cdots\cdots\cdots\cdots\cdots① $$

令 $P(D+a)u(x) = v(x)$，則

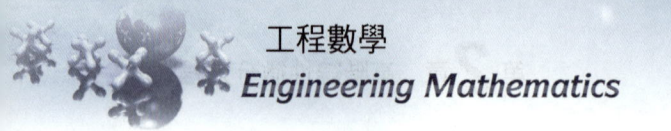

$$u(x) = \frac{1}{P(D+a)} v(x) \quad \cdots\cdots\cdots\cdots\cdots\cdots ②$$

因 u 為 x 的任意函數，故 v 亦為 x 的任意函數，將 ① 式代入 ② 式，可得

$$P(D)e^{ax} \frac{1}{P(D+a)} v(x) = e^{ax} P(D+a) \frac{1}{P(D+a)} v(x)$$
$$= e^{ax} v(x)$$

以 $\frac{1}{P(D)}$ 作用於上式等號兩端，

$$\frac{1}{P(D)}\left[P(D)e^{ax} \frac{1}{P(D+a)} v(x)\right] = \frac{1}{P(D)}[e^{ax} v(x)]$$

或

$$\frac{1}{P(D)} e^{ax} v(x) = e^{ax} \frac{1}{P(D+a)} v(x)$$

但 v 為 x 的任意函數，故可以 u 代換之，即，

$$\frac{1}{P(D)} e^{ax} u(x) = e^{ax} \frac{1}{P(D+a)} u(x)$$

【例題 6】求 $y'' - 2y' - 3y = x^2 e^{2x}$ 的特別積分．

解 將微分方程式改寫成 $(D^2 - 2D - 3)y = x^2 e^{2x}$，因 $P(D) = D^2 - 2D - 3$，故

$$y_p = \frac{1}{P(D)}(x^2 e^{2x}) = e^{2x} \frac{1}{P(D+2)}(x^2) = e^{2x} \frac{1}{(D+2)^2 - 2(D+2) - 3}(x^2)$$

$$= e^{2x} \frac{1}{D^2 + 2D - 3}(x^2) = e^{2x} \frac{1}{-3\left(1 - \frac{2D}{3} - \frac{D^2}{3}\right)}(x^2)$$

$$= -\frac{e^{2x}}{3}\left(1 + \frac{2}{3}D + \frac{7}{9}D^2\right)(x^2)$$

$$= -\frac{e^{2x}}{3}\left(x^2 + \frac{4}{3}x + \frac{14}{9}\right).$$

定理 2-4-7

若 $f(x)=be^{ax}$，且 $P(D)=(D-a)^r\phi(D)$，$\phi(a)\neq 0$，則

$$y_p = \frac{1}{P(D)}(be^{ax}) = \frac{1}{(D-a)^r\phi(D)}(be^{ax}) = \frac{bx^r e^{ax}}{r!\phi(a)}, \ \phi(a)\neq 0$$

證
$$y_p = \frac{1}{P(D)}(be^{ax}) = \frac{1}{(D-a)^r\phi(D)}(be^{ax})$$

$$= \frac{1}{(D-a)^r}\left[\frac{1}{\phi(D)}(be^{ax})\right] = \frac{1}{(D-a)^r}\left[\frac{b}{\phi(a)}e^{ax}\right]$$

$$= e^{ax}\frac{1}{D^r}\left[\frac{b}{\phi(a)}\right]$$

利用反微分算子，$\frac{1}{D^r}\left[\frac{b}{\phi(a)}\right]$ 等於將 $\left[\frac{b}{\phi(a)}\right]$ 積分 r 次，可得

$$\frac{1}{D^r}\left[\frac{b}{\phi(a)}\right] = \frac{bx^r}{r!\phi(a)}, \ \phi(a)\neq 0$$

故 $$y_p = \frac{1}{(D-a)^r\phi(D)}(be^{ax}) = \frac{bx^r e^{ax}}{r!\phi(a)}, \ \phi(a)\neq 0.$$

【例題 7】 求 $y''+4y'+4y=5e^{-2x}$ 的特別積分.

解 將微分方程式改寫成 $(D^2+4D+4)y=5e^{-2x}$，

因 $P(D)=D^2+4D+4$，

故 $$y_p = \frac{1}{P(D)}(5e^{-2x}) = \frac{1}{(D+2)^2}(5e^{-2x})$$

將 $b=5, a=-2, r=2, \phi(D)=1, \phi(-2)=1$ 代入定理 2-4-7，可得

$$y_p = \frac{5}{2}x^2 e^{-2x}.$$

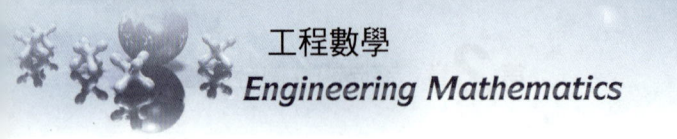

定理 2-4-8

(1) 若 $P(D^2)y = \sin ax$，且 $P(-a^2) \neq 0$，則

$$y_p = \frac{1}{P(D^2)}\sin ax = \frac{1}{P(-a^2)}\sin ax$$

(2) 若 $P(D^2)y = \cos ax$，且 $P(-a^2) \neq 0$，則

$$y_p = \frac{1}{P(D^2)}\cos ax = \frac{1}{P(-a^2)}\cos ax$$

證 因

$$D\sin ax = a\cos ax$$
$$D^2\sin ax = -a^2\cos ax$$
$$D^3\sin ax = -a^3\cos ax$$
$$D^4\sin ax = a^4\sin ax = (-a^2)^2\sin ax$$
$$\vdots$$

一般而言，可得

$$(D^2)^n\sin ax = (-a^2)^n\sin ax$$

於是，若 $P(D^2)$ 為 D^2 的有理函數，則

$$P(D^2)\sin ax = P(-a^2)\sin ax$$

故

$$y_p = \frac{1}{P(D^2)}\sin ax = \frac{1}{P(-a^2)}\sin ax$$

同理可證

$$y_p = \frac{1}{P(D^2)}\cos ax = \frac{1}{P(-a^2)}\cos ax$$

上述定理可推廣為

$$\frac{1}{P(D^2)}\sin(ax+b) = \frac{1}{P(-a^2)}\sin(ax+b) \tag{2-4-5}$$

與

$$\frac{1}{P(D^2)}\cos(ax+b) = \frac{1}{P(-a^2)}\cos(ax+b) \tag{2-4-6}$$

上兩式中的 b 為任意常數，且 $P(-a^2) \neq 0$.

【例題 8】求 $y''+3y+2y=\cos 2x$ 的特別積分.

解 將微分方程式改寫成 $(D^2+3D+2)y=\cos 2x$，因 $P(D)=D^2+3D+2$，故

$$\begin{aligned}
y_p &= \frac{1}{P(D)}\cos 2x = \frac{1}{D^2+3D+2}\cos 2x \\
&= \frac{1}{-4+3D+2}\cos 2x = \frac{1}{3D-2}\cos 2x \\
&= \frac{3D+2}{9D^2-4}\cos 2x = \frac{3D+2}{9(-4)-4}\cos 2x \\
&= -\frac{1}{40}(3D\cos 2x + 2\cos 2x) \\
&= \frac{1}{20}(3\sin 2x - \cos 2x).
\end{aligned}$$

【例題 9】求 $y'''+y''-y'-y=\sin 2x$ 的特別積分.

解 將微分方程式改寫成 $(D^3+D^2-D-1)y=\sin 2x$，

因 $P(D)=D^3+D^2-D-1=(D+1)(D^2-1)$，故

$$\begin{aligned}
y_p &= \frac{1}{P(D)}\sin 2x = \frac{1}{(D+1)(D^2-1)}\sin 2x \\
&= \frac{D-1}{(D^2-1)^2}\sin 2x = \frac{D-1}{(-4-1)^2}\sin 2x \\
&= \frac{1}{25}(D-1)\sin 2x = \frac{1}{25}(D\sin 2x - \sin 2x) \\
&= \frac{1}{25}(2\cos 2x - \sin 2x).
\end{aligned}$$

【例題 10】試證：

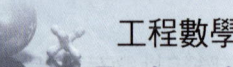

(1) 若 $y''+a^2y=\sin ax$，則 $y_p=-\dfrac{x}{2a}\cos ax$.

(2) 若 $y''+a^2y=\cos ax$，則 $y_p=\dfrac{x}{2a}\sin ax$.

解 (1) 利用歐拉公式可知

$$\sin ax = \frac{e^{iax}-e^{-iax}}{2i}$$

由定理 2-4-7 可得

$$y_p = \frac{1}{D^2+a^2}\left(\frac{e^{iax}-e^{-iax}}{2i}\right) = \frac{1}{2i}\left[\frac{1}{(D-ai)(D+ai)}(e^{iax}-e^{-iax})\right]$$

$$= \frac{1}{2i}\left[\frac{xe^{iax}}{1!2ai}-\frac{xe^{-iax}}{1!(-2ai)}\right] = \frac{-x}{2a}\left(\frac{e^{iax}+e^{-iax}}{2}\right)$$

$$= -\frac{x}{2a}\cos ax.$$

(2) 利用 $$\cos ax = \frac{e^{iax}+e^{-iax}}{2}$$

與定理 2-4-7，即可得證.

【例題 11】求 $y''-y'+y=e^x\cos 2x$ 的特別積分.

解 將微分方程式改寫成 $(D^2-D+1)y=e^x\cos 2x$，
因 $P(D)=D^2-D+1$，故

$$y_p = \frac{1}{D^2-D+1}(e^x\cos 2x) = e^x\frac{1}{(D+1)^2-(D+1)+1}\cos 2x$$

$$= e^x\frac{1}{D^2+D+1}\cos 2x = e^x\frac{1}{-4+D+1}\cos 2x$$

$$= e^x\frac{1}{D-3}\cos 2x = e^x\frac{D+3}{D^2-9}\cos 2x$$

$$= e^x\frac{D+3}{-4-9}\cos 2x = -\frac{1}{13}e^x(D+3)\cos 2x$$

$$= -\frac{1}{13}e^x(-2\sin 2x+3\cos 2x).$$

第 2 章 高階線性微分方程式

定理 2-4-9

若 $P(D)y = xu(x)$，且 u 為 x 的可微分函數，則

$$y_p = \frac{1}{P(D)}[xu(x)] = x\frac{1}{P(D)}u(x) - \frac{P'(D)}{[P(D)]^2}u(x)$$

留待讀者自證.

【例題 12】 求 $y'' + 3y' + 2y = x\sin 2x$ 的特別積分.

解 將微分方程式改寫成 $(D^2 + 3D + 2)y = x\sin 2x$，

因 $P(D) = D^2 + 3D + 2$，故

$$y_p = \frac{1}{D^2 + 3D + 2}(x\sin 2x)$$

$$= x\frac{1}{D^2 + 3D + 2}\sin 2x - \frac{2D + 3}{(D^2 + 3D + 2)^2}\sin 2x$$

$$= x\frac{1}{-4 + 3D + 2}\sin 2x - \frac{2D + 3}{D^4 + 6D^3 + 13D^2 + 12D + 4}\sin 2x$$

$$= x\frac{3D - 2}{9D^2 - 4}\sin 2x - \frac{2D + 3}{(-4)^2 + 6(-4)D + 13(-4) + 12D + 4}\sin 2x$$

$$= x\frac{3D + 2}{9(-2^2) - 4}\sin 2x + \frac{1}{4}\frac{(2D + 3)(3D - 8)}{9D^2 - 64}\sin 2x$$

$$= x\frac{6\cos 2x + 2\sin 2x}{-40} + \frac{24\sin 2x + 7\cos 2x}{200}$$

$$= -\frac{30x - 7}{200}\cos 2x - \frac{5x - 12}{100}\sin 2x.$$

【例題 13】 求 $y'' - 4y = x\cos x$ 的特別積分.

解 將微分方程式改寫成 $(D^2 - 4)y = x\cos x$，

因 $P(D) = D^2 - 4$，故

$$y_p = \frac{1}{D^2 - 4}(x\cos x) = x\frac{1}{D^2 - 4}\cos x - \frac{2D}{(D^2 - 4)^2}\cos x$$

$$= -\frac{x\cos x}{5} - \frac{2}{25}D\cos x$$

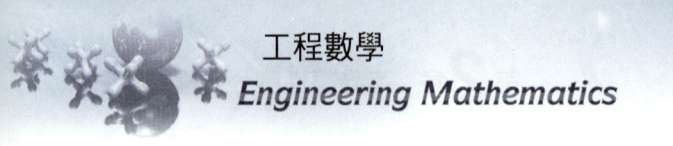

$$= -\frac{x\cos x}{5} + \frac{2}{25}\sin x.$$

習題 2-4

求下列各微分方程式的特別積分.

1. $y'' + 4y = 8x^2$
2. $y''' - 3y'' + 2y' = 4x$
3. $y'' - 4y' + 6y = e^{2x}$
4. $y'' - y' - 2y = 10\cos x$
5. $y'' + y = 2(\sin x + \cos x)$
6. $y''' - 4y'' + 3y' = x^2$
7. $y''' + y'' + y' + y = \sin 2x + \cos 3x$
8. $y'' + 2y' + 4y = e^x \sin 2x$
9. $y''' - 3y'' - 6y' + 8y = xe^{-3x}$
10. $y''' - 2y'' - 5y' + 6y = e^{3x}$
11. $y''' - 5y'' + 8y' - 4y = e^{2x} + 2e^x + 3e^{-x}$
12. $y'' - 4y' + 3y = 2xe^{3x} + 3e^x \cos 2x$

2-5　柯西-歐勒方程式

　　我們在前面已學過如何求得 n 階常係數線性微分方程式的通解，其中的補充函數很容易確定．然而，對於 n 階變係數線性微分方程式的情形就不是這樣了．不過，有一種特殊類型的微分方程式實際上非常重要，它可藉著自變數的變換而轉換成易解的常係數線性微分方程式．

定義 2-5-1

形如

$$a_n x^n y^{(n)} + a_{n-1} x^{n-1} y^{(n-1)} + \cdots + a_1 x y' + a_0 y = 0 \tag{2-5-1}$$

的微分方程式稱為**柯西-歐勒方程式** (Cauchy-Euler equation) 或**等維方程式** (equidimensional equation)，其中 $a_0, a_1, a_2, \cdots, a_n$ 皆為常數.

對任意 $x > 0$，令 $x = e^t$，即 $t = \ln x$，則

$$y(x) = y(e^t) = Y(t), \quad y'(x) = \frac{dY(t)}{dt}\frac{dt}{dx} = \frac{1}{x}Y'(t),$$

可得 $$xy'(x) = Y'(t) = \frac{d}{dt}Y(t).$$

其次，
$$y''(x) = \frac{d}{dx}y'(x) = \frac{d}{dx}\left(\frac{1}{x}Y'(t)\right)$$
$$= -\frac{1}{x^2}Y'(t) + \frac{1}{x}\frac{dY'(t)}{dx}$$
$$= -\frac{1}{x^2}Y'(t) + \frac{1}{x}\frac{dY'(t)}{dt}\frac{dt}{dx}$$
$$= -\frac{1}{x^2}Y'(t) + \frac{1}{x^2}Y''(t)$$
$$= \frac{1}{x^2}(Y''(t) - Y'(t))$$

故 $$x^2 y''(x) = Y''(t) - Y'(t) = \left(\frac{d^2}{dt^2} - \frac{d}{dt}\right)Y(t) = \frac{d}{dt}\left(\frac{d}{dt} - 1\right)Y(t).$$

$$y'''(x) = \frac{d}{dx}y''(x) = \frac{d}{dx}\left(\frac{1}{x^2}(Y''(t) - Y'(t))\right)$$
$$= -\frac{2}{x^3}(Y''(t) - Y'(t)) + \frac{1}{x^2}\frac{d}{dx}(Y''(t) - Y'(t))$$
$$= -\frac{2}{x^3}(Y''(t) - Y'(t)) + \frac{1}{x^2}\left(\frac{dY''(t)}{dt}\frac{dt}{dx} - \frac{dY'(t)}{dt}\frac{dt}{dx}\right)$$
$$= -\frac{2}{x^3}(Y''(t) - Y'(t)) + \frac{1}{x^2}\left(\frac{1}{x}Y'''(t) - \frac{1}{x}Y''(t)\right)$$
$$= \frac{1}{x^3}(Y'''(t) - 3Y''(t) + 2Y'(t))$$

可得 $$x^3 y'''(x) = Y'''(t) - 3Y''(t) + 2Y'(t) = \left(\frac{d^3}{dt^3} - 3\frac{d^2}{dt^2} + 2\frac{d}{dt}\right)Y(t)$$
$$= \frac{d}{dt}\left(\frac{d}{dt} - 1\right)\left(\frac{d}{dt} - 2\right)Y(t)$$

依此類推，$$x^n y^{(n)}(x) = \frac{d}{dt}\left(\frac{d}{dt} - 1\right)\left(\frac{d}{dt} - 2\right)\cdots\left(\frac{d}{dt} - n + 1\right) \qquad (2\text{-}5\text{-}2)$$

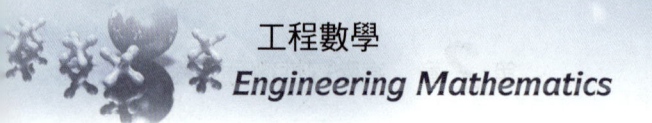

此處 n 為正整數.

利用 (2-5-2) 式可知 (2-5-1) 式化成

$$\left[a_n \frac{d}{dt}\left(\frac{d}{dt}-1\right)\cdots\left(\frac{d}{dt}-n+1\right) + a_{n-1}\frac{d}{dt}\left(\frac{d}{dt}-1\right)\cdots\left(\frac{d}{dt}-n+2\right) \right.$$
$$\left. +\cdots+ a_1 \frac{d}{dt} + a_0 \right] Y = 0$$

上式的輔助方程式為

$$a_n r(r-1)\cdots(r-n+1) + a_{n-1} r(r-1)\cdots(r-n+2) + \cdots + a_1 r + a_0 = 0. \quad (2\text{-}5\text{-}3)$$

【例題 1】解 $x^2 y'' - 2xy' + 2y = 0 \ (x>0)$.

解 令 $x = e^t$，則

$$y(x) = y(e^t) = Y(t)$$

原微分方程式化成 $\left[\dfrac{d}{dt}\left(\dfrac{d}{dt}-1\right) - 2\dfrac{d}{dt} + 2\right] Y = 0$

輔助方程式為 $\qquad r(r-1) - 2r + 2 = 0$

即， $\qquad r^2 - 3r + 2 = 0$

$\qquad (r-1)(r-2) = 0$

可得 $\qquad r = 1, 2$

因而 $\qquad Y = c_1 e^t + c_2 e^{2t}$

故微分方程式的通解為 $\quad y = c_1 x + c_2 x^2$.

【例題 2】解 $x^2 y'' - xy' + y = 0 \ (x>0)$.

解 令 $x = e^t$，則

$$y(x) = y(e^t) = Y(t)$$

原微分方程式化成 $\left[\dfrac{d}{dt}\left(\dfrac{d}{dt}-1\right)-\dfrac{d}{dt}+1\right]Y=0$

輔助方程式為 $r(r-1)-r+1=0$

即, $(r-1)^2=0$

可得 $r=1,1$

因而 $Y=(c_1+c_2 t)e^t$

故微分方程式的通解為

$$y=x(c_1+c_2\ln x).$$

【例題 3】解 $x^2 y''-xy'+5y=0\ (x>0)$.

解 令 $x=e^t$,則

$$y(x)=y(e^t)=Y(t)$$

原微分方程式化成 $\left[\dfrac{d}{dt}\left(\dfrac{d}{dt}-1\right)-\dfrac{d}{dt}+5\right]Y=0$

輔助方程式為 $r(r-1)-r+5=0$

即, $r^2-2r+5=0$

可得 $r=1+2i,\ 1-2i$

因而 $Y=e^t(c_1\cos 2t+c_2\sin 2t)$

故微分方程式的通解為

$$y=x[c_1\cos(2\ln x)+c_2\sin(2\ln x)].$$

讀者應注意,

$$c_n(ax+b)^n y^{(n)}+c_{n-1}(ax+b)^{n-1}y^{(n-1)}+\cdots+c_1(ax+b)y'+c_0 y=0 \qquad (2\text{-}5\text{-}4)$$

也是**柯西-歐勒方程式**,我們可令 $ax+b=e^t$,將其化為常係數微分方程式.

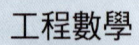

【例題 4】 試解 $(x-3)^2 y'' + 3(x-3)y' + y = 0$ $(x > 3)$.

解 令 $x - 3 = e^t$，則 $y(x) = y(e^t) = Y(t)$

$$(x-3)y'(x) = (x-3)\frac{dy(x)}{dx} = e^t \frac{dY(t)}{dt}\frac{dt}{dx} = e^t \frac{dY(t)}{dt} e^{-t} = \frac{d}{dt}Y(t)$$

$$(x-3)^2 y''(x) = (x-3)^2 \frac{d}{dx}\left(\frac{dy(x)}{dx}\right) = e^{2t}\frac{d}{dx}\left(\frac{dY(t)}{dt}\frac{dt}{dx}\right)$$

$$= e^{2t}\frac{d}{dt}\left(\frac{dY(t)}{dt}\frac{dt}{dx}\right)\frac{dt}{dx}$$

$$= e^{2t}\left(\frac{d^2Y(t)}{dt^2}\frac{dt}{dx} + \frac{dY(t)}{dt}\frac{d}{dt}e^{-t}\right)e^{-t}$$

$$= e^t\left(e^{-t}\frac{d^2Y(t)}{dt^2} - e^{-t}\frac{dY(t)}{dt}\right)$$

$$= \frac{d^2Y(t)}{dt^2} - \frac{dY(t)}{dt} = \frac{d}{dt}\left(\frac{d}{dt} - 1\right)Y(t)$$

原微分方程式化成 $\left[\frac{d}{dt}\left(\frac{d}{dt} - 1\right) + 3\frac{d}{dt} + 1\right]Y(t) = 0$

輔助方程式為 $r(r-1) + 3r + 1 = 0$

即， $r^2 + 2r + 1 = 0$

可得 $r = -1, -1$

因而 $Y = c_1 e^{-t} + c_2 t e^{-t} = (c_1 + c_2 t)e^{-t}$

故微分方程式的通解為 $y = \dfrac{c_1 + c_2 \ln(x-3)}{x-3}$.

習題 2-5

解下列各微分方程式 (其中 $x > 0$).

1. $x^2 y'' + xy' - 4y = 0$　　　　　　　**2.** $2x^2 y'' - 5xy' + 3y = 0$
3. $x^2 y'' + 5xy' + 13y = 0$　　　　　**4.** $x^3 y''' + x^2 y'' - 2xy' + 2y = 0$

5. $x^3 y''' - x^2 y'' + xy' = 0$

6. $(2x+1)^2 y'' - 2(2x+1) y' - 12y = 0 \left(x > -\dfrac{1}{2} \right)$

7. 解初值問題

$$\begin{cases} x^2 y'' + 4xy' + 2y = 0 \ (x > 0) \\ y(1) = 1 \\ y'(1) = 2 \end{cases}$$

2-6　二階微分方程式的應用

常係數線性微分方程式在工程及物理方面的應用最為廣泛，茲將有關的應用問題，列舉若干具有代表性者加以探討．

一、機械振動問題

我們若想明瞭機械系統的運動情形，必須討論一物體在其運動過程中所受到的外力作用情形，然後建立一個表示該物體運動的微分方程式，再解此微分方程式即可求得位移與時間二者的函數關係．如圖 2-6-1 所示，表示彈

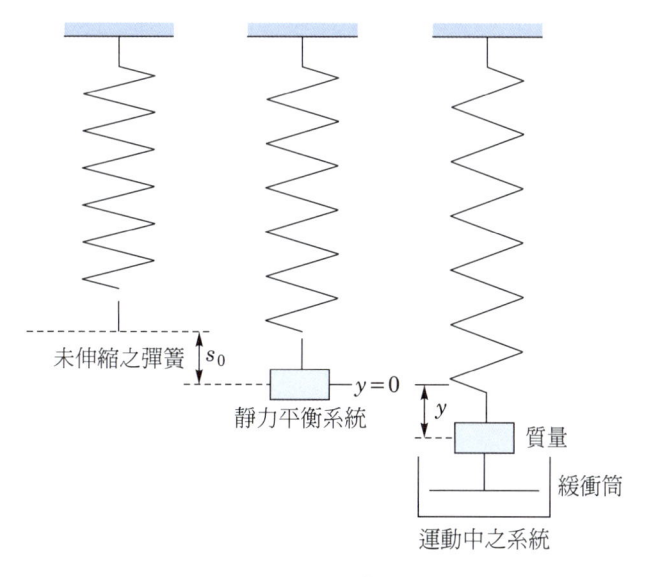

圖 2-6-1　彈簧振動系統

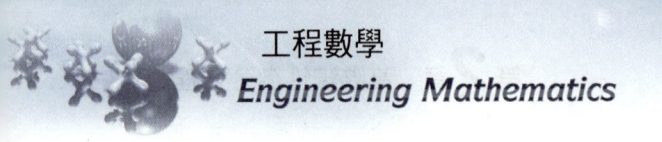

簧系統 (機械系統)，彈簧垂直懸掛著，頂端固定，並於其下端懸掛一質量為 m 的物體，由於物體的重量遠超過彈簧本身重量，故彈簧重量可忽略不計．今拉物體使彈簧向下伸長一段距離，然後再釋放，我們來研究此彈簧系統的運動情形．

現在選定 y-軸 (物體的運動方向)，向下為正，向上為負，原點在平衡位置，作用於彈簧系統的外力為重力或地心引力，即，

$$F_1 = mg$$

另外，彈簧所產生的彈簧力之大小係與彈簧伸縮量成正比，即

$$F = ks$$

其中 s 為彈簧的伸縮量，k 為**彈簧常數** (spring constant)．物體處在靜止時的位置稱為**靜力平衡位置** (static equilibrium position)，彈簧處於此位置時具有一伸長量 s_0，以致向上作用的彈簧力與向下作用的重力互相抵銷，而其總和等於零，此時我們有下面的平衡條件

$$ks_0 = mg$$

令 $y = y(t)$ 為物體在任何時刻 t 對於靜力平衡位置所產生的位移，其為時間 t 的函數，依**虎克定律**得知，對應於位移 y 的彈簧力為

$$F_2 = -ks_0 = -ky$$

上式中 $-ks_0$ 表靜力平衡時彈簧所生作用力，$-ky$ 為彈簧再伸長 y 時所增加的作用力．若 $y > 0$，則 $-ky < 0$，表一向上作用的彈簧力；若 $y < 0$，則 $-ky > 0$，表一向下作用的彈簧力．作用於該物體的合力，乃質量 m 所產生的動力與彈簧所產生的彈簧力之和，故得

$$F_1 + F_2 = mg - ks_0 - ky$$

1. 無阻系統

若此彈簧系統的阻力甚小，而可以忽略不計，則物體所受的總合力為 $-ky$，此種彈簧系統稱為一**無阻系統** (undamped system)．此時，運動的微分方程式可利用牛頓第二定律而產生，即

$$ma = F = F_1 + F_2 = -ky$$

上式 $F = F_1 + F_2 = -ky$ 表物體於運動瞬間所承受的總合力.

又因物體運動的加速度為 $a = \dfrac{d^2 y}{dt^2}$，故

$$m\dfrac{d^2 y}{dt^2} = -ky \tag{2-6-1}$$

此式為常係數齊次線性微分方程式，其輔助方程式為

$$m\alpha^2 + k = 0$$

所以，
$$\alpha_1 = \sqrt{\dfrac{k}{m}}i, \quad \alpha_2 = -\sqrt{\dfrac{k}{m}}i$$

故 (2-6-1) 式的通解為

$$y = A\cos\omega_0 t + B\sin\omega_0 t, \ \omega_0 = \sqrt{\dfrac{k}{m}} \tag{2-6-2}$$

此通解所代表的運動稱為**簡諧運動** (simple harmonic motion). $\omega_0 = \sqrt{k/m}$ 稱為此彈簧系統的**圓周頻率** (circular frequency)，而**自然頻率** (natural frequency) 為

$$f = \dfrac{\omega_0}{2\pi} = \dfrac{1}{2\pi}\sqrt{\dfrac{k}{m}}$$

週期為
$$T = \dfrac{1}{f} = \dfrac{2\pi}{\omega_0}$$

由 $\omega_0 = \sqrt{k/m}$，可知 k 值愈大，頻率愈高，此即意味彈簧韌性大，可使物體運動 (振動) 快. 有時，為了方便起見，(2-6-2) 式的 y 可寫成另一種形式

$$y = \beta\cos(\omega_0 t - \delta) \tag{2-6-3}$$

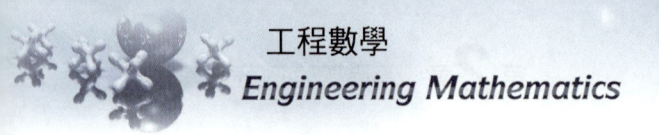

其中 $\beta = \sqrt{A^2 + B^2}$, $\cos \delta = \dfrac{A}{\beta}$, $\sin \delta = \dfrac{B}{\beta}$，稱為振動的**振幅** (amplitude)，而 δ 稱為**相角** (phase angle).

另外，(2-6-2) 式對應於各種不同初期條件之典型的運動狀態，可用圖 2-6-2 表示.

2. 有阻系統

若機械系統運動時將產生不可忽略的**黏滯性阻力** (viscous damping)，則稱此系統為**有阻系統** (damped system). 此時物體的運動系統係由彈簧、物體及緩衝筒組成，如圖 2-6-3 所示. 設彈簧的重量為 w，質量為 m，彈簧常

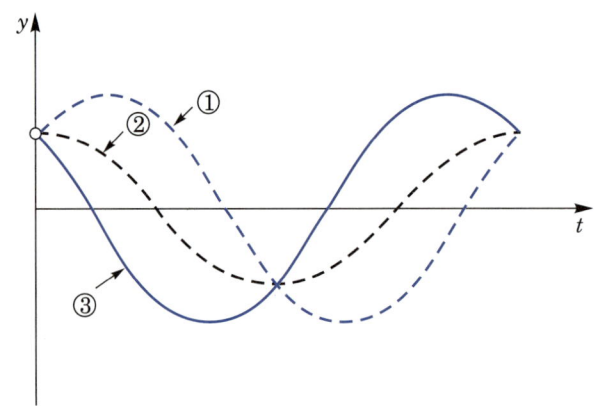

①：正
②：零 } 初期速度
③：負

圖 2-6-2　簡諧振動

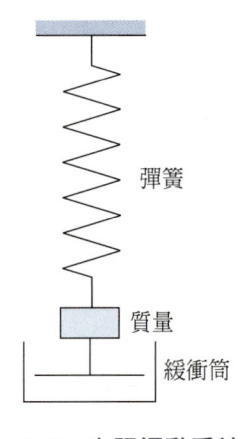

圖 2-6-3　有限振動系統

數 k (磅/呎)，緩衝筒所產生的黏滯性阻力之作用方向係與瞬時運動的方向相反，在低速情況下，可假設阻力大小與運動速度 dy/dt 成正比，其比值稱為 **阻尼常數** (damping constant)，記為 c (磅/秒)。若 F_3 表黏滯性阻力，則

$$F_3 = -c\frac{dy}{dt}$$

在上式中，若 $\frac{dy}{dt}>0$，則物體向下運動，而 $-c\frac{dy}{dt}$ 表一向上作用之力，故 $-c\frac{dy}{dt}<0$，即 $c>0$。若 $\frac{dy}{dt}<0$，則物體向上運動，而 $-c\frac{dy}{dt}$ 表一向下作用之力，故 $-c\frac{dy}{dt}>0$，即 $c>0$。由此可知，c 必恆為正，此時作用於物體的總合力為

$$F_1 + F_2 + F_3 = -ky - c\frac{dy}{dt}$$

依牛頓第二運動定律，可得

$$m\frac{d^2y}{dt^2} = -ky - c\frac{dy}{dt}$$

故在有阻尼(力)的機械系統中，運動方程式為

$$m\frac{d^2y}{dt^2} + c\frac{dy}{dt} + ky = 0 \tag{2-6-4}$$

輔助方程式為 $m\lambda^2 + c\lambda + k = 0$，解得

$$\lambda = \frac{-c \pm \sqrt{c^2 - 4mk}}{2m}$$

(2-6-4) 式的形式係依阻尼(力)之情況而定，有阻系統的阻尼(力)大小可分下列三種情況討論。

(1) **超阻** (over damping) **情況** ($c^2>4mk$)：對於此種情況，λ 的值為相異實數，

$$\lambda = -a \pm b$$

此處

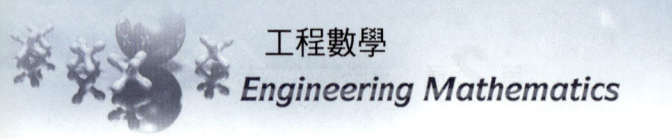

$$a = \frac{c}{2m}, \; b = \sqrt{\left(\frac{c}{2m}\right)^2 - \frac{k}{m}}$$

方程式 (2-6-4) 的通解為

$$y = c_1 e^{-(a-b)t} + c_2 e^{-(a+b)t} \tag{2-6-5}$$

或

$$y = e^{-at} \left[c_1 e^{\sqrt{\left(\frac{c}{2m}\right)^2 - \frac{k}{m}}\, t} + c_2 e^{-\sqrt{\left(\frac{c}{2m}\right)^2 - \frac{k}{m}}\, t} \right] \tag{2-6-6}$$

由上兩式知，因不含正弦函數與餘弦函數，故 y 無正負的循環變化，而無振動發生．又 (2-6-5) 式之二指數皆為負值，故當 $t \to \infty$ 時，y 的極限為零．實際上，該物體經過一段相當長的時間之運動後，就趨近靜止平衡位置 ($y = 0$)．在數種典型的初期條件下的超阻尼運動情形，如圖 2-6-4 所示．

(2) **臨界阻** (critical damping) **情況** ($c^2 = 4mk$)：對於此種情況，輔助方程式有重根 $\lambda = -c/2m$，則 (2-6-4) 式的解為

$$y = e^{\left(-\frac{c}{2m}\right)t}(c_1 + c_2 t) \tag{2-6-7}$$

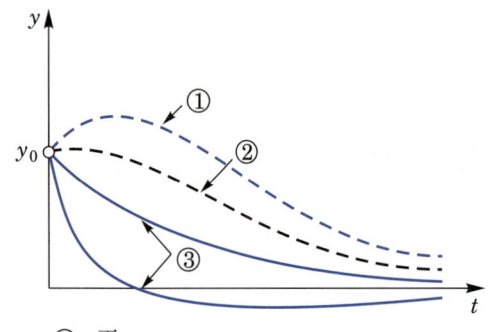

①：正
②：零 } 初期速度
③：負
(1) 初期位移為正者

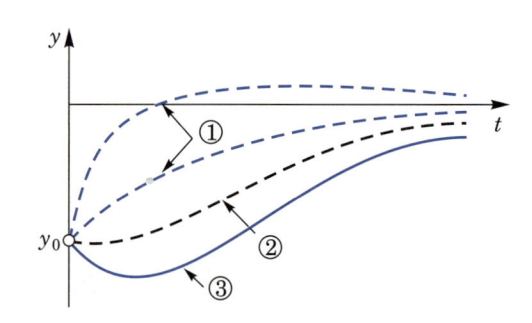

①：正
②：零 } 初期速度
③：負
(2) 初期位移為負者

圖 2-6-4　數種典型的超阻運動

第 2 章 高階線性微分方程式

由上式知 $e^{(-c/2m)t} \neq 0$，且 t 至多僅有一正值 (t_0) 而使 $c_1+c_2t_0=0$，故該運動至多僅能通過靜力平衡點 ($y=0$) 一次．若初期條件之 c_1、c_2 同號，則物體絕無通過平衡點之可能，此因 t 為正時，c_1+c_2t 不可能為零．此種運動情況與情況 (1) 極相似，在數種典型的初期條件下，臨界阻尼情況的運動情形，如圖 2-6-5 所示．

(3) **低阻** (under damping) **情況** ($c^2<4mk$)：在此情況下，$\lambda = -\alpha \pm \beta i$，此處

$$\alpha = \frac{c}{2m}, \quad \beta = \sqrt{\frac{k}{m} - \left(\frac{c}{2m}\right)^2} = \sqrt{\omega_0^2 - \alpha^2}$$

則 (2-6-4) 式的通解為

$$y = e^{-\alpha t}(c_1 \cos \beta t + c_2 \sin \beta t) \tag{2-6-8}$$

或

$$y = Ae^{-\alpha t} \cos(\beta t - \delta) \tag{2-6-9}$$

其中

$$A^2 = c_1^2 + c_2^2, \quad \tan \delta = \frac{c_2}{c_1}$$

(2-6-9) 式乃表示**有阻振盪** (damped oscillation)．因其所含之 $\cos(\beta t - \delta)$ 介於 -1 與 $+1$ 間變化，故所得積分曲線在 $y=ce^{-\alpha t}$ 與 $y=-ce^{-\alpha t}$ 間變化，且當 $\beta t - \delta$ 等於 π 之整數倍時，恰與其接觸，如圖 2-6-6 所示．此振動之頻率

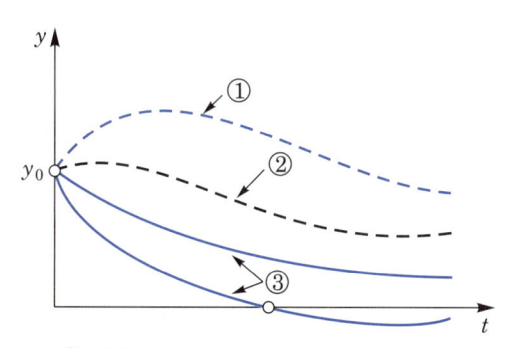

①：正
②：零 } 初期速度
③：負

圖 2-6-5　臨界阻運動

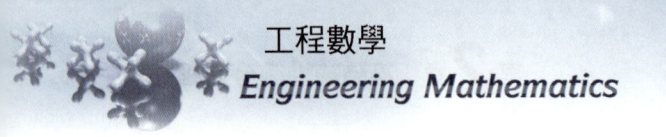

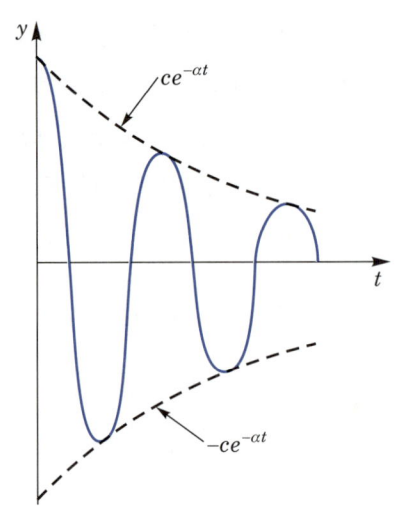

圖 2-6-6　有限振盪

為每秒 $\beta/2\pi$ 週，因正弦與餘弦函數的週期皆為 2π，當 c (>0) 值愈小，則 β 值愈大，因而頻率愈高，意即振動愈快，若 c 趨近於零，則 β 即趨近 (2-6-2) 式的 $\omega_0 = \sqrt{k/m}$．

3. 強迫振盪

　　我們已在上面討論機械系統 (稱為彈簧－質量－緩衝筒系) 在無任何可變外力作用下之運動情形．又觀察 (2-6-6)、(2-6-7) 與 (2-6-8) 式中的 y，可知均包含有負指數次方的自然指數函數，y 隨時間之增加而遞減，終至消失．因此，(2-6-4) 的通解 y，稱為**暫態項**或該系統的**自由運動** (free motion)，意即不加外力時的運動．今將考慮此機械系統受一可變外力作用下之運動情形．當物體處於平衡位置時，質量 m 所生的重力 mg 係由彈簧所生的彈簧力 ky 保持平衡，因此，這個重力將不出現於運動方程式中，如圖 2-6-7 所示，係一個由彈簧、物體及緩衝筒所組成的機械系統，今討論此系統在可變外力 $F(t)$ 作用於質量 m 上的運動情形可自非齊次微分方程式

$$m\frac{d^2y}{dt^2} + c\frac{dy}{dt} + ky = F(t) \tag{2-6-10}$$

而得知．

　　(2-6-10) 式右端的 $F(t)$ 表一可變外力，其為時間 t 的函數，稱為**驅動力** (driving force) 或**輸入** (input)，而其對應的解為**輸出** (output)，乃此運動之機

第 2 章　高階線性微分方程式

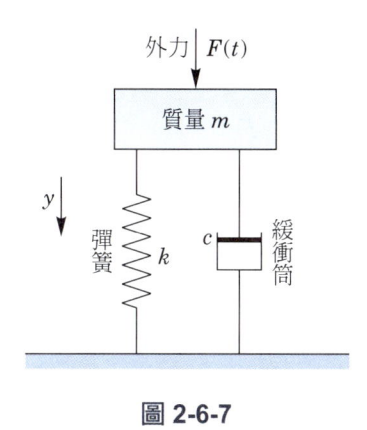

圖 2-6-7

械系統對驅動力所產生的一種**反應** (response)，由此項驅動力所引起的振盪稱為**強迫振盪** (forced oscillations).

今考慮一週期性變化的輸入 $F(t)=F_0 \cos \omega t$ 或 $F(t)=F_0 \sin \omega t$，其中振幅 F_0 及頻率 ω 皆為常數，代入 (2-6-10) 式分別求特別積分 Y，並利用複數指數

$$F(t) = F_0\, e^{i\omega t} = F_0 \cos \omega t + i\, F_0 \sin \omega t$$

解

$$m\frac{d^2 y}{dt^2} + c\frac{dy}{dt} + ky = F_0\, e^{i\omega t}$$

利用反微分算子法，求得特別積分為

$$Y = \frac{F_0\, e^{i\omega t}}{P(i\omega)} = \frac{F_0\, e^{i\omega t}}{-m\omega^2 + ic\omega + k},\ \text{且}\ P(i\omega) \neq 0$$

現分別計算 Y 的實部與虛部，求得 (2-6-10) 式的特別積分為

(i) 當 $F(t)=F_0 \cos \omega t$ 時

$$Y = \frac{F_0[(k - m\omega^2) \cos \omega t + c\omega \sin \omega t]}{(k - m\omega^2)^2 + (c\omega)^2} \tag{2-6-11}$$

(ii) 當 $F(t)=F_0 \sin \omega t$ 時

$$Y = \frac{F_0[(k - m\omega^2) \sin \omega t - c\omega \cos \omega t]}{(k - m\omega^2)^2 + (c\omega)^2} \tag{2-6-12}$$

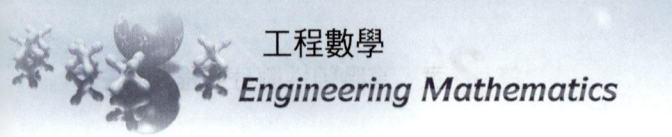

我們現在定義此特別積分的振幅 A 與相角 δ 為

$$A = \frac{F_0}{\sqrt{(k-m\omega^2)^2 + (c\omega)^2}} = \frac{\dfrac{F_0}{m}}{\sqrt{\left(\dfrac{k}{m}-\omega^2\right)^2 + \dfrac{c^2\omega^2}{m^2}}}$$

$$\cos\delta = \frac{k-m\omega^2}{\sqrt{(k-m\omega^2)^2 + (c\omega)^2}}$$

$$\sin\delta = \frac{c\omega}{\sqrt{(k-m\omega^2)^2 + (c\omega)^2}}$$

故 (2-6-11) 式與 (2-6-12) 式亦可分別寫成

$$Y = A\cos(\omega t - \delta) \tag{2-6-13}$$

與

$$Y = A\sin(\omega t - \delta) \tag{2-6-14}$$

其中

$$\delta = \tan^{-1}\left[\frac{\dfrac{c\omega}{m}}{\left(\dfrac{k}{m}-\omega^2\right)}\right], \ 0 < \delta < \pi$$

(2-6-10) 式的特別積分 Y 代表強迫振盪，意即增加外力時的振盪，Y 絕不會因時間的增加而消失，故又稱為**穩態項**. Y 的頻率與所加外力的頻率相同.

【例題 1】一彈簧的質量為 2 仟克，其長度為 0.5 米，需 25.6 牛頓的力始能將彈簧拉長 0.7 米. 如果在彈簧達到 0.7 米的長度時，以初速度 0 放開彈簧，試求彈簧的運動方程式.

解　依虎克定律可知 $k(0.2) = 25.6$，故得彈簧係數為

$$k = \frac{25.6}{0.2} = 128$$

今將 $m = 2$、$k = 128$ 代入 (2-6-1) 式中，可得

$$2\frac{d^2y}{dt^2} = -128y$$

或

$$2\frac{d^2y}{dt^2} + 128y = 0$$

故上式的通解為 $y(t) = c_1 \cos 8t + c_2 \sin 8t$ .... (*)

由初期條件 $y(0) = 0.2$，可得 $c_1 = 0.2$.

微分 (*) 式，可得

$$y'(t) = -8c_1 \sin 8t + 8c_2 \cos 8t$$

由於初速為 $y'(0) = 0$，我們可得 $c_2 = 0$，故彈簧的運動方程式為

$$y = \frac{1}{5} \cos 8t.$$

【例題 2】假設前題的彈簧浸入一阻尼常數為 40 的液體中，若彈簧由平衡位置開始且給予向上 0.6 米/秒之初速，試求彈簧的運動方程式.

解 由例題 1 中知 $m = 2$，彈簧係數 $k = 128$，代入 (2-6-4) 式得

$$2\frac{d^2y}{dt^2} + 40\frac{dy}{dt} + 128y = 0$$

或

$$\frac{d^2y}{dt^2} + 20\frac{dy}{dt} + 64y = 0$$

故上式的通解為 $y = c_1 e^{-4t} + c_2 e^{-16t}$ .... ①

已知初期條件 $y(0) = 0$，故 $c_1 + c_2 = 0$ .... ②

微分 ① 式可得 $y'(t) = -4c_1 e^{-4t} - 16c_2 e^{-16t}$

故 $y'(0) = -4c_1 - 16c_2 = 0.6$ .... ③

② 與 ③ 聯立

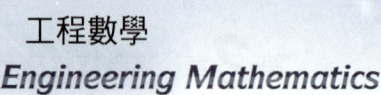

$$\begin{cases} c_1 + c_2 = 0 \\ -4c_1 - 16c_2 = 0.6 \end{cases}$$

解得 $\qquad c_1 = 0.05,\ c_2 = -0.05$

故彈簧的運動方程式為 $\quad y = 0.05(e^{-4t} - e^{-16t})$.

【例題 3】若阻尼常數 $c=1$，試求出並繪圖表示 $m\dfrac{d^2y}{dt^2} + c\dfrac{dy}{dt} + ky = 0$ 所描述的機械系統之運動 y，其中假設 $m=1$，$k=1$，初位移為 1，且初速為零.

解 將 $c=1$，$m=1$，$k=1$ 代入微分方程式中，可得

$$\frac{d^2y}{dt^2} + \frac{dy}{dt} + y = 0$$

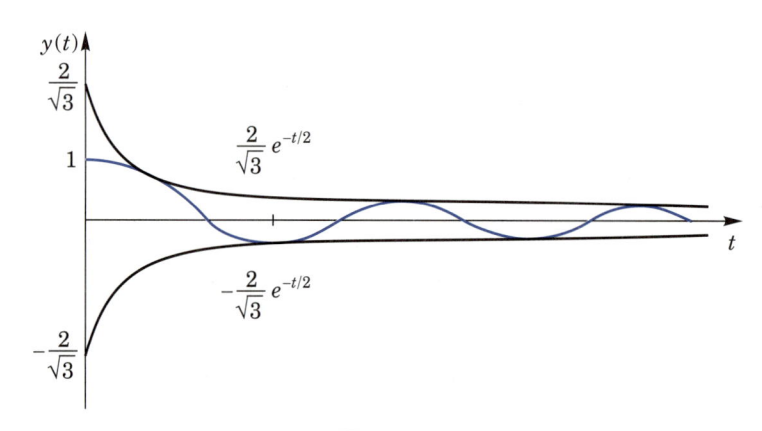

故 $\qquad y = e^{-t/2}\left(A\cos\dfrac{\sqrt{3}}{2}t + B\sin\dfrac{\sqrt{3}}{2}t\right)$ ……………①

而 $\qquad y'(t) = -\dfrac{1}{2}e^{-t/2}\left(A\cos\dfrac{\sqrt{3}}{2}t + B\sin\dfrac{\sqrt{3}}{2}t\right)$

$\qquad\qquad\quad + e^{-t/2}\left(-\dfrac{\sqrt{3}}{2}A\sin\dfrac{\sqrt{3}}{2}t + \dfrac{\sqrt{3}}{2}B\cos\dfrac{\sqrt{3}}{2}t\right)$ ………②

圖 2-6-8

將初期條件 $y(0)=1$ 與 $y'(0)=0$ 代入 ① 與 ② 式，可得

$$A = 1, \quad B = \frac{1}{\sqrt{3}}$$

故
$$y = \frac{2}{\sqrt{3}} e^{-t/2} \left(\cos \frac{\sqrt{3}}{2} t + \frac{1}{\sqrt{3}} \sin \frac{\sqrt{3}}{2} t \right)$$
$$= \frac{2}{\sqrt{3}} e^{-t/2} \cos \left(\frac{\sqrt{3}}{2} t - \frac{\pi}{6} \right).$$

【例題 4】設某一物體的運動方程式為

$$\frac{d^2 y}{dt^2} + 2 \frac{dy}{dt} + 5y = -\sin t$$

求此物體的暫態振動.

解 該物體的暫態振動由 $\frac{d^2 y}{dt^2} + 2 \frac{dy}{dt} + 5y = -\sin t$ 的通解所決定

$\frac{d^2 y}{dt^2} + 2 \frac{dy}{dt} + 5y = 0$ 的輔助方程式為

$$r^2 + 2r + 5 = 0$$

可得
$$r = -1 \pm 2i$$

所以，原微分方程式的補充函數為

$$y_c = e^{-t}(A \cos 2t + B \sin 2t)$$

而特別積分為

$$y_p = \frac{1}{D^2 + 2D + 5}(-\sin t) = \frac{1}{-1 + 2D + 5}(-\sin t)$$
$$= \frac{1}{2D + 4}(-\sin t) = \frac{2D - 4}{4D^2 - 16}(-\sin t)$$
$$= \frac{2D - 4}{-4 - 16}(-\sin t) = \frac{D - 2}{10}(\sin t)$$

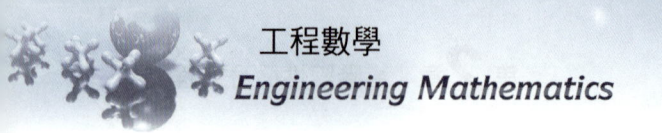

$$= \frac{1}{10}\cos t - \frac{1}{5}\sin t$$

故得該物體的暫態振動為

$$y = e^{-t}(A\cos 2t + B\sin 2t) + \frac{1}{10}\cos t - \frac{1}{5}\sin t.$$

二、電路問題

我們已在前面討論了機械系統，現在討論基本網路所構成的電路問題，並希望藉數學方法統一若干完全不同的自然現象或物理系統，進而得到相同形式的微分方程式．在這一節中，我們將討論機械系統與電路系統間的對應關係．例如某一機械系統可對應於一個電路系統，使其電流的大小恰可代表已知機械系統內的位移值，惟需予適當的單位因數修正．此種類比關係可建立一個已知機械系統的電路類比模式，以模仿並了解其特性．

由電阻器 (R)、電感器 (L) 及電容器 (C) 所組成的串聯或並聯電路，依**克希荷夫定律**所寫出的方程式，必然為常係數二階微分方程式，如圖 2-6-9 所示為 RLC 串聯電路．

該電路方程式可寫成

$$L\frac{dI}{dt} + RI + \frac{1}{C}\int I\,dt = E(t) = E_0 \sin\omega t \tag{2-6-15}$$

此式對 t 微分，可得

$$L\frac{d^2I}{dt^2} + R\frac{dI}{dt} + \frac{1}{C}I = E_0\omega\cos\omega t \tag{2-6-16}$$

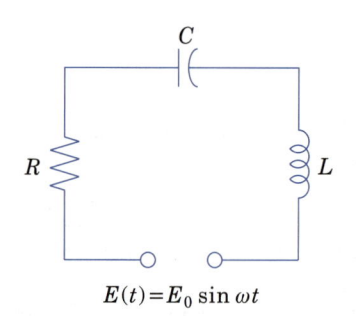

圖 2-6-9

第2章　高階線性微分方程式

上式為常係數二階線性微分方程式，其中補充函數代表**暫態** (transient state)，特別積分代表**穩態** (steady state). (2-6-16) 式的形式與

$$m\frac{d^2y}{dt^2} + c\frac{dy}{dt} + ky = F_0\omega\cos\omega t$$

相同，故 RLC 電路係類比於機械振動系統. 茲將電路系統與機械振動系統之間的各種相似性質，列舉於表 2-6-1.

因 (2-6-16) 式為常係數線性微分方程式，故可利用未定係數法假設其特別積分為

$$I_p(t) = a\cos\omega t + b\sin\omega t$$

可得

$$a = \frac{-E_0 S}{R^2 + S^2}, \quad b = \frac{E_0 R}{R^2 + S^2}$$

$S = \omega L - (1/\omega C)$ 稱為**電抗** (reactance).

在實際情況下，$R \neq 0$，因此，$R^2 + S^2 \neq 0$. 將 a、b 代入 I_p 中，即得其特別積分，此項特別積分若引用下列三角函數關係式，

$$A\cos\alpha + B\sin\alpha = \sqrt{A^2 + B^2}\sin(\alpha \pm \delta)$$

與

$$\tan\delta = \frac{\sin\delta}{\cos\delta} = \pm\frac{A}{B}$$

表 2-6-1　電路系統與機械振動系統的相對類比量

電路系統	機械振動系統
電感 L	質量 $m = \dfrac{w}{g}$
電阻 R	阻尼常數 c
最大電壓 E_0	最大外力 E_0
電容的倒數 $\dfrac{1}{C}$	彈簧常數 k
電流 $I(t)$ 或電荷 Q	位移 $y(t)$ (輸出)
電動勢的導函數 $E_0\omega\cos\omega t$	驅動力 $F_0\cos\omega t$ (輸入)

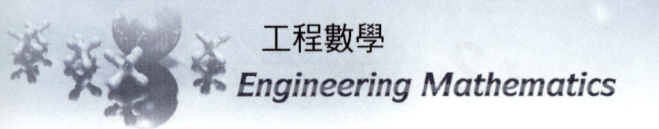

則可改寫成
$$I_p = I_0 \sin(\omega t - \theta)$$

上式中 $I_0 = \sqrt{a^2 + b^2} = \dfrac{E_0}{\sqrt{R^2 + S^2}}$，$\tan\theta = -\dfrac{a}{b} = \dfrac{S}{R}$，$\sqrt{R^2 + S^2}$ 即所謂**阻抗** (impedance)。

(2-6-16) 式所對應的齊次微分方程式的輔助方程式為

$$\lambda^2 + \frac{R}{L}\lambda + \frac{1}{LC} = 0$$

其二根分別為 $\lambda_1 = -\alpha + \beta$ 及 $\lambda_2 = -\alpha - \beta$，其中

$$\alpha = \frac{R}{2L}, \quad \beta = \frac{1}{2L}\sqrt{R^2 - \frac{4L}{C}}$$

若 $R > 0$，則當 t 足夠大的時候，齊次微分方程式的通解 I_c 趨近零，故全態電流 $I = I_c + I_p$ 趨近穩態電流 I_p，而所得的輸出實際上是一個與輸入頻率相同的簡諧運動 $I_p = I_0 \sin(\omega t - \theta)$。如果我們定義**臨界電阻** (critical resistance) 為 R_{crit} (類比於臨界阻尼常數 $c_{\text{crit}} = 2\sqrt{mk}$)，則得下面的討論

1. 超阻：
$$R^2 - 4\frac{L}{C} > 0$$

2. 臨界阻：
$$R^2 = \frac{4L}{C}, \quad R_{\text{crit}} = 2\sqrt{\frac{L}{C}}$$

3. 低阻：
$$R^2 - \frac{4L}{C} < 0$$

【例題 5】一電路的電感 L 為 0.05 亨利，電阻 R 為 20 歐姆，電容 C 為 100×10^{-6} 法拉，且電動勢 E 為 100 伏特，若初期條件為 $t = 0$ 時，$Q = 0$，$I = 0$，則電流 I 與電荷 Q 各為何？

解 依題意，
$$L\frac{dI}{dt} + RI + \frac{Q}{C} = E(t)$$

將
$$I = \frac{dQ}{dt} \quad \text{與} \quad \frac{dI}{dt} = \frac{d^2Q}{dt^2}$$

代入上式可得

$$L\frac{d^2Q}{dt^2} + R\frac{dQ}{dt} + \frac{Q}{C} = E(t)$$

因此，
$$0.05\frac{d^2Q}{dt^2} + 20\frac{dQ}{dt} + \frac{Q}{100\times 10^{-6}} = 100$$

或
$$\frac{d^2Q}{dt^2} + 400\frac{dQ}{dt} + 200000Q = 2000$$

解得
$$Q = e^{-200t}(A\cos 400t + B\sin 400t) + 0.01$$

將上式對 t 微分

$$I = \frac{dQ}{dt}$$
$$= 200e^{-200t}[(-A+2B)\cos 400t + (-B-2A)\sin 400t]$$

利用初期條件可得 $A = -0.01$，$B = -0.005$，故

$$Q = e^{-200t}(-0.01\cos 400t - 0.005\sin 400t) + 0.01$$
$$I = 5e^{-200t}\sin 400t.$$

【例題 6】求如圖 2-6-10 所示 RLC 電路的穩態電流，其中 $R = 20$ 歐姆，$L = 10$ 亨利，$c = 0.05$ 法拉，$E = 50\sin t$ 伏特.

解 由 (2-6-16) 式可得

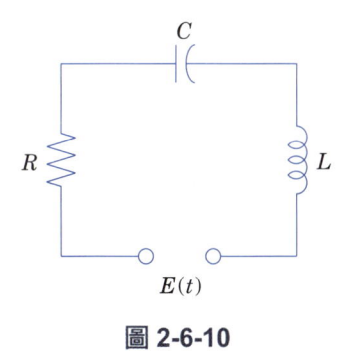

圖 2-6-10

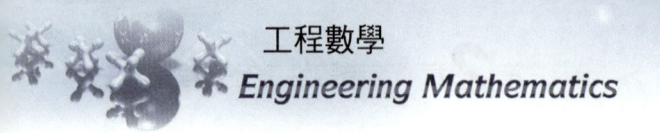

$$10\frac{d^2I}{dt^2} + 20\frac{dI}{dt} + 20I = 50\cos t$$

上式所對應齊次微分方程式的輔助方程式為

$$10\lambda^2 + 20\lambda + 20 = 0$$

令 $I_p = A\cos t + B\sin t$，則

$$(10A + 20B)\cos t + (10B - 20A)\sin t = 50\cos t$$

解得 $A=1$，$B=2$，所以，$I_p = \cos t + 2\sin t$.

【例題 7】求上題圖 2-6-10 所示 RLC 電路的全態電流，其中 $R = 200$ 歐姆，$L = 100$ 亨利，$C = 5 \times 10^{-3}$ 法拉，$E = 2500 \sin t$ 伏特.

解 由 (2-6-16) 式可得

$$100\frac{d^2I}{dt^2} + 200\frac{dI}{dt} + 200I = 2500\cos t$$

上式所對應齊次微分方程式的輔助方程式為

$$\lambda^2 + 2\lambda + 2 = 0, \qquad \lambda = -1 \pm i$$

故
$$I_c = e^{-t}(c_1 \cos t + c_2 \sin t)$$

令 $I_p = A\cos t + B\sin t$ 代入原式，可得

$$\begin{cases} A + 2B = 25 \\ -2A + B = 0 \end{cases}$$

解得 $A=5$，$B=10$，故全態電流為

$$\begin{aligned} I &= I_c + I_p \\ &= e^{-t}(c_1 \cos t + c_2 \sin t) + 5\cos t + 10\sin t. \end{aligned}$$

【例題 8】已知一 RLC 電路，其電感為 L，電阻為 R，電容為 C，且電動勢為 $E(t) = E_0 \sin \omega t$，如圖 2-6-11 所示，試證此電路的穩態電流為

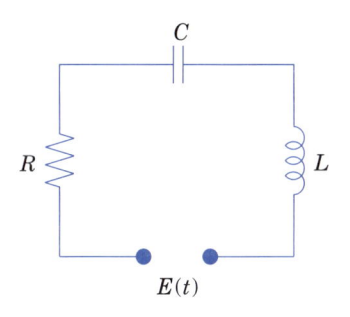

圖 2-6-11

$$I_p(t) = \frac{E_0}{z}\left(\frac{R}{z}\sin \omega t - \frac{X}{z}\cos \omega t\right)$$

$$= \frac{E_0}{z}\sin(\omega t - \theta)$$

其中 $\quad X = L\omega - \dfrac{1}{C\omega},\ z = \sqrt{X^2 + R^2}$

而 θ 係由 $\sin\theta = \dfrac{X}{z}$ 及 $\cos\theta = \dfrac{R}{z}$ 所決定.

解 由 (2-6-16) 式可得

$$L\frac{d^2I}{dt^2} + R\frac{dI}{dt} + \frac{1}{C}I = \left(LD^2 + RD + \frac{1}{C}\right)I = \omega E_0 \cos \omega t$$

所欲求的穩態電流即為上式的特別積分，故

$$I_p = \frac{\omega E_0}{LD^2 + RD + \dfrac{1}{C}}\cos \omega t = \frac{\omega E_0}{RD - \left(L\omega - \dfrac{1}{C\omega}\right)\omega}\cos \omega t$$

$$= \frac{\omega E_0(RD + X\omega)}{R^2 D^2 - X^2 \omega^2}\cos \omega t = \frac{E_0}{R^2 + X^2}(R\sin \omega t - X\cos \omega t)$$

$$= \frac{E_0}{z}\left(\frac{R}{z}\sin \omega t - \frac{X}{z}\cos \omega t\right)$$

$$= \frac{E_0}{z}\sin(\omega t - \theta)$$

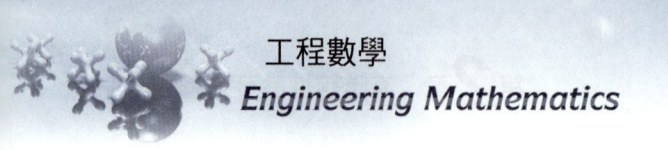

【例題 9】在前文中曾討論到：若 $R>0$，則當 $t \to \infty$ 時，將使全態電流趨近穩態電流 I_p，試證明之.

解 因 $I = I_p + I_c = I_0 \sin(\omega t - \theta) + e^{-\alpha t}(Ae^{i\beta t} + Be^{-i\beta t})$

而當 $t \to \infty$ 時，$e^{-\alpha t} \to 0$，故

$$I = I_p = I_0 \sin(\omega t - \theta).$$

習題 2-6

1. 若一彈簧加上 20 牛頓的重量 (約 4.5 磅) 會伸長 2 厘米，試問其對應的簡諧運動的頻率為何？週期為何？

2. 某 $\dfrac{49}{8}$ 公斤重 (kgw) 的物體掛在彈簧下端，其彈簧係數為 40 kgw/m.

   (1) 將彈簧拉長 $\dfrac{50}{3}$ cm 後釋放；

   (2) 將彈簧縮短 $\dfrac{50}{3}$ cm 後釋放；

   釋放時給予向下 2 m/sec 的初速，試求兩種情況的物體運動情形 (假設無阻力).

3. 某 3 磅重的物體掛在彈簧下端，會使其拉長 1 吋，現在換吊上 32 磅重的物體，並且浸入石油槽中，會使其產生阻力，其阻尼常數為 12 磅 sec/ 呎. 若將物體往上提高 6 吋後釋放，求物體運動的變化且繪出其運動方程式的圖形.

4. 以初位移 y_0 及初速度 v_0 開始，試確定 $y = A\cos\omega_0 t + B\sin\omega_0 t$ 的簡諧運動，並將其表示成

$$y = C\cos(\omega_0 t - \delta),\ C = \sqrt{A^2 + B^2},\ \tan\delta = \dfrac{B}{A}$$

的形式.

5. 若一彈簧的彈簧常數 $k=16$，試畫出簡諧運動 (2-6-2) 式的圖形，假設質量為 1 且由 $y=1$ 開始運動，其初速為零，則頻率為何？

6. 已知一彈簧 ($k=48$ 磅/呎) 垂直懸掛著，並使其上端固定，下端繫一重 16 磅的物體，如右圖所示，彈簧保持靜止後，該物

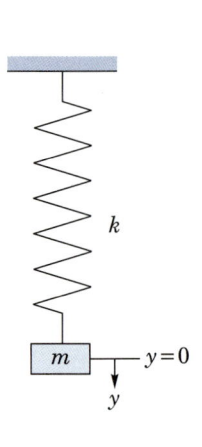

體被拉下 2 吋，然後釋放，不計空氣阻力，試討論該物體所發生的運動．

7. 設某物體的運動方程式為 $\dfrac{d^2y}{dt^2}+16y=\cos t-\sin t$，求此物體的穩態振動．

8. 試求出並繪圖表示 $m\dfrac{d^2y}{dt^2}+c\dfrac{dy}{dt}+ky=0$ 所描述的機械系統之運動 y，其中假設 $m=1$，$c=2$，$k=1$，初位移為 1，且初速度為 0．

9. 有一 RLC 串聯電路如下圖所示，若 $R=40$ 歐姆，$L=1$ 亨利，$C=16\times 10^{-4}$ 法拉，$E(t)=100\cos 10t$ 伏特，且 $Q(0)=0$，$I(0)=0$，試求此 RLC 串聯電路在時間為 t 時的電荷與電流．

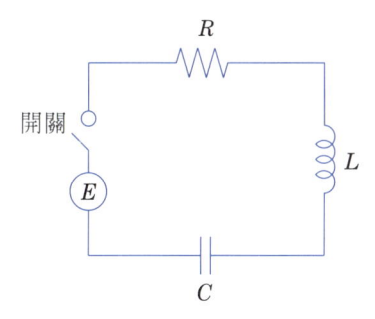

10. 試求下圖所示 RLC 電路中的全態電流及穩態電流，其中 $R=20$ 歐姆，$L=5$ 亨利，$C=10^{-2}$ 法拉，$E(t)=85\sin 4t$ 伏特．

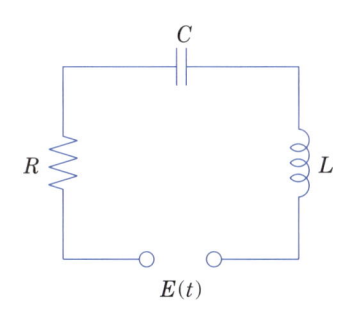

11. 有一串聯 LC 電路，如下圖所示．若 $L=2$ 亨利，$C=\dfrac{1}{2}$ 法拉，外加交流電壓 $E=2\sin 2t$ 伏特，$I(0)=0$，$Q(0)=1$ 庫侖，求 $Q(t)$．

$$L = 2 \text{ 亨利}$$
$$E = 2 \sin 2t$$
$$C = 1/2 \text{ 法拉}$$

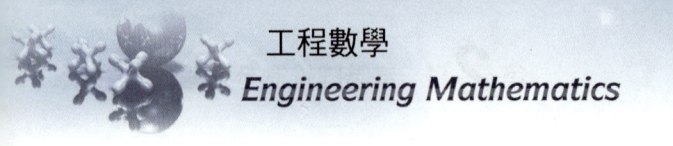

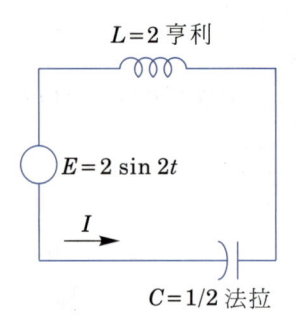

12. 下圖為一串聯 LC 電路，其中電感值 L，電容值 C，外加交流電壓 $E = E_0 \sin \omega t$，$I(0) = 0$, $Q(0) = Q_0$，求 $Q(t)$.

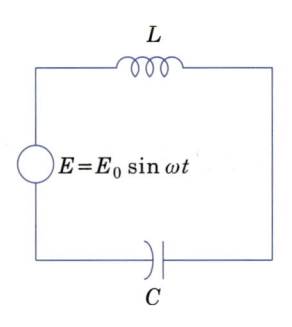

chapter 3

微分方程式的級數解

3-1 冪級數

在本章中，我們將探討利用冪級數表示某類線性微分方程式的解．對所給線性微分方程式及一點 x_0，我們打算求出該微分方程式之解在 x_0 的冪級數展開式中的係數．並非每一個線性微分方程式的每一個解在任一點皆有一冪級數展開式，例如，方程式 $x^2y'' + 7xy' + 9y = 0$ 的兩個線性獨立解 x^{-3} 與 $x^{-3}\ln x$ 在 $x=0$ 皆無冪級數展開式．

若

$$f(x) = \sum_{n=0}^{\infty} c_n(x-x_0)^n, \ |x-x_0| < r, \ r > 0$$

則稱函數 f 在點 x_0 為可解析 (analytic)．若函數在 x_0 為可解析，則函數本身與其所有導函數在 x_0 皆有定義；我們僅需計算冪級數或其在 x_0 的逐項導數 (收斂冪級數可被逐項微分)．因此，在 x_0 沒有定義的函數在該處不可解析，例如，$f(x) = \dfrac{1}{x}$ 在 $x=0$ 不可解析．函數若在 x_0 不可微分，當然在該處不可解析，例如，$f(x) = |x|$ 在 $x=0$ 不可解析，因它在 $x=0$ 沒有導數．又 $f(x) = \sqrt{x+1}$ 在 $x=-1$ 不可解析，因 $f'(x) = \dfrac{1}{2\sqrt{x+1}}$ 在 $x=-1$ 沒有定

169

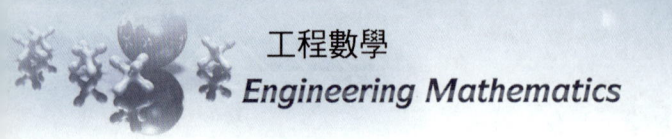

義．另一方面，所有多項式函數處處可解析，e^x、$\sin x$ 與 $\cos x$ 也是如此．有理函數在不使分母為零的點處可解析，例如 $f(x) = \dfrac{x+1}{(x-1)(x-2)}$ 在 $x=1$ 及 $x=2$ 以外的點處為可解析．

設

$$y'' + P(x)y' + Q(x)y = 0 \tag{3-1-1}$$

若 P 與 Q 在 x_0 皆為可解析，則稱點 x_0 為 (3-1-1) 式的**普通點** (ordinary point)；否則，稱點 x_0 為**奇異點** (singular point)．

【例題 1】考慮微分方程式

$$y'' + xy' + (x^2 + 1)y = 0$$

此處，$P(x) = x$，$Q(x) = x^2 + 1$．因 P 與 Q 皆為多項式函數，它們處處可解析，故所有點皆是此微分方程式的普通點．

【例題 2】微分方程式

$$y'' + \dfrac{2x}{(x-1)(x+2)} y' + \dfrac{\sin x}{x} y = 0$$

的奇異點為 1、-2 與 0，而其他點皆為普通點．

【例題 3】考慮微分方程式

$$(x-1)y'' - xy' + \dfrac{2}{x} y = 0$$

將上式寫成

$$y'' - \dfrac{x}{x-1} y' + \dfrac{2}{x(x-1)} y = 0$$

此處，$P(x) = \dfrac{x}{x-1}$，$Q(x) = \dfrac{2}{x(x-1)}$．因 P 在 $x=1$ 以外的點為可解析，Q 在 $x=0$ 及 $x=1$ 以外的點可解析，故 0 與 1 為微分方程式的奇異點，而其他點為普通點．顯然，0 為奇異點，即使 P 在 0 為可解析．我們敘述這事實藉以強調為了使 x_0 為普通點，P 與 Q 皆必須在 x_0 為可解析．

第3章 微分方程式的級數解

> **定理 3-1-1**
>
> 若點 x_0 為 (3-1-1) 式的普通點，則 (3-1-1) 式有兩個形如 $\sum_{n=0}^{\infty} c_n(x-x_0)^n$ 的線性獨立解，且這兩個冪級數在開區間 (x_0-R, x_0+R) 為收斂 $(R>0)$.

定理 3-1-1 說明 (3-1-1) 式的冪級數解存在的充分條件，它指出若 x_0 為 (3-1-1) 式的普通點，則 (3-1-1) 式有兩個冪級數解，形如 $\sum_{n=0}^{\infty} c_n(x-x_0)^n$，且這兩個冪級數解是線性獨立．因此，若 x_0 為 (3-1-1) 式的普通點，則我們可得到 (3-1-1) 式的通解為這兩個線性獨立冪級解數的線性組合．

【例題 4】在例題 1 中，所有點皆為該微分方程式的普通點，因此，在任意點 x_0 處，該方程式有兩個形如 $\sum_{n=0}^{\infty} c_n(x-x_0)^n$ 的線性獨立解．

【例題 5】在例題 3 中，我們知道 0 與 1 為該微分方程式的奇異點，因此，在任何點 $x_0 \neq 0$ 或 1，該微分方程式有兩個形如 $\sum_{n=0}^{\infty} c_n(x-x_0)^n$ 的線性獨立解．例如，在普通點 2 處，該方程式有兩個形如 $\sum_{n=0}^{\infty} c_n(x-2)^n$ 的線性獨立解；然而，在奇異點 0 處，我們不敢確信存在形如 $\sum_{n=0}^{\infty} c_n x^n$ 的解，或在奇異點 1 處，是否存在形如 $\sum_{n=0}^{\infty} c_n(x-1)^n$ 的解．

求線性微分方程式之冪級數解的步驟

1. 設解的形式為 $\sum_{n=0}^{\infty} c_n(x-x_0)^n$，此處 x_0 為微分方程式的普通點．若有初期條件，則取 x_0 為初始點．

2. 逐項計算冪級數的導函數，代入微分方程式並將相同的 x 之乘冪的係數集合，仔細計算含所予 x 的乘冪的所有項．需要的話，可調整求和指標使所有級數寫成具有 x 的相同指數的形式．

3. 令所有 x 的乘冪的係數為零，在所得方程式中利用較低足碼係數表較高足

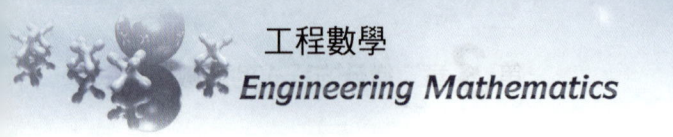

碼係數.

4. 若有初期條件，則利用它們求 c_0 與 c_1.

【例題 6】求微分方程式

$$y'' + xy' + (x^2+1)y = 0$$

的冪級數解 $(x_0 = 0)$.

解 假設其解為 $y = \sum_{n=0}^{\infty} c_n x^n$，則 $y'(x) = \sum_{n=1}^{\infty} n c_n x^{n-1}$, $y''(x) = \sum_{n=2}^{\infty} n(n-1) c_n x^{n-2}$,

代入原微分方程式，可得

$$\sum_{n=2}^{\infty} n(n-1) c_n x^{n-2} + x \sum_{n=1}^{\infty} n c_n x^{n-1} + x^2 \sum_{n=0}^{\infty} c_n x^n + \sum_{n=0}^{\infty} c_n x^n = 0$$

將此式改寫成

$$\sum_{n=2}^{\infty} n(n-1) c_n x^{n-2} + \sum_{n=1}^{\infty} n c_n x^n + \sum_{n=0}^{\infty} c_n x^{n+2} + \sum_{n=0}^{\infty} c_n x^n = 0$$

又

$$\sum_{n=2}^{\infty} n(n-1) c_n x^{n-2} = \sum_{n=0}^{\infty} (n+2)(n+1) c_{n+2} x^n$$

$$\sum_{n=0}^{\infty} c_n x^{n+2} = \sum_{n=2}^{\infty} c_{n-2} x^n$$

可得 $\sum_{n=0}^{\infty} (n+2)(n+1) c_{n+2} x^n + \sum_{n=1}^{\infty} n c_n x^n + \sum_{n=2}^{\infty} c_{n-2} x^n + \sum_{n=0}^{\infty} c_n x^n = 0$

化成 $2c_2 + 6c_3 x + \sum_{n=2}^{\infty} (n+2)(n+1) c_{n+2} x^n + c_1 x + \sum_{n=2}^{\infty} n c_n x^n$

$$+ \sum_{n=2}^{\infty} c_{n-2} x^n + c_0 + c_1 x + \sum_{n=2}^{\infty} c_n x^n = 0$$

即

第 **3** 章　微分方程式的級數解

$$(c_0+2c_2)+(2c_1+6c_3)x+\sum_{n=2}^{\infty}[(n+2)(n+1)c_{n+2}+(n+1)c_n+c_{n-2}]x^n=0$$

故　　　　　　　　　$c_0+2c_2=0$ ……………………… ①

　　　　　　　　　　$2c_1+6c_3=0$ ……………………… ②

　　　　$(n+2)(n+1)c_{n+2}+(n+1)c_n+c_{n-2}=0,\ n\geq 2$ …………… ③

由 ① 式可得　　　　　$c_2=-\dfrac{1}{2}c_0$

由 ② 式可得　　　　　$c_3=-\dfrac{1}{3}c_1$

③ 式稱為**遞迴關係式**. 於是,

$$c_{n+2}=-\frac{(n+1)c_n+c_{n-2}}{(n+1)(n+2)},\ n\geq 2$$

對 $n=2$, 可得　　　$c_4=-\dfrac{3c_2+c_0}{12}=\dfrac{1}{24}c_0$

對 $n=3$, 可得　　　$c_5=-\dfrac{4c_3+c_1}{20}=\dfrac{1}{60}c_1$

同理, 我們可用 c_0 表偶次項的係數, 而用 c_1 表奇次項的係數.

故　　$y=c_0+c_1x-\dfrac{1}{2}c_0x^2-\dfrac{1}{3}c_1x^3+\dfrac{1}{24}c_0x^4+\dfrac{1}{60}c_1x^5$

$$=c_0\left(1-\dfrac{1}{2}x^2+\dfrac{1}{24}x^4+...\right)+c_1\left(x-\dfrac{1}{3}x^3+\dfrac{1}{60}x^5+...\right)\ \cdots\cdots\cdots④$$

此為原微分方程式的解, 其中括弧內的二個級數為原微分方程式之二個線性獨立解的冪級數展開式, c_0 與 c_1 皆為任意常數. 所以, ④ 式為原微分方程式的通解.

173

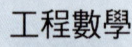

【例題 7】求冪級數解
$$\begin{cases} y'' - e^x y = 0 \\ y(0) = y'(0) = 1 \end{cases}$$

解 設 $y = \sum_{n=0}^{\infty} c_n x^n$，則 $y'' = \sum_{n=2}^{\infty} n(n-1) c_n x^{n-2}$

故 $$\sum_{n=2}^{\infty} n(n-1) c_n x^{n-2} - e^x \sum_{n=0}^{\infty} c_n x^n = 0$$

改寫成 $$\sum_{n=0}^{\infty} (n+2)(n+1) c_{n+2} x^n - \left(\sum_{n=0}^{\infty} \frac{x^n}{n!}\right)\left(\sum_{n=0}^{\infty} c_n x^n\right) = 0$$

因 $(c_0 + c_1 x + c_2 x^2 + \cdots)\left(1 + x + \frac{x^2}{2!} + \cdots\right)$

$= c_0 + (c_0 + c_1)x + \left(\frac{c_0}{2!} + c_1 + c_2\right)x^2 + \left(\frac{c_0}{3!} + \frac{c_1}{2!} + c_2 + c_3\right)x^3 + \cdots$

$= \sum_{n=0}^{\infty} \left(\sum_{k=0}^{n} \frac{c_k}{(n-k)!}\right) x^n$

故上式化成 $$\sum_{n=0}^{\infty} \left[(n+2)(n+1) c_{n+2} - \sum_{k=0}^{n} \frac{c_k}{(n-k)!}\right] x^n = 0$$

可得 $$c_{n+2} = \frac{1}{(n+2)(n+1)} \sum_{k=0}^{n} \frac{c_k}{(n-k)!}, \ n \geq 0$$

尤其，

$c_2 = \frac{1}{2} c_0, \ c_3 = \frac{1}{6}(c_0 + c_1), \ c_4 = \frac{1}{12}\left(\frac{1}{2} c_0 + c_1 + c_2\right) = \frac{1}{12}(c_0 + c_1), \cdots$

依初期條件，可知 $c_0 = c_1 = 1$，因而

$$c_2 = \frac{1}{2}, \ c_3 = \frac{1}{3}, \ c_4 = \frac{1}{6}, \cdots$$

故 $$y = 1 + x + \frac{x^2}{2} + \frac{x^3}{3} + \frac{x^4}{6} + \cdots.$$

習題 3-1

求下列各題的冪級數解.

1. $(1-xy)y' - y = 0$, $x_0 = 0$

2. $xy' - y - x - 1 = 0$, $x_0 = 1$

3. $\begin{cases} y' - x^2 - e^y = 0 \\ y(0) = 0 \end{cases}$

4. $y'' + y = 0$, $x_0 = 0$

5. $y'' - xy = 0$, $x_0 = 0$

6. $(1+x^2)y'' + xy' - y = 0$, $x_0 = 0$

7. $y'' - x^2 y' - y = 0$, $x_0 = 0$

8. $y'' + (x-1)y' + y = 0$, $x_0 = 2$

9. $y'' - 2x^2 y' + 4xy = x^2 + 2x + 2$, $x_0 = 0$

求下列之初期值問題.

10. $\begin{cases} 3y'' - y' + (x+1)y = 1 \\ y(0) = y'(0) = 0 \end{cases}$

11. $\begin{cases} xy'' + y' + xy = 0 \\ y(1) = 0,\ y'(1) = -1 \end{cases}$

12. $\begin{cases} (x^2 - 1)y'' + 3xy' + xy = 0 \\ y(0) = 1,\ y'(0) = 3 \end{cases}$

3-2　正則奇異點

假設一個二階齊次線性微分方程式可以寫成下列的形式

$$(x-x_0)^2 y'' + (x-x_0)P(x)y' + Q(x)y = 0 \tag{3-2-1}$$

若 P 與 Q 在點 x_0 皆為可解析，則 x_0 稱為 (3-2-1) 式的**正則奇異點**；否則，所有其他奇異點稱為**非正則奇異點**. (3-2-1) 式也可以改寫成

$$y'' + \frac{P(x)}{x-x_0} y' + \frac{Q(x)}{(x-x_0)^2} y = 0 \tag{3-2-2}$$

於是，(3-2-2) 式有一正則奇異點 x_0，若且唯若 $P(x)$ 與 $Q(x)$ 在點 x_0 皆為可解析.

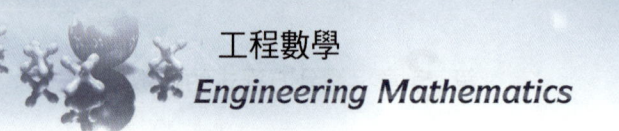

【例題 1】考慮微分方程式 $2x^2y'' - xy' + (x+3)y = 0$，它可寫成

$$x^2 y'' - \frac{x}{2} y' + \frac{1}{2}(x+3)y = 0$$

此處 $P(x) = -\frac{1}{2}$ 與 $Q(x) = \frac{1}{2}(x+3)$，在 $x = 0$ 皆為可解析．所以，0 為該微分方程式的正則奇異點．

【例題 2】考慮微分方程式 $(1+x)y'' + 2xy' - 3y = 0$，它可寫成

$$(1+x)^2 y'' + 2x(1+x)y' - 3(1+x)y = 0$$

此處 $P(x) = 2x$ 與 $Q(x) = -3(1+x)$ 在 $x = -1$ 皆為可解析．所以，-1 為該微分方程式的正則奇異點．

【例題 3】考慮微分方程式 $x^3 y'' + x^2 y' + y = 0$，它可寫成

$$x^2 y'' + xy' + \frac{1}{x} y = 0$$

此處 $P(x) = 1$ 在 $x = 0$ 為可解析，但 $Q(x) = \frac{1}{x}$ 在該點為不可解析，所以，0 為非正則奇異點．

【例題 4】考慮微分方程式 $y'' + \frac{2}{x} y' + \frac{3}{x(x-1)^3} y = 0$，它可寫成

$$y'' + \frac{2}{x} y' + \frac{3x}{x^2(x-1)^3} y = 0$$

此處 $P(x) = 2$ 與 $Q(x) = \frac{3x}{(x-1)^3}$ 在點 0 皆為可解析．所以，0 為正則奇異點．原微分方程式又可寫成

$$y'' + \frac{2(x-1)}{x(x-1)} y' + \frac{3}{x(x-1)(x-1)^2} y = 0$$

此處 $P(x) = \frac{2(x-1)}{x}$ 在點 1 為可解析，但 $Q(x) = \frac{3}{x(x-1)}$ 在該點不可解析，所以，1 為非正則奇異點．

我們考慮微分方程式

$$a_2(x)y'' + a_1(x)y' + a_0(x)y = 0 \tag{3-2-3}$$

並假設 x_0 為 (3-2-3) 式的一個奇異點，則定理 3-1-1 在點 x_0 不適用，我們無法確信 $y = \sum_{n=0}^{\infty} c_n(x-x_0)^n$ 為 (3-2-3) 式的冪級數解．其實，形如 (3-2-3) 式的微分方程式若具有奇異點 x_0，則沒有形如 $y = \sum_{n=0}^{\infty} c_n(x-x_0)^n$ 的解．顯然，在這種情形下，我們必須尋找不同型的解，但我們期望哪一型的解呢？在某些條件下，我們有理由假設解的形式為 $y = |x-x_0|^r \sum_{n=0}^{\infty} c_n(x-x_0)^n$，其中 r 為某 (實數或複數) 常數．

定理 3-2-1

若 x_0 為 (3-2-3) 式的正則奇異點，則 (3-2-2) 式至少有一個形如

$$y = |x-x_0|^r \sum_{n=0}^{\infty} c_n(x-x_0)^n$$

的非零解，其中 r 為待決定的 (實數或複數) 常數，且此解在 $0 < |x-x_0| < R \ (R>0)$ 的範圍內成立．

【例題 5】考慮微分方程式

$$x^2(x-3)^2 y'' + 2(x-3)y' + (2x+1)y = 0 \quad \cdots\cdots\cdots\cdots ①$$

它可寫成 $\quad (x-3)^2 y'' + \dfrac{2}{x^2}(x-3)y' + \dfrac{2x+1}{x^2} y = 0$

此處 $P(x) = \dfrac{2}{x^2}$ 與 $Q(x) = \dfrac{2x+1}{x^2}$ 在 $x=3$ 皆為可解析．所以，3 為 ① 式的正則奇異點．

依定理 3-2-1，我們知道 ① 式至少有一個形如 $|x-3|^r \sum_{n=0}^{\infty} c_n(x-3)^n$ 的非

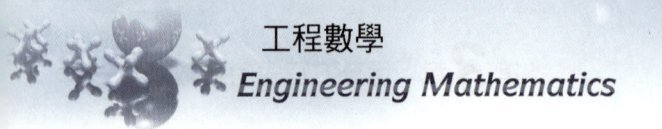

零解，該解在 $0<|x-3|<R\ (R>0)$ 的範圍內成立．
另外，① 式可改寫成

$$x^2y'' + \frac{2x}{x(x-3)}y' + \frac{2x+1}{(x-3)^2}y = 0$$

此處 $P(x) = \dfrac{2}{x(x-3)}$ 在 $x=0$ 為不可解析，$Q(x) = \dfrac{2x+1}{(x-3)^2}$ 在 $x=0$ 為可解析．因而 0 為 ① 式的非正則奇異點，定理 3-2-1 無法適用．所以，我們無法確信 ① 式有一個形如 $|x|^r \sum_{n=0}^{\infty} c_n x^n$ 的解．

我們既然確信 (3-2-3) 式在正則奇異點 x_0 至少有一個形如

$$y = |x-x_0|^r \sum_{n=0}^{\infty} c_n (x-x_0)^n$$

的解，那麼如何去決定該解中的 c_n 與 r 呢？其程序類似於上節中所介紹的，稱為 **Frobenius 解法**．我們現在舉例說明如下．

【例題 6】利用 Frobenius 解法求微分方程式

$$2x^2y'' - xy' + (x-5)y = 0 \quad \cdots\cdots\cdots\cdots\cdots\cdots\text{①}$$

在開區間 $(0, R)$ 的解．

解 因 $x=0$ 是 ① 式的正則奇異點，故假設

$$y = \sum_{n=0}^{\infty} c_n x^{n+r}, \quad 其中\ c_0 \ne 0$$

則

$$y' = \sum_{n=0}^{\infty} (n+r)c_n x^{n+r-1}$$

$$y'' = \sum_{n=0}^{\infty} (n+r)(n+r-1)c_n x^{n+r-2}$$

代入 ① 式，可得

$$2\sum_{n=0}^{\infty}(n+r)(n+r-1)c_n x^{n+r} - \sum_{n=0}^{\infty}(n+r)c_n x^{n+r} + \sum_{n=0}^{\infty} c_n x^{n+r+1} - 5\sum_{n=0}^{\infty} c_n x^{n+r} = 0$$

寫成

$$\sum_{n=0}^{\infty}[2(n+r)(n+r-1)-(n+r)-5]c_n x^{n+r}+\sum_{n=1}^{\infty}c_{n-1}x^{n+r}=0$$

或

$$[2r(r-1)-r-5]c_0 x^r+\sum_{n=1}^{\infty}\{[2(n+r)(n+r-1)-(n+r)-5]c_n+c_{n-1}\}x^{n+r}=0$$

可得 $\qquad 2r(r-1)-r-5=0 \quad\cdots\cdots\cdots\cdots$ ②

與

$$[2(n+r)(n+r-1)-(n+r)-5]c_n+c_{n-1}=0, n\geq 1 \quad\cdots\cdots\cdots\text{③}$$

② 式稱為 ① 式的**指標方程式**. 將 ① 式改寫成

$$2r^2-3r-5=0$$

解得 $r=\dfrac{5}{2}$ 與 $r=-1$，它們是不相等的實根.

以 $r=\dfrac{5}{2}$ 代入 ③ 式，可得遞迴關係式

$$\left[2\left(n+\dfrac{5}{2}\right)\left(n+\dfrac{3}{2}\right)-\left(n+\dfrac{5}{2}\right)-5\right]c_n+c_{n-1}=0,\ n\geq 1$$

化成 $\qquad n(2n+7)c_n+c_{n-1}=0, n\geq 1$

或 $\qquad c_n=-\dfrac{c_{n-1}}{n(2n+7)},\ n\geq 1$

求得 $\quad c_1=-\dfrac{c_0}{9},\ c_2=-\dfrac{c_1}{22}=\dfrac{c_0}{198},\ c_3=-\dfrac{c_2}{39}=-\dfrac{c_0}{7722},\ \cdots$

以 $r=\dfrac{5}{2}$ 代入 $y=\sum_{n=0}^{\infty}c_n x^{n+r}$ 中，並利用 $c_1, c_2, c_3, \cdots$，可得到對應於

$r = \dfrac{5}{2}$ 的解為

$$y = c_0\left(x^{5/2} - \dfrac{1}{9}x^{7/2} + \dfrac{1}{198}x^{9/2} - \dfrac{1}{7722}x^{11/2} + \cdots\right)$$

$$= c_0 x^{5/2}\left(1 - \dfrac{1}{9}x + \dfrac{1}{198}x^2 - \dfrac{1}{7722}x^3 + \cdots\right) \quad\cdots\cdots\cdots\cdots\cdots④$$

以 $r = -1$ 代入③式，可得遞迴關係式

$$[2(n-1)(n-2) - (n-1) - 5]c_n + c_{n-1} = 0,\ n \geq 1$$

化成 $\qquad n(2n-7)c_n + c_{n-1} = 0,\ n \geq 1$

或 $\qquad c_n = -\dfrac{c_{n-1}}{n(2n-7)},\ n \geq 1$

求得 $\quad c_1 = \dfrac{1}{5}c_0,\ c_2 = \dfrac{1}{6}c_1 = \dfrac{1}{30}c_0,\ c_3 = \dfrac{1}{3}c_2 = \dfrac{1}{90}c_0,\ \cdots$

以 $r = -1$ 代入 $y = \sum\limits_{n=0}^{\infty} c_n x^{n+r}$ 中，並利用 $c_1, c_2, c_3, \cdots$，可得到對應於 $r = -1$ 的解為

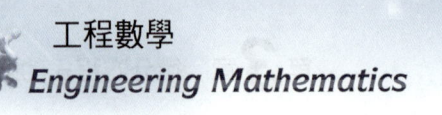

$$y = c_0\left(x^{-1} + \dfrac{1}{5} + \dfrac{1}{30}x + \dfrac{1}{90}x^2 - \cdots\right)$$

$$= c_0 x^{-1}\left(1 + \dfrac{1}{5}x + \dfrac{1}{30}x^2 + \dfrac{1}{90}x^3 - \cdots\right) \quad\cdots\cdots\cdots\cdots\cdots⑤$$

分別對應於指標方程式的二個根 $\dfrac{5}{2}$ 與 -1 的二個解，④式與⑤式為線性獨立，於是，①式的通解為

$$y = c_1 x^{5/2}\left(1 - \dfrac{1}{9}x + \dfrac{1}{198}x^2 - \dfrac{1}{7722}x^3 + \cdots\right)$$

$$+ c_2 x^{-1}\left(1 + \dfrac{1}{5}x + \dfrac{1}{30}x^2 + \dfrac{1}{90}x^3 - \cdots\right)$$

其中 c_1 與 c_2 皆為任意常數.

定理 3-2-2

設 x_0 為 (3-2-3) 式的正則奇異點，r_1 與 r_2 (此處 r_1 的實部 $\geq r_2$ 的實部) 為指標方程式的兩根.

(1) 若 $r_1 - r_2 \neq 0$ 或 $r_1 - r_2 \neq N$，N 為正整數，則 (3-2-3) 式有兩個線性獨立解 y_1 與 y_2，

$$y_1(x) = |x - x_0|^{r_1} \sum_{n=0}^{\infty} c_n (x - x_0)^n, \ c_0 \neq 0$$

$$y_2(x) = |x - x_0|^{r_2} \sum_{n=0}^{\infty} c_n{}^* (x - x_0)^n, \ c_0{}^* \neq 0$$

(2) 若 $r_1 - r_2 = N$，N 為正整數，則 (3-2-3) 式有兩個線性獨立解 y_1 與 y_2，

$$y_1(x) = |x - x_0|^{r_1} \sum_{n=0}^{\infty} c_n (x - x_0)^n, \ c_0 \neq 0$$

$$y_2(x) = |x - x_0|^{r_2} \sum_{n=0}^{\infty} c_n{}^* (x - x_0)^n + c y_1(x) \ln |x - x_0|,$$

$c_0{}^* \neq 0$，c 為某常數.

(3) 若 $r_1 = r_2 = r$，則 (3-2-3) 式有兩個線性獨立解 y_1 與 y_2，

$$y_1(x) = |x - x_0|^{r} \sum_{n=0}^{\infty} c_n (x - x_0)^n, \ c_0 \neq 0$$

$$y_2(x) = |x - x_0|^{r+1} \sum_{n=0}^{\infty} c_n{}^* (x - x_0)^n + y_1(x) \ln |x - x_0|$$

以上的解在 $0 < |x - x_0| < R$ 的範圍內成立.

【例題 7】利用 Frobenius 解法求微分方程式

$$2x^2 y'' + xy' + (x^2 - 3)y = 0 \quad \cdots\cdots\cdots\cdots\cdots\cdots ①$$

在開區間 $(0, R)$ 的解.

解 我們看出 $x = 0$ 為 ① 式的正則奇異點，因此，對 $0 < x < R$，假設一個解

為
$$y = \sum_{n=0}^{\infty} c_n x^{n+r}$$

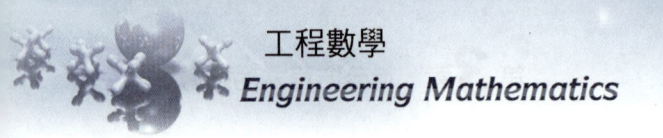

則
$$y' = \sum_{n=0}^{\infty} (n+r) c_n x^{n+r-1}$$

$$y'' = \sum_{n=0}^{\infty} (n+r)(n+r-1) c_n x^{n+r-2}$$

代入①式，可得

$$2\sum_{n=0}^{\infty}(n+r)(n+r-1)c_n x^{n+r} + \sum_{n=0}^{\infty}(n+r)c_n x^{n+r} + \sum_{n=0}^{\infty} c_n x^{n+r+2} - 3\sum_{n=0}^{\infty} c_n x^{n+r} = 0$$

寫成 $\sum_{n=0}^{\infty}[2(n+r)(n+r-1)+(n+r)-3]c_n x^{n+r} + \sum_{n=2}^{\infty} c_{n-2} x^{n+r} = 0$

或 $[2r(r-1)+r-3]c_0 x^r + [2(r+1)r+(r+1)-3]c_1 x^{r+1}$

$$+ \sum_{n=2}^{\infty} \{[2(n+r)(n+r-1)+(n+r)-3]c_n + c_{n-2}\} x^{n+r} = 0$$

可得指標方程式 $2r(r-1)+r-3=0$

即 $2r^2 - r - 3 = 0$ ……………………②

及方程式

$$[2(r+1)r+(r+1)-3]c_1 = 0 \quad \text{……………………③}$$

及遞迴關係式

$$[2(n+r)(n+r-1)+(n+r)-3]c_n + c_{n-2} = 0, n \geq 2 \quad \text{……………④}$$

②式的解為 $r = \frac{3}{2}$ 與 -1.

因 $\frac{3}{2} - (-1) = \frac{5}{2} \neq 0$ 且不為正整數，故依定理 3-2-2(1) 可知 ① 式有兩

182

個形如 $y = \sum_{n=0}^{\infty} c_n x^{n+r}$ 的線性獨立解.

以 $r = \dfrac{3}{2}$ 代入 ③ 式，可得 $c_1 = 0$. 以 $r = \dfrac{3}{2}$ 代入 ④ 式，可得對應於根 $\dfrac{3}{2}$ 的遞迴關係式

$$n(2n+5)c_n + c_{n-2} = 0, n \geq 2$$

即
$$c_n = -\dfrac{c_{n-2}}{n(2n+5)}, n \geq 2$$

因此 $c_2 = -\dfrac{c_0}{18}$, $c_3 = -\dfrac{c_1}{33}$ (因 $c_1 = 0$), $c_4 = -\dfrac{c_2}{52} = \dfrac{c_0}{936}$, $c_5 = 0, \cdots$

在 $y = \sum_{n=0}^{\infty} c_n x^{n+r}$ 中代入 $r = \dfrac{3}{2}$，並利用 $c_1, c_2, c_3, \cdots$，可得對應於根 $\dfrac{3}{2}$ 的解

$$y_1(x) = c_0 x^{3/2} \left(1 - \dfrac{1}{18} x^2 + \dfrac{1}{936} x^4 - \cdots \right) \quad \cdots\cdots\cdots\cdots\cdots ⑤$$

以 $r = -1$ 代入 ③ 式，可得 $c_1 = 0$. 以 $r = -1$ 代入 ④，可得對應於根 -1 的遞迴關係式

$$n(2n-5)c_n + c_{n-2} = 0, n \geq 2$$

即
$$c_n = -\dfrac{c_{n-2}}{n(2n-5)}, n \geq 2$$

因此，$c_2 = \dfrac{c_0}{2}$, $c_3 = -\dfrac{c_1}{3} = 0$ (因 $c_1 = 0$), $c_4 = -\dfrac{c_2}{12} = -\dfrac{c_0}{24}$, $c_5 = 0, \cdots$

在 $y = \sum_{n=0}^{\infty} c_n x^{n+r}$ 中代入 $r = -1$，並利用 $c_1, c_2, c_3, \cdots$，可得對應於根 -1 的解

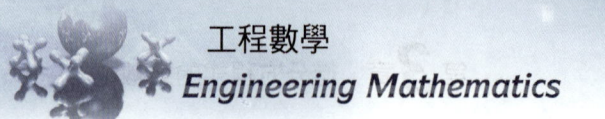

$$y_2(x) = c_0 x^{-1}\left(1 + \frac{1}{2}x^2 - \frac{1}{24}x^4 + \cdots\right) \quad \cdots\cdots\cdots\cdots ⑥$$

因 ⑤ 式與 ⑥ 式為兩個線性獨立解，故 ① 式的通解為

$$y = c_1 x^{3/2}\left(1 - \frac{1}{18}x^2 + \frac{1}{936}x^4 - \cdots\right) + c_2 x^{-1}\left(1 + \frac{1}{2}x^2 - \frac{1}{24}x^4 + \cdots\right)$$

此處 c_1 與 c_2 皆為任意常數.

【例題 8】利用 Frobenius 解法求微分方程式

$$2x^2 y'' + 3x(1-x)y' - y = 0$$

在區間 $0 < x < R$ 的解.

解 設 $y = x^r \sum_{n=0}^{\infty} c_n x^n = c_0 x^r + c_1 x^{r+1} + c_2 x^{r+2} + \cdots$，其中 $c_0 \neq 0$，則

$$y' = c_0 r x^{r-1} + c_1(r+1)x^r + c_2(r+2)x^{r+1} + \cdots$$
$$y'' = c_0 r(r-1)x^{r-2} + c_1(r+1)rx^{r-1} + c_2(r+2)(r+1)x^r + \cdots$$

代入原式，

$$2c_0 r(r-1)x^r + 2c_1(r+1)rx^{r+1} + 2c_2(r+2)(r+1)x^{r+2} + \cdots$$
$$+ 3c_0 r x^r + 3c_1(r+1)x^{r+1} + 3c_2(r+2)x^{r+2} + \cdots$$
$$- 3c_0 r x^{r+1} - 3c_1(r+1)x^{r+2} - \cdots$$
$$- c_0 x^r - c_1 x^{r+1} - c_2 x^{r+2} - \cdots = 0$$

可知

$$c_0[2r(r-1) + 3r - 1] = 0$$
$$c_1[2r(r+1) + 3(r+1) - 1] - 3c_0 = 0$$
$$c_2[2(r+2)(r+1) + 3(r+2) - 1] - 3c_1(r+1) = 0$$
$$\vdots$$

指標方程式為 $2r(r-1) + 3r - 1 = (2r-1)(r+1) = 0$，可得 $r = -1, \dfrac{1}{2}$

又

$$c_1 = \frac{3r}{2r(r+1)+3(r+1)-1}c_0$$

$$c_2 = \frac{3r(r+1)}{2(r+2)(r+1)+3(r+2)-1}c_1$$

$$\vdots$$

以 $r=-1$ 代入，可得 $c_1 = \frac{-3}{-1}c_0 = 3c_0$, $c_2 = \frac{0}{-4}c_1 = 0$, $\cdots$

以 $r=\frac{1}{2}$ 代入，可得 $c_1 = \frac{3}{10}c_0$, $c_2 = \frac{27}{280}c_0$, $\cdots$

於是，對應於根 -1 的解為

$$y_1 = c_0 x^{-1}(1+3x+\cdots), \quad x>0$$

對應於根 $\frac{1}{2}$ 的解為

$$y_2 = c_0 x^{1/2}\left(1+\frac{3}{10}x+\frac{27}{280}x^2+\cdots\right), \quad x>0$$

故通解為

$$y = c_1 x^{-1}(1+3x+\cdots) + c_2 x^{1/2}\left(1+\frac{3}{10}x+\frac{27}{280}x^2+\cdots\right).$$

習題 3-2

1. 找出下列各微分方程式的所有正則奇異點.

(1) $y'' + \dfrac{1-x}{x(x+1)(x+2)}y' + \dfrac{x+3}{x^2(x+2)^3}y = 0$

(2) $(x-1)^2(x-2)y'' + xy' + y = 0$

(3) $(2x+1)(x-2)^2 y'' + (x+2)y' = 0$

(4) $y'' + \dfrac{\sin x}{x^2}y' + \dfrac{e^x}{x+1}y = 0$

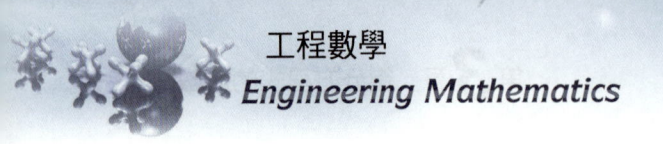

2. 求下列各微分方程式的指標方程式.

(1) $y'' - \dfrac{1}{2x} y' + \dfrac{1+x^2}{2x^2} y = 0$

(2) $y'' + \dfrac{2}{x} y' + xy = 0$

(3) $y'' + \dfrac{3}{x} y' + \dfrac{1+x}{x^2} y = 0$

利用 Frobenius 解法求下列各微分方程式在區間 $(0, \infty)$ 的級數解.

3. $2x^2 y'' + (x^2 - x)y' + y = 0$

4. $x^2 y'' + xy' - \left(x^2 + \dfrac{5}{4}\right) y = 0$

5. $2x^2 y'' - xy' + (x^2 + 1)y = 0$

6. $3xy'' + 2y' + x^2 y = 0$

7. $x^2 y'' + xy' + \left(x^2 - \dfrac{1}{4}\right) y = 0$

chapter 4

拉普拉斯變換

4-1 拉普拉斯變換

在本章中，我們將介紹工程上最簡單且應用最廣的一種變換，就是**拉普拉斯變換** (Laplace transform)，簡稱**拉氏變換**.

定義 4-1-1

設函數 $f(t)$ 定義在區間 $[0, \infty)$，則 $f(t)$ 的**拉氏變換**定義為

$$\mathcal{L}\{f(t)\} = \int_0^\infty e^{-st} f(t)\, dt = F(s)$$

此處假定 s 為實變數，且瑕積分存在. 符號 $\mathcal{L}$ 稱為**拉氏變換算子**.

現在，我們來看看一些常用的基本函數的拉氏變換.

【例題 1】求 $\mathcal{L}\{1\}$.

解 $\mathcal{L}\{1\} = \int_0^\infty e^{-st}(1)\, dt = \lim_{h\to\infty} \int_0^h e^{-st}\, dt = \lim_{h\to\infty} \left[-\frac{e^{-st}}{s} \bigg|_0^h \right]$

$= \lim_{h\to\infty} \frac{-e^{-sh}+1}{s} = \frac{1}{s} \quad (s > 0).$

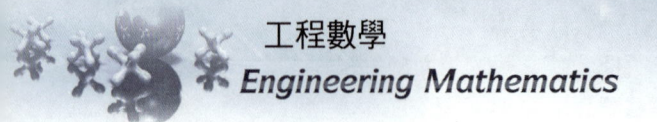

【例題 2】設 $f(t)=k$, $t \geq 0$, k 為常數．依拉氏變換的定義，

$$\mathcal{L}\{k\} = \int_0^\infty e^{-st} k \, dt = k \int_0^\infty e^{-st} \, dt$$

$$= k \lim_{h \to \infty} \int_0^h e^{-st} \, dt = k \lim_{h \to \infty} \left(-\frac{1}{s} e^{-st} \Big|_0^h \right)$$

$$= k \lim_{h \to \infty} \left(-\frac{1}{s} e^{-sh} + \frac{1}{s} \right)$$

若 $s > 0$, $\lim_{h \to \infty} \frac{1}{s} e^{-sh} = 0$

故 $$\mathcal{L}\{k\} = \frac{k}{s} \quad (s > 0).$$

【例題 3】設 $f(t) = e^{at}$, $t \geq 0$．依定義，

$$\mathcal{L}\{e^{at}\} = \int_0^\infty e^{-st} e^{at} \, dt = \lim_{h \to \infty} \int_0^h e^{-(s-a)t} \, dt$$

$$= \lim_{h \to \infty} \left[-\frac{1}{s-a} e^{-(s-a)t} \Big|_0^h \right]$$

$$= \lim_{h \to \infty} \left[-\frac{1}{s-a} e^{-(s-a)h} + \frac{1}{s-a} \right]$$

當 $s > a$ 時， $$\lim_{h \to \infty} \left[-\frac{1}{s-a} e^{-(s-a)h} \right] = 0$$

故 $$\mathcal{L}\{e^{at}\} = \frac{1}{s-a} \quad (s > a).$$

【例題 4】求 $\mathcal{L}\{t\}$.

解 $$\mathcal{L}\{t\} = \int_0^\infty e^{-st} t \, dt = \lim_{h \to \infty} \int_0^h e^{-st} t \, dt$$

$$\left(\diamond \ u = t, \ dv = e^{-st} dt, \ \text{則} \ du = dt, \ v = -\frac{1}{s} e^{-st} \right)$$

$$= \lim_{h\to\infty}\left(-\frac{t}{s}e^{-st}\Big|_0^h + \frac{1}{s}\int_0^h e^{-st}dt\right)$$

$$= -\lim_{h\to\infty}\frac{h}{s}e^{-sh} + \frac{1}{s}\int_0^\infty e^{-st}dt$$

$$= -\frac{1}{s}\lim_{h\to\infty}he^{-sh} + \frac{1}{s}\mathscr{L}\{1\} \quad (s>0)$$

$$= -\frac{1}{s}\cdot 0 + \frac{1}{s}\left(\frac{1}{s}\right) = \frac{1}{s^2} \quad (s>0).$$

【例題 5】設 $f(t)=t^n$, $t\geq 0$, n 為正整數，則

$$\mathscr{L}\{t^n\} = \int_0^\infty e^{-st}\, t^n\, dt = \lim_{h\to\infty}\int_0^h e^{-st}t^n\, dt$$

$$= \lim_{h\to\infty}\left(-\frac{t^n}{s}e^{-st}\Big|_0^h\right) + \frac{n}{s}\int_0^\infty e^{-st}t^{n-1}\, dt$$

$$= \frac{n}{s}\mathscr{L}\{t^{n-1}\} \quad (s>0).$$

同理，$\mathscr{L}\{t^{n-1}\} = \frac{n-1}{s}\mathscr{L}\{t^{n-2}\}$，依此類推，可得

$$\mathscr{L}\{t^n\} = \frac{n(n-1)\cdot\cdots\cdot 2\cdot 1}{s^n}\mathscr{L}\{t^0\}$$

$$= \frac{n(n-1)\cdot\cdots\cdot 2\cdot 1}{s^n}\mathscr{L}\{1\}$$

$$= \frac{n(n-1)\cdot\cdots\cdot 2\cdot 1}{s^{n+1}}$$

$$= \frac{n!}{s^{n+1}} \quad (s>0).$$

【例題 6】求 (1) $\mathscr{L}\{te^{-2t}\}$　(2) $\mathscr{L}\{t^2e^{-2t}\}$．

解

(1) $\mathscr{L}\{te^{-2t}\} = \int_0^\infty e^{-st}\, te^{-2t}\, dt = \int_0^\infty e^{-(s+2)t}\, t\, dt$

$$= \lim_{h \to \infty} \int_0^h e^{-(s+2)t} \, t \, dt$$

$$\left(\diamondsuit \ u = t, \ dv = e^{-(s+2)t} dt, \ \text{則} \ du = dt, \ v = \frac{-1}{s+2} e^{-(s+2)t} \right)$$

$$= \lim_{h \to \infty} \left(\left. \frac{-t}{s+2} e^{-(s+2)t} \right|_0^h + \frac{1}{s+2} \int_0^h e^{-(s+2)t} dt \right)$$

$$= \frac{1}{s+2} \lim_{h \to \infty} \frac{-h}{e^{(s+2)h}} + \frac{1}{s+2} \lim_{h \to \infty} \int_0^h e^{-(s+2)t} dt \ (s > -2)$$

$$= \frac{1}{s+2} \cdot 0 + \frac{-1}{(s+2)^2} \lim_{h \to \infty} \int_0^h e^{-(s+2)t} d(-(s+2)t) \ (s > -2)$$

$$= \frac{-1}{(s+2)^2} \lim_{h \to \infty} \left(\left. e^{-(s+2)t} \right|_0^h \right) = \frac{-1}{(s+2)^2} \lim_{h \to \infty} \left(e^{-(s+2)h} - e^0 \right)$$

$$= \frac{1}{(s+2)^2} \quad (s > -2)$$

(2) $\mathcal{L}\{t^2 e^{-2t}\} = \int_0^\infty e^{-st} t^2 e^{-2t} \, dt = \int_0^\infty e^{-(s+2)t} t^2 \, dt$

$$= \lim_{h \to \infty} \int_0^h e^{-(s+2)t} t^2 \, dt$$

$$\left(\diamondsuit \ u = t^2, \ dv = e^{-(s+2)t} dt, \ \text{則} \ du = 2t \, dt, \ v = \frac{-1}{s+2} e^{-(s+2)t} \right)$$

$$= \lim_{h \to \infty} \left(\left. \frac{-t^2 e^{-(s+2)t}}{s+2} \right|_0^h + \frac{2}{s+2} \int_0^h e^{-(s+2)t} t \, dt \right)$$

$$= \frac{1}{s+2} \lim_{h \to \infty} \frac{-h^2}{e^{(s+2)h}} + \frac{2}{s+2} \int_0^\infty e^{-(s+2)t} t \, dt \ (s > -2)$$

$$= \frac{1}{s+2} \cdot 0 + \frac{2}{s+2} \int_0^\infty e^{-st} (t e^{-2t}) \, dt$$

$$= \frac{2}{s+2} \mathcal{L}\{t e^{-2t}\} = \frac{2}{s+2} \left(\frac{1}{(s+2)^2} \right)$$

$$= \frac{2}{(s+2)^3} \quad (s > -2).$$

第4章 拉普拉斯變換

【例題 7】 $\mathscr{L}\{\sin at\} = \int_0^\infty e^{-st} \sin at \, dt$

利用分部積分法二次,可得

$$\int_0^\infty e^{-st} \sin at \, dt = \lim_{h \to \infty} \int_0^h e^{-st} \sin at \, dt$$

$$\left(令 \ u = \sin at, \ dv = e^{-st} \, dt, \ 則 \ du = a \cos at \, dt, \ v = -\frac{1}{s} e^{-st} \right)$$

$$= \lim_{h \to \infty} \left(-\frac{1}{s} e^{-st} \sin at \bigg|_0^h + \frac{a}{s} \int_0^h e^{-st} \cos at \, dt \right)$$

$$\left(令 \ u = \cos at, \ dv = e^{-st} \, dt, \ 則 \ du = -a \sin at \, dt, \ v = -\frac{1}{s} e^{-st} \right)$$

$$= \lim_{h \to \infty} \left[-\frac{1}{s} e^{-st} \sin at \bigg|_0^h + \frac{a}{s} \left(-\frac{1}{s} e^{-st} \cos at \bigg|_0^h - \frac{a}{s} \int_0^h e^{-st} \sin at \, dt \right) \right]$$

$$= \lim_{h \to \infty} \left(-\frac{1}{s} e^{-st} \sin at - \frac{a}{s^2} e^{-st} \cos at \bigg|_0^h \right) - \frac{a^2}{s^2} \int_0^\infty e^{-st} \sin at \, dt$$

$$= \lim_{h \to \infty} \left(-\frac{1}{s} e^{-sh} \sin ah - \frac{a}{s^2} e^{-sh} \cos ah + \frac{a}{s^2} \right) - \frac{a^2}{s^2} \int_0^\infty e^{-st} \sin at \, dt$$

上式化成

$$\left(1 + \frac{a^2}{s^2} \right) \int_0^\infty e^{-st} \sin at \, dt = \frac{a}{s^2}$$

即 $$\int_0^\infty e^{-st} \sin at \, dt = \frac{a}{s^2 + a^2} \quad (s > 0)$$

故 $$\mathscr{L}\{\sin at\} = \frac{a}{s^2 + a^2} \quad (s > 0).$$

【例題 8】 求 $\mathscr{L}\{\sin(at+b)\}$.

解

$$\mathscr{L}\{\sin(at+b)\} = \lim_{h \to \infty} \int_0^h e^{-st} \sin(at+b) \, dt$$

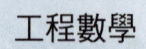

$$= \lim_{h \to \infty} \left[\frac{-se^{-st}\sin(at+b) - ae^{-st}\cos(at+b)}{s^2+a^2} \bigg|_0^h \right]$$

$$= \lim_{h \to \infty} \left[\frac{-se^{-sh}\sin(ah+b) - ae^{-sh}\cos(ah+b)}{s^2+a^2} + \frac{s\sin b + a\cos b}{s^2+a^2} \right]$$

$$= \frac{s\sin b + a\cos b}{s^2+a^2} \quad (s>0).$$

【例題 9】$\mathcal{L}\{\cos at\} = \int_0^\infty e^{-st}\cos at\, dt = \lim_{h \to \infty} \int_0^h e^{-st}\cos at\, dt$

$$\left(利用公式 \int e^{at}\cos bt\, dt = \frac{e^{at}}{a^2+b^2}(a\cos bt + b\sin bt), \right.$$

$$\left. a\ 代入\ -s,\ b\ 代入\ a \right)$$

$$= \lim_{h \to \infty} \left[\frac{e^{-st}}{s^2+a^2}(-s\cos at + a\sin at) \bigg|_0^h \right]$$

$$= \lim_{h \to \infty} \left[\frac{e^{-sh}}{s^2+a^2}(-s\cos ah + a\sin ah) + \frac{s}{s^2+a^2} \right]$$

$$= \frac{s}{s^2+a^2} \quad (s>0).$$

【例題 10】設函數 $f(t) = \begin{cases} t, & 0 \leq t < 1 \\ 1, & t \geq 1 \end{cases}$，圖形如圖 4-1-1 所示，求 $\mathcal{L}\{f(t)\}$.

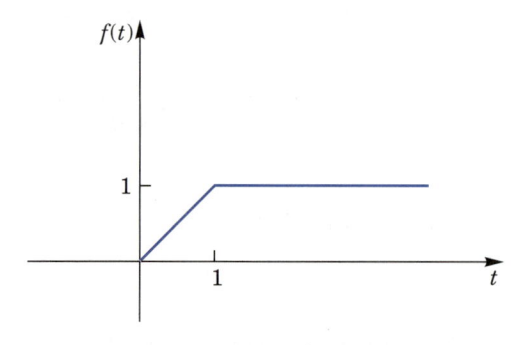

圖 4-1-1

解 $\mathcal{L}\{f(t)\} = \int_0^\infty e^{-st} f(t)\, dt = \int_0^1 te^{-st}\, dt + \int_1^\infty e^{-st}\, dt$

$$\left(\diamondsuit\ u = t,\ dv = e^{-st}\, dt,\ \text{則}\ du = dt,\ v = -\frac{1}{s}e^{-st},\right.$$

$$\int_0^1 te^{-st}\, dt = -\frac{te^{-st}}{s}\bigg|_0^1 - \frac{1}{s^2}e^{-st}\bigg|_0^1 = -\frac{e^{-s}}{s} - \frac{e^{-s}}{s^2} + \frac{1}{s^2}$$

$$\left. = \frac{1-e^{-s}}{s^2} - \frac{e^{-s}}{s}\right)$$

$$= \frac{1-e^{-s}}{s^2} - \frac{e^{-s}}{s} + \frac{e^{-s}}{s} \quad (s>0)$$

$$= \frac{1-e^{-s}}{s^2} \quad (s>0).$$

【例題 11】設函數 $f(t) = \begin{cases} t, & 0 \leq t < 1 \\ 2-t, & t \geq 1 \end{cases}$,圖形如圖 4-1-2 所示,求 $\mathcal{L}\{f(t)\}$.

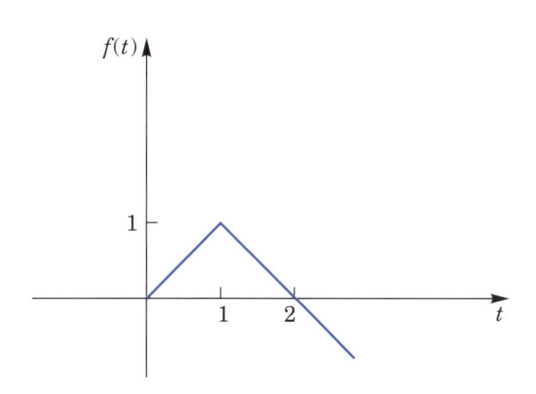

圖 4-1-2

解 $\mathcal{L}\{f(t)\} = \int_0^\infty e^{-st} f(t)\, dt = \int_0^1 e^{-st}\, t\, dt + \int_1^\infty e^{-st}(2-t)\, dt$

$$= \frac{1-e^{-s}}{s^2} - \frac{e^{-s}}{s} + \lim_{h \to \infty} \int_1^h e^{-st}(2-t)\, dt$$

$$\left(\diamondsuit\ u = 2-t,\ dv = e^{-st}\, dt,\ \text{則}\ du = -dt,\ v = -\frac{1}{s}e^{-st}\right)$$

$$= \frac{1-e^{-s}}{s^2} - \frac{e^{-s}}{s} + \lim_{h \to \infty}\left(-\frac{2-t}{s}e^{-st}\bigg|_1^h - \frac{1}{s}\int_1^h e^{-st}\, dt\right)$$

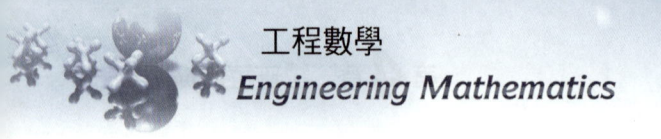

$$= \frac{1-e^{-s}}{s^2} - \frac{e^{-s}}{s} - \lim_{h\to\infty} \frac{2-h}{s} e^{-sh} + \frac{1}{s} e^{-s} + \frac{1}{s^2} \lim_{h\to\infty} e^{-st}\Big|_1^h \quad (s>0)$$

$$= \frac{1-e^{-s}}{s^2} - \frac{e^{-s}}{s} - 0 + \frac{e^{-s}}{s} + \frac{1}{s^2} \lim_{h\to\infty} (e^{-sh} - e^{-s})$$

$$= \frac{1-e^{-s}}{s^2} - \frac{e^{-s}}{s^2}$$

$$= \frac{1-2e^{-s}}{s^2}$$

$$= \frac{1}{s^2} - \frac{2}{s^2} e^{-s}.$$

並非所有函數的拉氏變換皆存在，而拉氏變換存在的條件為：(1) 函數必為**分段連續** (piecewise continuous)，且 (2) 函數具有**指數位** (of exponential order)．

定義 *4-1-2*

若函數 f 在某區間具有有限個不連續點，且其在不連續點的**左極限**與**右極限**皆存在，則稱 f 在該區間為**分段連續**．

如圖 4-1-3 所示，(i) 為分段連續，(ii) 則否．

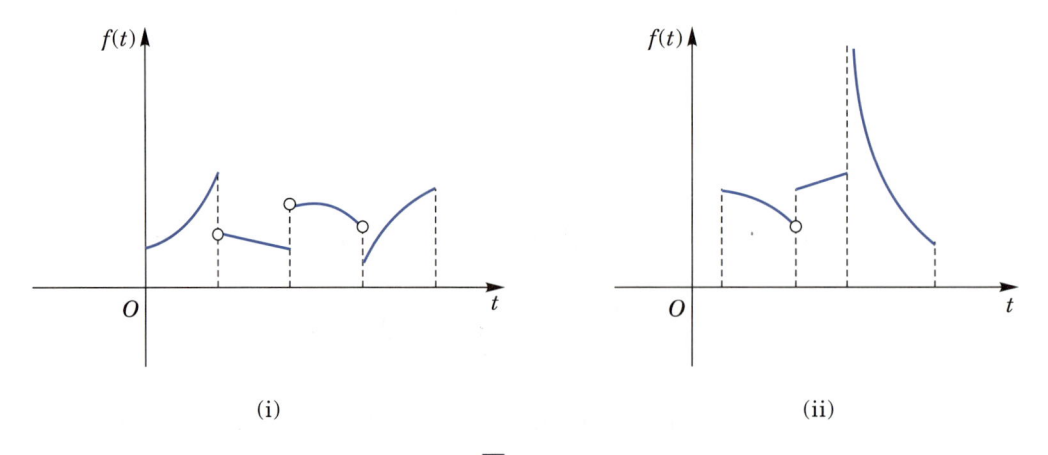

(i)　　　　　　　　　　　　(ii)

圖 4-1-3

第4章　拉普拉斯變換

定義　4-1-3

對函數 $f(t)$，若存在常數 α 與 $M>0$，使得

$$|f(t)| \leq Me^{\alpha t}, t \geq 0$$

則稱 $f(t)$ 具有**指數位** α. 換句話說，若存在常數 α，使得 $e^{-\alpha t}|f(t)| \leq M$ 對夠大的 t 值恆成立，則稱 $f(t)$ 具有**指數位** α.

註：對任意 $\beta > \alpha$，若 $f(t)$ 具有指數位 α，則 $f(t)$ 具有指數位 β.

【例題 12】函數 $f(t) = e^{at} \sin bt$ 具有指數位，取常數 $\alpha = a$，因

$$e^{-\alpha t}|f(t)| = e^{-at} e^{at} |\sin bt| = |\sin bt| \leq 1.$$

【例題 13】令 $f(t) = t^n$, $n > 0$. 對任意 $\alpha > 0$，

$$\frac{\alpha^n t^n}{n!} \leq 1 + \alpha t + \frac{\alpha^2 t^2}{2!} + \cdots + \frac{\alpha^n t^n}{n!} + \cdots = e^{\alpha t}$$

可得 $|t^n| \leq \dfrac{n!}{\alpha^n} e^{\alpha t}$，故 $M = \dfrac{n!}{\alpha^n}$.

因此，$f(t) = t^n$ 具有指數位，取常數 α 為任意正數.

【例題 14】函數 $f(t) = e^{t^2}$ 不是指數位函數，因為當 $t \to \infty$ 時，不論 α 的值如何，$e^{-\alpha t}|f(t)| = e^{t^2 - \alpha t}$ 為無界.

定理　4-1-1　存在定理

若 $f(t)$ 在 $[0, \infty)$ 為具有指數位 α 的分段連續函數，則 $\mathscr{L}\{f(t)\}$ 在 $s > \alpha$ 時存在.

證　依定義，

$$|\mathscr{L}\{f(t)\}| = \left|\int_0^\infty e^{-st} f(t)\, dt\right| \leq \int_0^\infty e^{-st}|f(t)|\, dt \leq \int_0^\infty e^{-st} Me^{\alpha t}\, dt$$

$$= M \int_0^\infty e^{-(s-\alpha)t}\, dt = M \lim_{h \to \infty} \int_0^h e^{-(s-\alpha)t}\, dt$$

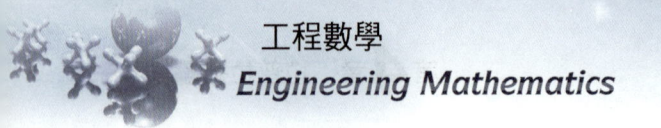

$$= M \lim_{h \to \infty} \left[-\frac{1}{s-\alpha} e^{-(s-\alpha)t} \Big|_0^h \right]$$

$$= \frac{M}{s-\alpha} \quad (s > \alpha).$$

定理 4-1-2

若 f(t) 滿足定理 4-1-1 的條件，則

$$\lim_{s \to \infty} \mathscr{L}\{f(t)\} = \lim_{s \to \infty} F(s) = 0.$$

證 依定理 4-1-1，

$$\left| F(s) \right| = \left| \mathscr{L}\{f(t)\} \right| \leq \frac{M}{s-\alpha} \quad (s > \alpha)$$

$$-\frac{M}{s-\alpha} \leq F(s) \leq \frac{M}{s-\alpha}$$

因 $\lim\limits_{s \to \infty} \left(-\dfrac{M}{s-\alpha} \right) = \lim\limits_{s \to \infty} \dfrac{M}{s-\alpha} = 0$，故 $\lim\limits_{s \to \infty} F(s) = 0.$

註： 由定理 4-1-2 可知，若 $\lim\limits_{s \to \infty} F(s) \neq 0$，則 f(t) 無法滿足定理 4-1-1 的條件．若 $F(s) = \mathscr{L}\{f(t)\}$，則稱 f(t) 為 F(s) 的**反拉氏變換**，記為

$$f(t) = \mathscr{L}^{-1}\{F(s)\}$$

$\mathscr{L}^{-1}$ 稱為**反拉氏變換算子**．嚴格說來，一個拉氏變換式的反拉氏變換並不唯一，亦即，一些不同的函數，其拉氏變換可能會相同．例如，

$$f_1(t) = t,\ t \geq 0 \quad \text{與} \quad f_2(t) = \begin{cases} t,\ 0 \leq t < 1\ \text{或}\ t > 1 \\ 0,\ t = 1 \end{cases}$$

的拉氏變換均為 $\dfrac{1}{s^2}$，即

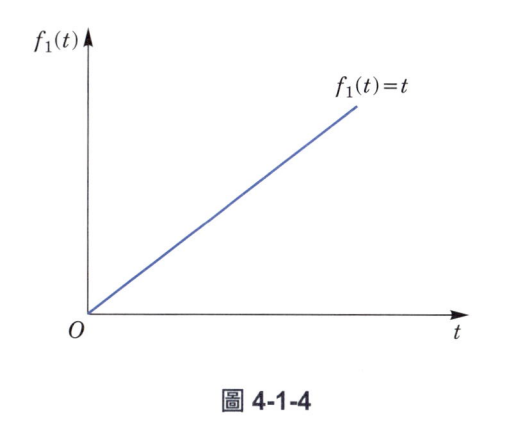

第 4 章 拉普拉斯變換

圖 4-1-4

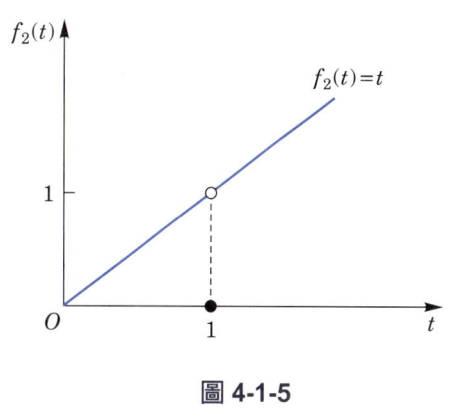

圖 4-1-5

$$\mathscr{L}\{f_1(t)\} = \mathscr{L}\{t\} = \frac{1}{s^2}$$

$$\mathscr{L}\{f_2(t)\} = \int_0^1 te^{-st}\, dt + \int_1^\infty te^{-st}\, dt = \frac{1}{s^2} \quad (s>0)$$

其圖形分別為圖 4-1-4 及圖 4-1-5.

我們可以看出，$f_1(t)=f_2(t)$(當 $t \neq 1$)，亦即，f_1 與 f_2 除了在不連續點 $t=1$ 處不同外，其他則完全相同．若不考慮有限個不連續點的情形，則仍可將拉氏變換與反拉氏變換視為一一對應，亦即，每一變換式均有唯一的反拉氏變換．

【例題 15】(1) 因 $\mathscr{L}\{t^2\} = \dfrac{2!}{s^3}$，故 $\mathscr{L}^{-1}\left\{\dfrac{2!}{s^3}\right\} = t^2$.

(2) $\mathscr{L}^{-1}\left\{\dfrac{1}{s-a}\right\} = e^{at}$，$\mathscr{L}^{-1}\left\{\dfrac{a}{s^2+a^2}\right\} = \sin at$，

$\mathscr{L}^{-1}\left\{\dfrac{s}{s^2+a^2}\right\} = \cos at$.

習題 4-1

1. 求下列各函數的拉氏變換.

(1) $f(t) = \begin{cases} -1, & 0 \leq t \leq 4 \\ 1, & t > 4 \end{cases}$

(2) $f(t) = \begin{cases} 5, & 0 \leq t < 3 \\ 0, & t \geq 3 \end{cases}$

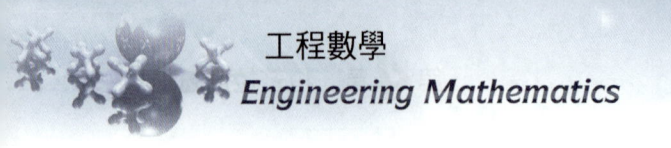

(3) $f(t) = \begin{cases} \sin t, & 0 \leq t < \pi \\ 0, & t \geq \pi \end{cases}$

(4) $f(t) = \begin{cases} 3, & 0 \leq t \leq 2 \\ -1, & 2 < t < 4 \\ 0, & t \geq 4 \end{cases}$

(5) $f(t) = \cos(at+b)$，其中 a 與 b 皆為常數。

2. gamma 函數 $\Gamma(x)$ 的定義如下

$$\Gamma(x) = \int_0^\infty t^{x-1} e^{-t} \, dt \quad (x > 0)$$

(1) 利用分部積分法證明 $\Gamma(x+1) = x\Gamma(x)$。

(2) 證明 $\Gamma(1) = 1$，$\Gamma(n+1) = n!$，$n = 1, 2, \cdots$ (gamma 函數又稱為**廣義階乘函數**)。

(3) 設 $I = \int_0^\infty e^{-x^2} dx$，則可得

$$I^2 = \left(\int_0^\infty e^{-x^2} dx\right)\left(\int_0^\infty e^{-y^2} dy\right) = \int_0^\infty \int_0^\infty e^{-(x^2+y^2)} \, dx \, dy$$

計算上式的積分，證明 $I = \dfrac{\sqrt{\pi}}{2}$。

(4) 由 (3) 的結果，證明 $\Gamma\left(\dfrac{1}{2}\right) = \sqrt{\pi}$。

3. 依 gamma 函數的定義，$\Gamma(x)$ 必須當 x 為正數時才有意義，當 x 為負數時，我們利用上題 (1) 的等式來定義

$$\Gamma(x) = \frac{\Gamma(x+1)}{x}$$

求：(1) $\Gamma\left(-\dfrac{1}{2}\right)$，(2) $\Gamma\left(-\dfrac{3}{2}\right)$，(3) $\Gamma\left(-\dfrac{5}{2}\right)$。

4. (1) 證明 $\mathscr{L}\{t^\alpha\} = \dfrac{\Gamma(\alpha+1)}{s^{\alpha+1}}$，$\alpha > -1$，$s > 0$。

(2) 求 $\mathscr{L}\{t^{-1/2}\}$。

(3) 求 $\mathscr{L}\{\sqrt{t}\}$。

5. 試證 $\mathcal{L}\left\{\dfrac{e^{2t}}{t+3}\right\}$ 存在.

4-2 拉氏變換的基本性質

在本節中所要介紹的是拉氏變換的一般性質．因拉氏變換是由積分來定義的，而積分具有線性性質，故可知拉氏變換也具有線性性質．

定理 4-2-1 線性變換

若 $\mathcal{L}\{f(t)\} = F(s)$，$\mathcal{L}\{g(t)\} = G(s)$，則

$$\mathcal{L}\{af(t)+bg(t)\} = a\mathcal{L}\{f(t)\} + b\mathcal{L}\{g(t)\}$$
$$= aF(s)+bG(s)$$

其中 a、b 為任意常數．

證
$$\mathcal{L}\{af(t)+bg(t)\} = \int_0^\infty e^{-st}[af(t)+bg(t)]\,dt$$
$$= a\int_0^\infty e^{-st}f(t)\,dt + b\int_0^\infty e^{-st}g(t)\,dt$$
$$= a\mathcal{L}\{f(t)\} + b\mathcal{L}\{g(t)\}$$
$$= aF(s) + bG(s)$$

本定理若以反拉氏變換算子來表示，則可寫成

$$\mathcal{L}^{-1}\{aF(s)+bG(s)\} = af(t)+bg(t)$$
$$= a\mathcal{L}^{-1}\{F(s)\} + b\mathcal{L}^{-1}\{G(s)\}$$

由此可知，反拉氏變換也具有線性性質．

【例題 1】 $\mathcal{L}\{t^2 - 4t + 3\} = \mathcal{L}\{t^2\} - 4\mathcal{L}\{t\} + \mathcal{L}\{3\}$
$$= \dfrac{2}{s^3} - \dfrac{4}{s^2} + \dfrac{3}{s}.$$

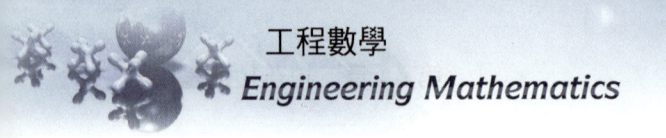

【例題 2】求 $\mathcal{L}\{\sin^2 t\}$.

解　$\mathcal{L}\{\sin^2 t\} = \mathcal{L}\left\{\dfrac{1-\cos 2t}{2}\right\} = \mathcal{L}\left\{\dfrac{1}{2}\right\} - \mathcal{L}\left\{\dfrac{\cos 2t}{2}\right\}$

$= \dfrac{1}{2}\mathcal{L}\{1\} - \dfrac{1}{2}\mathcal{L}\{\cos 2t\}$

$= \dfrac{1}{2} \cdot \dfrac{1}{s} - \dfrac{1}{2} \cdot \dfrac{s}{s^2+4}$

$= \dfrac{2}{s(s^2+4)}.$

【例題 3】求 $\mathcal{L}\{e^{2t-3} + \cos^2 t\}$.

解　因 $\cos^2 t = \dfrac{1+\cos 2t}{2}$，故

$\mathcal{L}\{e^{2t-3} + \cos^2 t\} = \mathcal{L}\{e^{2t} \cdot e^{-3}\} + \dfrac{1}{2}\mathcal{L}\{1+\cos 2t\}$

$= e^{-3}\mathcal{L}\{e^{2t}\} + \dfrac{1}{2}\mathcal{L}\{1\} + \dfrac{1}{2}\mathcal{L}\{\cos 2t\}$

$= \dfrac{1}{s-2}e^{-3} + \dfrac{1}{2} \cdot \dfrac{1}{s} + \dfrac{1}{2} \cdot \dfrac{s}{s^2+4}$

$= \dfrac{1}{s-2}e^{-3} + \dfrac{1}{2}\left(\dfrac{1}{s} + \dfrac{s}{s^2+4}\right).$

【例題 4】求函數 $f(t) = \cos t \cos 2t$ 之拉氏變換.

解　$\mathcal{L}\{\cos t \cos 2t\} = \mathcal{L}\left\{\dfrac{1}{2}(\cos 3t + \cos t)\right\}$

$= \dfrac{1}{2}\mathcal{L}\{\cos 3t\} + \mathcal{L}\{\cos t\}$

$= \dfrac{1}{2}\left(\dfrac{s}{s^2+9} + \dfrac{s}{s^2+1}\right)$

$= \dfrac{s(s^2+5)}{(s^2+9)(s^2+1)}.$

【例題 5】試求函數 $f(t)=\sin\sqrt{t}$ 之拉氏變換.

解 首先將 $\sin\sqrt{t}$ 展開成**馬克勞林級數**,

$$\sin\sqrt{t} = \sqrt{t} - \frac{1}{3!}(\sqrt{t})^3 + \frac{1}{5!}(\sqrt{t})^5 + \cdots$$

$$= t^{1/2} - \frac{1}{3!}t^{3/2} + \frac{1}{5!}t^{5/2} + \cdots$$

故 $\quad \mathscr{L}\{\sin\sqrt{t}\} = \mathscr{L}\{t^{1/2}\} - \frac{1}{3!}\mathscr{L}\{t^{3/2}\} + \frac{1}{5!}\mathscr{L}\{t^{5/2}\} + \cdots$

利用習題 4-1 第 4 題之結果

$$\mathscr{L}\{t^\alpha\} = \frac{\Gamma(\alpha+1)}{s^{\alpha+1}},\ \alpha>-1,\ s>0$$

可求得 $\quad \mathscr{L}\{t^{1/2}\} = \dfrac{\Gamma\left(\dfrac{1}{2}+1\right)}{s^{1/2+1}} = \dfrac{\Gamma\left(\dfrac{3}{2}\right)}{s^{3/2}}$

同理, $\quad \mathscr{L}\{t^{3/2}\} = \dfrac{\Gamma\left(\dfrac{5}{2}\right)}{s^{5/2}}$

$$\mathscr{L}\{t^{5/2}\} = \dfrac{\Gamma\left(\dfrac{7}{2}\right)}{s^{7/2}}$$

$$\vdots$$

所以,

$$\mathscr{L}\{\sin\sqrt{t}\} = \frac{\Gamma\left(\dfrac{3}{2}\right)}{s^{3/2}} - \frac{1}{3!}\frac{\Gamma\left(\dfrac{5}{2}\right)}{s^{5/2}} + \frac{1}{5!}\frac{\Gamma\left(\dfrac{7}{2}\right)}{s^{7/2}} + \cdots$$

現利用 gamma 函數之性質 $\Gamma(x+1)=x\Gamma(x)$, $\Gamma\left(\dfrac{1}{2}\right)=\sqrt{\pi}$,得

$$\Gamma\left(\frac{3}{2}\right) = \Gamma\left(\frac{1}{2}+1\right) = \frac{1}{2}\Gamma\left(\frac{1}{2}\right) = \frac{\sqrt{\pi}}{2}$$

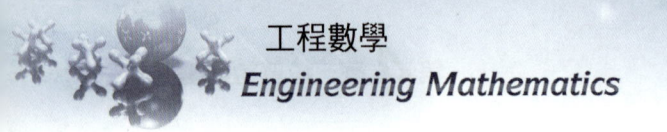

$$\Gamma\left(\frac{5}{2}\right) = \Gamma\left(\frac{3}{2}+1\right) = \frac{3}{2}\Gamma\left(\frac{3}{2}\right) = \frac{3}{4}\sqrt{\pi}$$

$$\Gamma\left(\frac{7}{2}\right) = \Gamma\left(\frac{5}{2}+1\right) = \frac{5}{2}\Gamma\left(\frac{5}{2}\right) = \frac{5}{2} \cdot \frac{3}{4}\sqrt{\pi} = \frac{15}{8}\sqrt{\pi}$$

代入上式得

$$\mathcal{L}\{\sin\sqrt{t}\} = \frac{\sqrt{\pi}}{2s^{3/2}} - \frac{1}{8}\frac{\sqrt{\pi}}{s^{5/2}} + \frac{1}{64}\frac{\sqrt{\pi}}{s^{7/2}} + \cdots$$

$$= \frac{\sqrt{\pi}}{2s^{3/2}}\left(1 - \left(\frac{1}{4s}\right) + \frac{1}{2!}\left(\frac{1}{4s}\right)^2 - \frac{1}{3!}\left(\frac{1}{4s}\right)^3 + \cdots\right)$$

$$= \frac{\sqrt{\pi}}{2s^{3/2}} e^{-1/4s}.$$

【例題 6】 $\mathcal{L}^{-1}\left\{\dfrac{2s+3}{4s^2+20}\right\} = \mathcal{L}^{-1}\left\{\dfrac{2s}{4s^2+20}\right\} + \mathcal{L}^{-1}\left\{\dfrac{3}{4s^2+20}\right\}$

$$= \frac{1}{2}\mathcal{L}^{-1}\left\{\frac{s}{s^2+(\sqrt{5})^2}\right\} + \frac{3}{4\sqrt{5}}\mathcal{L}^{-1}\left\{\frac{\sqrt{5}}{s^2+(\sqrt{5})^2}\right\}$$

$$= \frac{1}{2}\cos\sqrt{5}t + \frac{3}{4\sqrt{5}}\sin\sqrt{5}t.$$

【例題 7】 $\mathcal{L}^{-1}\left\{\dfrac{8-6s}{16s^2+9}\right\} = \dfrac{1}{16}\mathcal{L}^{-1}\left\{\dfrac{8-6s}{s^2+9/16}\right\}$

$$= \frac{2}{3}\mathcal{L}^{-1}\left\{\frac{3/4}{s^2+(3/4)^2}\right\} - \frac{3}{8}\mathcal{L}^{-1}\left\{\frac{s}{s^2+(3/4)^2}\right\}$$

$$= \frac{2}{3}\sin\frac{3t}{4} - \frac{3}{8}\cos\frac{3t}{4}.$$

定理 4-2-2

若 $\mathcal{L}\{f(t)\} = F(s)$，則

$$\mathcal{L}\{f(at)\} = \frac{1}{a}F\left(\frac{s}{a}\right) \quad (a > 0).$$

證 依定義，

$$\mathcal{L}\{f(at)\} = \int_0^\infty e^{-st} f(at)\, dt$$

令 $x = at$，則

$$\mathcal{L}\{f(at)\} = \int_0^\infty e^{-\left(\frac{s}{a}\right)x} f(x) \frac{1}{a}\, dx$$

$$= \frac{1}{a}\int_0^\infty e^{-\left(\frac{s}{a}\right)x} f(x)\, dx = \frac{1}{a} F\left(\frac{s}{a}\right).$$

【例題 8】已知 $\mathcal{L}\{\sin t\} = \dfrac{1}{s^2+1} = F(s)$，利用定理 4-2-2，不需積分即可求出 $\sin at$ 的拉氏變換，

$$\mathcal{L}\{\sin at\} = \frac{1}{a} F\left(\frac{s}{a}\right) = \frac{1}{a} \cdot \frac{1}{\left(\frac{s}{a}\right)^2 + 1} = \frac{a}{s^2 + a^2}.$$

定理 4-2-3 第一移位定理

若 $F(s) = \mathcal{L}\{f(t)\}$，則

$$\mathcal{L}\{e^{at} f(t)\} = F(s-a)$$

其中 a 為任意常數.

證 $\mathcal{L}\{e^{at} f(t)\} = \int_0^\infty e^{-st}[e^{at} f(t)]\, dt = \int_0^\infty e^{-(s-a)t} f(t)\, dt = F(s-a).$

【例題 9】求 $\mathcal{L}\{e^{5t} t^3\}$.

解 因 $\mathcal{L}\{t^3\} = \dfrac{3!}{s^4}$，故 $\mathcal{L}\{e^{5t} t^3\} = \dfrac{3!}{(s-5)^4} = \dfrac{6}{(s-5)^4}.$

【例題 10】已知 $\mathcal{L}\{\sin bt\} = \dfrac{b}{s^2 + b^2} = F(s)$，由第一移位定理.

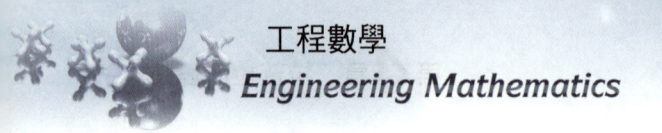

$$\mathcal{L}\{e^{at}\sin bt\} = F(s-a) = \frac{b}{(s-a)^2+b^2}$$

同理，
$$\mathcal{L}\{e^{at}\cos bt\} = \frac{s-a}{(s-a)^2+b^2}$$

$$\mathcal{L}\{t^n e^{at}\} = \frac{n!}{(s-a)^{n+1}}.$$

由例題 10，可得出下列有用的公式

$$\mathcal{L}^{-1}\left\{\frac{1}{(s-a)^2+b^2}\right\} = \frac{1}{b}e^{at}\sin bt$$

$$\mathcal{L}^{-1}\left\{\frac{s-a}{(s-a)^2+b^2}\right\} = e^{at}\cos bt$$

$$\mathcal{L}^{-1}\left\{\frac{1}{(s-a)^{n+1}}\right\} = \frac{1}{n!}t^n e^{at}.$$

【例題 11】求 $\mathcal{L}^{-1}\left\{\dfrac{s-3}{s^2+2s+5}\right\}$.

解
$$\mathcal{L}^{-1}\left\{\frac{s-3}{s^2+2s+5}\right\} = \mathcal{L}^{-1}\left\{\frac{s-3}{(s+1)^2+4}\right\} = \mathcal{L}^{-1}\left\{\frac{(s+1)-4}{(s+1)^2+2^2}\right\}$$

$$= \mathcal{L}^{-1}\left\{\frac{s+1}{(s+1)^2+2^2}\right\} - \mathcal{L}^{-1}\left\{\frac{4}{(s+1)^2+2^2}\right\}$$

$$= e^{-t}\cos 2t - 2e^{-t}\sin 2t$$

$$= e^{-t}(\cos 2t - 2\sin 2t).$$

【例題 12】求 $\mathcal{L}^{-1}\left\{\dfrac{3s+2}{(s-1)^5}\right\}$.

解
$$\mathcal{L}^{-1}\left\{\frac{3s+2}{(s-1)^5}\right\} = \mathcal{L}^{-1}\left\{\frac{3(s-1)+5}{(s-1)^5}\right\}$$

$$= 3\mathcal{L}^{-1}\left\{\frac{1}{(s-1)^4}\right\} + 5\mathcal{L}^{-1}\left\{\frac{1}{(s-1)^5}\right\}$$

$$= \frac{3}{3!}\mathcal{L}^{-1}\left\{\frac{3!}{(s-1)^4}\right\} + \frac{5}{4!}\mathcal{L}^{-1}\left\{\frac{4!}{(s-1)^5}\right\}$$

$$= \frac{1}{2}t^3 e^t + \frac{5}{24}t^4 e^t.$$

定理 4-2-4 微分的拉氏變換

設函數 f 在 $[0, \infty)$ 為連續，且具有指數位 α，又 $f'(t)$ 在 $[0, \infty)$ 為分段連續函數且具有指數位，則

$$\mathcal{L}\{f'(t)\} = s\mathcal{L}\{f(t)\} - f(0) \quad (s > a).$$

證
$$\mathcal{L}\{f'(t)\} = \int_0^\infty e^{-st} f'(t)\, dt = \lim_{h\to\infty} \int_0^h e^{-st} f'(t)\, dt$$

$$= \lim_{h\to\infty}\left(e^{-st}f(t)\Big|_0^h + s\int_0^h e^{-st}f(t)\, dt\right)$$

$$= \lim_{h\to\infty}\left(e^{-sh}f(h) - f(0) + s\int_0^h e^{-st}f(t)\, dt\right)$$

$$= s\int_0^\infty e^{-st}f(t)\, dt - f(0) = s\mathcal{L}\{f(t)\} - f(0)$$

因 $f(t)$ 為具有指數位 α 的函數，故 $|f(t)| \leq Me^{\alpha t}$, $t \geq 0$。
又 $s > \alpha$，令 $s = \alpha + \mu$，則 $\mu > 0$，

$$\left|e^{-st}f(t)\right| = \left|e^{-(\alpha+\mu)t}f(t)\right| = \left|e^{-\alpha t}f(t)\right|\left|e^{-\mu t}\right| \leq Me^{-\mu t}$$

而 $\lim\limits_{t\to\infty} Me^{-\mu t} = 0$，可知 $\lim\limits_{t\to\infty} e^{-st}f(t) = 0$

即 $\lim\limits_{h\to\infty}[e^{-sh}f(h)] = 0$

故 $\mathcal{L}\{f'(t)\} = s\int_0^\infty e^{-st}f(t)\, dt - f(0) = s\mathcal{L}\{f(t)\} - f(0).$

本定理可以推廣至高階微分，假設 $f(t), f'(t), \cdots, f^{(n)}(t)$ 均滿足存在定理的條件，則

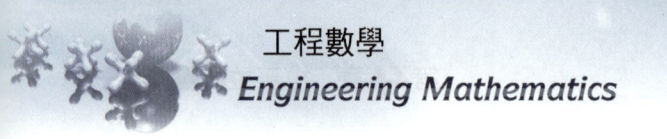

$$\mathcal{L}\{f^{(n)}(t)\} = s^n \mathcal{L}\{f(t)\} - s^{n-1}f(0) - s^{n-2}f'(0) - \cdots - sf^{(n-2)}(0) - f^{(n-1)}(0).$$

【例題 13】 若 $\mathcal{L}\{1\} = \dfrac{1}{s}$，試求 $\mathcal{L}\{t\}$。

解 令 $f(t) = t$，則 $f'(t) = 1$ 且 $f(0) = 0$，利用定理 4-2-5，取 $n = 1$，

$$\mathcal{L}\{1\} = s\mathcal{L}\{t\} - f(0)$$

故

$$\mathcal{L}\{t\} = \frac{1}{s}\mathcal{L}\{1\} = \frac{1}{s^2}.$$

【例題 14】 若 $\mathcal{L}\{\cos t\} = \dfrac{s}{s^2+1}$，試求 $\mathcal{L}\{\sin t\}$。

解 令 $f(t) = \cos t$，則 $f'(t) = -\sin t$，$f(0) = 1$

$$\mathcal{L}\{-\sin t\} = s\mathcal{L}\{\cos t\} - f(0)$$
$$-\mathcal{L}\{\sin t\} = s\mathcal{L}\{\cos t\} - 1$$

$$\mathcal{L}\{\sin t\} = -[s\mathcal{L}\{\cos t\} - 1] = -\left(\frac{s^2}{s^2+1} - 1\right) = \frac{1}{s^2+1}.$$

【例題 15】 求 $\mathcal{L}\{t\sin t\}$。

解 令 $f(t) = t\sin t$，則

$$f'(t) = t\cos t + \sin t,\ f(0) = f'(0) = 0$$

$$f''(t) = -t\sin t + \cos t + \cos t = 2\cos t - t\sin t$$

因

$$\mathcal{L}\{f''(t)\} = s^2\mathcal{L}\{f(t)\} - sf(0) - f'(0)$$

故

$$\mathcal{L}\{2\cos t - t\sin t\} = s^2\mathcal{L}\{t\sin t\}$$

而

$$\mathcal{L}\{2\cos t - t\sin t\} = 2\mathcal{L}\{\cos t\} - \mathcal{L}\{t\sin t\}$$
$$= \frac{2s}{s^2+1} - \mathcal{L}\{t\sin t\}$$

第 **4** 章　拉普拉斯變換

所以
$$(1+s^2)\mathscr{L}\{t\sin t\} = \frac{2s}{s^2+1}$$

故
$$\mathscr{L}\{t\sin t\} = \frac{2s}{(s^2+1)^2}.$$

定理 **4-2-5** 積分的拉氏變換

設函數 $f(t)$ 為具有指數位 α 的分段連續函數，則

$$\int_0^t f(u)\,du$$

亦具有指數位 α，且

$$\mathscr{L}\left\{\int_0^t f(u)\,du\right\} = \frac{1}{s}\mathscr{L}\{f(t)\} = \frac{1}{s}F(s).$$

證　令 $g(t) = \int_0^t f(u)\,du$，則 $g(t)$ 為連續函數，首先證明函數 g 亦有指數位 α. 已知 $f(t)$ 具有指數位 α，可得

$$|g(t)| = \left|\int_0^t f(u)\,du\right| \leq \int_0^t |f(u)|\,du \leq M\int_0^t e^{\alpha u}\,du$$
$$= \frac{M}{\alpha}(e^{\alpha t}-1)$$

故函數 g 亦具有指數位 α.

又除函數 f 的不連續點外，均有 $g'(t)=f(t)$，可知 $g'(t)$ 為分段連續函數，所以

$$\mathscr{L}\{f(t)\} = \mathscr{L}\{g'(t)\} = s\mathscr{L}\{g(t)\} - g(0)$$

上式中 $g(0) = \int_0^0 f(u)\,du = 0$，故

$$\mathscr{L}\{g(t)\} = \frac{1}{s}\mathscr{L}\{f(t)\} = \frac{1}{s}F(s)$$

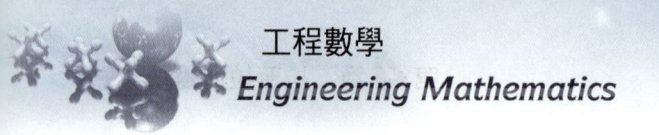

定理 4-2-5 亦可推廣至 n 重積分

$$\mathcal{L}\left\{\underbrace{\int_0^t \int_0^t \cdots \int_0^t}_{n} f(t)\, dt \cdots dt\right\} = \frac{1}{s^n} \mathcal{L}\{f(t)\} = \frac{1}{s^n} F(s).$$

【例題 16】設 $f(t) = \int_0^t x \sin x\, dx$, 求 $\mathcal{L}\{f(t)\}$.

解 由例題 15 知

因 $$\mathcal{L}\{t \sin t\} = \frac{2s}{(s^2+1)^2} = F(s)$$

故 $$\mathcal{L}\{f(t)\} = \frac{1}{s} F(s) = \frac{1}{s} \frac{2s}{(s^2+1)^2} = \frac{2}{(s^2+1)^2}.$$

【例題 17】設 $f(t) = \int_0^t (7 + 5e^{-4t})\, dt$, 求 $\mathcal{L}\{f(t)\}$.

解 因 $$\mathcal{L}\{7 + 5e^{-4t}\} = \mathcal{L}\{7\} + 5\mathcal{L}\{e^{-4t}\} = 7\mathcal{L}\{1\} + 5\mathcal{L}\{e^{-4t}\}$$

$$= \frac{7}{s} + \frac{5}{s+4} = \frac{12s+28}{s(s+4)} = F(s)$$

故 $$\mathcal{L}\{f(t)\} = \frac{1}{s} F(s) = \frac{12s+28}{s^2(s+4)}.$$

【例題 18】求 $\mathcal{L}^{-1}\left\{\dfrac{1}{s(s^2+1)}\right\}$.

解 $$\mathcal{L}^{-1}\left\{\frac{1}{s(s^2+1)}\right\} = \mathcal{L}^{-1}\left\{\frac{1}{s} \cdot \frac{1}{s^2+1}\right\} = \int_0^t \sin u\, du$$

$$= -\cos u \big|_0^t = 1 - \cos t.$$

【例題 19】求 $\mathcal{L}^{-1}\left\{\dfrac{1}{s^2(s^2+1)}\right\}$.

解 由例題 18 知

第 **4** 章　拉普拉斯變換

$$\mathscr{L}^{-1}\left\{\frac{1}{s}\cdot\frac{1}{s^2+1}\right\}=\mathscr{L}^{-1}\left\{\frac{F(s)}{s}\right\}=\int_0^t \sin u\, du = 1-\cos t$$

故　　$$\mathscr{L}^{-1}\left\{\frac{1}{s^2}\cdot\frac{1}{s^2+1}\right\}=\int_0^t (1-\cos u)\, du = t-\sin t.$$

習題 4-2

1. 求下列各函數的拉氏變換.

(1) $2t^2-3t+4$　　　　　　　　(2) t^3+3t-2

(3) $9x^4+6x^2-16$　　　　　　(4) 10^t+2e^{-t}

(5) $\sin^2 2x$　　　　　　　　　(6) $\cos^2 t$

(7) $\sin t \cos t$　　　　　　　　(8) $6\cos 4x - 3\sin(-5x)$

(9) $t^2 e^{3t}$　　　　　　　　　　(10) $e^{-2x}\sin 5x$

(11) $e^{-2t}(3\cos 6t - 5\sin 6t)$　　(12) $2^t \cos 3t$

(13) $e^{-4x}\sqrt{x}$　　　　　　　　(14) $\dfrac{e^{2t}}{\sqrt{t}}$

2. 將 $f(t)=\sin t^2$ 在 $t=0$ 處以泰勒級數展開，再利用逐項積分，求其拉氏變換.

3. 求下列各式的反拉氏變換.

(1) $\dfrac{6}{2s-3}$　　　　　　　　(2) $\dfrac{2s+3}{s^2+1}$

(3) $\dfrac{2s-18}{s^2+9}$　　　　　　(4) $\dfrac{2s+18}{s^2+25}$

(5) $\dfrac{4s+12}{s^2+8s+16}$　　　　(6) $\dfrac{s-1}{s^2-2s+3}$

(7) $\dfrac{6s-4}{s^2-4s+20}$　　　　(8) $\dfrac{s+3}{4s^2+4s+1}$

(9) $\dfrac{1}{s(s-1)^2}$　　　　　　(10) $\dfrac{1}{s^2(s+1)}$

(11) $\dfrac{1}{\sqrt{s-3}}$

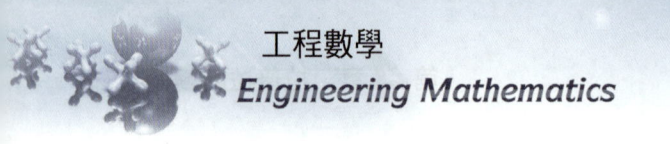

4-3 部分分式法

在 4-1 節中已經知道，$\mathcal{L}^{-1}\left\{\dfrac{1}{s}\right\}=1$，$\mathcal{L}^{-1}\left\{\dfrac{1}{s+1}\right\}=e^{-t}$，但 $F(s)=\dfrac{1}{s(s+1)}$ 的反拉氏變換如何求出呢？在此，我們提出一個很簡單，但是非常有用的方法來求 $F(s)$ 的反拉氏變換，這就是**部分分式法**.

變換式 $F(s)=\mathcal{L}\{f(t)\}$ 經常是一個有理函數的形式，其分子的次數比分母的次數要低，即

$$F(s)=\dfrac{P(s)}{Q(s)}$$

$P(s)$ 與 $Q(s)$ 都是多項式函數，且 $P(s)$ 的次數比 $Q(s)$ 的次數要低. 對於這一類型的變換式，可以表示成部分分式的和.

現在，我們舉一些例子來說明.

【例題 1】 求 $\mathcal{L}^{-1}\left\{\dfrac{1}{s(s+1)}\right\}$.

解 令

$$\dfrac{1}{s(s+1)}=\dfrac{A}{s}+\dfrac{B}{s+1}$$

則

$$1=A(s+1)+Bs.$$

以 $s=0$ 代入，可得 $A=1$.
以 $s=-1$ 代入，可得 $1=-B$，即 $B=-1$.
故

$$\mathcal{L}^{-1}\left\{\dfrac{1}{s(s+1)}\right\}=\mathcal{L}^{-1}\left\{\dfrac{1}{s}-\dfrac{1}{s+1}\right\}$$

$$=\mathcal{L}^{-1}\left\{\dfrac{1}{s}\right\}-\mathcal{L}^{-1}\left\{\dfrac{1}{s+1}\right\}=1-e^{-t}.$$

第 4 章　拉普拉斯變換

【例題 2】求 $\mathscr{L}^{-1}\left\{\dfrac{3s^2+2}{s(s-1)(s+2)}\right\}$.

解　令

$$\dfrac{3s^2+2}{s(s-1)(s+2)} = \dfrac{A}{s} + \dfrac{B}{s-1} + \dfrac{C}{s+2}$$

則

$$3s^2+2 = A(s-1)(s+2) + Bs(s+2) + Cs(s-1)$$

以 $s=0$ 代入，可得 $A=-1$；以 $s=1$ 代入，可得 $B=\dfrac{5}{3}$；

以 $s=-2$ 代入，可得 $C=\dfrac{7}{3}$.

故

$$\begin{aligned}\mathscr{L}^{-1}\left\{\dfrac{3s^2+2}{s(s-1)(s+2)}\right\} &= \mathscr{L}^{-1}\left\{-\dfrac{1}{s} + \dfrac{5}{3}\left(\dfrac{1}{s-1}\right) + \dfrac{7}{3}\left(\dfrac{1}{s+2}\right)\right\} \\ &= -\mathscr{L}^{-1}\left\{\dfrac{1}{s}\right\} + \dfrac{5}{3}\mathscr{L}^{-1}\left\{\dfrac{1}{s-1}\right\} + \dfrac{7}{3}\mathscr{L}^{-1}\left\{\dfrac{1}{s+2}\right\} \\ &= -1 + \dfrac{5}{3}e^t + \dfrac{7}{3}e^{-2t}.\end{aligned}$$

【例題 3】求 $\mathscr{L}^{-1}\left\{\dfrac{6s+2}{(s-1)(s^2+2s+5)}\right\}$.

解　令

$$\dfrac{6s+2}{(s-1)(s^2+2s+5)} = \dfrac{A}{s-1} + \dfrac{Bs+C}{s^2+2s+5}$$

則

$$A(s^2+2s+5) + (s-1)(Bs+C) = 6s+2$$

以 $s=1$ 代入，可得 $8A=8$，即 $A=1$.

將 $A=1$，$s=0$，$s=2$ 分別代入，可知

$$\begin{cases} 5-C=2 \\ 2B+C=1 \end{cases}$$

解得 $B=-1$，$C=3$. 故

211

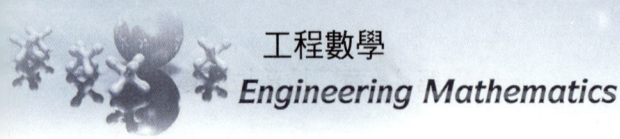

$$\mathcal{L}^{-1}\left\{\frac{6s+2}{(s-1)(s^2+2s+5)}\right\} = \mathcal{L}^{-1}\left\{\frac{1}{s-1}\right\} - \mathcal{L}^{-1}\left\{\frac{s-3}{s^2+2s+5}\right\}$$

$$= e^t - e^{-t}(\cos 2t - 2\sin 2t) \quad \text{(見 4-2 節例題 11)}$$

【例題 4】求 $\mathcal{L}^{-1}\left\{\dfrac{s^2}{(s-2)^3}\right\}$.

解 令 $y = s-2$，則

$$\frac{s^2}{(s-2)^3} = \frac{(y+2)^2}{y^3} = \frac{1}{y} + \frac{4}{y^2} + \frac{4}{y^3}$$

$$= \frac{1}{s-2} + \frac{4}{(s-2)^2} + \frac{4}{(s-2)^3}$$

故

$$\mathcal{L}^{-1}\left\{\frac{s^2}{(s-2)^3}\right\} = \mathcal{L}^{-1}\left\{\frac{1}{(s-2)} + \frac{4}{(s-2)^2} + \frac{4}{(s-2)^3}\right\}$$

$$= e^{2t} + 4te^{2t} + 2t^2 e^{2t}$$

$$= e^{2t}(1 + 4t + 2t^2).$$

習題 4-3

求下列各式的反拉氏變換.

1. $\dfrac{1}{s^2 - 6s + 5}$

2. $\dfrac{3s^2 - 1}{(s-2)(s-1)(s+1)}$

3. $\dfrac{s+1}{s(s^2+4)}$

4. $\dfrac{s-3}{s(s+2)^2}$

5. $\dfrac{5s+4}{s^2(s+1)}$

6. $\dfrac{s}{(s+1)^4}$

7. $\dfrac{s+1}{(s-2)^2(s-1)^2}$

8. $\dfrac{s^2-2}{s(s^2-4)}$

9. $\dfrac{s^2-s-2}{(s+2)(s^2+4)}$

10. $\dfrac{1}{(s-1)(s^2+2s-3)}$

4-4 拉氏變換的微分與積分

本節中要討論拉氏變換式的微分與積分，下列定理告訴我們，對拉氏變換式 $F(s)$ 微分，相當於將 $-t$ 與 $f(t)$ 相乘，再求其拉氏變換．利用這些特性，可以很容易的求出一些複雜函數的拉氏變換．

定理 4-4-1 拉氏變換的微分

設 $f(t)$ 在 $t \geq 0$ 為具有指數位 α 的分段連續函數，若 $\mathcal{L}\{f(t)\} = F(s)$，則

$$\frac{d}{ds} F(s) = -\mathcal{L}\{t\,f(t)\}\,(s > a).$$

證
$$\frac{d}{ds} F(s) = \frac{d}{ds} \int_0^\infty e^{-st} f(t)\,dt = \int_0^\infty \left(\frac{\partial}{\partial s} e^{-st}\right) f(t)\,dt$$
$$= \int_0^\infty e^{-st}[-t\,f(t)]\,dt = \mathcal{L}\{-t\,f(t)\}.$$

在此，我們假設上式中，積分與微分順序可以調換．事實上可以證明，當 f 為具有指數位的分段連續函數時，積分與微分順序可以調換．

【例題 1】 $\mathcal{L}\{te^{2t}\} = -\dfrac{d}{ds}\mathcal{L}\{e^{2t}\} = -\dfrac{d}{ds}\left(\dfrac{1}{s-2}\right) = \dfrac{1}{(s-2)^2}$

應用第一移位定理也可得出相同的結果．

【例題 2】求 $\mathcal{L}\{te^{-t}\cos t\}$．

解 $\mathcal{L}\{t\cos t\} = -\dfrac{d}{ds}\left(\dfrac{s}{s^2+1}\right) = \dfrac{s^2-1}{(s^2+1)^2}$

故 $\mathcal{L}\{te^{-t}\cos t\} = \dfrac{(s+1)^2-1}{[(s+1)^2+1]^2} = \dfrac{s(s+2)}{(s^2+2s+2)^2}$．

【例題 3】求 $\mathcal{L}\{t\sin kt\}$．

解 $\mathcal{L}\{t\sin kt\} = -\dfrac{d}{ds}\mathcal{L}\{\sin kt\} = -\dfrac{d}{ds}\left(\dfrac{k}{s^2+k^2}\right) = \dfrac{2ks}{(s^2+k^2)^2}$．

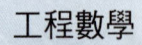

【例題 4】求 $\mathcal{L}^{-1}\left\{\ln\left(1+\dfrac{1}{s}\right)\right\}$.

解 令 $F(s)=\ln\left(1+\dfrac{1}{s}\right)$，則 $\dfrac{d}{ds}F(s)=\dfrac{1}{s+1}-\dfrac{1}{s}$.

依定理 4-4-1，

$$\mathcal{L}^{-1}\left\{\dfrac{d}{ds}F(s)\right\}=-t\,\mathcal{L}^{-1}\{F(s)\}$$

可得

$$\mathcal{L}^{-1}\left\{\ln\left(1+\dfrac{1}{s}\right)\right\}=-\dfrac{1}{t}\mathcal{L}^{-1}\left\{\dfrac{1}{s+1}-\dfrac{1}{s}\right\}$$

$$=-\dfrac{1}{t}(e^{-t}-1)=\dfrac{1-e^{-t}}{t}.$$

定理 4-4-1 可推廣如下：

定理 4-4-2

對 $n=1, 2, 3, \cdots$

$$\mathcal{L}\{t^n f(t)\}=(-1)^n\dfrac{d^n}{ds^n}\mathcal{L}\{f(t)\}=(-1)^n\dfrac{d^n}{ds^n}F(s)$$

此處 $F(s)=\mathcal{L}\{f(t)\}$.

證 $\dfrac{d}{ds}F(s)=\dfrac{d}{ds}\displaystyle\int_0^\infty e^{-st}f(t)\,dt$

$$=\int_0^\infty\dfrac{\partial}{\partial s}[e^{-st}f(t)\,dt]=-\int_0^\infty e^{-st}t\,f(t)\,dt=-\mathcal{L}\{t\,f(t)\}$$

故 $\mathcal{L}\{t\,f(t)\}=-\dfrac{d}{ds}\mathcal{L}\{f(t)\}$

同理

$$\mathcal{L}\{t^2 f(t)\}=\mathcal{L}\{t\cdot t\,f(t)\}=-\dfrac{d}{ds}\mathcal{L}\{t\,f(t)\}$$

$$= -\frac{d}{ds}\left(-\frac{d}{ds}\mathscr{L}\{f(t)\}\right) = \frac{d^2}{ds^2}\mathscr{L}\{f(t)\}$$

$$\vdots$$

$$\mathscr{L}\{t^n f(t)\} = (-1)^n \frac{d^n}{ds^n}\mathscr{L}\{f(t)\} = (-1)^n \frac{d^n}{ds^n}F(s).$$

【例題 5】 求 $\mathscr{L}\{t^2 \sin t\}$.

解　$\mathscr{L}\{t^2 \sin t\} = (-1)^2 \dfrac{d^2}{ds^2}\mathscr{L}\{\sin t\} = \dfrac{d^2}{ds^2}\left(\dfrac{1}{s^2+1}\right)$

$\qquad = \dfrac{d}{ds}\left[-\dfrac{2s}{(s^2+1)^2}\right] = \dfrac{2(3s^2-1)}{(s^2+1)^3}.$

下列定理說明，在區間 $[s, \infty)$ 對拉氏變換 $F(s)$ 積分，相當於將 $f(t)$ 除以 t，再求其拉氏變換.

定理　4-4-3　拉氏變換的積分

設 $f(t)$ 為具有指數位 α 的分段連續函數，且 $F(s) = \mathscr{L}\{f(t)\}$.

若 $\displaystyle\lim_{t \to 0^+} \frac{f(t)}{t}$ 存在，則

$$\int_s^\infty F(u)\,du = \mathscr{L}\left\{\frac{f(t)}{t}\right\} \quad (s > \alpha).$$

證　$\displaystyle\int_s^\infty F(u)\,du = \int_0^\infty\left[\int_s^\infty e^{-ut}f(t)\,dt\right]du = \int_0^\infty f(t)\left(\int_s^\infty e^{-ut}\,du\right)dt$

$\qquad = \displaystyle\int_0^\infty f(t)\left(-\frac{1}{t}\lim_{h\to\infty} e^{-ut}\Big|_s^h\right)dt$

$\qquad = \displaystyle\int_0^\infty f(t)\left[-\frac{1}{t}\lim_{h\to\infty}(e^{-ht}-e^{-st})\right]dt$

$\qquad = \displaystyle\int_0^\infty \frac{f(t)}{t}e^{-st}\,dt = \mathscr{L}\left\{\frac{f(t)}{t}\right\}.$

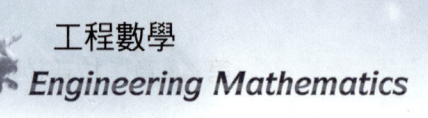

【例題 6】 求 $\mathscr{L}\left\{\dfrac{\sin 2t}{t}\right\}$.

解 令 $\quad F(s) = \mathscr{L}\{\sin 2t\} = \dfrac{2}{s^2+4}$.

依定理 4-4-3,

$$\mathscr{L}\left\{\dfrac{\sin 2t}{t}\right\} = \int_s^\infty F(u)\,du = \int_s^\infty \dfrac{2}{u^2+4}\,du$$

$$= \lim_{h\to\infty} \int_s^h \dfrac{2}{u^2+4}\,du = \lim_{h\to\infty}\left(\tan^{-1}\dfrac{u}{2}\bigg|_s^h\right)$$

$$= \dfrac{\pi}{2} - \tan^{-1}\dfrac{s}{2} = \cot^{-1}\dfrac{s}{2}.$$

定理 4-4-3 可推廣如下：

$$\underbrace{\int_s^\infty \int_s^\infty \cdots \int_s^\infty}_{n} F(s)\,ds \cdots ds = \mathscr{L}\left\{\dfrac{f(t)}{t^n}\right\}.$$

【例題 7】 求 $\mathscr{L}^{-1}\left\{ln\left(\dfrac{s+a}{s+b}\right)\right\}$.

解 令 $G(s) = \ln\left(\dfrac{s+a}{s+b}\right) = \ln|s+a| - \ln|s+b|$, 則

$$\dfrac{d}{ds}G(s) = \dfrac{1}{s+a} - \dfrac{1}{s+b} = F(s) = \mathscr{L}\{e^{-at} - e^{-bt}\} = \mathscr{L}\{f(t)\}$$

依 $\int_s^\infty F(u)\,du = \mathscr{L}\left\{\dfrac{f(t)}{t}\right\}$，可得

$$\mathscr{L}\left\{\dfrac{e^{-at}-e^{-bt}}{t}\right\} = \int_s^\infty \left(\dfrac{1}{u+a} - \dfrac{1}{u+b}\right)du$$

$$= \lim_{h\to\infty} \int_s^h \left(\dfrac{1}{u+a} - \dfrac{1}{u+b}\right)du$$

$$= \lim_{h\to\infty}\left[\left(\ln|u+a| - \ln|u+b|\right)\bigg|_s^h\right]$$

$$= \lim_{h \to \infty} \left(\ln\left|\frac{h+a}{h+b}\right| - \ln\left|\frac{s+a}{s+b}\right| \right)$$

$$= -\ln\left|\frac{s+a}{s+b}\right|$$

$$= -\ln\left(\frac{s+a}{s+b}\right) \quad \left(\because \frac{s+a}{s+b} > 0\right)$$

故 $\quad \mathscr{L}^{-1}\left\{\ln\left(\frac{s+a}{s+b}\right)\right\} = \dfrac{e^{-bt} - e^{-at}}{t}$.

習題 4-4

1. 求下列各式的拉氏變換．

(1) $t \sin t$ 　　　　　　　　　(2) $t^2 e^t$

(3) $t^2 \sin at$ 　　　　　　　(4) $t^2 \cos at$

(5) $t \cos 2t$ 　　　　　　　(6) $t^3 e^{4t}$

(7) $x^{7/2}$ 　　　　　　　　(8) $t^2 e^{-t} \sin 3t$

(9) $\dfrac{1 - e^{-t}}{t}$ 　　　　　　　(10) $t^2 \sin kt$

2. 求下列各式的反拉氏變換．

(1) $\dfrac{1}{(s-2)^2}$ 　　　　　　　(2) $\dfrac{s^3}{(s^2+1)^2}$

(3) $\dfrac{2s}{(s^2-4)^2}$ 　　　　　　(4) $\cot^{-1}(s-1)$

4-5 利用拉氏變換解微分方程式

在討論過微分與積分的拉氏變換，以及許多拉氏變換的公式後，本節中要應用這些公式來解一些特殊類型的微分方程式．一般來說，附有初期條件的常係數線性微分方程式，可以利用拉氏變換與反拉氏變換直接求出特解，不必像求解一般的微分方程式，需先求出通解，再由通解中找出適合初期條

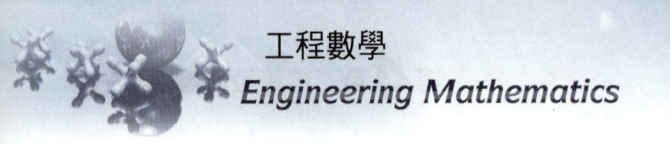

件的特解，這是拉氏變換解法的優越處.

利用拉氏變換求解微分方程式，大致上可分為下列四個步驟：

1. 對微分方程式等號兩邊同時取拉氏變換.

2. 將初期條件代入.

3. 解出 $\mathcal{L}\{y\}$.

4. 求 $\mathcal{L}\{y\}$ 的反拉氏變換.

現在，我們舉一些例子來加以說明.

【例題 1】解 $y' - 5y = e^{5x}$；$y(0) = 2$.

解 將微分方程式等號兩邊同時取拉氏變換，

$$\mathcal{L}\{y' - 5y\} = \mathcal{L}\{e^{5x}\}$$

$$\mathcal{L}\{y'\} - 5\mathcal{L}\{y\} = \frac{1}{s-5}$$

令 $Y(s) = \mathcal{L}\{y\}$，則

$$sY(s) - y(0) - 5Y(s) = \frac{1}{s-5}$$

將初期條件 $y(0) = 2$ 代入，

$$sY(s) - 2 - 5Y(s) = \frac{1}{s-5}$$

解得

$$Y(s) = \frac{2}{s-5} + \frac{1}{(s-5)^2}$$

故

$$y = \mathcal{L}^{-1}\{Y(s)\} = \mathcal{L}^{-1}\left\{\frac{2}{s-5} + \frac{1}{(s-5)^2}\right\}$$

$$= 2\mathcal{L}^{-1}\left\{\frac{1}{s-5}\right\} + \mathcal{L}^{-1}\left\{\frac{1}{(s-5)^2}\right\}$$

$$= 2e^{5x} + xe^{5x}.$$

第4章 拉普拉斯變換

【例題 2】解 $y' + y = \sin t$; $y(0) = 1$.

解 將微分方程式等號兩邊同時取拉氏變換，

$$\mathcal{L}\{y'\} + \mathcal{L}\{y\} = \mathcal{L}\{\sin t\}$$

令 $Y(s) = \mathcal{L}\{y\}$，則

$$sY(s) - y(0) + Y(s) = \frac{1}{s^2 + 1}$$

將初期條件 $y(0) = 1$ 代入，

$$sY(s) - 1 + Y(s) = \frac{1}{s^2 + 1}$$

解得

$$Y(s) = \frac{1}{s+1} + \frac{1}{(s+1)(s^2+1)}$$

$$= \frac{3}{2}\left(\frac{1}{s+1}\right) - \frac{1}{2}\left(\frac{s}{s^2+1}\right) + \frac{1}{2}\left(\frac{1}{s^2+1}\right)$$

故 $y = \mathcal{L}^{-1}\{Y(s)\} = \frac{3}{2}\mathcal{L}^{-1}\left\{\frac{1}{s+1}\right\} - \frac{1}{2}\mathcal{L}^{-1}\left\{\frac{s}{s^2+1}\right\} + \frac{1}{2}\mathcal{L}^{-1}\left\{\frac{1}{s^2+1}\right\}$

$$= \frac{3}{2}e^{-t} - \frac{1}{2}\cos t + \frac{1}{2}\sin t.$$

【例題 3】解 $\dfrac{dQ}{dt} + 0.04Q = 3.2e^{-0.04t}$; $Q(0) = 0$.

解

$$\mathcal{L}\left\{\frac{dQ}{dt}\right\} + 0.04\,\mathcal{L}\{Q\} = 3.2\,\mathcal{L}\{e^{-0.04t}\}$$

$$s\,\mathcal{L}\{Q\} - 0 + 0.04\,\mathcal{L}\{Q\} = \frac{3.2}{s + 0.04}$$

$$\mathcal{L}\{Q\} = \frac{3.2}{(s+0.04)^2}$$

$$Q = 3.2\,\mathcal{L}^{-1}\left\{\frac{1}{(s+0.04)^2}\right\} = 3.2te^{-0.04t}.$$

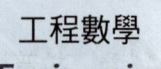

【例題 4】解 $y'' - 3y' + 2y = 4e^{2x}$；$y(0) = -3$，$y'(0) = 5$。

解 $\mathscr{L}\{y''\} - 3\mathscr{L}\{y'\} + 2\mathscr{L}\{y\} = 4\mathscr{L}\{e^{2x}\}$

$$[s^2 Y(s) - sy(0) - y'(0)] - 3[sY(s) - y(0)] + 2Y(s) = \frac{4}{s-2}$$

$$[s^2 Y(s) + 3s - 5] - 3[sY(s) + 3] + 2Y(s) = \frac{4}{s-2}$$

可得
$$Y(s) = \frac{4}{(s^2 - 3s + 2)(s - 2)} + \frac{14 - 3s}{s^2 - 3s + 2}$$

$$= \frac{-7}{s-1} + \frac{4}{s-2} + \frac{4}{(s-2)^2}$$

$$y = \mathscr{L}^{-1}\left\{\frac{-7}{s-1} + \frac{4}{s-2} + \frac{4}{(s-2)^2}\right\} = -7e^x + 4e^{2x} + 4xe^{2x}.$$

【例題 5】解 $y'' + 2y' + 10y = e^{-t} \sin t$；$y(0) = 0$，$y'(0) = 1$。

解 $\mathscr{L}\{y''\} + 2\mathscr{L}\{y'\} + 10\mathscr{L}\{y\} = \mathscr{L}\{e^{-t} \sin t\}$

$$s^2 Y(s) - sy(0) - y'(0) + 2sY(s) - 2sy(0) + 10Y(s) = \frac{1}{(s+1)^2 + 1}$$

$$(s^2 + 2s + 10)Y(s) = 1 + \frac{1}{(s+1)^2 + 1} = \frac{s^2 + 2s + 3}{s^2 + 2s + 2}$$

$$Y(s) = \frac{1}{s^2 + 2s + 10}\left[\frac{s^2 + 2s + 3}{(s+1)^2 + 1}\right] = \frac{s^2 + 2s + 3}{(s^2 + 2s + 10)(s^2 + 2s + 2)}$$

$$= \frac{7}{8} \cdot \frac{1}{s^2 + 2s + 10} + \frac{1}{8} \cdot \frac{1}{s^2 + 2s + 2}$$

$$= \frac{7}{8} \cdot \frac{1}{(s+1)^2 + 9} + \frac{1}{8} \cdot \frac{1}{(s+1)^2 + 1}$$

故 $y = \dfrac{7}{24} e^{-t} \sin 3t + \dfrac{1}{8} e^{-t} \sin t$.

【例題 6】解 $\dfrac{d^2Q}{dt^2} + 8\dfrac{dQ}{dt} + 25Q = 150;\ Q(0) = 0,\ Q'(0) = 0.$

解
$$\mathscr{L}\left\{\dfrac{d^2Q}{dt^2} + 8\dfrac{dQ}{dt} + 25Q\right\} = \mathscr{L}\{150\}$$

$$\dfrac{d^2Q}{dt^2} + 8\dfrac{dQ}{dt} + 25Q = 150;\ Q(0) = 0,\ Q'(0) = 0$$

$$\mathscr{L}\left\{\dfrac{d^2Q}{dt^2}\right\} + 8\mathscr{L}\left\{\dfrac{dQ}{dt}\right\} + 25\mathscr{L}\{Q\} = \mathscr{L}\{150\}$$

$$[s^2\mathscr{L}\{Q\} - sQ(0) - Q'(0)] + 8[s\mathscr{L}\{Q\} - Q(0)] + 25\mathscr{L}\{Q\} = \dfrac{150}{s}$$

$$s^2\mathscr{L}\{Q\} + 8s\mathscr{L}\{Q\} + 25\mathscr{L}\{Q\} = \dfrac{150}{s}$$

$$\mathscr{L}\{Q\} = \dfrac{150}{s(s^2 + 8s + 25)} = \dfrac{6}{s} - \dfrac{6s + 48}{s^2 + 8s + 25}$$

$$= \dfrac{6}{s} - \dfrac{6(s+4)}{(s+4)^2 + 9} - \dfrac{24}{(s+4)^2 + 9}$$

故 $\quad Q = 2(3 - 3e^{-4t}\cos 3t - 4e^{-4t}\sin 3t).$

【例題 7】解 $y''' - y' = \sin t;\ y(0) = 2,\ y'(0) = 0,\ y''(0) = 1.$

解 $\quad \mathscr{L}\{y'''\} - \mathscr{L}\{y'\} = \mathscr{L}\{\sin t\}$

$$s^3\mathscr{L}\{y\} - 2s^2 - 1 - (s\mathscr{L}\{y\} - 2) = \dfrac{1}{s^2 + 1}$$

可得 $\quad \mathscr{L}\{y\} = \dfrac{2s^2 - 1}{s^3 - s} + \dfrac{1}{(s^3 - s)(s^2 + 1)} = \dfrac{2s^3 + s}{(s^2 - 1)(s^2 + 1)}$

$$= \dfrac{3}{4}\left(\dfrac{1}{s - 1}\right) + \dfrac{3}{4}\left(\dfrac{1}{s + 1}\right) + \dfrac{1}{2}\left(\dfrac{s}{s^2 + 1}\right)$$

$$y = \dfrac{3}{4}e^t + \dfrac{3}{4}e^{-t} + \dfrac{1}{2}\cos t.$$

拉氏變換也可以解聯立微分方程式，我們舉出下面例子作說明.

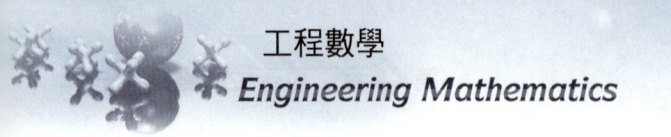

【例題 8】解聯立微分方程式

$$\begin{cases} x'(t) = 2x - 3y \\ y'(t) = -2x + y \end{cases} \;;\quad x(0) = 8,\; y(0) = 3.$$

解 對聯立微分方程式取拉氏變換，

$$\begin{cases} \mathscr{L}\{x'\} = 2\mathscr{L}\{x\} - 3\mathscr{L}\{y\} \\ \mathscr{L}\{y'\} = -2\mathscr{L}\{x\} + 3\mathscr{L}\{y\} \end{cases}$$

令 $X(s) = \mathscr{L}\{x\}$，$Y(s) = \mathscr{L}\{y\}$，則

$$\begin{cases} sX(s) - x(0) = 2X(s) - 3Y(s) \\ sY(s) - y(0) = -2X(s) + Y(s) \end{cases}$$

將初期條件 $x(0) = 8$，$y(0) = 3$ 代入，可得

$$\begin{cases} (2-s)X(s) - 3Y(s) = -8 \\ -2X(s) + (1-s)Y(s) = -3 \end{cases}$$

利用**克雷莫法則** (Cramer's rule) 解得

$$X(s) = \frac{\begin{vmatrix} -8 & -3 \\ -3 & 1-s \end{vmatrix}}{\begin{vmatrix} 2-s & -3 \\ -2 & 1-s \end{vmatrix}} = \frac{8s - 17}{s^2 - 3s - 4} = \frac{5}{s+1} + \frac{3}{s-4}$$

$$Y(s) = \frac{\begin{vmatrix} 2-s & -8 \\ -2 & -3 \end{vmatrix}}{\begin{vmatrix} 2-s & -3 \\ -2 & 1-s \end{vmatrix}} = \frac{3s - 22}{s^2 - 3s - 4} = \frac{5}{s+1} - \frac{2}{s-4}$$

故

$$x = \mathscr{L}^{-1}\{X(s)\} = \mathscr{L}^{-1}\left\{\frac{5}{s+1} + \frac{3}{s-4}\right\} = 5e^{-t} + 3e^{4t}$$

$$y = \mathscr{L}^{-1}\{Y(s)\} = \mathscr{L}^{-1}\left\{\frac{5}{s+1} - \frac{2}{s-4}\right\} = 5e^{-t} - 2e^{4t}.$$

第4章 拉普拉斯變換

【例題9】解聯立方程式

$$\begin{cases} z'' + y' = \cos x \\ y'' - z = \sin x \end{cases} ; \quad y(0) = 1, \ y'(0) = 0, \ z(0) = -1, \ z'(0) = -1.$$

解

$$\begin{cases} \mathscr{L}\{z''\} + \mathscr{L}\{y'\} = \mathscr{L}\{\cos x\} \\ \mathscr{L}\{y''\} - \mathscr{L}\{z\} = \mathscr{L}\{\sin x\} \end{cases}$$

$$\begin{cases} s^2 \mathscr{L}\{z\} - sz(0) - z'(0) + s\mathscr{L}\{y\} - y(0) = \dfrac{s}{s^2+1} \\ s^2 \mathscr{L}\{y\} - sy(0) - y'(0) - \mathscr{L}\{z\} = \dfrac{1}{s^2+1} \end{cases}$$

將所有初期條件代入，可得

$$\begin{cases} s\mathscr{L}\{y\} + s^2 \mathscr{L}\{z\} = -\dfrac{s^3}{s^2+1} \\ s^2 \mathscr{L}\{y\} - \mathscr{L}\{z\} = \dfrac{s^3+s+1}{s^2+1} \end{cases}$$

解得

$$\mathscr{L}\{y\} = \dfrac{s}{s^2+1},$$

$$\mathscr{L}\{z\} = -\dfrac{s+1}{s^2+1}$$

故　　　　$y = \cos x, \ z = -\cos x - \sin x.$

【例題 10】解聯立方程式

$$\begin{cases} x'(t) = 2x - 2y + 3z \\ y'(t) = x + y + z \\ z'(t) = x + 3y - z \end{cases} ; \quad x(0) = 1, \ y(0) = z(0) = 0$$

解

$$\begin{cases} \mathscr{L}\{x'(t)\} = \mathscr{L}\{2x\} - \mathscr{L}\{2y\} + \mathscr{L}\{3z\} \\ \mathscr{L}\{y'(t)\} = \mathscr{L}\{x\} + \mathscr{L}\{y\} + \mathscr{L}\{z\} \\ \mathscr{L}\{z'(t)\} = \mathscr{L}\{x\} + \mathscr{L}\{3y\} - \mathscr{L}\{z\} \end{cases}$$

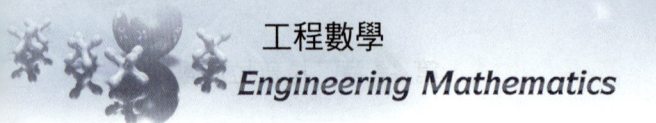

得

$$\begin{cases} sX(s)-1 = 2X(s)-2Y(s)+3Z(s) \\ sY(s) = X(s)+Y(s)+Z(s) \\ sZ(s) = X(s)+3Y(s)-Z(s) \end{cases}$$

$$\begin{cases} (s-2)X(s)+2Y(s)-3Z(s) = 1 \\ -X(s)+(s-1)Y(s)-Z(s) = 0 \\ -X(s)-3Y(s)+(s+1)Z(s) = 0 \end{cases}$$

$$X(s) = \frac{s^2-4}{s^3-2s^2-5s+6} = \frac{s-2}{(s-3)(s-1)} = \frac{1}{2}\left(\frac{1}{s-3}+\frac{1}{s-1}\right)$$

$$Y(s) = \frac{s+2}{s^3-2s^2-5s+6} = \frac{1}{(s-3)(s-1)} = \frac{1}{2}\left(\frac{1}{s-3}-\frac{1}{s-1}\right)$$

$$Z(s) = \frac{s+2}{s^3-2s^2-5s+6} = \frac{1}{2}\left(\frac{1}{s-3}-\frac{1}{s-1}\right)$$

故 $x = \frac{1}{2}(e^{3t}+e^t)$, $y = \frac{1}{2}(e^{3t}-e^t)$, $z = \frac{1}{2}(e^{3t}-e^t)$.

習題 4-5

解下列各題.

1. $y'+y = \sin x$; $y(0) = 0$.
2. $y'+2y = e^{-2t}$; $y(0) = 1$.
3. $\dfrac{dI}{dt}+50I = 5$; $I(0) = 0$.
4. $y''-4y = 8t^2-4$; $y(0) = 5, y'(0) = 10$.
5. $y''+y = 2\cos t$; $y(0) = 1, y'(0) = 0$.
6. $y''-2y'+y = \sin t, y(0) = y'(0) = 1$.
7. $y''+y = x$; $y(0) = 1, y'(0) = -2$.
8. $\dfrac{d^2 I}{dt^2}+4\dfrac{dI}{dt}+20I = 0$; $I(0) = 0, I'(0) = 2$.
9. $y'''-3y''+3y'-y = te^t$; $y(0) = 0, y'(0) = -1, y''(0) = -1$.

10. $y^{(4)} - y = 0$；$y(0) = y'(0) = y''(0) = 0$, $y'''(0) = 2$.

11. $\begin{cases} x'(t) = -x + y \\ y'(t) = -2x - 4y \end{cases}$; $x(0) = 1$, $y(0) = 0$.

12. $\begin{cases} x' + y = 2\cos t \\ x + y' = 0 \end{cases}$; $x(0) = 0$, $y(0) = 1$.

13. $\begin{cases} y' + z = x \\ z' + 4y = 0 \end{cases}$; $y(0) = 1$, $z(0) = -1$.

14. $\begin{cases} 3x' - y' - x - 3y = e^{-t} \\ x' + 3y' - 3x + y = 0 \end{cases}$; $x(0) = y(0) = 0$.

15. $\begin{cases} x'' = x + 3y \\ y'' = 4x - 4e^t \end{cases}$; $x(0) = 2$, $x'(0) = 3$, $y(0) = 1$, $y'(0) = 2$.

16. $\begin{cases} w'' - y + 2z = 3e^{-x} \\ 2w' - 2y' - z = 0 \\ 2w' - 2y + z' + 2z'' = 0 \end{cases}$; $w(0) = 1$, $w'(0) = 1$, $y(0) = 2$, $z(0) = 2$, $z'(0) = -2$.

4-6　t- 軸上的移位

在第一移位定理中，我們知道，若將變換式 $F(s)$ 中的 s 以 $s-a$ 取代，則恰好等於對函數 $e^{at}f(t)$ 取拉氏變換，即，

若 $F(s) = \mathscr{L}\{f(t)\}$，則 $F(s-a) = \mathscr{L}\{e^{at}f(t)\}$

在本節中，我們要討論當函數 $f(t)$ 的 t 以 $t-a$ 取代時，其變換式會如何改變，這種在 t- 軸上移位的特性，將以第二移位定理來說明.

下面先介紹一個非常有用的函數，稱為**單位階梯函數** (unit step function).

$$u(t-a) = \begin{cases} 0, & t < a \\ 1, & t \geq a \end{cases} \quad (a \geq 0)$$

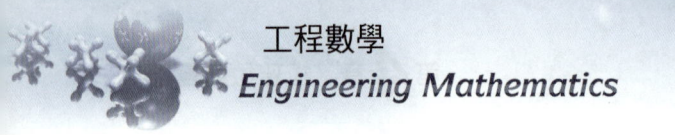

其圖形如圖 4-6-1 所示.

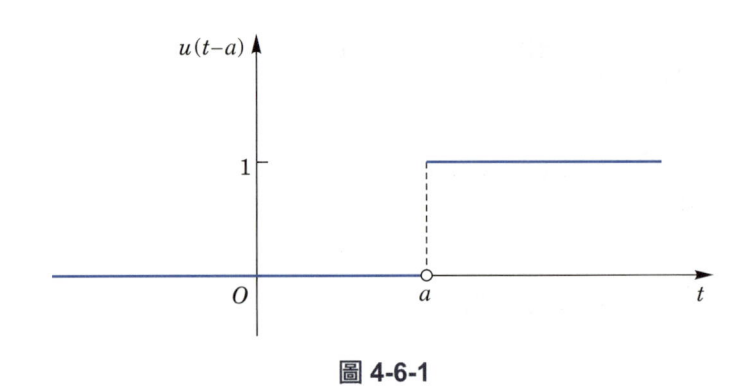

圖 4-6-1

若 $a=0$，則

$$u(t) = \begin{cases} 0, & t < 0 \\ 1, & t \geq 0 \end{cases}$$

其圖形如圖 4-6-2 所示.

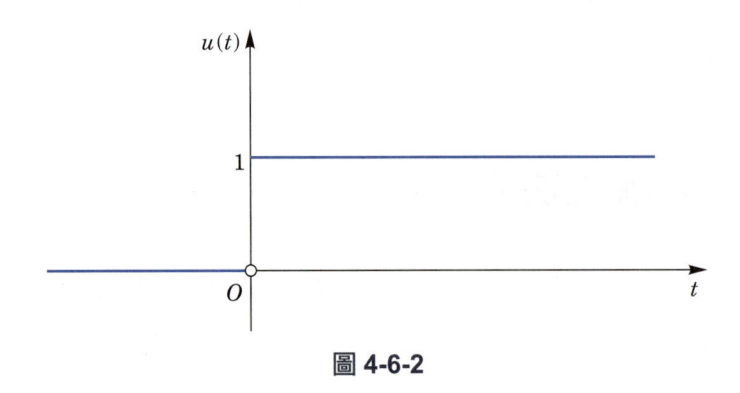

圖 4-6-2

根據單位階梯函數 $u(t-a)$，可得

$$1 - u(t-a) = \begin{cases} 1, & t < a \\ 0, & t \geq a \end{cases}$$

其圖形如圖 4-6-3 所示.

第 4 章　拉普拉斯變換

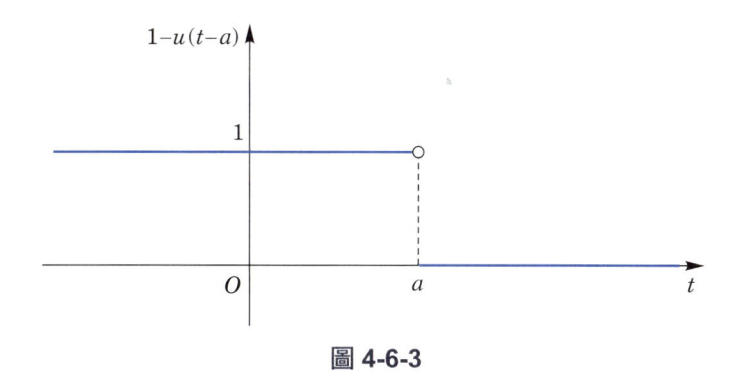

圖 4-6-3

若 $0 \le a < b$，則

$$u(t-a) - u(t-b) = \begin{cases} 1, & a \le t < b \\ 0, & \text{其他} \end{cases}$$

其圖形如圖 4-6-4 所示.

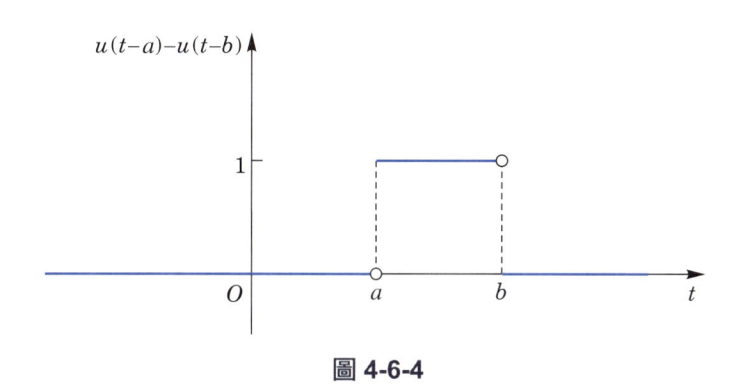

圖 4-6-4

【例題 1】利用單位階梯函數表出函數

$$f(t) = \begin{cases} 5, & t < 1 \\ 3, & t \ge 1 \end{cases}.$$

解　$f(t) = \begin{cases} 5, & t<1 \\ 3, & t \ge 1 \end{cases} = 5 + \begin{cases} 0, & t<1 \\ -2, & t \ge 1 \end{cases} = 5 - 2\begin{cases} 0, & t<1 \\ 1, & t \ge 1 \end{cases}$
$= 5 - 2u(t-1).$

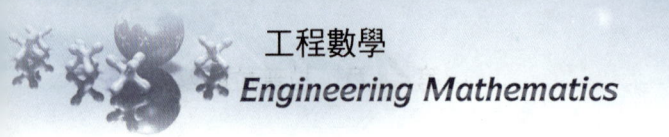

【例題 2】利用單位階梯函數表出函數

$$f(t) = \begin{cases} t, & 0 \leq t < 2 \\ 2, & t \geq 2 \end{cases}.$$

解

$$f(t) = \begin{cases} t, & 0 \leq t < 2 \\ 2, & t \geq 2 \end{cases} = t\begin{cases} 1 \\ 0 \end{cases} + 2\begin{cases} 0, & 0 \leq t < 2 \\ 1, & t \geq 2 \end{cases}$$
$$= t[u(t) - u(t-2)] + 2u(t-2)$$
$$= tu(t) + (2-t)u(t-2).$$

設函數 f 的圖形如圖 4-6-5 所示.

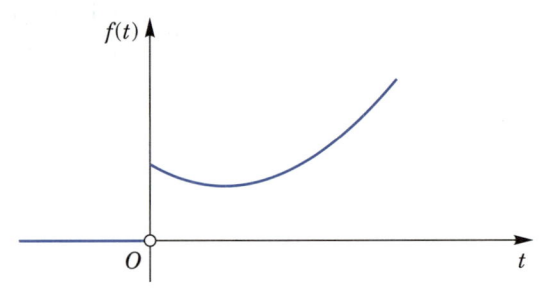

圖 4-6-5

則函數
$$g(t) = \begin{cases} 0, & t < a \\ f(t-a), & t \geq a \end{cases}$$

的圖形恰好是將 f 的圖形向右平移 a 單位，如圖 4-6-6 所示.

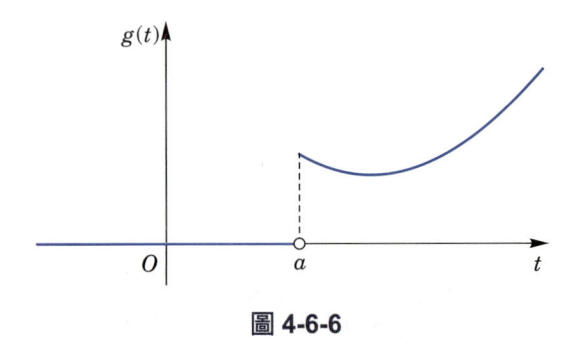

圖 4-6-6

函數 g 又可以用單位階梯函數寫成

$$g(t) = u(t-a)f(t-a)$$

即 $u(t-a)f(t-a) = \begin{cases} 0 &, t < a \\ f(t-a), & t \geq a \end{cases}$.

定理 4-6-1 第二移位定理

設 $F(s) = \mathcal{L}\{f(t)\}$，若 $g(t) = \begin{cases} 0 &, t < a \\ f(t-a), & t \geq a \end{cases}$

則 $\mathcal{L}\{g(t)\} = \mathcal{L}\{u(t-a)f(t-a)\} = e^{-as}F(s)$.

證 依定義，

$$\mathcal{L}\{g(t)\} = \int_0^\infty e^{-st} g(t)\, dt = \int_a^\infty e^{-st} f(t-a)\, dt$$

$$= e^{-as} \int_0^\infty e^{-su} f(u)\, du \quad (令 u = t-a)$$

$$= e^{-as} F(s).$$

【例題 3】求 $\mathcal{L}\{u(t-a)\}$ 與 $\mathcal{L}\{u(t-a) - u(t-b)\}$，其中 $a < b$.

解 $\mathcal{L}\{u(t-a)\} = e^{-as} \mathcal{L}\{1\} = \dfrac{e^{-as}}{s}$

$$\mathcal{L}\{u(t-a) - u(t-b)\} = \mathcal{L}\{u(t-a)\} - \mathcal{L}\{u(t-b)\}$$
$$= \frac{e^{-as}}{s} - \frac{e^{-bs}}{s} = \frac{1}{s}(e^{-as} - e^{-bs}).$$

【例題 4】設 $f(t) = \begin{cases} 0, & t < 1 \\ t-1, & t \geq 1 \end{cases}$，求 $\mathcal{L}\{f(t)\}$.

解 $\mathcal{L}\{f(t)\} = e^{-s} \mathcal{L}\{t\} = \dfrac{e^{-s}}{s^2}$.

【例題 5】求 $\mathcal{L}\{(t-2)^3 u(t-2)\}$.

解 令 $a=2$，由定理 4-6-1 知

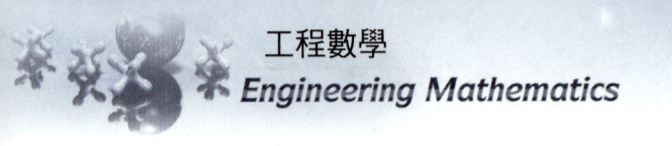

$$\mathcal{L}\{(t-2)^3 u(t-2)\} = e^{-2s}\,\mathcal{L}\{t^3\} = e^{-2s}\frac{3!}{s^4} = \frac{6}{s^4}e^{-2s}.$$

註：此一結果相當於計算積分 $\int_2^\infty e^{-st}(t-2)^3\,dt.$

【例題 6】設 $f(t) = \begin{cases} 0, & 0 \le t < \dfrac{\pi}{2} \\ \sin t, & t \ge \dfrac{\pi}{2} \end{cases}$，求 $\mathcal{L}\{f(t)\}.$

解 因 $\sin t = \cos\left(t - \dfrac{\pi}{2}\right)$，求 $f(t)$ 可寫成

$$f(t) = \begin{cases} 0, & 0 < t < \dfrac{\pi}{2} \\ \cos\left(t - \dfrac{\pi}{2}\right), & t \ge \dfrac{\pi}{2} \end{cases}$$

所以 $\qquad \mathcal{L}\{f(t)\} = e^{-(\pi/2)s}\,\mathcal{L}\{\cos t\} = \dfrac{se^{-(\pi/2)s}}{s^2+1}.$

【例題 7】求 $\mathcal{L}\{\sin t\, u(t-2\pi)\}.$

解 令 $a = 2\pi$，由定理 4-6-1 知

$$\mathcal{L}\{\sin t\, u(t-2\pi)\} = \mathcal{L}\{\sin(t-2\pi)\,u(t-2\pi)\} \quad (\sin t \text{ 之週期為 } 2\pi)$$

$$= e^{-2\pi s}\,\mathcal{L}\{\sin t\} = \frac{e^{-2\pi s}}{s^2+1}.$$

【例題 8】設 $f(t) = t^2 - 2t + 4$，求 $\mathcal{L}\{u(t-2)f(t)\}.$

解 利用泰勒級數，將 $f(t)$ 在 $t=2$ 處展開，

$$f(t) = (t-2)^2 + 2(t-2) + 4$$

故 $\mathscr{L}\{u(t-2)f(t)\}$
$= \mathscr{L}\{u(t-2)[(t-2)^2+2(t-2)+4]\}$
$= \mathscr{L}\{u(t-2)(t-2)^2\}+2\mathscr{L}\{u(t-2)(t-2)\}+4\mathscr{L}\{u(t-2)\}$
$= \dfrac{2e^{-2s}}{s^3}+2\dfrac{e^{-2s}}{s^2}+4\dfrac{e^{-2s}}{s}$
$= \dfrac{2e^{-2s}}{s}\left(\dfrac{1}{s^2}+\dfrac{1}{s}+2\right).$

由上面的例題可知，若 $f(t)$ 為多項式函數，則將 $f(t)$ 在 $t=a$ 處展成泰勒級數，再利用第二移位定理，可以很容易求出其拉氏變換．

【例題 9】試求圖 4-6-7 函數圖形之拉氏變換．

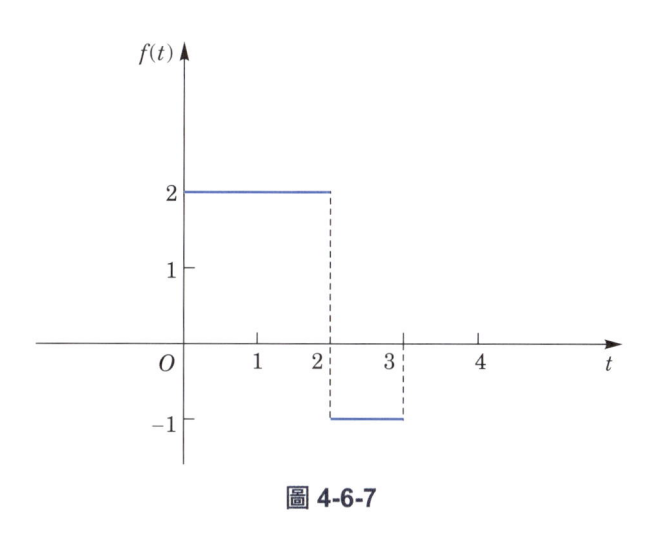

圖 4-6-7

解 此一函數圖形為階梯函數，故知

$$f(t) = 2 - 3u(t-2) + u(t-3)$$

$\mathscr{L}\{f(t)\} = \mathscr{L}\{2\} - 3\mathscr{L}\{u(t-2)\} + \mathscr{L}\{u(t-3)\}$
$= \dfrac{2}{s} - 3 \cdot \dfrac{e^{-2s}}{s} + \dfrac{e^{-3s}}{s}.$

【例題 10】設 $f(t)=\begin{cases}\sin t, & 0\leq t\leq \pi\\ t, & t>\pi\end{cases}$，求 $\mathscr{L}\{f(t)\}$．

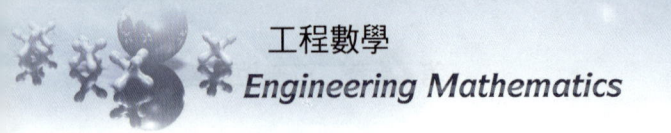

解
$$f(t) = \sin t + \begin{cases} 0, & 0 \leq t \leq \pi \\ t - \sin t, & t > \pi \end{cases}$$
$$= \sin t + u(t-\pi)(t - \sin t)$$
$$= \sin t + u(t-\pi)[\pi + (t-\pi) + \sin(t-\pi)]$$

故 $\mathscr{L}\{f(t)\} = \mathscr{L}\{\sin t\} + \mathscr{L}\{u(t-\pi)[\pi + (t-\pi) + \sin(t-\pi)]\}$
$$= \frac{1}{s^2+1} + e^{-\pi s}\left(\frac{\pi}{s} + \frac{1}{s^2} + \frac{1}{s^2+1}\right).$$

【例題 11】求函數 $f(t) = \begin{cases} 1, & 0 \leq t < 1 \\ t, & 1 \leq t < 2 \\ 2, & t \geq 2 \end{cases}$ 的拉氏變換.

解 利用單位階梯函數，則 $f(t)$ 可寫成

$$f(t) = u(t) + u(t-1)(t-1) + u(t-2)(2-t)$$

故 $\mathscr{L}\{f(t)\} = \mathscr{L}\{u(t)\} + \mathscr{L}\{u(t-1)(t-1)\} - \mathscr{L}\{u(t-2)(t-2)\}$
$$= \frac{1}{s} + \frac{e^{-s}}{s^2} - \frac{e^{-2s}}{s^2}.$$

【例題 12】求 $\mathscr{L}^{-1}\left\{\dfrac{(1-e^{-s})^2}{s^2}\right\}$.

解 $\mathscr{L}^{-1}\left\{\dfrac{(1-e^{-s})^2}{s^2}\right\} = \mathscr{L}^{-1}\left\{\dfrac{1 - 2e^{-s} + e^{-2s}}{s^2}\right\}$
$$= \mathscr{L}^{-1}\left\{\frac{1}{s^2}\right\} - 2\mathscr{L}^{-1}\left\{\frac{e^{-s}}{s^2}\right\} + \mathscr{L}^{-1}\left\{\frac{e^{-2s}}{s^2}\right\}$$

依第二移位定理，

$$\mathscr{L}^{-1}\left\{\frac{e^{-s}}{s^2}\right\} = u(t-1)(t-1)$$

$$\mathscr{L}^{-1}\left\{\frac{e^{-2s}}{s^2}\right\} = u(t-2)(t-2)$$

故 $\mathscr{L}^{-1}\left\{\dfrac{(1-e^{-s})^2}{s^2}\right\} = t - 2u(t-1)(t-1) + u(t-2)(t-2).$

【例題 13】 解 $y'' + y = \begin{cases} 0, & x < 1 \\ 2, & x \geq 1 \end{cases}$; $y(0) = y'(0) = 0.$

解 原式寫成
$$y'' + y = 2u(x-1),$$
$$s^2 Y(s) + Y(s) = \dfrac{2e^{-s}}{s}$$

可得
$$Y(s) = \dfrac{2e^{-s}}{s(s^2+1)}$$

故 $y = \mathscr{L}^{-1}\left\{\dfrac{2e^{-s}}{s(s^2+1)}\right\} = 2\mathscr{L}^{-1}\left\{\dfrac{e^{-s}}{s}\right\} - 2\mathscr{L}^{-1}\left\{\dfrac{se^{-s}}{s^2+1}\right\}$
$\qquad = 2u(x-1) - 2u(x-1)\cos(x-1)$
$\qquad = 2u(x-1)[1 - \cos(x-1)].$

習題 4-6

1. 求下列各函數的拉氏變換.

(1) $f(t) = \begin{cases} 1, & 0 \leq t \leq 2 \\ 0, & t > 2 \end{cases}$

(2) $f(t) = \begin{cases} 0, & 0 \leq t \leq 1 \\ (t-1)^2, & t > 1 \end{cases}$

(3) $f(t) = \begin{cases} \cos t, & 0 \leq t \leq \pi \\ 0, & t > \pi \end{cases}$

(4) $f(t) = \begin{cases} \sin t, & 0 \leq t < \pi \\ 0, & t \geq \pi \end{cases}$

(5) $f(t) = u(t-2)t^2$

(6) $f(t) = u(t-1)(2t^3 + 3t - 2)$

2. 求下列各式的反拉氏變換.

(1) $\dfrac{e^{-4s}}{s^3}$

(2) $\dfrac{(1-e^{-2s})^2}{s^3}$

(3) $\dfrac{e^{-\pi s/3}}{s^2+1}$

(4) $\dfrac{se^{-2s}}{s^2+16}$

(5) $\dfrac{e^{-3s}}{s^2+6s+10}$

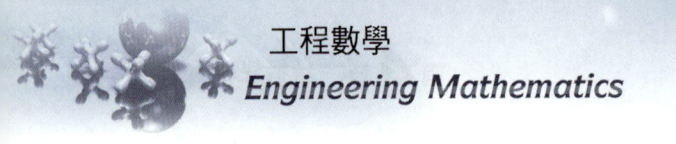

3. 解 $y''+16y=-16+16u(t-3)$；$y(0)=y'(0)=0$.

4-7　週期函數的變換

在計算週期函數的拉氏變換時，下面的定理提供了一個簡捷的公式.

定理 4-7-1　週期函數的拉氏變換

設 $\mathcal{L}\{f(t)\}=F(s)$，若函數 f 具有週期 T，則

$$F(s)=\dfrac{1}{1-e^{-sT}}\int_0^T e^{-st}f(t)\,dt.$$

證 依拉氏變換的定義，

$$\begin{aligned}F(s)&=\int_0^\infty e^{-st}f(t)\,dt\\ &=\int_0^T e^{-st}f(t)\,dt+\int_T^{2T} e^{-st}f(t)\,dt+\cdots+\int_{nT}^{(n+1)T} e^{-st}f(t)\,dt+\cdots\\ &=\sum_{n=0}^\infty \int_{nT}^{(n+1)T} e^{-st}f(t)\,dt\end{aligned}$$

令 $u=t-nT$，則

$$\int_{nT}^{(n+1)T} e^{-st}f(t)\,dt=\int_0^T e^{-s(u+nT)}f(u+nT)\,du=e^{-nTs}\int_0^T e^{-su}f(u)\,du$$

故

$$\begin{aligned}F(s)&=\sum_{n=0}^\infty e^{-nTs}\int_0^T e^{-su}f(u)\,du\\ &=\dfrac{1}{1-e^{-sT}}\int_0^T e^{-su}f(u)\,du=\dfrac{1}{1-e^{-sT}}\int_0^T e^{-st}f(t)\,dt.\end{aligned}$$

図 4-7-1

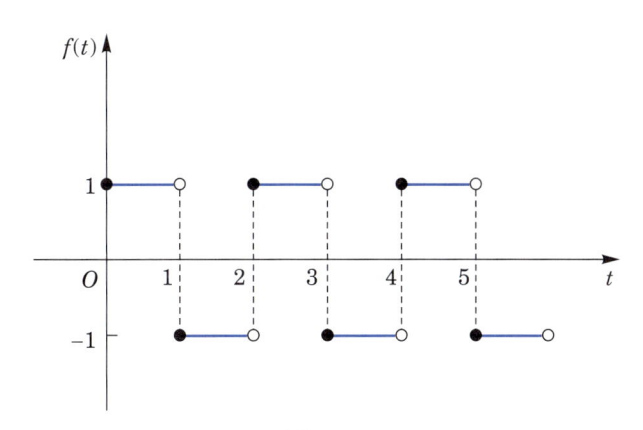

【例題 1】(方形波) 設函數 f 的圖形如圖 4-7-1 所示，求 $\mathscr{L}\{f(t)\}$.

解 函數 f 的週期 $T=2$，依定理4-7-1，

$$\int_0^2 e^{-st}f(t)\,dt = \int_0^1 e^{-st}\cdot 1\,dt + \int_1^2 e^{-st}\cdot(-1)\,dt$$

$$= \frac{-1}{s}e^{-st}\bigg|_0^1 + \frac{1}{s}e^{-st}\bigg|_1^2 = \frac{(1-e^{-s})^2}{s}$$

故

$$\mathscr{L}\{f(t)\} = \frac{1}{1-e^{-2s}}\int_0^2 e^{-st}f(t)\,dt$$

$$= \frac{1}{1-e^{-2s}}\left[\frac{(1-e^{-s})^2}{s}\right] = \frac{1}{s}\left(\frac{1-e^{-s}}{1+e^{-s}}\right).$$

【例題 2】(方形波) 週期函數 $f(t)$，如圖 4-7-2 所示，試求其拉氏變換.

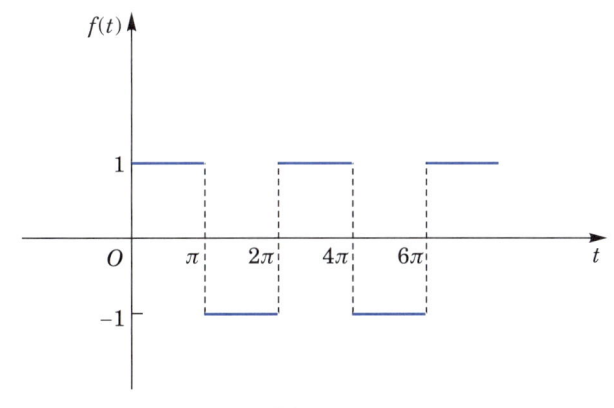

図 4-7-2

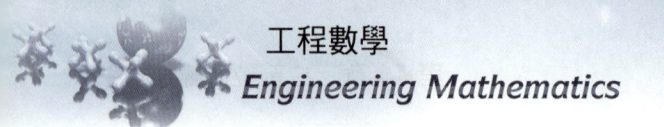

$$f(t) = \begin{cases} 1, & 0 \le t < \pi \\ -1, & \pi < t < 2\pi \end{cases} \quad \text{週期為 } 2\pi$$

解 因函數 $f(t)$ 之週期為 2π，又

$$\int_0^{2\pi} e^{-st} f(t)\, dt = \int_0^{\pi} e^{-st} f(t)\, dt + \int_{\pi}^{2\pi} -e^{-st}\, dt$$

$$= \frac{-1}{s} e^{-st} \Big|_0^{\pi} + \frac{1}{s} e^{-st} \Big|_0^{2\pi}$$

$$= -\frac{1}{s} e^{-\pi s} + \frac{1}{s} + \frac{1}{s} e^{-2\pi s} - \frac{1}{s} e^{-\pi s}$$

$$= \frac{1 - 2e^{-\pi s} + e^{-2\pi s}}{s}$$

故

$$\mathscr{L}\{f(t)\} = \frac{1}{1 - e^{-2\pi s}} \int_0^{2\pi} e^{-st} f(t)\, dt$$

$$= \frac{1}{1 - e^{-2\pi s}} \left(\frac{1 - 2e^{-\pi s} + e^{-2\pi s}}{s} \right)$$

$$= \frac{1}{s} \left(\frac{1 - e^{-\pi s}}{1 + e^{-\pi s}} \right) = \frac{1}{s} \left(\frac{e^{s/2} - e^{-s/2}}{e^{s/2} + e^{-e/2}} \right)$$

$$= \frac{1}{s} \tanh\left(\frac{s}{2} \right).$$

【例題 3】試求下列週期函數 (如圖 4-7-3) 之拉氏變換.

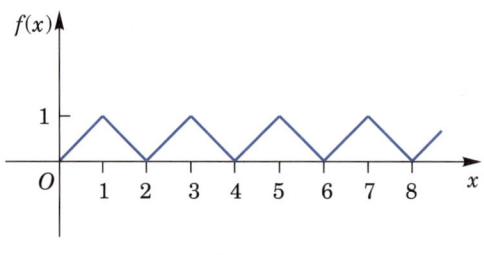

圖 4-7-3

解 函數 $f(x)$ 的週期 $T = 2$，$f(x) = \begin{cases} x, & 0 \le x < 1 \\ 2 - x, & 1 \le x < 2 \end{cases}$

$$\int_0^2 e^{-sx} f(x)\, dx = \int_0^1 e^{-sx} x\, dx + \int_1^2 e^{-sx}(2-x)\, dx$$
$$= \frac{1}{s^2}(e^{-s}-1)^2$$

$$\mathscr{L}\{f(x)\} = \frac{\int_0^2 e^{-sx} f(x)\, dx}{1-e^{-2s}} = \frac{(e^{-s}-1)^2}{s^2(1-e^{-2s})} = \frac{1}{s^2}\left(\frac{1-e^{-s}}{1+e^{-s}}\right)$$
$$= \frac{1}{s^2}\tanh\left(\frac{s}{2}\right).$$

【例題 4】(半波整流) 設 $f(t)=\dfrac{1}{2}\left(\sin t+|\sin t|\right)$, $t\geq 0$，圖形如圖 4-7-4 所示，求 $\mathscr{L}\{f(t)\}$.

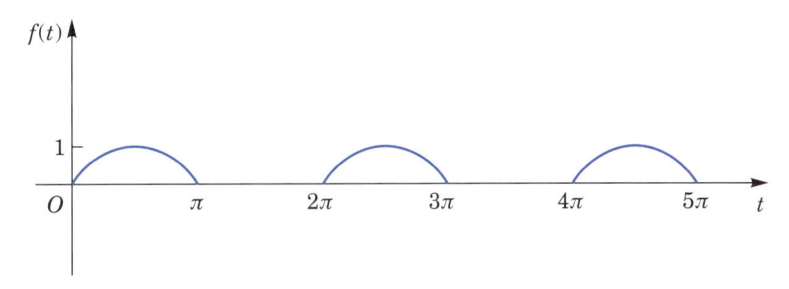

圖 4-7-4

解 函數 f 的週期 $T=2\pi$，

$$\int_0^2 e^{-st} f(t)\, dt = \int_0^{\pi} e^{-st}\sin t\, dt$$
$$= \frac{1+e^{-\pi s}}{s^2+1} \text{ (由習題 4-6, 1.(4) 題)}$$

故 $\quad \mathscr{L}\{f(t)\} = \dfrac{1}{1-e^{-2\pi s}}\left(\dfrac{1+e^{-\pi s}}{s^2+1}\right) = \dfrac{1}{(s^2+1)(1-e^{-\pi s})}.$

【例題 5】(全波整流) 設 $f(t)=|\sin t|$, $t\geq 0$，圖形如圖 4-7-5 所示，求 $\mathscr{L}\{f(t)\}$.

解 函數 f 的週期 $T=\pi$，

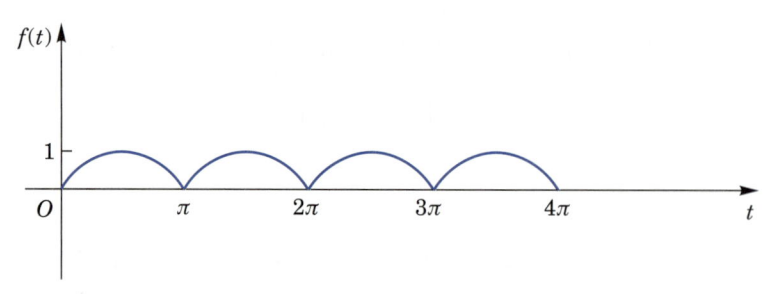

圖 4-7-5

$$\int_0^\pi e^{-st} f(t)\, dt = \int_0^\pi e^{-st} \sin t\, dt = \frac{1+e^{-\pi s}}{s^2+1}$$

故 $$\mathscr{L}\{f(t)\} = \frac{1}{1-e^{-\pi s}}\left(\frac{1+e^{-\pi s}}{s^2+1}\right) = \frac{1}{s^2+1}\coth\frac{\pi s}{2}.$$

習題 4-7

求下列各週期函數的拉氏變換.

1.

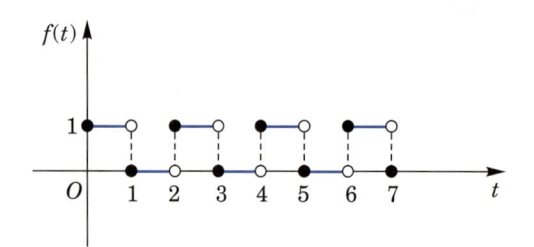

2.

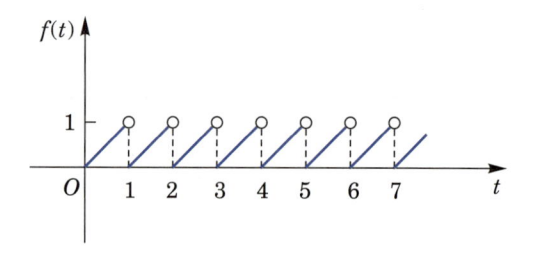

3.

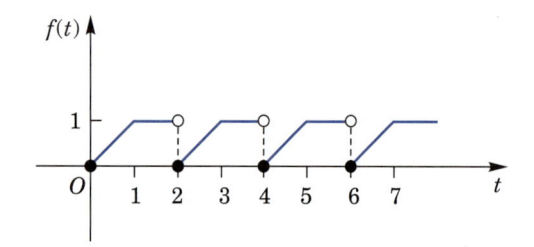

4.

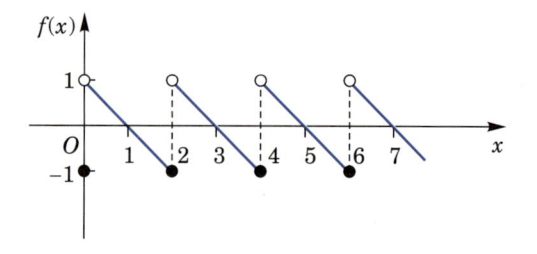

5. $f(t) = \dfrac{t}{2\pi}$, $0 \leq t < 2\pi$, 週期為 2π.

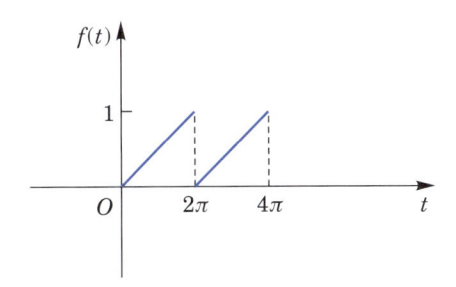

6. $f(t) = |\sin \omega t|$, $t \geq 0$.

7. $f(t) = \begin{cases} \sin \omega t, & 0 \leq t < \dfrac{\pi}{\omega} \\ 0, & \dfrac{\pi}{\omega} \leq t < \dfrac{2\pi}{\omega} \end{cases}$.

8. 已知某初期值問題如下

$$y'' + 4\pi^2 y = f(x), y(0) = 0, y'(0) = -2$$

其中 f 的週期為 1，

$$f(x) = \begin{cases} 2, & 0 \leq x < \dfrac{1}{2} \\ -2, & \dfrac{1}{2} \leq x < 1 \end{cases}$$

求其解的拉氏變換.

4-8 褶積定理

若函數 f 的拉氏變換 $F(s)$ 與函數 g 的拉氏變換 $G(s)$ 為已知，很自然的，我們有興趣知道拉氏變換式 $F(s)G(s)$ 是由何種函數變換而來？亦即，我們希望知道 $F(s)G(s)$ 的反拉氏變換為何？這個結果，將在定理中予以說明，下面先介紹**褶積** (convolution) 的概念.

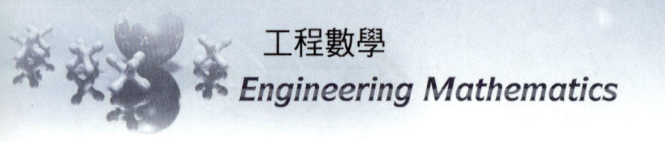

定義 4-8-1

函數 f 與函數 g 的**褶積**，記為 $f*g$，定義如下

$$f(t)*g(t) = \int_0^t f(t-\tau)\, g(\tau)\, d\tau \quad (t>0).$$

將定義 4-8-1 中的積分作變數變換，令 $u = t - \tau$，則

$$f(t)*g(t) = \int_0^t f(t-\tau)\, g(\tau)\, d\tau = \int_t^0 f(u)\, g(t-u)\, (-du)$$

$$= \int_0^t g(t-u)\, f(u)\, du = g(t)*f(t).$$

由此可得，褶積運算具有交換性，亦即 $f*g = g*f$。此外，函數的褶積還有以下的性質，讀者可自行證明。

1. $(cf)*g = c(f*g) = f*(cg)$，c 為常數
2. $f*(g+h) = f*g + f*h$ （分配律）
3. $(f*g)*h = f*(g*h)$ （結合律）

【例題 1】 計算 $t * \cos t$。

解
$$t * \cos t = \int_0^t (t-\tau)\cos\tau\, d\tau = t\int_0^t \cos\tau\, d\tau - \int_0^t \tau\cos\tau\, d\tau$$
$$= t\sin t - \cos t - t\sin t + 1 = 1 - \cos t.$$

【例題 2】 計算 $t * e^{2t}$。

解
$$t * e^{2t} = \int_0^t (t-\tau)\, e^{2\tau}\, d\tau = t\int_0^t e^{2\tau}\, d\tau - \int_0^t \tau e^{2\tau}\, d\tau$$

$$= \frac{t}{2} e^{2\tau}\Big|_0^t - \frac{1}{2}\left(\tau e^{2\tau} - \frac{1}{2} e^{2\tau}\Big|_0^t\right)$$

$$= \frac{t}{2}(e^{2t}-1) - \frac{1}{2}\left[\left(te^{2t} - \frac{1}{2}e^{2t}\right) - \left(0 - \frac{1}{2}\right)\right]$$

$$= -\frac{t}{2} + \frac{1}{4}(e^{2t}-1).$$

定理 4-8-1 褶積定理

若 $\mathscr{L}\{f(t)\} = F(s)$, $\mathscr{L}\{g(t)\} = G(s)$, 則

$$\mathscr{L}\{f(t) * g(t)\} = F(s)G(s).$$

證

$$\mathscr{L}\{f(t) * g(t)\} = \int_0^\infty e^{-st} \left[\int_0^t f(t-\tau)g(\tau)\, d\tau \right] dt$$

$$= \int_0^\infty \int_0^t e^{-st} f(t-\tau)\, g(\tau)\, d\tau\, dt$$

上式的積分區域如圖 4-8-1 所示.

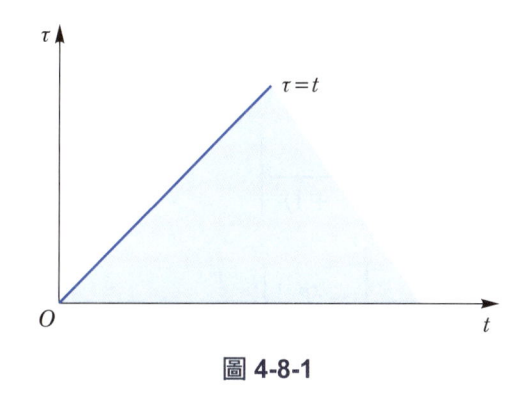

圖 4-8-1

將積分順序調換, 再令 $t = u + \tau$, 則 $dt = du$, 故

$$\mathscr{L}\{f(t) * g(t)\} = \int_0^\infty \int_\tau^\infty e^{-st} f(t-\tau)\, g(\tau)\, dt\, d\tau$$

$$= \int_0^\infty g(\tau) \left[\int_\tau^\infty e^{-st} f(t-\tau)\, dt \right] d\tau$$

$$= \int_0^\infty g(\tau) \int_0^\infty e^{-s(u+\tau)} f(u)\, du\, d\tau$$

$$= \left[\int_0^\infty e^{-s\tau} g(\tau)\, d\tau \right] \left[\int_0^\infty e^{-su} f(u)\, du \right]$$

$$= \mathscr{L}\{g(t)\} \mathscr{L}\{f(t)\}$$

$$= F(s)G(s)$$

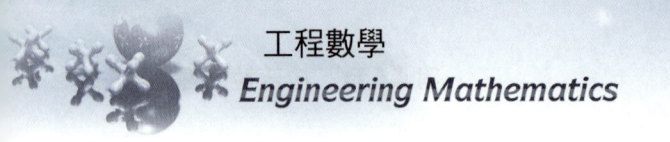

褶積定理在求一些拉氏變換式的反拉氏變換時非常有用，我們用下面的例題來說明．

【例題 3】求 $\mathcal{L}^{-1}\left\{\dfrac{1}{s(s^2+1)}\right\}$．

解　令 $F(s)=\dfrac{1}{s}$，$G(s)=\dfrac{1}{s^2+1}$，則 $\mathcal{L}^{-1}\left\{\dfrac{1}{s(s^2+1)}\right\}=\mathcal{L}^{-1}\{F(s)G(s)\}$．

因 $f(t)=1$，$g(t)=\sin t$，可得

$$\mathcal{L}^{-1}\{F(s)G(s)\}=f(t)*g(t)=\int_0^t 1\cdot\sin\tau\,d\tau=-\cos\tau\Big|_0^t=-1-\cos t$$

故
$$\mathcal{L}^{-1}\left\{\dfrac{1}{s(s^2+1)}\right\}=1-\cos t.$$

【例題 4】求 $\mathcal{L}^{-1}\left\{\dfrac{s}{(s^2+1)^2}\right\}$．

解
$$\mathcal{L}^{-1}\left\{\dfrac{s}{(s^2+1)^2}\right\}=\mathcal{L}^{-1}\left\{\dfrac{1}{s^2+1}\cdot\dfrac{s}{s^2+1}\right\}=\int_0^t\sin(t-\tau)\cos\tau\,d\tau$$

$$=\int_0^t(\sin t\cos\tau-\cos t\sin\tau)\cos\tau\,d\tau$$

$$=\sin t\int_0^t\cos^2\tau\,d\tau-\cos t\int_0^t\sin\tau\cos\tau\,d\tau$$

$$=(\sin t)\left(\dfrac{t}{2}+\dfrac{\sin t\cos t}{2}\right)-(\cos t)\dfrac{\sin^2 t}{2}$$

$$=\dfrac{1}{2}t\sin t$$

某些特殊形式的積分方程式也可以應用褶積定理來求解．

【例題 5】計算 $\mathcal{L}\left\{\int_0^t e^\tau\sin(t-\tau)\,d\tau\right\}$．

解　令 $f(t)=e^t$，$g(t)=\sin t$，由定理 4-8-1 知

$$\mathcal{L}\left\{\int_0^t e^\tau \sin(t-\tau)\,d\tau\right\} = \mathcal{L}\{e^t\} \cdot \mathcal{L}\{\sin t\} = \frac{1}{s-1} \cdot \frac{1}{s^2+1}$$

$$= \frac{1}{(s-1)(s^2+1)}.$$

【例題 6】解 $y(t) = t^2 + \int_0^t y(\tau)\sin(t-\tau)\,d\tau$.

解 $\mathcal{L}\{y(t)\} = \mathcal{L}\{t^2\} + \mathcal{L}\left\{\int_0^t y(\tau)\sin(t-\tau)\,d\tau\right\}$

$$Y(s) = \frac{2}{s^3} + \frac{1}{s^2+1} \cdot Y(s)$$

$$\left(1 - \frac{1}{s^2+1}\right)Y(s) = \frac{2}{s^3}$$

可得 $$Y(s) = \frac{2(s^2+1)}{s^5} = \frac{2}{s^3} + \frac{2}{s^5},$$

故 $$y(t) = \mathcal{L}^{-1}\left\{\frac{2}{s^3} + \frac{2}{s^5}\right\} = t^2 + \frac{1}{12}t^4.$$

【例題 7】試解下列之積分方程式

$$y(t) = e^{-t} + 2\int_0^t e^{-3x}\,y(t-x)\,dx.$$

解 將原式兩邊取拉氏變換得

$$\mathcal{L}\{y(t)\} = \mathcal{L}\{e^{-t}\} + 2\mathcal{L}\{e^{-3t} \cdot y(t)\}$$
$$= \mathcal{L}\{e^{-t}\} + 2\mathcal{L}\{e^{-3t}\} \cdot \mathcal{L}\{y(t)\}$$

令 $\mathcal{L}\{y(t)\} = Y(s)$,

$$Y(s) = \frac{1}{s+1} + \frac{2}{s+3}Y(s)$$

即 $$Y(s) = \frac{s+3}{(s+1)^2} = \frac{1}{s+1} + \frac{2}{(s+1)^2}$$

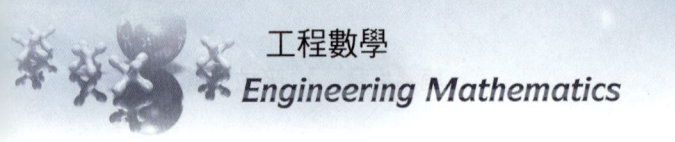

故 $y(t) = \mathscr{L}^{-1}\{Y(s)\} = \mathscr{L}^{-1}\left\{\dfrac{1}{s+1}\right\} + \mathscr{L}^{-1}\left\{\dfrac{2}{(s+1)^2}\right\}$

$\quad\quad\quad\quad = e^{-t} + 2te^{-t} = e^{-t}(1+2t).$

習題 4-8

1. 求 $e^{2t} * e^{3t}$.

2. 求 $x * x^2$.

3. 導出 $\underbrace{1*1*1*\cdots*1}_{n}$ 的公式.

4. 利用褶積定理求反拉氏變換.

   (1) $\dfrac{1}{s^2(s^2+1)}$
   (2) $\dfrac{1}{s(s^2+4)}$

   (3) $\dfrac{1}{(s^2+4)^2}$
   (4) $\dfrac{1}{s^2(s+1)^2}$

解下列各積分方程式.

5. $y(t) = 2 + \displaystyle\int_0^t y(\tau)\,d\tau$

6. $y(t) = t - \displaystyle\int_0^t (t-\tau)\,y(\tau)\,d\tau$

7. $y(t) = 1 + \displaystyle\int_0^t \sin(t-\tau)\,y(\tau)\,d\tau$

8. $y(t) = \cos t + \displaystyle\int_0^t \sin(t-\tau)\,y(\tau)\,d\tau$

9. $\displaystyle\int_0^t y(\tau)\,y(t-\tau)\,d\tau = 4t$

10. $y'(t) = \displaystyle\int_0^t y(\tau)\cos(t-\tau)\,d\tau,\ y(0)=1$

4-9 拉氏變換在工程上的應用

在工程上，常常會遇到一個系統受一不連續的外力或者衝擊力所作用，這時若用前面所述的微分方程式解法來處理，會相當麻煩，但拉氏變換在處理這類型問題有其獨到之處.

【例題 1】設某振盪系統是由一彈簧與一物體構成，如圖 4-9-1 所示. 彈簧的彈簧常數為 k，物體的質量為 m，將物體拉到 b 點然後釋放，不計摩擦，但物體受一外力 f 的作用，$f(t) = \begin{cases} 0, & 0 \leq t < a \\ F_0, & t \geq a \end{cases}$，試問其運動方程式為何？

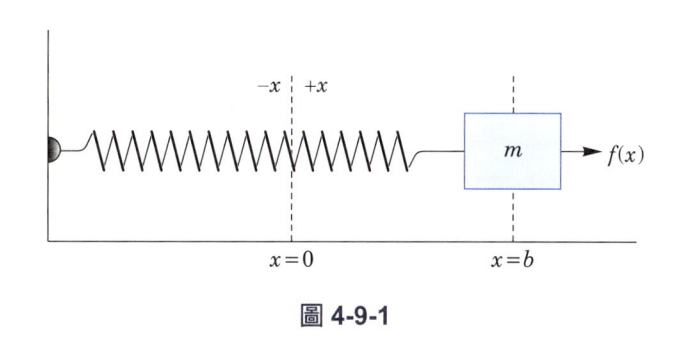

圖 4-9-1

解 依虎克定律，彈簧的回復力為 $-kx$，由牛頓第二運動定律，可得出系統的微分方程式為

$$m \frac{d^2 x(t)}{dt^2} = -kx(t) + f(t)$$

初期條件為 $x(0) = b$, $x'(0) = 0$.

外力 $f(t)$ 可以用單位階梯函數表示成

$$f(t) = F_0 u(t-a)$$

將微分方程式取拉氏變換，再將初期條件代入，可得

$$ms^2 X(s) - bs = -kX(s) + F_0 \frac{e^{-as}}{s}$$

$$X(s) = \frac{bs}{ms^2 + k} + \frac{F_0 e^{-as}}{s(ms^2 + k)}$$

$$= \frac{bs}{ms^2 + k} + \frac{F_0}{k} e^{-as} \left(\frac{1}{s} + \frac{ms}{ms^2 + k} \right)$$

故 $x(t) = \mathcal{L}^{-1}\{X(s)\}$

$$= \frac{b}{m} \cos \sqrt{\frac{k}{m}} t + \frac{F_0}{k} u(t-a) \left[1 - \cos \sqrt{\frac{k}{m}} (t-a) \right].$$

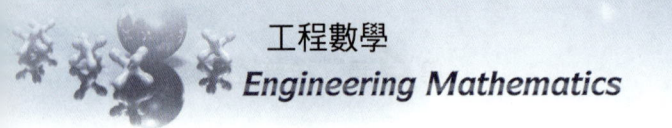

【例題 2】如圖 4-9-2 所示之 RC 串聯電路，在時間 $t=0$ 時開關開著，若 $R=5^3$ 歐姆，$C=5^{-3}$ 法拉，$V=5$ 伏特，求電流 $I(t)=$？(安培) 並繪出 $I(t)$ 之波形．

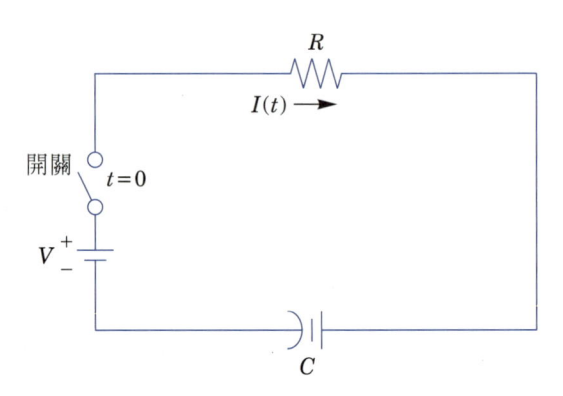

圖 4-9-2　RC 串聯電路

解 利用克希荷夫電壓定律得

$$V = v_R + v_C = R \cdot I(t) + \frac{1}{C} \cdot \int I(t)\,dt$$

上式取拉氏變換，並令 $\mathscr{L}\{I(t)\} = I(s)$，得

$$\mathscr{L}\{V\} = \mathscr{L}\{R \cdot I(t)\} + \mathscr{L}\left\{\frac{1}{C} \cdot \int I(t)\,dt\right\}$$

由於 R、C、V 與時間 t 無關，故可視為常數，則

$$V \cdot \mathscr{L}\{I\} = R\mathscr{L}\{I(t)\} + \frac{1}{C}\mathscr{L}\left\{\int I(t)\,dt\right\}$$

$$\frac{V}{s} = RI(s) + \frac{1}{C} \cdot \frac{I(s)}{s}$$

解得

$$I(s) = \frac{CV}{1+RCs}$$

上式取反拉氏變換，得

第4章 拉普拉斯變換

$$I(t) = \mathscr{L}^{-1}\left\{\frac{CV}{1+RCs}\right\} = \mathscr{L}^{-1}\left\{\frac{V/R}{s+\frac{1}{RC}}\right\}$$

$$= \frac{V}{R}\mathscr{L}^{-1}\left\{\frac{1}{s+\frac{1}{RC}}\right\} = \frac{V}{R}e^{-\frac{t}{RC}}$$

將電阻、電容與電動勢之數值代入，則求得電流

$$I(t) = \frac{5}{5^3}e^{-\frac{t}{5^0}} = \frac{1}{25}e^{-t} = 0.04e^{-t} \text{ (安培)}$$

在 $t=0^+$ 時電流最大為 0.04 安培，如圖 4-9-3 所示.

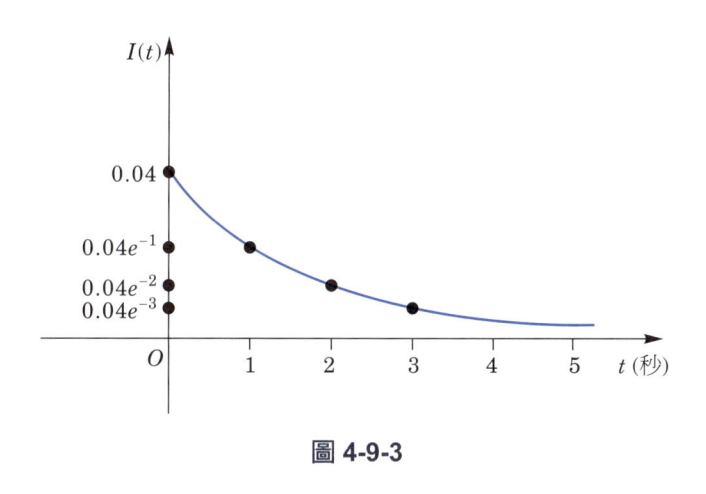

圖 4-9-3

【例題 3】如圖 4-9-4 所示，在 RL 電路上加一電壓 $V(t)$，

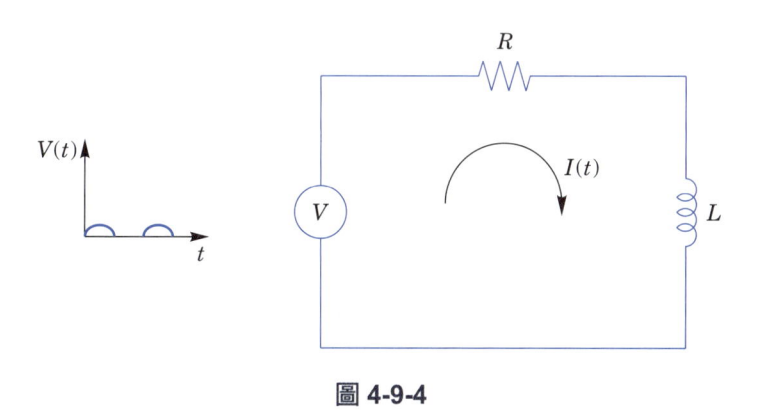

圖 4-9-4

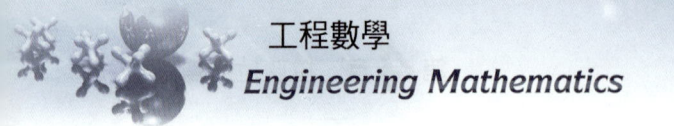

$$V(t) = \frac{1}{2}\left(\sin \omega t + |\sin \omega t|\right) \ (t \geq 0)$$

求電流 $I(t)$.

解 在電路元件電感上的電壓降為 $L\dfrac{dI}{dt}$，電阻上的電壓降為 RI，依克希荷夫電壓定律，

$$L\frac{dI}{dt} + RI = \frac{1}{2}\left(\sin \omega t + |\sin \omega t|\right)$$

將電壓 $V(t)$ 用單位階梯函數來表示，可得

$$\begin{aligned}
V(t) &= \frac{1}{2}\left(\sin \omega t + |\sin \omega t|\right) \\
&= u(t)\sin \omega t + u\!\left(t - \frac{\pi}{\omega}\right)\sin \omega\!\left(t - \frac{\pi}{\omega}\right) \\
&\quad + u\!\left(t - \frac{2\pi}{\omega}\right)\sin \omega\!\left(t - \frac{2\pi}{\omega}\right) + \cdots
\end{aligned}$$

將微分方程式取拉氏變換，因未加電壓時，電流為零，故 $I(0)=0$.

$$sLI(s) + RI(s) = \left(\frac{\omega}{s^2 + \omega^2}\right)(1 + e^{-\pi s/\omega} + e^{-2\pi s/\omega} + \cdots)$$

$$\begin{aligned}
I(s) &= \frac{1}{Ls + R}\left(\frac{\omega}{s^2 + \omega^2}\right)(1 + e^{-\pi s/\omega} + e^{-2\pi s/\omega} + \cdots) \\
&= \frac{1}{R^2 + L^2\omega^2}\left(\frac{L\omega}{s + R/L} - \frac{L\omega s}{s^2 + \omega^2} + \frac{R\omega}{s^2 + \omega^2}\right)(1 + e^{-\pi s/\omega} + e^{-2\pi s/\omega} + \cdots) \\
&= \frac{1}{R^2 + L^2\omega^2}\sum_{n=0}^{\infty} e^{-n\pi s/\omega}\left(\frac{L\omega}{s + R/L} - \frac{L\omega s}{s^2 + \omega^2} + \frac{R\omega}{s^2 + \omega^2}\right)
\end{aligned}$$

可得

$$I(t) = \frac{1}{R^2 + L^2\omega^2}\left[L\omega \sum_{k=0}^{\infty} u\!\left(t - \frac{k\pi}{\omega}\right) e^{-(R/L)\left(t - \frac{k\pi}{\omega}\right)}\right.$$

$$-L\omega\sum_{k=0}^{\infty}u\left(t-\frac{k\pi}{\omega}\right)\cos\omega\left(t-\frac{k\pi}{\omega}\right)$$

$$+R\sum_{k=0}^{\infty}u\left(t-\frac{k\pi}{\omega}\right)\sin\omega\left(t-\frac{k\pi}{\omega}\right)\Bigg]$$

當 $\dfrac{n\pi}{\omega}\le t<\dfrac{(n+1)\pi}{\omega}$，電流 I 可表示成

$$I(t)=\frac{1}{R^2+L^2\omega^2}\Bigg[L\omega\sum_{k=0}^{\infty}e^{-(R/L)\left(t-\frac{k\pi}{\omega}\right)}-L\omega\sum_{k=0}^{n}\cos\omega\left(t-\frac{k\pi}{\omega}\right)$$

$$+R\sum_{k=0}^{n}\sin\omega\left(t-\frac{k\pi}{\omega}\right)\Bigg]$$

$$=\frac{1}{R^2+L^2\omega^2}\Bigg[L\omega\cdot\frac{e^{-(R/L)t}(1-e^{R(n+1)\pi/L\omega})}{1-e^{R\pi/L\omega}}$$

$$-L\omega\sum_{k=0}^{n}(-1)^k\cos\omega t+R\sum_{k=0}^{n}(-1)^k\sin\omega t\Bigg]$$

故

$$I(t)=\begin{cases}\dfrac{1}{R^2+L^2\omega^2}\left[\dfrac{L\omega e^{-(R/L)t}(1-e^{R(n+1)\pi/L\omega})}{1-e^{R\pi/L\omega}}\right], & n\text{ 為正奇數}\\[2ex]\dfrac{1}{R^2+L^2\omega^2}\Bigg[\dfrac{L\omega e^{-(R/L)t}(1-e^{R(n+1)\pi/L\omega})}{1-e^{R\pi/L\omega}}\\[2ex]\qquad\qquad-L\omega\cos\omega t+R\sin\omega t\Bigg], & n\text{ 為非負偶數}\end{cases}$$

$$\frac{n\pi}{\omega}\le t<\frac{(n+1)\pi}{\omega}.$$

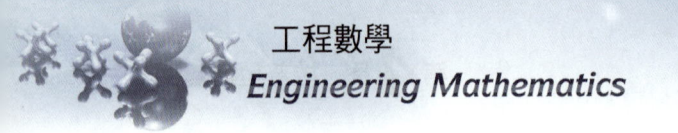

【例題 4】已知一電路如圖 4-9-5 所示，若 $t=0$ 時，$I_1=0$，$I_2=0$. 試問 I_1 及 I_2 各為何？

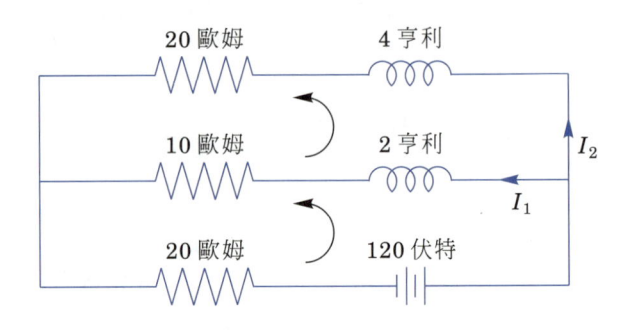

圖 4-9-5

解 依克希荷夫第二定律，

$$\begin{cases} 20(I_1+I_2)-120+2\dfrac{dI_1}{dt}+10I_1=0 \\ -10I_1-2\dfrac{dI_1}{dt}+4\dfrac{dI_2}{dt}+20I_2=0 \end{cases}$$

即

$$\begin{cases} \dfrac{dI_1}{dt}+15I_1+10I_2=60 \\ \dfrac{dI_1}{dt}+5I_1-2\dfrac{dI_2}{dt}-10I_2=0 \end{cases}$$

$$\begin{cases} s\mathscr{L}\{I_1\}-I_1(0)+15\mathscr{L}\{I_1\}+10\mathscr{L}\{I_2\}=\dfrac{60}{s} \\ s\mathscr{L}\{I_1\}-I_1(0)+5\mathscr{L}\{I_1\}-2s\mathscr{L}\{I_2\}-I_2(0)-10\mathscr{L}\{I_2\}=0 \end{cases}$$

化成

$$\begin{cases} (s+15)\mathscr{L}\{I_1\}+10\mathscr{L}\{I_2\}=\dfrac{60}{s} \\ (s+5)\mathscr{L}\{I_1\}+(-2s-10)\mathscr{L}\{I_2\}=0 \end{cases}$$

解得　$\mathcal{L}\{I_1\} = \dfrac{\begin{vmatrix} \dfrac{60}{s} & 10 \\ 0 & -2s-10 \end{vmatrix}}{\begin{vmatrix} s+15 & 10 \\ s+5 & -2s-10 \end{vmatrix}} = \dfrac{60}{s(s+20)} = 3\left(\dfrac{1}{s} - \dfrac{1}{s+20}\right)$

$$\mathcal{L}\{I_2\} = \dfrac{\begin{vmatrix} s+15 & \dfrac{60}{s} \\ s+5 & 0 \end{vmatrix}}{\begin{vmatrix} s+15 & 10 \\ s+5 & -2s-10 \end{vmatrix}} = \dfrac{30}{s(s+20)} = \dfrac{3}{2}\left(\dfrac{1}{s} - \dfrac{1}{s+20}\right)$$

故　　　　　　　　　$I_1 = 3(1 - e^{-20t})$

$$I_2 = \dfrac{3}{2}(1 - e^{-20t})$$

在工程上，無可避免的，作用於某些系統的外力，是一個作用時間極短，或作用於一點，但是非常巨大的力，對這種形態的力，我們常稱為"衝擊"．例如：鐵鎚在時間 $t = t_0$ 瞬間的敲擊，或負載集中作用於一點等．假設一力 f 作用於一物體，在時間 t_0 至 $t_0 + \varepsilon$ 間，作用力的大小為 $1/\varepsilon$，在其他時間，其作用力均為零，如圖 4-9-6 所示．若令 $\varepsilon \to 0$，則可視物體僅有在時間 $t = t_0$ 時承受一非常巨大之力，而在其他時間，沒有任何力作用於此物體．

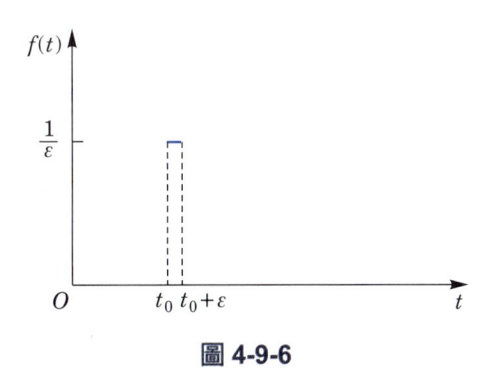

圖 4-9-6

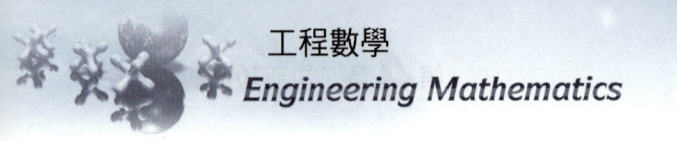

下面我們定義一個非常重要的函數

$$\delta(t-t_0) = \begin{cases} 0, & t \neq t_0 \\ \infty, & t = t_0 \end{cases}$$

$$\int_{-\infty}^{\infty} \delta(t-t_0)\, dt = 1$$

如此定義的函數為 **δ-函數** (dirac function) 或 **單位脈衝函數** (unit impulse function)，這個函數可看成是函數 f 的極限狀況，亦即

$$\delta(t-t_0) = \lim_{\varepsilon \to 0} f(t)$$

δ-函數通常用圖 4-9-7 的圖形來表示．

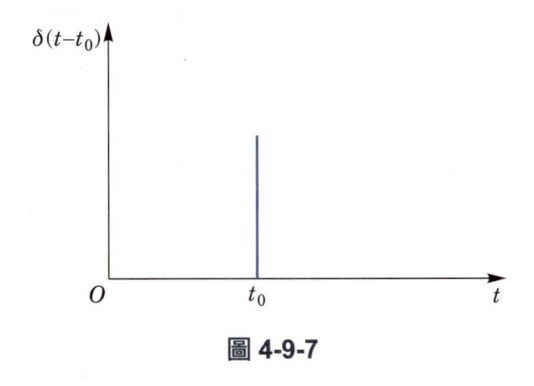

圖 4-9-7

在數學上來說，這種函數並不存在，但就其物理意義來說，卻可用來解釋許多衝擊現象．

δ-函數雖非指數位函數，但其拉氏變換存在，

$$\mathcal{L}\{\delta(t-t_0)\} = \int_0^{\infty} e^{-st}\, \delta(t-t_0)\, dt = \int_{t_0}^{t_0+\varepsilon} e^{-st} \left(\lim_{\varepsilon \to 0} \frac{1}{\varepsilon}\right) dt$$

$$= \lim_{\varepsilon \to 0} \int_{t_0}^{t_0+\varepsilon} e^{-st} \frac{1}{\varepsilon}\, dt = \frac{1}{s} e^{-t_0 s} \lim_{\varepsilon \to 0} \left(\frac{1-e^{-s\varepsilon}}{\varepsilon}\right)$$

$$= \frac{1}{s} e^{-t_0 s} \lim_{\varepsilon \to 0} \frac{s e^{-\varepsilon s}}{1} = \frac{1}{s} e^{-t_0 s} \cdot s$$

$$= e^{-st_0}.$$

習題 4-9

1. 在例題 2 中，若 $V(t)$ 如下圖所示，求 $I(t)$.

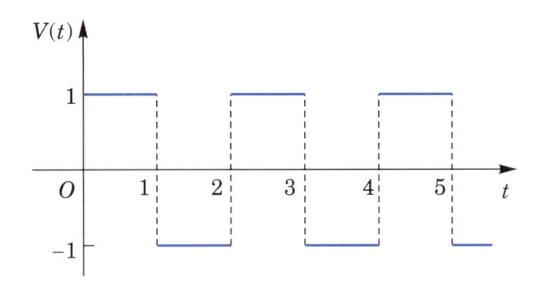

2. 解 $y' + y = 3\delta(t-2)$, $y(0) = 0$.

3. 解 $y'' + y = \delta(t-1)$, $y(0) = y'(0) = 0$.

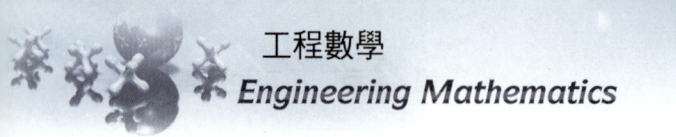

4-10 拉氏變換表

原函數 $f(t)$	變換式 $F(s)$
1. $f(t)$	$\int_0^\infty e^{-st} f(t)\, dt$
2. $e^{at} f(t)$	$F(s-a)$
3. $f(at)$	$\dfrac{1}{a} F\left(\dfrac{s}{a}\right)$
4. $f'(t)$	$sF(s) - f(0)$
5. $f''(t)$	$s^2 F(s) - sf(0) - f'(0)$
6. $f^{(n)}(t)$	$s^n F(s) - s^{n-1} f(0) - s^{n-2} f'(0) - \cdots - s f^{(n-2)}(0) - f^{(n-1)}(0)$
7. $\int_0^t f(\tau)\, d\tau$	$\dfrac{1}{s} F(s)$
8. $\int_0^t \int_0^t \cdots \int_0^t f(t)\, dt \cdots dt$	$\dfrac{1}{s^n} F(s)$
9. $t^n f(t)$	$(-1)^n \dfrac{d^n}{ds^n} F(s)$
10. $\dfrac{f(t)}{t}$	$\int_s^\infty F(u)\, du$
11. $u(t-a) f(t-a)$	$e^{-as} F(s)$
12. $f(t+T) = f(t)$	$\dfrac{1}{1 - e^{-sT}} \int_0^T e^{-st} f(t)\, dt$
13. $f(t) * g(t) = \int_0^t f(t-\tau)\, g(\tau)\, d\tau$	$F(s) G(s)$
14. 1	$\dfrac{1}{s}$
15. t^n, n 為正整數	$\dfrac{n!}{s^{n+1}}$

原函數 $f(t)$	變換式 $F(s)$
16. $t^\alpha, \alpha > -1$	$\dfrac{\Gamma(\alpha+1)}{s^{\alpha+1}}$
17. e^{at}	$\dfrac{1}{s-a}$
18. $\sin at$	$\dfrac{a}{s^2+a^2}$
19. $\cos at$	$\dfrac{s}{s^2+a^2}$
20. $e^{at}\sin bt$	$\dfrac{b}{(s-a)^2+b^2}$
21. $e^{at}\cos bt$	$\dfrac{s-a}{(s-a)^2+b^2}$
22. $t^n e^{at}$	$\dfrac{n!}{(s-a)^{n+1}}$
23. $\sinh at$	$\dfrac{a}{s^2-a^2}$
24. $\cosh at$	$\dfrac{s}{s^2-a^2}$
25. $e^{at}\sinh bt$	$\dfrac{b}{(s-a)^2-b^2}$
26. $e^{at}\cosh bt$	$\dfrac{s-a}{(s-a)^2-b^2}$
27. $\dfrac{1}{2a} t \sin at$	$\dfrac{s}{(s^2+a^2)^2}$
28. $t\cos at$	$\dfrac{s^2-a^2}{(s^2+a^2)^2}$
29. $u(t-a)$	$\dfrac{e^{-as}}{s}$
30. $\delta(t-a)$	e^{-as}
31. $\delta(t)$	1

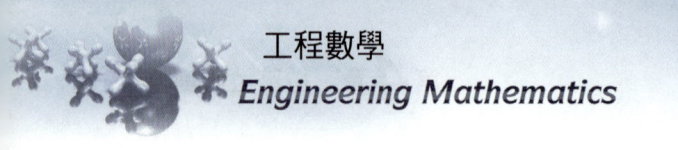

chapter 5

矩陣與線性方程組

5-1 矩陣的意義

矩陣在各方面的用途非常廣泛，舉凡電機、土木、機械、企業管理、經濟學等，均普遍會應用矩陣的觀念．事實上，矩陣就是數字所排成的矩形陣列，如，

$$\begin{bmatrix} 40 & 10 & 50 \\ 8 & 7 & 35 \end{bmatrix}$$

定義 5-1-1

若有 $m \times n$ 個數 a_{ij} ($i=1, 2, 3, \cdots, m$；$j=1, 2, 3, \cdots, n$) 表成下列的形式

$$A = \begin{bmatrix} a_{11} & a_{12} & \cdots & a_{1j} & \cdots & a_{1n} \\ a_{21} & a_{22} & \cdots & a_{2j} & \cdots & a_{2n} \\ \vdots & \vdots & \cdots & \vdots & \cdots & \vdots \\ a_{i1} & a_{i2} & \cdots & a_{ij} & \cdots & a_{in} \\ \vdots & \vdots & \cdots & \vdots & \cdots & \vdots \\ a_{m1} & a_{m2} & \cdots & a_{mj} & \cdots & a_{mn} \end{bmatrix} \begin{matrix} \leftarrow \text{第 1 列} \\ \\ \\ \leftarrow \text{第 } i \text{ 列} \\ \\ \leftarrow \text{第 } m \text{ 列} \end{matrix}$$

$$\qquad\qquad\uparrow\qquad\qquad\uparrow\quad\;\;\uparrow$$
$$\qquad\text{第 1 行}\qquad\text{第 } j \text{ 行 第 } n \text{ 行}$$

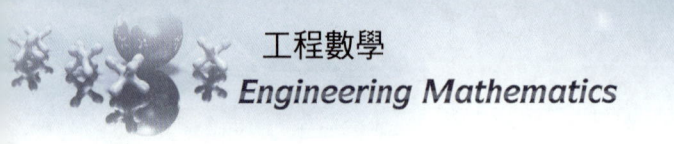

其中有 m 列 (row) n 行 (column)，則它是由 a_{ij} 所組成的**矩陣** (matrix)。矩陣中第 i 列第 j 行的數 a_{ij}，稱為此矩陣第 i 列第 j 行的**元素** (entry)，故此矩陣中有 $m \times n$ 個元素。

矩陣常以大寫英文字母 A、B、C、…來表示，若已知一矩陣 A 有 m 列 n 行，則稱此矩陣 A 的**大小** (size) 為 $m \times n$，以 $A = [a_{ij}]_{m \times n}$ 表示，其中 $1 \leq i \leq m, 1 \leq j \leq n$。

【例題 1】設 $A = \begin{bmatrix} 1 & 5 & 4 \\ -2 & 1 & 6 \end{bmatrix}$，$B = \begin{bmatrix} 3 & -1 & 0 \\ 4 & 1 & -1 \\ 5 & 6 & -1 \end{bmatrix}$，$C = \begin{bmatrix} 1 \\ 0 \\ 2 \end{bmatrix}$，

$D = \begin{bmatrix} -1 & 0 & 4 \end{bmatrix}$

則 A 是 2×3 矩陣，且 $a_{11}=1, a_{12}=5, a_{13}=4, a_{21}=-2, a_{22}=1, a_{23}=6$；$B$ 是 3×3 矩陣；C 是 3×1 矩陣；D 是 1×3 矩陣。

定義 5-1-2

凡是只有一行的矩陣，即 $m \times 1$ 矩陣，稱為**行矩陣**或**行向量**。
凡是只有一列的矩陣，即 $1 \times n$ 矩陣，稱為**列矩陣**或**列向量**。

如 $C = \begin{bmatrix} 1 \\ 2 \\ -1 \end{bmatrix}$ 為行矩陣或行向量，$D = \begin{bmatrix} -1, & 4, & 2 \end{bmatrix}$ 為列矩陣或列向量。

一矩陣中的各元素均為 0，稱為**零矩陣**，以符號 "$\mathbf{0}_{m \times n}$" 表示各元素均為 0 的 $m \times n$ 矩陣。

若列數 m 與行數 n 相等，則稱該矩陣為 ***n* 階方陣**，即

$$A = \begin{bmatrix} a_{11} & a_{12} & a_{13} & \cdots & a_{1n} \\ a_{21} & a_{22} & a_{23} & \cdots & a_{2n} \\ \vdots & \vdots & \cdots & \cdots & \vdots \\ a_{n1} & a_{n2} & a_{n3} & \cdots & a_{nn} \end{bmatrix} = [a_{ij}];\ 1 \leq i,\ j \leq n$$

其中 $a_{11}, a_{22}, a_{33}, \cdots, a_{nn}$ 為其對角線上的元素.

若一方陣 $A = [a_{ij}]$ 中除對角線上的元素外，其餘皆為 0，即 $a_{ij} = 0$ ($i \neq j$)，則稱它為**對角線方陣** (diagonal matrix)，通常均以 diag $(a_{11}, a_{22}, a_{33}, \cdots, a_{nn})$ 表示之.

若一方陣 $A = [a_{ij}]$ 中，除對角線上的元素為 1 外，其餘的元素皆為 0，即

$$a_{ij} = \begin{cases} 1, & i = j \\ 0, & i \neq j \end{cases} ; \ 1 \leq i, \ j \leq n$$

則稱它為**單位方陣** (unit matrix)，記為

$$I_n = \begin{bmatrix} 1 & 0 & 0 & 0 & \cdots & 0 \\ 0 & 1 & 0 & 0 & \cdots & 0 \\ 0 & 0 & 1 & 0 & \cdots & 0 \\ \vdots & \vdots & \vdots & \vdots & & \vdots \\ 0 & 0 & 0 & 0 & \cdots & 1 \end{bmatrix}$$

或 $I_n = \text{diag}(1, 1, 1, \cdots, 1)$.

在方陣 $A = [a_{ij}]$ 中，當 $i > j$ 時，$a_{ij} = 0$，即

$$A = \begin{bmatrix} a_{11} & a_{12} & a_{13} & \cdots & a_{1n} \\ 0 & a_{22} & a_{23} & \cdots & a_{2n} \\ 0 & 0 & a_{33} & \cdots & a_{3n} \\ \vdots & \vdots & \vdots & & \vdots \\ 0 & 0 & 0 & \cdots & a_{nn} \end{bmatrix}$$

則稱 A 為**上三角矩陣** (upper triangular matrix).

在方陣 $A = [a_{ij}]$ 中，當 $i < j$ 時，$a_{ij} = 0$，即

$$A = \begin{bmatrix} a_{11} & 0 & 0 & \cdots & 0 \\ a_{21} & a_{22} & 0 & \cdots & 0 \\ a_{31} & a_{32} & a_{33} & \cdots & 0 \\ \vdots & \vdots & \vdots & & \vdots \\ a_{n1} & a_{n2} & a_{n3} & \cdots & a_{nn} \end{bmatrix}$$

則稱 A 為**下三角矩陣** (lower triangular matrix).

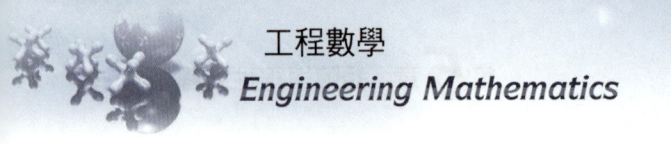

定義 5-1-3

已知 $A=[a_{ij}]_{m\times n}$，若 $a_{ij}^T=a_{ji}$ ($1\leq i\leq m, 1\leq j\leq n$)，則矩陣 $A^T=[a_{ij}^T]_{n\times m}$ 稱為 A 的**轉置矩陣**．由此可知，A 的轉置是由 A 的行與列互換而得．

【例題 2】若 $A=\begin{bmatrix} 1 & 4 \\ 7 & -1 \\ 0 & 1 \\ 4 & 3 \end{bmatrix}$，則 $A^T=\begin{bmatrix} 1 & 7 & 0 & 4 \\ 4 & -1 & 1 & 3 \end{bmatrix}$．

定義 5-1-4

已知方陣 $A=[a_{ij}]_{n\times n}$，
(1) 若 $A=A^T$，即 $a_{ij}=a_{ji}$，$\forall\ i, j=1, 2, \cdots, n$，則稱 A 為**對稱矩陣** (symmetric matrix)．
(2) 若 $A=-A^T$，則稱 A 為**斜對稱矩陣** (skew-symmetric matrix)．

【例題 3】$A=\begin{bmatrix} 1 & 2 & 3 \\ 2 & 4 & 5 \\ 3 & 5 & 6 \end{bmatrix}$ 與 $I_3=\begin{bmatrix} 1 & 0 & 0 \\ 0 & 1 & 0 \\ 0 & 0 & 1 \end{bmatrix}$ 為對稱矩陣．

【例題 4】$A=\begin{bmatrix} 0 & 5 & 9 \\ -5 & 0 & -2 \\ -9 & 2 & 0 \end{bmatrix}$ 為斜對稱矩陣，因為此一方陣如果以對角線為對稱軸時，其相對應位置的元素相差一負號．

定義 5-1-5

若 A 為一矩陣，則由 A 中去掉某些行及某些列後剩下的部分所構成的矩陣，稱為 A 的**子矩陣**．

【例題 5】若 $A = \begin{bmatrix} 3 & 2 & 1 & 4 \\ 5 & -3 & 2 & 0 \\ 1 & 5 & 4 & 7 \end{bmatrix}$，則 $[-3]$，$\begin{bmatrix} 1 & 4 \\ 2 & 0 \end{bmatrix}$，$\begin{bmatrix} 3 & 1 & 4 \\ 5 & 2 & 0 \end{bmatrix}$，

$\begin{bmatrix} 3 & 2 & 1 \\ 5 & -3 & 2 \\ 1 & 5 & 4 \end{bmatrix}$ 等等均是 A 的子矩陣，而且 A 也是其本身的子矩陣．

習題 5-1

1. 設 $A = [a_{ij}]$ 為四階方陣，且 $a_{ii} = 1$，$(i = 1, 2, 3, 4)$，當 $i \neq j$ 時，$a_{ij} = 0$，求 A．

2. 設 $A = [a_{ij}]_{3 \times 2}$，若 $a_{ij} = i^2 + j^2 - 1$，$1 \leq i \leq 3$，$1 \leq j \leq 2$，求 A．

3. 設 $A = [a_{ij}]_{3 \times 3}$，且 $a_{ij} = \begin{cases} 1, & \text{當 } i = j \\ 2, & \text{當 } i > j \\ -2, & \text{當 } i < j \end{cases}$，求 A 及 A^T．

4. 設 $A = \begin{bmatrix} 2 & 1 & 4 \\ 3 & 7 & 5 \\ 0 & -1 & 9 \end{bmatrix}$，求 A^T．

5. 下列哪一個矩陣是斜對稱矩陣？

$A = \begin{bmatrix} 0 & 1 & 3 \\ 1 & 0 & 4 \\ 3 & -4 & 0 \end{bmatrix}$, $\quad B = \begin{bmatrix} 0 & -1 & -2 & -5 \\ 1 & 0 & 6 & -1 \\ 2 & -6 & 0 & 3 \\ 5 & 1 & 3 & 0 \end{bmatrix}$,

$C = \begin{bmatrix} 0 & 3 & -4 \\ -3 & 0 & 5 \\ -4 & -5 & 0 \end{bmatrix}$, $\quad D = \begin{bmatrix} 0 & 2 & 3 & -4 \\ -2 & 0 & 1 & -1 \\ -3 & -1 & 0 & 6 \\ 4 & 1 & -6 & 0 \end{bmatrix}$

6. 設 $A = \begin{bmatrix} 1 & 3 \\ 2 & 4 \end{bmatrix}$，求 A 的所有子矩陣．

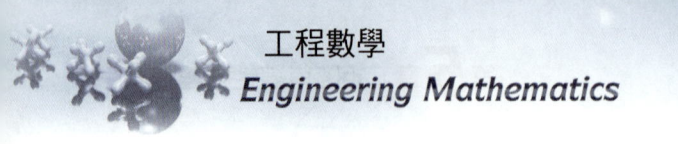

5-2　矩陣的運算

為了要計算矩陣，需作其數學上的運算，包括矩陣的加、減，實數乘以矩陣以及矩陣的乘法．首先，我們定義兩矩陣相等的觀念．

定義 5-2-1

設兩個大小相同的矩陣 $A=[a_{ij}]_{m\times n}$，$B=[b_{ij}]_{m\times n}$，$1\le i\le m$，$1\le j\le n$．若對於任意 i 與 j，$a_{ij}=b_{ij}$，則稱此兩矩陣為**相等矩陣**，以符號 $A=B$ 或 $[a_{ij}]_{m\times n}=[b_{ij}]_{m\times n}$ 表之．

【例題1】設 $A=\begin{bmatrix} 2x & 1 \\ y & x-1 \end{bmatrix}$，$B=\begin{bmatrix} 4 & z \\ 2y & 1 \end{bmatrix}$，若 $A=B$，求 x、y 與 z．

解　因 $A=B$，故

$$\begin{bmatrix} 2x & 1 \\ y & x-1 \end{bmatrix}=\begin{bmatrix} 4 & z \\ 2y & 1 \end{bmatrix}$$

即 $\begin{cases} 2x=4 \\ z=1 \\ y=2y \\ x-1=1 \end{cases}$，解得 $\begin{cases} x=2 \\ y=0 \\ z=1 \end{cases}$．

一、矩陣的加法

定義 5-2-2

若 $A=[a_{ij}]_{m\times n}$ 且 $B=[b_{ij}]_{m\times n}$，則 $C=A+B$，此處 $C=[c_{ij}]_{m\times n}$，定義如下：

$$c_{ij}=a_{ij}+b_{ij} \quad (1\le i\le m,\ 1\le j\le n).$$

由此定義，可知兩個同階矩陣方能相加，否則無意義．

定理 5-2-1

若 $A=[a_{ij}]_{m\times n}$, $B=[b_{ij}]_{m\times n}$, $C=[c_{ij}]_{m\times n}$, 則下列性質成立.

(1) $A+B=B+A$ (加法交換律).
(2) $(A+B)+C=A+(B+C)$ (加法結合律).
(3) $\mathbf{0}_{m\times n}+A=A+\mathbf{0}_{m\times n}=A$, 此時 $\mathbf{0}_{m\times n}$ 即稱為矩陣 A 的<u>加法單位元素</u>.
(4) 對於任意的矩陣 A, 均存在矩陣 $-A$, 使得
$A+(-A)=(-A)+A=\mathbf{0}_{m\times n}$, 此 $-A$ 稱為矩陣 A 的<u>加法反元素</u>.

【例題 2】設 $A=\begin{bmatrix} -1 & 2 & 3 \\ 0 & -1 & 4 \\ 1 & 3 & 2 \end{bmatrix}$, $B=\begin{bmatrix} 0 & -1 & 2 \\ 1 & 3 & 4 \\ -1 & 2 & -1 \end{bmatrix}$, 求 $A+B$.

解 $A+B=\begin{bmatrix} -1 & 2 & 3 \\ 0 & -1 & 4 \\ 1 & 3 & 2 \end{bmatrix}+\begin{bmatrix} 0 & -1 & 2 \\ 1 & 3 & 4 \\ -1 & 2 & -1 \end{bmatrix}$

$=\begin{bmatrix} -1+0 & 2+(-1) & 3+2 \\ 0+1 & -1+3 & 4+4 \\ 1+(-1) & 3+2 & 2+(-1) \end{bmatrix}$

$=\begin{bmatrix} -1 & 1 & 5 \\ 1 & 2 & 8 \\ 0 & 5 & 1 \end{bmatrix}$.

二、常數乘以矩陣

定義 5-2-3

若 $A=[a_{ij}]_{m\times n}$, 則定義實數 α (有時稱為純量) 乘以矩陣的運算為 $B=\alpha A$, 其中

$$B=[b_{ij}]_{m\times n}=[\alpha a_{ij}]_{m\times n}$$

即, B 是由 A 的每一元素乘 α 而得.

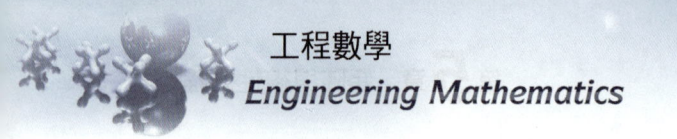

> **定理 5-2-2**
>
> 若 $A=[a_{ij}]_{m\times n}$，$B=[b_{ij}]_{m\times n}$，α、β 為二實數，則下列性質成立．
> (1) $\alpha(A+B)=\alpha A+\alpha B$
> (2) $(\alpha+\beta)A=\alpha A+\beta A$
> (3) $(\alpha\beta)A=\alpha(\beta A)=\beta(\alpha A)$
> (4) $1A=A$
> (5) $\alpha \mathbf{0}_{m\times n}=\mathbf{0}_{m\times n}$
> (6) $0A=\mathbf{0}_{m\times n}$，其中 $0\in\mathbb{R}$．

【例題 3】若 $A=\begin{bmatrix} 1 & 5 & 0 \\ 2 & 6 & 7 \end{bmatrix}$，$B=\begin{bmatrix} -1 & 4 & 2 \\ 1 & -3 & 8 \end{bmatrix}$，$C=\begin{bmatrix} -7 & -22 & -31 \\ -11 & 3 & 101 \end{bmatrix}$

求一個 2×3 階矩陣 X，使滿足 $2A+4X=2B+C$．

解　因 $2A+4X=2B+C$，可得

$$4X=2B+C-2A$$

$$=2\begin{bmatrix} -1 & 4 & 2 \\ 1 & -3 & 8 \end{bmatrix}+\begin{bmatrix} -7 & -22 & -31 \\ -11 & 3 & 101 \end{bmatrix}-2\begin{bmatrix} 1 & 5 & 0 \\ 2 & 6 & 7 \end{bmatrix}$$

$$=\begin{bmatrix} -2 & 8 & 4 \\ 2 & -6 & 16 \end{bmatrix}+\begin{bmatrix} -7 & -22 & -31 \\ -11 & 3 & 101 \end{bmatrix}+\begin{bmatrix} -2 & -10 & 0 \\ -4 & -12 & -14 \end{bmatrix}$$

$$=\begin{bmatrix} -11 & -24 & -27 \\ -13 & -15 & 103 \end{bmatrix}$$

故 $X=\dfrac{1}{4}\begin{bmatrix} -11 & -24 & -27 \\ -13 & -15 & 103 \end{bmatrix}=-\dfrac{1}{4}\begin{bmatrix} 11 & 24 & 27 \\ 13 & 15 & -103 \end{bmatrix}$．

三、矩陣的乘法

我們先定義 $1\times m$ 階列矩陣乘以 $m\times 1$ 階行矩陣之積．令

$$A = \begin{bmatrix} a_{11} & a_{12} & a_{13} & \cdots & a_{1m} \end{bmatrix}$$

$$B = \begin{bmatrix} b_{11} \\ b_{21} \\ b_{31} \\ \vdots \\ b_{m1} \end{bmatrix}$$

則 A 乘以 B 記為 AB，為一個 1×1 階的矩陣，如下式

$$AB = \begin{bmatrix} a_{11} & a_{12} & a_{13} & \cdots & a_{1m} \end{bmatrix} \begin{bmatrix} b_{11} \\ b_{21} \\ b_{31} \\ \vdots \\ b_{m1} \end{bmatrix}$$

$$= \begin{bmatrix} a_{11}b_{11} + a_{12}b_{21} + a_{13}b_{31} + \cdots + a_{1m}b_{m1} \end{bmatrix}_{1\times 1}$$

$$= \left[\sum_{p=1}^{m} a_{1p} b_{p1} \right]_{1\times 1} .$$

現在我們可將上式列矩陣與行矩陣之乘法，推廣至矩陣 A 與矩陣 B 相乘．若 A 為一 $m\times n$ 階矩陣，且 B 為一 $n\times l$ 階矩陣，則乘積 AB 為一 $m\times l$ 階矩陣，而 AB 的第 i 列第 j 行的元素為單獨提出 A 的第 i 列及 B 的第 j 行，將列與行相對應元素相乘然後再將其各乘積相加．

定義 5-2-4

若 $A = [a_{ij}]_{m\times n}, B = [b_{jk}]_{n\times l}$，則定義矩陣 A 與 B 的乘積為 $AB = C = [c_{ik}]_{m\times l}$，其中

$$c_{ik} = \sum_{j=1}^{n} a_{ij} b_{jk}$$

$i = 1, 2, \cdots, m$；$j = 1, 2, \cdots, n$；$k = 1, 2, \cdots, l$

$$\begin{bmatrix} a_{11} & a_{12} & \cdots & a_{1n} \\ \vdots & \vdots & & \vdots \\ \boxed{a_{i1} \quad a_{i2} \quad \cdots \quad a_{in}} \\ \vdots & \vdots & & \vdots \\ a_{m1} & a_{m2} & \cdots & a_{mn} \end{bmatrix} \begin{bmatrix} b_{11} & \cdots & b_{1k} & \cdots & b_{1l} \\ b_{21} & \cdots & b_{2k} & \cdots & b_{2l} \\ \vdots & & \vdots & & \vdots \\ b_{n1} & \cdots & b_{nk} & \cdots & b_{nl} \end{bmatrix}$$

第 i 列 →（$m \times n$）　　第 k 行（$n \times l$）

$$= [c_{ik}]_{m \times l}.$$

註：(1) A 的行數須與 B 的列數相等始可相乘，否則 AB 無意義．
(2) 若 A 是 $m \times n$ 矩陣，B 是 $n \times l$ 矩陣，則 AB 是 $m \times l$ 矩陣．

我們現在提供一簡便的方法來決定兩矩陣之乘積是否有意義．寫下第一因子之階，以及在其右邊寫下第二因子之階，如圖 5-2-1 所示，若內層數值相等，則矩陣乘積有定義，而外層數值則可決定乘積矩陣之階．

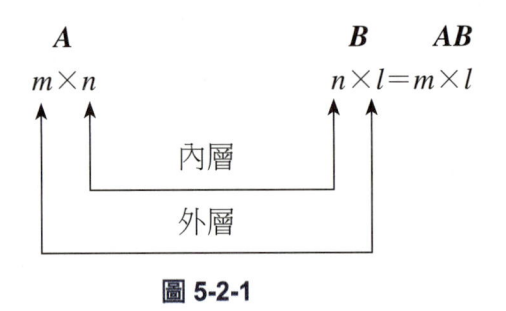

$$\begin{array}{ccc} A & B & AB \\ m \times n & n \times l & = m \times l \end{array}$$

內層
外層

圖 5-2-1

【例題 4】假設 A 為 3×4 階矩陣，B 為 4×7 階矩陣，且 C 為 7×3 階矩陣，則 AB 為可定義且為 3×7 階矩陣，CA 亦為可定義且為 7×4 階矩陣，BC 亦為可定義且為 4×3 階矩陣，但乘積 AC、CB 及 BA 卻皆無意義．

【例題 5】若 $A = \begin{bmatrix} 1 & 3 \\ 2 & 4 \end{bmatrix}$，$B = \begin{bmatrix} -1 & 23 & 5 \\ 2 & 1 & -7 \end{bmatrix}$，求 AB．又 BA 是否可定義？

解 $AB = \begin{bmatrix} 1 & 3 \\ 2 & 4 \end{bmatrix} \begin{bmatrix} -1 & 23 & 5 \\ 2 & 1 & -7 \end{bmatrix}$

$= \begin{bmatrix} 1\times(-1)+3\times 2 & 1\times 23+3\times 1 & 1\times 5+3\times(-7) \\ 2\times(-1)+4\times 2 & 2\times 23+4\times 1 & 2\times 5+4\times(-7) \end{bmatrix}$

$= \begin{bmatrix} 5 & 26 & -16 \\ 6 & 50 & -18 \end{bmatrix}$

BA 無定義，因矩陣 B 的行數不等於矩陣 A 的列數．

【例題 6】若 $A = \begin{bmatrix} 1 & 1 \\ 0 & 0 \end{bmatrix}$，$B = \begin{bmatrix} 1 & 1 \\ 1 & 0 \end{bmatrix}$，求 AB 及 BA．

解 $AB = \begin{bmatrix} 1 & 1 \\ 0 & 0 \end{bmatrix}\begin{bmatrix} 1 & 1 \\ 1 & 0 \end{bmatrix} = \begin{bmatrix} 1\times 1+1\times 1 & 1\times 1+1\times 0 \\ 0\times 1+0\times 1 & 0\times 1+0\times 0 \end{bmatrix} = \begin{bmatrix} 2 & 1 \\ 0 & 0 \end{bmatrix}$

$BA = \begin{bmatrix} 1 & 1 \\ 1 & 0 \end{bmatrix}\begin{bmatrix} 1 & 1 \\ 0 & 0 \end{bmatrix} = \begin{bmatrix} 1\times 1+1\times 0 & 1\times 1+1\times 0 \\ 1\times 1+0\times 0 & 1\times 1+0\times 0 \end{bmatrix} = \begin{bmatrix} 1 & 1 \\ 1 & 1 \end{bmatrix}.$

【例題 7】若 $A = \begin{bmatrix} 1 & 2 & 4 \\ -3 & 1 & 0 \\ 2 & -1 & 4 \end{bmatrix}$，$B = \begin{bmatrix} 1 & -1 & 1 \\ -2 & 1 & 1 \\ 1 & 2 & -3 \end{bmatrix}$，求 AB．

解

$AB = \begin{bmatrix} 1 & 2 & 4 \\ -3 & 1 & 0 \\ 2 & -1 & 4 \end{bmatrix}\begin{bmatrix} 1 & -1 & 1 \\ -2 & 1 & 1 \\ 1 & 2 & -3 \end{bmatrix}$

$= \begin{bmatrix} 1\times 1+2\times(-2)+4\times 1 & 1\times(-1)+2\times 1+4\times 2 & 1\times 1+2\times 1+4\times(-3) \\ (-3)\times 1+1\times(-2)+0\times 1 & (-3)\times(-1)+1\times 1+0\times 2 & (-3)\times 1+1\times 1+0\times(-3) \\ 2\times 1+(-1)\times(-2)+4\times 1 & 2\times(-1)+(-1)\times 1+4\times 2 & 2\times 1+(-1)\times 1+4\times(-3) \end{bmatrix}$

$= \begin{bmatrix} 1 & 9 & -9 \\ -5 & 4 & -2 \\ 8 & 5 & -11 \end{bmatrix}.$

工程數學
Engineering Mathematics

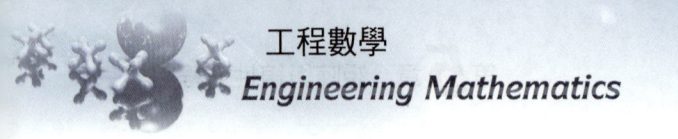

> **定理 5-2-3**
>
> 設 A、B、C 為三個矩陣，且其加法與乘法的運算皆有意義，則下列性質成立.
> (1) $(AB)C = A(BC)$
> (2) $A(B+C) = AB + AC$
> (3) $(A+B)C = AC + BC$
> (4) $\alpha(AB) = (\alpha A)B = A(\alpha B)$，$\alpha$ 為任意常數.
> (5) 若 A 是 $m \times n$ 矩陣，則 $AI_n = I_m A = A$.

【例題 8】若 $A = \begin{bmatrix} 1 & 3 & 5 \\ 2 & 4 & 6 \end{bmatrix}$, $B = \begin{bmatrix} 0 & 1 & 1 & 1 \\ 1 & 0 & 1 & 1 \\ 2 & 0 & 1 & -1 \end{bmatrix}$, $C = \begin{bmatrix} 5 \\ 7 \\ 4 \\ 2 \end{bmatrix}$,

試證：$(AB)C = A(BC)$.

解 (i) $(AB)C = \left(\begin{bmatrix} 1 & 3 & 5 \\ 2 & 4 & 6 \end{bmatrix} \begin{bmatrix} 0 & 1 & 1 & 1 \\ 1 & 0 & 1 & 1 \\ 2 & 0 & 1 & -1 \end{bmatrix} \right) \begin{bmatrix} 5 \\ 7 \\ 4 \\ 2 \end{bmatrix}$

$= \begin{bmatrix} 13 & 1 & 9 & -1 \\ 16 & 2 & 12 & 0 \end{bmatrix} \begin{bmatrix} 5 \\ 7 \\ 4 \\ 2 \end{bmatrix} = \begin{bmatrix} 106 \\ 142 \end{bmatrix}$

(ii) $A(BC) = \begin{bmatrix} 1 & 3 & 5 \\ 2 & 4 & 6 \end{bmatrix} \left(\begin{bmatrix} 0 & 1 & 1 & 1 \\ 1 & 0 & 1 & 1 \\ 2 & 0 & 1 & -1 \end{bmatrix} \begin{bmatrix} 5 \\ 7 \\ 4 \\ 2 \end{bmatrix} \right)$

$= \begin{bmatrix} 1 & 3 & 5 \\ 2 & 4 & 6 \end{bmatrix} \begin{bmatrix} 13 \\ 11 \\ 12 \end{bmatrix} = \begin{bmatrix} 106 \\ 142 \end{bmatrix}$

由 (i)、(ii) 知 $(AB)C = A(BC)$.

第5章 矩陣與線性方程組

方陣之乘法性質與實數之乘法性質，有相似之處，亦有相異之處，以下將一一說明之．

1. 相似處

(1) 若 A、B 與 C 均為 n 階方陣，則有

$$(AB)C=A(BC)=ABC$$
$$A(B+C)=AB+AC$$
$$(A+B)C=AC+BC.$$

(2) 對方陣 $A_{n\times n}$ 與單位方陣 I_n 而言，則

$$AI_n=I_nA=A$$

一單位方陣在矩陣運算裡所扮演之角色就如同數值 1 在數值關係 $a\cdot 1=1\cdot a=a$ 裡所扮演的一樣．

(3) 對方陣 $A_{n\times n}$ 與零方陣 $\mathbf{0}_{n\times n}$，

$$A\mathbf{0}_{n\times n}=\mathbf{0}_{n\times n}A=\mathbf{0}_{n\times n}.$$

2. 相異處

(1) 對於任一異於 0 之實數 a，恰有一實數 $\dfrac{1}{a}$，使得 $a\times\dfrac{1}{a}=1$；但對於任一 n 階方陣 $A\neq\mathbf{0}$，未必有一 n 階方陣 B，滿足 $AB=I_n$．例如：

設 $A=\begin{bmatrix} 1 & 0 \\ -1 & 0 \end{bmatrix}\neq\mathbf{0}$, $B=\begin{bmatrix} b_{11} & b_{12} \\ b_{21} & b_{22} \end{bmatrix}$, $I_2=\begin{bmatrix} 1 & 0 \\ 0 & 1 \end{bmatrix}$

若 $AB=I_2$，即 $\begin{bmatrix} 1 & 0 \\ -1 & 0 \end{bmatrix}\begin{bmatrix} b_{11} & b_{12} \\ b_{21} & b_{22} \end{bmatrix}=\begin{bmatrix} 1 & 0 \\ 0 & 1 \end{bmatrix}$

則 $\begin{bmatrix} b_{11} & b_{12} \\ -b_{11} & -b_{12} \end{bmatrix}=\begin{bmatrix} 1 & 0 \\ 0 & 1 \end{bmatrix}$

可知 $b_{11}=1$，$b_{12}=0$，$-b_{11}=0$，$-b_{12}=1$，此為不合理．
故對於方陣 A，不存在另一方陣 B，使 $AB=I_2$．

(2) 對於任意兩實數 a 與 b, $ab=ba$. 但對於任意兩 n 階方陣 A 與 B, $AB=BA$ 未必成立，如例題 6.

(3) 對於兩實數 a、b，若 $ab=0$，則 $a=0$ 或 $b=0$. 但對於兩 n 階方陣 A 及 B，若 $AB=0$，則 $A=0$ 或 $B=0$ 未必成立. 例如

設 $$A=\begin{bmatrix} 1 & 0 \\ 0 & 0 \end{bmatrix}, \quad B=\begin{bmatrix} 0 & 0 \\ 1 & 0 \end{bmatrix}$$

則 $$AB=\begin{bmatrix} 1 & 0 \\ 0 & 0 \end{bmatrix}\begin{bmatrix} 0 & 0 \\ 1 & 0 \end{bmatrix}=\begin{bmatrix} 0 & 0 \\ 0 & 0 \end{bmatrix}=0$$

但 $A \neq 0_{2\times 2}$ 且 $B \neq 0_{2\times 2}$.

(4) 對於實數 a、b 與 c，若 $ab=ac$，且 $a\neq 0$，則 $b=c$. 但對於三個 n 階方陣 A、B、C，若 $AB=AC$，且 $A\neq 0$，則 $B=C$ 未必成立. 例如

設 $$A=\begin{bmatrix} 0 & 1 \\ 0 & 2 \end{bmatrix}, B=\begin{bmatrix} 1 & 1 \\ 3 & 4 \end{bmatrix}, C=\begin{bmatrix} 2 & 5 \\ 3 & 4 \end{bmatrix}$$

此處 $$AB=AC=\begin{bmatrix} 3 & 4 \\ 6 & 8 \end{bmatrix}$$

雖然 $A\neq 0$，但欲從方程式 $AB=AC$ 之兩端消去 A 而得 $B=C$ 是錯誤的. 因此，對矩陣而言，**消去律**不成立.

(5) 若實數 a 滿足 $a^2=0$，則一定有 $a=0$. 但對於矩陣 A，若 $A^2=0$，不一定有 $A=0$. 例如，

設 $$A=\begin{bmatrix} 1 & 1 \\ -1 & -1 \end{bmatrix}$$

則 $$A^2=\begin{bmatrix} 1 & 1 \\ -1 & -1 \end{bmatrix}\begin{bmatrix} 1 & 1 \\ -1 & -1 \end{bmatrix}=\begin{bmatrix} 0 & 0 \\ 0 & 0 \end{bmatrix}=0$$

但是 $A \neq 0_{2\times 2}$.

四、方陣的乘冪

在實數系中，若 $a \in \mathbb{R}$，則

第5章 矩陣與線性方程組

$$a \cdot a = a^2$$
$$a \cdot a \cdot a = a^3$$
$$\vdots$$
$$\underbrace{a \cdot a \cdot a \cdots \cdot a}_{n \text{個}} = a^n$$

又若 $a \neq 0$，則 $a^0 = 1$. 此一性質在方陣與其本身之乘法中亦成立，因方陣之列數與行數皆相同.

定義 5-2-5

令 $A = [a_{ij}]_{n \times n}$，則矩陣 A 的乘冪 (非負) 定義為 $A^0 = I_n$，$A^1 = A$，且對 $K \geq 2$，$A^K = (A^{K-1})(A)$.

【例題 9】設
$$A = \begin{bmatrix} 2 & 1 \\ -4 & 3 \end{bmatrix}$$

則
$$A^2 = (A)(A) = \begin{bmatrix} 2 & 1 \\ -4 & 3 \end{bmatrix}\begin{bmatrix} 2 & 1 \\ -4 & 3 \end{bmatrix} = \begin{bmatrix} 0 & 5 \\ -20 & 5 \end{bmatrix}$$

且
$$A^3 = (A^2)(A) = \begin{bmatrix} 0 & 5 \\ -20 & 5 \end{bmatrix}\begin{bmatrix} 2 & 1 \\ -4 & 3 \end{bmatrix} = \begin{bmatrix} -20 & 15 \\ -60 & -5 \end{bmatrix}.$$

定理 5-2-4

若 A 為一方陣，且若 r 與 s 均為非負整數，則
(1) $A^{r+s} = (A^r)(A^s)$
(2) $(A^r)^s = A^{rs} = (A^s)^r$

例如，$A^{4+6} = (A^4)(A^6) = A^{10}$，$(A^3)^2 = A^{(3)(2)} = (A^2)^3 = A^6$. 但是，實數的指數律 $(ab)^n = a^n b^n$，在方陣之乘法中並不成立. 事實上，如果 A 與 B 均為 n 階方陣，且 n 是大於或等於 2 的整數，一般而言，$(AB)^n \neq A^n B^n$. 因此，

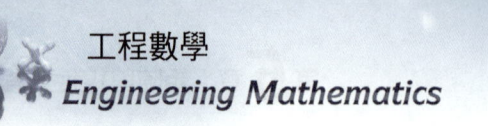

方陣相乘之順序非常重要，縱然是最簡單的情形 $n=2$，我們通常也會得知 $(AB)(AB) \neq (AA)(BB)$.

【例題 10】 令 $A = \begin{bmatrix} 2 & -4 \\ 1 & 3 \end{bmatrix}$, $B = \begin{bmatrix} 3 & 2 \\ -1 & 5 \end{bmatrix}$

則 $(AB)^2 = \begin{bmatrix} 10 & -16 \\ 0 & 17 \end{bmatrix}^2 = \begin{bmatrix} 100 & -432 \\ 0 & 289 \end{bmatrix}$

然而，$A^2 B^2 = \begin{bmatrix} 0 & -20 \\ 5 & 5 \end{bmatrix} \begin{bmatrix} 7 & 16 \\ -8 & 23 \end{bmatrix} = \begin{bmatrix} 160 & -460 \\ -5 & 195 \end{bmatrix}$

因此，對方陣 A 與 B 而言，我們有 $(AB)^2 \neq A^2 B^2$.

五、轉置矩陣

【例題 11】 設 $A = \begin{bmatrix} 1 & -1 \\ 2 & 3 \end{bmatrix}$, $B = \begin{bmatrix} -1 & 3 \\ 4 & 2 \end{bmatrix}$，試證

(1) $(A^T)^T = A$
(2) $(AB)^T = B^T A^T$
(3) $(A+B)^T = A^T + B^T$

解 (1) 因 $A^T = \begin{bmatrix} 1 & 2 \\ -1 & 3 \end{bmatrix}$, 故 $(A^T)^T = \begin{bmatrix} 1 & -1 \\ 2 & 3 \end{bmatrix} = A$.

(2) $AB = \begin{bmatrix} 1 & -1 \\ 2 & 3 \end{bmatrix} \begin{bmatrix} -1 & 3 \\ 4 & 2 \end{bmatrix} = \begin{bmatrix} -5 & 1 \\ 10 & 12 \end{bmatrix}$

$(AB)^T = \begin{bmatrix} -5 & 10 \\ 1 & 12 \end{bmatrix}$

又 $B^T A^T = \begin{bmatrix} -1 & 4 \\ 3 & 2 \end{bmatrix} \begin{bmatrix} 1 & 2 \\ -1 & 3 \end{bmatrix} = \begin{bmatrix} -5 & 10 \\ 1 & 12 \end{bmatrix}$

故 $(AB)^T = B^T A^T$.

(3) $$A+B=\begin{bmatrix} 1 & -1 \\ 2 & 3 \end{bmatrix}+\begin{bmatrix} -1 & 3 \\ 4 & 2 \end{bmatrix}=\begin{bmatrix} 0 & 2 \\ 6 & 5 \end{bmatrix}$$

$$(A+B)^T=\begin{bmatrix} 0 & 6 \\ 2 & 5 \end{bmatrix}$$

又 $$A^T+B^T=\begin{bmatrix} 1 & 2 \\ -1 & 3 \end{bmatrix}+\begin{bmatrix} -1 & 4 \\ 3 & 2 \end{bmatrix}=\begin{bmatrix} 0 & 6 \\ 2 & 5 \end{bmatrix}$$

故 $(A+B)^T=A^T+B^T$。

參考例題 11，我們有下面的定理。

定理 5-2-5 轉置的性質

假設 $A=[a_{ij}]$ 為 $m\times p$ 矩陣，$B=[b_{ij}]$ 為 $p\times n$ 矩陣，r 為實數，則
(1) $(A^T)^T=A$
(2) $(AB)^T=B^TA^T$
(3) $(rA)^T=rA^T$
(4) 若 A 與 B 皆為 $m\times p$ 矩陣，則 $(A+B)^T=A^T+B^T$。

定理 5-2-6

若 A 為一對稱矩陣，則下列性質成立。
(1) 若 α 為任意實數，則 αA 亦為對稱矩陣。
(2) $AA^T=A^TA=A^2$ 亦為對稱矩陣。

定理 5-2-7

若 A 為一斜對稱矩陣，則下列性質成立。
(1) 若 α 為任意實數，則 αA 亦為斜對稱矩陣。
(2) $AA^T=A^TA=-A^2$ 為對稱矩陣，且 A^2 亦為對稱矩陣。

【例題 12】若 $A=[a_{ij}]_{n\times n}$，試證：

(1) AA^T 與 A^TA 皆為對稱．

(2) $A+A^T$ 為對稱．

(3) $A-A^T$ 為斜對稱．

解 (1) 因 $(AA^T)^T=(A^T)^TA^T=AA^T$

故 AA^T 為對稱．

因 $(A^TA)^T=A^T(A^T)^T=A^TA$

故 A^TA 為對稱．

(2) 因 $(A+A^T)^T=A^T+(A^T)^T=A^T+A=A+A^T$

故 $A+A^T$ 為對稱．

(3) 因 $(A-A^T)^T=A^T-(A^T)^T=A^T-A=-A+A^T=-(A-A^T)$

故 $A-A^T$ 為斜對稱．

【例題 13】令 $A=\begin{bmatrix} 2 & -1 & 3 \\ 0 & 4 & 5 \\ -2 & 1 & 4 \end{bmatrix}$, $B=\begin{bmatrix} 8 & -3 & -5 \\ 0 & 1 & 2 \\ 4 & -7 & 6 \end{bmatrix}$, $C=\begin{bmatrix} 0 & -2 & 3 \\ 1 & 7 & 4 \\ 3 & 5 & 9 \end{bmatrix}$,

試證 (1) $(A+B)^T=A^T+B^T$ (2) $(AB)^T=B^TA^T$

解 (1) $A+B=\begin{bmatrix} 2 & -1 & 3 \\ 0 & 4 & 5 \\ -2 & 1 & 4 \end{bmatrix}+\begin{bmatrix} 8 & -3 & -5 \\ 0 & 1 & 2 \\ 4 & -7 & 6 \end{bmatrix}=\begin{bmatrix} 10 & -4 & -2 \\ 0 & 5 & 7 \\ 2 & -6 & 10 \end{bmatrix}$

$(A+B)^T=\begin{bmatrix} 10 & 0 & 2 \\ -4 & 5 & -6 \\ -2 & 7 & 10 \end{bmatrix}$

$A^T+B^T=\begin{bmatrix} 2 & 0 & -2 \\ -1 & 4 & 1 \\ 3 & 5 & 4 \end{bmatrix}+\begin{bmatrix} 8 & 0 & 4 \\ -3 & 1 & -7 \\ -5 & 2 & 6 \end{bmatrix}=\begin{bmatrix} 10 & 0 & 2 \\ -4 & 5 & -6 \\ -2 & 7 & 10 \end{bmatrix}$

(2) 因 $AB=\begin{bmatrix} 2 & -1 & 3 \\ 0 & 4 & 5 \\ -2 & 1 & 4 \end{bmatrix}\begin{bmatrix} 8 & -3 & -5 \\ 0 & 1 & 2 \\ 4 & -7 & 6 \end{bmatrix}=\begin{bmatrix} 28 & -28 & 6 \\ 20 & -31 & 38 \\ 0 & -21 & 36 \end{bmatrix}$

$$(AB)^T = \begin{bmatrix} 28 & 20 & 0 \\ -28 & -31 & -21 \\ 6 & 38 & 36 \end{bmatrix}$$

$$B^T A^T = \begin{bmatrix} 8 & 0 & 4 \\ -3 & 1 & -7 \\ -5 & 2 & 6 \end{bmatrix} \begin{bmatrix} 2 & 0 & -2 \\ -1 & 4 & 1 \\ 3 & 5 & 4 \end{bmatrix} = \begin{bmatrix} 28 & 20 & 0 \\ -28 & -31 & -21 \\ 6 & 38 & 36 \end{bmatrix}$$

故 $(AB)^T = B^T A^T$.

習題 5-2

1. 設 $\begin{bmatrix} 2x^2+1 & 3x+4y \\ 4x+y & y^2 \end{bmatrix} = \begin{bmatrix} 3x+15 & 2y \\ -2x-3y & 9 \end{bmatrix}$，求 x 與 y.

2. 設 $A = \begin{bmatrix} -1 & 1 & 2 \\ 0 & 1 & -1 \end{bmatrix}$, $B = \begin{bmatrix} 3 & 1 & 0 \\ 0 & 1 & 0 \end{bmatrix}$，求一個 2×3 矩陣 X，使其滿足 $A - 2B + 3X = 0$.

3. 試求下列各矩陣乘積.

(1) $\begin{bmatrix} 1 & 2 \\ -3 & 1 \end{bmatrix} \begin{bmatrix} 2 & 3 \\ 1 & -2 \end{bmatrix}$

(2) $\begin{bmatrix} 1 & 2 & 4 \\ -3 & 1 & 0 \\ 2 & -1 & 4 \end{bmatrix} \begin{bmatrix} 1 & -1 & 1 \\ -2 & 1 & 1 \\ 1 & 2 & -3 \end{bmatrix}$

(3) $\begin{bmatrix} 3 & 4 & -1 & 5 \\ -2 & 1 & 3 & 2 \\ 4 & 5 & 6 & 7 \end{bmatrix} \begin{bmatrix} 1 & 0 \\ 3 & 4 \\ -2 & 3 \\ -1 & 2 \end{bmatrix}$

4. 設 $A = B^T = \begin{bmatrix} 2 & -3 & 1 & 1 \\ -4 & 0 & 1 & 2 \\ -1 & 3 & 0 & 1 \end{bmatrix}$，試求 AB 與 BA.

5. 設 $A = \begin{bmatrix} 1 & -3 \\ 2 & 4 \end{bmatrix}$, $B = \begin{bmatrix} 5 & 6 \\ -3 & 4 \end{bmatrix}$, $C = \begin{bmatrix} 1 & 2 \\ 5 & 6 \end{bmatrix}$，試求 $(3A - 4B)C$ 及 $3AC - 4BC$,

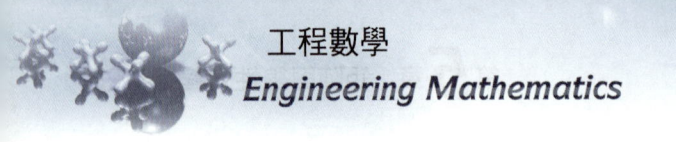

兩者是否相等？

6. 試解下列矩陣方程式中的 X.

$$X \begin{bmatrix} 1 & -1 & 2 \\ 3 & 0 & 1 \end{bmatrix} = \begin{bmatrix} -5 & -1 & 0 \\ 6 & -3 & 7 \end{bmatrix}$$

7. 設 $A = \begin{bmatrix} \cos\theta & \sin\theta \\ -\sin\theta & \cos\theta \end{bmatrix}$, $\theta = \dfrac{\pi}{3}$, 求 A^2 與 A^3.

8. 設 A、B 是對稱矩陣,

    (1) 試證 $A+B$ 為對稱.

    (2) 試證 $AB = BA \Leftrightarrow AB$ 為對稱.

9. 若 $A = \begin{bmatrix} 1 & -1 \\ 0 & 1 \end{bmatrix}$, $B = \begin{bmatrix} 1 & 2 \\ 1 & 1 \end{bmatrix}$, 驗證下面二式：

    (1) $(A+B)^2 \neq A^2 + 2AB + B^2$

    (2) $(A+B)(A-B) \neq A^2 - B^2$

10. 設 $a \neq 0$, $A = \begin{bmatrix} 0 & a \\ \dfrac{1}{a} & 0 \end{bmatrix}$, 試求 A^2、A^3、A^4、A^5 與 A^6.

11. 設 A、B 均為 n 階方陣，則 $(AB)^2 = A^2 B^2$ 恆成立嗎？驗證你的答案.

12. 若 $AB = BA$，且 n 為非負整數，試證 $(AB)^n = A^n B^n$.

13. 試證 $\begin{bmatrix} \lambda & 1 \\ 0 & \lambda \end{bmatrix}^n = \begin{bmatrix} \lambda^n & n\lambda^{n-1} \\ 0 & \lambda^n \end{bmatrix}$.

14. 設 A 為 n 階方陣，試證：

    (1) $\dfrac{1}{2}(A + A^T)$ 為對稱方陣.　　　　(2) $\dfrac{1}{2}(A - A^T)$ 為斜對稱方陣.

    (3) A 可以表為一對稱方陣與一斜對稱方陣的和.

15. 若 $A = \begin{bmatrix} 1 & 2 & 3 \\ -1 & 4 & 1 \\ 2 & 5 & 6 \end{bmatrix}$，試驗證 14 題中的 (1)、(2) 與 (3).

5-3 逆方陣

對於每一個不等於零的數均會存在一乘法反元素，但是在矩陣之運算中，對於一非零矩陣是否會存在一矩陣，而使得此兩矩陣相乘為單位矩陣呢？這就產生了逆方陣的觀念了，我們看下面的定義.

定義 5-3-1

若 $A = [a_{ij}]_{n \times n}$，並存在另一方陣 $B = [b_{ij}]_{n \times n}$，使得 $AB = BA = I_n$ 時，則稱 B 為 A 的**逆方陣**或**反方陣** (inverse matrix)，此時，A 稱為**可逆方陣** (invertiable matrix) 或**非奇異方陣**，通常以 A^{-1} 表示 A 的逆方陣. 反之，若不存在這樣的方陣 B，則稱 A 為**奇異方陣** (singular matrix).

【例題 1】矩陣 $A = \begin{bmatrix} 1 & 2 \\ 4 & 9 \end{bmatrix}$ 的逆方陣為 $B = \begin{bmatrix} 9 & -2 \\ -4 & 1 \end{bmatrix}$

因為 $AB = \begin{bmatrix} 1 & 2 \\ 4 & 9 \end{bmatrix} \begin{bmatrix} 9 & -2 \\ -4 & 1 \end{bmatrix} = \begin{bmatrix} 1 & 0 \\ 0 & 1 \end{bmatrix} = I_2$

$BA = \begin{bmatrix} 9 & -2 \\ -4 & 1 \end{bmatrix} \begin{bmatrix} 1 & 2 \\ 4 & 9 \end{bmatrix} = \begin{bmatrix} 1 & 0 \\ 0 & 1 \end{bmatrix} = I_2$.

【例題 2】若 $A = \begin{bmatrix} 1 & 2 \\ 3 & 4 \end{bmatrix}$，則 A 的逆方陣是否存在？

解 為了求 A 的逆方陣，我們設其逆方陣為

$$A^{-1} = \begin{bmatrix} a & b \\ c & d \end{bmatrix}$$

可得 $AA^{-1} = \begin{bmatrix} 1 & 2 \\ 3 & 4 \end{bmatrix} \begin{bmatrix} a & b \\ c & d \end{bmatrix} = \begin{bmatrix} 1 & 0 \\ 0 & 1 \end{bmatrix}$

所以 $\begin{bmatrix} a+2c & b+2d \\ 3a+4c & 3b+4d \end{bmatrix} = \begin{bmatrix} 1 & 0 \\ 0 & 1 \end{bmatrix}$

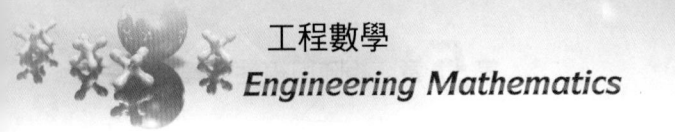

上式等號兩端的矩陣相等，故其對應元素應相等，可得下列方程組

$$\begin{cases} a+2c=1 \\ 3a+4c=0 \end{cases} \text{與} \begin{cases} b+2d=0 \\ 3b+4d=1 \end{cases}$$

解上面方程組，可得 $a=-2$, $c=\dfrac{3}{2}$, $b=1$, $d=-\dfrac{1}{2}$.

又因為方陣

$$\begin{bmatrix} a & b \\ c & d \end{bmatrix} = \begin{bmatrix} -2 & 1 \\ \dfrac{3}{2} & -\dfrac{1}{2} \end{bmatrix}$$

亦滿足下列性質

$$\begin{bmatrix} -2 & 1 \\ \dfrac{3}{2} & -\dfrac{1}{2} \end{bmatrix} \begin{bmatrix} 1 & 2 \\ 3 & 4 \end{bmatrix} = \begin{bmatrix} 1 & 0 \\ 0 & 1 \end{bmatrix}$$

因此 A 為非奇異方陣，而

$$A^{-1} = \begin{bmatrix} -2 & 1 \\ \dfrac{3}{2} & -\dfrac{1}{2} \end{bmatrix}.$$

一般而言，對方陣

$$A = \begin{bmatrix} a & b \\ c & d \end{bmatrix}$$

若 $ad-bc \neq 0$，則

$$A^{-1} = \dfrac{1}{ad-bc} \begin{bmatrix} d & -b \\ -c & a \end{bmatrix} = \begin{bmatrix} \dfrac{d}{ad-bc} & -\dfrac{b}{ad-bc} \\ -\dfrac{c}{ad-bc} & \dfrac{a}{ad-bc} \end{bmatrix} \quad (5\text{-}3\text{-}1)$$

讀者要特別注意，並非每一個方陣皆有逆方陣，例如

$$A = \begin{bmatrix} 1 & 3 \\ 2 & 6 \end{bmatrix}$$

就沒有逆方陣，所以 A 是一奇異方陣.

定理 5-3-1

若 B 與 C 皆為 n 階方陣 A 的逆方陣，則 $B = C$.

證 因為 B 是 A 的逆方陣，故 $BA = I_n$，等式的兩端各乘以 C，可得 $(BA)C = I_nC = C$. 但是，$(BA)C = B(AC) = BI_n = B$，所以 $C = B$.

定理 5-3-2

(1) 若 A 為 n 階非奇異方陣，則 A^{-1} 亦為非奇異方陣，且 $(A^{-1})^{-1} = A$.

(2) 若 c 為非零的實數，則 $(cA)^{-1} = \dfrac{1}{c} A^{-1}$.

(3) 若 A、B 皆為非奇異方陣，則 AB 亦為非奇異方陣，且 $(AB)^{-1} = B^{-1}A^{-1}$.

(4) $(A^n)^{-1} = (A^{-1})^n$.

(5) 若 A 為非奇異方陣，則 A^T 亦為非奇異方陣，且 $(A^T)^{-1} = (A^{-1})^T$.

證 (3) 因為 $(AB)(B^{-1}A^{-1}) = A(BB^{-1})A^{-1} = AI_nA^{-1} = AA^{-1} = I_n$

且 $(B^{-1}A^{-1})(AB) = B^{-1}(A^{-1}A)B = B^{-1}I_nB = B^{-1}B = I_n$

故 AB 為非奇異方陣，

$$AB(B^{-1}A^{-1}) = A(BB^{-1})A^{-1} = (AI_n)A^{-1} = AA^{-1} = I_n$$

故 $(AB)^{-1} = B^{-1}A^{-1}$

(5) 因為 $AA^{-1} = A^{-1}A = I_n$

取其轉置可得

$$(AA^{-1})^T = (A^{-1}A)^T = I_n^T = I_n$$

$$(A^{-1})^T A^T = A^T (A^{-1})^T = I_n$$

故 $(A^T)^{-1} = (A^{-1})^T$

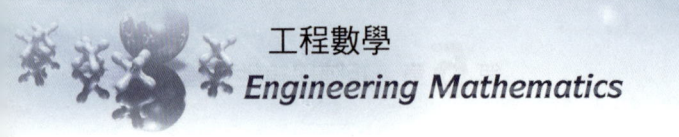

推論：若 A_1, A_2, A_3, $\cdots$, A_n 皆為 n 階非奇異方陣，則 $A_1 A_2 A_3 \cdots A_n$ 亦是非奇異，且

$$(A_1 A_2 A_3 \cdots A_n)^{-1} = A_n^{-1} A_{n-1}^{-1} \cdots A_3^{-1} A_2^{-1} A_1^{-1} \tag{5-3-2}$$

【例題 3】 若 $A^{-1} = \begin{bmatrix} 2 & 3 \\ 1 & 4 \end{bmatrix}$，試求 A.

解 利用 (5-3-1) 式，知

$$(A^{-1})^{-1} = A = \frac{1}{2 \times 4 - 1 \times 3} \begin{bmatrix} 4 & -3 \\ -1 & 2 \end{bmatrix} = \frac{1}{5} \begin{bmatrix} 4 & -3 \\ -1 & 2 \end{bmatrix}$$

$$= \begin{bmatrix} \dfrac{4}{5} & -\dfrac{3}{5} \\ -\dfrac{1}{5} & \dfrac{2}{5} \end{bmatrix}.$$

【例題 4】 若 $A^{-1} = \begin{bmatrix} 1 & 2 & -1 \\ 3 & 4 & 2 \\ 0 & 1 & -2 \end{bmatrix}$, $B^{-1} = \begin{bmatrix} 0 & 1 & 1 \\ 1 & 0 & 1 \\ -2 & 3 & 2 \end{bmatrix}$，求 $(AB)^{-1}$.

解 $(AB)^{-1} = B^{-1} \cdot A^{-1} = \begin{bmatrix} 0 & 1 & 1 \\ 1 & 0 & 1 \\ -2 & 3 & 2 \end{bmatrix} \begin{bmatrix} 1 & 2 & -1 \\ 3 & 4 & 2 \\ 0 & 1 & -2 \end{bmatrix} = \begin{bmatrix} 3 & 5 & 0 \\ 1 & 3 & -3 \\ 7 & 10 & 4 \end{bmatrix}.$

【例題 5】 若 $A^{-1} = \begin{bmatrix} 1 & 2 & 0 \\ 0 & 1 & 0 \\ 3 & 1 & -1 \end{bmatrix}$ 與 $B = \begin{bmatrix} 2 \\ 1 \\ 3 \end{bmatrix}$，試解 $AX = B$ 之 X.

解 因 A^{-1} 存在，故 $AX = B$ 可得 $(A^{-1})AX = A^{-1}B$，則

$$X = A^{-1} B$$

所以 $$X = \begin{bmatrix} 1 & 2 & 0 \\ 0 & 1 & 0 \\ 3 & 1 & -1 \end{bmatrix} \begin{bmatrix} 2 \\ 1 \\ 3 \end{bmatrix} = \begin{bmatrix} 4 \\ 1 \\ 4 \end{bmatrix}.$$

【例題 6】若 A 與 B 皆為 n 階方陣，則下列關係是否成立？

(1) $(A+B)^{-1} = A^{-1} + B^{-1}$ \qquad (2) $(cA)^{-1} = \dfrac{1}{c} A^{-1}$ $(c \neq 0)$

解 (1) $\because (A+B) \cdot (A^{-1} + B^{-1}) = A(A^{-1} + B^{-1}) + B(A^{-1} + B^{-1})$

$$= I_n + AB^{-1} + BA^{-1} + I_n$$
$$= 2I_n + AB^{-1} + BA^{-1}$$
$$\neq I_n$$

$\therefore (A+B)-1 \neq A^{-1} + B^{-1}$

(2) $\because (cA) \cdot \left(\dfrac{1}{c} A^{-1} \right) = c \cdot \left(A \cdot \dfrac{1}{c} A^{-1} \right) = \left(c \cdot \dfrac{1}{c} \right) (A \cdot A^{-1}) = I_n$

$\therefore (cA)^{-1} = \dfrac{1}{c} A^{-1}$

習題 5-3

1. 試問下列方陣是否可逆？若為可逆，求其逆方陣．

(1) $A = \begin{bmatrix} 3 & 1 \\ 6 & 2 \end{bmatrix}$ \qquad (2) $B = \begin{bmatrix} 3 & -2 \\ 1 & 1 \end{bmatrix}$ \qquad (3) $C = \begin{bmatrix} -3 & 2 \\ 4 & 1 \end{bmatrix}$

2. 試求 $A = \begin{bmatrix} \cos\theta & \sin\theta \\ -\sin\theta & \cos\theta \end{bmatrix}$ 的逆方陣．

3. 若 A 為一可逆方陣，且 $7A$ 的逆方陣為 $\begin{bmatrix} -3 & 7 \\ 1 & -2 \end{bmatrix}$，求 A．

4. 試求 A 使得 $(4A^T)^{-1} = \begin{bmatrix} 2 & 3 \\ -4 & -4 \end{bmatrix}$．

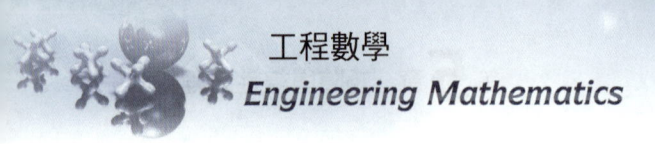

5. 試求 x 使得 $\begin{bmatrix} 2x & 7 \\ 1 & 2 \end{bmatrix}^{-1} = \begin{bmatrix} 2 & -7 \\ -1 & 4 \end{bmatrix}$.

6. 設 A 為一 n 階方陣，試證：若 $A^5 = \mathbf{0}_{n \times n}$，則
$$(I_n - A)^{-1} = I_n + A + A^2 + A^3 + A^4.$$

7. 若 A 與 B 皆為 n 階方陣，且 $AB = \mathbf{0}_{n \times n}$. 若 B 為非奇異的，試求 A.

8. 若 A 為非奇異且為斜對稱矩陣，試證 A^{-1} 為斜對稱矩陣.

9. 若 $A = \begin{bmatrix} 1 & 3 \\ 2 & 7 \end{bmatrix}$，試求 $(A^T)^{-1}$、$(A^{-1})^T$ 與 A^{-1} 之關係如何？

10. 若 $A^3 = \begin{bmatrix} 1 & 1 \\ -5 & -2 \end{bmatrix}$，試求 $(2A)^{-3}$.

5-4 矩陣的基本列運算，簡約列梯陣

矩陣的基本列運算可求得一方陣的逆方陣，而簡約列梯陣又可用來解線性方程組. 首先我們先介紹三種基本列變換.

1. 將矩陣 A 中的第 i 列與第 j 列互相對調，以 $R_i \leftrightarrow R_j$ 表示之，即

$$A = \begin{bmatrix} a_{11} & a_{12} & \cdots & a_{1n} \\ a_{21} & a_{22} & \cdots & a_{2n} \\ \vdots & \vdots & & \vdots \\ a_{i1} & a_{i2} & \cdots & a_{in} \\ \vdots & \vdots & & \vdots \\ a_{j1} & a_{j2} & \cdots & a_{jn} \\ \vdots & \vdots & & \vdots \\ a_{n1} & a_{n2} & \cdots & a_{nn} \end{bmatrix} \underset{R_i \leftrightarrow R_j}{\sim} \begin{bmatrix} a_{11} & a_{12} & \cdots & a_{1n} \\ a_{21} & a_{22} & \cdots & a_{2n} \\ \vdots & \vdots & & \vdots \\ a_{j1} & a_{j2} & \cdots & a_{jn} \\ \vdots & \vdots & & \vdots \\ a_{i1} & a_{i2} & \cdots & a_{in} \\ \vdots & \vdots & & \vdots \\ a_{n1} & a_{n2} & \cdots & a_{nn} \end{bmatrix}$$

2. 將矩陣 A 中的第 i 列乘上常數 c，以 cR_i 表示之，即

第5章　矩陣與線性方程組

$$A = \begin{bmatrix} a_{11} & a_{12} & \cdots & a_{1n} \\ a_{21} & a_{22} & \cdots & a_{2n} \\ \vdots & \vdots & & \vdots \\ a_{i1} & a_{i2} & \cdots & a_{in} \\ \vdots & \vdots & & \vdots \\ a_{n1} & a_{n2} & \cdots & a_{nn} \end{bmatrix} \underset{cR_i}{\sim} \begin{bmatrix} a_{11} & a_{12} & \cdots & a_{1n} \\ a_{21} & a_{22} & \cdots & a_{2n} \\ \vdots & \vdots & & \vdots \\ ca_{i1} & ca_{i2} & \cdots & ca_{in} \\ \vdots & \vdots & & \vdots \\ a_{n1} & a_{n2} & \cdots & a_{nn} \end{bmatrix}$$

3. 將矩陣 A 中的第 i 列乘上一非零常數 c，然後加在另一列上，如第 j 列，以 $cR_i + R_j$ 表示之.

$$A = \begin{bmatrix} a_{11} & a_{12} & a_{13} & \cdots & a_{1n} \\ a_{21} & a_{22} & a_{23} & \cdots & a_{2n} \\ \vdots & \vdots & \vdots & & \vdots \\ a_{i1} & a_{i2} & a_{i3} & \cdots & a_{in} \\ \vdots & \vdots & \vdots & & \vdots \\ a_{j1} & a_{j2} & a_{j3} & \cdots & a_{jn} \\ \vdots & \vdots & \vdots & & \vdots \\ a_{n1} & a_{n2} & a_{n3} & \cdots & a_{nn} \end{bmatrix} \underset{cR_i + R_j}{\sim} \begin{bmatrix} a_{11} & a_{12} & a_{13} & \cdots & a_{1n} \\ a_{21} & a_{22} & a_{23} & \cdots & a_{2n} \\ \vdots & \vdots & \vdots & & \vdots \\ a_{i1} & a_{i2} & a_{i3} & \cdots & a_{in} \\ \vdots & \vdots & \vdots & & \vdots \\ ca_{i1}+a_{j1} & ca_{i2}+a_{j2} & ca_{i3}+a_{j3} & \cdots & ca_{in}+a_{jn} \\ \vdots & \vdots & \vdots & & \vdots \\ a_{n1} & a_{n2} & a_{n3} & \cdots & a_{nn} \end{bmatrix}$$

此種基本列運算只是將一矩陣變形為另一矩陣，使所得矩陣適合某一特殊形式．原矩陣與所得矩陣並無相等關係．

定義 5-4-1

若 $m \times n$ 矩陣 A 經由有限次數的基本列運算後變成 $m \times n$ 矩陣 B，則稱矩陣 A 與 B 為**列同義** (row equivalent)，可寫成 $A \sim B$.

【例題 1】矩陣 $A = \begin{bmatrix} 1 & 2 & 4 & 3 \\ 2 & 1 & 3 & 2 \\ 1 & -1 & 2 & 3 \end{bmatrix}$ 列同義於 $D = \begin{bmatrix} 2 & 4 & 8 & 6 \\ 1 & -1 & 2 & 3 \\ 4 & -1 & 7 & 8 \end{bmatrix}$

因為 $A = \begin{bmatrix} 1 & 2 & 4 & 3 \\ 2 & 1 & 3 & 2 \\ 1 & -1 & 2 & 3 \end{bmatrix} \underset{2R_3 + R_2}{\sim} \begin{bmatrix} 1 & 2 & 4 & 3 \\ 4 & -1 & 7 & 8 \\ 1 & -1 & 2 & 3 \end{bmatrix} \underset{R_2 \leftrightarrow R_3}{\sim}$

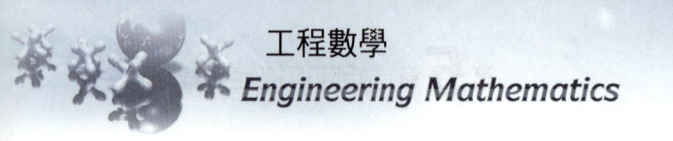

$$\begin{bmatrix} 1 & 2 & 4 & 3 \\ 1 & -1 & 2 & 3 \\ 4 & -1 & 7 & 8 \end{bmatrix} \underset{\sim}{2R_1} \begin{bmatrix} 2 & 4 & 8 & 6 \\ 1 & -1 & 2 & 3 \\ 4 & -1 & 7 & 8 \end{bmatrix}.$$

定義 5-4-2

將單位方陣 I_n 經過基本列運算 $R_i \leftrightarrow R_j$, cR_i, $cR_i + R_j$ 後，可得下列三種**基本矩陣** (elementary matrix).

(1) 以 $E_i \leftrightarrow E_j$ 表示 I_n 中的第 i 列與第 j 列互相對調之後所產生的基本矩陣.

(2) 若 $c \neq 0$，以 cE_i 表示 I_n 中的第 i 列乘上常數 c 後所產生的基本矩陣.

(3) 若 $c \neq 0$，以 $cE_i + E_j$ 表示 I_n 中的第 i 列乘上常數 c 後再加在第 j 列上所產生的基本矩陣.

例如

$$\begin{bmatrix} 1 & 0 \\ 0 & -4 \end{bmatrix}, \begin{bmatrix} 1 & 0 & 0 & 0 \\ 0 & 0 & 0 & 1 \\ 0 & 0 & 1 & 0 \\ 0 & 1 & 0 & 0 \end{bmatrix}, \begin{bmatrix} 1 & 0 & 5 \\ 0 & 1 & 0 \\ 0 & 0 & 1 \end{bmatrix}$$ 皆為基本矩陣.

⇓　　　　⇓　　　　⇓

I_2 的　　I_4 的第 2 列　I_3 的第 3 列
第 2 列　　與第 4 列　　乘上 5 加到
乘上 −4　　互調　　　　第 1 列

定理 5-4-1

若 $A = [a_{ij}]_{m \times n}$, $B = [b_{ij}]_{m \times n}$, $E_i \leftrightarrow E_j$, cE_i, $cE_i + E_j$ 為 $m \times m$ 基本矩陣，則

(1) $A \underset{\sim}{\xrightarrow{R_i \leftrightarrow R_j}} B \Leftrightarrow B = (E_i \leftrightarrow E_j) A$

(2) $A \underset{\sim}{\xrightarrow{cR_i}} B \Leftrightarrow B = cE_i A$

(3) $A \underset{\sim}{\xrightarrow{cR_i + R_j}} B \Leftrightarrow B = (cE_i + E_j) A$

【例題 2】考慮矩陣

$$A = \begin{bmatrix} 1 & 0 & 2 & 3 \\ 2 & -1 & 3 & 6 \\ 1 & 4 & 4 & 0 \end{bmatrix} \underbrace{3R_1 + R_3}_{} \; B = \begin{bmatrix} 1 & 0 & 2 & 3 \\ 2 & -1 & 3 & 6 \\ 4 & 4 & 10 & 9 \end{bmatrix}$$

另一基本矩陣 $\quad E = \begin{bmatrix} 1 & 0 & 0 \\ 0 & 1 & 0 \\ 3 & 0 & 1 \end{bmatrix}$

則 $\quad EA = \begin{bmatrix} 1 & 0 & 0 \\ 0 & 1 & 0 \\ 3 & 0 & 1 \end{bmatrix} \begin{bmatrix} 1 & 0 & 2 & 3 \\ 2 & -1 & 3 & 6 \\ 1 & 4 & 4 & 0 \end{bmatrix} = B.$

【例題 3】若 $A = \begin{bmatrix} 1 & -1 & 2 \\ 2 & 0 & 1 \\ -3 & 4 & 5 \end{bmatrix}$，$B$ 為 A 經過基本列運算 $2R_1 + R_2$, $1R_2 + R_3$, $1R_1 + R_3$ 後所求得的矩陣，則 B 為何？

解 $A = \begin{bmatrix} 1 & -1 & 2 \\ 2 & 0 & 1 \\ -3 & 4 & 5 \end{bmatrix} \underbrace{2R_1 + R_2}_{} \begin{bmatrix} 1 & -1 & 2 \\ 4 & -2 & 5 \\ -3 & 4 & 5 \end{bmatrix} \underbrace{1R_2 + R_3}_{}$

$\begin{bmatrix} 1 & -1 & 2 \\ 4 & -2 & 5 \\ 1 & 2 & 10 \end{bmatrix} \underbrace{1R_1 + R_3}_{} \begin{bmatrix} 1 & -1 & 2 \\ 4 & -2 & 5 \\ 2 & 1 & 12 \end{bmatrix}$

即 $\quad BA = \begin{bmatrix} 1 & -1 & 2 \\ 4 & -2 & 5 \\ 2 & 1 & 12 \end{bmatrix}.$

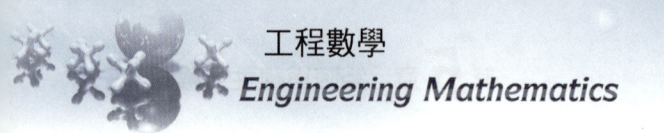

【例題 4】利用上面的例題，求出基本矩陣 E_1, E_2, E_3，使得 $B = E_3 E_2 E_1 A$.

解　$E_1 = \begin{bmatrix} 1 & 0 & 0 \\ 2 & 1 & 0 \\ 0 & 0 & 1 \end{bmatrix}$, $E_2 = \begin{bmatrix} 1 & 0 & 0 \\ 0 & 1 & 0 \\ 0 & 1 & 1 \end{bmatrix}$, $E_3 = \begin{bmatrix} 1 & 0 & 0 \\ 0 & 1 & 0 \\ 1 & 0 & 1 \end{bmatrix}$

則 $E_3 E_2 E_1 A = \begin{bmatrix} 1 & 0 & 0 \\ 0 & 1 & 0 \\ 1 & 0 & 1 \end{bmatrix} \begin{bmatrix} 1 & 0 & 0 \\ 0 & 1 & 0 \\ 0 & 1 & 1 \end{bmatrix} \begin{bmatrix} 1 & 0 & 0 \\ 2 & 1 & 0 \\ 0 & 0 & 1 \end{bmatrix} \begin{bmatrix} 1 & -1 & 2 \\ 2 & 0 & 1 \\ -3 & 4 & 5 \end{bmatrix}$

$= \begin{bmatrix} 1 & 0 & 0 \\ 0 & 1 & 0 \\ 1 & 0 & 1 \end{bmatrix} \begin{bmatrix} 1 & 0 & 0 \\ 0 & 1 & 0 \\ 0 & 1 & 1 \end{bmatrix} \begin{bmatrix} 1 & -1 & 2 \\ 4 & -2 & 5 \\ -3 & 4 & 5 \end{bmatrix}$

$= \begin{bmatrix} 1 & 0 & 0 \\ 0 & 1 & 0 \\ 1 & 0 & 1 \end{bmatrix} \begin{bmatrix} 1 & -1 & 2 \\ 4 & -2 & 5 \\ 1 & 2 & 10 \end{bmatrix}$

$= \begin{bmatrix} 1 & -1 & 2 \\ 4 & -2 & 5 \\ 2 & 1 & 12 \end{bmatrix} = B$.

定理 5-4-2

每一基本矩陣皆是可逆矩陣，且

(1) $(E_i \leftrightarrow E_j)^{-1} = E_j \leftrightarrow E_i$

(2) $(cE_i)^{-1} = \dfrac{1}{c} E_i$

(3) $(cE_i + E_j)^{-1} = -cE_i + E_j$

由前一題知 $E_1^{-1} = \begin{bmatrix} 1 & 0 & 0 \\ -2 & 1 & 0 \\ 0 & 0 & 1 \end{bmatrix}$, $E_2^{-1} = \begin{bmatrix} 1 & 0 & 0 \\ 0 & 1 & 0 \\ 0 & -1 & 1 \end{bmatrix}$, $E_3^{-1} = \begin{bmatrix} 1 & 0 & 0 \\ 0 & 1 & 0 \\ -1 & 0 & 1 \end{bmatrix}$

分別為 E_1、E_2、E_3 的基本逆方陣，而

第 5 章　矩陣與線性方程組

$$E_1^{-1}E_2^{-1}E_3^{-1}B = \begin{bmatrix} 1 & 0 & 0 \\ -2 & 1 & 0 \\ 0 & 0 & 1 \end{bmatrix}\begin{bmatrix} 1 & 0 & 0 \\ 0 & 1 & 0 \\ 0 & -1 & 1 \end{bmatrix}\begin{bmatrix} 1 & 0 & 0 \\ 0 & 1 & 0 \\ -1 & 0 & 1 \end{bmatrix}\begin{bmatrix} 1 & -1 & 2 \\ 4 & -2 & 5 \\ 2 & 1 & 12 \end{bmatrix}$$

$$= \begin{bmatrix} 1 & 0 & 0 \\ -2 & 1 & 0 \\ 0 & 0 & 1 \end{bmatrix}\begin{bmatrix} 1 & 0 & 0 \\ 0 & 1 & 0 \\ 0 & -1 & 1 \end{bmatrix}\begin{bmatrix} 1 & -1 & 2 \\ 4 & -2 & 5 \\ 1 & 2 & 10 \end{bmatrix}$$

$$= \begin{bmatrix} 1 & 0 & 0 \\ -2 & 1 & 0 \\ 0 & 0 & 1 \end{bmatrix}\begin{bmatrix} 1 & -1 & 2 \\ 4 & -2 & 5 \\ -3 & 4 & 5 \end{bmatrix}$$

$$= \begin{bmatrix} 1 & -1 & 2 \\ 2 & 0 & 1 \\ -3 & 4 & 5 \end{bmatrix} = A$$

故 $B \sim A$.

由例題 4 之討論可推得下面的定理.

定理 5-4-3

若 A 與 B 均為 $m \times n$ 矩陣，則 B 與 A 列同義的充要條件為存在有限個 $m \times m$ 基本矩陣，$E_1, E_2, E_3, \cdots, E_l$，使得

$$B = E_l E_{l-1} \cdots E_3 E_2 E_1 A.$$

推論：若 $A \sim B$，則 $B \sim A$.

證　由上面定理可知，若 $A \sim B$，則存在有限個基本矩陣 $E_1, E_2, E_3, \cdots, E_l$，使得 $B = E_l E_{l-1} \cdots E_1 A$. 由定理 5-4-3 知 $E_1^{-1}, E_2^{-1}, E_3^{-1}, \cdots, E_l^{-1}$ 均存在且均是基本矩陣，故可得 $A = E_1^{-1} E_2^{-1} \cdots E_l^{-1} B$，此即表示 A 與 B 為列同義，即 $B \sim A$.

但讀者應注意，若 A 與 B 皆為 n 階方陣且 $A \sim B$，則 A 與 B 同時為可逆方陣或同時為不可逆方陣.

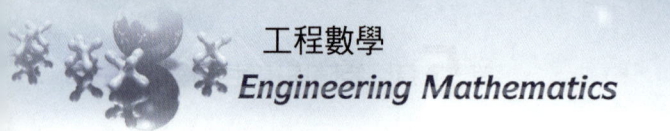

定理 5-4-4

n 階方陣 A 為可逆方陣的充要條件為 $A \sim I_n$。

由此定理得知，必存在有限個基本矩陣 $E_1, E_2, \cdots, E_l$，使得

$$E_l E_{l-1} \cdots E_3 E_2 E_1 A = I_n \tag{5-4-1}$$

上式等號兩邊同乘 A^{-1}，則得

$$E_l E_{l-1} \cdots E_3 E_2 E_1 I_n = I_n A^{-1} = A^{-1} \tag{5-4-2}$$

因為一矩陣乘上一基本矩陣就等於該矩陣施行一次基本列運算，故我們可利用下式將 I_n 化至 A

$$E_1^{-1} E_2^{-1} \cdots E_{l-1}^{-1} E_l^{-1} I_n = A \tag{5-4-3}$$

由以上之討論，我們很容易了解，若想求一可逆方陣 A 的逆方陣 A^{-1}，我們只要做 $n \times 2n$ 矩陣 $[A \vdots I_n]$，然後利用矩陣的基本列運算將 $[A \vdots I_n]$ 化為 $[I_n \vdots B]$ 的形式，則 B 即為所求的逆方陣 A^{-1}。

【例題 5】求 $A = \begin{bmatrix} 1 & -2 & 1 \\ -1 & 3 & 2 \\ 2 & -2 & 7 \end{bmatrix}$ 的逆方陣。

解 我們做 3×6 矩陣 $[A \vdots I_3]$，並將它化成 $[I_3 \vdots B]$。

$$\begin{bmatrix} 1 & -2 & 1 & \vdots & 1 & 0 & 0 \\ -1 & 3 & 2 & \vdots & 0 & 1 & 0 \\ 2 & -2 & 7 & \vdots & 0 & 0 & 1 \end{bmatrix} \underbrace{1R_1 + R_2} \begin{bmatrix} 1 & -2 & 1 & \vdots & 1 & 0 & 0 \\ 0 & 1 & 3 & \vdots & 1 & 1 & 0 \\ 2 & -2 & 7 & \vdots & 0 & 0 & 1 \end{bmatrix}$$

$$\underbrace{-2R_1 + R_3} \begin{bmatrix} 1 & -2 & 1 & \vdots & 1 & 0 & 0 \\ 0 & 1 & 3 & \vdots & 1 & 1 & 0 \\ 0 & 2 & 5 & \vdots & -2 & 0 & 1 \end{bmatrix} \underbrace{-2R_2 + R_3} \begin{bmatrix} 1 & -2 & 1 & \vdots & 1 & 0 & 0 \\ 0 & 1 & 3 & \vdots & 1 & 1 & 0 \\ 0 & 0 & -1 & \vdots & -4 & -2 & 1 \end{bmatrix}$$

$$\underbrace{2R_2 + R_1} \begin{bmatrix} 1 & 0 & 7 & \vdots & 3 & 2 & 0 \\ 0 & 1 & 3 & \vdots & 1 & 1 & 0 \\ 0 & 0 & -1 & \vdots & -4 & -2 & 1 \end{bmatrix} \underbrace{-1R_3} \begin{bmatrix} 1 & 0 & 7 & \vdots & 3 & 2 & 0 \\ 0 & 1 & 3 & \vdots & 1 & 1 & 0 \\ 0 & 0 & 1 & \vdots & 4 & 2 & -1 \end{bmatrix} \underbrace{-3R_3 + R_2}$$

$$\begin{bmatrix} 1 & 0 & 7 & \vdots & 3 & 2 & 0 \\ 0 & 1 & 0 & \vdots & -11 & -5 & 3 \\ 0 & 0 & 1 & \vdots & 4 & 2 & -1 \end{bmatrix} \underbrace{}_{-7R_3 + R_1} \begin{bmatrix} 1 & 0 & 0 & \vdots & -25 & -12 & 7 \\ 0 & 1 & 0 & \vdots & -11 & -5 & 3 \\ 0 & 0 & 1 & \vdots & 4 & 2 & -1 \end{bmatrix}$$

故 $A^{-1} = \begin{bmatrix} -25 & -12 & 7 \\ -11 & -5 & 3 \\ 4 & 2 & -1 \end{bmatrix}$.

【例題 6】試求出方陣 A 的逆方陣存在時之所有 a 值，若

$$A = \begin{bmatrix} 1 & 1 & 0 \\ 1 & 0 & 0 \\ 1 & 2 & a \end{bmatrix}$$

則 A^{-1} 為何？

解　$[A \vdots I_3] = \begin{bmatrix} 1 & 1 & 0 & \vdots & 1 & 0 & 0 \\ 1 & 0 & 0 & \vdots & 0 & 1 & 0 \\ 1 & 2 & a & \vdots & 0 & 0 & 1 \end{bmatrix} \underbrace{}_{-1R_1 + R_2}$

$\begin{bmatrix} 1 & 1 & 0 & \vdots & 1 & 0 & 0 \\ 0 & -1 & 0 & \vdots & -1 & 1 & 0 \\ 1 & 2 & a & \vdots & 0 & 0 & 1 \end{bmatrix} \underbrace{}_{-1R_1 + R_3} \begin{bmatrix} 1 & 1 & 0 & \vdots & 1 & 0 & 0 \\ 0 & -1 & 0 & \vdots & -1 & 1 & 0 \\ 0 & 1 & a & \vdots & -1 & 0 & 1 \end{bmatrix}$

$\underbrace{}_{1R_2 + R_3} \begin{bmatrix} 1 & 1 & 0 & \vdots & 1 & 0 & 0 \\ 0 & -1 & 0 & \vdots & -1 & 1 & 0 \\ 0 & 0 & a & \vdots & -2 & 1 & 1 \end{bmatrix} \underbrace{}_{1R_2 + R_1}$

$\begin{bmatrix} 1 & 0 & 0 & \vdots & 0 & 1 & 0 \\ 0 & -1 & 0 & \vdots & -1 & 1 & 0 \\ 0 & 0 & a & \vdots & -2 & 1 & 1 \end{bmatrix} \underbrace{}_{-1R_2} \begin{bmatrix} 1 & 0 & 0 & \vdots & 0 & 1 & 0 \\ 0 & 1 & 0 & \vdots & 1 & -1 & 0 \\ 0 & 0 & a & \vdots & -2 & 1 & 1 \end{bmatrix}$

只有當 $a=1$ 時，$A \sim I_3$，故 A 的逆方陣存在，

且 $A^{-1} = \begin{bmatrix} 0 & 1 & 0 \\ 1 & -1 & 0 \\ -2 & 1 & 1 \end{bmatrix}$.

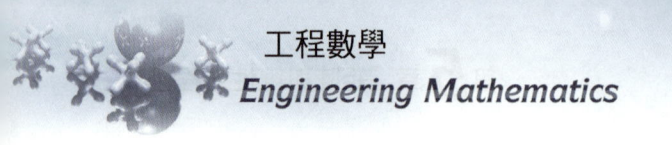

下面我們再討論一種非常有用的矩陣形式，稱為**簡約列梯陣** (reduced row echelon matrix).

定義 5-4-3

若一個矩陣滿足下列性質，則稱為**簡約列梯陣**.
(1) 矩陣中全為 0 之所有的列 (如果有的話) 皆置於矩陣的底層.
(2) 非全為 0 的每一列中之第一個非 0 元素為 1，稱為此列的首領.
(3) 若第 i 列與第 $i+1$ 列是兩個非全為 0 的連續列，則第 $i+1$ 列之首項應置於第 i 列之首項之右方.
(4) 若一行含有某列的首領，則此行的其他元素皆為 0.

【例題 7】 $\begin{bmatrix} 1 & 0 & 0 & 0 & 3 \\ 0 & 0 & 1 & 0 & 4 \\ 0 & 0 & 0 & 1 & 1 \end{bmatrix}$ 與 $\begin{bmatrix} 1 & 0 & 0 & -2 \\ 0 & 1 & 2 & 1 \\ 0 & 0 & 0 & 0 \end{bmatrix}$ 為簡約列梯陣，但

$\begin{bmatrix} 1 & 0 & 1 & -1 \\ 0 & 1 & -2 & 1 \\ 0 & 1 & 1 & 0 \\ 0 & 0 & 0 & 0 \end{bmatrix}$ 與 $\begin{bmatrix} 1 & 1 & 0 & 1 \\ 0 & 1 & 2 & -1 \\ 0 & 0 & 1 & 0 \end{bmatrix}$ 為非簡約列梯陣.

【例題 8】 試將矩陣 $A = \begin{bmatrix} 0 & 0 & -2 & 0 & 7 & 12 \\ 2 & 4 & -10 & 6 & 12 & 28 \\ 2 & 4 & -5 & 6 & -5 & -1 \end{bmatrix}$ 化為簡約列梯陣.

解　$A = \begin{bmatrix} 0 & 0 & -2 & 0 & 7 & 12 \\ 2 & 4 & -10 & 6 & 12 & 28 \\ 2 & 4 & -5 & 6 & -5 & -1 \end{bmatrix} \underline{R_1 \leftrightarrow R_2}$

$\begin{bmatrix} 2 & 4 & -10 & 6 & 12 & 28 \\ 0 & 0 & -2 & 0 & 7 & 12 \\ 2 & 4 & -5 & 6 & -5 & -1 \end{bmatrix} \underline{\frac{1}{2}R_1}$

$\begin{bmatrix} 1 & 2 & -5 & 3 & 6 & 14 \\ 0 & 0 & -2 & 0 & 7 & 12 \\ 2 & 4 & -5 & 6 & -5 & -1 \end{bmatrix} \underline{-2R_1 + R_3}$

第 5 章　矩陣與線性方程組

$$\begin{bmatrix} 1 & 2 & -5 & 3 & 6 & 14 \\ 0 & 0 & -2 & 0 & 7 & 12 \\ 0 & 0 & 5 & 0 & -17 & -29 \end{bmatrix} \underset{\sim}{-\frac{1}{2}R_2}$$

$$\begin{bmatrix} 1 & 2 & -5 & 3 & 6 & 14 \\ 0 & 0 & 1 & 0 & -\frac{7}{2} & -6 \\ 0 & 0 & 5 & 0 & -17 & -29 \end{bmatrix} \underset{\sim}{-5R_2 + R_3}$$

$$\begin{bmatrix} 1 & 2 & -5 & 3 & 6 & 14 \\ 0 & 0 & 1 & 0 & -\frac{7}{2} & -6 \\ 0 & 0 & 0 & 0 & \frac{1}{2} & 1 \end{bmatrix} \underset{\sim}{2R_3}$$

$$\begin{bmatrix} 1 & 2 & -5 & 3 & 6 & 14 \\ 0 & 0 & 1 & 0 & -\frac{7}{2} & -6 \\ 0 & 0 & 0 & 0 & 1 & 2 \end{bmatrix} \underset{\sim}{\frac{7}{2}R_3 + R_2}$$

$$\begin{bmatrix} 1 & 2 & -5 & 3 & 6 & 14 \\ 0 & 0 & 1 & 0 & 0 & 1 \\ 0 & 0 & 0 & 0 & 1 & 2 \end{bmatrix} \underset{\sim}{-6R_3 + R_1}$$

$$\begin{bmatrix} 1 & 2 & -5 & 3 & 0 & 2 \\ 0 & 0 & 1 & 0 & 0 & 1 \\ 0 & 0 & 0 & 0 & 1 & 2 \end{bmatrix} \underset{\sim}{5R_2 + R_1} \begin{bmatrix} 1 & 2 & 0 & 3 & 0 & 7 \\ 0 & 0 & 1 & 0 & 0 & 1 \\ 0 & 0 & 0 & 0 & 1 & 2 \end{bmatrix}.$$

習題 5-4

1. 下列何者為基本矩陣？

(1) $\begin{bmatrix} 1 & 0 \\ -9 & 1 \end{bmatrix}$

(2) $\begin{bmatrix} -8 & 1 \\ 1 & 0 \end{bmatrix}$

(3) $\begin{bmatrix} 1 & 0 & 0 \\ 0 & 0 & 1 \\ 0 & 1 & 0 \end{bmatrix}$

(4) $\begin{bmatrix} 1 & 0 & 0 \\ 0 & 1 & 7 \\ 0 & 0 & 1 \end{bmatrix}$ (5) $\begin{bmatrix} 3 & 0 & 0 & 3 \\ 0 & 1 & 0 & 0 \\ 0 & 0 & 1 & 0 \\ 0 & 0 & 0 & 1 \end{bmatrix}$

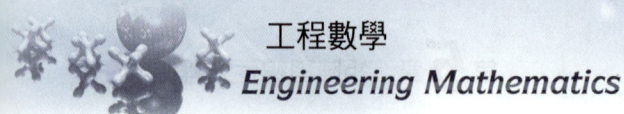

2. 試決定列運算以還原下面各基本矩陣為單位矩陣.

(1) $\begin{bmatrix} 1 & 0 \\ -7 & 1 \end{bmatrix}$ (2) $\begin{bmatrix} 1 & 0 & 0 \\ 0 & 1 & 0 \\ 0 & 0 & 6 \end{bmatrix}$

(3) $\begin{bmatrix} 0 & 0 & 0 & 1 \\ 0 & 1 & 0 & 0 \\ 1 & 0 & 0 & 0 \\ 0 & 0 & 1 & 0 \end{bmatrix}$ (4) $\begin{bmatrix} 1 & 0 & -\frac{1}{5} & 0 \\ 0 & 1 & 0 & 0 \\ 0 & 0 & 1 & 0 \\ 0 & 0 & 0 & 1 \end{bmatrix}$

3. 考慮下列的矩陣.

$$A = \begin{bmatrix} 3 & 4 & 1 \\ 2 & -7 & -1 \\ 8 & 1 & 5 \end{bmatrix},\ B = \begin{bmatrix} 8 & 1 & 5 \\ 2 & -7 & -1 \\ 3 & 4 & 1 \end{bmatrix},\ C = \begin{bmatrix} 3 & 4 & 1 \\ 2 & -7 & -1 \\ 2 & -7 & 3 \end{bmatrix}$$

求基本矩陣 E_1、E_2、E_3 與 E_4，使得

(1) $E_1 A = B$ (2) $E_2 B = A$ (3) $E_3 A = C$ (4) $E_4 C = A$.

4. 試利用矩陣之基本列運算求下列方陣的逆方陣.

(1) $A = \begin{bmatrix} 1 & 3 \\ 2 & 7 \end{bmatrix}$ (2) $B = \begin{bmatrix} 3 & -2 & 1 \\ 1 & 4 & 3 \\ 0 & 2 & 2 \end{bmatrix}$

(3) $C = \begin{bmatrix} 1 & 2 & -1 \\ 0 & 1 & 1 \\ 1 & 0 & -1 \end{bmatrix}$ (4) $D = \begin{bmatrix} 1 & 0 & 1 & 0 \\ -1 & 1 & 1 & 0 \\ 0 & 1 & 0 & 1 \\ 1 & -1 & 1 & 0 \end{bmatrix}$

5. 下列的方陣是否可逆？若可逆，則求其逆方陣.

(1) $A = \begin{bmatrix} 1 & -1 & 3 \\ 1 & 2 & -3 \\ 2 & 1 & 0 \end{bmatrix}$
(2) $B = \begin{bmatrix} -3 & 1 & 1 & 1 \\ 1 & -3 & 1 & 1 \\ 1 & 1 & -3 & 1 \\ 1 & 1 & 1 & -3 \end{bmatrix}$

6. 下列各矩陣中，哪些為簡約列梯陣？

$A = \begin{bmatrix} 1 & 0 & 0 & 0 & -3 \\ 0 & 0 & 1 & 0 & 4 \\ 0 & 0 & 0 & 1 & 2 \end{bmatrix}$, $B = \begin{bmatrix} 1 & 0 & 0 & 0 & 2 \\ 0 & 0 & 1 & 0 & 0 \\ 0 & 0 & 0 & 1 & 3 \\ 0 & 0 & 0 & 0 & 0 \end{bmatrix}$

$C = \begin{bmatrix} 0 & 1 & 0 & 0 & 5 \\ 0 & 0 & 1 & 0 & -4 \\ 0 & 0 & 0 & -1 & 3 \end{bmatrix}$, $D = \begin{bmatrix} 0 & 0 & 0 & 0 & 0 \\ 0 & 0 & 1 & 2 & -3 \\ 0 & 0 & 0 & 1 & 0 \\ 0 & 0 & 0 & 0 & 0 \end{bmatrix}$

7. 若 $A = \begin{bmatrix} 0 & 0 & -1 & 2 & 3 \\ 0 & 2 & 3 & 4 & 5 \\ 0 & 1 & 3 & -1 & 2 \\ 0 & 3 & 2 & 4 & 1 \end{bmatrix}$

求出一簡約列梯陣 C 使其列同義於 A.

5-5　線性方程組的解法

由 n 個未知數及 m 個線性方程式所組成之系統稱為**線性系統** (linear system) 或聯立線性方程組，如下

$$\begin{cases} a_{11}x_1 + a_{12}x_2 + \cdots + a_{1n}x_n = b_1 \\ a_{21}x_1 + a_{22}x_2 + \cdots + a_{2n}x_n = b_2 \\ \vdots \quad \vdots \quad \vdots \quad \vdots \\ a_{m1}x_1 + a_{m2}x_2 + \cdots + a_{mn}x_n = b_m \end{cases} \tag{5-5-1}$$

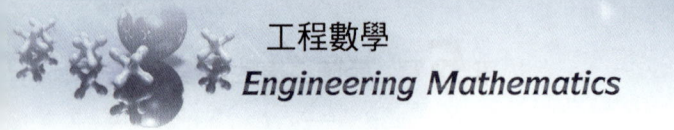

(5-5-1) 式可以寫成

$$AX = b \tag{5-5-2}$$

其中，$A = \begin{bmatrix} a_{11} & a_{12} & a_{13} & \cdots & a_{1n} \\ a_{21} & a_{22} & a_{23} & \cdots & a_{2n} \\ \vdots & \vdots & \vdots & & \vdots \\ a_{m1} & a_{m2} & a_{m3} & \cdots & a_{mn} \end{bmatrix}$, $X = [\, x_1 \ x_2 \ x_3 \ \cdots \ x_n \,]^T$ 為 $n \times 1$ 矩陣，而 $b = [\, b_1 \ b_2 \ b_3 \ \cdots \ b_m \,]^T$ 為 $m \times 1$ 矩陣，又

$$[A \,\vdots\, b] = \begin{bmatrix} a_{11} & a_{12} & a_{13} & \cdots & a_{1n} & \vdots & b_1 \\ a_{21} & a_{22} & a_{23} & \cdots & a_{2n} & \vdots & b_2 \\ \vdots & \vdots & \vdots & & \vdots & \vdots & \vdots \\ a_{m1} & a_{m2} & a_{m3} & \cdots & a_{mn} & \vdots & b_m \end{bmatrix} \tag{5-5-3}$$

稱為**擴增矩陣** (augmented matrix).

首先，我們介紹一種**高斯後代法** (Gauss backward-substitution) 化簡程序.

【例題 1】解線性方程組

$$\begin{cases} x_1 - x_2 + x_3 = 4 \\ 3x_1 + 2x_2 + x_3 = 2 \\ 4x_1 + 2x_2 + 2x_3 = 8 \end{cases}$$

解 聯立方程式的擴增矩陣為

$$\begin{bmatrix} 1 & -1 & 1 & \vdots & 4 \\ 3 & 2 & 1 & \vdots & 2 \\ 4 & 2 & 2 & \vdots & 8 \end{bmatrix} \underset{-3R_1 + R_2}{\sim} \begin{bmatrix} 1 & -1 & 1 & \vdots & 4 \\ 0 & 5 & -2 & \vdots & -10 \\ 4 & 2 & 2 & \vdots & 8 \end{bmatrix} \underset{-4R_1 + R_3}{\sim}$$

$$\begin{bmatrix} 1 & -1 & 1 & \vdots & 4 \\ 0 & 5 & -2 & \vdots & -10 \\ 0 & 6 & -2 & \vdots & -8 \end{bmatrix} \underset{-\frac{6}{5}R_2 + R_3}{\sim} \begin{bmatrix} 1 & -1 & 1 & \vdots & 4 \\ 0 & 5 & -2 & \vdots & -10 \\ 0 & 0 & \frac{2}{5} & \vdots & 4 \end{bmatrix}$$

$$\frac{1}{5}R_2 \begin{bmatrix} 1 & -1 & 1 & \vdots & 4 \\ 0 & 1 & -\frac{2}{5} & \vdots & -2 \\ 0 & 0 & \frac{2}{5} & \vdots & 4 \end{bmatrix}$$

至此，擴增矩陣所對應的方程組為

$$\begin{cases} x_1 - x_2 + x_3 = 4 \cdots\cdots\cdots\cdots\cdots\cdots① \\ x_2 - \frac{2}{5}x_3 = -2 \cdots\cdots\cdots\cdots\cdots\cdots② \\ \frac{2}{5}x_3 = 4 \cdots\cdots\cdots\cdots\cdots\cdots③ \end{cases}$$

故由 ③ 式解得 $x_3 = 10$，代入 ② 式得 $x_2 = -2 + \frac{2}{5}x_3 = -2 + 4 = 2$. 最後將 x_3 與 x_2 再代入 ① 式得 $x_1 = 4 + x_2 - x_3 = 4 + 2 - 10 = -4$.

但讀者應注意由原係數矩陣的擴增矩陣經由有限次之基本列運算後，其係數矩陣列同義於一上三角矩陣，故由後代法依序解得 x_3、x_2 與 x_1 之值. 如果我們再繼續矩陣的基本列運算，使係數矩陣列同義於一單位矩陣，則可直接求得 x_1、x_2 與 x_3 之值，而不必去使用後代法的運算步驟，再繼續矩陣的基本列運算.

$$\begin{bmatrix} 1 & -1 & 1 & \vdots & 4 \\ 0 & 1 & -\frac{2}{5} & \vdots & -2 \\ 0 & 0 & \frac{2}{5} & \vdots & 4 \end{bmatrix} \underbrace{\frac{5}{2}R_3} \begin{bmatrix} 1 & -1 & 1 & \vdots & 4 \\ 0 & 1 & -\frac{2}{5} & \vdots & -2 \\ 0 & 0 & 1 & \vdots & 10 \end{bmatrix} \underbrace{1R_2 + R_1}$$

$$\begin{bmatrix} 1 & 0 & \frac{3}{5} & \vdots & 2 \\ 0 & 1 & -\frac{2}{5} & \vdots & -2 \\ 0 & 0 & 1 & \vdots & 10 \end{bmatrix} \underbrace{-\frac{3}{5}R_3 + R_1} \begin{bmatrix} 1 & 0 & 0 & \vdots & -4 \\ 0 & 1 & -\frac{2}{5} & \vdots & -2 \\ 0 & 0 & 1 & \vdots & 10 \end{bmatrix}$$

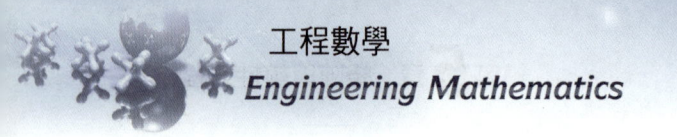

$$\underbrace{\frac{2}{5}R_3 + R_2} \begin{bmatrix} 1 & 0 & 0 & \vdots & -4 \\ 0 & 1 & 0 & \vdots & 2 \\ 0 & 0 & 1 & \vdots & 10 \end{bmatrix}$$

即 $\begin{bmatrix} 1 & -1 & 1 & \vdots & 4 \\ 3 & 2 & 1 & \vdots & 2 \\ 4 & 2 & 2 & \vdots & 8 \end{bmatrix}$ 與 $\begin{bmatrix} 1 & 0 & 0 & \vdots & -4 \\ 0 & 1 & 0 & \vdots & 2 \\ 0 & 0 & 1 & \vdots & 10 \end{bmatrix}$ 為列同義，

而矩陣 $\begin{bmatrix} 1 & 0 & 0 & \vdots & -4 \\ 0 & 1 & 0 & \vdots & 2 \\ 0 & 0 & 1 & \vdots & 10 \end{bmatrix}$ 所表示的就是方程組

$$\begin{cases} 1x_1 + 0x_2 + 0x_3 = -4 \\ 0x_1 + 1x_2 + 0x_3 = 2 \\ 0x_1 + 0x_2 + 1x_3 = 10 \end{cases}$$

因此，方程組的解為

$$\begin{cases} x_1 = -4 \\ x_2 = 2 \\ x_3 = 10 \end{cases}$$

此方法稱為**高斯-約旦消去法** (Gauss-Jordan elimination)。

在 (5-5-1) 式中，若 $b_1 = b_2 = b_3 = \cdots = b_m = 0$，則稱為**齊次方程組** (homogeneous system)，我們亦可用矩陣形式寫成

$$AX = 0 \tag{5-5-4}$$

(5-5-4) 式中的一組解 $x_1 = x_2 = x_3 = \cdots = x_n = 0$ 稱為**明顯解** (trivial solution)。另外，若齊次方程組的解 x_1，x_2，x_3，$\cdots$，x_n 並非全為 0，則稱為**非明顯解** (nontrivial solution)。

定理 5-5-1

若 $n > m$，則 n 個未知數及 m 個線性方程式的齊次方程組有一組非明顯解．

第5章 矩陣與線性方程組

定理 5-5-2

若 A 為 n 階方陣，$X = [x_1\ x_2\ x_3\ \cdots\ x_n]^T$，則齊次方程組

$$AX = 0$$

有一組**非明顯解**的充要條件是 A 為**奇異方陣**.

證 假設 A 為非奇異，則 A^{-1} 存在，然後將 $AX = 0$ 的等號兩邊同乘上 A^{-1}，可得

$$A^{-1}(-AX) = A^{-1}0$$
$$(A^{-1}A)X = 0$$
$$I_n X = 0$$
$$X = 0$$

所以，$AX = 0$ 的唯一解為 $X = 0$.

留給讀者去證明：假設 A 為奇異，則 $AX = 0$ 有一組**非明顯解**.

定理 5-5-3

若 $A = [a_{ij}]_{n \times n}$，則下列的敘述為同義.
(1) A 為可逆方陣.
(2) $AX = 0$ 僅有明顯解.
(3) A 是列同義於 I_n.

推論：一 n 階方陣為**非奇異**的充要條件是其為列同義於 I_n.

【例題 2】考慮齊次方程組 $AX = 0$，其中 $A = \begin{bmatrix} 6 & -2 & -3 \\ -1 & 1 & 0 \\ -1 & 0 & 1 \end{bmatrix}$.

因為 A 是非奇異，所以，

$$X = [x_1\ x_2\ x_3]^T = A^{-1}0 = 0$$

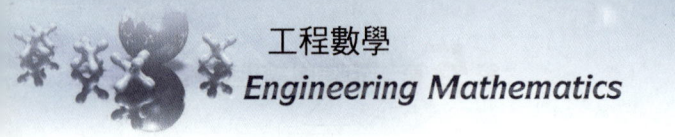

我們也可用**高斯-約旦消去法**來求解原來的方程組．此時，我們可求出與原方程組的擴增矩陣

$$\begin{bmatrix} 6 & -2 & -3 & \vdots & 0 \\ -1 & 1 & 0 & \vdots & 0 \\ -1 & 0 & 1 & \vdots & 0 \end{bmatrix}$$

為列同義的簡約列梯陣．

$$\begin{bmatrix} 6 & -2 & -3 & \vdots & 0 \\ -1 & 1 & 0 & \vdots & 0 \\ -1 & 0 & 1 & \vdots & 0 \end{bmatrix} \underset{R_1 \leftrightarrow R_3}{\sim} \begin{bmatrix} -1 & 0 & 1 & \vdots & 0 \\ -1 & 1 & 0 & \vdots & 0 \\ 6 & -2 & -3 & \vdots & 0 \end{bmatrix} \underset{-1R_1}{\sim} \begin{bmatrix} 1 & 0 & -1 & \vdots & 0 \\ -1 & 1 & 0 & \vdots & 0 \\ 6 & -2 & -3 & \vdots & 0 \end{bmatrix}$$

$$\underset{-6R_1+R_3}{\sim} \begin{bmatrix} 1 & 0 & -1 & \vdots & 0 \\ -1 & 1 & 0 & \vdots & 0 \\ 0 & -2 & 3 & \vdots & 0 \end{bmatrix} \underset{1R_1+R_2}{\sim} \begin{bmatrix} 1 & 0 & -1 & \vdots & 0 \\ 0 & 1 & -1 & \vdots & 0 \\ 0 & -2 & 3 & \vdots & 0 \end{bmatrix}$$

$$\underset{3R_2+R_3}{\sim} \begin{bmatrix} 1 & 0 & -1 & \vdots & 0 \\ 0 & 1 & -1 & \vdots & 0 \\ 0 & 1 & 0 & \vdots & 0 \end{bmatrix} \underset{-1R_2+R_3}{\sim} \begin{bmatrix} 1 & 0 & -1 & \vdots & 0 \\ 0 & 1 & -1 & \vdots & 0 \\ 0 & 0 & 1 & \vdots & 0 \end{bmatrix}$$

$$\underset{1R_3+R_2}{\sim} \begin{bmatrix} 1 & 0 & -1 & \vdots & 0 \\ 0 & 1 & 0 & \vdots & 0 \\ 0 & 0 & 1 & \vdots & 0 \end{bmatrix} \underset{1R_3+R_1}{\sim} \begin{bmatrix} 1 & 0 & 0 & \vdots & 0 \\ 0 & 1 & 0 & \vdots & 0 \\ 0 & 0 & 1 & \vdots & 0 \end{bmatrix}$$

由上式最後矩陣可得出此解為 $X = [x_1 \ x_2 \ x_3]^T = \mathbf{0}$．

【例題 3】考慮齊次方程組 $AX = \mathbf{0}$，其中 $A = \begin{bmatrix} 1 & 2 & -3 \\ 1 & -2 & 1 \\ 5 & -2 & -3 \end{bmatrix}$ 為一奇異方陣．此時，與原方程組的擴增矩陣

$$\begin{bmatrix} 1 & 2 & -3 & \vdots & 0 \\ 1 & -2 & 1 & \vdots & 0 \\ 5 & -2 & -3 & \vdots & 0 \end{bmatrix}$$

為列同義的簡約列梯陣為

$$\begin{bmatrix} 1 & 2 & -3 & \vdots & 0 \\ 1 & -2 & 1 & \vdots & 0 \\ 5 & -2 & -3 & \vdots & 0 \end{bmatrix} \underbrace{\begin{matrix} -5R_1+R_3 \\ -1R_1+R_2 \end{matrix}}_{} \begin{bmatrix} 1 & 2 & -3 & \vdots & 0 \\ 0 & -4 & 4 & \vdots & 0 \\ 0 & -12 & 12 & \vdots & 0 \end{bmatrix} \underbrace{\begin{matrix} \frac{1}{4}R_2 \\ \frac{1}{12}R_3 \end{matrix}}_{}$$

$$\begin{bmatrix} 1 & 2 & -3 & \vdots & 0 \\ 0 & -1 & 1 & \vdots & 0 \\ 0 & -1 & 1 & \vdots & 0 \end{bmatrix} \underbrace{2R_2+R_1}_{} \begin{bmatrix} 1 & 0 & -1 & \vdots & 0 \\ 0 & -1 & 1 & \vdots & 0 \\ 0 & -1 & 1 & \vdots & 0 \end{bmatrix} \underbrace{-1R_2+R_3}_{}$$

$$\begin{bmatrix} 1 & 0 & -1 & \vdots & 0 \\ 0 & -1 & 1 & \vdots & 0 \\ 0 & 0 & 0 & \vdots & 0 \end{bmatrix} \underbrace{-1R_2}_{} \begin{bmatrix} 1 & 0 & -1 & \vdots & 0 \\ 0 & 1 & -1 & \vdots & 0 \\ 0 & 0 & 0 & \vdots & 0 \end{bmatrix}$$

上式最後矩陣隱含著

$$\begin{cases} x_1 = t \\ x_2 = t \\ x_3 = t \end{cases}$$

其中 t 為任意實數. 因此, 原方程組有一組非明顯解.

【例題 4】若 $A = \begin{bmatrix} -1 & -2 \\ -2 & 2 \end{bmatrix}$, 求齊次方程組 $(\lambda I_2 - A)\mathbf{x} = \mathbf{0}$ 有非明顯解的所有 λ 值.

解　$(\lambda I_2 - A)\mathbf{x} = \mathbf{0} \Rightarrow \left(\lambda \begin{bmatrix} 1 & 0 \\ 0 & 1 \end{bmatrix} - \begin{bmatrix} -1 & -2 \\ -2 & 2 \end{bmatrix} \right) \mathbf{x} = \mathbf{0}$

$\Rightarrow \left(\begin{bmatrix} \lambda & 0 \\ 0 & \lambda \end{bmatrix} - \begin{bmatrix} -1 & -2 \\ -2 & 2 \end{bmatrix} \right) \mathbf{x} = \mathbf{0}$

$\Rightarrow \begin{bmatrix} \lambda+1 & 2 \\ 2 & \lambda-2 \end{bmatrix} \mathbf{x} = \mathbf{0}$

因　$\begin{bmatrix} \lambda+1 & 2 \\ 2 & \lambda-2 \end{bmatrix} \underbrace{\frac{1}{2}R_2}_{} \begin{bmatrix} \lambda+1 & 2 \\ 1 & \frac{1}{2}(\lambda-2) \end{bmatrix}$

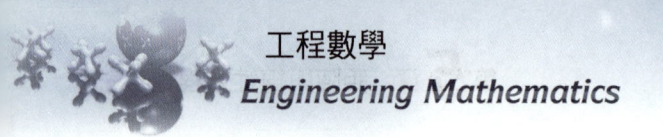

$$\underbrace{-(\lambda+1)R_2+R_1}\begin{bmatrix} 0 & 2-\frac{1}{2}(\lambda-2)(\lambda+1) \\ 1 & \frac{1}{2}(\lambda-2) \end{bmatrix}$$

若 $\begin{bmatrix} \lambda+1 & 2 \\ 2 & \lambda-2 \end{bmatrix}$ 為奇異方陣，則齊次方程組就有非明顯解，亦即，

$$2-\frac{1}{2}(\lambda-2)(\lambda+1)=0$$
$$\Rightarrow (\lambda-2)(\lambda+1)=4$$
$$\Rightarrow \lambda^2-\lambda-6=0$$
$$\Rightarrow \lambda=3 \text{ 或 } \lambda=-2.$$

【例題 5】解齊次方程組

$$\begin{cases} x_1+x_2+x_3+x_4=0 \\ x_1\ \ \ \ \ \ \ \ \ \ +x_4=0 \\ x_1+2x_2+x_3\ \ \ \ =0 \end{cases}$$

解 此方程組的擴增矩陣為

$$\begin{bmatrix} 1 & 1 & 1 & 1 & \vdots & 0 \\ 1 & 0 & 0 & 1 & \vdots & 0 \\ 1 & 2 & 1 & 0 & \vdots & 0 \end{bmatrix} \underbrace{-1R_1+R_2}\begin{bmatrix} 1 & 1 & 1 & 1 & \vdots & 0 \\ 0 & -1 & -1 & 0 & \vdots & 0 \\ 0 & 1 & 0 & -1 & \vdots & 0 \end{bmatrix} \underbrace{1R_2+R_1}$$

$$\begin{bmatrix} 1 & 0 & 0 & 1 & \vdots & 0 \\ 0 & -1 & -1 & 0 & \vdots & 0 \\ 0 & 1 & 0 & -1 & \vdots & 0 \end{bmatrix} \underbrace{1R_2+R_3}\begin{bmatrix} 1 & 0 & 0 & 1 & \vdots & 0 \\ 0 & -1 & -1 & 0 & \vdots & 0 \\ 0 & 0 & -1 & -1 & \vdots & 0 \end{bmatrix}$$

$$\underbrace{-1R_3}\begin{bmatrix} 1 & 0 & 0 & 1 & \vdots & 0 \\ 0 & -1 & -1 & 0 & \vdots & 0 \\ 0 & 0 & 1 & 1 & \vdots & 0 \end{bmatrix} \underbrace{1R_3+R_2}\begin{bmatrix} 1 & 0 & 0 & 1 & \vdots & 0 \\ 0 & -1 & 0 & 1 & \vdots & 0 \\ 0 & 0 & 1 & 1 & \vdots & 0 \end{bmatrix}$$

$$\underbrace{-1R_2}\begin{bmatrix} 1 & 0 & 0 & 1 & \vdots & 0 \\ 0 & 1 & 0 & -1 & \vdots & 0 \\ 0 & 0 & 1 & 1 & \vdots & 0 \end{bmatrix}$$

最後矩陣所表示的方程組就是

$$\begin{cases} x_1 \quad\quad\quad\quad + x_4 = 0 \\ \quad x_2 \quad\quad - x_4 = 0 \\ \quad\quad\quad x_3 + x_4 = 0 \end{cases}$$

故方程組的解為

$$\begin{cases} x_1 = -t \\ x_2 = t \\ x_3 = -t \\ x_4 = t \end{cases}, \quad t \in I\!R.$$

由以上之討論得知線性方程組可能有解，也可能無解；如果有解，可能只有一組解，也可能有無限多組解．至少有一組解的線性方程組稱為**相容** (consistent)，而無解的線性方程組稱為**不相容** (inconsistent)．

現在，我們再考慮 n 個未知數及 n 個方程式的線性方程組 $AX = B$ 的解．

定理 5-5-4

令 $AX = B$ 為具有 n 個變數及 n 個一次方程式的方程組．若 A^{-1} 存在，則此方程組之解為唯一，且 $X = A^{-1}B$．

證 我們首先證明 $X = A^{-1}B$ 為方程組的解．將 $X = A^{-1}B$ 代入矩陣方程式中，並利用矩陣之性質，我們得到

$$AX = A(A^{-1}B) = (AA^{-1})B = I_n B = B$$

$X = A^{-1}B$ 滿足方程式；於是 $X = A^{-1}B$ 為方程組之解．

我們現在再證明解的唯一性．令 X_1 亦為其一解，則 $AX_1 = B$．此式等號兩端同乘 A^{-1}，可得

$$A^{-1}AX_1 = A^{-1}B$$
$$I_n X_1 = A^{-1}B$$
$$X_1 = A^{-1}B = X$$

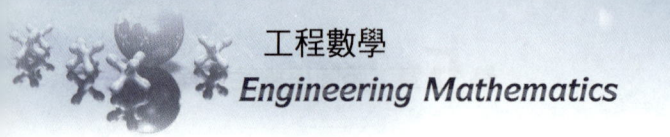

於是，證得方程組有唯一解.

【例題 6】解下列線性方程組

$$AX = B$$

其中 $A = \begin{bmatrix} 2 & 3 \\ 4 & 5 \end{bmatrix}$, $X = \begin{bmatrix} x_1 \\ x_2 \end{bmatrix}$, $B = \begin{bmatrix} 4 \\ 1 \end{bmatrix}$.

解　$X = A^{-1}B = \dfrac{1}{-2}\begin{bmatrix} 5 & -3 \\ -4 & 2 \end{bmatrix}\begin{bmatrix} 4 \\ 1 \end{bmatrix} = \begin{bmatrix} -\dfrac{5}{2} & \dfrac{3}{2} \\ 2 & -1 \end{bmatrix}\begin{bmatrix} 4 \\ 1 \end{bmatrix} = \begin{bmatrix} -\dfrac{17}{2} \\ 7 \end{bmatrix}$.

【例題 7】解方程組

$$\begin{cases} x_1 - 2x_3 = 1 \\ 4x_1 - 2x_2 + x_3 = 2 \\ x_1 + 2x_2 - 10x_3 = -1 \end{cases}.$$

解　此線性方程組的矩陣形式為

$$\begin{bmatrix} 1 & 0 & -2 \\ 4 & -2 & 1 \\ 1 & 2 & -10 \end{bmatrix}\begin{bmatrix} x_1 \\ x_2 \\ x_3 \end{bmatrix} = \begin{bmatrix} 1 \\ 2 \\ -1 \end{bmatrix}$$

先求出 $A = \begin{bmatrix} 1 & 0 & -2 \\ 4 & -2 & 1 \\ 1 & 2 & -10 \end{bmatrix}$ 的逆方陣.

$$[A \vdots I_3] = \begin{bmatrix} 1 & 0 & -2 & \vdots & 1 & 0 & 0 \\ 4 & -2 & 1 & \vdots & 0 & 1 & 0 \\ 1 & 2 & -10 & \vdots & 0 & 0 & 1 \end{bmatrix} \underline{-4R_1 + R_2}$$

$$\begin{bmatrix} 1 & 0 & -2 & \vdots & 1 & 0 & 0 \\ 0 & -2 & 9 & \vdots & -4 & 1 & 0 \\ 1 & 2 & -10 & \vdots & 0 & 0 & 1 \end{bmatrix} \underline{-1R_1 + R_3}$$

第 5 章　矩陣與線性方程組

$$\begin{bmatrix} 1 & 0 & -2 & \vdots & 1 & 0 & 0 \\ 0 & -2 & 9 & \vdots & -4 & 1 & 0 \\ 0 & 2 & -8 & \vdots & -1 & 0 & 1 \end{bmatrix} \underbrace{1R_2 + R_3}$$

$$\begin{bmatrix} 1 & 0 & -2 & \vdots & 1 & 0 & 0 \\ 0 & -2 & 9 & \vdots & -4 & 1 & 0 \\ 0 & 0 & 1 & \vdots & -5 & 1 & 1 \end{bmatrix} \underbrace{-9R_3 + R_2}$$

$$\begin{bmatrix} 1 & 0 & -2 & \vdots & 1 & 0 & 0 \\ 0 & -2 & 0 & \vdots & 41 & -8 & -9 \\ 0 & 0 & 1 & \vdots & -5 & 1 & 1 \end{bmatrix} \underbrace{-\frac{1}{2}R_2}$$

$$\begin{bmatrix} 1 & 0 & -2 & \vdots & 1 & 0 & 0 \\ 0 & 1 & 0 & \vdots & -\dfrac{41}{2} & 4 & \dfrac{9}{2} \\ 0 & 0 & 1 & \vdots & -5 & 1 & 1 \end{bmatrix} \underbrace{2R_3 + R_1}$$

$$\begin{bmatrix} 1 & 0 & 0 & \vdots & -9 & 2 & 2 \\ 0 & 1 & 0 & \vdots & -\dfrac{41}{2} & 4 & \dfrac{9}{2} \\ 0 & 0 & 1 & \vdots & -5 & 1 & 1 \end{bmatrix}$$

故

$$A^{-1} = \begin{bmatrix} -9 & 2 & 2 \\ -\dfrac{41}{2} & 4 & \dfrac{9}{2} \\ -5 & 1 & 1 \end{bmatrix}$$

方程組的解為

$$\begin{bmatrix} x_1 \\ x_2 \\ x_3 \end{bmatrix} = \begin{bmatrix} -9 & 2 & 2 \\ -\dfrac{41}{2} & 4 & \dfrac{9}{2} \\ -5 & 1 & 1 \end{bmatrix} \begin{bmatrix} 1 \\ 2 \\ -1 \end{bmatrix} = \begin{bmatrix} -7 \\ -17 \\ -4 \end{bmatrix}.$$

習題 5-5

1. 試利用高斯後代法解下列方程組.

(1) $\begin{cases} x_1 - 2x_2 + x_3 = 5 \\ -2x_1 + 3x_2 + x_3 = 1 \\ x_1 + 3x_2 + 2x_3 = 2 \end{cases}$ (2) $\begin{cases} 2x_1 - 3x_2 + x_3 = 1 \\ -x_1 + 2x_3 = 0 \\ 3x_1 - 3x_2 - x_3 = 1 \end{cases}$

(3) $\begin{cases} x_2 - 2x_3 + x_4 = 1 \\ 2x_1 - x_2 - x_4 = 0 \\ 4x_1 + x_2 - 6x_3 + x_4 = 3 \end{cases}$ (4) $\begin{cases} x_1 + 2x_2 + x_3 = 7 \\ 2x_1 + x_3 = 4 \\ x_1 + 2x_3 = 5 \\ x_1 + 2x_2 + 3x_3 = 11 \\ 2x_1 + x_2 + 4x_3 = 12 \end{cases}$

2. 試利用**高斯-約旦消去法**解下列方程組.

(1) $\begin{cases} x_1 - 2x_2 + x_3 = 5 \\ -2x_1 + 3x_2 + x_3 = 1 \\ x_1 + 3x_2 + 2x_3 = 2 \end{cases}$ (2) $\begin{cases} -x_2 + x_3 = 3 \\ x_1 - x_2 - x_3 = 0 \\ -x_1 - x_3 = -3 \end{cases}$

3. 就下列方程組 (1) 沒有解，(2) 有唯一解，(3) 有無限多解，求所有 a 的值.

$$\begin{cases} x_1 + x_2 - x_3 = 3 \\ x_1 - x_2 + 3x_3 = 4 \\ x_1 + x_2 + (a^2 - 10)x_3 = a \end{cases}$$

4. 方陣 A 列同義於 $I \Leftrightarrow AX = 0$ 僅有**明顯解**，試利用此觀念判斷下列哪一個方程組有一組**非明顯解**.

(1) $\begin{cases} x_1 + 2x_2 + 3x_3 = 0 \\ 2x_2 + 2x_3 = 0 \\ x_1 + 2x_2 + 3x_3 = 0 \end{cases}$ (2) $\begin{cases} x_1 + x_2 + 2x_3 = 0 \\ 2x_1 + x_2 + x_3 = 0 \\ 3x_1 - x_2 + x_3 = 0 \end{cases}$

(3) $\begin{cases} 2x_1 + x_2 - x_3 = 0 \\ x_1 - 2x_2 - 3x_3 = 0 \\ -3x_1 - x_2 + 2x_3 = 0 \end{cases}$

5. 求出下列各線性方程組係數矩陣的逆方陣以解下列之方程組.

(1) $\begin{cases} 6x_1 - 2x_2 - 3x_3 = 1 \\ -x_1 + x_2 = -1 \\ -x_1 + x_3 = 2 \end{cases}$ (2) $\begin{cases} x_1 + 2x_2 - x_3 = 1 \\ x_2 + x_3 = 2 \\ x_1 - x_3 = 0 \end{cases}$

6. 試解下列齊次方程組.

$$\begin{cases} x_1 - x_2 + x_3 = 0 \\ 2x_1 + x_2 = 0 \\ 2x_1 - 2x_2 + 2x_3 = 0 \end{cases}$$

7. 解下面矩陣方程式中的 X.

$$\begin{bmatrix} 1 & -1 & 1 \\ 2 & 3 & 0 \\ 0 & 2 & -1 \end{bmatrix} X = \begin{bmatrix} 2 & -1 & 5 & 7 & 8 \\ 4 & 0 & -3 & 0 & 1 \\ 3 & 5 & -7 & 2 & 1 \end{bmatrix}$$

5-6　行列式

每一個方陣皆可定義一個數與其對應，這個數就是**行列式** (determinant). 行列式在解線性方程組時有其重要性.

若

$$A = \begin{bmatrix} a_{11} & a_{12} & \cdots & a_{1n} \\ a_{21} & a_{22} & \cdots & a_{2n} \\ \vdots & \vdots & & \vdots \\ a_{n1} & a_{n2} & \cdots & a_{nn} \end{bmatrix}$$

則其行列式記為 $|A|$ 或 $\det(A)$.

定義 5-6-1

(1) 若 A 為一階方陣，即 $A = [a_{11}]$，則定義 $\det(A) = a_{11}$.

(2) 若 A 為二階方陣，即 $A = \begin{bmatrix} a_{11} & a_{12} \\ a_{21} & a_{22} \end{bmatrix}$，則定義

$$\det(A) = \begin{vmatrix} a_{11} & a_{12} \\ a_{21} & a_{22} \end{vmatrix} = a_{11}a_{22} - a_{12}a_{21}$$

(3) 若 A 為三階方陣，即 $A = \begin{bmatrix} a_{11} & a_{12} & a_{13} \\ a_{21} & a_{22} & a_{23} \\ a_{31} & a_{32} & a_{33} \end{bmatrix}$，則定義

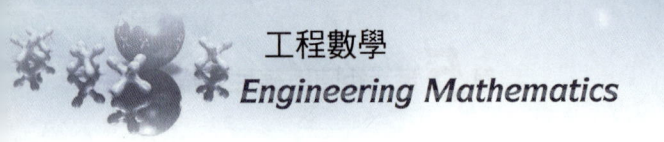

$$\det(A) = a_{11}\begin{vmatrix} a_{22} & a_{23} \\ a_{32} & a_{33} \end{vmatrix} - a_{12}\begin{vmatrix} a_{21} & a_{23} \\ a_{31} & a_{33} \end{vmatrix} + a_{13}\begin{vmatrix} a_{21} & a_{22} \\ a_{31} & a_{32} \end{vmatrix}$$

或

$$\begin{aligned}\det(A) &= a_{11}(a_{22}a_{33} - a_{23}a_{32}) - a_{12}(a_{21}a_{33} - a_{23}a_{31}) \\ &\quad + a_{13}(a_{21}a_{32} - a_{22}a_{31}) \\ &= a_{11}a_{22}a_{33} + a_{12}a_{23}a_{31} + a_{13}a_{21}a_{32} - a_{13}a_{22}a_{31} \\ &\quad - a_{12}a_{21}a_{33} - a_{11}a_{32}a_{23}.\end{aligned}$$

定義 5-6-2

設 A 為 n 階方陣，且令 M_{ij} 為 A 中除去第 i 列及第 j 行後的 $(n-1)\times(n-1)$ 子矩陣，則子矩陣 M_{ij} 的行列式 $|M_{ij}|$ 稱為元素 a_{ij} 的**子行列式** (minor)。令 $A_{ij}=(-1)^{i+j}|M_{ij}|$，則 A_{ij} 稱為 a_{ij} 的**餘因子** (cofactor)。

【例題 1】令 $A = \begin{bmatrix} 2 & -1 & 4 \\ 0 & 1 & 5 \\ 0 & 3 & -4 \end{bmatrix}$，求 A_{32}。

解 $A_{32} = (-1)^{3+2}|M_{32}| = -\begin{bmatrix} 2 & 4 \\ 0 & 5 \end{bmatrix} = -10.$

定理 5-6-1

一個 n 階方陣 A 的行列式值可用任一列 (或行) 之每一元素乘其餘因子後相加來計算，即

$$\begin{aligned}\det(A) &= a_{i1}A_{i1} + a_{i2}A_{i2} + \cdots + a_{in}A_{in} \\ &= \sum_{j=1}^{n} a_{ij}A_{ij} \quad (\text{對第 } i \text{ 列展開})\end{aligned}$$

或

$$\begin{aligned}\det(A) &= a_{1j}A_{1j} + a_{2j}A_{2j} + \cdots + a_{nj}A_{nj} \\ &= \sum_{i=1}^{n} a_{ij}A_{ij} \quad (\text{對第 } j \text{ 行展開}).\end{aligned}$$

如果以子行列式表示，則為

$$\det(\boldsymbol{A}) = \sum_{j=1}^{n} (-1)^{i+j} a_{ij} |\boldsymbol{M}_{ij}| \tag{5-6-1}$$

或

$$\det(\boldsymbol{A}) = \sum_{i=1}^{n} (-1)^{i+j} a_{ij} |\boldsymbol{M}_{ij}| \tag{5-6-2}$$

【例題 2】已知行列式 $\det(\boldsymbol{A}) = \begin{vmatrix} a & b & c & d \\ e & f & g & h \\ i & j & k & l \\ m & n & o & p \end{vmatrix}$，對第一列展開，可得

$$\det(\boldsymbol{A}) = a\begin{vmatrix} f & g & h \\ j & k & l \\ n & o & p \end{vmatrix} - b\begin{vmatrix} e & g & h \\ i & k & l \\ m & o & p \end{vmatrix} + c\begin{vmatrix} e & f & h \\ i & j & l \\ m & n & p \end{vmatrix} - d\begin{vmatrix} e & f & g \\ i & j & k \\ m & n & o \end{vmatrix}$$

亦可對第二列展開，則

$$\det(\boldsymbol{A}) = -e\begin{vmatrix} b & c & d \\ j & k & l \\ n & o & p \end{vmatrix} + f\begin{vmatrix} a & c & d \\ i & k & l \\ m & o & p \end{vmatrix} - g\begin{vmatrix} a & b & d \\ i & j & l \\ m & n & p \end{vmatrix} + h\begin{vmatrix} a & b & c \\ i & j & k \\ m & n & o \end{vmatrix}$$

同時亦可分別對第三列、第四列、第一行、第二行、第三行、第四行展開，所得的行列式值皆相同．

【例題 3】若 $\boldsymbol{A} = \begin{bmatrix} 1 & 0 & 1 & 1 \\ 2 & 1 & 0 & -1 \\ 3 & -1 & 1 & 1 \\ 0 & 1 & 0 & 1 \end{bmatrix}$，求 $\det(\boldsymbol{A})$．

解 由於第四列含有兩個 0 及兩個 1，我們考慮按第四列各元素展開，可得

$$\det(\boldsymbol{A}) = (1)(-1)^{4+2}\begin{vmatrix} 1 & 1 & 1 \\ 2 & 0 & -1 \\ 3 & 1 & 1 \end{vmatrix} + (1)(-1)^{4+4}\begin{vmatrix} 1 & 0 & 1 \\ 2 & 1 & 0 \\ 3 & -1 & 1 \end{vmatrix}$$

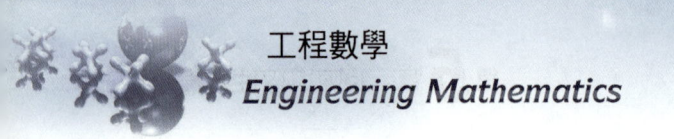

$$= (1)(-1)^{1+2}\begin{vmatrix} 2 & -1 \\ 3 & 1 \end{vmatrix} + (1)(-1)^{3+2}\begin{vmatrix} 1 & 1 \\ 2 & -1 \end{vmatrix}$$

$$+ (1)(-1)^{2+2}\begin{vmatrix} 1 & 1 \\ 3 & 1 \end{vmatrix} + (-1)(-1)^{3+2}\begin{vmatrix} 1 & 1 \\ 2 & 0 \end{vmatrix}$$

$$= -(2+3) - (-1-2) + (1-3) + (0-2)$$

$$= -6.$$

當方陣 A 的階數很大時，行列式的計算工作相當複雜. 但若能善加利用行列式的特性，往往可將計算工作予以簡化. 茲列舉一些行列式的性質如下：

性質 1

設方陣 A 任何一列 (或行) 的元素全為零，則 $\det(A)=0$.

性質 2

A 中某一列 (或行) 乘以常數 k 後的行列式為原行列式乘上 k.

性質 3

若 B 為方陣 A 中某兩列或某兩行互相對調後所得的方陣，則 $\det(B)=-\det(A)$.

性質 4

設

$$A = \begin{bmatrix} a_{11} & a_{12} & \cdots & a_{1j} & \cdots & a_{1n} \\ a_{21} & a_{22} & \cdots & a_{2j} & \cdots & a_{2n} \\ \vdots & \vdots & & \vdots & & \vdots \\ a_{n1} & a_{n2} & \cdots & a_{nj} & \cdots & a_{nn} \end{bmatrix}, B = \begin{bmatrix} a_{11} & a_{12} & \cdots & \alpha_{1j} & \cdots & a_{1n} \\ a_{21} & a_{22} & \cdots & \alpha_{2j} & \cdots & a_{2n} \\ \vdots & \vdots & & \vdots & & \vdots \\ a_{n1} & a_{n2} & \cdots & \alpha_{nj} & \cdots & a_{nn} \end{bmatrix}$$

$$C = \begin{bmatrix} a_{11} & a_{12} & \cdots & a_{1j}+\alpha_{1j} & \cdots & a_{1n} \\ a_{21} & a_{22} & \cdots & a_{2j}+\alpha_{2j} & \cdots & a_{2n} \\ \vdots & \vdots & & \vdots & & \vdots \\ a_{n1} & a_{n2} & \cdots & a_{nj}+\alpha_{nj} & \cdots & a_{nn} \end{bmatrix}$$

則
$$\det(C) = \det(A) + \det(B) \tag{5-6-3}$$

【例題 4】設 $A = \begin{bmatrix} 1 & -1 & 2 \\ 3 & 1 & 4 \\ 0 & -2 & 5 \end{bmatrix}$, $B = \begin{bmatrix} 1 & -6 & 2 \\ 3 & 2 & 4 \\ 0 & 4 & 5 \end{bmatrix}$,

$$C = \begin{bmatrix} 1 & -1-6 & 2 \\ 3 & 1+2 & 4 \\ 0 & -2+4 & 5 \end{bmatrix} = \begin{bmatrix} 1 & -7 & 2 \\ 3 & 3 & 4 \\ 0 & 2 & 5 \end{bmatrix}.$$

則 $\det(A) = 16$, $\det(B) = 108$,

且 $\det(C) = 124 = \det(A) + \det(B)$.

性質 5

若方陣 A 中有兩行或兩列相同, 則 $\det(A) = 0$.

性質 6

若 B 為方陣 A 中某一列 (或行) 乘上常數 k 後加在另一列 (或行) 上所得的矩陣, 則

$$\det(B) = \det(A)$$

【例題 5】設 $A = \begin{bmatrix} 1 & -1 & 2 \\ 3 & 1 & 4 \\ 0 & -2 & 5 \end{bmatrix}$, 則 $\det(A) = 16$. 如果我們將第三列各元素乘以 4 後加到第二列, 我們求得一新矩陣 B 為

$$B = \begin{bmatrix} 1 & -1 & 2 \\ 3+4(0) & 1+4(-2) & 4+5(4) \\ 0 & -2 & 5 \end{bmatrix} = \begin{bmatrix} 1 & -1 & 2 \\ 3 & -7 & 24 \\ 0 & -2 & 5 \end{bmatrix}$$

且 $\det(B) = 16 = \det(A)$.

性質 7

若一方陣 A 中的某一列 (或行) 為另外一列 (或行) 的常數倍, 則 $\det(A) = 0$.

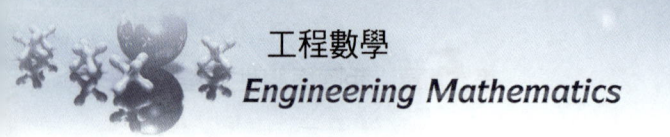

【例題 6】已知 $A = \begin{bmatrix} 2 & 4 & 1 & 12 \\ -1 & 1 & 0 & 3 \\ 0 & -1 & 9 & -3 \\ 7 & 3 & 6 & 9 \end{bmatrix}$，因第四行各元素為第二行各元素的 3 倍，故 $\det(A) = 0$。

性質 8

若 A 與 B 均為 n 階方陣，則

$$\det(AB) = \det(A)\det(B) \tag{5-6-4}$$

【例題 7】令 $A = \begin{bmatrix} 1 & -1 & 2 \\ 3 & 1 & 4 \\ 0 & -2 & 5 \end{bmatrix}$, $B = \begin{bmatrix} 1 & -2 & 3 \\ 0 & -1 & 4 \\ 2 & 0 & -2 \end{bmatrix}$

則 $\det(A) = \begin{vmatrix} 1 & -1 & 2 \\ 3 & 1 & 4 \\ 0 & -2 & 5 \end{vmatrix} = 16$, $\det(B) = \begin{vmatrix} 1 & -2 & 3 \\ 0 & -1 & 4 \\ 2 & 0 & -2 \end{vmatrix} = -8$

而 $AB = \begin{bmatrix} 1 & -1 & 2 \\ 3 & 1 & 4 \\ 0 & -2 & 5 \end{bmatrix}\begin{bmatrix} 1 & -2 & 3 \\ 0 & -1 & 4 \\ 2 & 0 & -2 \end{bmatrix} = \begin{bmatrix} 5 & -1 & -5 \\ 11 & -7 & 5 \\ 10 & 2 & -18 \end{bmatrix}$

故 $\det(AB) = \begin{vmatrix} 5 & -1 & -5 \\ 11 & -7 & 5 \\ 10 & 2 & -18 \end{vmatrix} = -128 = (16)(-8)$

$= \det(A)\det(B)$。

性質 9

若 $A = [a_{ij}]_{n \times n}$ 為一上 (下) 三角矩陣，則其行列式為其對角線上各元素的乘積，即 $\det(A) = a_{11}a_{22}a_{33}\cdots a_{nn}$。此一性質可推廣為"若 $A = \text{diag}(a_{11}, a_{22}, \cdots, a_{nn})$ 為一對角線方陣，則 $\det(A) = a_{11}a_{22}\cdots a_{nn}$。"

第 5 章 矩陣與線性方程組

【例題 8】求行列式 $\begin{vmatrix} 4 & 3 & 2 \\ 3 & -2 & 5 \\ 2 & 4 & 6 \end{vmatrix}$ 的值.

解 $\begin{vmatrix} 4 & 3 & 2 \\ 3 & -2 & 5 \\ 2 & 4 & 6 \end{vmatrix} = 2\begin{vmatrix} 4 & 3 & 2 \\ 3 & -2 & 5 \\ 1 & 2 & 3 \end{vmatrix} = -2\begin{vmatrix} 1 & 2 & 3 \\ 3 & -2 & 5 \\ 4 & 3 & 2 \end{vmatrix} \times (-3)$

$= -2\begin{vmatrix} 1 & 2 & 3 \\ 0 & -8 & -4 \\ 4 & 3 & 2 \end{vmatrix} \times (-4) = -2\begin{vmatrix} 1 & 2 & 3 \\ 0 & -8 & -4 \\ 0 & -5 & -10 \end{vmatrix}$

$= (-2)(4)\begin{vmatrix} 1 & 2 & 3 \\ 0 & -2 & -1 \\ 0 & -5 & -10 \end{vmatrix}$

$= (-2)(4)(5)\begin{vmatrix} 1 & 2 & 3 \\ 0 & -2 & -1 \\ 0 & -1 & -2 \end{vmatrix} \times (-1/2)$

$= (-2)(4)(5)\begin{vmatrix} 1 & 2 & 3 \\ 0 & -2 & -1 \\ 0 & 0 & -\dfrac{3}{2} \end{vmatrix}$

$= (-2)(4)(5)(1)(-2)\left(-\dfrac{3}{2}\right) = -120.$

性質 10

若 A 為 n 階可逆方陣，A^{-1} 為其逆方陣，且 $\det(A) \neq 0$，則

$$\det(A^{-1}) = \dfrac{1}{\det(A)}.\tag{5-6-5}$$

【例題 9】令 $A = \begin{bmatrix} 1 & 2 \\ 4 & 6 \end{bmatrix}$，則 $A^{-1} = \dfrac{1}{6-8}\begin{bmatrix} 6 & -2 \\ -4 & 1 \end{bmatrix} = \begin{bmatrix} -3 & 1 \\ 2 & -\dfrac{1}{2} \end{bmatrix}$

311

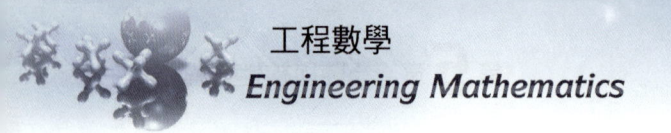

而 $$\det(\boldsymbol{A}^{-1}) = \begin{vmatrix} -3 & 1 \\ 2 & -\dfrac{1}{2} \end{vmatrix} = \dfrac{3}{2} - 2 = -\dfrac{1}{2}$$

$$\det(\boldsymbol{A}) = \begin{vmatrix} 1 & 2 \\ 4 & 6 \end{vmatrix} = 6 - 8 = -2$$

故 $$\det(\boldsymbol{A}^{-1}) = \dfrac{1}{\det(\boldsymbol{A})}.$$

性質 11

設 $\boldsymbol{A} = [a_{ij}]_{n \times n}$，則

$$a_{i1}\boldsymbol{A}_{j1} + a_{i2}\boldsymbol{A}_{j2} + a_{i3}\boldsymbol{A}_{j3} + \cdots + a_{in}\boldsymbol{A}_{jn} = 0 \ (若 \ i \neq j). \tag{5-6-6}$$

性質 12

設 $\boldsymbol{A}$ 為 n 階方陣，則

$$\det(\boldsymbol{A}) = \det(\boldsymbol{A}^T). \tag{5-6-7}$$

【例題 10】令 $\boldsymbol{A} = \begin{bmatrix} 1 & 0 & -2 & -1 \\ 2 & 4 & 1 & 3 \\ 5 & -2 & 3 & -1 \\ 1 & -4 & 3 & -5 \end{bmatrix}$，試證明 $\det(\boldsymbol{A}) = \det(\boldsymbol{A}^T)$.

解 因為 $$\boldsymbol{A}^T = \begin{bmatrix} 1 & 2 & 5 & 1 \\ 0 & 4 & -2 & -4 \\ -2 & 1 & 3 & 3 \\ -1 & 3 & -1 & -5 \end{bmatrix}$$

$$\det(\boldsymbol{A}) = (1)(-1)^{1+1}\begin{vmatrix} 4 & 1 & 3 \\ -2 & 3 & -1 \\ -4 & 3 & -5 \end{vmatrix} + (-2)(-1)^{1+3}\begin{vmatrix} 2 & 4 & 3 \\ 5 & -2 & -1 \\ 1 & -4 & -5 \end{vmatrix}$$

$$+(-1)(-1)^{1+4}\begin{vmatrix} 2 & 4 & 1 \\ 5 & -2 & 3 \\ 1 & -4 & 3 \end{vmatrix}$$

$$= 1(-60+4-18+36-10+12)-2(20-4-60+6+100-8)$$
$$+1(-12+12-20+2-60+24) = (-36)-2(54)+(-54)$$
$$= -198$$

$$\det(A^T) = (1)(-1)^{1+1}\begin{vmatrix} 4 & -2 & -4 \\ 1 & 3 & 3 \\ 3 & -1 & -5 \end{vmatrix} + (2)(-1)^{1+2}\begin{vmatrix} 0 & -2 & -4 \\ -2 & 3 & 3 \\ -1 & -1 & -5 \end{vmatrix}$$

$$+5(-1)^{1+3}\begin{vmatrix} 0 & 4 & -4 \\ -2 & 1 & 3 \\ -1 & 3 & -5 \end{vmatrix} + (1)(-1)^{1+4}\begin{vmatrix} 0 & 4 & -2 \\ -2 & 1 & 3 \\ -1 & 3 & -1 \end{vmatrix}$$

$$= 1(-60-18+4+36-10+12)-2(0+6-8-12+20+0)$$
$$+5(0-12+24-4-40+0)-1(0-12+12-2-8+0)$$
$$= (-36)-2(6)+5(-32)-(-10)$$
$$= -198$$

故 $\det(A) = \det(A^T) = -198$.

【例題 11】 若 $A = \begin{bmatrix} -2 & 1 & 0 & 4 \\ 3 & -1 & 5 & 2 \\ -2 & 7 & 3 & 1 \\ 3 & -7 & 2 & 5 \end{bmatrix}$, 求 $\det(A)$.

解 $\det(A) = \begin{vmatrix} -2 & 1 & 0 & 4 \\ 3 & -1 & 5 & 2 \\ -2 & 7 & 3 & 1 \\ 3 & -7 & 2 & 5 \end{vmatrix} = \begin{vmatrix} 0 & 1 & 0 & 0 \\ 1 & -1 & 5 & 6 \\ 12 & 7 & 3 & -27 \\ -11 & -7 & 2 & 33 \end{vmatrix}$

×2 ×(−4)

313

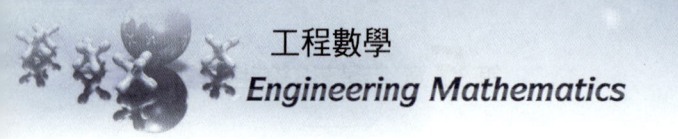

$$=-\begin{vmatrix} 1 & 0 & 0 & 0 \\ -1 & 1 & 5 & 6 \\ 7 & 12 & 3 & -27 \\ -7 & -11 & 2 & 33 \end{vmatrix}=-\begin{vmatrix} 1 & 0 & 0 & 0 \\ -1 & 1 & 0 & 0 \\ 7 & 12 & -57 & -99 \\ -7 & -11 & 57 & 99 \end{vmatrix}$$

$$\times(-5) \quad \times(-6)$$

$$=0 \left(因第四行=\frac{99}{57}\times 第三行\right).$$

我們在 5-4 節中曾經利用矩陣的基本列運算去求一可逆方陣的逆方陣，但是當方陣的階數不大時 (一般為 3 階)，我們可以利用行列式的方法求逆方陣. 首先考慮一個 3 階方陣

$$A=\begin{bmatrix} 1 & 2 & -1 \\ 5 & 3 & 4 \\ -2 & 0 & 1 \end{bmatrix}$$

並發現

$$a_{21}A_{21}+a_{22}A_{22}+a_{23}A_{23}=(5)(-2)+(3)(-1)+(4)(-4)$$
$$=-29=\det(A)$$

與
$$a_{31}A_{21}+a_{32}A_{22}+a_{33}A_{23}=(-2)(-2)+(0)(-1)+(1)(-4)$$
$$=0$$

以及
$$a_{11}A_{11}+a_{21}A_{21}+a_{31}A_{31}=(1)(3)+(5)(-2)+(-2)(11)$$
$$=-29=\det(A)$$

與
$$a_{11}A_{12}+a_{21}A_{22}+a_{31}A_{32}=(1)(-13)+(5)(-1)+(-2)(-9)$$
$$=0$$

綜合以上的結果可得下面之結論.

定理 5-6-2

若 $A=[a_{ij}]$ 為 $n\times n$ 方陣，則下列兩式成立

(1) $a_{i1}A_{k1} + a_{i2}A_{k2} + \cdots + a_{in}A_{kn} = \begin{cases} \det(A), & \text{若 } i = k \\ 0, & \text{若 } i \neq k \end{cases}$.

(2) $a_{1j}A_{1k} + a_{2j}A_{2k} + \cdots + a_{nj}A_{nk} = \begin{cases} \det(A), & \text{若 } j = k \\ 0, & \text{若 } j \neq k \end{cases}$.

定義 5-6-3

已知方陣 $A = [a_{ij}]_{n \times n}$，且 A_{ij} 為 a_{ij} 的餘因子，則方陣 $\text{adj } A = [A_{ij}]^T$ 稱為 A 的**伴隨矩陣** (adjoint of A).

【例題 12】設 $A = \begin{bmatrix} 3 & -2 & 1 \\ 5 & 6 & 2 \\ 1 & 0 & -3 \end{bmatrix}$，計算 $\text{adj } A$.

解 A 的餘因子如下

$A_{11} = (-1)^{1+1} \begin{vmatrix} 6 & 2 \\ 0 & -3 \end{vmatrix} = -18$, $\quad A_{12} = (-1)^{1+2} \begin{vmatrix} 5 & 2 \\ 1 & -3 \end{vmatrix} = 17$,

$A_{13} = (-1)^{1+3} \begin{vmatrix} 5 & 6 \\ 1 & 0 \end{vmatrix} = -6$, $\quad A_{21} = (-1)^{2+1} \begin{vmatrix} -2 & 1 \\ 0 & -3 \end{vmatrix} = -6$,

$A_{22} = (-1)^{2+2} \begin{vmatrix} 3 & 1 \\ 1 & -3 \end{vmatrix} = -10$, $\quad A_{23} = (-1)^{2+3} \begin{vmatrix} 3 & -2 \\ 1 & 0 \end{vmatrix} = -2$,

$A_{31} = (-1)^{3+1} \begin{vmatrix} -2 & 1 \\ 6 & 2 \end{vmatrix} = -10$, $\quad A_{32} = (-1)^{3+2} \begin{vmatrix} 3 & 1 \\ 5 & 2 \end{vmatrix} = -1$,

$A_{33} = (-1)^{3+3} \begin{vmatrix} 3 & -2 \\ 5 & 6 \end{vmatrix} = 28$

則 $\text{adj } A = \begin{bmatrix} A_{11} & A_{21} & A_{31} \\ A_{12} & A_{22} & A_{32} \\ A_{13} & A_{23} & A_{33} \end{bmatrix} = \begin{bmatrix} -18 & -6 & -10 \\ 17 & -10 & -1 \\ -6 & -2 & 28 \end{bmatrix}$.

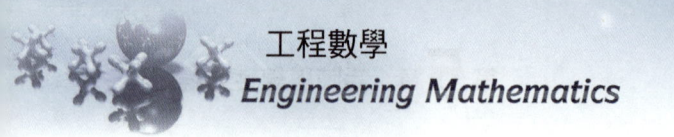

定理 5-6-3

已知 $A = [a_{ij}]_{n \times n}$，則

$$A(\text{adj } A) = (\text{adj } A)(A) = \det(A) I_n.$$

證

$$A(\text{adj } A) = \begin{bmatrix} a_{11} & a_{12} & a_{13} & \cdots & a_{1n} \\ a_{21} & a_{22} & a_{23} & \cdots & a_{2n} \\ \vdots & \vdots & \vdots & & \vdots \\ a_{i1} & a_{i2} & a_{i3} & \cdots & a_{in} \\ \vdots & \vdots & \vdots & & \vdots \\ a_{n1} & a_{n2} & a_{n3} & \cdots & a_{nn} \end{bmatrix} \begin{bmatrix} A_{11} & A_{21} & \cdots & A_{j1} & \cdots & A_{n1} \\ A_{12} & A_{22} & \cdots & A_{j2} & \cdots & A_{n2} \\ A_{13} & A_{23} & \cdots & A_{j3} & \cdots & A_{n3} \\ \vdots & \vdots & & \vdots & & \vdots \\ A_{1n} & A_{2n} & \cdots & A_{jn} & \cdots & A_{nn} \end{bmatrix}$$

由定理 5-6-2(1) 知，矩陣乘積 $A(\text{adj } A)$ 中第 i 列第 j 行之元素為

$$a_{i1}A_{j1} + a_{i2}A_{j2} + a_{i3}A_{j3} + \cdots + a_{in}A_{jn} = \begin{cases} \det(A), & \text{若 } i = j \\ 0, & \text{若 } i \neq j \end{cases}$$

亦即

$$A(\text{adj } A) = \begin{bmatrix} \det(A) & 0 & 0 & \cdots & 0 \\ 0 & \det(A) & 0 & \cdots & 0 \\ 0 & 0 & \det(A) & \cdots & 0 \\ \vdots & \vdots & \vdots & & \vdots \\ 0 & 0 & & \cdots & \det(A) \end{bmatrix} = \det(A) I_n$$

由定理 5-6-2(2) 知，矩陣乘積 $(\text{adj } A)A$ 中第 i 列第 j 行之元素為

$$A_{1i}a_{1j} + A_{2i}a_{2j} + \cdots + A_{ni}a_{nj} = \begin{cases} \det(A), & \text{若 } i = j \\ 0, & \text{若 } i \neq j \end{cases}$$

可得
$$(\text{adj } A)A = \det(A) I_n$$

因此，
$$A(\text{adj } A) = (\text{adj } A)A = \det(A) I_n.$$

第5章 矩陣與線性方程組

定理 5-6-4

若 A 為一可逆方陣，則
$$A^{-1} = \frac{1}{\det(A)} \operatorname{adj}(A).$$

證 由定理 5-6-3 知，$A(\operatorname{adj} A) = \det(A)I_n$，所以，若 $\det(A) \neq 0$，則

$$A \frac{1}{\det(A)} (\operatorname{adj} A) = \frac{1}{\det(A)} [A(\operatorname{adj} A)]$$
$$= \frac{1}{\det(A)} (\det(A) I_n) = I_n$$

所以，矩陣 $\left(\dfrac{1}{\det(A)}\right)(\operatorname{adj} A)$ 為 A 的逆方陣．

因此，
$$A^{-1} = \frac{1}{\det(A)} \operatorname{adj}(A).$$

推論 1：方陣 A 為可逆方陣的充要條件為 $\det(A) \neq 0$.

推論 2：若 A 為方陣，則齊次方程組 $AX = 0$ 有一組**非明顯解**的充要條件為 $\det(A) = 0$.

【例題 13】求 $A = \begin{bmatrix} 3 & -2 & 1 \\ 5 & 6 & 2 \\ 1 & 0 & -3 \end{bmatrix}$ 的逆方陣，並驗證 $AA^{-1} = I_3$.

解 利用例題 12 所求得的 $\operatorname{adj} A$，

$$\det(A) = \begin{bmatrix} -18 & -6 & -10 \\ 17 & -10 & -1 \\ -6 & -2 & 28 \end{bmatrix}$$

又 $\operatorname{adj} A = \begin{vmatrix} 3 & -2 & 1 \\ 5 & 6 & 2 \\ 1 & 0 & -3 \end{vmatrix} = 3 \begin{vmatrix} 6 & 2 \\ 0 & -3 \end{vmatrix} - (-2) \begin{vmatrix} 5 & 2 \\ 1 & -3 \end{vmatrix} + 1 \begin{vmatrix} 5 & 6 \\ 1 & 0 \end{vmatrix}$

$= 3(-18) - (-2)(-15 - 2) + (-6) = -94$

故 $A^{-1} = \dfrac{1}{\det(A)} \text{adj } A = -\dfrac{1}{94} \begin{bmatrix} -18 & -6 & -10 \\ 17 & -10 & -1 \\ -6 & -2 & 28 \end{bmatrix}$

$= \begin{bmatrix} \dfrac{9}{47} & \dfrac{3}{47} & \dfrac{5}{47} \\ -\dfrac{17}{94} & \dfrac{5}{47} & \dfrac{1}{94} \\ \dfrac{3}{47} & \dfrac{1}{47} & -\dfrac{14}{47} \end{bmatrix}$

$AA^{-1} = \begin{bmatrix} 3 & -2 & 1 \\ 5 & 6 & 2 \\ 1 & 0 & -3 \end{bmatrix} \begin{bmatrix} \dfrac{9}{47} & \dfrac{3}{47} & \dfrac{5}{47} \\ -\dfrac{17}{94} & \dfrac{5}{47} & \dfrac{1}{94} \\ \dfrac{3}{47} & \dfrac{1}{47} & -\dfrac{14}{47} \end{bmatrix}$

$= \begin{bmatrix} \dfrac{27}{47}+\dfrac{34}{94}+\dfrac{3}{47} & \dfrac{9}{47}-\dfrac{10}{47}+\dfrac{1}{47} & \dfrac{15}{47}-\dfrac{2}{94}-\dfrac{14}{47} \\ \dfrac{45}{47}-\dfrac{102}{94}+\dfrac{6}{47} & \dfrac{15}{47}+\dfrac{30}{47}+\dfrac{2}{47} & \dfrac{25}{47}+\dfrac{6}{94}-\dfrac{28}{47} \\ \dfrac{9}{47}+0-\dfrac{9}{47} & \dfrac{3}{47}+0-\dfrac{3}{47} & \dfrac{5}{47}+0+\dfrac{42}{47} \end{bmatrix}$

$= \begin{bmatrix} 1 & 0 & 0 \\ 0 & 1 & 0 \\ 0 & 0 & 1 \end{bmatrix}.$

定理 5-6-5 克雷莫法則

設 $\begin{cases} a_{11}x_1 + a_{12}x_2 + \cdots + a_{1n}x_n = b_1 \\ a_{21}x_1 + a_{22}x_2 + \cdots + a_{2n}x_n = b_2 \\ \vdots \quad \vdots \quad \quad \vdots \quad \quad \vdots \\ a_{n1}x_1 + a_{n2}x_2 + \cdots + a_{nn}x_n = b_n \end{cases}$

我們可將此方程組寫成 $AX = B$，其中係數矩陣為

$$A = [a_{ij}]_{n \times n}, \quad B = [b_1 \ b_2 \ \cdots \ b_n]^T$$

若 $\det(A) \neq 0$，則此方程組有一組唯一解

$$x_1 = \frac{\det(A_1)}{\det(A)}, \ x_2 = \frac{\det(A_2)}{\det(A)}, \ \cdots, \ x_n = \frac{\det(A_n)}{\det(A)},$$

其中 A_i 是以 B 取代 A 的第 i 行而得．

證 若 $\det(A) \neq 0$，則 A^{-1} 存在，且線性方程組的解為

$$X = \begin{bmatrix} x_1 \\ x_2 \\ \vdots \\ x_n \end{bmatrix} = A^{-1} B = \left(\frac{1}{\det(A)} \operatorname{adj} A \right) B$$

$$= \begin{bmatrix} \dfrac{A_{11}}{\det(A)} & \dfrac{A_{21}}{\det(A)} & \cdots & \dfrac{A_{n1}}{\det(A)} \\ \dfrac{A_{12}}{\det(A)} & \dfrac{A_{22}}{\det(A)} & \cdots & \dfrac{A_{n2}}{\det(A)} \\ \vdots & \vdots & & \vdots \\ \dfrac{A_{1i}}{\det(A)} & \dfrac{A_{2i}}{\det(A)} & \cdots & \dfrac{A_{ni}}{\det(A)} \\ \vdots & \vdots & & \vdots \\ \dfrac{A_{1n}}{\det(A)} & \dfrac{A_{2n}}{\det(A)} & \cdots & \dfrac{A_{nn}}{\det(A)} \end{bmatrix} \begin{bmatrix} b_1 \\ b_2 \\ \vdots \\ b_n \end{bmatrix}$$

即 $x_i = \dfrac{1}{\det(A)} (b_1 A_{1i} + b_2 A_{2i} + b_3 A_{3i} + \cdots + b_n A_{ni}); \ i = 1, 2, \cdots, n$

假設

$$A_i = \begin{bmatrix} a_{11} & a_{12} & a_{13} & \cdots & a_{1i-1} & b_1 & a_{1i+1} & \cdots & a_{1n} \\ a_{21} & a_{22} & a_{23} & \cdots & a_{2i-1} & b_2 & a_{2i+1} & \cdots & a_{2n} \\ \vdots & \vdots & \vdots & & \vdots & \vdots & \vdots & & \vdots \\ a_{n1} & a_{n2} & a_{n3} & \cdots & a_{ni-1} & b_n & a_{ni+1} & \cdots & a_{nn} \end{bmatrix}$$

若我們按第 i 行各元素展開以求 $\det(A_i)$ 的值，則可得

$$\det(\boldsymbol{A}_i) = b_1\boldsymbol{A}_{1i} + b_2\boldsymbol{A}_{2i} + b_3\boldsymbol{A}_{3i} + \cdots + b_n\boldsymbol{A}_{ni}$$

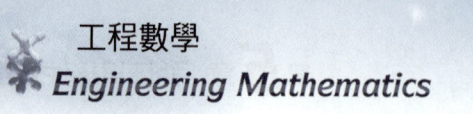

故
$$x_i = \frac{\det(\boldsymbol{A}_i)}{\det(\boldsymbol{A})}; i = 1, 2, \cdots, n.$$

【例題 14】 解方程組

$$\begin{cases} 2x_1 + x_2 + x_3 = 0 \\ 4x_1 + 3x_2 + 2x_3 = 2. \\ 2x_1 - x_2 - 3x_3 = 0 \end{cases}$$

解 $\det(\boldsymbol{A}) = \begin{vmatrix} 2 & 1 & 1 \\ 4 & 3 & 2 \\ 2 & -1 & -3 \end{vmatrix} = -18 + 4 - 4 - 6 - (-4) - (-12) = -8 \neq 0$

故方程組有唯一解，其解為

$$x_1 = \frac{1}{-8}\begin{vmatrix} 0 & 1 & 1 \\ 2 & 3 & 2 \\ 0 & -1 & -3 \end{vmatrix} = -\frac{1}{8}(0 + 0 - 2 - 0 - 0 - (-6)) = -\frac{1}{2}$$

$$x_2 = \frac{1}{-8}\begin{vmatrix} 2 & 0 & 1 \\ 4 & 2 & 2 \\ 2 & 0 & -3 \end{vmatrix} = \frac{-16}{-8} = 2$$

$$x_3 = \frac{1}{-8}\begin{vmatrix} 2 & 1 & 0 \\ 4 & 3 & 2 \\ 2 & -1 & 0 \end{vmatrix} = \frac{8}{-8} = -1.$$

計算行列式是件相當複雜的工作，故當 n 很小時 (例如 $n \leq 4$)，**克雷莫法則**尚可使用，但當 $n > 4$ 時，我們利用矩陣列運算的方法來解方程組．

讀者應注意，利用克雷莫法則求解一次方程組時，

1. 若 $\det(\boldsymbol{A}) \neq 0$，則 n 元一次方程組為相容方程組，其唯一解為

$$x_1 = \frac{\det(\boldsymbol{A}_1)}{\det(\boldsymbol{A})},\ x_2 = \frac{\det(\boldsymbol{A}_2)}{\det(\boldsymbol{A})},\ \cdots,\ x_n = \frac{\det(\boldsymbol{A}_n)}{\det(\boldsymbol{A})}$$

2. 若 $\det(\boldsymbol{A}) = \det(\boldsymbol{A}_1) = \det(\boldsymbol{A}_2) = \cdots = \det(\boldsymbol{A}_n) = 0$，則 n 元一次方程組為相依方

程組，其有無限多組解.

3. 若 $\det(A)=0$，而 $\det(A_1)\neq 0$，或 $\det(A_2)\neq 0$，…，或 $\det(A_n)\neq 0$，則 n 元一次方程組為矛盾方程組，其為無解.

【例題 15】解一次方程組

$$\begin{cases} x_1 - x_2 + 2x_3 = 4 \\ 2x_1 - x_2 + 2x_3 = 1 \\ 5x_1 - 3x_2 + 6x_3 = 6 \end{cases}.$$

解 方程組的係數矩陣為

$$A = \begin{bmatrix} 1 & -1 & 2 \\ 2 & -1 & 2 \\ 5 & -3 & 6 \end{bmatrix}$$

而

$$\det(A) = \begin{vmatrix} 1 & -1 & 2 \\ 2 & -1 & 2 \\ 5 & -3 & 6 \end{vmatrix} = -2\begin{vmatrix} 1 & 1 & 1 \\ 2 & 1 & 1 \\ 5 & 3 & 3 \end{vmatrix} = 0$$

又

$$\det(A_1) = \begin{vmatrix} 4 & -1 & 2 \\ 1 & -1 & 2 \\ 6 & -3 & 6 \end{vmatrix} = -2\begin{vmatrix} 4 & 1 & 1 \\ 1 & 1 & 1 \\ 6 & 3 & 3 \end{vmatrix} = 0$$

$$\det(A_2) = \begin{vmatrix} 1 & 4 & 2 \\ 2 & 1 & 2 \\ 5 & 6 & 6 \end{vmatrix} = 6 + 40 + 24 - 10 - 12 - 48 = 0$$

$$\det(A_3) = \begin{vmatrix} 1 & -1 & 4 \\ 2 & -1 & 1 \\ 5 & -3 & 6 \end{vmatrix} = -6 - 24 - 5 + 20 + 12 + 3 = 0$$

所以，此方程組有無限多組解.

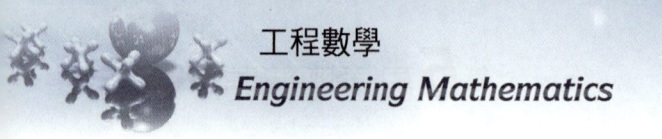

習題 5-6

1. 在下列各題中，選定一行或列，以餘因子展開求行列式的值.

(1) $A = \begin{bmatrix} -3 & 0 & 7 \\ 2 & 5 & 1 \\ -1 & 0 & 5 \end{bmatrix}$

(2) $A = \begin{bmatrix} 3 & 3 & 1 \\ 1 & 0 & -4 \\ 1 & -3 & 5 \end{bmatrix}$

(3) $A = \begin{bmatrix} 3 & 3 & 0 & 5 \\ 2 & 2 & 0 & -2 \\ 4 & 1 & -3 & 0 \\ 2 & 10 & 3 & 2 \end{bmatrix}$

2. 試利用行列式的性質求下列各行列式的值.

(1) $\begin{vmatrix} 5 & 2 & 10 & -3 \\ 1 & -4 & -9 & 6 \\ -7 & 14 & 6 & -21 \\ 9 & 8 & 15 & -12 \end{vmatrix}$

(2) $\begin{vmatrix} -4 & -10 & 8 & 5 \\ -5 & -9 & 9 & 4 \\ -3 & -11 & 7 & 6 \\ 8 & 7 & 6 & 5 \end{vmatrix}$

(3) $\begin{vmatrix} 2 & -1 & 5 & 8 \\ 3 & 3 & 3 & 10 \\ 2 & 3 & 1 & 6 \\ 5 & 7 & 4 & 2 \end{vmatrix}$

(4) $\begin{vmatrix} 2 & -3 & 2 & 5 & 3 \\ -3 & 4 & -2 & -5 & -4 \\ 2 & -2 & 6 & 2 & -5 \\ 5 & -5 & 2 & 8 & -6 \\ 3 & -4 & -5 & 6 & 10 \end{vmatrix}$

3. 設 $A = \begin{bmatrix} 1 & 0 & 3 & 0 \\ 2 & 1 & 4 & -1 \\ 3 & 2 & 4 & 0 \\ 0 & 3 & -1 & 0 \end{bmatrix}$，計算第三行各元素的所有餘因子.

4. 求所有 λ 值滿足 $\begin{vmatrix} \lambda+2 & -1 & 3 \\ 2 & \lambda-1 & 2 \\ 0 & 0 & \lambda+4 \end{vmatrix} = 0$.

第 **5** 章　矩陣與線性方程組

5. 若 $A = \begin{bmatrix} 1+x & 2 & 3 & 4 \\ 1 & 2+x & 3 & 4 \\ 1 & 2 & 3+x & 4 \\ 1 & 2 & 3 & 4+x \end{bmatrix}$，試證明 $\det(A) = (10+x)x^3$.

6. 設 P 為可逆方陣，試證：若 $B = PAP^{-1}$，則 $\det(B) = \det(A)$.

7. 設 $A = \begin{bmatrix} 3 & -1 & 2 \\ 0 & 4 & 5 \\ 1 & 3 & 2 \end{bmatrix}$

(1) 求 $\operatorname{adj} A$.

(2) 計算 $\det(A)$.

(3) 證明 $A(\operatorname{adj} A) = (\det(A))I_3$.

8. 設 $A = \begin{bmatrix} -3 & -1 & -3 \\ 0 & 3 & 0 \\ -2 & -1 & -2 \end{bmatrix}$，若 $\det(\lambda I_3 - A) = 0$，求 λ 的值.

9. 求 λ 為何值時，可使得齊次方程組

$$\begin{cases} (\lambda-2)x + 2y = 0 \\ 2x + (\lambda-2)y = 0 \end{cases}$$

有一組**非明顯解**.

10. 試解下列之線性方程組

$$\begin{cases} 3x_1 - x_2 + 2x_3 = 1 \\ 4x_2 + 5x_3 = -1 \\ x_1 + 3x_2 + 2x_3 = 0 \end{cases}$$

11. 若 A 為 $n \times n$ 矩陣，試證 $\det(AA^T) \geq 0$.

12. 若 A 為 $n \times n$ 之奇異矩陣，試證對任何 $n \times n$ 矩陣 B，AB 為奇異矩陣.

13. 下列齊次方程組是否有非明顯解？

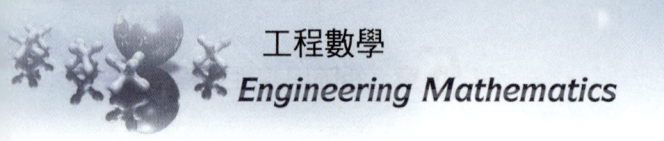

(1) $\begin{cases} x_1 - 2x_2 + x_3 = 0 \\ 2x_1 + 3x_2 + x_3 = 0 \\ 3x_1 + x_2 + 2x_3 = 0 \end{cases}$ (2) $\begin{cases} x_1 + 2x_2 + x_4 = 0 \\ x_1 + 2x_2 + 3x_3 = 0 \\ x_3 + 2x_4 = 0 \\ x_2 + 2x_3 - x_4 = 0 \end{cases}$

14. 利用克雷莫法則解下列各方程組.

(1) $\begin{cases} x_1 - 2x_2 + x_3 = 7 \\ 2x_1 - 5x_2 + 2x_3 = 6 \\ 3x_1 + x_2 - x_3 = 1 \end{cases}$ (2) $\begin{cases} x_1 + x_2 + x_3 + x_4 = 4 \\ x_1 - 2x_3 + x_4 = 3 \\ x_2 + 3x_3 - x_4 = -1 \\ 2x_1 + x_2 + x_4 = 6 \end{cases}$

5-7 矩陣之特徵值與特徵向量

首先我們考慮下列 n 個未知數及 n 個方程式之齊次方程組.

$$\begin{cases} (a_{11} - \lambda)x_1 + a_{12}x_2 + a_{13}x_3 + \cdots + a_{1n}x_n = 0 \\ a_{21}x_1 + (a_{22} - \lambda)x_2 + a_{23}x_3 + \cdots + a_{2n}x_n = 0 \\ a_{31}x_1 + a_{32}x_2 + (a_{33} - \lambda)x_3 + \cdots + a_{3n}x_n = 0 \\ \vdots \quad \vdots \quad \vdots \quad \vdots \\ a_{n1}x_1 + a_{n2}x_2 + a_{n3}x_3 + \cdots + (a_{nn} - \lambda)x_n = 0 \end{cases} \tag{5-7-1}$$

(5-7-1) 式寫成矩陣方程式如下

$$A\mathbf{x} = \lambda\mathbf{x} = \lambda I_n \mathbf{x} \tag{5-7-2}$$

或

$$(\lambda I_n - A)\mathbf{x} = \mathbf{0} \tag{5-7-3}$$

其中 $A = \begin{bmatrix} a_{11} & a_{12} & a_{13} & \cdots & a_{1n} \\ a_{21} & a_{22} & a_{23} & \cdots & a_{2n} \\ a_{31} & a_{32} & a_{33} & \cdots & a_{3n} \\ \vdots & \vdots & \vdots & & \vdots \\ a_{n1} & a_{n2} & a_{n3} & \cdots & a_{nn} \end{bmatrix}$, $I_n = \begin{bmatrix} 1 & 0 & 0 & \cdots & 0 \\ 0 & 1 & 0 & \cdots & 0 \\ 0 & 0 & 1 & \cdots & 0 \\ \vdots & \vdots & \vdots & & \vdots \\ 0 & 0 & 0 & \cdots & 1 \end{bmatrix}$, $\mathbf{x} = \begin{bmatrix} x_1 \\ x_2 \\ x_3 \\ \vdots \\ x_n \end{bmatrix}$.

定義 5-7-1

設 A 為一 $n \times n$ 矩陣，若在 $\mathbb{R}^n$ 中，存在一非零向量 $\mathbf{x}$ 滿足 (5-7-2) 式，則稱實數 λ 為矩陣 A 的**特徵值** (eigen value)．任意非零向量 $\mathbf{x}$ 滿足 (5-7-2) 式，則稱 $\mathbf{x}$ 為對應於特徵值的**特徵向量** (eigen vector).

(5-7-3) 式具有**非明顯解**若且唯若

$$\det(\lambda I_n - A) = 0 \tag{5-7-4}$$

定義 5-7-2

設 A 為 $n \times n$ 矩陣，則行列式

$$P(\lambda) = \det(\lambda I_n - A) = \begin{vmatrix} \lambda - a_{11} & -a_{12} & \cdots & -a_{1n} \\ -a_{21} & \lambda - a_{22} & & -a_{2n} \\ \vdots & \vdots & & \vdots \\ -a_{n1} & -a_{n2} & \cdots & \lambda - a_{nn} \end{vmatrix} \tag{5-7-5}$$

稱為 A 的**特徵多項式**．方程式

$$P(\lambda) = \det(\lambda I_n - A) = 0 \tag{5-7-6}$$

稱為 A 的**特徵方程式**．

【例題 1】令
$$A = \begin{bmatrix} 1 & -1 \\ 2 & 4 \end{bmatrix}$$

(1) 試求 A 的特徵多項式．
(2) 試求 A 的特徵值．
(3) 試求 A 的特徵向量．

解 (1) $P(\lambda) = (\lambda I_2 - A) = \begin{vmatrix} \lambda - 1 & 1 \\ -2 & \lambda - 4 \end{vmatrix}$

$= (\lambda - 1)(\lambda - 4) + 2 = \lambda^2 - 5\lambda + 6.$

(2) A 的特徵方程式為 $P(\lambda) = \lambda^2 - 5\lambda + 6 = 0$

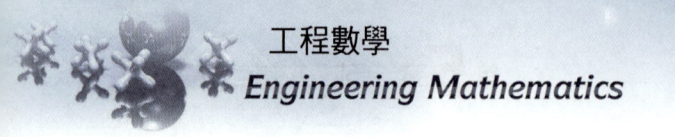

$$\lambda^2 - 5\lambda + 6 = (\lambda - 2)(\lambda - 3) = 0$$

故 A 的特徵值為 $\lambda_1 = 2$ 或 $\lambda_2 = 3$.

(3) (i) 假設對應於 $\lambda_1 = 2$ 的特徵向量為 $\mathbf{x}_1 = \begin{bmatrix} x_1 \\ x_2 \end{bmatrix}$，代入下式中

$$\begin{bmatrix} \lambda_1 - 1 & 1 \\ -2 & \lambda_1 - 4 \end{bmatrix} \begin{bmatrix} x_1 \\ x_2 \end{bmatrix} = \begin{bmatrix} 0 \\ 0 \end{bmatrix}$$

得 $$\begin{bmatrix} 1 & 1 \\ -2 & -2 \end{bmatrix} \begin{bmatrix} x_1 \\ x_2 \end{bmatrix} = \begin{bmatrix} 0 \\ 0 \end{bmatrix}$$

故 $$\begin{cases} x_1 + x_2 = 0 \\ -2x_1 - 2x_2 = 0 \end{cases}$$

解得 $$\begin{cases} x_1 = -x_2 \\ x_2 = r \end{cases}, r 為任意實數$$

所以 $\mathbf{x}_1 = \begin{bmatrix} -r \\ r \end{bmatrix}$，故對應於 $\lambda_1 = 2$ 的特徵向量為 $\mathbf{x}_1 = \begin{bmatrix} -1 \\ 1 \end{bmatrix}$.

(ii) 假設對應於 $\lambda_2 = 3$ 的特徵向量為 $\mathbf{x}_2 = \begin{bmatrix} x_1 \\ x_2 \end{bmatrix}$，代入下式中

$$\begin{bmatrix} \lambda_2 - 1 & 1 \\ -2 & \lambda_2 - 4 \end{bmatrix} \begin{bmatrix} x_1 \\ x_2 \end{bmatrix} = \begin{bmatrix} 0 \\ 0 \end{bmatrix}$$

得 $$\begin{bmatrix} 2 & 1 \\ -2 & -1 \end{bmatrix} \begin{bmatrix} x_1 \\ x_2 \end{bmatrix} = \begin{bmatrix} 0 \\ 0 \end{bmatrix}$$

故 $$\begin{cases} 2x_1 + x_2 = 0 \\ -2x_1 - x_2 = 0 \end{cases}$$

解得 $$\begin{cases} x_1 = -\dfrac{x_2}{2} \\ x_2 = r \end{cases}, r 為任意實數$$

所以 $\mathbf{x}_2 = \begin{bmatrix} -\dfrac{r}{2} \\ r \end{bmatrix}$，故對應於 $\lambda_2 = 3$ 的特徵向量為 $\mathbf{x}_2 = \begin{bmatrix} -1 \\ 2 \end{bmatrix}$.

【例題 2】設 $A = \begin{bmatrix} 1 & 2 & -1 \\ 1 & 0 & 1 \\ 4 & -4 & 5 \end{bmatrix}$，求 A 的特徵多項式.

解　$P(\lambda) = \det(\lambda I_3 - A) = \begin{vmatrix} \lambda-1 & -2 & 1 \\ -1 & \lambda-0 & -1 \\ -4 & 4 & \lambda-5 \end{vmatrix} = \lambda^3 - 6\lambda^2 + 11\lambda - 6.$

【例題 3】求例題 2 中矩陣 A 的特徵值及特徵向量.

解　由例題 2，已求得 A 的特徵多項式為

$$P(\lambda) = \lambda^3 - 6\lambda^2 + 11\lambda - 6$$

令 $P(\lambda) = 0$，則

$$\lambda^3 - 6\lambda^2 + 11\lambda - 6 = 0$$

由因式定理得知

$$P(\lambda) = (\lambda-1)(\lambda^2 - 5\lambda + 6) = (\lambda-1)(\lambda-2)(\lambda-3) = 0$$

因此，A 的特徵值為

$$\lambda_1 = 1, \quad \lambda_2 = 2, \quad \lambda_3 = 3$$

(i) 假設對應於 $\lambda_1 = 1$ 的特徵向量為 $\mathbf{x}_1 = \begin{bmatrix} x_1 \\ x_2 \\ x_3 \end{bmatrix}$，代入下式中

$$(\lambda_1 I_3 - A)\mathbf{x} = \mathbf{0}$$

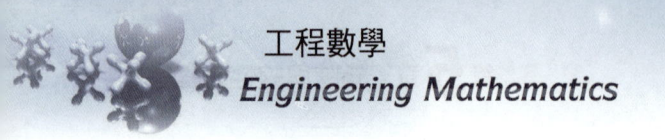

得 $\begin{bmatrix} 1-1 & -2 & 1 \\ -1 & 1 & -1 \\ -4 & 4 & 1-5 \end{bmatrix} \begin{bmatrix} x_1 \\ x_2 \\ x_3 \end{bmatrix} = \begin{bmatrix} 0 \\ 0 \\ 0 \end{bmatrix}$

或 $\begin{bmatrix} 0 & -2 & 1 \\ -1 & 1 & -1 \\ -4 & 4 & -4 \end{bmatrix} \begin{bmatrix} x_1 \\ x_2 \\ x_3 \end{bmatrix} = \begin{bmatrix} 0 \\ 0 \\ 0 \end{bmatrix}$

此方程組的擴增矩陣為

$\begin{bmatrix} 0 & -2 & 1 & \vdots & 0 \\ -1 & 1 & -1 & \vdots & 0 \\ -4 & 4 & -4 & \vdots & 0 \end{bmatrix} \underset{\frac{1}{4}R_3}{\sim} \begin{bmatrix} 0 & -2 & 1 & \vdots & 0 \\ -1 & 1 & -1 & \vdots & 0 \\ -1 & 1 & -1 & \vdots & 0 \end{bmatrix} \underset{1R_2 + R_1}{\sim}$

$\begin{bmatrix} -1 & -1 & 0 & \vdots & 0 \\ -1 & 1 & -1 & \vdots & 0 \\ -1 & 1 & -1 & \vdots & 0 \end{bmatrix} \underset{1R_1 + R_2}{\sim} \begin{bmatrix} -1 & -1 & 0 & \vdots & 0 \\ -2 & 0 & -1 & \vdots & 0 \\ -1 & 1 & -1 & \vdots & 0 \end{bmatrix} \underset{1R_1 + R_3}{\sim}$

$\begin{bmatrix} -1 & -1 & 0 & \vdots & 0 \\ -2 & 0 & -1 & \vdots & 0 \\ -2 & 0 & -1 & \vdots & 0 \end{bmatrix} \underset{1R_2 + R_3}{\sim} \begin{bmatrix} -1 & -1 & 0 & \vdots & 0 \\ -2 & 0 & -1 & \vdots & 0 \\ 0 & 0 & 0 & \vdots & 0 \end{bmatrix} \underset{-2R_1 + R_2}{\sim}$

$\begin{bmatrix} -1 & -1 & 0 & \vdots & 0 \\ 0 & 2 & -1 & \vdots & 0 \\ 0 & 0 & 0 & \vdots & 0 \end{bmatrix} \underset{-1R_1}{\sim} \begin{bmatrix} 1 & 1 & 0 & \vdots & 0 \\ 0 & 2 & -1 & \vdots & 0 \\ 0 & 0 & 0 & \vdots & 0 \end{bmatrix}$

求得其解為 $\begin{bmatrix} -\dfrac{r}{2} \\ \dfrac{r}{2} \\ r \end{bmatrix}$，$r$ 為任意實數．因此，$\mathbf{x}_1 = \begin{bmatrix} -1 \\ 1 \\ 2 \end{bmatrix}$ 為 A 對應於 $\lambda_1 = 1$ 的特徵向量．

(ii) 假設對應於 $\lambda_2 = 2$ 的特徵向量為 $\mathbf{x}_2 = \begin{bmatrix} x_1 \\ x_2 \\ x_3 \end{bmatrix}$，代入下式中

$$(\lambda_2 I_3 - A)\mathbf{x} = \mathbf{0}$$

得 $\begin{bmatrix} 2-1 & -2 & 1 \\ -1 & 2 & -1 \\ -4 & 4 & 2-5 \end{bmatrix}\begin{bmatrix} x_1 \\ x_2 \\ x_3 \end{bmatrix} = \begin{bmatrix} 0 \\ 0 \\ 0 \end{bmatrix}$

或 $\begin{bmatrix} 0 & -2 & 1 \\ -1 & 2 & -1 \\ -4 & 4 & -3 \end{bmatrix}\begin{bmatrix} x_1 \\ x_2 \\ x_3 \end{bmatrix} = \begin{bmatrix} 0 \\ 0 \\ 0 \end{bmatrix}$

此方程組的擴增矩陣為

$\begin{bmatrix} 1 & -2 & 1 & \vdots & 0 \\ -1 & 2 & -1 & \vdots & 0 \\ -4 & 4 & -3 & \vdots & 0 \end{bmatrix} \underbrace{}_{1R_1+R_2} \begin{bmatrix} 1 & -2 & 1 & \vdots & 0 \\ 0 & 0 & 0 & \vdots & 0 \\ -4 & 4 & -3 & \vdots & 0 \end{bmatrix} \underbrace{}_{4R_1+R_3}$

$\begin{bmatrix} 1 & -2 & 1 & \vdots & 0 \\ 0 & 0 & 0 & \vdots & 0 \\ 0 & -4 & 1 & \vdots & 0 \end{bmatrix} \underbrace{}_{-1R_3+R_1} \begin{bmatrix} 1 & 2 & 0 & \vdots & 0 \\ 0 & 0 & 0 & \vdots & 0 \\ 0 & -4 & 1 & \vdots & 0 \end{bmatrix} \underbrace{}_{R_2 \leftrightarrow R_3}$

$\begin{bmatrix} 1 & 2 & 0 & \vdots & 0 \\ 0 & -4 & 1 & \vdots & 0 \\ 0 & 0 & 0 & \vdots & 0 \end{bmatrix} \underbrace{}_{-\frac{1}{4}R_2} \begin{bmatrix} 1 & 2 & 0 & \vdots & 0 \\ 0 & 1 & -\frac{1}{4} & \vdots & 0 \\ 0 & 0 & 0 & \vdots & 0 \end{bmatrix}$

求得其解為 $\begin{bmatrix} -\frac{r}{2} \\ \frac{r}{4} \\ r \end{bmatrix}$，$r$ 為任意實數．因此 $\mathbf{x}_2 = \begin{bmatrix} -2 \\ 1 \\ 4 \end{bmatrix}$ 為 A 對應於 $\lambda_2 = 2$ 的特徵向量．

(iii) 假設對應於 $\lambda_3 = 3$ 的特徵向量為 $\mathbf{x}_3 = \begin{bmatrix} x_1 \\ x_2 \\ x_3 \end{bmatrix}$，代入下式中

$$(\lambda_3 I_3 - A)\mathbf{x} = \mathbf{0}$$

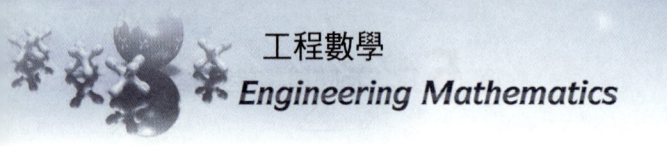

得 $\begin{bmatrix} 3-1 & -2 & 1 \\ -1 & 3 & -1 \\ -4 & 4 & 3-5 \end{bmatrix} \begin{bmatrix} x_1 \\ x_2 \\ x_3 \end{bmatrix} = \begin{bmatrix} 0 \\ 0 \\ 0 \end{bmatrix}$

或 $\begin{bmatrix} 2 & -2 & 1 \\ -1 & 3 & -1 \\ -4 & 4 & -2 \end{bmatrix} \begin{bmatrix} x_1 \\ x_2 \\ x_3 \end{bmatrix} = \begin{bmatrix} 0 \\ 0 \\ 0 \end{bmatrix}$

此方程組的擴增矩陣為

$\begin{bmatrix} 2 & -2 & 1 & : & 0 \\ -1 & 3 & -1 & : & 0 \\ -4 & 4 & -2 & : & 0 \end{bmatrix} \underset{\frac{1}{2}R_1}{\sim} \begin{bmatrix} 1 & -1 & \frac{1}{2} & : & 0 \\ -1 & 3 & -1 & : & 0 \\ -4 & 4 & -2 & : & 0 \end{bmatrix} \underset{1R_1+R_2}{\sim}$

$\begin{bmatrix} 1 & -1 & \frac{1}{2} & : & 0 \\ 0 & 2 & -\frac{1}{2} & : & 0 \\ -4 & 4 & -2 & : & 0 \end{bmatrix} \underset{4R_1+R_3}{\sim} \begin{bmatrix} 1 & -1 & \frac{1}{2} & : & 0 \\ 0 & 2 & -\frac{1}{2} & : & 0 \\ 0 & 0 & 0 & : & 0 \end{bmatrix} \underset{1R_2+R_1}{\sim}$

$\begin{bmatrix} 1 & 1 & 0 & : & 0 \\ 0 & 2 & -\frac{1}{2} & : & 0 \\ 0 & 0 & 0 & : & 0 \end{bmatrix} \underset{\frac{1}{2}R_2}{\sim} \begin{bmatrix} 1 & 1 & 0 & : & 0 \\ 0 & 1 & -\frac{1}{4} & : & 0 \\ 0 & 0 & 0 & : & 0 \end{bmatrix}$

求得其解為 $\begin{bmatrix} -\frac{r}{4} \\ \frac{r}{4} \\ r \end{bmatrix}$, r 為任意實數. 因此, $\mathbf{x}_3 = \begin{bmatrix} -1 \\ 1 \\ 4 \end{bmatrix}$ 為 A 對應於 $\lambda_3 = 3$ 的特徵向量.

習題 5-7

1. 試求下列各矩陣之特徵多項式.

(1) $\begin{bmatrix} 2 & 1 \\ -1 & 3 \end{bmatrix}$
(2) $\begin{bmatrix} 1 & 1 \\ 3 & -1 \end{bmatrix}$
(3) $\begin{bmatrix} -2 & -7 \\ 1 & 2 \end{bmatrix}$

(4) $\begin{bmatrix} 1 & 2 & 1 \\ 0 & 1 & 2 \\ -1 & 3 & 2 \end{bmatrix}$
(5) $\begin{bmatrix} 5 & 0 & 1 \\ 1 & 1 & 0 \\ -7 & 1 & 0 \end{bmatrix}$

2. 試求下列各矩陣之特徵值及特徵向量.

(1) $\begin{bmatrix} 1 & 1 \\ -2 & 4 \end{bmatrix}$
(2) $\begin{bmatrix} 2 & -2 & 3 \\ 0 & 3 & -2 \\ 0 & -1 & 2 \end{bmatrix}$
(3) $\begin{bmatrix} 1 & 1 & 1 \\ 0 & 3 & 3 \\ -2 & 1 & 1 \end{bmatrix}$

5-8 相似矩陣與矩陣對角線化

在本節裡，我們將討論如何將一個 n 階方陣對角線化，並為解線性微分方程組預作準備.

定義 5-8-1

已知二個 n 階方陣 A 與 B，若存在一可逆的 n 階方陣 P，使得

$$B = P^{-1}AP \tag{5-8-1}$$

我們稱 B 相似 (similar) 於 A.

【例題 1】設 $A = \begin{bmatrix} 2 & 1 \\ 0 & -1 \end{bmatrix}$, $B = \begin{bmatrix} 4 & -2 \\ 5 & -3 \end{bmatrix}$, $P = \begin{bmatrix} 2 & -1 \\ -1 & 1 \end{bmatrix}$; 試證 B 相似於 A.

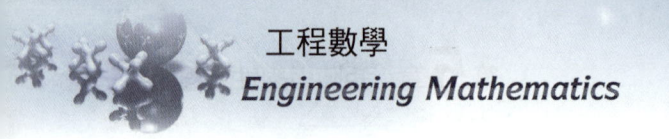

解
$$PB = \begin{bmatrix} 2 & -1 \\ -1 & 1 \end{bmatrix} \begin{bmatrix} 4 & -2 \\ 5 & -3 \end{bmatrix} = \begin{bmatrix} 3 & -1 \\ 1 & -1 \end{bmatrix}$$

且
$$AP = \begin{bmatrix} 2 & 1 \\ 0 & -1 \end{bmatrix} \begin{bmatrix} 2 & -1 \\ -1 & 1 \end{bmatrix} = \begin{bmatrix} 3 & -1 \\ 1 & -1 \end{bmatrix}$$

則 $PB = AP$，由於

$$\det(P) = \begin{vmatrix} 2 & -1 \\ -1 & 1 \end{vmatrix} = 2 - 1 = 1 \neq 0$$

故 P 為可逆方陣；又因為 $PB = AP$，我們得

$$P^{-1}PB = P^{-1}AP \quad \text{或} \quad B = P^{-1}AP$$

故證得 B 相似於 A.

定理 5-8-1

若 A 與 B 為相似的 n 階方陣，則 A 與 B 具有相同的特徵方程式，因此，具有相同的**特徵值**.

定義 5-8-2

若 n 階方陣 A 相似於一對角線方陣 D，則稱 A 為**可對角線化** (diagonalizable)，亦即存在一非奇異矩陣 P 與一對角線方陣 D，使得

$$P^{-1}AP = D \tag{5-8-2}$$

若 D 為對角線方陣，則 D 的特徵值即為方陣 D 的主對角線元素. 如果 A 相似於 D，則 A 與 D 具有相同的特徵值. 結合此兩事實，我們得知若 A 為可對角線化，則 A 相似於對角線方陣 D，而 D 的主對角線元素即為 A 的特徵值.

第 5 章 矩陣與線性方程組

定理 5-8-2

n 階方陣 A 可被對角線化，若且唯若 A 具有一組 n 個線性獨立特徵向量．

下面的推論非常有用，因它能辨別哪一類的矩陣能夠對角線化．

推論：若矩陣 A 的特徵多項式有相異實根，則矩陣 A 為可對角線化矩陣．

【例題 2】試將矩陣 $A = \begin{bmatrix} 1 & 2 & -1 \\ 1 & 0 & 1 \\ 4 & -4 & 5 \end{bmatrix}$ 對角線化．

解 A 之特徵向量為

$$\mathbf{x}_1 = \begin{bmatrix} -1 \\ 1 \\ 2 \end{bmatrix}, \quad \mathbf{x}_2 = \begin{bmatrix} -2 \\ 1 \\ 4 \end{bmatrix}, \quad \mathbf{x}_3 = \begin{bmatrix} -1 \\ 1 \\ 4 \end{bmatrix}$$

則 $P = \begin{bmatrix} -1 & -2 & -1 \\ 1 & 1 & 1 \\ 2 & 4 & 4 \end{bmatrix}$ 且 $P^{-1} = \dfrac{1}{2}\begin{bmatrix} 0 & 4 & -1 \\ -2 & -2 & 0 \\ 2 & 0 & 1 \end{bmatrix}$

故 $P^{-1}AP = \dfrac{1}{2}\begin{bmatrix} 0 & 4 & -1 \\ -2 & -2 & 0 \\ 2 & 0 & 1 \end{bmatrix}\begin{bmatrix} 1 & 2 & -1 \\ 1 & 0 & 1 \\ 4 & -4 & 5 \end{bmatrix}\begin{bmatrix} -1 & -2 & -1 \\ 1 & 1 & 1 \\ 2 & 4 & 4 \end{bmatrix}$

$= \dfrac{1}{2}\begin{bmatrix} 0 & 4 & -1 \\ -2 & -2 & 0 \\ 2 & 0 & 1 \end{bmatrix}\begin{bmatrix} -1 & -4 & -3 \\ 1 & 2 & 3 \\ 2 & 8 & 12 \end{bmatrix}$

$= \dfrac{1}{2}\begin{bmatrix} 2 & 0 & 0 \\ 0 & 4 & 0 \\ 0 & 0 & 6 \end{bmatrix} = \begin{bmatrix} 1 & 0 & 0 \\ 0 & 2 & 0 \\ 0 & 0 & 3 \end{bmatrix}$

此一對角線矩陣之對角線上的元素恰為矩陣 A 的特徵值．

讀者應注意，P 之所有行的先後順序並不重要，因為 $P^{-1}AP$ 的第 i 個對角線元素為 P 的第 i 個行向量的特徵值．有關矩陣 P 之行位置的改變即改變

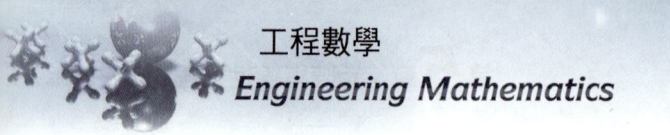

$P^{-1}AP$ 之對角線上特徵值的位置. 在例題 1 中, 若

$$P = \begin{bmatrix} -1 & -1 & -2 \\ 1 & 1 & 1 \\ 2 & 4 & 4 \end{bmatrix}$$

則

$$P^{-1}AP = \begin{bmatrix} 1 & 0 & 0 \\ 0 & 3 & 0 \\ 0 & 0 & 2 \end{bmatrix}$$

利用矩陣之對角線化, 我們可求矩陣之乘冪, 其方法如下:

若 A 為 n 階方陣且 P 為非奇異矩陣, 則

$$(P^{-1}AP)^2 = P^{-1}AP\, P^{-1}AP = P^{-1}AIAP = P^{-1}A^2P$$
$$(P^{-1}AP)^3 = P^{-1}AP\, P^{-1}AP\, P^{-1}AP = P^{-1}AP\, P^{-1}A^2P$$
$$= P^{-1}AIA^2P = P^{-1}A^3P$$
$$\vdots$$

依此類推, 一般而言, 對任一正整數 k,

$$(P^{-1}AP)^k = P^{-1}A^kP$$

成立.

若 A 為可對角線化, 且 $P^{-1}AP = D$ 為對角線方陣, 則

$$D^k = P^{-1}A^kP$$

由上式解 A^k, 得

$$A^k = PD^kP^{-1} \tag{5-8-3}$$

由 (5-8-3) 式得知, 欲求 A^k, 只需求出 D^k, 則可計算出 A^k, 若

$$D = \begin{bmatrix} \alpha_1 & 0 & 0 & \cdots & 0 \\ 0 & \alpha_2 & 0 & \cdots & 0 \\ \vdots & \vdots & \vdots & & \vdots \\ 0 & 0 & 0 & \cdots & \alpha_n \end{bmatrix}$$

則
$$D^k = \begin{bmatrix} \alpha_1^k & 0 & 0 & \cdots & 0 \\ 0 & \alpha_2^k & 0 & \cdots & 0 \\ \vdots & \vdots & \vdots & & \vdots \\ 0 & 0 & 0 & \cdots & \alpha_n^k \end{bmatrix}$$

【例題 3】設 $A = \begin{bmatrix} 1 & 2 & -1 \\ 1 & 0 & 1 \\ 4 & -4 & 5 \end{bmatrix}$，求 A^5.

解 在例題 2 中，證明了矩陣 A 可被

$$P = \begin{bmatrix} -1 & -2 & -1 \\ 1 & 1 & 1 \\ 2 & 4 & 4 \end{bmatrix}$$

對角線化，且

$$D = P^{-1}AP = \begin{bmatrix} 1 & 0 & 0 \\ 0 & 2 & 0 \\ 0 & 0 & 3 \end{bmatrix}$$

由此，由 (5-8-3) 式知

$$A^5 = PD^5P^{-1}$$

故 $A^5 = \begin{bmatrix} -1 & -2 & -1 \\ 1 & 1 & 1 \\ 2 & 4 & 4 \end{bmatrix} \begin{bmatrix} 1^5 & 0 & 0 \\ 0 & 2^5 & 0 \\ 0 & 0 & 3^5 \end{bmatrix} \begin{bmatrix} 0 & 2 & -\frac{1}{2} \\ -1 & -1 & 0 \\ 1 & 0 & \frac{1}{2} \end{bmatrix}$

$= \begin{bmatrix} -179 & 62 & -121 \\ 211 & -30 & 121 \\ 844 & -124 & 485 \end{bmatrix}$

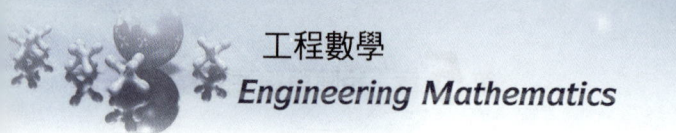

習題 5-8

1. 下列各矩陣中，哪些可對角線化？

   (1) $A = \begin{bmatrix} 1 & 4 \\ 1 & -2 \end{bmatrix}$

   (2) $A = \begin{bmatrix} 1 & 0 \\ -2 & 1 \end{bmatrix}$

   (3) $A = \begin{bmatrix} 1 & 2 & 3 \\ 0 & -1 & 2 \\ 0 & 0 & 2 \end{bmatrix}$

   (4) $A = \begin{bmatrix} 1 & 1 & -2 \\ 4 & 0 & 4 \\ 1 & -1 & 4 \end{bmatrix}$

   (5) $A = \begin{bmatrix} 3 & 1 & 0 \\ 0 & 3 & 1 \\ 0 & 0 & 3 \end{bmatrix}$

2. 試將下列矩陣對角線化.

$$A = \begin{bmatrix} 1 & 1 & 2 \\ 0 & 1 & 0 \\ 0 & 1 & 3 \end{bmatrix}$$

5-9 指數矩陣的計算

我們在微積分中，曾經學過指數函數 e^x 可表為冪級數

$$e^x = 1 + x + \frac{1}{2!}x^2 + \frac{1}{3!}x^3 + \cdots$$

同理，對任一 n 階方陣 A，我們可定義指數矩陣 e^A 如下：

定義 5-9-1 指數矩陣 e^A

令 A 為具有實數元素之 n 階矩陣，則 e^A 為 n 階矩陣，定義為

$$e^A = I + A + \frac{1}{2!}A^2 + \frac{1}{3!}A^3 + \cdots \tag{5-9-1}$$

若 D 為對角線矩陣，即

$$D = \begin{bmatrix} \lambda_1 & & \mathbf{0} \\ & \lambda_2 & \\ & & \ddots & \\ \mathbf{0} & & & \lambda_n \end{bmatrix} = \mathrm{diag}(\lambda_1, \lambda_2, \cdots, \lambda_n)$$

則其指數矩陣 e^D 較容易計算，方法如下

$$\begin{aligned}
e^D &= \lim_{m \to \infty}\left(I + D + \frac{1}{2!}D^2 + \frac{1}{3!}D^3 + \cdots + \frac{1}{m!}D^m\right) \\
&= \lim_{m \to \infty}\Big[\mathrm{diag}(1, 1, \cdots, 1) + \mathrm{diag}(\lambda_1, \lambda_2, \cdots, \lambda_n) \\
&\quad + \mathrm{diag}\,\frac{1}{2!}(\lambda_1^2, \lambda_2^2, \cdots, \lambda_n^2) + \cdots + \mathrm{diag}\,\frac{1}{m!}(\lambda_1^m, \lambda_2^m, \cdots, \lambda_n^m)\Big] \\
&= \lim_{m \to \infty}\left[\mathrm{diag}\left(\sum_{k=1}^m \frac{1}{k!}\lambda_1^k,\ \sum_{k=1}^m \frac{1}{k!}\lambda_2^k,\ \cdots,\ \sum_{k=1}^m \frac{1}{k!}\lambda_n^k\right)\right] \\
&= \mathrm{diag}(e^{\lambda_1}, e^{\lambda_2}, \cdots, e^{\lambda_n}) = \begin{bmatrix} e^{\lambda_1} & & & \\ & e^{\lambda_2} & & \\ & & \ddots & \\ & & & e^{\lambda_n} \end{bmatrix}
\end{aligned}$$

【例題 1】令 $A = \begin{bmatrix} 1 & 0 & 0 \\ 0 & 2 & 0 \\ 0 & 0 & 3 \end{bmatrix}$，試求 e^A．

解 因為 A 為一對角線矩陣，故

$$e^A = \mathrm{diag}(e^1, e^2, e^3) = \begin{bmatrix} e^1 & 0 & 0 \\ 0 & e^2 & 0 \\ 0 & 0 & e^3 \end{bmatrix}.$$

但對於一般的 n 階方陣 A，e^A 的計算就比較複雜，但如果矩陣 A 可對角線化，則

$$A^k = PD^k P^{-1},\ k = 1,\ 2,\ \cdots$$

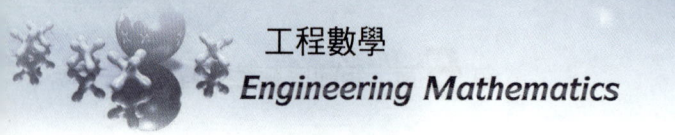

因此，

$$e^A = I + A + \frac{1}{2!}A^2 + \frac{1}{3!}A^3 + \cdots$$
$$= I + PDP^{-1} + \frac{1}{2!}PD^2P^{-1} + \frac{1}{3!}PD^3P^{-1} + \cdots \tag{5-9-2}$$
$$= P\left(I + D + \frac{1}{2!}D^2 + \frac{1}{3!}D^3 + \cdots\right)P^{-1}$$
$$= Pe^DP^{-1}$$

【例題 2】若 $A = \begin{bmatrix} -2 & -6 \\ 1 & 3 \end{bmatrix}$，求 e^A．

解 A 的特徵值為 $\lambda_1 = 1$ 與 $\lambda_2 = 0$，且特徵向量為

$$\mathbf{x}_1 = \begin{bmatrix} -2 \\ 1 \end{bmatrix} \quad \text{與} \quad \mathbf{x}_2 = \begin{bmatrix} -3 \\ 1 \end{bmatrix}$$

於是 $A = PDP^{-1} = \begin{bmatrix} -2 & -3 \\ 1 & 1 \end{bmatrix}\begin{bmatrix} 1 & 0 \\ 0 & 0 \end{bmatrix}\begin{bmatrix} 1 & 3 \\ -1 & -2 \end{bmatrix}$

故 $e^A = Pe^DP^{-1} = \begin{bmatrix} -2 & -3 \\ 1 & 1 \end{bmatrix}\begin{bmatrix} e & 0 \\ 0 & 1 \end{bmatrix}\begin{bmatrix} 1 & 3 \\ -1 & -2 \end{bmatrix}$

$$= \begin{bmatrix} 3-2e & 6-6e \\ e-1 & 3e-2 \end{bmatrix}$$

下面是關於 e^{At} 之計算，若 A 為對角線矩陣，我們可以直接利用

$$e^{At} = I + At + \frac{A^2t^2}{2!} + \frac{A^3t^3}{3!} + \cdots \tag{5-9-3}$$

求得．

【例題 3】令 $A = \begin{bmatrix} 1 & 0 & 0 \\ 0 & 2 & 0 \\ 0 & 0 & 3 \end{bmatrix}$，試求 e^{At}.

解 因為 $A^2 = \begin{bmatrix} 1 & 0 & 0 \\ 0 & 2^2 & 0 \\ 0 & 0 & 3^2 \end{bmatrix}$, $A^3 = \begin{bmatrix} 1 & 0 & 0 \\ 0 & 2^3 & 0 \\ 0 & 0 & 3^3 \end{bmatrix}$, $\cdots$, $A^m = \begin{bmatrix} 1 & 0 & 0 \\ 0 & 2^m & 0 \\ 0 & 0 & 3^m \end{bmatrix}$

又 $$e^{At} = I + At + \frac{A^2 t^2}{2!} + \frac{A^3 t^3}{3!} + \cdots$$

故

$$e^{At} = \begin{bmatrix} 1 & 0 & 0 \\ 0 & 1 & 0 \\ 0 & 0 & 1 \end{bmatrix} + \begin{bmatrix} t & 0 & 0 \\ 0 & 2t & 0 \\ 0 & 0 & 3t \end{bmatrix} + \begin{bmatrix} \frac{t^2}{2!} & 0 & 0 \\ 0 & \frac{2^2 t^2}{2!} & 0 \\ 0 & 0 & \frac{3^2 t^2}{2!} \end{bmatrix} + \begin{bmatrix} \frac{t^3}{3!} & 0 & 0 \\ 0 & \frac{2^3 t^3}{3!} & 0 \\ 0 & 0 & \frac{3^3 t^3}{3!} \end{bmatrix} + \cdots$$

$$= \begin{bmatrix} 1 + t + \frac{t^2}{2!} + \frac{t^3}{3!} + \cdots & 0 & 0 \\ 0 & 1 + 2t + \frac{(2t)^2}{2!} + \frac{(2t)^3}{3!} + \cdots & 0 \\ 0 & 0 & 1 + 3t + \frac{(3t)^2}{2!} + \frac{(3t)^3}{3!} + \cdots \end{bmatrix}$$

$$= \begin{bmatrix} e^t & 0 & 0 \\ 0 & e^{2t} & 0 \\ 0 & 0 & e^{3t} \end{bmatrix}.$$

【例題 4】已知 $A = \begin{bmatrix} -3 & -1 \\ 2 & 0 \end{bmatrix}$，試求 e^{At}.

解 A 的特徵值為 $\lambda_1 = -1$ 與 $\lambda_2 = -2$，且特徵向量為

$$\mathbf{x}_1 = \begin{bmatrix} 1 \\ -2 \end{bmatrix} \quad 與 \quad \mathbf{x}_2 = \begin{bmatrix} 1 \\ -1 \end{bmatrix}$$

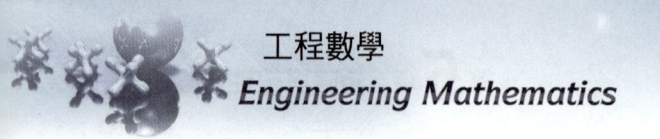

於是 $P = \begin{bmatrix} 1 & 1 \\ -2 & -1 \end{bmatrix}$, $P^{-1} = \begin{bmatrix} -1 & -1 \\ 2 & 1 \end{bmatrix}$

故
$$e^{At} = \begin{bmatrix} 1 & 1 \\ -2 & -1 \end{bmatrix} \begin{bmatrix} e^{-t} & 0 \\ 0 & e^{-2t} \end{bmatrix} \begin{bmatrix} -1 & -1 \\ 2 & 1 \end{bmatrix}$$
$$= \begin{bmatrix} -e^{-t} + 2e^{-2t} & -e^{-t} + e^{-2t} \\ 2e^{-t} - 2e^{-2t} & 2e^{-t} - e^{-2t} \end{bmatrix}.$$

習題 5-9

1. 試就下列每一個矩陣，計算 e^A.

(1) $A = \begin{bmatrix} 0 & -1 \\ 2 & 3 \end{bmatrix}$
(2) $A = \begin{bmatrix} 3 & -2 & 1 \\ 0 & 2 & 0 \\ 0 & 0 & 0 \end{bmatrix}$
(3) $A = \begin{bmatrix} 1 & 2 & -1 \\ 1 & 0 & 1 \\ 4 & -4 & 5 \end{bmatrix}$

2. 已知 $A = \begin{bmatrix} 0 & -1 \\ 2 & 3 \end{bmatrix}$，試求 e^{At}.

chapter 6

向量分析

6-1　三維空間向量

　　一般在自然科學中所用之量，皆表示其數值的大小與單位，如長度、質量、時間、面積、體積、功等，這樣的量稱為**純量** (scalar)．如果一個量除了大小之外，尚需考慮其方向，則稱此量為**向量** (vector)，如速度、加速度、電場強度、力等均屬此類．

　　在幾何學中，向量可以用自某點至另一點的帶有箭頭之有向線段來表示，此線段之長度稱為向量的**長度** (length) 或**大小** (magnitude)，而箭頭則表示向量的**方向** (direction)．向量亦可用粗體的英文字母 **A, B, C,** ⋯, **a, b, c,** ⋯, **i, j, k,** ⋯等表示．

　　設 $P(a_1, b_1, c_1)$ 與 $Q(a_2, b_2, c_2)$ 為三維空間中任意兩點，則從 P 到 Q 所形成的**向量** $\overrightarrow{PQ}$ 為

$$\overrightarrow{PQ} = <a_2 - a_1,\ b_2 - b_1,\ c_2 - c_1>$$

其中 P 與 Q 分別稱為向量 $\overrightarrow{PQ}$ 的**始點**與**終點**，而 $a_2-a_1, b_2-b_1, c_2-c_1$ 分別稱為向量 $\overrightarrow{PQ}$ 的 *x*-**分量**, *y*-**分量**, *z*-**分量**．向量 $\overrightarrow{PQ}$ 的**大小**或**長度**，定義為

$$\left|\overrightarrow{PQ}\right| = \sqrt{(a_2-a_1)^2 + (b_2-b_1)^2 + (c_2-c_1)^2}$$

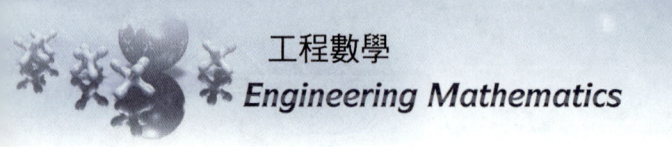

於空間 $\mathbf{R}^3$ 中，以原點 $O(0, 0, 0)$ 為有向線段的始點，$P(a_1, a_2, a_3)$ 為有向線段的終點，則 $\overrightarrow{OP}$ 稱為對應於

$$\mathbf{a} = <a_1, a_2, a_3>$$

或

$$\mathbf{a} = \begin{bmatrix} a_1 \\ a_2 \\ a_3 \end{bmatrix} \text{（此係以矩陣記法表示向量）}$$

的**位置向量** (position vector)，如圖 6-1-1 所示。

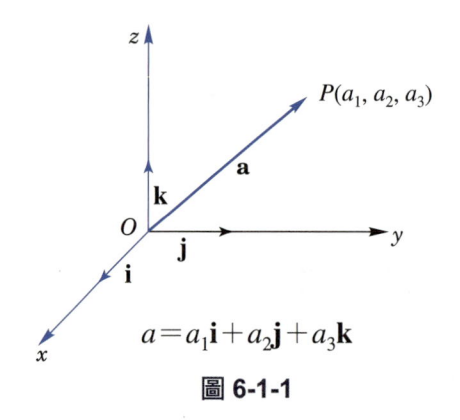

$$a = a_1\mathbf{i} + a_2\mathbf{j} + a_3\mathbf{k}$$

圖 6-1-1

定義 6-1-1

設 $\mathbf{a} = <a_1, a_2, a_3>$, $\mathbf{b} = <b_1, b_2, b_3>$, k 為純量．
(1) $\mathbf{a} = \mathbf{b} \Leftrightarrow a_1 = b_1, a_2 = b_2, a_3 = b_3$．
(2) $\mathbf{a}$ 與 $\mathbf{b}$ 平行 $\Leftrightarrow$ 存在一常數 c 使 $a_1 = cb_1, a_2 = cb_2, a_3 = cb_3$．
(3) $\mathbf{a} + \mathbf{b} = <a_1+b_1, a_2+b_2, a_3+b_3>$
(4) $\mathbf{a}$ 的逆向量 $-\mathbf{a}$ 為 $-\mathbf{a} = <-a_1, -a_2, -a_3>$
(5) $\mathbf{a} - \mathbf{b} = \mathbf{a} + (-\mathbf{b}) = <a_1-b_1, a_2-b_2, a_3-b_3>$
(6) $k\mathbf{a} = <ka_1, ka_2, ka_3>$

在三維空間中，長度為 0 的向量稱為**零向量**，記為 $\mathbf{0}$，即 $\mathbf{0} = <0, 0, 0>$．長度為 1 的向量稱為**單位向量**．任一非零向量 $\mathbf{a}$ 皆可用與 $\mathbf{a}$ 同方向的單位向量 $\mathbf{u}$ 表示，即 $\mathbf{u} = \dfrac{\mathbf{a}}{|\mathbf{a}|}$．$\mathbf{i} = <1, 0, 0>$、$\mathbf{j} = <0, 1, 0>$ 與 $\mathbf{k} = <0, 0, 1>$ 稱為三維空間中的三個**基本單位向量**，這三個向量的始點皆在原點，且其長度

第 6 章 向量分析

皆為 1. 三維空間中的任何向量 **a** 皆可以用 **i**、**j** 與 **k** 的線性組合方式表示，如圖 6-1-1 所示.

【例題 1】 設 $P(-1, 4, 5)$ 與 $Q(2, 2, 2)$ 為三維空間中兩點，求 $\overrightarrow{PQ}$ 與其長度.

解
$$\overrightarrow{PQ} = <2-(-1), 2-4, 2-5> = <3, -2, -3>$$

或
$$\overrightarrow{PQ} = 3\mathbf{i} - 2\mathbf{j} - 3\mathbf{k}$$

故
$$\left|\overrightarrow{PQ}\right| = \sqrt{3^2 + (-2)^2 + (-3)^2} = \sqrt{9+4+9} = \sqrt{22}.$$

【例題 2】 設 $\mathbf{a} = 2\mathbf{i} - 5\mathbf{j} + \mathbf{k}$, $\mathbf{b} = -3\mathbf{i} + 3\mathbf{j} + 2\mathbf{k}$, $\mathbf{c} = 5\mathbf{i} + 3\mathbf{j}$，求 $|2\mathbf{a} + 3\mathbf{b} - \mathbf{c}|$.

解 因
$$2\mathbf{a} + 3\mathbf{b} - \mathbf{c} = 2(2\mathbf{i} - 5\mathbf{j} + \mathbf{k}) + 3(-3\mathbf{i} + 3\mathbf{j} + 2\mathbf{k}) - (5\mathbf{i} + 3\mathbf{j})$$
$$= (4 - 9 - 5)\mathbf{i} + (-10 + 9 - 3)\mathbf{j} + (2 + 6)\mathbf{k}$$
$$= -10\mathbf{i} - 4\mathbf{j} + 8\mathbf{k}$$

故
$$|2\mathbf{a} + 3\mathbf{b} - \mathbf{c}| = \sqrt{(-10)^2 + (-4)^2 + 8^2} = 6\sqrt{5}.$$

【例題 3】 求出與向量 $\mathbf{a} = 2\mathbf{i} - \mathbf{j} + 3\mathbf{k}$ 同方向的單位向量.

解 因
$$|\mathbf{a}| = \sqrt{2^2 + (-1)^2 + 3^2} = \sqrt{14}$$

故
$$\mathbf{u} = \frac{\mathbf{a}}{|\mathbf{a}|} = \frac{2\mathbf{i} - \mathbf{j} + 3\mathbf{k}}{\sqrt{14}} = \frac{2}{\sqrt{14}}\mathbf{i} - \frac{1}{\sqrt{14}}\mathbf{j} + \frac{3}{\sqrt{14}}\mathbf{k}.$$

定理 6-1-1

設 **a**、**b** 與 **c** 為三維空間中的向量，且 k 與 l 皆為純量，則

(1) $\mathbf{a} + \mathbf{b} = \mathbf{b} + \mathbf{a}$

(2) $(\mathbf{a} + \mathbf{b}) + \mathbf{c} = \mathbf{a} + (\mathbf{b} + \mathbf{c})$

(3) $\mathbf{a} + \mathbf{0} = \mathbf{0} + \mathbf{a} = \mathbf{a}$

(4) 存在 $-\mathbf{a}$ 使得 $\mathbf{a} + (-\mathbf{a}) = (-\mathbf{a}) + \mathbf{a} = \mathbf{0}$

(5) $k(\mathbf{a} + \mathbf{b}) = k\mathbf{a} + k\mathbf{b}$

(6) $(k + l)\mathbf{a} = k\mathbf{a} + l\mathbf{a}$

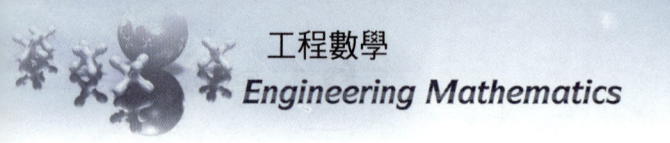

(7) $(kl)\mathbf{a} = k(l\mathbf{a}) = l(k\mathbf{a})$

(8) $1\mathbf{a} = \mathbf{a}$

非零向量 $\mathbf{a} = <a_1, a_2, a_3>$ 與正 x-軸、正 y-軸及正 z-軸所形成的角 α、β、γ ($\alpha, \beta, \gamma \in [0, \pi]$) 稱為 $\mathbf{a}$ 的**方向角** (圖6-1-2)，而 $\cos\alpha$、$\cos\beta$ 與 $\cos\gamma$ 稱為 $\mathbf{a}$ 的**方向餘弦**.
因

$$\cos\alpha = \frac{a_1}{|\mathbf{a}|}, \ \cos\beta = \frac{a_2}{|\mathbf{a}|}, \ \cos\gamma = \frac{a_3}{|\mathbf{a}|}$$

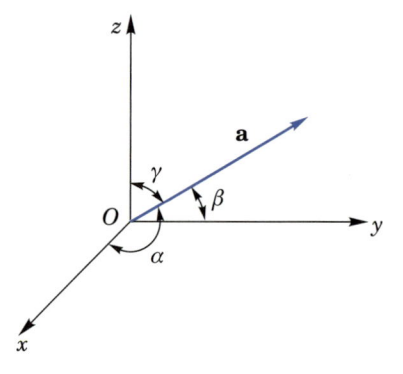

圖 6-1-2

可得

$$\cos^2\alpha + \cos^2\beta + \cos^2\gamma = 1$$

故
$$\begin{aligned}\mathbf{a} &= <a_1, a_2, a_3> \\ &= <|\mathbf{a}|\cos\alpha, |\mathbf{a}|\cos\beta, |\mathbf{a}|\cos\gamma> \\ &= |\mathbf{a}|<\cos\alpha, \cos\beta, \cos\gamma>\end{aligned}$$

即

$$\frac{1}{|\mathbf{a}|}\mathbf{a} = <\cos\alpha, \cos\beta, \cos\gamma>$$

換句話說，$\mathbf{a}$ 的方向餘弦為 $\mathbf{a}$ 的單位向量的分量.

【例題 4】求向量 $\mathbf{a} = 2\mathbf{i} - 4\mathbf{j} + \mathbf{k}$ 的方向角.

解 因 $|\mathbf{a}| = \sqrt{4 + 16 + 16} = 6$，可得

$$\cos\alpha = \frac{1}{3}, \ \cos\beta = -\frac{2}{3}, \ \cos\gamma = \frac{2}{3}$$

故 $\alpha = \cos^{-1}\left(\frac{1}{3}\right) \approx 71°$, $\beta = \cos^{-1}\left(-\frac{2}{3}\right) \approx 132°$, $\gamma = \cos^{-1}\left(\frac{2}{3}\right) \approx 48°$.

現在，我們探討兩向量的一種新的乘積運算，稱為**點積** (dot product) [或稱**內積** (inner product) 或**純量積** (scalar product)]，其結果是一個純量.

第6章 向量分析

定義 6-1-2

設 $\mathbf{a}$ 與 $\mathbf{b}$ 為三維空間中始點重合的任意兩向量，則 $\mathbf{a}$ 與 $\mathbf{b}$ 的**點積**定義為

$$\mathbf{a} \cdot \mathbf{b} = \begin{cases} |\mathbf{a}||\mathbf{b}|\cos\theta, & \text{若 } \mathbf{a} \neq 0 \text{ 且 } \mathbf{b} \neq 0 \\ 0, & \text{若 } \mathbf{a} = 0 \text{ 或 } \mathbf{b} = 0 \end{cases}$$

其中 θ 為 $\mathbf{a}$ 與 $\mathbf{b}$ 之間的夾角，且 $0 \leq \theta \leq \pi$.

【例題 5】若兩向量 $\mathbf{a} = 2\mathbf{i} - \mathbf{j} + \mathbf{k}$ 與 $\mathbf{b} = \mathbf{i} + \mathbf{j} + 2\mathbf{k}$ 之夾角為 $\dfrac{\pi}{3}$，求 $\mathbf{a} \cdot \mathbf{b}$.

解 $|\mathbf{a}| = \sqrt{(2)^2 + (-1)^2 + 1} = \sqrt{6}$, $|\mathbf{b}| = \sqrt{(1)^2 + (1)^2 + (2)^2} = \sqrt{6}$

故 $\mathbf{a} \cdot \mathbf{b} = |\mathbf{a}||\mathbf{b}|\cos\dfrac{\pi}{3} = (\sqrt{6})(\sqrt{6})\left(\dfrac{1}{2}\right) = 3$.

若利用定義求兩向量的內積，則必先知道此兩向量之夾角或夾角的餘弦，但往往其夾角或夾角之餘弦均不易求得．我們可以利用**餘弦定律** (law of cosine) 導出內積的另一公式．

定理 6-1-2

設 $\mathbf{a} = a_1\mathbf{i} + a_2\mathbf{j} + a_3\mathbf{k}$ 與 $\mathbf{b} = b_1\mathbf{i} + b_2\mathbf{j} + b_3\mathbf{k}$ 為三維空間中之兩非零向量，則

$$\mathbf{a} \cdot \mathbf{b} = a_1b_1 + a_2b_2 + a_3b_3.$$

證 於三維空間中，取兩點 P_1 與 P_2，使 $\overrightarrow{OP_1} = \mathbf{a}$, $\overrightarrow{OP_2} = \mathbf{b}$，其中 O 為原點，如圖 6-1-3 所示．則

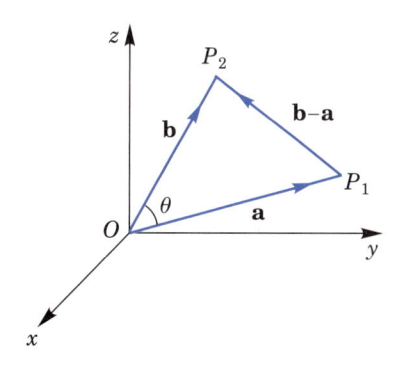

圖 6-1-3

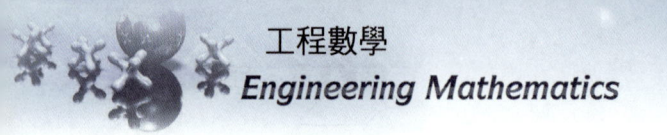

$$\overrightarrow{P_1P_2} = \mathbf{b} - \mathbf{a} = (b_1 - a_1)\mathbf{i} + (b_2 - a_2)\mathbf{j} + (b_3 - a_3)\mathbf{k}$$

考慮 ΔOP_1P_2，由餘弦定律得知

$$\left|\overrightarrow{P_1P_2}\right|^2 = \left|\overrightarrow{OP_1}\right|^2 + \left|\overrightarrow{OP_2}\right|^2 - 2\left|\overrightarrow{OP_1}\right|\left|\overrightarrow{OP_2}\right|\cos\theta$$

其中 θ 為 $\mathbf{a}$ 與 $\mathbf{b}$ 之夾角，故

$$|\mathbf{b} - \mathbf{a}|^2 = |\mathbf{a}|^2 + |\mathbf{b}|^2 - 2|\mathbf{a}||\mathbf{b}|\cos\theta$$

或

$$\mathbf{a} \cdot \mathbf{b} = \frac{1}{2}(|\mathbf{a}|^2 + |\mathbf{b}|^2 - |\mathbf{b} - \mathbf{a}|^2)$$

因此

$$\mathbf{a} \cdot \mathbf{b} = \frac{1}{2}\{a_1^2 + a_2^2 + a_3^2 + b_1^2 + b_2^2 + b_3^2 - [(b_1 - a_1)^2 + (b_2 - a_2)^2 + (b_3 - a_3)^2]\}$$
$$= a_1b_1 + a_2b_2 + a_3b_3.$$

【例題 6】求兩向量 $\mathbf{a} = 2\mathbf{i} - \mathbf{j} + \mathbf{k}$ 與 $\mathbf{b} = -\mathbf{i} + \mathbf{j}$ 之間的夾角．

解
$$\mathbf{a} \cdot \mathbf{b} = (2)(-1) + (-1)(1) + (1)(0) = -3$$
$$|\mathbf{a}| = \sqrt{4 + 1 + 1} = \sqrt{6}$$
$$|\mathbf{b}| = \sqrt{1 + 0 + 1} = \sqrt{2}$$

所以
$$\cos\theta = \frac{\mathbf{a} \cdot \mathbf{b}}{|\mathbf{a}||\mathbf{b}|} = \frac{-3}{\sqrt{6}\sqrt{2}} = -\frac{\sqrt{3}}{2}$$

因 $0 \leq \theta \leq \pi$，故夾角 $\theta = \frac{5\pi}{6}$.

定理 6-1-3

設 $\mathbf{u}$ 與 $\mathbf{v}$ 為三維空間中兩非零向量，則
(1) $\mathbf{u}$ 與 $\mathbf{v}$ 互相垂直 $\Leftrightarrow \mathbf{u} \cdot \mathbf{v} = 0$
(2) $\mathbf{u}$ 與 $\mathbf{v}$ 平行且同方向 $\Leftrightarrow \mathbf{u} \cdot \mathbf{v} = |\mathbf{u}||\mathbf{v}|$
(3) $\mathbf{u}$ 與 $\mathbf{v}$ 平行但方向相反 $\Leftrightarrow \mathbf{u} \cdot \mathbf{v} = -|\mathbf{u}||\mathbf{v}|$.

第 6 章 向量分析

【例題 7】設 $\mathbf{a}=2\mathbf{i}-2\mathbf{j}-3\mathbf{k}$，$\mathbf{b}=-4\mathbf{i}+4\mathbf{j}+6\mathbf{k}$，試證 $\mathbf{a}$ 與 $\mathbf{b}$ 平行且同方向．

解 因 $\mathbf{a} \cdot \mathbf{b}=(2)(-4)+(-2)(4)+(-3)(6)=-8-8-18=-34$

$$|\mathbf{a}||\mathbf{b}|=\sqrt{2^2+(-2)^2+(-3)^2}\sqrt{(-4)^2+4^2+6^2}=\sqrt{17}\sqrt{68}=34$$

即 $\mathbf{a} \cdot \mathbf{b}=-|\mathbf{a}||\mathbf{b}|$，故 $\mathbf{a}$ 與 $\mathbf{b}$ 平行且反方向．

【例題 8】試證 $\mathbf{a}=<1, 2, -3>$ 與 $\mathbf{b}=<2, 2, 2>$ 互相垂直．

解 因 $\mathbf{a} \cdot \mathbf{b}=(1)(2)+(2)(2)+(-3)(2)=0$，故 $\mathbf{a}$ 與 $\mathbf{b}$ 互相垂直．

定理 6-1-4

設 $\mathbf{a}$、$\mathbf{b}$ 與 $\mathbf{c}$ 為三維空間中任意向量，且 k 為純量，則
(1) $\mathbf{a} \cdot \mathbf{b}=\mathbf{b} \cdot \mathbf{a}$
(2) $\mathbf{a} \cdot (\mathbf{b}+\mathbf{c})=\mathbf{a} \cdot \mathbf{b}+\mathbf{a} \cdot \mathbf{c}$
(3) $(\mathbf{a}+\mathbf{b}) \cdot \mathbf{c}=\mathbf{a} \cdot \mathbf{c}+\mathbf{b} \cdot \mathbf{c}$
(4) $k(\mathbf{a} \cdot \mathbf{b})=(k\mathbf{a}) \cdot \mathbf{b}$
(5) $\mathbf{a} \cdot \mathbf{a}=|\mathbf{a}|^2$
(6) $|\mathbf{a} \cdot \mathbf{b}| \leq |\mathbf{a}||\mathbf{b}|$ （柯西-希瓦茲不等式）
(7) $|\mathbf{a}+\mathbf{b}| \leq |\mathbf{a}|+|\mathbf{b}|$ （三角不等式）．

在物理中，功可以用向量的內積來表示．若我們對某物體施予一定的力 F 經過一段距離 d，則其所作的功為 $W=Fd$，此公式相當嚴謹，因為它只能應用於當力是沿著運動之直線．一般先設向量 $\overrightarrow{PQ}$ 代表一力，它的施力點沿著向量 $\overrightarrow{PR}$ 移動，如圖 6-1-4 所示，其中力 $\overrightarrow{PQ}$ 被用來沿著由 P 到 R 的水平

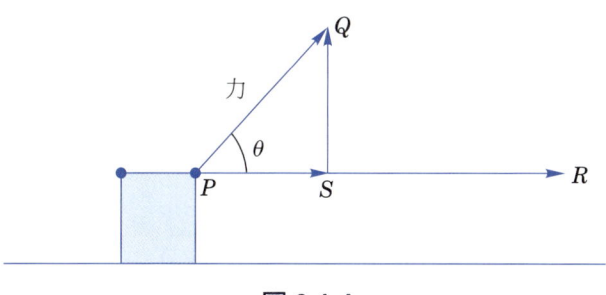

圖 6-1-4

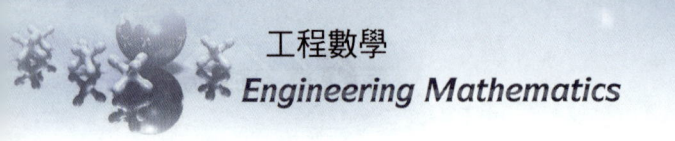

路線去牽引一物體,而向量 $\overrightarrow{PQ}$ 是向量 $\overrightarrow{PS}$ 與 $\overrightarrow{SQ}$ 的和. 由於 $\overrightarrow{SQ}$ 對水平的位移沒有作用,我們可以假設由 P 到 R 的運動僅為 $\overrightarrow{PS}$ 所致. 依公式 $W=Fd$,功 W 是由 $\overrightarrow{PQ}$ 在 $\overrightarrow{PR}$ 方向的分量乘以距離 $|\overrightarrow{PR}|$ 而求得,即

$$W(|\overrightarrow{PQ}|\cos\theta)|\overrightarrow{PR}|=\overrightarrow{PQ}\cdot\overrightarrow{PR}$$

這導出下面的定義:

當施力點沿著向量 $\overrightarrow{PR}$ 移動時,定力 $\overrightarrow{PQ}$ 所作的功為 $W=\overrightarrow{PQ}\cdot\overrightarrow{PR}$.

【例題 9】設某定力為 $\mathbf{a}=5\mathbf{i}+2\mathbf{j}+6\mathbf{k}$,試求當此力的施力點由 $P(1,-1,2)$ 移到 $R(4,3,-1)$ 時所作的功.

解 在三維空間中對應於 $\overrightarrow{PR}$ 的向量是

$$\mathbf{b}=<4-1, 3-(-1), (-1)-2>=<3, 4, -3>.$$

若 $\overrightarrow{PQ}$ 是 $\mathbf{a}$ 的幾何表示,則功為

$$W=\overrightarrow{PQ}\cdot\overrightarrow{PR}=\mathbf{a}\cdot\mathbf{b}=15+8-18=5$$

例如,若長度的單位為呎且力的大小以磅計,則功為 5 呎-磅. 若長度以米計而力以牛頓計,則所作的功為 5 焦耳.

若 $\overrightarrow{PQ}$ 與 $\overrightarrow{PR}$ 具有相同的始點,且 Q 在通過 P 與 R 之直線上的投影為 S,如圖 6-1-5 所示,則 $\overrightarrow{PS}$ 稱為 $\overrightarrow{PQ}$ 在 $\overrightarrow{PR}$ 上的**向量投影**;純量 $|\overrightarrow{PQ}|\cos\theta$ 稱為 $\overrightarrow{PQ}$ 在 $\overrightarrow{PR}$ 上的**純量投影**,其中 θ 為 $\overrightarrow{PQ}$ 與 $\overrightarrow{PR}$ 之間的夾角,如圖 6-1-6 所示.

注意,若 $0\leq\theta<\dfrac{\pi}{2}$,則 $|\overrightarrow{PQ}|\cos\theta$ 為正;若 $\dfrac{\pi}{2}<\theta\leq\pi$,則 $|\overrightarrow{PQ}|\cos\theta$ 為負;若 $\theta=\dfrac{\pi}{2}$,則純量投影為 0. 因此,

$$\text{comp}_{\overrightarrow{PR}}\overrightarrow{PQ}=|\overrightarrow{PQ}|\cos\theta=\overrightarrow{PQ}\cdot\dfrac{\overrightarrow{PR}}{|\overrightarrow{PR}|}$$

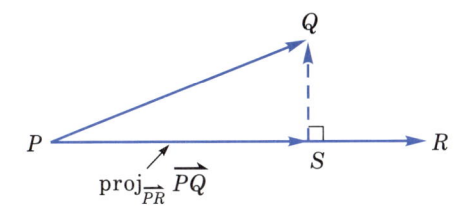

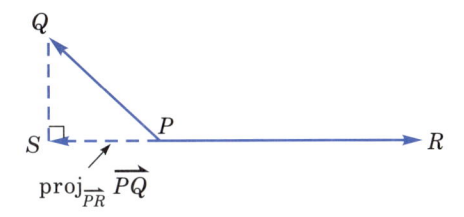

圖 6-1-5

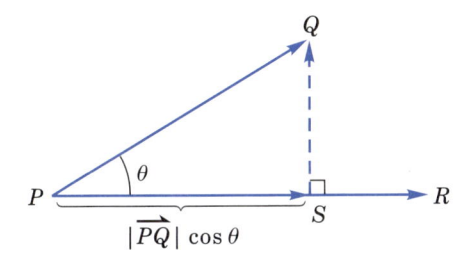

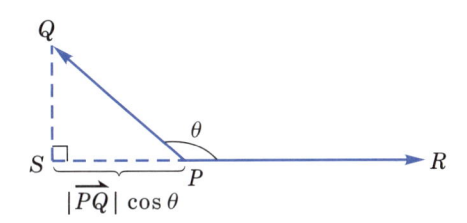

圖 6-1-6

定義 6-1-3

令 **a** 與 **b** 為三維空間中的非零向量，則 **b** 在 **a** 上的 純量投影，記作 $\text{comp}_\mathbf{a}\mathbf{b}$，定義為

$$\text{comp}_\mathbf{a}\mathbf{b} = \frac{\mathbf{a} \cdot \mathbf{b}}{|\mathbf{a}|} \tag{6-1-1}$$

b 在 **a** 上的 向量投影，記作 $\text{proj}_\mathbf{a}\mathbf{b}$，定義為

$$\text{proj}_\mathbf{a}\mathbf{b} = \left(\frac{\mathbf{a} \cdot \mathbf{b}}{|\mathbf{a}|}\right)\frac{\mathbf{a}}{|\mathbf{a}|} = \frac{\mathbf{a} \cdot \mathbf{b}}{|\mathbf{a}|^2}\mathbf{a} \tag{6-1-2}$$

我們亦可從定義 6-1-3 得知

1. 若 $\mathbf{a} \cdot \mathbf{b} > 0$，則 $\text{proj}_\mathbf{a}\mathbf{b}$ 與 **a** 同方向.
2. 若 $\mathbf{a} \cdot \mathbf{b} < 0$，則 $\text{proj}_\mathbf{a}\mathbf{b}$ 與 **a** 反方向.

如圖 6-1-7 所示.

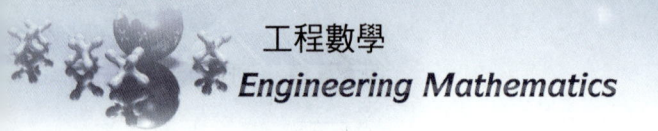

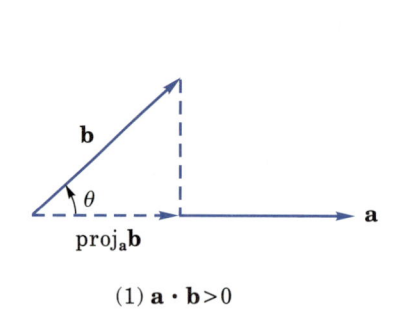

(1) $\mathbf{a} \cdot \mathbf{b} > 0$　　　　　　　(2) $\mathbf{a} \cdot \mathbf{b} < 0$

圖 6-1-7

定理 6-1-5

若 $\mathbf{a}$ 與 $\mathbf{b}$ 為三維空間中的非零向量，則 $\mathbf{b} - \text{proj}_\mathbf{a} \mathbf{b}$ 垂直於 $\mathbf{a}$.

證　$(\mathbf{b} - \text{proj}_\mathbf{a} \mathbf{b}) \cdot \mathbf{a} = \left(\mathbf{b} - \dfrac{\mathbf{a} \cdot \mathbf{b}}{|\mathbf{a}|^2} \mathbf{a} \right) \cdot \mathbf{a} = \mathbf{b} \cdot \mathbf{a} - \dfrac{(\mathbf{a} \cdot \mathbf{b})(\mathbf{a} \cdot \mathbf{a})}{|\mathbf{a}|^2}$

$= \mathbf{a} \cdot \mathbf{b} - \dfrac{(\mathbf{a} \cdot \mathbf{b})|\mathbf{a}|^2}{|\mathbf{a}|^2} = \mathbf{a} \cdot \mathbf{b} - \mathbf{a} \cdot \mathbf{b} = 0$

故 $\mathbf{b} - \text{proj}_\mathbf{a} \mathbf{b}$ 垂直 $\mathbf{a}$.

【例題 10】求 $\mathbf{b} = 2\mathbf{i} + \mathbf{j} + 2\mathbf{k}$ 在 $\mathbf{a} = -2\mathbf{i} + 3\mathbf{j} + \mathbf{k}$ 上的純量投影與向量投影.

解　因 $|\mathbf{a}| = \sqrt{4+9+1} = \sqrt{14}$，故 $\mathbf{b}$ 在 $\mathbf{a}$ 上的純量投影為

$$\text{comp}_\mathbf{a} \mathbf{b} = \dfrac{\mathbf{a} \cdot \mathbf{b}}{|\mathbf{a}|} = \dfrac{-4+3+2}{\sqrt{14}} = \dfrac{1}{\sqrt{14}}$$

向量投影為

$$\text{proj}_\mathbf{a} \mathbf{b} = \dfrac{1}{\sqrt{14}} \dfrac{\mathbf{a}}{|\mathbf{a}|} = \dfrac{1}{14} \mathbf{a} = -\dfrac{1}{7} \mathbf{i} + \dfrac{3}{14} \mathbf{j} + \dfrac{1}{14} \mathbf{k}.$$

在三維空間 $\mathbb{R}^3$ 中，兩向量 $\mathbf{a}$ 與 $\mathbf{b}$ 的**叉積** (cross product)(或稱**向量積**或**外積**)，此新的運算產生另一向量．兩向量之外積首先用來討論有關力矩的工具．

第 **6** 章　向量分析

定義 6-1-4

若 $\mathbf{a}=a_1\mathbf{i}+a_2\mathbf{j}+a_3\mathbf{k}$, $\mathbf{b}=b_1\mathbf{i}+b_2\mathbf{j}+b_3\mathbf{k}$, 則 $\mathbf{a}$ 與 $\mathbf{b}$ 的<u>叉積</u>定義為

$$\mathbf{a}\times\mathbf{b}=<a_2b_3-a_3b_2,\ a_3b_1-a_1b_3,\ a_1b_2-a_2b_1> \qquad (6\text{-}1\text{-}3)$$

(6-1-3) 式可以寫成下面的形式來記憶.

$$\mathbf{a}\times\mathbf{b}=\begin{vmatrix}a_2 & a_3\\ b_2 & b_3\end{vmatrix}\mathbf{i}-\begin{vmatrix}a_1 & a_3\\ b_1 & b_3\end{vmatrix}\mathbf{j}+\begin{vmatrix}a_1 & a_2\\ b_1 & b_2\end{vmatrix}\mathbf{k}=\begin{vmatrix}\mathbf{i} & \mathbf{j} & \mathbf{k}\\ a_1 & a_2 & a_3\\ b_1 & b_2 & b_3\end{vmatrix} \qquad (6\text{-}1\text{-}4)$$

(6-1-4) 式的右邊並非真正的行列式，這只是有助於記憶的設計，因行列式中的元素必須是純量，而非向量. 但是，對它化簡時，可按行列式的法則處理.

【例題 11】設 $\mathbf{a}=2\mathbf{i}-\mathbf{j}+\mathbf{k}$, $\mathbf{b}=4\mathbf{i}+2\mathbf{j}-\mathbf{k}$, 求 $|\mathbf{a}\times\mathbf{b}|$.

解

$$\mathbf{a}\times\mathbf{b}=\begin{vmatrix}\mathbf{i} & \mathbf{j} & \mathbf{k}\\ 2 & -1 & 1\\ 4 & 2 & -1\end{vmatrix}=\begin{vmatrix}-1 & 1\\ 2 & -1\end{vmatrix}\mathbf{i}-\begin{vmatrix}2 & 1\\ 4 & -1\end{vmatrix}\mathbf{j}+\begin{vmatrix}2 & -1\\ 4 & 2\end{vmatrix}\mathbf{k}$$

$$=(1-2)\mathbf{i}-(-2-4)\mathbf{j}+(4+4)\mathbf{k}$$

$$=-\mathbf{i}+6\mathbf{j}+8\mathbf{k}$$

故 $\qquad |\mathbf{a}\times\mathbf{b}|=\sqrt{(-1)^2+6^2+8^2}=\sqrt{101}.$

定理 6-1-6

向量 $\mathbf{a}\times\mathbf{b}$ 同時垂直於 $\mathbf{a}$ 與 $\mathbf{b}$.

$\mathbf{a}\times\mathbf{b}$ 的方向可用右手定則來決定：若右手除拇指外的四指指向 $\mathbf{a}$ 的方向，然後旋轉到 $\mathbf{b}$ (旋轉角小於 $180°$)，則拇指的指向為 $\mathbf{a}\times\mathbf{b}$ 的方向 (圖 6-1-8).

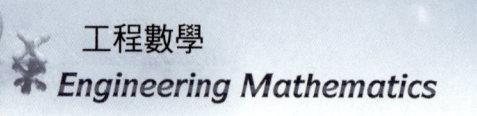

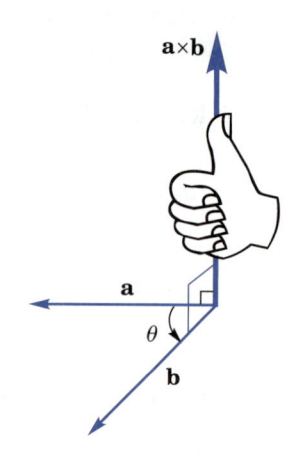

圖 6-1-8

定理 6-1-7

若 θ 為三維空間中兩非零向量 **a** 與 **b** 之間的夾角，則

$$|\mathbf{a} \times \mathbf{b}| = |\mathbf{a}||\mathbf{b}| \sin \theta \tag{6-1-5}$$

證 令 $\mathbf{a} = a_1\mathbf{i} + a_2\mathbf{j} + a_3\mathbf{k}$, $\mathbf{b} = b_1\mathbf{i} + b_2\mathbf{j} + b_3\mathbf{k}$, 則

$$\begin{aligned}
|\mathbf{a} \times \mathbf{b}|^2 &= (\mathbf{a} \times \mathbf{b}) \cdot (\mathbf{a} \times \mathbf{b}) \\
&= (a_2 b_3 - a_3 b_2)^2 + (a_3 b_1 - a_1 b_3)^2 + (a_1 b_2 - a_2 b_1)^2 \\
&= a_2^2 b_3^2 - 2 a_2 a_3 b_2 b_3 + a_3^2 b_2^2 + a_3^2 b_1^2 - 2 a_1 a_3 b_1 b_3 + a_1^2 b_3^2 \\
&\quad + a_1^2 b_2^2 - 2 a_1 a_2 b_1 b_2 + a_2^2 b_1^2 \\
&= (a_1^2 + a_2^2 + a_3^2)(b_1^2 + b_2^2 + b_3^2) - (a_1 b_1 + a_2 b_2 + a_3 b_3)^2 \\
&= |\mathbf{a}|^2 |\mathbf{b}|^2 - (\mathbf{a} \cdot \mathbf{b})^2 \\
&= |\mathbf{a}|^2 |\mathbf{b}|^2 - |\mathbf{a}|^2 |\mathbf{b}|^2 \cos^2 \theta \\
&= |\mathbf{a}|^2 |\mathbf{b}|^2 (1 - \cos^2 \theta) \\
&= |\mathbf{a}|^2 |\mathbf{b}|^2 \sin^2 \theta
\end{aligned}$$

因此 $0 \leq \theta \leq \pi$，可得 $\sin \theta \geq 0$，故 $|\mathbf{a} \times \mathbf{b}| = |\mathbf{a}||\mathbf{b}| \sin \theta$.

由 (6-1-5) 式，$\mathbf{a} \times \mathbf{b} = \mathbf{0}$，若且唯若 $\mathbf{a} = \mathbf{0}$，或 $\mathbf{b} = \mathbf{0}$，或 $\sin \theta = 0$. 在所有情形中，**a** 與 **b** 平行. 對於前兩個情形，這是成立的，因 **0** 平行於每一向量，而在第三個情形，$\sin \theta = 0$ 蘊涵 **a** 與 **b** 之間的夾角為 $\theta = 0$，或 $\theta = \pi$. 因此，我們可得下面的結論

$$\mathbf{a} \times \mathbf{b} = \mathbf{0} \Leftrightarrow \mathbf{a} \text{ 與 } \mathbf{b} \text{ 平行}$$

$|\mathbf{a} \times \mathbf{b}|$ 有一個很有用的幾何解釋．若 $\mathbf{a}$ 與 $\mathbf{b}$ 有相同始點，則它們決定了底為 $|\mathbf{a}|$，高為 $|\mathbf{b}| \sin\theta$，而面積為 $A = |\mathbf{a}|(|\mathbf{b}| \sin\theta) = |\mathbf{a} \times \mathbf{b}|$ 的平行四邊形 (圖 6-1-9)．換句話說，$\mathbf{a} \times \mathbf{b}$ 的長度在數值上等於由 $\mathbf{a}$ 與 $\mathbf{b}$ 所決定平行四邊形的面積．

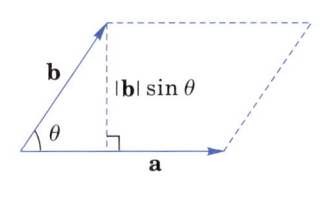

圖 6-1-9

【例題 12】求兩向量 $\mathbf{a} = <2, 3, -6>$ 與 $\mathbf{b} = <2, 3, 6>$ 間之夾角的正弦值．

解

$$\mathbf{a} \times \mathbf{b} = \begin{vmatrix} \mathbf{i} & \mathbf{j} & \mathbf{k} \\ 2 & 3 & -6 \\ 2 & 3 & 6 \end{vmatrix} = 36\mathbf{i} - 24\mathbf{j}$$

可得
$$|\mathbf{a} \times \mathbf{b}| = \sqrt{(36)^2 + (-24)^2} = 12\sqrt{13}$$

因
$$|\mathbf{a} \times \mathbf{b}| = |\mathbf{a}||\mathbf{b}|\sin\theta$$

故
$$\sin\theta = \frac{|\mathbf{a} \times \mathbf{b}|}{|\mathbf{a}||\mathbf{b}|} = \frac{12\sqrt{13}}{\sqrt{2^2 + 3^2 + (-6)^2}\sqrt{2^2 + 3^2 + 6^2}} = \frac{12\sqrt{13}}{49}.$$

【例題 13】求頂點為 $A(2, 3, 4)$、$B(-1, 3, 2)$、$C(1, -4, 3)$ 與 $D(4, -4, 5)$ 之平行四邊形的面積．

解 此平行四邊形是以 $\overrightarrow{AB}$ 與 $\overrightarrow{AD}$ 為相鄰兩邊 (為什麼 $\overrightarrow{AB}$ 與 $\overrightarrow{AC}$ 不是？)

而
$$\overrightarrow{AB} = (-1-2)\mathbf{i} + (3-3)\mathbf{j} + (2-4)\mathbf{k} = -3\mathbf{i} - 2\mathbf{k}$$
$$\overrightarrow{AD} = (4-2)\mathbf{i} + (-4-3)\mathbf{j} + (5-4)\mathbf{k} = 2\mathbf{i} - 7\mathbf{j} + \mathbf{k}$$

所以
$$\overrightarrow{AB} \times \overrightarrow{AD} = \begin{vmatrix} \mathbf{i} & \mathbf{j} & \mathbf{k} \\ -3 & 0 & -2 \\ 2 & -7 & 1 \end{vmatrix} = -14\mathbf{i} - \mathbf{j} + 21\mathbf{k}$$

因此，平行四邊形的面積為

$$|\overrightarrow{AB} \times \overrightarrow{AD}| = \sqrt{(-14)^2 + (-1)^2 + (21)^2} = \sqrt{638}.$$

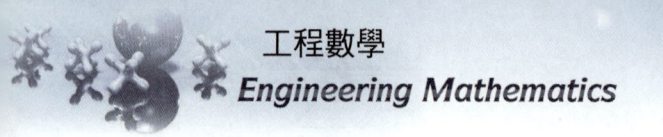

【例題 14】求頂點為 $A(0, 0, 0)$、$B(-1, 2, 4)$ 與 $C(2, -1, 4)$ 之三角形的面積.

解　$\vec{AB} = -\mathbf{i} + 2\mathbf{j} + 4\mathbf{k}$, $\vec{AC} = 2\mathbf{i} - \mathbf{j} + 4\mathbf{k}$

$$\vec{AB} \times \vec{AC} = \begin{vmatrix} \mathbf{i} & \mathbf{j} & \mathbf{k} \\ -1 & 2 & 4 \\ 2 & -1 & 4 \end{vmatrix} = 12\mathbf{i} + 12\mathbf{j} - 3\mathbf{k}$$

故　$\triangle ABC$ 的面積 $= \dfrac{1}{2} \left| \vec{AB} \times \vec{AC} \right|$

$= \dfrac{1}{2} \sqrt{(12)^2 + (12)^2 + (-3)^2} = \dfrac{3\sqrt{33}}{2}.$

【例題 15】求點 R 到直線 L 的最短距離 d 的公式.

解　如圖 6-1-10 所示，令 P 及 Q 為 L 上的點，且令 θ 為 $\vec{PQ}$ 及 $\vec{PR}$ 之間的夾角.

圖 6-1-10

因　$d = \left| \vec{PR} \right| \sin \theta$

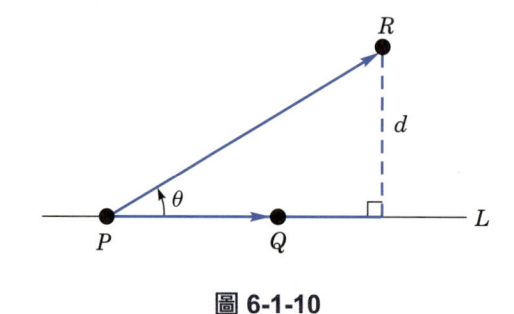

且　$\left| \vec{PQ} \times \vec{PR} \right| = \left| \vec{PQ} \right| \left| \vec{PR} \right| \sin \theta$

故　$d = \dfrac{1}{\left| \vec{PQ} \right|} \left| \vec{PQ} \times \vec{PR} \right|.$

【例題 16】設空間中有一平面經過三點 $A(2, 4, 1)$、$B(-1, 0, 1)$ 與 $C(-1, 4, 2)$，求點 $P(1, -2, 1)$ 到此平面的最短距離.

解　如圖 6-1-11 所示，設 D 為 P 在此平面的垂足，E 為 P 在 $\vec{AB} \times \vec{AC}$ 上的

第6章 向量分析

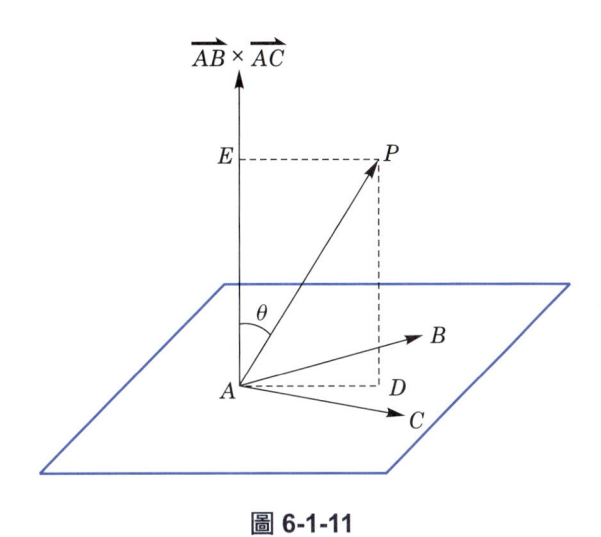

圖 6-1-11

垂足，則由 P 到此平面的最短距離為

$$|PD| = |AE| = |\overrightarrow{AP}| = \cos\theta$$

但

$$(\overrightarrow{AB} \times \overrightarrow{AC}) \cdot \overrightarrow{AP} = |\overrightarrow{AB} \times \overrightarrow{AC}||\overrightarrow{AP}|\cos\theta$$

即

$$|\overrightarrow{AP}|\cos\theta = \frac{(\overrightarrow{AB} \times \overrightarrow{AC}) \cdot \overrightarrow{AP}}{|\overrightarrow{AB} \times \overrightarrow{AC}|}$$

故

$$|PD| = \frac{(\overrightarrow{AB} \times \overrightarrow{AC}) \cdot \overrightarrow{AP}}{|\overrightarrow{AB} \times \overrightarrow{AC}|}$$

現在

$$\overrightarrow{AB} = <-1-2, 0-4, 1-1> = <-3, -4, 0>$$
$$\overrightarrow{AC} = <-1-2, 4-4, 2-1> = <-3, 0, 1>$$
$$\overrightarrow{AP} = <1-2, -2-4, 1-1> = <-1, -6, 0>$$

而

$$\overrightarrow{AB} \times \overrightarrow{AC} = \begin{vmatrix} \mathbf{i} & \mathbf{j} & \mathbf{k} \\ -3 & -4 & 0 \\ -3 & 0 & 1 \end{vmatrix} = -4\mathbf{i} + 3\mathbf{j} - 12\mathbf{k}$$

$$|\overrightarrow{AB} \times \overrightarrow{AC}| = \sqrt{(-4)^2 + 3^2 + (-12)^2} = 13$$

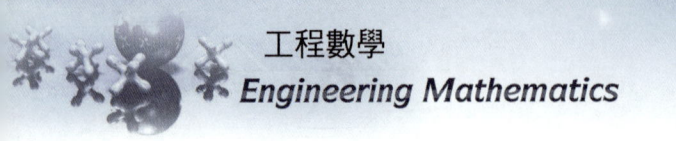

所以，由 P 點到此平面的最短距離為

$$|PD|=\frac{<-4,\ 3,\ -12>\bullet<-1,\ -6,\ 0>}{13}=\frac{4-18}{13}=-\frac{14}{13}.$$

其中負號表示 P 點位於圖 6-1-11 所示平面的下方．讀者應特別注意，本題要在 A、B、C 三點決定唯一平面時才有意義，在此情況下，A、B、C 三點不在同一直線上．如果 A、B、C 在同一直線上，則 $\overrightarrow{AB}\times\overrightarrow{AC}=\mathbf{0}$ (何故？)．所以，當 $\overrightarrow{AB}\times\overrightarrow{AC}=\mathbf{0}$ 時，並不表示 P 到平面的距離為 0，而是其距離無法確定．

定理 6-1-8

若 $\mathbf{a}$、$\mathbf{b}$ 與 $\mathbf{c}$ 為三維空間中的向量，且 k 為純量，則
(1) $\mathbf{a}\times\mathbf{b}=-(\mathbf{b}\times\mathbf{a})$
(2) $\mathbf{a}\times(\mathbf{b}+\mathbf{c})=\mathbf{a}\times\mathbf{b}+\mathbf{a}\times\mathbf{c}$
(3) $(\mathbf{a}+\mathbf{b})\times\mathbf{c}=\mathbf{a}\times\mathbf{c}+\mathbf{b}\times\mathbf{c}$
(4) $k(\mathbf{a}\times\mathbf{b})=(k\mathbf{a})\times\mathbf{b}=\mathbf{a}\times(k\mathbf{b})$
(5) $\mathbf{a}\times\mathbf{0}=\mathbf{0}\times\mathbf{a}=\mathbf{0}$
(6) $\mathbf{a}\times\mathbf{a}=\mathbf{0}$

單位向量 $\mathbf{i}$、$\mathbf{j}$ 與 $\mathbf{k}$ 的叉積特別重要，例如，

$$\mathbf{i}\times\mathbf{j}=\begin{vmatrix}\mathbf{i} & \mathbf{j} & \mathbf{k}\\ 1 & 0 & 0\\ 0 & 1 & 0\end{vmatrix}=\begin{vmatrix}0 & 0\\ 1 & 0\end{vmatrix}\mathbf{i}-\begin{vmatrix}1 & 0\\ 0 & 0\end{vmatrix}\mathbf{j}+\begin{vmatrix}1 & 0\\ 0 & 1\end{vmatrix}\mathbf{k}=\mathbf{k}$$

同理，讀者應該很容易求得下列的結果

$$\mathbf{i}\times\mathbf{j}=\mathbf{k} \qquad \mathbf{j}\times\mathbf{k}=\mathbf{i} \qquad \mathbf{k}\times\mathbf{i}=\mathbf{j}$$
$$\mathbf{j}\times\mathbf{i}=-\mathbf{k} \qquad \mathbf{k}\times\mathbf{j}=-\mathbf{i} \qquad \mathbf{i}\times\mathbf{k}=-\mathbf{j}$$
$$\mathbf{i}\times\mathbf{i}=\mathbf{0} \qquad \mathbf{j}\times\mathbf{j}=\mathbf{0} \qquad \mathbf{k}\times\mathbf{k}=\mathbf{0}$$

注意：一般 $\mathbf{a}\times(\mathbf{b}\times\mathbf{c})\neq(\mathbf{a}\times\mathbf{b})\times\mathbf{c}$．例如，

$$\mathbf{i}\times(\mathbf{j}\times\mathbf{j})=\mathbf{i}\times\mathbf{0}=\mathbf{0}$$

而 $(\mathbf{i}\times\mathbf{j})\times\mathbf{j}=\mathbf{k}\times\mathbf{j}=-1$

故 $\mathbf{i}\times(\mathbf{j}\times\mathbf{j})\neq(\mathbf{i}\times\mathbf{j})\times\mathbf{j}$.

定義 *6-1-5*

若 **a**、**b** 與 **c** 為三維空間中的非零向量，則 $\mathbf{a}\cdot(\mathbf{b}\times\mathbf{c})$ 稱為 **a**、**b** 與 **c** 的**純量三重積**.

於 $\mathbf{a}=a_1\mathbf{i}+a_2\mathbf{j}+a_3\mathbf{k}, \mathbf{b}=b_1\mathbf{i}+b_2\mathbf{j}+b_3\mathbf{k}, \mathbf{c}=c_1\mathbf{i}+c_2\mathbf{j}+c_3\mathbf{k}$ 的純量三重積可由下列的公式計算，

$$\mathbf{a}\cdot(\mathbf{b}\times\mathbf{c})=\begin{vmatrix} a_1 & a_2 & a_3 \\ b_1 & b_2 & b_3 \\ c_1 & c_2 & c_3 \end{vmatrix} \tag{6-1-6}$$

上式是藉由 (6-1-4) 式求得，因為

$$\mathbf{a}\cdot(\mathbf{b}\times\mathbf{c})=\mathbf{a}\cdot\left(\begin{vmatrix} b_2 & b_3 \\ c_2 & c_3 \end{vmatrix}\mathbf{i}-\begin{vmatrix} b_1 & b_3 \\ c_1 & c_3 \end{vmatrix}\mathbf{j}+\begin{vmatrix} b_1 & b_2 \\ c_1 & c_2 \end{vmatrix}\mathbf{k}\right)$$

$$=\begin{vmatrix} b_2 & b_3 \\ c_2 & c_3 \end{vmatrix}a_1-\begin{vmatrix} b_1 & b_3 \\ c_1 & c_3 \end{vmatrix}a_2+\begin{vmatrix} b_1 & b_2 \\ c_1 & c_2 \end{vmatrix}a_3$$

$$=\begin{vmatrix} a_1 & a_2 & a_3 \\ b_1 & b_2 & b_3 \\ c_1 & c_2 & c_3 \end{vmatrix}.$$

【例題 17】計算 $\mathbf{a}=3\mathbf{i}-2\mathbf{j}-5\mathbf{k}, \mathbf{b}=\mathbf{i}+4\mathbf{j}-4\mathbf{k}, \mathbf{c}=3\mathbf{j}+2\mathbf{k}$ 的純量三重積.

解 由 (6-1-6) 式可得

$$\mathbf{a}\cdot(\mathbf{b}\times\mathbf{c})=\begin{vmatrix} 3 & -2 & -5 \\ 1 & 4 & -4 \\ 0 & 3 & 2 \end{vmatrix}=3\begin{vmatrix} 4 & -4 \\ 3 & 2 \end{vmatrix}-(-2)\begin{vmatrix} 1 & -4 \\ 0 & 2 \end{vmatrix}+(-5)\begin{vmatrix} 1 & 4 \\ 0 & 3 \end{vmatrix}$$

$$=60+4-15=49.$$

利用 **a**、**b** 與 **c** 的純量三重積，可求出以 **a**、**b** 與 **c** 為三鄰邊的平行六面

圖 6-1-12

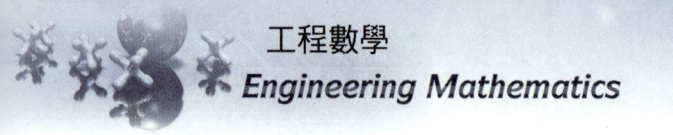

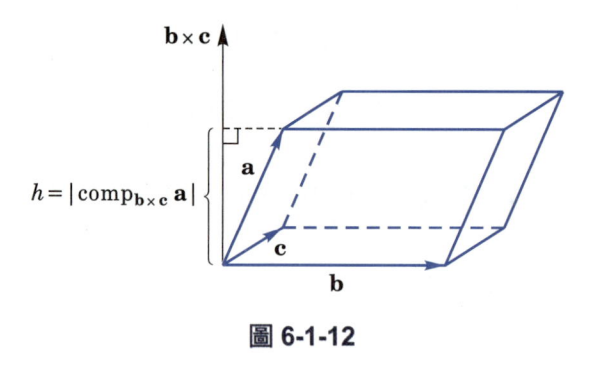

體的體積．如圖 6-1-12 所示，平行六面體的底面積為 $A=|\mathbf{a}\times\mathbf{b}|$，高為

$$h=\left|\operatorname{comp}_{\mathbf{b}\times\mathbf{c}}\mathbf{a}\right|=\frac{|\mathbf{a}\cdot(\mathbf{b}\times\mathbf{c})|}{|\mathbf{b}\times\mathbf{c}|}$$

故平行六面體的體積 V 為

$$V=(\text{底面積})\times\text{高}=|\mathbf{b}\times\mathbf{c}|\frac{|\mathbf{a}\cdot(\mathbf{b}\times\mathbf{c})|}{|\mathbf{b}\times\mathbf{c}|}=|\mathbf{a}\cdot(\mathbf{b}\times\mathbf{c})| \tag{6-1-7}$$

由 (6-1-7) 式，得知 $\mathbf{a}\cdot(\mathbf{b}\times\mathbf{c})=\pm V$，其中＋或－取決於 $\mathbf{a}$ 與 $\mathbf{b}\times\mathbf{c}$ 所形成的夾角為銳角或鈍角．

【例題 18】已知四點 $A(2, 1, -1)$、$B(3, 0, 2)$、$C(4, -2, 1)$ 及 $D(5, -3, 0)$，求以 $\overrightarrow{AB}$、$\overrightarrow{AC}$ 及 $\overrightarrow{AD}$ 為三鄰邊的平行六面體的體積．

解　令　　$\mathbf{a}=\overrightarrow{AB}=<3-2, 0-1, 2-(-1)>=<1, -1, 3>$
　　　　　$\mathbf{b}=\overrightarrow{AC}=<4-2, -2-1, 1-(-1)>=<2, -3, 2>$
　　　　　$\mathbf{c}=\overrightarrow{AD}=<5-2, -3-1, 0-(-1)>=<3, -4, 1>$

因 $\mathbf{a}\cdot(\mathbf{b}\times\mathbf{c})=\begin{vmatrix} 1 & -1 & 3 \\ 2 & -3 & 2 \\ 3 & -4 & 1 \end{vmatrix}=(1)(-3+8)-(-1)(2-6)+3(-8+9)=4$

故所求體積為　　$|\mathbf{a}\cdot(\mathbf{b}\times\mathbf{c})|=|4|=4$．

第6章 向量分析

定理 6-1-9

若三向量 $\mathbf{a}=a_1\mathbf{i}+a_2\mathbf{j}+a_3\mathbf{k}$, $\mathbf{b}=b_1\mathbf{i}+b_2\mathbf{j}+b_3\mathbf{k}$ 與 $\mathbf{c}=c_1\mathbf{i}+c_2\mathbf{j}+c_3\mathbf{k}$ 具有共同的始點，則此三向量共平面的充要條件為

$$\mathbf{a}\cdot(\mathbf{b}\times\mathbf{c})=\begin{vmatrix} a_1 & a_2 & a_3 \\ b_1 & b_2 & b_3 \\ c_1 & c_2 & c_3 \end{vmatrix}=0 \tag{6-1-8}$$

【例題 19】 試證三維空間中四點 $A(1, 0, 1)$、$B(2, 2, 4)$、$C(5, 5, 7)$ 與 $D(8, 8, 10)$ 共平面．

解 我們考慮以 $\overrightarrow{AB}$、$\overrightarrow{AC}$、$\overrightarrow{AD}$ 為三鄰邊的平行六面體，若證得其體積為 0，則 $\overrightarrow{AB}$、$\overrightarrow{AC}$ 與 $\overrightarrow{AD}$ 共平面，故 A、B、C 與 D 在同一平面上，即共平面．

令 $\mathbf{a}=\overrightarrow{AB}=<2-1, 2-0, 4-1>=<1, 2, 3>$
$\mathbf{b}=\overrightarrow{AC}=<5-1, 5-0, 7-1>=<4, 5, 6>$
$\mathbf{c}=\overrightarrow{AD}=<8-1, 8-0, 10-1>=<7, 8, 9>$

$$\mathbf{a}\cdot(\mathbf{b}\times\mathbf{c})=\begin{vmatrix} 1 & 2 & 3 \\ 4 & 5 & 6 \\ 7 & 8 & 9 \end{vmatrix}=1(45-48)-2(36-42)+3(32-35)$$
$$=45-48-2(-6)+3(-3)$$
$$=0$$

所以，A、B、C 與 D 共平面．

定義 6-1-6

若 $\mathbf{a}$、$\mathbf{b}$ 與 $\mathbf{c}$ 為三維空間中的非零向量，則 $\mathbf{a}\times(\mathbf{b}\times\mathbf{c})$ 稱為 $\mathbf{a}$、$\mathbf{b}$ 與 $\mathbf{c}$ 的**向量三重積**．

【例題 20】 若 $\mathbf{a}=3\mathbf{i}-\mathbf{j}+2\mathbf{k}$, $\mathbf{b}=2\mathbf{i}+\mathbf{j}-\mathbf{k}$, $\mathbf{c}=\mathbf{i}-2\mathbf{j}+2\mathbf{k}$，求

(1) $(\mathbf{a}\times\mathbf{b})\times\mathbf{c}$ (2) $\mathbf{a}\times(\mathbf{b}\times\mathbf{c})$

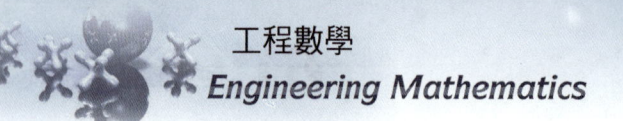

解 (1) $\mathbf{a} \times \mathbf{b} = \begin{vmatrix} \mathbf{i} & \mathbf{j} & \mathbf{k} \\ 3 & -1 & 2 \\ 2 & 1 & -1 \end{vmatrix} = -\mathbf{i} + 7\mathbf{j} + 5\mathbf{k}$

$(\mathbf{a} \times \mathbf{b}) \times \mathbf{c} = (-\mathbf{i} + 7\mathbf{j} + 5\mathbf{k}) \times (\mathbf{i} - 2\mathbf{j} + 2\mathbf{k})$

$= \begin{vmatrix} \mathbf{i} & \mathbf{j} & \mathbf{k} \\ -1 & 7 & 5 \\ 1 & -2 & 2 \end{vmatrix} = 24\mathbf{i} + 7\mathbf{j} - 5\mathbf{k}$

(2) $\mathbf{b} \times \mathbf{c} = \begin{vmatrix} \mathbf{i} & \mathbf{j} & \mathbf{k} \\ 2 & 1 & -1 \\ 1 & -2 & 2 \end{vmatrix} = -5\mathbf{j} - 5\mathbf{k}$

$\mathbf{a} \times (\mathbf{b} \times \mathbf{c}) = (3\mathbf{i} - \mathbf{j} + 2\mathbf{k}) \times (-5\mathbf{j} - 5\mathbf{k})$

$= \begin{vmatrix} \mathbf{i} & \mathbf{j} & \mathbf{k} \\ 3 & -1 & 2 \\ 0 & -5 & -5 \end{vmatrix} = 15\mathbf{i} + 15\mathbf{j} - 15\mathbf{k}$.

習題 6-1

1. 設 $P_1(6, 2, 1)$、$P_2(3, 0, 2)$ 為三維空間中兩點，求 $\overrightarrow{P_1 P_2}$ 及其長度。

2. 設 $\mathbf{a} = 2\mathbf{i} - 5\mathbf{j} + \mathbf{k}$, $\mathbf{b} = -3\mathbf{i} + 3\mathbf{j} + 2\mathbf{k}$, $\mathbf{c} = 5\mathbf{i} + 3\mathbf{j}$，求

    (1) $2\mathbf{a} + 3\mathbf{b} - \mathbf{c}$

    (2) $|2\mathbf{a} + 3\mathbf{b} - \mathbf{c}|$

3. 求與向量 $\mathbf{a} = 3\mathbf{i} + \mathbf{j} - 7\mathbf{k}$ 同方向的單位向量，並求與 $\mathbf{a}$ 方向相反且長度為 5 的向量。

4. 設 $\triangle ABC$ 的頂點坐標為 $A(1, 3, 1)$、$B(0, -1, 3)$、$C(3, 1, 0)$，求此三角形重心的坐標。

5. 求一單位向量 $\mathbf{u}$ 平行於 $\mathbf{a} = <2, 4, -5>$ 與 $\mathbf{b} = <1, 2, 3>$ 的和向量。

6. 若 $\mathbf{a}_1 = 2\mathbf{i} - \mathbf{j} + \mathbf{k}$, $\mathbf{a}_2 = \mathbf{i} + 3\mathbf{j} - 2\mathbf{k}$, $\mathbf{a}_3 = -2\mathbf{i} + \mathbf{j} - 3\mathbf{k}$ 且 $\mathbf{a}_4 = 3\mathbf{i} + 2\mathbf{j} + 5\mathbf{k}$，求純量 a、b、c 使得 $\mathbf{a}_4 = a\mathbf{a}_1 + b\mathbf{a}_2 + c\mathbf{a}_3$。

7. 設三維空間中的三點分別為 $A(2, -3, 4)$、$B(-2, 6, 1)$ 與 $C(2, 0, 2)$，求 $\angle ABC$。

8. 求 $\mathbf{a} = -4\mathbf{i} + \mathbf{j} - 2\mathbf{k}$ 在 $\mathbf{b} = \mathbf{i} + 3\mathbf{j} - 3\mathbf{k}$ 方向上的向量投影及純量投影。

9. 求 $\mathbf{u} = 2\mathbf{i} - 5\mathbf{j} + \mathbf{k}$ 在 $\mathbf{v} = -3\mathbf{i} + \mathbf{j} + 7\mathbf{k}$ 方向上的純量投影。

10. 設 $\mathbf{u}=<-3,1,-\sqrt{5}>,\mathbf{v}=<2,4,-\sqrt{5}>$，試將 $\mathbf{u}$ 表示成一個平行於 $\mathbf{v}$ 的向量 $\mathbf{a}$ 與垂直於 $\mathbf{v}$ 的向量 $\mathbf{b}$ 之和向量.

11. 若有一固定的力 $\mathbf{F}=3\mathbf{i}-6\mathbf{j}+7\mathbf{k}$（以磅計）作用於一物體，使其由 $P(2, 1, 3)$ 移到 $Q(9, 4, 6)$，而距離單位為呎，求所作的功.

12. 試證：$|\mathbf{a}+\mathbf{b}|\leq|\mathbf{a}|+|\mathbf{b}|$.

13. 試證：$|\mathbf{a}+\mathbf{b}|^2+|\mathbf{a}-\mathbf{b}|^2=2|\mathbf{a}|^2+2|\mathbf{b}|^2$.

14. 試證：$\mathbf{a}\cdot\mathbf{b}=\dfrac{1}{4}|\mathbf{a}+\mathbf{b}|^2-\dfrac{1}{4}|\mathbf{a}-\mathbf{b}|^2$.

15. 若 $\mathbf{a}=2\mathbf{i}+4\mathbf{j}-5\mathbf{k}$，$\mathbf{b}=-3\mathbf{i}-2\mathbf{j}+\mathbf{k}$，計算 $\mathbf{a}\times\mathbf{b}$.

16. 求兩個單位向量使它們垂直於 $\mathbf{v}_1=3\mathbf{i}+4\mathbf{j}-2\mathbf{k}$ 與 $\mathbf{v}_2=-3\mathbf{i}+4\mathbf{j}+\mathbf{k}$.

17. 求以 $\mathbf{a}=-2\mathbf{i}+\mathbf{j}+4\mathbf{k}$ 與 $\mathbf{b}=4\mathbf{i}-2\mathbf{j}-5\mathbf{k}$ 為二鄰邊所決定之平行四邊形的面積.

18. 求頂點為 $A(2, 3, 4)$、$B(-1, 3, 2)$、$C(1, -4, 3)$ 與 $D(4, -4, 5)$ 之平行四邊形的面積.

19. 求頂點為 $A(0, 0, 0)$、$B(-1, 2, 4)$ 與 $C(2, -1, 4)$ 之三角形的面積.

20. 求以 $\mathbf{a}=2\mathbf{i}+3\mathbf{j}+4\mathbf{k}$，$\mathbf{b}=4\mathbf{j}-\mathbf{k}$ 與 $\mathbf{c}=5\mathbf{i}+\mathbf{j}+3\mathbf{k}$ 為三鄰邊所決定之平行六面體的體積.

21. 四面體的體積等於 $\dfrac{1}{3}$ 底面積乘以高，試證以 $\mathbf{a}$、$\mathbf{b}$ 與 $\mathbf{c}$ 所決定的四面體體積為 $\dfrac{1}{6}|\mathbf{a}\cdot(\mathbf{b}\times\mathbf{c})|$.

22. 求以 $(-1, 2, 3)$、$(4, -1, 2)$、$(5, 6, 3)$ 與 $(1, 1, -2)$ 為頂點之四面體的體積.

23. 求通過三點 $(-1, -2, -3)$、$(4, -2, 1)$ 與 $(5, 1, 6)$ 的平面方程式.

24. 求通過點 $(-1, 2, 3)$ 且平行於兩平面 $3x+2y-4z-6=0$ 與 $x+2y-z-3=0$ 之交線的直線方程式.

6-2　向量函數

以前，我們所涉及之函數的值域是由純量組成，這樣的函數稱為**純量值函數** (scalar-valued function)，或簡稱為**純量函數**；現在，我們需要考慮值域是由二維空間或三維空間中的向量組成的函數，這種函數稱為**向量值函數** (vector-valued function)，或簡稱為**向量函數**. 在三維空間中，單變數 t 的向

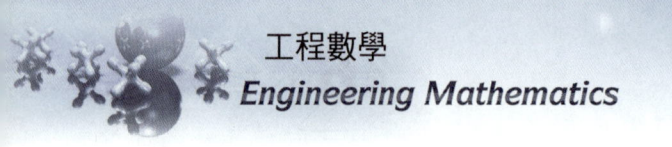

量函數 $\mathbf{F}(t)$ 可表成

$$\mathbf{F}(t) = <f_1(t), \ f_2(t), \ f_3(t)> = f_1(t)\mathbf{i} + f_2(t)\mathbf{j} + f_3(t)\mathbf{k}$$

的形式，此處 $f_1(t)$、$f_2(t)$ 與 $f_3(t)$ 皆為 t 的實值函數，這些實值函數為 $\mathbf{F}$ 的**分量函數**或**分量**. 同樣地，在三維空間中，三變數 x、y 及 z 的向量函數 $\mathbf{F}(x, y, z)$ 可表成

$$\mathbf{F}(x, y, z) = <f_1(x, y, z), f_2(x, y, z), f_3(x, y, z)>$$
$$= f_1(x, y, z)\mathbf{i} + f_2(x, y, z)\mathbf{j} + f_3(x, y, z)\mathbf{k}$$

純量函數的極限觀念可適用於向量函數.

定義 6-2-1

$\lim_{t \to t_0} \mathbf{F}(t) = \mathbf{L}$ 的意義如下：對每一正數 ε，皆可找到一正數 δ，使得若 $0 < |t - t_0| < \delta$ 時，則 $|\mathbf{F}(t) - \mathbf{L}| < \varepsilon$.

定義 6-2-2

若 $\mathbf{F}(t) = f_1(t)\mathbf{i} + f_2(t)\mathbf{j} + f_3(t)\mathbf{k}$，則定義

$$\lim_{t \to t_0} \mathbf{F}(t) = [\lim_{t \to t_0} f_1(t)]\mathbf{i} + [\lim_{t \to t_0} f_2(t)]\mathbf{j} + [\lim_{t \to t_0} f_3(t)]\mathbf{k}$$

其中假設 $\lim_{t \to t_0} f_i(t)$ 存在，$i = 1, 2, 3$.

定義 6-2-3

若 $\lim_{t \to t_0} \mathbf{F}(t) = \mathbf{F}(t_0)$，則稱 $\mathbf{F}(t)$ 在 t_0 為連續.

$\mathbf{F}(t) = f_1(t)\mathbf{i} + f_2(t)\mathbf{j} + f_3(t)\mathbf{k}$ 在 t_0 為連續，若且唯若 $f_1(t)$、$f_2(t)$ 與 $f_3(t)$ 在 t_0 皆為連續. 若 $\mathbf{F}(t)$ 在某區間各點皆連續，則稱它在該區間為連續.

第 6 章 向量分析

> **定義 6-2-4**
>
> 若極限
> $$\lim_{\triangle t \to 0} \frac{\mathbf{F}(t+\triangle t)-\mathbf{F}(t)}{\triangle t}$$
> 存在，則稱此極限為 $\mathbf{F}(t)$ 的**導向量**，記為 $\mathbf{F}'(t)$，或記為 $\dfrac{d}{dt}\mathbf{F}(t)$，若 $\mathbf{F}(t)$ 之導向存在，則稱 $\mathbf{F}(t)$ 為**可微分**.

若 $\mathbf{F}(t)=f_1(t)\mathbf{i}+f_2(t)\mathbf{j}+f_3(t)\mathbf{k}$，則可得

$$\mathbf{F}'(t)=f_1'(t)\mathbf{i}+f_2'(t)\mathbf{j}+f_3'(t)\mathbf{k} \tag{6-2-1}$$

同理，若 $\mathbf{F}(x, y, z)=f_1(x, y, z)\mathbf{i}+f_2(x, y, z)\mathbf{j}+f_3(x, y, z)\mathbf{k}$，則對於各變數求偏微分時，亦可得與 (6-2-1) 式相似的式子如下：

$$\frac{\partial \mathbf{F}}{\partial x}=\frac{\partial f_1}{\partial x}\mathbf{i}+\frac{\partial f_2}{\partial x}\mathbf{j}+\frac{\partial f_3}{\partial x}\mathbf{k}=\left\langle \frac{\partial f_1}{\partial x}, \frac{\partial f_2}{\partial x}, \frac{\partial f_3}{\partial x} \right\rangle$$

$$\frac{\partial \mathbf{F}}{\partial y}=\frac{\partial f_1}{\partial y}\mathbf{i}+\frac{\partial f_2}{\partial y}\mathbf{j}+\frac{\partial f_3}{\partial y}\mathbf{k}=\left\langle \frac{\partial f_1}{\partial y}, \frac{\partial f_2}{\partial y}, \frac{\partial f_3}{\partial y} \right\rangle$$

$$\frac{\partial \mathbf{F}}{\partial z}=\frac{\partial f_1}{\partial z}\mathbf{i}+\frac{\partial f_2}{\partial z}\mathbf{j}+\frac{\partial f_3}{\partial z}\mathbf{k}=\left\langle \frac{\partial f_1}{\partial z}, \frac{\partial f_2}{\partial z}, \frac{\partial f_3}{\partial z} \right\rangle$$

其次，我們列出有關向量微分的公式，這些公式與純量函數的情形一樣：

1. $(\mathbf{F}\pm\mathbf{G})'=\mathbf{F}'\pm\mathbf{G}'$
2. $(k\mathbf{F})'=k\mathbf{F}'$ (k 為常數)
3. $(f\mathbf{F})'=f'\mathbf{F}+f\mathbf{F}'$
4. $(\mathbf{F}\cdot\mathbf{G})'=\mathbf{F}'\cdot\mathbf{G}+\mathbf{F}\cdot\mathbf{G}'$
5. $(\mathbf{F}\times\mathbf{G})'=\mathbf{F}'\times\mathbf{G}+\mathbf{F}\times\mathbf{G}'$

此處 f、$\mathbf{F}$ 與 $\mathbf{G}$ 均為純量 t 的函數.

6. $\mathbf{A}'=\mathbf{0}$，若 $\mathbf{A}$ 為常向量.
7. 若 $\mathbf{F}$ 為 t 的可微分函數，t 為 u 的可微分函數，則 $\dfrac{d\mathbf{F}}{du}=\dfrac{d\mathbf{F}}{dt}\dfrac{dt}{du}$.

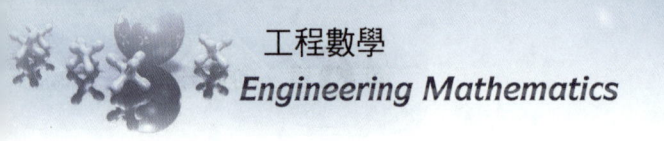

【例題 1】 若 $\mathbf{F}(t) = \sin t \mathbf{i} + \cos t \mathbf{j} + t\mathbf{k}$,求 $\dfrac{d\mathbf{F}}{dt}$、$\dfrac{d^2\mathbf{F}}{dt^2}$、$\left|\dfrac{d\mathbf{F}}{dt}\right|$ 及 $\left|\dfrac{d^2\mathbf{F}}{dt^2}\right|$.

解

$$\frac{d\mathbf{F}}{dt} = \frac{d}{dt}(\sin t)\mathbf{i} + \frac{d}{dt}(\cos t)\mathbf{j} + \frac{d}{dt}(t)\mathbf{k}$$
$$= \cos t \mathbf{i} - \sin t \mathbf{j} + \mathbf{k} = <\cos t,\ -\sin t,\ 1>$$

$$\frac{d^2\mathbf{F}}{dt^2} = \frac{d}{dt}\left(\frac{d\mathbf{F}}{dt}\right) = \frac{d}{dt}(\cos t)\mathbf{i} - \frac{d}{dt}(\sin t)\mathbf{j} + \frac{d}{dt}(1)\mathbf{k}$$
$$= -\sin t \mathbf{i} - \cos t \mathbf{j} = <-\sin t,\ -\cos t,\ 0>$$

$$\left|\frac{d\mathbf{F}}{dt}\right| = \sqrt{\cos^2 t + \sin^2 t + 1} = \sqrt{2}$$

$$\left|\frac{d^2\mathbf{F}}{dt^2}\right| = \sqrt{\sin^2 t + \cos^2 t} = 1.$$

【例題 2】 若 $\mathbf{F}(x, y) = (2x^2 y - x^4)\mathbf{i} + (e^{xy} - y\sin x)\mathbf{j} + (x^2 \cos y)\mathbf{k}$,求

$\dfrac{\partial \mathbf{F}}{\partial x}$、$\dfrac{\partial \mathbf{F}}{\partial y}$、$\dfrac{\partial^2 \mathbf{F}}{\partial x^2}$、$\dfrac{\partial^2 \mathbf{F}}{\partial y^2}$、$\dfrac{\partial^2 \mathbf{F}}{\partial x\, \partial y}$ 及 $\dfrac{\partial^2 \mathbf{F}}{\partial y\, \partial x}$.

解

$$\frac{\partial \mathbf{F}}{\partial x} = \frac{\partial}{\partial x}(2x^2 y - x^4)\mathbf{i} + \frac{\partial}{\partial x}(e^{xy} - y\sin x)\mathbf{j} + \frac{\partial}{\partial x}(x^2 \cos y)\mathbf{k}$$
$$= (4xy - 4x^3)\mathbf{i} + (ye^{xy} - y\cos x)\mathbf{j} + 2x\cos y\mathbf{k}$$

$$\frac{\partial \mathbf{F}}{\partial y} = \frac{\partial}{\partial y}(2x^2 y - x^4)\mathbf{i} + \frac{\partial}{\partial y}(e^{xy} - y\sin x)\mathbf{j} + \frac{\partial}{\partial y}(x^2 \cos y)\mathbf{k}$$
$$= 2x^2 \mathbf{i} + (xe^{xy} - \sin x)\mathbf{j} - x^2 \sin y\mathbf{k}$$

$$\frac{\partial^2 \mathbf{F}}{\partial x^2} = \frac{\partial}{\partial x}(4xy - 4x^3)\mathbf{i} + \frac{\partial}{\partial x}(ye^{xy} - y\cos x)\mathbf{j} + \frac{\partial}{\partial x}(2x\cos y)\mathbf{k}$$
$$= (4y - 12x^2)\mathbf{i} + (y^2 e^{xy} + y\sin x)\mathbf{j} + 2\cos y\mathbf{k}$$

$$\frac{\partial^2 \mathbf{F}}{\partial y^2} = \frac{\partial}{\partial y}(2x^2)\mathbf{i} + \frac{\partial}{\partial y}(xe^{xy} - \sin x)\mathbf{j} - \frac{\partial}{\partial y}(x^2 \sin y)\mathbf{k}$$
$$= x^2 e^{xy}\mathbf{j} - x^2 \cos y\mathbf{k}$$

$$\frac{\partial^2 \mathbf{F}}{\partial x\, \partial y} = \frac{\partial}{\partial x}\left(\frac{\partial \mathbf{F}}{\partial y}\right) = \frac{\partial}{\partial x}(2x^2)\mathbf{i} + \frac{\partial}{\partial x}(xe^{xy} - \sin x)\mathbf{j} - \frac{\partial}{\partial x}(x^2 \sin y)\mathbf{k}$$
$$= 4x\mathbf{i} + (xye^{xy} + e^{xy} - \cos x)\mathbf{j} - 2x \sin y\mathbf{k}$$

$$\frac{\partial^2 \mathbf{F}}{\partial y\, \partial x} = \frac{\partial}{\partial y}\left(\frac{\partial \mathbf{F}}{\partial x}\right) = \frac{\partial}{\partial y}(4xy - 4x^3)\mathbf{i} + \frac{\partial}{\partial y}(ye^{xy} - y\cos x)\mathbf{j} + \frac{\partial}{\partial y}(2x \cos y)\mathbf{k}$$
$$= 4x\mathbf{i} + (xye^{xy} + e^{xy} - \cos x)\mathbf{j} - 2x \sin y\mathbf{k}.$$

若 $\mathbf{F}(t) = f_1(t)\mathbf{i} + f_2(t)\mathbf{j} + f_3(t)\mathbf{k}$，則定義：

$$\int \mathbf{F}(t)\, dt = \int [f_1(t)\mathbf{i} + f_2(t)\mathbf{j} + f_3(t)\mathbf{k}]\, dt$$
$$= \left[\int f_1(t)\, dt\right]\mathbf{i} + \left[\int f_2(t)\, dt\right]\mathbf{j} + \left[\int f_3(t)\, dt\right]\mathbf{k}$$
$$= \left\langle \int f_1(t)\, dt,\ \int f_2(t)\, dt,\ \int f_3(t)\, dt \right\rangle \tag{6-2-2}$$

$$\int_a^b \mathbf{F}(t)\, dt = \int_a^b [f_1(t)\mathbf{i} + f_2(t)\mathbf{j} + f_3(t)\mathbf{k}]\, dt$$
$$= \left[\int_a^b f_1(t)\, dt\right]\mathbf{i} + \left[\int_a^b f_2(t)\, dt\right]\mathbf{j} + \left[\int_a^b f_3(t)\, dt\right]\mathbf{k}$$
$$= \left\langle \int_a^b f_1(t)\, dt,\ \int_a^b f_2(t)\, dt,\ \int_a^b f_3(t)\, dt \right\rangle \tag{6-2-3}$$

【例題 3】設 $\mathbf{F}(t) = 2t\mathbf{i} + 3t^2\mathbf{j} + 4t^3\mathbf{k}$，求

(1) $\int \mathbf{F}(t)\, dt$ (2) $\int_0^2 \mathbf{F}(t)\, dt$

解 (1) $\int \mathbf{F}(t)\, dt = \int (2t\mathbf{i} + 3t^2\mathbf{j} + 4t^3\mathbf{k})\, dt$
$$= \left(\int 2t\, dt\right)\mathbf{i} + \left(\int 3t^2\, dt\right)\mathbf{j} + \left(\int 4t^3\, dt\right)\mathbf{k}$$
$$= (t^2\mathbf{i} + t^3\mathbf{j} + t^4\mathbf{k}) + \mathbf{C}_1\mathbf{i} + \mathbf{C}_2\mathbf{j} + \mathbf{C}_3\mathbf{k}$$
$$= t^2\mathbf{i} + t^3\mathbf{j} + t^4\mathbf{k} + \mathbf{C}$$

此處 $\mathbf{C} = \mathbf{C}_1\mathbf{i} + \mathbf{C}_2\mathbf{j} + \mathbf{C}_3\mathbf{k}$ 為任意向量積分常數．

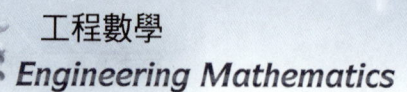

$$(2) \int_0^2 \mathbf{F}(t)\, dt = \int_0^2 (2t\mathbf{i} + 3t^2\mathbf{j} + 4t^3\mathbf{k})\, dt$$
$$= \left(\int_0^2 2t\, dt\right)\mathbf{i} + \left(\int_0^2 3t^2\, dt\right)\mathbf{j} + \left(\int_0^2 4t^3\, dt\right)\mathbf{k} = 4\mathbf{i} + 8\mathbf{j} + 16\mathbf{k}.$$

【例題 4】令 $\mathbf{X} = \begin{bmatrix} 1 \\ e^t \\ 0 \end{bmatrix}$,試求 $\int_0^1 \mathbf{X}\, dt$.

解
$$\int_0^1 \mathbf{X}\, dt = \begin{bmatrix} \int_0^1 1\, dt \\ \int_0^1 e^t\, dt \\ \int_0^1 0\, dt \end{bmatrix} = \begin{bmatrix} 1 \\ e-1 \\ 0 \end{bmatrix}$$

【例題 5】令 $\mathbf{A} = \begin{bmatrix} t^2+1 & e^{2t} \\ \sin t & 45 \end{bmatrix}$,試求 $\int \mathbf{A}\, dt$.

解
$$\int \mathbf{A}\, dt = \begin{bmatrix} \int (t^2+1)\, dt & \int e^{2t}\, dt \\ \int \sin t\, dt & \int 45\, dt \end{bmatrix} = \begin{bmatrix} \frac{1}{3}t^3+t+c_1 & \frac{1}{2}e^{2t}+c_2 \\ -\cos t+c_3 & 45t+c_4 \end{bmatrix}$$

向量函數的積分具有下列的性質:

1. $\int c\, \mathbf{F}(t)\, dt = c\int \mathbf{F}(t)\, dt,\ c$ 為常數.

2. $\int [\mathbf{F}(t) \pm \mathbf{G}(t)]\, dt = \int \mathbf{F}(t)\, dt \pm \int \mathbf{G}(t)\, dt$

3. $\dfrac{d}{dt}\left[\int \mathbf{F}(t)\, dt\right] = \mathbf{F}(t)$

4. $\int \mathbf{F}'(t)\, dt = \mathbf{F}(t) + \mathbf{C}$

5. $\int_a^b \mathbf{F}'(t)\, dt = \mathbf{F}(t)\Big|_a^b = \mathbf{F}(b) - \mathbf{F}(a)$

習題 6-2

1. 令 $\mathbf{F}(t) = \sin t\mathbf{i} + \cos t\mathbf{j} + \mathbf{k}$.

   (1) 求 $\mathbf{F}'(t)$.

   (2) 試證：$\mathbf{F}'(t)$ 恆平行於 xy-平面.

   (3) 哪些 t 值使 $\mathbf{F}'(t)$ 平行於 xz-平面？

   (4) $\mathbf{F}(t)$ 的大小是否一定？

   (5) $\mathbf{F}'(t)$ 的大小是否一定？

   (6) 計算 $\mathbf{F}''(t)$.

2. 求下列各題的 $\mathbf{F}'(t)$.

   (1) $\mathbf{F}(t) = 2t\mathbf{i} + t^3\mathbf{j}$

   (2) $\mathbf{F}(t) = \sin t\mathbf{i} + e^{-t}\mathbf{j} + t\mathbf{k}$

   (3) $\mathbf{F}(t) = (t^3\mathbf{i} + \mathbf{j} - \mathbf{k}) \times (e^t\mathbf{i} + \mathbf{j} + t^2\mathbf{k})$

   (4) $\mathbf{F}(t) = (\sin t + t^2)(\mathbf{i} + \mathbf{j} + 3\mathbf{k})$

   (5) $\mathbf{F}(t) = 3\mathbf{i} - \mathbf{k}$

3. 求下列各題的 $f'(t)$.

   (1) $f(t) = (3t\mathbf{i} + 5t^2\mathbf{j}) \cdot (t\mathbf{i} - \sin t\mathbf{j})$

   (2) $f(t) = |2t\mathbf{i} + 2t\mathbf{j} - \mathbf{k}|$

   (3) $f(t) = [(\mathbf{i} + \mathbf{j} - 2\mathbf{k}) \times (3t^4\mathbf{i} + t\mathbf{j})] \cdot \mathbf{k}$

4. 試證：$\dfrac{d}{dt}\left(\mathbf{R} \times \dfrac{d\mathbf{R}}{dt}\right) = \mathbf{R} \times \dfrac{d^2\mathbf{R}}{dt^2}$.

5. 設 $\mathbf{F} = \mathbf{F}(t)$, $\mathbf{G} = \mathbf{G}(t)$ 與 $\mathbf{H} = \mathbf{H}(t)$ 皆為可微分向量函數，試證：

$$\frac{d}{dt}[\mathbf{F} \cdot (\mathbf{G} \times \mathbf{H})] = \frac{d\mathbf{F}}{dt} \cdot (\mathbf{G} \times \mathbf{H}) + \mathbf{F} \cdot \left(\frac{d\mathbf{G}}{dt} \times \mathbf{H}\right) + \mathbf{F} \cdot \left(\mathbf{G} \times \frac{d\mathbf{H}}{dt}\right).$$

6. 設 f_1、f_2、f_3、g_1、g_2、g_3、h_1、h_2 與 h_3 皆為 t 的可微分函數，利用上題證明：

$$\frac{d}{dt}\begin{vmatrix} f_1 & f_2 & f_3 \\ g_1 & g_2 & g_3 \\ h_1 & h_2 & h_3 \end{vmatrix} = \begin{vmatrix} f_1' & f_2' & f_3' \\ g_1 & g_2 & g_3 \\ h_1 & h_2 & h_3 \end{vmatrix} + \begin{vmatrix} f_1 & f_2 & f_3 \\ g_1' & g_2' & g_3' \\ h_1 & h_2 & h_3 \end{vmatrix} + \begin{vmatrix} f_1 & f_2 & f_3 \\ g_1 & g_2 & g_3 \\ h_1' & h_2' & h_3' \end{vmatrix}.$$

7. 已知 $\mathbf{F}'(t) = \cos t\mathbf{i} + \sin t\mathbf{j}$，且 $\mathbf{F}(0) = \mathbf{i} - \mathbf{j}$，求 $\mathbf{F}(t)$.

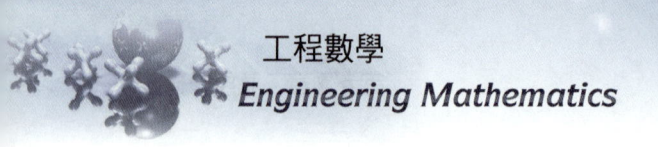

8. 已知 $\mathbf{F}'(t) = 2\mathbf{i} + \dfrac{t}{t^2+1}\mathbf{j} + t\mathbf{k}$，且 $\mathbf{F}(1) = \mathbf{0}$，求 $\mathbf{F}(t)$。

9. 已知 $\mathbf{F}''(t) = 12t^2\mathbf{i} - 2\mathbf{j}$，$\mathbf{F}'(0) = \mathbf{0}$，且 $\mathbf{F}(0) = 2\mathbf{i} - 4\mathbf{j}$，求 $\mathbf{F}(t)$。

10. 若 $|\mathbf{F}(t)| = c$ (定值)，且 $|\mathbf{F}'(t)| \neq 0$，試證明 $\mathbf{F} \perp \mathbf{F}'$。

6-3 曲 線

在解析幾何中，我們常將空間曲線表成參數式

$$x = x(t),\ y = y(t),\ z = z(t)$$

因此，我們不難用向量來表示空間曲線，即

$$\mathbf{R} = \mathbf{R}(t) = x(t)\mathbf{i} + y(t)\mathbf{j} + z(t)\mathbf{k} \tag{6-3-1}$$

當 t 變化時，向量 $\mathbf{R}(t)$ 的終點所描出之軌跡為此一曲線，$\mathbf{R}(t)$ 稱為**位置向量** (position vector)。

我們將 (x, y, z) 想像成三維空間中運動質點的位置特別有用，其中 t 代表時間。在持續期間 Δt 當中，該質點的位置向量自 $\mathbf{R}(t)$ 改變到 $\mathbf{R}(t + \Delta t)$，它在這段期間所經過的位移為 (如圖 6-3-1 所示)

$$\Delta \mathbf{R} = \mathbf{R}(t + \Delta t) - \mathbf{R}(t) = \Delta x \mathbf{i} + \Delta y \mathbf{j} + \Delta z \mathbf{k}$$

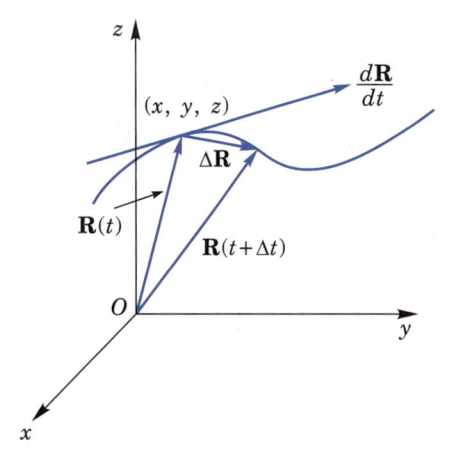

圖 6-3-1 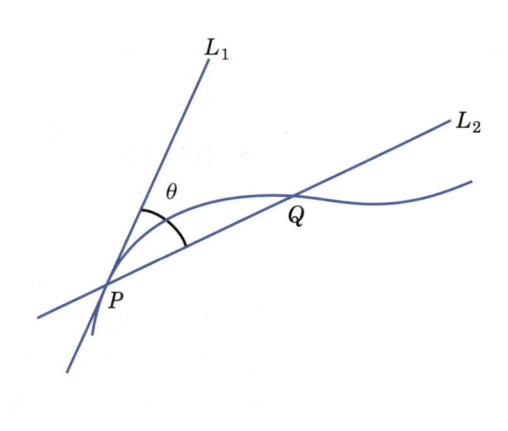　　　　　　　　　　　　　　圖 6-3-2

第6章 向量分析

以 Δt 除上式，可得**平均速度**為

$$\frac{\Delta \mathbf{R}}{\Delta t} = \frac{\Delta x}{\Delta t}\mathbf{i} + \frac{\Delta y}{\Delta t}\mathbf{j} + \frac{\Delta z}{\Delta t}\mathbf{k}$$

若 $\mathbf{R}$ 為可微分，則當 Δt 趨近 0 時，平均速度 $\frac{\Delta \mathbf{R}}{\Delta t}$ 趨近一極限，其為 (**瞬時**)**速度** $\mathbf{v}$：

$$\mathbf{v} = \mathbf{v}(t) = \frac{d\mathbf{R}}{dt} = \frac{dx}{dt}\mathbf{i} + \frac{dy}{dt}\mathbf{j} + \frac{dz}{dt}\mathbf{k} \tag{6-3-2}$$

$\mathbf{v}$ 的大小稱為**速率**，記為 v，即 $|\mathbf{v}| = v$.

圖 6-3-1 似乎指出速度向量 $\frac{d\mathbf{R}}{dt}$ 切於曲線. 參考圖 6-3-2，當 Q 沿著曲線趨近 P 時，直線 L_1 與由 P 及 Q 所決定割線 L_2 之間的夾角 θ 趨近零，因而 L_1 切曲線於 P 處；即當 Q 趨近 P 時，L_2 的方向趨近 L_1 的方向. 將此觀念應用到圖 6-3-1 的情況，當 Δt 趨近零時，割線必須有一個極限方向，即 $\frac{d\mathbf{R}}{dt}$ 的方向，除非 $\frac{d\mathbf{R}}{dt} = \mathbf{0}$. 所以，若 $\mathbf{R}'(t_0) \neq \mathbf{0}$，則曲線 $\mathbf{R}(t)$ 在點 $(x(t_0), y(t_0), z(t_0))$ 有一條切線，其方向與 $\frac{d\mathbf{R}}{dt}$ 的方向一致. 簡言之，$\frac{d\mathbf{R}}{dt}$ 切於曲線.

習慣上，我們以 $\mathbf{T}$ 表示切於曲線的單位向量，即

$$\mathbf{T} = \frac{\left(\dfrac{dx}{dt}\right)\mathbf{i} + \left(\dfrac{dy}{dt}\right)\mathbf{j} + \left(\dfrac{dz}{dt}\right)\mathbf{k}}{\sqrt{\left(\dfrac{dx}{dt}\right)^2 + \left(\dfrac{dy}{dt}\right)^2 + \left(\dfrac{dz}{dt}\right)^2}} \tag{6-3-3}$$

【**例題 1**】求切曲線 $x = t, y = t^2, z = t^3$ 於點 $(2, 4, 8)$ 的單位向量.

解 由 (6-3-3) 式，

$$\mathbf{T} = \frac{\mathbf{i} + 2t\mathbf{j} + 3t^2\mathbf{k}}{\sqrt{1 + 4t^2 + 9t^4}}$$

當 $t = 2$ 時，$(x, y, z) = (2, 4, 8)$，所以

$$\mathbf{T} = \frac{\mathbf{i} + 4\mathbf{j} + 12\mathbf{k}}{\sqrt{161}}.$$

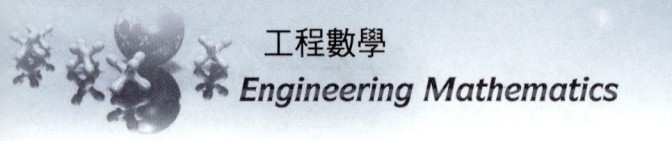

我們曾在微積分中指出，若平面上的平滑曲線的參數式為

$$\begin{cases} x = x(t) \\ y = y(t) \end{cases}, a \leq t \leq b$$

則曲線的長度為

$$L = \int_a^b \sqrt{\left(\frac{dx}{dt}\right)^2 + \left(\frac{dy}{dt}\right)^2}\, dt$$

此結果可推廣到三維空間中的平滑曲線．若三維空間中的平滑曲線的參數式為

$$\begin{cases} x = x(t) \\ y = y(t) \\ z = z(t) \end{cases}, a \leq t \leq b$$

則曲線的長度為

$$L = \int_a^b \sqrt{\left(\frac{dx}{dt}\right)^2 + \left(\frac{dy}{dt}\right)^2 + \left(\frac{dz}{dt}\right)^2}\, dt = \int_a^b \left|\frac{d\mathbf{R}}{dt}\right| dt \tag{6-3-4}$$

此處 $\mathbf{R} = \mathbf{R}(t) = x(t)\,\mathbf{i} + y(t)\,\mathbf{j} + z(t)\,\mathbf{k}$．

【例題 2】求**圓螺旋線** (circular helix)

$$x = \cos t$$
$$y = \sin t$$
$$z = t$$

自 $t = 0$ 至 $t = \pi$ 之部分的長度．

解 由 (6-3-4) 式，可知長度為

$$L = \int_0^\pi \sqrt{\left(\frac{dx}{dt}\right)^2 + \left(\frac{dy}{dt}\right)^2 + \left(\frac{dz}{dt}\right)^2}\, dt$$
$$= \int_0^\pi \sqrt{\sin^2 t + \cos^2 t + 1}\, dt = \int_0^\pi \sqrt{2}\, dt = \sqrt{2}\pi$$

第6章 向量分析

我們從 (6-3-4) 式可知，自曲線上某初始位置 $\mathbf{R}(t_0)$ 沿著曲線量至可變位置 $\mathbf{R}(t)$ 的弧長為

$$s = s(t) = \int_{t_0}^{t} \left|\frac{d\mathbf{R}}{dt}\right| dt \quad (t \geq t_0)$$

利用微積分基本定理，可得

$$\frac{ds}{dt} = \left|\frac{d\mathbf{R}}{dt}\right| \quad (= |\mathbf{v}|)$$

上式變成

$$\frac{ds}{dt} = \left[\left(\frac{dx}{dt}\right)^2 + \left(\frac{dy}{dt}\right)^2 + \left(\frac{dz}{dt}\right)^2\right]^{1/2}$$

因 $\dfrac{ds}{dt} \neq 0$，故依連鎖法則可得

$$\frac{d\mathbf{R}}{ds} = \frac{d\mathbf{R}}{dt} \bigg/ \frac{ds}{dt} = \frac{d\mathbf{R}}{dt} \bigg/ \left|\frac{d\mathbf{R}}{dt}\right|$$

因 $\dfrac{d\mathbf{R}}{dt}$ 切於曲線，故 $\dfrac{d\mathbf{R}}{ds}$ 亦切於曲線.

又，$\dfrac{d\mathbf{R}}{ds}$ 是單位切向量，所以，依 (6-3-3) 式，$\mathbf{T} = \dfrac{d\mathbf{R}}{ds}$.

$\mathbf{T}$ 既為曲線上一點的單位切向量，則向量 $\dfrac{d\mathbf{T}}{ds}$ 表示每單位弧長所改變的 $\mathbf{T}$. 雖然 $\mathbf{T}$ 的大小恆為 1，但 $\mathbf{T}$ 的方向隨處不同，在彎曲程度較大的地方，切線方向的改變較多 (每單位弧長)，彎曲程度較小的地方，方向的改變較少，因此，$\dfrac{d\mathbf{T}}{ds}$ 可用來測量曲線的程度，它的大小 $\left|\dfrac{d\mathbf{T}}{ds}\right|$ 稱為曲線在該點的**曲率** (curvature)，以記號表成

$$\kappa = \left|\frac{d\mathbf{T}}{ds}\right| = 曲率 \tag{6-3-5}$$

其倒數稱為**曲率半徑** (radius of curvature)，記為

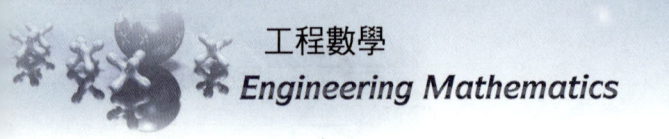

$$\rho = \frac{1}{\kappa} = 曲率半徑$$

註：直線的曲率為零.

因 **T** 為單位切向量，其導向量垂直於 **T**，故 $\dfrac{d\mathbf{T}}{ds}$ 的方向為法線方向. 定義

$$\frac{d\mathbf{T}}{ds} = \kappa \mathbf{N} \qquad (6\text{-}3\text{-}6)$$

N 為單位向量，稱為**單位主法向量** (unit principal normal vector)，它指向曲線的凹側 (如圖 6-3-3 所示).

利用 **T** 與 **N**，我們可在曲線上一點 P (圖 6-3-4) 定一個直角坐標系，取

$$\mathbf{B} = \mathbf{T} \times \mathbf{N} \qquad (當然 \ |\mathbf{B}| = 1)$$

B 稱為**單位副法向量** (unit binormal vector).

因 $\mathbf{B} \cdot \mathbf{B} = 1$，故 $\mathbf{B} \cdot \dfrac{d\mathbf{B}}{ds} = 0$，即

(1) $\mathbf{B} \perp \dfrac{d\mathbf{B}}{ds}$

又 $\mathbf{T} \cdot \mathbf{B} = 0$，可得 $\qquad \mathbf{T} \cdot \dfrac{d\mathbf{B}}{ds} + \mathbf{B} \cdot \dfrac{d\mathbf{T}}{ds} = 0$

$$\mathbf{T} \cdot \frac{d\mathbf{B}}{ds} = -\mathbf{B} \cdot \kappa \mathbf{N} = 0, \ 即$$

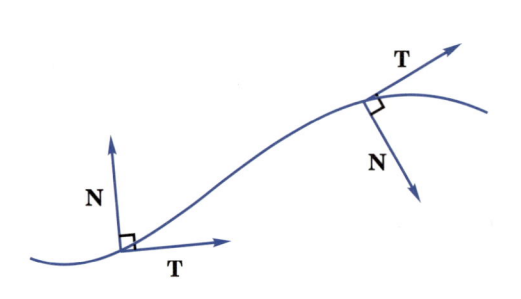

圖 6-3-3

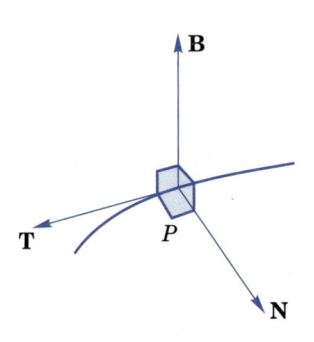

圖 6-3-4

(2) $\mathbf{T} \perp \dfrac{d\mathbf{B}}{ds}$

由 (1) 及 (2) 知，$\dfrac{d\mathbf{B}}{ds}$ 與 $\mathbf{N}$ 平行，故取適當的純量函數 $\tau(s)$ 使

$$\dfrac{d\mathbf{B}}{ds} = -\tau(s)\,\mathbf{N} \tag{6-3-7}$$

此 $\tau(s)$ 稱為曲線在 P 點的**扭率** (torsion)．

由 $\mathbf{N} = \mathbf{B} \times \mathbf{T}$ 對 s 微分可得

$$\dfrac{d\mathbf{N}}{ds} = -\kappa\mathbf{T} + \tau\mathbf{B} \tag{6-3-8}$$

上述 (6-3-6)、(6-3-7) 及 (6-3-8) 式稱為**弗列涅特-史列特** (Frenet-Serret) 公式．

$\mathbf{T}$、$\mathbf{N}$ 與 $\mathbf{B}$ 共同構成了一種直角坐標系，但當曲線上的點變動時，此坐標系亦在空間移動，所以並不是一種靜止而是方向可變的坐標系．

【例題 3】試證：在半徑為 a 之圓上每一點的曲率為 $\dfrac{1}{a}$．

解 令此圓的圓心在原點，則其參數式為

$$\begin{cases} x = a\cos t \\ y = a\sin t \end{cases},\ 0 \leq t \leq 2\pi$$

而
$$\mathbf{R}(t) = a\cos t\,\mathbf{i} + a\sin t\,\mathbf{j}$$

於是，
$$\dfrac{d\mathbf{R}}{dt} = -a\sin t\,\mathbf{i} + a\cos t\,\mathbf{j}$$

$$\mathbf{T}(t) = \dfrac{d\mathbf{R}}{dt} \bigg/ \left|\dfrac{d\mathbf{R}}{dt}\right| = -\sin t\,\mathbf{i} + \cos t\,\mathbf{j}$$

$$\dfrac{d\mathbf{T}}{dt} = -\cos t\,\mathbf{i} - \sin t\,\mathbf{j}$$

$$\kappa = \left|\dfrac{d\mathbf{T}}{dt}\right| = \left|\dfrac{d\mathbf{T}}{dt} \bigg/ \dfrac{ds}{dt}\right| = \left|\dfrac{d\mathbf{T}}{dt}\right| \bigg/ \left|\dfrac{d\mathbf{R}}{dt}\right| = \dfrac{1}{a}.$$

【例題 4】求圓螺旋線 $\mathbf{R}(t) = a\cos t\,\mathbf{i} + a\sin t\,\mathbf{j} + ct\,\mathbf{k}$ 的單位切向量、單位主法向量、單位副法向量、曲率及扭率．

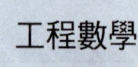

解 $\dfrac{d\mathbf{R}}{dt} = -a\sin t\mathbf{i} + a\cos t\mathbf{j} + c\mathbf{k},$

$$\dfrac{ds}{dt} = \left|\dfrac{d\mathbf{R}}{dt}\right| = \sqrt{(-a\sin t)^2 + (a\cos t)^2 + c^2} = \sqrt{a^2 + c^2},$$

因此

$$\mathbf{T} = \dfrac{d\mathbf{R}}{ds} = \dfrac{d\mathbf{R}}{dt}\bigg/\dfrac{ds}{dt} = \dfrac{-a\sin t\mathbf{i} + a\cos t\mathbf{j} + c\mathbf{k}}{\sqrt{a^2 + c^2}}$$

$$\dfrac{d\mathbf{T}}{dt} = \dfrac{-a\cos t\mathbf{i} - a\sin t\mathbf{j}}{\sqrt{a^2 + c^2}}$$

$$\dfrac{d\mathbf{T}}{ds} = \dfrac{d\mathbf{T}}{dt}\bigg/\dfrac{ds}{dt} = \dfrac{d\mathbf{T}}{dt}\bigg/\left|\dfrac{d\mathbf{R}}{dt}\right| = \dfrac{-a\cos t\mathbf{i} - a\sin t\mathbf{j}}{a^2 + c^2}$$

$$\kappa = \left|\dfrac{d\mathbf{T}}{ds}\right| = \dfrac{a}{a^2 + c^2}$$

$$\mathbf{N} = \dfrac{1}{\kappa}\dfrac{d\mathbf{T}}{ds} = \dfrac{1}{\dfrac{a}{a^2 + c^2}}\dfrac{-a\cos t\,\mathbf{i} - a\sin t\,\mathbf{j}}{a^2 + c^2}$$

$$= -\cos t\mathbf{i} - \sin t\mathbf{j}$$

$$\mathbf{B} = \mathbf{T}\times\mathbf{N} = \begin{vmatrix} \mathbf{i} & \mathbf{j} & \mathbf{k} \\ \dfrac{-a\sin t}{\sqrt{a^2+c^2}} & \dfrac{a\cos t}{\sqrt{a^2+c^2}} & \dfrac{c}{\sqrt{a^2+c^2}} \\ -\cos t & -\sin t & 0 \end{vmatrix} = \dfrac{c\sin t\mathbf{i} - c\cos t\mathbf{j} + a\mathbf{k}}{\sqrt{a^2+c^2}}$$

$$\dfrac{d\mathbf{B}}{ds} = \dfrac{d\mathbf{B}}{dt}\bigg/\dfrac{ds}{dt} = \dfrac{d\mathbf{B}}{dt}\bigg/\left|\dfrac{d\mathbf{R}}{dt}\right| = \dfrac{\dfrac{c\cos t\mathbf{i} + c\sin t\mathbf{j}}{\sqrt{a^2+c^2}}}{\sqrt{a^2+c^2}} = \dfrac{c\cos t\mathbf{i} + c\sin t\mathbf{j}}{a^2+c^2}$$

$$-\tau\mathbf{N} = -\tau(-\cos t\mathbf{i} - \sin t\mathbf{j}) = \dfrac{c\cos t}{a^2+c^2}\mathbf{i} + \dfrac{c\sin t}{a^2+c^2}\mathbf{j}$$

可得

$$\tau = \dfrac{c}{a^2+c^2}$$

第6章　向量分析

假設一平滑曲線 C 的位置向量為 $\mathbf{R}(t) = x(t)\mathbf{i} + y(t)\mathbf{j} + z(t)\mathbf{k}$ ($\mathbf{R}(t)$ 為二次可微分)，今有某質點沿著 C 運動，則其速度 $\mathbf{v}$ 及加速度 $\mathbf{a}$ 分別為

$$\mathbf{v} = \mathbf{v}(t) = \frac{d\mathbf{R}}{dt} = \frac{dx}{dt}\mathbf{i} + \frac{dy}{dt}\mathbf{j} + \frac{dz}{dt}\mathbf{k}$$

$$\mathbf{a} = \mathbf{a}(t) = \frac{d\mathbf{v}}{dt} = \frac{d^2\mathbf{R}}{dt^2} = \frac{d^2x}{dt^2}\mathbf{i} + \frac{d^2y}{dt^2}\mathbf{j} + \frac{d^2z}{dt^2}\mathbf{k}$$

因 $|\mathbf{v}(t)| = \frac{ds}{dt}$，故寫成 $\mathbf{v}(t) = \frac{ds}{dt}\mathbf{T}$. 因而，

$$\begin{aligned}\mathbf{a} &= \frac{d\mathbf{v}}{dt} = \frac{d}{dt}\left(\frac{ds}{dt}\mathbf{T}\right) = \frac{d^2s}{dt^2}\mathbf{T} + \frac{ds}{dt}\frac{d\mathbf{T}}{dt} \\ &= \frac{d^2s}{dt^2}\mathbf{T} + \frac{ds}{dt}\frac{d\mathbf{T}}{ds}\frac{ds}{dt} = \frac{d^2s}{dt^2}\mathbf{T} + \kappa\left(\frac{ds}{dt}\right)^2\mathbf{N} \\ &= a_t\mathbf{T} + a_n\mathbf{N}\end{aligned} \qquad (6\text{-}3\text{-}9)$$

(見圖 6-3-5) 此處 $a_t = \frac{d^2s}{dt^2}$, $a_n = \kappa\left(\frac{ds}{dt}\right)^2$ 分別稱為加速度 $\mathbf{a}$ 的切線分量及法線分量.

依畢氏定理，可知

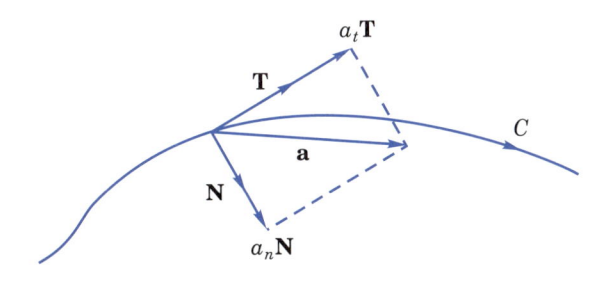

$$a^2 = a_t^2 + a_n^2 \qquad (6\text{-}3\text{-}10)$$

欲計算 a，只需求 $\frac{d^2\mathbf{R}}{dt^2}$，然後計算 $\left|\frac{d^2\mathbf{R}}{dt^2}\right|$. 欲計算 a_t，只需求 $\frac{d\mathbf{R}}{dt}$，再計算 $\left|\frac{d\mathbf{R}}{dt}\right|\left(=\frac{ds}{dt}\right)$，然後對 t 微分. 在算出 a 及 a_t 之後，利用 (6-3-10) 式就很

圖 6-3-5

375

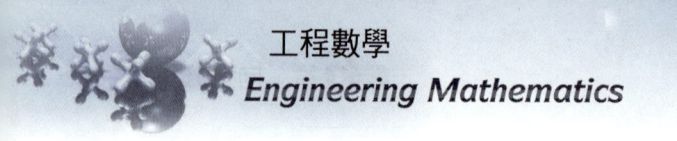

容易求得 a_n.

【例題 5】某質點以角速率 ω 繞著 xy- 平面上的圓 $x^2+y^2=r^2$ 作運動，位置為

$$x=r\cos\omega t, \quad y=r\sin\omega t, \quad z=0$$

求該質點的加速度之切線分量及法線分量.

解　$\mathbf{R}(t)=r\cos\omega t\mathbf{i}+r\sin\omega t\mathbf{j}$

$$\frac{d\mathbf{R}}{dt}=-r\omega\sin\omega t\mathbf{i}+r\omega\cos\omega t\mathbf{j}$$

$$\frac{d^2\mathbf{R}}{dt^2}=-r\omega^2\cos\omega t\mathbf{i}-r\omega^2\sin\omega t\mathbf{j}$$

$$\frac{ds}{dt}=\left|\frac{d\mathbf{R}}{dt}\right|=\sqrt{r^2\omega^2\sin^2\omega t+r^2\omega^2\cos^2\omega t}=\omega r$$

$$a=\left|\frac{d^2\mathbf{R}}{dt^2}\right|=\omega^2 r$$

因 $\dfrac{ds}{dt}$ 為常數，故 $a_t=\dfrac{d^2s}{dt^2}=0$，$a_n=a=\omega^2 r$.

【例題 6】已知質點在時間 t 的坐標為

$$x=5\sin 4t$$
$$y=5\cos 4t$$
$$z=10t$$

求其速率、加速度的切線分量及法線分量、單位切向量、曲率.

解　$\mathbf{R}(t)=5\sin 4t\mathbf{i}+5\cos 4t\mathbf{j}+10t\mathbf{k}$

$\Rightarrow \dfrac{d\mathbf{R}}{dt}=20\cos 4t\mathbf{i}-20\sin 4t\mathbf{j}+10\mathbf{k}$

$\Rightarrow \dfrac{d^2\mathbf{R}}{dt^2}=-80\sin 4t\mathbf{i}-80\cos 4t\mathbf{j}$

速率為 $\dfrac{ds}{dt}=\left|\dfrac{d\mathbf{R}}{dt}\right|=\sqrt{400\cos^2 4t+400\sin^2 4t+100}=10\sqrt{5}$

第 **6** 章　向量分析

$$a_t = \frac{d^2s}{dt^2} = 0$$

$$a = \left|\frac{d^2\mathbf{R}}{dt^2}\right| = \sqrt{6400\sin^2 4t + 6400\cos^2 4t} = 80$$

$$a_n = \sqrt{a^2 - a_t^2} = 80$$

$$\mathbf{T} = \frac{d\mathbf{R}}{dt} \bigg/ \left|\frac{d\mathbf{R}}{dt}\right| = \frac{\sqrt{5}}{5}(2\cos 4t\mathbf{i} - 2\sin 4t\mathbf{j} + \mathbf{k})$$

$$\kappa = a_n \bigg/ \left(\frac{ds}{dt}\right)^2 = \frac{4}{25}$$

習題 6-3

1. 求圓螺旋線 $\mathbf{R}(t) = a\cos t\mathbf{i} + a\sin t\mathbf{j} + ct\mathbf{k}$ 上兩點 $(a, 0, 0)$ 與 $(a, 0, 2c\pi)$ 之間的長度．

2. 求圓螺旋線 $\mathbf{R}(t) = t\mathbf{i} + \sin t\mathbf{j} + \cos t\mathbf{k}$ 的曲率及扭率．

3. 已知空間曲線為 $x = t$, $y = t^2$, $z = \dfrac{2}{3}t^3$，求單位切向量、單位主法向量、單位副法向量、曲率及扭率．

4. 試求曲線 $\mathbf{R}(t) = \cos t\mathbf{j} + 3\sin t\mathbf{k}$ 上點 $P\left(0, \dfrac{1}{\sqrt{2}}, \dfrac{3}{\sqrt{2}}\right)$ 處的單位切向量、單位主法向量、單位副法向量、曲率及扭率．

5. 試證曲線 $x = x(s), y = y(s), z = z(s)$ 的曲率半徑為

$$\rho = \frac{1}{\left[\left(\dfrac{d^2x}{ds^2}\right)^2 + \left(\dfrac{d^2y}{ds^2}\right)^2 + \left(\dfrac{d^2z}{ds^2}\right)^2\right]^{1/2}}.$$

6. 凡各點在同一平面上的曲線稱為平面曲線 (plane curve)．試證平面曲線的扭率處處為零．

7. 已知質點在時間 t 的坐標為

$$x = e^t \cos t$$
$$y = e^t \sin t$$
$$z = e^t$$

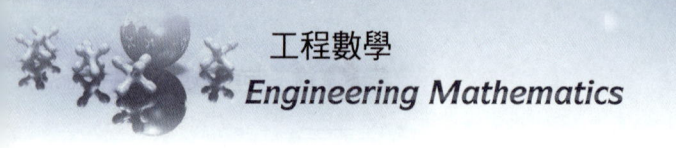

求其速率、加速度的切線分量及法線分量、單位切向量、曲率.

8. 某質點在時間 t 的坐標為

$$x = \sin t - t \cos t$$
$$y = t \sin t + \cos t$$
$$z = t^2$$

求其速率、加速度的切線分量及法線分量、單位切向量、曲率.

6-4　方向導數，梯度

函數 f 的一階偏導函數等於 f 沿各坐標軸方向的變化率. 如果我們想尋求沿任意方向 f 之變化率，就需要方向導數的觀念.

欲明瞭沿任意方向之導數定義，我們先選定三維空間中的一點 P 及在 P 處指向一方向，此方向用單位向量 **u** 表示. 設 L 為由 P 指向 **u** 方向之射線，又 Q 為 L 上一點，其與 P 之距離為 s (圖 6-4-1).

定義 6-4-1

若極限

$$\lim_{s \to 0} \frac{f(Q) - f(P)}{s} \tag{6-4-1}$$

存在，則稱它為 f 在點 P 沿著 **u** 方向的**方向導數** (directional derivative)，記為 $\dfrac{df}{ds}$.

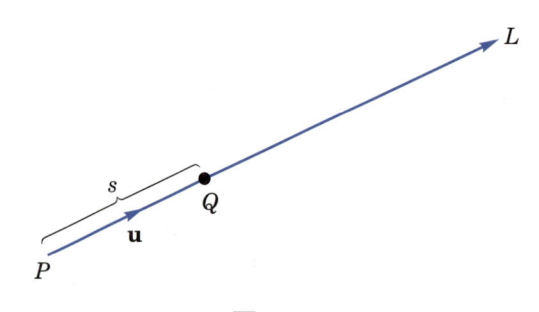

圖 6-4-1

很顯然，$\dfrac{df}{ds}$ 為 f 在點 P 沿著 **u** 方向的變化率．依此方法，f 在 P 有無窮多的方向導數．

設 P 的位置向量為 **A**，則射線 L 的向量方程式為

$$\mathbf{R}(s) = x(s)\,\mathbf{i} + y(s)\,\mathbf{j} + z(s)\,\mathbf{k} = \mathbf{A} + s\mathbf{u} \qquad (s \geq 0) \tag{6-4-2}$$

若 **R** 對於 s 取微分，則當 s 改變時，**A** 不隨 s 而改變，**u** 為單位常向量，亦不改變，故

$$\dfrac{d\mathbf{R}}{ds} = \dfrac{dx}{ds}\mathbf{i} + \dfrac{dy}{ds}\mathbf{j} + \dfrac{dz}{ds}\mathbf{k} = \mathbf{u} \tag{6-4-3}$$

又 $\dfrac{df}{ds}$ 為函數 $f(x(s), y(s), z(s))$ 對於 s 的導函數，所以

$$\dfrac{df}{ds} = \dfrac{\partial f}{\partial x}\dfrac{dx}{ds} + \dfrac{\partial f}{\partial y}\dfrac{dy}{ds} + \dfrac{\partial f}{\partial z}\dfrac{dz}{ds} \tag{6-4-4}$$

如果我們引用下面的向量

$$\operatorname{grad} f = \dfrac{\partial f}{\partial x}\mathbf{i} + \dfrac{\partial f}{\partial y}\mathbf{j} + \dfrac{\partial f}{\partial z}\mathbf{k} \tag{6-4-5}$$

則 (6-4-4) 式可改寫成

$$\dfrac{df}{ds} = (\operatorname{grad} f) \cdot \mathbf{u} \tag{6-4-6}$$

向量 $\operatorname{grad} f$ 稱為純量函數 f 的**梯度** (gradient)．另一種常用的寫法為**向量微分算子符號**∇ (讀作 "del")

$$\nabla = \dfrac{\partial}{\partial x}\mathbf{i} + \dfrac{\partial}{\partial y}\mathbf{j} + \dfrac{\partial}{\partial z}\mathbf{k}$$

而

$$\nabla f = \left(\dfrac{\partial}{\partial x}\mathbf{i} + \dfrac{\partial}{\partial y}\mathbf{j} + \dfrac{\partial}{\partial z}\mathbf{k} \right) f = \dfrac{\partial f}{\partial x}\mathbf{i} + \dfrac{\partial f}{\partial y}\mathbf{j} + \dfrac{\partial f}{\partial z}\mathbf{k} \tag{6-4-7}$$

則 $\operatorname{grad} f$ 亦可寫成 ∇f．換句話說，(6-4-6) 式亦可寫成

$$\dfrac{df}{ds} = \nabla f \cdot \mathbf{u} \tag{6-4-8}$$

注意：若 **u** 沿著 x- 軸的正方向，則 **u**＝**i**，且

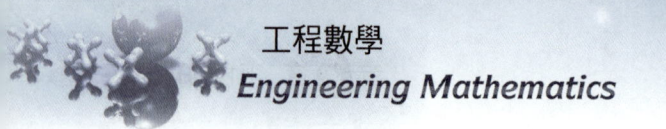

$$\frac{df}{ds} = \nabla f \cdot \mathbf{u} = \left(\frac{\partial f}{\partial x}\mathbf{i} + \frac{\partial f}{\partial y}\mathbf{j} + \frac{\partial f}{\partial z}\mathbf{k}\right) \cdot \mathbf{i} = \frac{\partial f}{\partial x}$$

同理，沿著 y- 軸的正方向的方向導數為 $\frac{\partial f}{\partial y}$，依此類推。

由 (6-4-8) 式，

$$\frac{df}{ds} = |\nabla f||\mathbf{u}|\cos\theta = |\nabla f|\cos\theta \tag{6-4-9}$$

其中 θ 為 ∇f 與 **u** 間之交角。我們可看出當 $\theta=0$ 時，$\frac{df}{ds}$ 的值最大，此時 **u** 的方向即是 ∇f 的方向，換句話說，梯度 ∇f 的方向即 f 之變化率最大的方向，且在 f 增加的方向；而 $|\nabla f|$ 等於 $\frac{df}{ds}$ 的最大值。

【例題 1】求函數 $f(x, y, z)=x^2yz+4xz^2$ 在點 $(1, -2, -1)$ 沿著 $2\mathbf{i}-\mathbf{j}-2\mathbf{k}$ 方向的方向導數。

解
$$\nabla f(x, y, z) = (2xyz+4z^2)\mathbf{i} + x^2z\mathbf{j} + (x^2y+8xz)\mathbf{k}$$
$$\nabla f(1, -2, -1) = 8\mathbf{i} - \mathbf{j} - 10\mathbf{k}$$

沿著 $2\mathbf{i}-\mathbf{j}-2\mathbf{k}$ 方向的單位向量為 $\mathbf{u} = \frac{2}{3}\mathbf{i} - \frac{1}{3}\mathbf{j} - \frac{2}{3}\mathbf{k}$，故方向導數為

$$\frac{df}{ds} = (8\mathbf{i} - \mathbf{j} - 10\mathbf{k}) \cdot \left(\frac{2}{3}\mathbf{i} - \frac{1}{3}\mathbf{j} - \frac{2}{3}\mathbf{k}\right) = \frac{37}{3}.$$

【例題 2】已知在空間內點 (x, y, z) 處的溫度為 $f(x, y, z)=x^2+y^2-z$。若位於點 $(1, 1, 2)$ 處的某蚊子想要往儘可能涼快的方向飛去，則它應該沿什麼方向移動？

解 因 $\nabla f = 2x\mathbf{i}+2y\mathbf{j}-\mathbf{k}$，故 $\nabla f(1, 1, 2) = 2\mathbf{i}+2\mathbf{j}-\mathbf{k}$。該蚊子應該沿著 $-\nabla f(1, 1, 2) = -2\mathbf{i}-2\mathbf{j}+\mathbf{k}$ 的方向移動，因 ∇f 為溫度增加的方向。

我們現在來看一看 grad f 的幾何意義：在純量函數 f 所決定的純量場中，f 值相等的各點，於二維空間中構成一曲線，於三維空間中構成一曲面，即

$$f(x, y) = c = 常數\ (二維空間)$$
$$f(x, y, z) = c = 常數\ (三維空間)$$

在不同的 c 值時，分別構成曲線族與曲面族，這些曲線與曲面分別稱為**等高曲線** (level curve) 與**等高曲面** (level surface)。

於三維空間中，在曲面 $f(x, y, z) = c$ 上，通過點 $P(x, y, z)$ 任取一曲線 C：$\mathbf{R}(t) = x(t)\mathbf{i} + y(t)\mathbf{j} + z(t)\mathbf{k}$，則可知

$$f(x(t), y(t), z(t)) = c$$

將上式對 t 微分，可得

$$\frac{\partial f}{\partial x}\frac{dx}{dt} + \frac{\partial f}{\partial y}\frac{dy}{dt} + \frac{\partial f}{\partial z}\frac{dz}{dt} = 0$$

即

$$\nabla f \cdot \frac{d\mathbf{R}}{dt} = 0 \tag{6-4-10}$$

其中 $\dfrac{d\mathbf{R}}{dt}$ 為曲線的**切向量**。因曲線為在曲面上所任取，故 ∇f 與通過 P 點的任意切線垂直，即 ∇f 垂直於通過 P 點的切平面，而 ∇f 的方向稱為該曲面的法線方向。

於二維空間中，梯度 ∇f 在等值線的法線方向，而與切線垂直。若在等值曲線各處作切於 ∇f 的曲線族，則該曲線族與等值曲線正交。

【**例題 3**】試求曲面 $f(x, y, z) = c$ 的切平面及法線的方程式。

解 設切點在 $P_0(x_0, y_0, z_0)$，其位置向量為 $\mathbf{R}_0 = x_0\mathbf{i} + y_0\mathbf{j} + z_0\mathbf{k}$，而切平面上任一點 $P(x, y, z)$ 的位置向量為 $\mathbf{R}$，則 P_0 至 P 的向量為 $\mathbf{R} - \mathbf{R}_0$，其在切平面上與 ∇f 垂直 (圖 6-4-2)，故

$$(\mathbf{R} - \mathbf{R}_0) \cdot \nabla f = 0$$

此為切平面方程式。令法線上任一點的位置向量為 $\mathbf{R}$，則 $\mathbf{R} - \mathbf{R}_0$ 在法線上，而與 ∇f 平行，故

$$(\mathbf{R} - \mathbf{R}_0) \times \nabla f = \mathbf{0}$$

為法線方程式。

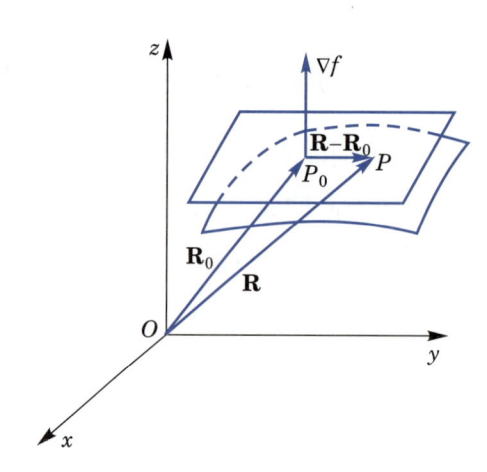

圖 6-4-2

【例題 4】試求曲面 $z^2 = x^2 + y^2$ 在點 $(1, 0, 2)$ 的單位法向量.

解 $f(x, y, z) = x^2 + y^2 - z^2 = 0$，視其為常數 c 為零的**等值面**，則

$$\nabla f(x, y, z) = 2x\mathbf{i} + 2y\mathbf{j} - 2z\mathbf{k}$$

$$\nabla f(1, 0, 2) = 2\mathbf{i} - 4\mathbf{k}$$

故與 $\nabla f(1, 0, 2)$ 同方向的**單位法向量**為

$$\mathbf{N} = \frac{\nabla f(1, 0, 2)}{|\nabla f(1, 0, 2)|} = \frac{2\mathbf{i} - 4\mathbf{k}}{|2\mathbf{i} - 4\mathbf{k}|} = \frac{1}{\sqrt{5}}\mathbf{i} - \frac{2}{\sqrt{5}}\mathbf{k}$$

另一單位法向量為 $-\mathbf{N}$.

關於算子 ∇，有下列性質：

1. $\nabla(f \pm g) = \nabla f \pm \nabla g$
2. $\nabla(kf) = k\nabla f$ （k 為常數）
3. $\nabla(fg) = f\nabla g + g\nabla f$
4. $\nabla\left(\dfrac{f}{g}\right) = \dfrac{g\nabla f - f\nabla g}{g^2}$

這些證明都不太難，我們僅證明 3.

$$\nabla(fg) = \frac{\partial}{\partial x}(fg)\mathbf{i} + \frac{\partial}{\partial y}(fg)\mathbf{j} + \frac{\partial}{\partial z}(fg)\mathbf{k}$$

$$= \left(f\frac{\partial g}{\partial x}+g\frac{\partial f}{\partial x}\right)\mathbf{i}+\left(f\frac{\partial g}{\partial y}+g\frac{\partial f}{\partial y}\right)\mathbf{j}+\left(f\frac{\partial g}{\partial z}+g\frac{\partial f}{\partial z}\right)\mathbf{k}$$

$$= f\left(\frac{\partial g}{\partial x}\mathbf{i}+\frac{\partial g}{\partial y}\mathbf{j}+\frac{\partial g}{\partial z}\mathbf{k}\right)+g\left(\frac{\partial f}{\partial x}\mathbf{i}+\frac{\partial f}{\partial y}\mathbf{j}+\frac{\partial f}{\partial z}\mathbf{k}\right)$$

$$= f\nabla g+g\nabla f.$$

【例題 5】試證 $\nabla(f^n)=nf^{n-1}\nabla f$.

解
$$\nabla(f^n)=\frac{\partial}{\partial x}(f^n)\mathbf{i}+\frac{\partial}{\partial y}(f^n)\mathbf{j}+\frac{\partial}{\partial z}(f^n)\mathbf{k}$$

$$=nf^{n-1}\frac{\partial f}{\partial x}\mathbf{i}+nf^{n-1}\frac{\partial f}{\partial y}\mathbf{j}+nf^{n-1}\frac{\partial f}{\partial z}\mathbf{k}$$

$$=nf^{n-1}\left(\frac{\partial f}{\partial x}\mathbf{i}+\frac{\partial f}{\partial y}\mathbf{j}+\frac{\partial f}{\partial z}\mathbf{k}\right)$$

$$=nf^{n-1}\nabla f$$

習題 6-4

1. 求下列各函數的梯度 ∇f.

(1) $f(x, y, z)=xyz$

(2) $f(x, y)=\dfrac{x}{x^2+y^2}$

(3) $f(x, y, z)=e^{-x}\cos(yz)$

2. 若 $\mathbf{R}=x\mathbf{i}+y\mathbf{j}+z\mathbf{k}$，求 $\nabla\ln|\mathbf{R}|$ 及 $\nabla\left(\dfrac{1}{|\mathbf{R}|}\right)$.

3. 若 $\mathbf{R}=x\mathbf{i}+y\mathbf{j}+z\mathbf{k}$，試證 $\nabla|\mathbf{R}|^n=n|\mathbf{R}|^{n-2}\mathbf{R}$.

4. 設 $\mathbf{A}$ 為常向量，且 $\mathbf{R}=x\mathbf{i}+y\mathbf{j}+z\mathbf{k}$，試證 $\nabla(\mathbf{A}\cdot\mathbf{R})=\mathbf{A}$.

5. 求函數 $f(x, y, z)=x^2+y^2-z$ 在點 $(1, 1, 2)$ 沿著 $2\mathbf{i}+2\mathbf{j}-\mathbf{k}$ 方向的方向導數.

6. 求 $f(x, y, z)=x^2yz^3$ 在點 $(1, 2, -1)$ 沿著自該點朝向點 $(2, 0, 3)$ 之方向的方向導數.

7. 求曲面 $x^2y+2xz=4$ 在點 $(2, -2, 3)$ 的單位法向量.

8. 求曲面 $2xz^2-3xy-4x=7$ 在點 $(1, -1, 2)$ 的切平面及法線之方程式.

383

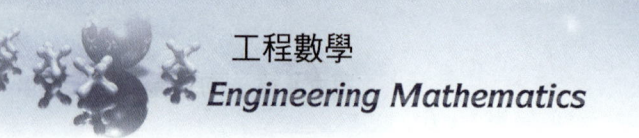

9. 求兩曲面 $x^2+y^2+z^2=9$ 與 $z=x^2+y^2-3$ 在點 $(2, -1, 2)$ 的交角 (即切平面間的角).

6-5　散度，旋度

定義 6-5-1

設向量函數 $\mathbf{F}(x, y, z) = f_1(x, y, z)\mathbf{i} + f_2(x, y, z)\mathbf{j} + f_3(x, y, z)\mathbf{k}$ 為可微分，則函數

$$\text{div } \mathbf{F} = \frac{\partial f_1}{\partial x} + \frac{\partial f_2}{\partial y} + \frac{\partial f_3}{\partial z} \tag{6-5-1}$$

稱為 $\mathbf{F}$ 的 **散度** (divergence) 或 $\mathbf{F}$ 所產生 **向量場** 的散度.

div $\mathbf{F}$ 亦可寫成 $\nabla \cdot \mathbf{F}$，即

$$\begin{aligned}\text{div } \mathbf{F} = \nabla \cdot \mathbf{F} &= \left(\frac{\partial}{\partial x}\mathbf{i} + \frac{\partial}{\partial y}\mathbf{j} + \frac{\partial}{\partial z}\mathbf{k}\right) \cdot (f_1\mathbf{i} + f_2\mathbf{j} + f_3\mathbf{k}) \\ &= \frac{\partial f_1}{\partial x} + \frac{\partial f_2}{\partial y} + \frac{\partial f_3}{\partial z}\end{aligned} \tag{6-5-2}$$

(6-5-2) 式中的"乘積"項 $\left(\dfrac{\partial}{\partial x}\right)f_1$、$\left(\dfrac{\partial}{\partial y}\right)f_2$ 及 $\left(\dfrac{\partial}{\partial z}\right)f_3$ 分別為偏導函數 $\dfrac{\partial f_1}{\partial x}$、$\dfrac{\partial f_2}{\partial y}$、$\dfrac{\partial f_3}{\partial z}$. 因

$$\frac{\partial \mathbf{F}}{\partial x} \cdot \mathbf{i} = \frac{\partial f_1}{\partial x}, \quad \frac{\partial \mathbf{F}}{\partial y} \cdot \mathbf{j} = \frac{\partial f_2}{\partial y}, \quad \frac{\partial \mathbf{F}}{\partial z} \cdot \mathbf{k} = \frac{\partial f_3}{\partial z}$$

故 (6-5-2) 式可改寫成

$$\nabla \cdot \mathbf{F} = \frac{\partial \mathbf{F}}{\partial x} \cdot \mathbf{i} + \frac{\partial \mathbf{F}}{\partial y} \cdot \mathbf{j} + \frac{\partial \mathbf{F}}{\partial z} \cdot \mathbf{k}.$$

關於散度的一些性質，今摘要如下：

第 6 章 向量分析

1. $\nabla \cdot (\mathbf{F} \pm \mathbf{G}) = \nabla \cdot \mathbf{F} \pm \nabla \cdot \mathbf{G}$
2. $\nabla \cdot (k\mathbf{F}) = k\nabla \cdot \mathbf{F}$ （k 為常數）
3. $\nabla \cdot (g\mathbf{F}) = (\nabla g) \cdot \mathbf{F} + g(\nabla \cdot \mathbf{F})$

我們僅證明 3.

$$\nabla \cdot (g\mathbf{F}) = \frac{\partial}{\partial x}(gf_1) + \frac{\partial}{\partial y}(gf_2) + \frac{\partial}{\partial z}(gf_3)$$

$$= \left(f_1\frac{\partial g}{\partial x} + f_2\frac{\partial g}{\partial y} + f_3\frac{\partial g}{\partial z}\right) + g\left(\frac{\partial f_1}{\partial x} + \frac{\partial f_2}{\partial y} + \frac{\partial f_3}{\partial z}\right)$$

$$= (\nabla g) \cdot \mathbf{F} + g(\nabla \cdot \mathbf{F}).$$

【例題 1】若 $\mathbf{F} = xe^y \mathbf{i} + e^{xy} \mathbf{j} + \sin yz \mathbf{k}$，求 div $\mathbf{F}$.

解　$\text{div } \mathbf{F} = \frac{\partial}{\partial x}(xe^y) + \frac{\partial}{\partial y}(e^{xy}) + \frac{\partial}{\partial z}(\sin yz) = e^y + xe^{xy} + y\cos yz.$

在上一節中，我們定義了由純量場 f 至向量場 ∇f 的算子 ∇，現在再說明向量 ∇f 的散度，即

$$\nabla \cdot (\nabla f) = \frac{\partial}{\partial x}\left(\frac{\partial f}{\partial x}\right) + \frac{\partial}{\partial y}\left(\frac{\partial f}{\partial y}\right) + \frac{\partial}{\partial z}\left(\frac{\partial f}{\partial z}\right)$$

$$= \frac{\partial^2 f}{\partial x^2} + \frac{\partial^2 f}{\partial y^2} + \frac{\partial^2 f}{\partial z^2} = \left(\frac{\partial^2}{\partial x^2} + \frac{\partial^2}{\partial y^2} + \frac{\partial^2}{\partial z^2}\right)f$$

寫成 $\text{div}(\text{grad } f) = \nabla^2 f$. $\nabla^2 = \frac{\partial^2}{\partial x^2} + \frac{\partial^2}{\partial y^2} + \frac{\partial^2}{\partial z^2} = \nabla \cdot \nabla$ 稱為 **拉普拉斯算子** (Laplacian).

定義 6-5-2

設向量函數 $\mathbf{F}(x, y, z) = f_1(x, y, z)\mathbf{i} + f_2(x, y, z)\mathbf{j} + f_3(x, y, z)\mathbf{k}$ 為可微分，則函數

$$\text{curl } \mathbf{F} = \left(\frac{\partial f_3}{\partial y} - \frac{\partial f_2}{\partial z}\right)\mathbf{i} + \left(\frac{\partial f_1}{\partial z} - \frac{\partial f_3}{\partial x}\right)\mathbf{j} + \left(\frac{\partial f_2}{\partial x} - \frac{\partial f_1}{\partial y}\right)\mathbf{k} \quad (6\text{-}5\text{-}3)$$

稱為 $\mathbf{F}$ 的 **旋度** (curl 或稱 rotation) 或 $\mathbf{F}$ 所產生向量場的旋度.

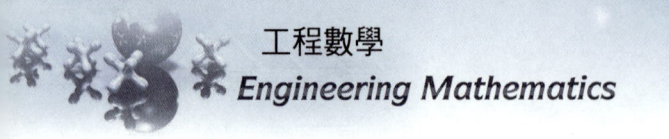

curl **F** 亦可寫成 $\nabla \times \mathbf{F}$，即，(6-5-3) 式可改寫成

$$\text{curl } \mathbf{F} = \nabla \times \mathbf{F} = \begin{vmatrix} \mathbf{i} & \mathbf{j} & \mathbf{k} \\ \dfrac{\partial}{\partial x} & \dfrac{\partial}{\partial y} & \dfrac{\partial}{\partial z} \\ f_1 & f_2 & f_3 \end{vmatrix} \qquad (6\text{-}5\text{-}4)$$

有關旋度的性質，列述如下：

1. $\nabla \times (\mathbf{F} \pm \mathbf{G}) = \nabla \times \mathbf{F} \pm \nabla \times \mathbf{G}$
2. $\nabla \times (k\mathbf{F}) = k \nabla \times \mathbf{F}$ （k 為常數）
3. $\nabla \times (g\mathbf{F}) = (\nabla g) \times \mathbf{F} + g(\nabla \times \mathbf{F})$
4. $\nabla \times \nabla f = \mathbf{0}$
5. $\nabla \cdot (\nabla \times \mathbf{F}) = 0$
6. $\nabla \cdot (\mathbf{F} \times \mathbf{G}) = \mathbf{G} \cdot (\nabla \times \mathbf{F}) - \mathbf{F} \cdot (\nabla \times \mathbf{G})$

【例題 2】若 $\mathbf{F}(x, y, z) = xz\mathbf{i} + xyz\mathbf{j} - y^2\mathbf{k}$，試求 curl **F**.

解

$$\begin{aligned} \text{curl } \mathbf{F} = \nabla \times \mathbf{F} &= \begin{vmatrix} \mathbf{i} & \mathbf{j} & \mathbf{k} \\ \dfrac{\partial}{\partial x} & \dfrac{\partial}{\partial y} & \dfrac{\partial}{\partial z} \\ xz & xyz & -y^2 \end{vmatrix} \\ &= \left[\dfrac{\partial}{\partial y}(-y^2) - \dfrac{\partial}{\partial z}(xyz)\right]\mathbf{i} - \left[\dfrac{\partial}{\partial x}(-y^2) - \dfrac{\partial}{\partial z}(xz)\right]\mathbf{j} \\ &\quad + \left[\dfrac{\partial}{\partial x}(xyz) - \dfrac{\partial}{\partial y}(xz)\right]\mathbf{k} \\ &= (-2y - xy)\mathbf{i} - (0 - x)\mathbf{j} + (yz - 0)\mathbf{k} \\ &= -y(2 + x)\mathbf{i} + x\mathbf{j} + yz\mathbf{k}. \end{aligned}$$

【例題 3】若 $\mathbf{F} = x^2 y\mathbf{i} - 2xz\mathbf{j} + 2yz\mathbf{k}$，求 $\nabla \times (\nabla \times \mathbf{F})$.

解

第6章 向量分析

$$\nabla \times (\nabla \times \mathbf{F}) = \nabla \times \begin{vmatrix} \mathbf{i} & \mathbf{j} & \mathbf{k} \\ \dfrac{\partial}{\partial x} & \dfrac{\partial}{\partial y} & \dfrac{\partial}{\partial z} \\ x^2 y & -2xz & 2yz \end{vmatrix}$$

$$= \nabla \times [(2x+2z)\mathbf{i} - (x^2+2z)\mathbf{k}]$$

$$= \begin{vmatrix} \mathbf{i} & \mathbf{j} & \mathbf{k} \\ \dfrac{\partial}{\partial x} & \dfrac{\partial}{\partial y} & \dfrac{\partial}{\partial z} \\ 2x+2z & 0 & -x^2-2z \end{vmatrix}$$

$$= 2(x+1)\mathbf{j}.$$

在許多應用方面，旋度扮演著極重要的角色，我們舉出下面的例子作為說明．

【例題 4】在以等角速度 Ω 旋轉的剛體中，求速度的旋度．

解 考慮以等角速度 Ω 繞空間一固定軸旋轉的剛體運動，旋轉軸的方向與角速度的方向相同，其旋轉方向循右手系，如圖 6-5-1 所示．設 P 為剛體上的一點，位於與旋轉軸垂直之平面上的圓周上，今取該軸上一點 O 為原點，則 P 點的位置向量為 $\mathbf{R} = x\mathbf{i} + y\mathbf{j} + z\mathbf{k}$，$\mathbf{R}$ 與軸成 θ 角．我們知道在 P 的切線速度 $\mathbf{v}$ 垂直於 Ω 及 $\mathbf{R}$，其大小為 $|\Omega||\mathbf{R}|\sin\theta$，故 $\mathbf{v} = \Omega \times \mathbf{R}$．因 $\Omega = \omega_1 \mathbf{i} + \omega_2 \mathbf{j} + \omega_3 \mathbf{k}$，$\omega_1$、$\omega_2$ 及 ω_3 皆為定數，故

$$\mathbf{v} = \Omega \times \mathbf{R} = \begin{vmatrix} \mathbf{i} & \mathbf{j} & \mathbf{k} \\ \omega_1 & \omega_2 & \omega_3 \\ x & y & z \end{vmatrix}$$

$$= (\omega_2 z - \omega_3 y)\mathbf{i} + (\omega_3 x - \omega_1 z)\mathbf{j} + (\omega_1 y - \omega_2 x)\mathbf{k}$$

可得 $\quad \nabla \times \mathbf{v} = 2\omega_1 \mathbf{i} + 2\omega_2 \mathbf{j} + 2\omega_3 \mathbf{k} = 2\Omega$

即在旋轉剛體中，速度的旋度等於角速度的兩倍，其方向亦同於旋轉軸．

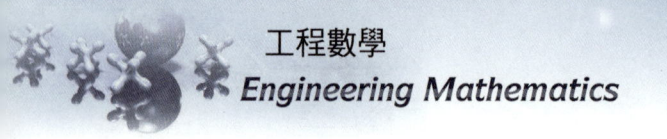

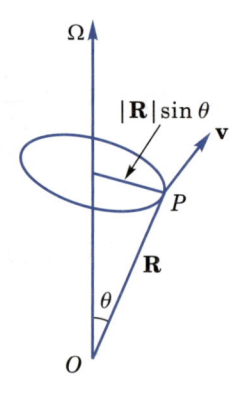

圖 6-5-1

習題 6-5

1. 試證：$\nabla \cdot (f \nabla g) = f \nabla^2 g + \nabla f \cdot \nabla g$.

2. 若 $f(x, y) = \ln(x^2 + y^2)$，試證 $\nabla^2 f = 0$.

3. 設 $\mathbf{R} = x\mathbf{i} + y\mathbf{j} + z\mathbf{k}$，試證

   (1) $\nabla^2 \left(\dfrac{1}{|\mathbf{R}|} \right) = 0$ (2) $\nabla \cdot \left(\dfrac{\mathbf{R}}{|\mathbf{R}|^3} \right) = 0$

4. 試證：$\nabla^2(fg) = f\nabla^2 g + 2\nabla f \cdot \nabla g + g\nabla^2 f$.

5. 若 $\nabla \times \mathbf{A} = \mathbf{0}$，且 $\mathbf{R} = x\mathbf{i} + y\mathbf{j} + z\mathbf{k}$，求 $\nabla \cdot (\mathbf{A} \times \mathbf{R})$.

6. 試證：(1) $\nabla \times (\nabla f) = \mathbf{0}$ (2) $\nabla \cdot (\nabla \times \mathbf{F}) = 0$

7. 若 $\mathbf{\Omega}$ 為常向量，且 $\mathbf{v} = \mathbf{\Omega} \times \mathbf{R}$，試證 $\text{div } \mathbf{v} = 0$.

6-6 線積分

在本節裡，我們將探討向量函數沿著空間的曲線的積分——**線積分** (line integral). 線積分的觀念係將定積分 $\int_a^b f(x)\,dx$ 的觀念加以推廣. 在定積分中，我們是沿著 x- 軸積分，而被積分函數 $f(x)$ 定義在區間 $[a, b]$. 線積分係沿著空間中 (或平面上) 一曲線積分，而被積分函數在該曲線上每一點皆有定義.

定義 *6-6-1*

設 C 為位置向量 $\mathbf{R}(t) = x(t)\mathbf{i} + y(t)\mathbf{j} + z(t)\mathbf{k}$ 所描述的三維空間平滑曲線，若 $a \leq t \leq b$，則連續純量函數 $f(x, y, z)$ 沿著 C 的**線積分**為

$$\int_C f(x, y, z)\, ds = \int_a^b f(x(t), y(t), z(t)) \sqrt{[x'(t)]^2 + [y'(t)]^2 + [z'(t)]^2}\, dt$$

此處 $s = s(t)$ 為弧長函數，$ds = \sqrt{[x'(t)]^2 + [y'(t)]^2 + [z'(t)]^2}\, dt$，曲線 C 稱為**積分路徑** (path of integration).

根據以上定義可知，一般定積分之性質對線積分也成立.

1. $\int_C kf\, ds = k \int_C f\, ds$ （k 為常數）

2. $\int_C (f + g)\, ds = \int_C f\, ds + \int_C g\, ds$

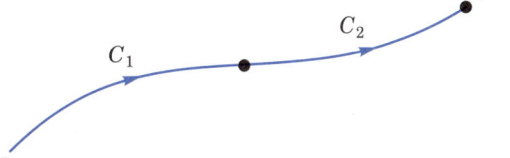

3. $\int_C f\, ds = \int_{C_1} f\, ds + \int_{C_2} f\, ds$

圖 6-6-1

3. 中之路徑 C 分為 C_1 與 C_2，如圖 6-6-1 所示.

我們可用下列公式計算線積分.

$$\int_C f(x, y, z)\, ds = \int_a^b f(x(t), y(t), z(t)) \sqrt{[x'(t)]^2 + [y'(t)]^2 + [z'(t)]^2}\, dt$$

$$\int_C f(x, y, z)\, dx = \int_a^b f(x(t), y(t), z(t))\, x'(t)\, dt$$

$$\int_C f(x, y, z)\, dy = \int_a^b f(x(t), y(t), z(t))\, y'(t)\, dt$$

$$\int_C f(x, y, z)\, dz = \int_a^b f(x(t), y(t), z(t))\, z'(t)\, dt$$

$$\int_C P(x, y, z)\, dx + Q(x, y, z)\, dy + R(x, y, z)\, dz$$
$$= \int_C P(x, y, z)\, dx + \int_C Q(x, y, z)\, dy + \int_C R(x, y, z)\, dz$$

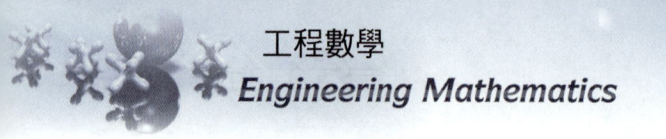

定義 6-6-2

若平滑曲線 C 的位置向量為 $\mathbf{R}(t)=x(t)\mathbf{i}+y(t)\mathbf{j}+z(t)\mathbf{k}$，則連續向量函數 $\mathbf{F}(x, y, z) = f_1(x, y, z)\mathbf{i}+f_2(x, y, z)\mathbf{j}+f_3(x, y, z)\mathbf{k}$，沿著 C 的**線積分**為

$$\int_C \mathbf{F} \cdot d\mathbf{R} = \int_C f_1(x, y, z)\, dx + f_2(x, y, z)\, dy + f_3(x, y, z)\, dz$$

式中右邊三項均需沿著曲線 C 積分，但第一項對 x 積分，而第二項、第三項分別對 y 及 z 積分，各不相同.

【例題 1】求 $\int_C [xy\, dx + y(x-y)\, dy]$ 之值，其中 C 為自原點經 $P(0, 3)$ 至 $Q(3, 3)$ 的折線.

解 C 可分為兩段 C_1 及 C_2，

$$\int_C [xy\, dx + y(x-y)dy] = \int_{C_1} [xy\, dx + y(x-y)dy] + \int_{C_2} [xy\, dx + y(x-y)dy]$$

在 C_1 上，$x=0$，故 $dx=0$，而 y 之值自 0 增至 3，

$$\int_{C_1} [xy\, dx + y(x-y)dy] = \int_0^3 (-y^2)dy = -9$$

在 C_2 上，$y=3$，故 $dy=0$，而 x 之值自 0 增至 3，

$$\int_{C_2} [xy\, dx + y(x-y)dy] = \int_0^3 3x\, dx = \frac{27}{2}$$

故原式 $= -9 + \frac{27}{2} = \frac{9}{2}$.

在上例中，若積分的路徑不為 C，而是自原點經直線至 Q 點的路徑 C'（圖 6-6-2），則直線方程式為 $x=y$，故 $dx=dy$，代入可得

$$\int_{C'} [xy\, dx + y(x-y)\, dy] = \int_0^3 y^2 dy = 9$$

由此可見積分的路徑不同時，結果可以不同，線積分的值通常與所沿路徑有關.

第 6 章 向量分析

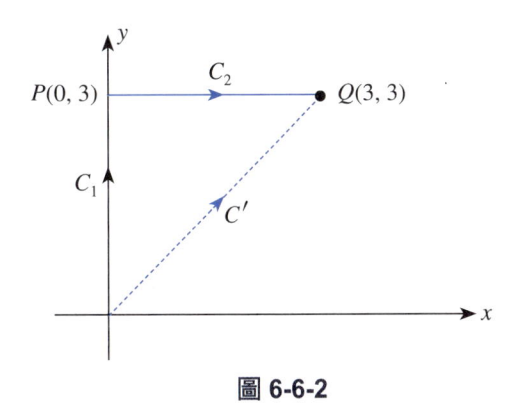

圖 6-6-2

【例題 2】求向量函數 $\mathbf{F}=(y+z)\mathbf{i}+(z+x)\mathbf{j}+(x+y)\mathbf{k}$ 沿著曲線 $C:\mathbf{R}=at\mathbf{i}+bt\mathbf{j}+ct\mathbf{k}$ $(0\leq t\leq 1)$ 的線積分.

解 因 $x=at, y=bt, z=ct$,故

$$\int_C \mathbf{F}\cdot d\mathbf{R} = \int_C [(y+z)\,dx+(z+x)\,dy+(x+y)\,dz]$$
$$= \int_0^1 [a(b+c)+b(c+a)+c(a+b)]t\,dt$$
$$= ab+bc+ca.$$

【例題 3】試求向量函數 $\mathbf{F}(x, y, z)=xy\mathbf{i}+yz\mathbf{j}+zx\mathbf{k}$ 沿著曲線 $C:\mathbf{R}=t\mathbf{i}+t^2\mathbf{j}+t^3\mathbf{k}$ $(0\leq t\leq 1)$ 的線積分.

解 因 $x=t, y=t^2, z=t^3$ $(0\leq t\leq 1)$,則

$$\mathbf{F}(\mathbf{R}(t))=\mathbf{F}=t^3\mathbf{i}+t^5\mathbf{j}+t^4\mathbf{k}$$

故

$$\int_C \mathbf{F}\cdot d\mathbf{R} = \int_0^1 \mathbf{F}(\mathbf{R}(t))\cdot \mathbf{R}'(t)\,dt$$
$$= \int_0^1 (t^3\mathbf{i}+t^5\mathbf{j}+t^4\mathbf{k})\cdot(\mathbf{i}+2t\mathbf{j}+3t^2\mathbf{k})\,dt$$
$$= \int_0^1 (t^3+2t^6+3t^6)\,dt = \int_0^1 (t^3+5t^6)\,dt$$
$$= \left.\frac{t^4}{4}+\frac{5t^7}{7}\right|_0^1 = \frac{27}{28}.$$

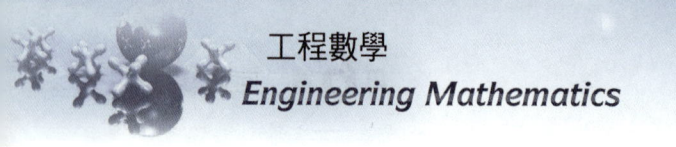

【例題 4】設 $\mathbf{F}=y\mathbf{i}+z\mathbf{j}+x\mathbf{k}$，求沿著下列各路徑的線積分.

(1) $C：\mathbf{R}=t\mathbf{i}+t^2\mathbf{j}+t^3\mathbf{k}\ (0\le t\le 1)$.

(2) 依次連接 $(0, 0, 0)$、$(1, 0, 0)$、$(1, 0, 1)$ 及 $(1, 1, 1)$ 等四點所成的折線 C.

(3) 自點 $(0, 0, 0)$ 經直線至點 $(1, 1, 1)$ 的路徑.

解 (1) $\displaystyle\int_C \mathbf{F}\cdot d\mathbf{R}=\int_0^1 (t^2+2t^4+3t^3)\,dt=\frac{1}{3}+\frac{2}{5}+\frac{3}{4}=\frac{89}{60}$.

(2) 如圖 6-6-3 所示，C_1、C_2、C_3 各表折線 C 的三線段.

$$C_1:\ \mathbf{R}=t\mathbf{i} \quad (0\le t\le 1)$$
$$C_2:\ \mathbf{R}=\mathbf{i}+t\mathbf{k} \quad (0\le t\le 1)$$
$$C_3:\ \mathbf{R}=\mathbf{i}+t\mathbf{j}+\mathbf{k} \quad (0\le t\le 1)$$

故 $\displaystyle\int_C \mathbf{F}\cdot d\mathbf{R}=\int_{C_1}\mathbf{F}\cdot d\mathbf{R}+\int_{C_2}\mathbf{F}\cdot d\mathbf{R}+\int_{C_3}\mathbf{F}\cdot d\mathbf{R}$

$$=\int_0^1 0\,dt+\int_0^1 dt+\int_0^1 dt$$
$$=1+1=2.$$

(3) 自點 $(0, 0, 0)$ 經直線至點 $(1, 1, 1)$ 的路徑為 $C：\mathbf{R}=t\mathbf{i}+t\mathbf{j}+t\mathbf{k}\ (0\le t\le 1)$

$$\int_C \mathbf{F}\cdot d\mathbf{R}=\int_0^1 (t+t+t)\,dt=\frac{3}{2}.$$

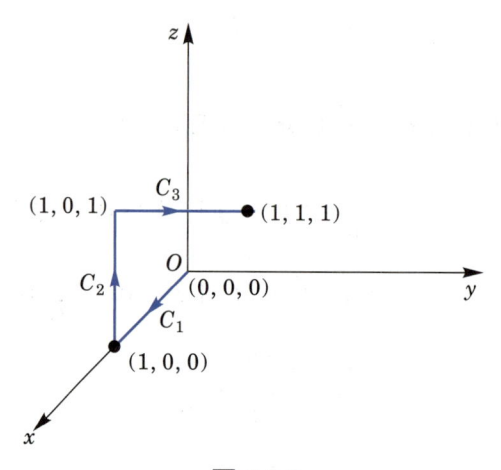

圖 6-6-3

若區域 D 中每一條閉曲線可始終不離開 D，而連續地縮至 D 中之任一點，則區域 D 稱為**單連通** (simply connected)；否則稱為**多連通** (multiply connected)．我們可想像這一條閉曲線，好像一條橡皮圈，可移動並無限縮小至一點．

例如，在平面上，圓、矩形等的內部均為單連通區域，而圓環則為多連通區域．在三維空間中，球或立方體的內部、兩同心球間的部分等均為單連通；但一環面的內部，及移去一直徑的球內部等則為多連通．

根據例題 2 的結果，線積分的值與積分路徑有關．現在，我們將討論在何種條件下，線積分值與積分路徑無關．當一線積分值僅決定於積分上下限的兩端點位置，而與連接此兩端點所取路徑之選擇無關時 (端點與積分路徑均限定在定義域中)，則稱該線積分在定義域中與路徑無關．

定理 6-6-1

設在區域 D 中，$\mathbf{F} = f_1 \mathbf{i} + f_2 \mathbf{j} + f_3 \mathbf{k}$，而 f_1、f_2、f_3 皆為連續，若線積分 $\int_C \mathbf{F} \cdot d\mathbf{R}$ 與 D 中路徑無關，則必存在一純量函數 ϕ，使得 $\mathbf{F} = \nabla \phi$．又若 $\mathbf{F} = \nabla \phi$，且 D 為單連通，則 $\int_C \mathbf{F} \cdot d\mathbf{R}$ 與 D 中路徑無關．

證 (i) 假設線積分與 D 中路徑無關．我們在 D 中任取一個定點 P 及一動點 Q，而令函數

$$\phi(x, y, z) = \int_P^Q \mathbf{F} \cdot d\mathbf{R}$$

因線積分僅由兩端點 P 及 Q 決定，但 P 為一固定點，所以 ϕ 為 Q 點的位置函數．今設 $Q(x, y, z)$ 點沿 x-軸方向改變很短的距離至 $P'(x + \Delta x, y, z)$ ($\overline{QP'}$ 在 D 中，如圖 6-6-4)，則

$$\phi(x + \Delta x, y, z) - \phi(x, y, z)$$
$$= \int_P^{P'} \mathbf{F} \cdot d\mathbf{R} - \int_P^Q \mathbf{F} \cdot d\mathbf{R} = \int_Q^{P'} \mathbf{F} \cdot d\mathbf{R}$$

由於 $\overline{QP'}$ 平行於 x-軸，知 $dy = dz = 0$，故

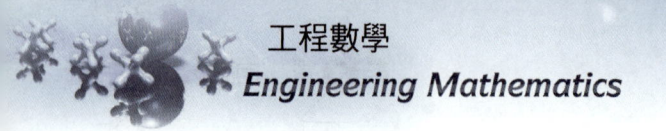

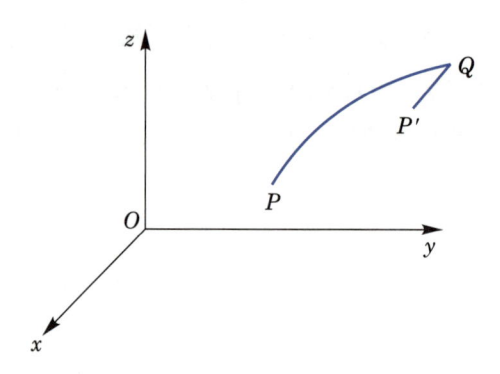

圖 6-6-4

$$\frac{\phi(x+\Delta x, y, z)-\phi(x, y, z)}{\Delta x}$$

$$=\frac{1}{\Delta x}\int_{Q}^{P'} \mathbf{F} \cdot d\mathbf{R} = \frac{1}{\Delta x}\int_{x}^{x+\Delta x} f_1\, dx$$

當 $\Delta x \to 0$ 時，可得

$$\frac{\partial \phi}{\partial x} = \lim_{\Delta x \to 0}\frac{\phi(x+\Delta x, y, z)-\phi(x, y, z)}{\Delta x}$$

$$=\lim_{\Delta x \to 0}\left(\frac{1}{\Delta x}\int_{x}^{x+\Delta x} f_1\, dx\right) = \lim_{\Delta x \to 0}\frac{f_1 \Delta x}{\Delta x} = f_1$$

同理，如取 $\overline{QP'}$ 平行於 y-軸及 z-軸，可得

$$\frac{\partial \phi}{\partial y} = f_2, \quad \frac{\partial \phi}{\partial z} = f_3$$

故

$$\mathbf{F} = \frac{\partial \phi}{\partial x}\mathbf{i} + \frac{\partial \phi}{\partial y}\mathbf{j} + \frac{\partial \phi}{\partial z}\mathbf{k} = \nabla \phi.$$

(ii) 假設 $\mathbf{F} = \nabla \phi$，則

$$\int_C \mathbf{F} \cdot d\mathbf{R} = \int_C \nabla \phi \cdot d\mathbf{R} = \int_C \left(\frac{\partial \phi}{\partial x}dx + \frac{\partial \phi}{\partial y}dy + \frac{\partial \phi}{\partial z}dz\right)$$

$$= \int_C d\phi = \phi(Q) - \phi(P).$$

上式僅為 P 點及 Q 點的位置函數．若 D 為單連通，則 ϕ 在 D 中為單

第 6 章 向量分析

值函數 (其證明超出本書範圍，故從略). 因此，P 點與 Q 點若確定，線積分即確定，故與路徑無關.

當向量 $\mathbf{F}$ 的線積分與路徑無關時，$\mathbf{F}$ 所產生的向量場稱為**保守場** (conservative field).

定理 6-6-2

設在區域 D 中，$\mathbf{F}=f_1\mathbf{i}+f_2\mathbf{j}+f_3\mathbf{k}$，而 f_1、f_2、f_3 皆為連續，則線積分 $\int_C \mathbf{F} \cdot d\mathbf{R}$ 與 D 中路徑無關的充要條件為：當 C 為 D 中的任一閉曲線時，$\int_C \mathbf{F} \cdot d\mathbf{R}=0$.

證 沿著閉曲線 C 的線積分常寫成 $\oint_C$，稱為**環積分**，其中的小圓圈表示 C 為閉曲線.

(i) 設 $\int_C \mathbf{F} \cdot d\mathbf{R}$ 與 D 中路徑無關，又設 C 為 D 中之任一閉曲線，而在 C 上取兩個不同的點，如圖 6-6-5 中的 P 與 Q，將 C 分為兩弧段 C_1 及 C_2，則

$$\int_{C_1} \mathbf{F} \cdot d\mathbf{R} = \int_{C_2^*} \mathbf{F} \cdot d\mathbf{R} = -\int_{C_2} \mathbf{F} \cdot d\mathbf{R} \quad \cdots\cdots\cdots①$$

其中 C_2^* 表示沿 C_2 之逆向路徑.
因此，① 式變為

$$\int_{C_1} \mathbf{F} \cdot d\mathbf{R} + \int_{C_2} \mathbf{F} \cdot d\mathbf{R} = \oint_C \mathbf{F} \cdot d\mathbf{R} = 0 \quad \cdots\cdots\cdots②$$

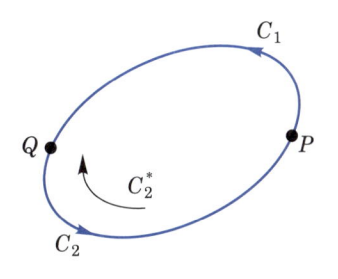

圖 6-6-5

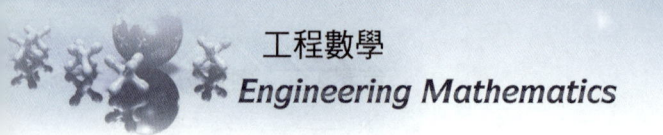

(ii) 設 $\oint_C \mathbf{F} \cdot d\mathbf{R} = 0$，則有 ② 式，其次有 ① 式，故線積分與路徑無關．

定理 6-6-3

設在區域 D 中，$\mathbf{F} = f_1\mathbf{i} + f_2\mathbf{j} + f_3\mathbf{k}$，而 f_1、f_2、f_3 與其一階偏導函數均為連續，若線積分 $\int_C \mathbf{F} \cdot d\mathbf{R}$ 與 D 中路徑無關，則 curl $\mathbf{F} = \mathbf{0}$ (此時 $\mathbf{F}$ 稱為**無旋度**)．反之，若 curl $\mathbf{F} = \mathbf{0}$，且 D 為單連通，則 $\int_C \mathbf{F} \cdot d\mathbf{R}$ 與 D 中路徑無關．

【例題 5】設 $\mathbf{F} = x\mathbf{i} + y\mathbf{j} + z\mathbf{k}$，試證 $\mathbf{F}$ 的線積分與路徑無關．

解 由觀察易求得一純量函數

$$\phi(x,\ y,\ z) = \frac{1}{2}(x^2 + y^2 + z^2) + c \quad (c \text{ 為常數})$$

能使 $\mathbf{F} = \nabla\phi$．由定理 6-6-1 知，在三維空間的所有單連通區域中，$\mathbf{F}$ 的線積分與路徑無關．

另解：

$$\nabla \times \mathbf{F} = \begin{vmatrix} \mathbf{i} & \mathbf{j} & \mathbf{k} \\ \dfrac{\partial}{\partial x} & \dfrac{\partial}{\partial y} & \dfrac{\partial}{\partial z} \\ x & y & z \end{vmatrix} = \mathbf{0}$$

亦可得到同樣的結果．

【例題 6】(1) 若有一力 $\mathbf{F} = (2xy + z^3)\mathbf{i} + x^2\mathbf{j} + 3xz^2\mathbf{k}$，試證 $\mathbf{F}$ 為一**保守力場**．

(2) 求一純量函數 ϕ，使得 $\mathbf{F} = \nabla\phi$．

(3) 移動一物體自點 $(1, -2, 1)$ 至點 $(3, 1, 4)$ 所作之功．

解 (1)

$$\nabla \times \mathbf{F} = \begin{vmatrix} \mathbf{i} & \mathbf{j} & \mathbf{k} \\ \dfrac{\partial}{\partial x} & \dfrac{\partial}{\partial y} & \dfrac{\partial}{\partial z} \\ 2xy + z^3 & x^2 & 3xz^2 \end{vmatrix} = \mathbf{0}$$

由定理 6-6-3 知，**F** 的線積分與路徑無關，故 **F** 為一保守力場.

(2) 方法 1：

由 $\dfrac{\partial \phi}{\partial x}\mathbf{i}+\dfrac{\partial \phi}{\partial y}\mathbf{j}+\dfrac{\partial \phi}{\partial z}\mathbf{k}=(2xy+z^3)\mathbf{i}+x^2\mathbf{j}+3xz^2\mathbf{k}$

則

$$\dfrac{\partial \phi}{\partial x}=2xy+z^3 \quad \cdots\cdots\cdots\cdots\cdots\text{①}$$

$$\dfrac{\partial \phi}{\partial y}=x^2 \quad \cdots\cdots\cdots\cdots\cdots\text{②}$$

$$\dfrac{\partial \phi}{\partial z}=3xz^2 \quad \cdots\cdots\cdots\cdots\cdots\text{③}$$

① 式對 x 積分，視 y、z 為常數，得

$$\phi(x,y,z)=x^2y+xz^3+g(y,z) \quad \cdots\cdots\cdots\cdots\cdots\text{④}$$

上式對 y 偏微分，得

$$\dfrac{\partial \phi}{\partial y}=x^2+\dfrac{\partial g}{\partial y} \quad \cdots\cdots\cdots\cdots\cdots\text{⑤}$$

比較 ② 及 ⑤ 式，知

$$\dfrac{\partial g}{\partial y}=0$$

上式對 y 積分，視 z 為常數，得

$$g(x,y)=h(z)$$

代入 ④ 式，得

$$\phi(x,y,z)=x^2y+xz^3+h(z) \quad \cdots\cdots\cdots\cdots\cdots\text{⑥}$$

上式對 z 偏微分，得

$$\dfrac{\partial \phi}{\partial z}=3xz^2+h'(z) \quad \cdots\cdots\cdots\cdots\cdots\text{⑦}$$

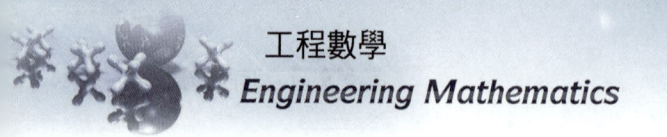

比較 ③ 及 ⑦ 式，可知

$$h'(z)=0, \text{ 即 } h(z)=c \quad (c \text{ 為常數})$$

代入 ⑥ 式，故得

$$\phi(x, y, z)=x^2y+xz^3+c$$

方法 2：

因 $\quad \mathbf{F} \cdot d\mathbf{R}=\nabla\phi \cdot d\mathbf{R}=\dfrac{\partial \phi}{\partial x}dx+\dfrac{\partial \phi}{\partial y}dy+\dfrac{\partial \phi}{\partial z}dz=d\phi$

可知
$$\begin{aligned}
d\phi &= (2xy+z^3)\,dx+x^2\,dy+3xz^2\,dz \\
&= (2xy\,dx+x^2\,dy)+(z^3\,dx+3xz^2\,dz) \\
&= d(x^2y)+d(xz^3) \\
&= d(x^2y+xz^3)
\end{aligned}$$

故 $\quad \phi(x, y, z)=x^2y+xz^3+c \quad (c \text{ 為常數})$

(3) 方法 1：

$$\begin{aligned}
\text{功} &= \int_C \mathbf{F} \cdot d\mathbf{R} = \int_{(1,-2,1)}^{(3,1,4)} (2xy+z^3)\,dx+x^2\,dy+3xz^2\,dz \\
&= \int_{(1,-2,1)}^{(3,1,4)} d(x^2y+xz^3) = x^2y+xz^3 \Big|_{(1,-2,1)}^{(3,1,4)} \\
&= 202
\end{aligned}$$

方法 2：

由 (2)，$\phi(x, y, z)=x^2y+xz^3+c$．因此，可得

$$\text{功}=\phi(3, 1, 4)-\phi(1, -2, 1)=202.$$

【例題 7】若 $\mathbf{F}=\dfrac{-y}{x^2+y^2}\mathbf{i}+\dfrac{x}{x^2+y^2}\mathbf{j}$，

(1) 計算 $\nabla \times \mathbf{F}$．

(2) 試求 $\oint_C \mathbf{F} \cdot d\mathbf{R}$，$C$ 為任一閉曲線．

第 6 章 向量分析

解 (1)

$$\nabla \times \mathbf{F} = \begin{vmatrix} \mathbf{i} & \mathbf{j} & \mathbf{k} \\ \dfrac{\partial}{\partial x} & \dfrac{\partial}{\partial y} & \dfrac{\partial}{\partial z} \\ \dfrac{-y}{x^2+y^2} & \dfrac{x}{x^2+y^2} & 0 \end{vmatrix} = 0$$

(在原點 (0, 0) 除外的任何區域中)

(2) $\oint_C \mathbf{F} \cdot d\mathbf{R} = \oint_C \dfrac{-y\,dx + x\,dy}{x^2+y^2}$

利用極坐標變換，令 $x = r\cos\theta, y = r\sin\theta$，則

$$dx = -r\sin\theta\,d\theta + \cos\theta\,dr$$
$$dy = r\cos\theta\,d\theta + \sin\theta\,dr$$

且

$$\dfrac{-y\,dx + x\,dy}{x^2+y^2} = d\theta = d\left(\tan^{-1}\dfrac{y}{x}\right)$$

在圖 6-6-6 (i) 中，閉曲線 C 圍繞原點，在 P 點時，$\theta = 0$；當由 P 點繞一圈又回到 P 點時，$\theta = 2\pi$．因此，

$$\oint_C \mathbf{F} \cdot d\mathbf{R} = \int_0^{2\pi} d\theta = 2\pi$$

在圖 6-6-6 (ii) 中，閉曲線 C 不圍繞原點，在 P 點時，$\theta = \theta_0$；當由

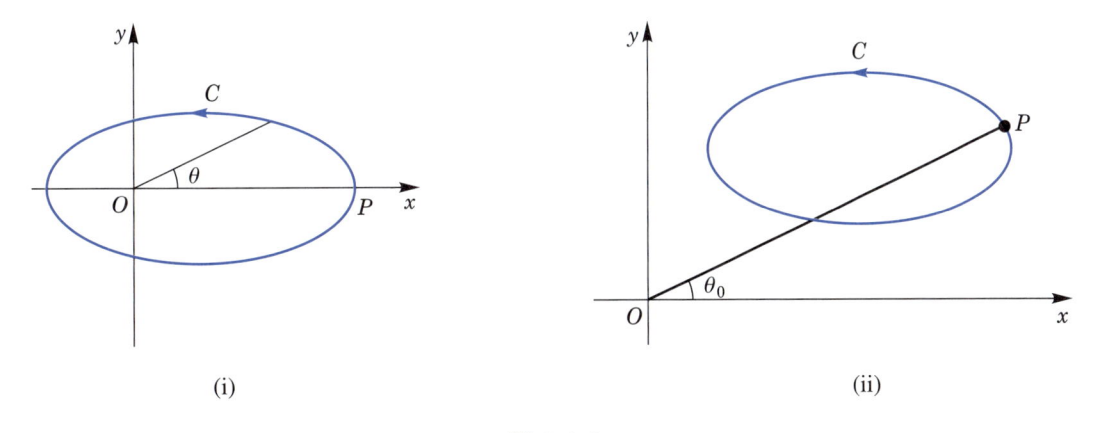

(i)   (ii)

圖 6-6-6

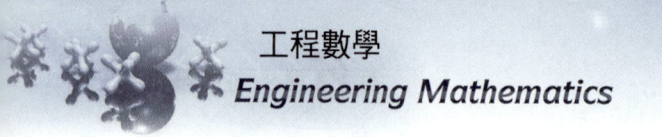

P 點繞一圈又回到 P 點時，$\theta=\theta_0$．因此，

$$\oint_C \mathbf{F} \cdot d\mathbf{R} = \int_{\theta_0}^{\theta_0} d\theta = 0$$

在任何不包含原點的單連通區域中，$\mathbf{F}$ 的線積分與路徑無關，若區域包含原點，則不能滿足定理 6-6-1 的條件 (因 f_1 與 f_2 在原點不連續)，因此，不能保證線積分與路徑無關．

習題 6-6

1. 若 $\mathbf{F} = (3x^2+6y)\mathbf{i} - 14yz\mathbf{j} + 20xz^2\mathbf{k}$，求沿著下列路徑的線積分．
   (1) $C：\mathbf{R} = t\mathbf{i} + t^2\mathbf{j} + t^3\mathbf{k}\ (0 \le t \le 1)$
   (2) 依次連接 $(0, 0, 0)$、$(1, 0, 0)$、$(1, 1, 0)$ 及 $(1, 1, 1)$ 等四點所成的折線．
   (3) 自點 $(0, 0, 0)$ 經直線至點 $(1, 1, 1)$．

2. 若 $\mathbf{F} = 3xy\mathbf{i} - y^2\mathbf{j}$，計算 $\int_C \mathbf{F} \cdot d\mathbf{R}$，其中 $C：y = 2x^2$ 為平面上自點 $(0, 0)$ 至點 $(1, 2)$ 的曲線．

3. 設有一力 $\mathbf{F} = (2x-y+z)\mathbf{i} + (x+y-z^2)\mathbf{j} + (3x-2y+4z)\mathbf{k}$，且在 xy-平面上，C 為以原點作圓心而半徑為 3 之圓，求此力沿著 C 移動一物體依逆時鐘方向繞一圈所作之功．

4. (1) 若 $\mathbf{F} = f_1\mathbf{i} + f_2\mathbf{j} + f_3\mathbf{k}$ 定義在單連通區域，試證存在一純量函數 $\phi = \phi(x, y, z)$ 使得 $d\phi = f_1\,dx + f_2\,dy + f_3\,dz$ 的充要條件為 $\nabla \times \mathbf{F} = \mathbf{0}$．
   (2) 證明 $(y^2z^3\cos x - 4x^3z)\,dx + 2yz^3\sin x\,dy + (3y^2z^2\sin x - x^4)\,dz$ 為一純量函數 ϕ 的微分，並求 ϕ．

5. (1) 若一力 $\mathbf{F} = (y^2\cos x + z^3)\mathbf{i} + (2y\sin x - 4)\mathbf{j} + (3xz^2 + 2)\mathbf{k}$，試證 $\mathbf{F}$ 為一保守力場．
   (2) 求一純量函數 ϕ，使 $\mathbf{F} = \nabla\phi$．
   (3) 此力移動一物體自點 $(0, 1, -1)$ 至點 $(\pi/2, -1, 2)$ 所作之功為多少？

6-7 面積分

若曲面 S 具有連續改變的**單位法向量**，則稱 S 為**平滑曲面**．有限個平滑曲面連接所組成的曲面稱為**分段平滑曲面**．例如，球面是平滑曲面，而正方體表面是分段平滑曲面 (由六個平滑曲面連接組成)．

在平滑曲面上每一點的單位法向量有兩個選擇 (例如，若曲面的方程式為 $f(x, y, z) = c$，則單位法向量為 $\dfrac{\text{grad } f}{|\text{grad } f|}$ 與 $-\dfrac{\text{grad } f}{|\text{grad } f|}$)．我們選取其中之一來確定該曲面的方向．於是，平滑曲面的方向恆有兩種選擇．至於分段平滑曲面的方向，我們必須一致地確定其平滑部分的方向．

只有兩個面的曲面可以被確定方向，一為"正"，另一為"負"．對於閉曲面而言，依照慣例，我們從它所包圍空間區域的內部往外射出的方向取為單位法向量 **N** 的方向．

如果一向量函數 $\mathbf{R}(u, v)$ 是兩個參數 u、v 的函數，當固定 v 而只變動 u 時，則描出一 u 曲線；當固定 u 而只變動 v 時，則描出一 v 曲線 (圖 6-7-1)．

若 u、v 皆任意變動，則此兩種曲線交織成一個空間的曲面，位置向量寫成

$$\mathbf{R}(u, v) = x(u, v)\,\mathbf{i} + y(u, v)\,\mathbf{j} + z(u, v)\,\mathbf{k} \tag{6-7-1}$$

其終點的軌跡即為曲面，此處 x、y、z 皆為 u、v 的純量函數．序對 (u, v) 稱為 P 點的**曲線坐標** (curvilinear coordinates)．

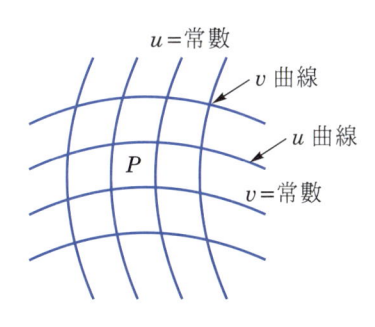

圖 6-7-1

因 **R**(u, v) 含二個變數，我們對 u、v 各作偏微分，可得

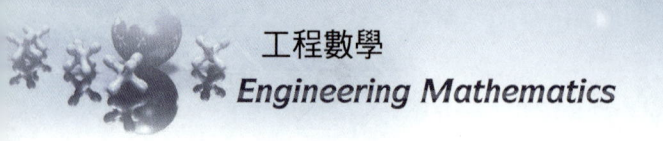

$$\frac{\partial \mathbf{R}}{\partial u} = \frac{\partial x}{\partial u}\mathbf{i} + \frac{\partial y}{\partial u}\mathbf{j} + \frac{\partial z}{\partial u}\mathbf{k}$$

$$\frac{\partial \mathbf{R}}{\partial v} = \frac{\partial x}{\partial v}\mathbf{i} + \frac{\partial y}{\partial v}\mathbf{j} + \frac{\partial z}{\partial v}\mathbf{k}$$

式中 $\frac{\partial \mathbf{R}}{\partial u}$ 與 $\frac{\partial \mathbf{R}}{\partial v}$ 分別表示循 u 曲線及 v 曲線在其交點 P 的切向量．由此兩向量所決定的平面稱為在 P 點的**切平面** (tangent plane)，而與此切平面垂直的向量

$$\frac{\partial \mathbf{R}}{\partial u} \times \frac{\partial \mathbf{R}}{\partial v}$$

稱為切平面在 P 點的**法向量** (normal vector)(圖 6-7-2)．如設其單位向量為 **N**，則

$$\mathbf{N} = \frac{\dfrac{\partial \mathbf{R}}{\partial u} \times \dfrac{\partial \mathbf{R}}{\partial v}}{\left|\dfrac{\partial \mathbf{R}}{\partial u} \times \dfrac{\partial \mathbf{R}}{\partial v}\right|}$$

在 P 處的微小面積 $|d\mathbf{S}|$ 是由 $\frac{\partial \mathbf{R}}{\partial u}du$ 及 $\frac{\partial \mathbf{R}}{\partial v}dv$ 所決定的平行四邊形的面積 (圖 6-7-3)，故

$$|d\mathbf{S}| = \left|\frac{\partial \mathbf{R}}{\partial u}du \times \frac{\partial \mathbf{R}}{\partial v}dv\right| = \left|\frac{\partial \mathbf{R}}{\partial u} \times \frac{\partial \mathbf{R}}{\partial v}\right| du\, dv$$

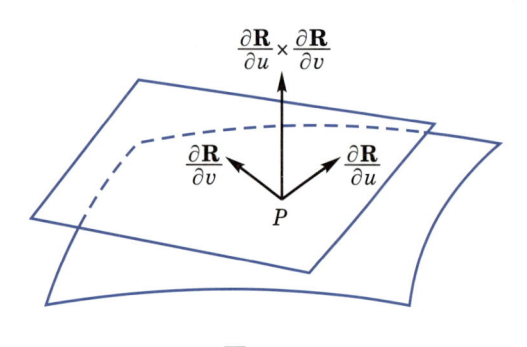

圖 6-7-2

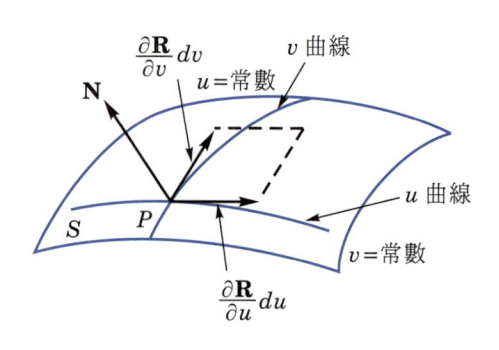

圖 6-7-3

第 6 章 向量分析

在 P 處的微小曲面向量可寫成

$$d\mathbf{S} = \left(\frac{\partial \mathbf{R}}{\partial u} \times \frac{\partial \mathbf{R}}{\partial v}\right) du\, dv$$

若點 (u, v) 在區域 D 中變動，則所形成的曲面面積 A 為所有 $|d\mathbf{S}|$ 的總和，即

$$A = \iint_D |d\mathbf{S}| = \iint_D \left|\frac{\partial \mathbf{R}}{\partial u} \times \frac{\partial \mathbf{R}}{\partial v}\right| du\, dv \tag{6-7-2}$$

【例題 1】已知曲面的位置向量為 $\mathbf{R}(u, v) = u^2\mathbf{i} + uv\mathbf{j} + v\mathbf{k}$，求在此曲面上對應於 $u=1$、$v=2$ 之點處的切平面方程式.

解 對應於 $u=1$、$v=2$ 之點的坐標是 $(1, 2, 2)$，其位置向量為 $\mathbf{R}_0 = \mathbf{i} + 2\mathbf{j} + 2\mathbf{k}$.

$$\left.\frac{\partial \mathbf{R}}{\partial u}\right|_{u=1,\, v=2} = 2\mathbf{i} + 2\mathbf{j}$$

$$\left.\frac{\partial \mathbf{R}}{\partial v}\right|_{u=1,\, v=2} = \mathbf{j} + \mathbf{k}$$

通過點 $(1, 2, 2)$ 的法向量為

$$\mathbf{n} = (2\mathbf{i} + 2\mathbf{j}) \times (\mathbf{j} + \mathbf{k}) = 2\mathbf{i} - 2\mathbf{j} + 2\mathbf{k}$$

所以，通過點 $(1, 2, 2)$ 的切平面方程式為

$$(\mathbf{R} - \mathbf{R}_0) \cdot \mathbf{n} = 2(x-1) - 2(y-2) + 2(z-2) = 0$$

即 $$x - y + z = 1.$$

【例題 2】已知曲面的位置向量為 $\mathbf{R}(u, v) = \cos u\mathbf{i} + \sin u\mathbf{j} + v\mathbf{k}$，$0 \leq u \leq 2\pi$，$0 \leq v \leq 1$，求此曲面的面積.

解 $\dfrac{\partial \mathbf{R}}{\partial u} = -\sin u\mathbf{i} + \cos u\mathbf{j}$，$\dfrac{\partial \mathbf{R}}{\partial v} = \mathbf{k}$，

$$d\mathbf{S} = \left(\frac{\partial \mathbf{R}}{\partial u} \times \frac{\partial \mathbf{R}}{\partial v}\right) du\, dv = \begin{vmatrix} \mathbf{i} & \mathbf{j} & \mathbf{k} \\ -\sin u & \cos u & 0 \\ 0 & 0 & 1 \end{vmatrix} du\, dv$$

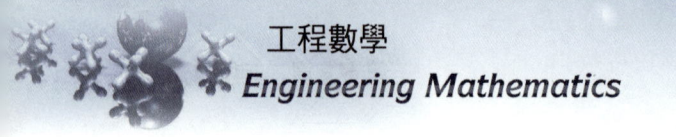

$$= (\cos u\mathbf{i} + \sin u\mathbf{j})\, du\, dv$$

故面積為

$$A = \iint |d\mathbf{S}| = \int_0^1 \int_0^{2\pi} \sqrt{\cos^2 u + \sin^2 u}\, du\, dv$$
$$= \int_0^1 \int_0^{2\pi} du\, dv = 2\pi.$$

我們現在考慮 (6-7-2) 式的特例。假設曲面為 $z = f(x, y)$，且它在 xy-平面上的投影區域是 R，如圖 6-7-4 所示。視 x、y 為參數，則

$$\mathbf{R}(x, y) = x\mathbf{i} + y\mathbf{j} + z\mathbf{k} = x\mathbf{i} + y\mathbf{j} + f(x, y)\mathbf{k}$$

而

$$\frac{\partial \mathbf{R}}{\partial x} = \mathbf{i} + \frac{\partial f}{\partial x}\mathbf{k}$$

$$\frac{\partial \mathbf{R}}{\partial y} = \mathbf{j} + \frac{\partial f}{\partial y}\mathbf{k}$$

所以

$$\frac{\partial \mathbf{R}}{\partial x} \times \frac{\partial \mathbf{R}}{\partial y} = \begin{vmatrix} \mathbf{i} & \mathbf{j} & \mathbf{k} \\ 1 & 0 & \dfrac{\partial f}{\partial x} \\ 0 & 1 & \dfrac{\partial f}{\partial y} \end{vmatrix} = -\frac{\partial f}{\partial x}\mathbf{i} - \frac{\partial f}{\partial y}\mathbf{j} + \mathbf{k}$$

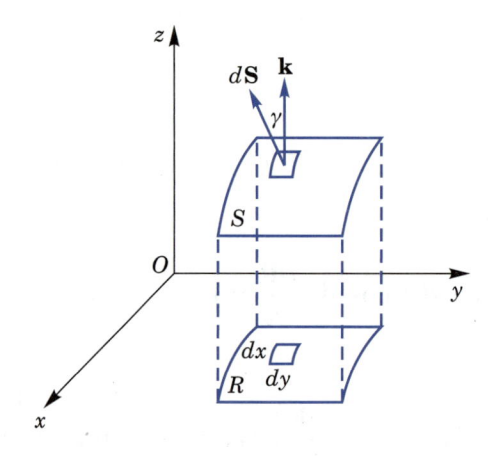

圖 6-7-4

故
$$A = \iint_R \left|\frac{\partial \mathbf{R}}{\partial x} \times \frac{\partial \mathbf{R}}{\partial y}\right| dx\, dy$$
$$= \iint_R \sqrt{1+\left(\frac{\partial f}{\partial x}\right)^2 + \left(\frac{\partial f}{\partial y}\right)^2}\, dx\, dy \tag{6-7-3}$$

利用純量積可得
$$|\cos \gamma| = \frac{|d\mathbf{S} \cdot \mathbf{k}|}{|d\mathbf{S}|} = \left[1+\left(\frac{\partial f}{\partial x}\right)^2 + \left(\frac{\partial f}{\partial y}\right)^2\right]^{-1/2}$$

故 (6-7-3) 式變成
$$A = \iint_R \frac{dx\, dy}{|\cos \gamma|} \tag{6-7-4}$$

【**例題 3**】求球面 $x^2+y^2+z^2=1$ 在 $x \geq 0$ 之部分的面積.

解 此半球面在 yz-平面上的投影區域為單位圓區域 R. 法向量為
$$\nabla(x^2+y^2+z^2) = 2x\mathbf{i}+2y\mathbf{j}+2z\mathbf{k}$$

若 γ 為法向量與 $\mathbf{i}$ 單位向量的夾角，則
$$\cos \gamma = \frac{(2x\mathbf{i}+2y\mathbf{j}+2z\mathbf{k}) \cdot \mathbf{i}}{\sqrt{4x^2+4y^2+4z^2}} = \frac{2x}{2} = x$$

故面積為
$$A = \iint_R \frac{dy\, dz}{\cos \gamma} = \int_{-1}^{1} \int_{-\sqrt{1-z^2}}^{\sqrt{1-z^2}} \frac{dy\, dz}{x}$$
$$= \int_{-1}^{1} \int_{-\sqrt{1-z^2}}^{\sqrt{1-z^2}} \frac{dy\, dz}{\sqrt{1-y^2-z^2}} = \int_0^{2\pi} \int_0^1 \frac{r}{\sqrt{1-r^2}}\, dr\, d\theta$$
$$= \int_0^{2\pi} -(1-r^2)^{1/2} \Big|_0^1 d\theta = \int_0^{2\pi} d\theta$$
$$= 2\pi.$$

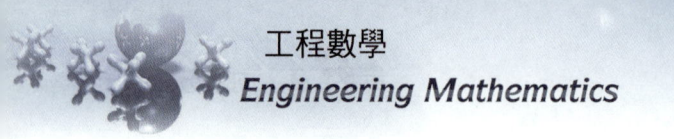

定義 6-7-1

設向量函數 $\mathbf{F}=\mathbf{F}(x, y, z)=f_1(x, y, z)\mathbf{i}+f_2(x, y, z)\mathbf{j}+f_3(x, y, z)\mathbf{k}$ 定義在曲面 S 上，而 S 的位置向量為 $\mathbf{R}(u, v)=x(u, v)\mathbf{i}+y(u, v)\mathbf{j}+z(u, v)\mathbf{k}$，若 $(u, v) \in D$，則 $\mathbf{F}$ 在曲面 S 上的**面積分** (surface integral) 定義為

$$\iint_S \mathbf{F} \cdot d\mathbf{S} = \iint_S \mathbf{F} \cdot \mathbf{N}\, dA = \iint_D \mathbf{F} \cdot \left(\frac{\partial \mathbf{R}}{\partial u} \times \frac{\partial \mathbf{R}}{\partial v}\right) du\, dv \qquad (6\text{-}7\text{-}5)$$

其中 $\mathbf{N}$ 表曲面的單位法向量，而 $dA = |d\mathbf{S}|$.

若曲面 S 在 xy-平面上的投影區域為 R，則 (6-7-5) 式變成

$$\iint_S \mathbf{F} \cdot \mathbf{N}\, dA = \iint_R \mathbf{F} \cdot \mathbf{N} \frac{dx\, dy}{|\mathbf{N} \cdot \mathbf{k}|} \qquad (6\text{-}7\text{-}6)$$

若曲面為分段平滑，則在各平滑的部分積分，然後將所得結果相加.

【例題 4】若 $\mathbf{F}=\mathbf{i}+xy\mathbf{j}$，曲面 S 的位置向量為 $\mathbf{R}(u, v)=(u+v)\mathbf{i}+(u-v)\mathbf{j}+u^2\mathbf{k}$，$0 \leq u \leq 1, 0 \leq v \leq 1$，求 $\iint_S \mathbf{F} \cdot d\mathbf{S}$.

解

$$\frac{\partial \mathbf{R}}{\partial u} \times \frac{\partial \mathbf{R}}{\partial v} = \begin{vmatrix} \mathbf{i} & \mathbf{j} & \mathbf{k} \\ 1 & 1 & 2u \\ 1 & -1 & 0 \end{vmatrix} = 2u\mathbf{i} + 2u\mathbf{j} - 2\mathbf{k}$$

$$\mathbf{F} \cdot \left(\frac{\partial \mathbf{R}}{\partial u} \times \frac{\partial \mathbf{R}}{\partial v}\right) = [\mathbf{i} + (u^2 - v^2)\mathbf{j}] \cdot (2u\mathbf{i} + 2u\mathbf{j} - 2\mathbf{k})$$

$$= 2u + 2u(u^2 - v^2) = 2u^3 - 2uv^2 + 2u$$

利用 (6-7-5) 式，

$$\iint_S \mathbf{F} \cdot d\mathbf{S} = \int_0^1 \int_0^1 (2u^3 - 2uv^2 + 2u)\, du\, dv$$

$$= \int_0^1 \left(\frac{3}{2} - v^2\right) dv = \frac{7}{6}.$$

第6章　向量分析

【例題 5】若 $\mathbf{F}=x\mathbf{i}+y\mathbf{j}+z\mathbf{k}$，$S$ 為球面 $x^2+y^2+z^2=4$，求 $\iint_S \mathbf{F} \cdot d\mathbf{S}$.

解 單位法向量

$$\mathbf{N} = \frac{\nabla(x^2+y^2+z^2)}{|\nabla(x^2+y^2+z^2)|} = \frac{2x\mathbf{i}+2y\mathbf{j}+2z\mathbf{k}}{\sqrt{4x^2+4y^2+4z^2}} = \frac{1}{2}(x\mathbf{i}+y\mathbf{j}+z\mathbf{k})$$

$$\mathbf{F} \cdot \mathbf{N} = \frac{1}{2}(x^2+y^2+z^2) = 2$$

故 $\iint_S \mathbf{F} \cdot d\mathbf{S} = \iint_S \mathbf{F} \cdot \mathbf{N} \, dA = \iint_S 2 \, dA = 2(16)\pi = 32\pi.$

【例題 6】若 $\mathbf{F}=x\mathbf{i}+y\mathbf{j}+z\mathbf{k}$，$S$ 為六個平面 $S_1: x=0$, $S_2: x=1$, $S_3: y=0$, $S_4: y=1$, $S_5: z=0$ 及 $S_6: z=1$ 所圍成正方體的表面，求 $\iint_S \mathbf{F} \cdot d\mathbf{S}$.

解 在 S_1 面上，$\mathbf{N}=-\mathbf{i}$, $dA = dy\,dz$,

$$\iint_{S_1} \mathbf{F} \cdot \mathbf{N} \, dA = \int_0^1 \int_0^1 0 \, dy \, dz = 0$$

在 S_2 面上，$\mathbf{N}=\mathbf{i}$, $dA = dy\,dz$,

$$\iint_{S_2} \mathbf{F} \cdot \mathbf{N} \, dA = \int_0^1 \int_0^1 dy \, dz = 1$$

在 S_3 面上，$\mathbf{N}=-\mathbf{j}$, $dA = dx\,dz$,

$$\iint_{S_3} \mathbf{F} \cdot \mathbf{N} \, dA = \int_0^1 \int_0^1 0 \, dx \, dz = 0$$

在 S_4 面上，$\mathbf{N}=\mathbf{j}$, $dA = dx\,dz$,

$$\iint_{S_4} \mathbf{F} \cdot \mathbf{N} \, dA = \int_0^1 \int_0^1 dx \, dz = 1$$

在 S_5 面上，$\mathbf{N}=-\mathbf{k}$, $dA = dx\,dy$,

$$\iint_{S_5} \mathbf{F} \cdot \mathbf{N} \, dA = \int_0^1 \int_0^1 0 \, dx \, dy = 0$$

在 S_6 面上，$\mathbf{N}=\mathbf{k}$, $dA = dx\,dy$,

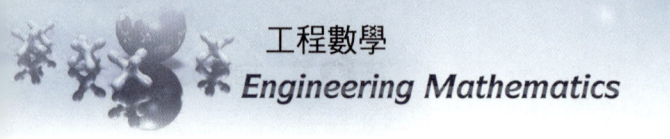

$$\iint_{S_6} \mathbf{F} \cdot \mathbf{N}\, d\mathbf{A} = \int_0^1 \int_0^1 dx\, dy = 1$$

故 $\quad \iint_S \mathbf{F} \cdot d\mathbf{S} = \iint_S \mathbf{F} \cdot \mathbf{N}\, d\mathbf{A} = 0 + 1 + 0 + 1 + 0 + 1 = 3.$

習題 6-7

1. 已知曲面的位置向量為 $\mathbf{R}(u, v) = u^2 \mathbf{i} + uv\mathbf{j} + \frac{1}{2}v^2 \mathbf{k}$, $0 \leq u \leq 1$, $0 \leq v \leq 3$, 求此曲面的面積.

2. 設 $\mathbf{F} = z\mathbf{i} + x\mathbf{j} - 3y^2 z\mathbf{k}$, S 為圓柱面 $x^2 + y^2 = 16$ 在第一卦限而介於平面 $z = 0$ 及 $z = 5$ 之間的部分, 求 $\iint_S \mathbf{F} \cdot d\mathbf{S}$.

3. 設 $\mathbf{F} = 18z\mathbf{i} - 12\mathbf{j} + 3y\mathbf{k}$, S 為平面 $2x + 3y + 6z = 12$ 在第一卦限的部分, 求 $\iint_S \mathbf{F} \cdot d\mathbf{S}$.

4. 若 $\mathbf{F} = x\mathbf{i} + y\mathbf{j} + z\mathbf{k}$, 且以 r 為半徑之半球面 S 為 $\mathbf{R}(u, v) = r \sin u \cos v \mathbf{i} + r \sin u \sin v \mathbf{j} + r \cos u \mathbf{k}$ ($0 \leq u \leq \pi$, $0 \leq v \leq \pi$), 求 $\iint_S \mathbf{F} \cdot d\mathbf{S}$.

5. 若 $\mathbf{F} = x^2 \mathbf{i} + xy\mathbf{j} + xz\mathbf{k}$, S 為具有頂點 $(0, 0, 0)$、$(1, 0, 0)$、$(0, 2, 0)$ 及 $(0, 0, 3)$ 之四面體的表面, 求 $\iint_S \mathbf{F} \cdot d\mathbf{S}$.

6. 若 $\mathbf{F} = 4xz\mathbf{i} - y^2 \mathbf{j} + yz\mathbf{k}$, S 為六平面 $x = 0$, $x = 1$, $y = 0$, $y = 1$, $z = 0$ 及 $z = 1$ 所圍成正方體的表面, 求 $\iint_S \mathbf{F} \cdot d\mathbf{S}$.

7. 求曲面積分 $\iint_S x^2 z\, d\mathbf{S}$, S 表單位球面 $x^2 + y^2 + z^2 = 1$, $0 < z$.

6-8 散度定理，史托克定理

在本節裡，我們列出以向量形式表出的主要定理：**散度定理**與**史托克** (Stokes) 定理，並以例子來說明其應用. 最後，我們舉出史托克定理在平面上的一個特例——**格林** (Green) 平面定理.

定理 6-8-1 散度定理

設 T 為閉曲面 S 所圍成的空間區域，向量 $\mathbf{F}(x, y, z)$ 及其各分量的一階偏導函數在 T 中及 S 上皆為連續，$d\mathbf{V} = dx\,dy\,dz$，則

$$\iiint_T \nabla \cdot \mathbf{F}\, dV = \iint_S \mathbf{F} \cdot d\mathbf{S} = \iint_S \mathbf{F} \cdot \mathbf{N}\, dA.$$

【例題 1】設 $\mathbf{F} = x\mathbf{i} + y\mathbf{j} + z\mathbf{k}$，且 S 為六個平面 $x=0, x=1, y=0, y=1, z=0, z=1$ 所圍成正方體的表面，求 $\iint_S \mathbf{F} \cdot d\mathbf{S}$.

解 令 S 所圍成的空間區域為 T，利用散度定理，則

$$\iint_S \mathbf{F} \cdot d\mathbf{S} = \iiint_T \nabla \cdot \mathbf{F}\, dV = \int_0^1 \int_0^1 \int_0^1 3\, dz\, dy\, dx = 3$$

【例題 2】若一閉曲面 S 所圍的空間區域為 T、f 及 g 皆為純量函數，試證：

(1) $\iiint_T (f\nabla^2 g + \nabla f \cdot \nabla g)\, dV = \iint_S (f\nabla g) \cdot d\mathbf{S}$

(2) $\iiint_T (f\nabla^2 g - g\nabla^2 f)\, dV = \iint_S (f\nabla g - g\nabla f) \cdot d\mathbf{S}$

解 (1) 由散度定理，以 $\mathbf{F} = f\nabla g$ 代入，得

$$\iiint_T \nabla \cdot (f\nabla g)\, dV = \iint_S (f\nabla g) \cdot d\mathbf{S}$$

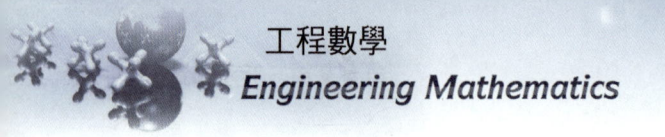

但 $\nabla \cdot (f\nabla g) = f\nabla^2 g + \nabla f \cdot \nabla g$，故等式成立.

(2) 由 (1) 式，

$$\iiint_T (f\nabla^2 g + \nabla f \cdot \nabla g)\, dV = \iint_S (f\nabla g) \cdot d\mathbf{S} \quad \cdots\cdots\cdots ①$$

將 ① 式中之 f、g 互換，得

$$\iiint_T (g\nabla^2 f + \nabla g \cdot \nabla f)\, dV = \iint_S (g\nabla f) \cdot d\mathbf{S} \quad \cdots\cdots\cdots ②$$

①－② 得

$$\iiint_T (f\nabla^2 g - g\nabla^2 f)\, dV = \iint_S (f\nabla g - g\nabla f) \cdot d\mathbf{S}$$

上述例題 2(1) 及 (2) 稱為**格林公式**.

定理 6-8-2 史托克定理

假設在曲面上由簡單閉曲線 C 所圍成的區域為 S，向量 $\mathbf{F}(x, y, z)$ 及其各分量的一階偏導函數在 S 與 C 上皆為連續，則

$$\oint_C \mathbf{F} \cdot d\mathbf{R} = \iint_S (\nabla \times \mathbf{F}) \cdot d\mathbf{S} = \iint_S (\nabla \times \mathbf{F}) \cdot \mathbf{N}\, dA.$$

【例題 3】試證：$\oint_C (f\nabla g) \cdot d\mathbf{R} = -\oint_C (g\nabla f) \cdot d\mathbf{R} = \iint_S (\nabla f \times \nabla g) \cdot d\mathbf{S}$.

解 由史托克定理得

$$\oint_C \nabla(fg) \cdot d\mathbf{R} = \iint_S [\nabla \times \nabla(fg)] \cdot d\mathbf{S}$$

但 $\nabla \times \nabla(fg) = \mathbf{0}$，故 $\oint_C \nabla(fg) \cdot d\mathbf{R} = 0.$

又 $\nabla(fg) = f\nabla g + g\nabla f$，知 $\oint_C (f\nabla g + g\nabla f) \cdot d\mathbf{R} = 0,$

即
$$\oint_C (f\nabla g)\cdot d\mathbf{R} = -\oint_C (g\nabla f)\cdot d\mathbf{R}$$

因 $\nabla\times(f\nabla g)=f(\nabla\times\nabla g)+(\nabla f\times\nabla g)=\nabla f\times\nabla g$，故再由史托克定理得

$$\iint_S (\nabla f\times\nabla g)\cdot d\mathbf{S} = \iint_S \nabla\times(f\nabla g)\cdot d\mathbf{S}$$
$$= \oint_C (f\nabla g)\cdot d\mathbf{R}.$$

【例題 4】**格林平面定理**：若 R 為 xy-平面上由簡單閉曲線 C 所圍成的區域，且函數 P 及 Q 且其偏導函數在 R 上皆為連續，則

$$\oint_C P\, dx + Q\, dy = \iint_R \left(\frac{\partial Q}{\partial x} - \frac{\partial P}{\partial y}\right) d\mathbf{A}.$$

解 在史托克定理中，若曲面為平面，令此平面為 xy-平面，則 $\mathbf{N}=\mathbf{k}$，法線恆在 z-軸方向，而

$$(\nabla\times\mathbf{F})\cdot\mathbf{N} = \begin{vmatrix} \mathbf{i} & \mathbf{j} & \mathbf{k} \\ \dfrac{\partial}{\partial x} & \dfrac{\partial}{\partial y} & \dfrac{\partial}{\partial z} \\ f_1 & f_2 & f_3 \end{vmatrix}\cdot\mathbf{k} = \frac{\partial f_2}{\partial x} - \frac{\partial f_1}{\partial y}$$

在平面上，$\oint_C \mathbf{F}\cdot d\mathbf{R} = \oint_C f_1\, dx + f_2\, dy$，故史托克定理公式變成

$$\oint_C f_1\, dx + f_2\, dy = \iint_R \left(\frac{\partial f_2}{\partial x} - \frac{\partial f_1}{\partial y}\right) d\mathbf{A}$$

式中 R 為平面上由 C 所圍成的區域．今設 $\mathbf{F}(x,y)=P(x,y)\mathbf{i}+Q(x,y)\mathbf{j}$，則得格林平面定理公式

$$\oint_C P\, dx + Q\, dy = \iint_R \left(\frac{\partial Q}{\partial x} - \frac{\partial P}{\partial y}\right) d\mathbf{A}.$$

【例題 5】試計算 $\oint_C (3y - e^{\sin x})\, dx + (7x + \sqrt{y^4+1})\, dy$，此處 C 為一圓 $x^2+y^2=9$．

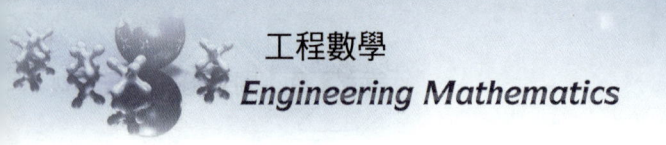

解 由 C 所圍成之區域 R 為一圓盤 $x^2+y^2 \leq 9$，我們先變換為極坐標，再應用格林平面定理.

令 $P(x, y) = 3y - e^{\sin x}$，$Q(x, y) = 7x + \sqrt{y^4+1}$，則 $\dfrac{\partial P}{\partial y} = 3$，$\dfrac{\partial Q}{\partial x} = 7$，故

$$\oint_C P\,dx + Q\,dy = \oint_C (3y - e^{\sin x})\,dx + (7x + \sqrt{y^4+1})\,dy$$

$$= \iint_R \left[\frac{\partial Q}{\partial x} - \frac{\partial P}{\partial y}\right] dA$$

$$= \int_0^{2\pi} \int_0^3 (7-3) r\,dr\,d\theta$$

$$= 4\int_0^{2\pi} d\theta \int_0^3 r\,dr = 36\pi.$$

【例題 6】試利用散度定理求面積分 $\iint_S \mathbf{F} \cdot \mathbf{N}\,dA$，其中 $\mathbf{F}(x, y, z) = xy^2\mathbf{i} + y^3\mathbf{j} + 4x^2z\mathbf{k}$，$S$ 為圓柱體 $x^2 + y^2 \leq 4$，$0 \leq z \leq 4$ 之表面，如圖 6-8-1 所示.

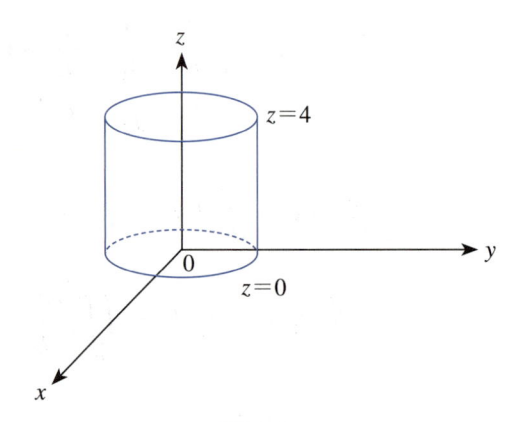

圖 6-8-1

解 由散度定理知

$$\iint_S \mathbf{F} \cdot \mathbf{N}\,dA = \iiint_T \nabla \cdot \mathbf{F}\,dV$$

$$= \iiint_T \left(\frac{\partial}{\partial x}\mathbf{i} + \frac{\partial}{\partial y}\mathbf{j} + \frac{\partial}{\partial z}\mathbf{k}\right) \cdot (xy^2\mathbf{i} + y^3\mathbf{j} + 4x^2z\mathbf{k})\,dV$$

$$= \iiint_T \left[\frac{\partial}{\partial x}(xy^2) + \frac{\partial}{\partial y}(y^3) + \frac{\partial}{\partial z}(4x^2 z)\right] dx\, dy\, dz$$

$$= \iiint_T (y^2 + 3y^2 + 4x^2)\, dx\, dy\, dz$$

$$= \iiint_T 4(x^2 + y^2)\, dx\, dy\, dz$$

利用圓柱坐標：

$$x = r\cos\theta, \qquad 0 \leq r \leq 2$$
$$y = r\sin\theta, \qquad 0 \leq \theta \leq 2\pi$$
$$d\mathbf{V} = dx\, dy\, dz = r\, dr\, d\theta\, dz$$

代入得

$$\iint_S \mathbf{F} \cdot \mathbf{N}\, dA = \int_0^4 \int_0^{2\pi} \int_0^2 4r^2\, r\, dr\, d\theta\, dz$$

$$= \int_0^4 \int_0^{2\pi} \int_0^2 4r^3\, dr\, d\theta\, dz$$

$$= 128\pi.$$

習題 6-8

1. 設 $\mathbf{F} = 4x\mathbf{i} - 2y^2\mathbf{j} + z^2\mathbf{k}$，且 S 為曲面 $x^2 + y^2 = 4$ 及平面 $z = 0$、$z = 3$ 所圍成區域的表面，求 $\iint_S \mathbf{F} \cdot d\mathbf{S}$.

2. 若 S 為一閉曲面，且 $\mathbf{R} = x\mathbf{i} + y\mathbf{j} + z\mathbf{k}$，求 $\iint_S \mathbf{R} \cdot d\mathbf{S}$.

3. 利用史托克定理，證明 $\oint_C \mathbf{R} \cdot d\mathbf{R} = 0$.

4. 設 $\mathbf{F} = (2x - y)\mathbf{i} - yz^2\mathbf{j} - y^2 z\mathbf{k}$，且 S 為球面 $x^2 + y^2 + z^2 = 1$ 之上半部，C 為 S 的邊界，驗證史托克定理.

5. (1) 設 $\mathbf{F} = -y\mathbf{i} + x\mathbf{j}$，利用格林平面定理，證明 xy-平面上簡單閉曲線 C 所圍成區域

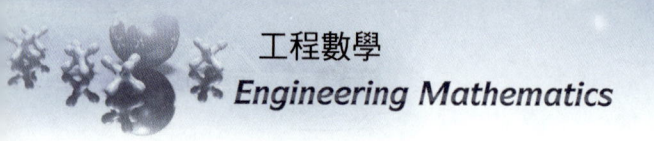

的面積為 $\dfrac{1}{2}\oint_C (x\,dy - y\,dx)$.

(2) 利用 (1) 的結果，求橢圓 $x = a\cos\theta, y = b\sin\theta\ (0 \leq \theta \leq 2\pi)$ 的面積.

6. 設 C 為任一簡單閉曲線，試證 $\oint_C \mathbf{F}\cdot d\mathbf{R} = 0$ 的充要條件為 $\nabla\times\mathbf{F} = \mathbf{0}$.

chapter 7

傅立葉級數

7-1 傅立葉級數

工程問題中經常出現各式各樣的函數，而如何利用簡單的週期函數表出該函數，是工程數學上的重要課題．本節在介紹一種以正弦及餘弦函數組合而成的無窮級數，即**傅立葉級數** (Fourier series)，其在求解常微分方程式或偏微分方程式時非常有用，尤其在電路或機械的應用上被廣泛地使用．

我們由週期函數可知，週期為 T 的兩函數 f 及 g 的和、差、積與商仍為週期 T 的函數．假如 f 為週期 T 的可積分函數，則對任意常數 a 及 b，

$$\int_a^{a+T} f(x)\, dx = \int_b^{b+T} f(x)\, dx$$

在此，我們先給出下列的基本結果：

對於任一非負整數 m、n 及任一實數 c，我們可以得到

$$\int_c^{c+2\pi} \sin nx\, dx = 0 \tag{7-1-1}$$

$$\int_c^{c+2\pi} \cos nx\, dx = \begin{cases} 0, & \text{當 } n \neq 0 \\ 2\pi, & \text{當 } n = 0 \end{cases} \tag{7-1-2}$$

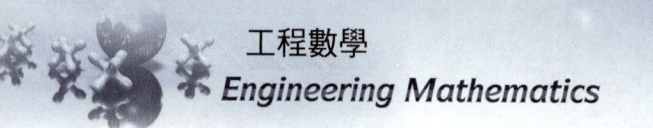

$$\int_c^{c+2\pi} \sin mx \cos nx \, dx = 0 \tag{7-1-3}$$

$$\int_c^{c+2\pi} \sin mx \sin nx \, dx = \begin{cases} 0, & \text{當 } m \neq n \\ \pi, & \text{當 } m = n \geq 1 \end{cases} \tag{7-1-4}$$

$$\int_c^{c+2\pi} \cos mx \cos nx \, dx = \begin{cases} 0, & \text{當 } m \neq n \\ \pi, & \text{當 } m = n \geq 1 \\ 2\pi, & \text{當 } m = n = 0 \end{cases} \tag{7-1-5}$$

我們稱函數項級數

$$\frac{1}{2}a_0 + \sum_{n=1}^{\infty}(a_n \cos nx + b_n \sin nx) \tag{7-1-6}$$

為**三角級數** (trigonometric series)。假設此級數對任一 x 皆收斂，並令其值為 $f(x)$，即

$$f(x) = \frac{1}{2}a_0 + \sum_{n=1}^{\infty}(a_n \cos nx + b_n \sin nx) \tag{7-1-7}$$

若 (7-1-7) 式在區間 $[c, c+2\pi]$ 上可逐項積分，則由 (7-1-1) 及 (7-1-2) 式，可得

$$\int_c^{c+2\pi} f(x) \, dx = \frac{a_0}{2}\int_c^{c+2\pi} dx + \sum_{n=1}^{\infty} a_n \int_c^{c+2\pi} \cos nx \, dx + \sum_{n=1}^{\infty} b_n \int_c^{c+2\pi} \sin nx \, dx$$
$$= a_0 \pi$$

即

$$a_0 = \frac{1}{\pi}\int_c^{c+2\pi} f(x) \, dx \tag{7-1-8}$$

將 (7-1-7) 式乘以 $\cos mx$ 後再逐項積分，由 (7-1-3) 及 (7-1-5) 式，可得

$$\int_c^{c+2\pi} f(x) \cos mx \, dx = \frac{a_0}{2}\int_c^{c+2\pi} \cos mx \, dx + \sum_{n=1}^{\infty} a_n \int_c^{c+2\pi} \cos nx \cos mx \, dx$$
$$+ \sum_{n=1}^{\infty} b_n \int_c^{c+2\pi} \sin nx \cos mx \, dx$$
$$= a_n \pi$$

$$\int_c^{c+2\pi} f(x)\,dx = \frac{a_0}{2}\int_c^{c+2\pi} dx + \sum_{n=1}^{\infty} a_n \int_c^{c+2\pi} \cos nx\,dx + \sum_{n=1}^{\infty} b_n \int_c^{c+2\pi} \sin nx\,dx$$
$$= a_0 \pi$$

當 $m = n \neq 0$. 於是,

$$a_n = \frac{1}{\pi}\int_c^{c+2\pi} f(x)\cos nx\,dx,\ n = 1,\ 2,\ 3,\ \cdots \qquad (7\text{-}1\text{-}9)$$

將 (7-1-7) 式乘以 $\sin mx$ 後再逐項積分，同理可得

$$b_n = \frac{1}{\pi}\int_c^{c+2\pi} f(x)\sin nx\,dx,\ n = 1,\ 2,\ 3,\ \cdots \qquad (7\text{-}1\text{-}10)$$

(7-1-8)、(7-1-9) 及 (7-1-10) 式即所謂的**歐勒公式** (Euler's formula).

定義 7-1-1

若函數 f 在區間 $[-\pi, \pi]$ 上為可積分，則我們稱

$$a_n = \frac{1}{\pi}\int_{-\pi}^{\pi} f(x)\cos nx\,dx,\ n = 0,\ 1,\ 2,\ \cdots$$
$$b_n = \frac{1}{\pi}\int_{-\pi}^{\pi} f(x)\sin nx\,dx,\ n = 1,\ 2,\ 3,\ \cdots \qquad (7\text{-}1\text{-}11)$$

為 $f(x)$ 的**傅立葉係數** (Fourier coefficient)，而稱 (7-1-6) 式為 $f(x)$ 的**傅立葉級數** (Fourier series)，以

$$f(x) \sim \frac{1}{2}a_0 + \sum_{n=1}^{\infty}(a_n \cos nx + b_n \sin nx) \qquad (7\text{-}1\text{-}12)$$

表之，此處 "$\sim$" 表示對應 $f(x)$ 的傅立葉級數.

對於任一 x，上面定義中的傅立葉級數可能收斂也可能發散.

定義 7-1-2

若函數 f 與其導函數 f' 在某區間皆為分段連續，則稱 f 在該區間為**分段平滑**.

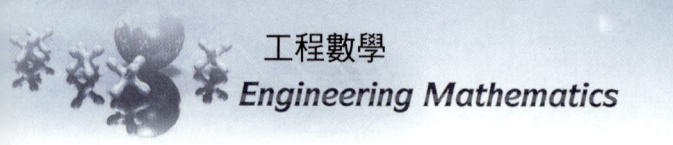

為了方便起見，我們將函數 f 在點 x_0 的右極限與左極限分別記為 $f(x_0^+)$ 與 $f(x_0^-)$，如下

$$\lim_{x \to x_0^+} f(x) = f(x_0^+), \quad \lim_{x \to x_0^-} f(x) = f(x_0^-)$$

對於一個可積分函數 $f(x)$，我們可以依 (7-1-11) 式求出它的傅立葉級數。然而，該級數若收斂，是否收斂到原函數 $f(x)$？這可依狄利司雷定理而獲得解決。

定理 7-1-1 狄利司雷定理 (Dirichlet theorem)

若函數 f 在 $[-\pi, \pi]$ 上為分段平滑，則

(1) 在函數 f 的連續點 x，$f(x)$ 的傅立葉級數 (7-1-6) 式收斂到 $f(x)$，即

$$f(x) = \frac{a_0}{2} + \sum_{n=1}^{\infty}(a_n \cos nx + b_n \sin nx)$$

(2) 函數 f 的不連續點 x_0，$f(x)$ 的傅立葉級數 (7-1-6) 式收斂到 $f(x_0^+)$、$f(x_0^-)$ 的平均值，即

$$\frac{f(x_0^+) + f(x_0^-)}{2} = \frac{a_0}{2} + \sum_{n=1}^{\infty}(a_n \cos nx_0 + b_n \sin nx_0)$$

其中 $a_n (n = 0, 1, 2, 3, \cdots)$，$b_n (n = 1, 2, 3, \cdots)$ 為 $f(x)$ 的傅立葉係數。

【例題 1】求函數

$$f(x) = \begin{cases} -1, & -\pi < x < 0 \\ 1, & 0 < x < \pi \end{cases}$$

的傅立葉級數。

解　　$a_0 = 0$

$$a_n = \frac{1}{\pi} \int_{-\pi}^{\pi} f(x) \cos nx \, dx$$

$$= \frac{1}{\pi} \left[\int_{-\pi}^{0} (-1) \cos nx \, dx + \int_{0}^{\pi} \cos nx \, dx \right]$$

$$= \frac{1}{\pi}\left(-\frac{\sin nx}{n}\Big|_{-\pi}^{0} + \frac{\sin nx}{n}\Big|_{0}^{\pi}\right) = 0, \ n = 1, \ 2, \ 3, \ \cdots$$

$$b_n = \frac{1}{\pi}\int_{-\pi}^{\pi} f(x) \sin nx \, dx$$

$$= \frac{1}{\pi}\left[\int_{-\pi}^{0} (-1) \sin nx \, dx + \int_{0}^{\pi} \sin nx \, dx\right]$$

$$= \frac{1}{\pi}\left(\frac{\cos nx}{n}\Big|_{-\pi}^{0} - \frac{\cos nx}{n}\Big|_{0}^{\pi}\right)$$

$$= \frac{2}{n\pi}(1-\cos n\pi) = \begin{cases} \dfrac{4}{n\pi}, & n \text{ 為正奇數} \\ 0, & n \text{ 為正偶數} \end{cases}$$

傅立葉係數為

$$b_1 = \frac{4}{\pi}, \ b_2 = 0, \ b_3 = \frac{4}{3\pi}, \ b_4 = 0, \ b_5 = \frac{4}{5\pi}, \ \cdots$$

$$a_n = 0, \ n = 0, \ 1, \ 2, \ 3, \ \cdots$$

傅立葉級數為

$$\frac{4}{\pi}\left(\sin x + \frac{1}{3}\sin 3x + \frac{1}{5}\sin 5x + \cdots\right).$$

【例題 2】求函數 $f(x) = x \ (-\pi < x < \pi)$ 的傅立葉級數.

解 $f(x)$ 為分段平滑函數，傅立葉係數為

$$a_n = \frac{1}{\pi}\int_{-\pi}^{\pi} x \cos nx \, dx = 0, \ n = 0, \ 1, \ 2, \ 3, \ \cdots$$

$$b_n = \frac{1}{\pi}\int_{-\pi}^{\pi} x \sin nx \, dx = \frac{2}{\pi}\int_{0}^{\pi} x \sin nx \, dx$$

$$\left(\text{令 } u = x, \ dv = \sin nx \, dx, \text{ 則 } du = dx, \ v = -\frac{1}{n}\cos nx\right)$$

$$= -\frac{2}{n\pi}\left(x \cos nx\Big|_{0}^{\pi}\right) + \frac{2}{n\pi}\int_{0}^{\pi} \cos nx \, dx$$

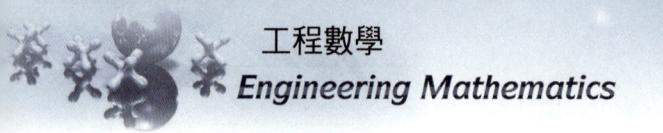

$$= \frac{-2}{n}\cos n\pi = \frac{2}{n}(-1)^{n+1}, \ n = 1, \ 2, \ 3, \ \cdots$$

因此，$f(x)$ 的傅立葉級數為

$$2\left(\sin x - \frac{\sin 2x}{2} + \frac{\sin 3x}{3} - \cdots\right)$$

此外，$x = \pi$ 時，$f(x)$ 的傅立葉級數值恰為 0，而 $f(\pi^-) = -\pi, f(\pi^+) = \pi$，因此 $\dfrac{f(\pi^+) + f(\pi^-)}{2} = 0$，這與定理 7-1-1(2) 相符，而在 $-\pi < x < \pi$ 上，依定理 7-1-1(1) 知，

$$x = 2\left(\sin x - \frac{\sin 2x}{2} + \frac{\sin 3x}{3} - \cdots\right).$$

【例題 3】將函數 $f(x) = x^2 (-\pi \leq x \leq \pi)$ 展開成傅立葉級數，並證明

$$\frac{\pi^2}{6} = 1 + \frac{1}{2^2} + \frac{1}{3^2} + \frac{1}{4^2} + \cdots.$$

解 f 為分段平滑的函數，在各點皆為連續，而傅立葉係數為

$$a_0 = \frac{1}{\pi}\int_{-\pi}^{\pi} x^2\, dx = \frac{2}{\pi}\int_0^{\pi} x^2\, dx = \frac{2\pi^2}{3}$$

$$a_n = \frac{1}{\pi}\int_{-\pi}^{\pi} x^2 \cos nx\, dx$$

$$= \frac{2}{\pi}\int_0^{\pi} x^2 \cos nx\, dx$$

$$\left(\text{令 } u = x^2,\ dv = \cos nx\, dx, \text{ 則 } du = 2x\, dx,\ v = \frac{1}{n}\sin nx\right)$$

$$= \frac{2}{\pi}\left[\frac{x^2}{n}\sin nx\bigg|_0^{\pi} - \int_0^{\pi}\frac{2}{n} x \sin nx\, dx\right]$$

$$= -\frac{4}{n\pi}\int_0^{\pi} x \sin nx\, dx$$

$$\left(\text{令 } u = x,\ dv = \sin nx\, dx, \text{ 則 } du = dx,\ v = -\frac{1}{n}\cos nx\right)$$

$$= -\frac{4}{n\pi}\left[-\frac{x}{n}\cos nx\Big|_0^\pi + \frac{1}{n}\int_0^\pi \cos nx\, dx\right]$$

$$= -\frac{4}{n\pi}\left[-\frac{\pi}{n}\cos n\pi + \frac{1}{n^2}\sin nx\Big|_0^\pi\right]$$

$$= \frac{4}{n^2}\cos n\pi = (-1)^n \frac{4}{n^2},\ n = 1,\ 2,\ 3,\ \cdots$$

$$b_n = \frac{1}{\pi}\int_{-\pi}^{\pi} x^2 \sin nx\, dx = 0,\ n = 1,\ 2,\ 3,\ \cdots \quad (因為 x^2 \sin nx 為奇函數)$$

因此，在 $-\pi \leq x \leq \pi$ 上，依定理 7-1-1，

$$x^2 = f(x) = \frac{\pi^2}{3} - 4\left(\cos x - \frac{\cos 2x}{2^2} + \frac{\cos 3x}{3^2} - \cdots\right)$$

若在上式取 $x = \pi$，則

$$\pi^2 = \frac{\pi^2}{3} - 4\left(-1 - \frac{1}{2^2} - \frac{1}{3^2} - \frac{1}{4^2} - \cdots\right)$$

所以

$$\frac{\pi^2}{6} = 1 + \frac{1}{2^2} + \frac{1}{3^2} + \frac{1}{4^2} + \cdots.$$

對於定義在 $[-L, L]$ 的可積分函數 $f(x)$，可以令 $x = \frac{Lt}{\pi}$，則函數 $\phi(t) = f\left(\frac{Lt}{\pi}\right)$ 為定義在 $[-\pi, \pi]$ 的可積分函數，故

$$\phi(t) \sim \frac{a_0}{2} + \sum_{n=1}^{\infty}(a_n \cos nt + b_n \sin nt) \tag{7-1-13}$$

其中，

$$a_n = \frac{1}{\pi}\int_{-\pi}^{\pi} \phi(t)\cos nt\, dt$$

$$= \frac{1}{\pi}\int_{-\pi}^{\pi} f\left(\frac{Lt}{\pi}\right)\cos nt\, dt,\ n = 0,\ 1,\ 2,\ 3,\ \cdots \tag{7-1-14}$$

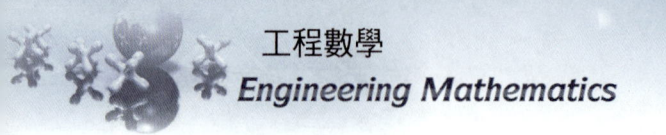

$$b_n = \frac{1}{\pi} \int_{-\pi}^{\pi} \phi(t) \sin nt \, dt$$

$$= \frac{1}{\pi} \int_{-\pi}^{\pi} f\left(\frac{Lt}{\pi}\right) \sin nt \, dt, \ n = 0, 1, 2, 3, \cdots \quad (7\text{-}1\text{-}15)$$

因此，以 $t = \dfrac{\pi x}{L}$ 代入 (7-1-14) 及 (7-1-15) 式，則得 $f(x)$ 的傅立葉級數

$$f(x) \sim \frac{a_0}{2} + \sum_{n=1}^{\infty} \left(a_n \cos \frac{n\pi x}{L} + b_n \sin \frac{n\pi x}{L} \right) \quad (7\text{-}1\text{-}16)$$

其中 f 的傅立葉係數為

$$a_n = \frac{1}{L} \int_{-L}^{L} f(x) \cos \frac{n\pi x}{L} \, dx, \ n = 0, 1, 2, 3, \cdots$$

$$b_n = \frac{1}{L} \int_{-L}^{L} f(x) \sin \frac{n\pi x}{L} \, dx, \ n = 0, 1, 2, 3, \cdots \quad (7\text{-}1\text{-}17)$$

定理 7-1-2

若函數 f 在 $[-L, L]$ 上為分段平滑，則

(1) 在函數 f 的連續點 x，

$$f(x) = \frac{a_0}{2} + \sum_{n=1}^{\infty} \left(a_n \cos \frac{n\pi x}{L} + b_n \sin \frac{n\pi x}{L} \right)$$

(2) 在函數 f 的不連續點 x_0，

$$\frac{f(x_0^+) + f(x_0^-)}{2} = \frac{a_0}{2} + \sum_{n=1}^{\infty} \left(a_n \cos \frac{n\pi x_0}{L} + b_n \sin \frac{n\pi x_0}{L} \right)$$

其中 a_n、b_n 如 (7-1-17) 式所示的傅立葉係數.

【例題 4】將函數

$$f(x) = \begin{cases} 0, & \dfrac{-\pi}{\omega} < x < 0 \\ \sin \omega x, & 0 \leq x < \dfrac{\pi}{\omega} \end{cases}$$

展開成傅立葉級數.

解
$$a_0 = \frac{\omega}{\pi}\int_{-\pi/\omega}^{\pi/\omega} f(x)\,dx = \frac{\omega}{\pi}\int_0^{\pi/\omega}\sin\omega x\,dx$$
$$= \frac{\omega}{\pi}\left(-\frac{1}{\omega}\cos\omega x\bigg|_0^{\pi/\omega}\right) = -\frac{1}{\pi}(\cos\pi - \cos 0) = \frac{2}{\pi}$$

$$a_n = \frac{\omega}{\pi}\int_{-\pi/\omega}^{\pi/\omega} f(x)\cos n\omega x\,dx = \frac{\omega}{\pi}\int_0^{\pi/\omega}\sin\omega x\cos n\omega x\,dx$$
$$= \frac{\omega}{2\pi}\int_0^{\pi/\omega}[\sin(1+n)\omega x + \sin(1-n)\omega x]\,dx$$
$$= \begin{cases} 0, & n = 1 \\ \dfrac{\omega}{2\pi}\left[-\dfrac{\cos(1+n)\omega x}{(1+n)\omega} - \dfrac{\cos(1-n)\omega x}{(1-n)\omega}\right]\bigg|_0^{\pi/\omega}, & n \neq 1 \end{cases}$$
$$= \begin{cases} -\dfrac{2}{(n-1)(n+1)}, & n\text{ 為正偶數} \\ 0, & n\text{ 為正奇數} \end{cases}$$

$$b_n = \frac{\omega}{\pi}\int_0^{\pi/\omega}\sin\omega x\sin n\omega x\,dx$$
$$= \frac{\omega}{2\pi}\int_0^{\pi/\omega}[\cos(1-n)\omega x - \cos(1+n)\omega x]\,dx$$
$$= \begin{cases} \dfrac{1}{2}, & n = 1 \\ 0, & n = 2, 3, \cdots \end{cases}$$

因此，$f(x)$ 的傅立葉級數為

$$f(x) = \frac{1}{\pi} + \frac{1}{2}\sin\omega x$$
$$-\frac{2}{\pi}\left(\frac{1}{1\cdot 3}\cos 2\omega x + \frac{1}{3\cdot 5}\cos 4\omega x + \cdots\right),\ -\frac{\pi}{\omega} < x < \frac{\pi}{\omega}.$$

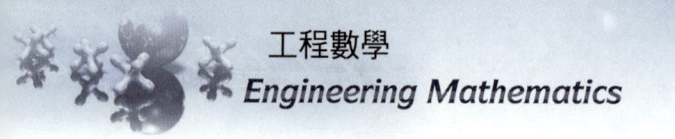

定理 7-1-3

設函數 f 在 $[0, 2L]$ 上為分段平滑，

(1) 若 x 為 f 的連續點，則

$$f(x) = \frac{a_0}{2} + \sum_{n=1}^{\infty} \left(a_n \cos \frac{n\pi x}{L} + b_n \sin \frac{n\pi x}{L} \right)$$

(2) 若 x_0 為 f 的不連續點，則

$$\frac{f(x_0^+) + f(x_0^-)}{2} = \frac{a_0}{2} + \sum_{n=1}^{\infty} \left(a_n \cos \frac{n\pi x_0}{L} + b_n \sin \frac{n\pi x_0}{L} \right)$$

其中

$$a_n = \frac{1}{L} \int_0^{2L} f(x) \cos \frac{n\pi x}{L} dx, \ n = 0, 1, 2, 3, \cdots$$

$$b_n = \frac{1}{L} \int_0^{2L} f(x) \sin \frac{n\pi x}{L} dx, \ n = 1, 2, 3, \cdots.$$

【例題 5】將函數 $f(x) = x \ (0 < x < 2\pi)$ 展開成傅立葉級數.

解　$a_0 = \dfrac{1}{\pi} \displaystyle\int_0^{2\pi} x \, dx = 2\pi$

$a_n = \dfrac{1}{\pi} \displaystyle\int_0^{2\pi} x \cos nx \, dx$

$\quad = \dfrac{1}{n\pi} \left(x \sin nx \Big|_0^{2\pi} - \displaystyle\int_0^{2\pi} \sin nx \, dx \right) = 0, \ n = 1, 2, 3, \cdots$

$b_n = \dfrac{1}{\pi} \displaystyle\int_0^{2\pi} x \sin nx \, dx$

$\quad = -\dfrac{1}{n\pi} \left(x \cos nx \Big|_0^{2\pi} - \displaystyle\int_0^{2\pi} \cos nx \, dx \right) = -\dfrac{2}{n}, \ n = 1, 2, 3, \cdots$

因此，

$$x = \pi - 2 \left(\sin x + \frac{\sin 2x}{2} + \frac{\sin 3x}{3} + \cdots \right), \ 0 < x < 2\pi.$$

第7章　傅立葉級數

【例題 6】將函數
$$f(x) = \begin{cases} x, & 0 \leq x < 1 \\ 0, & 1 < x \leq 2 \end{cases}$$

展開成傅立葉級數.

解　$a_0 = \int_0^2 f(x)\,dx = \int_0^1 x\,dx = \dfrac{1}{2}$

$a_n = \dfrac{1}{1}\int_0^2 f(x)\cos\dfrac{n\pi x}{1}\,dx = \int_0^1 x\cos n\pi x\,dx$

$\left(\text{令 } u = x,\ dv = \cos n\pi x\,dx,\ \text{則 } du = dx,\ v = \dfrac{1}{n\pi}\sin n\pi x\right)$

$= \dfrac{x}{n\pi}\sin n\pi x\Big|_0^1 - \int_0^1 \dfrac{1}{n\pi}\sin n\pi x\,dx = -\dfrac{1}{n^2\pi^2}\int_0^1 \sin n\pi x\,d(n\pi x)$

$= \dfrac{1}{n^2\pi^2}\cos n\pi x\Big|_0^1 = \dfrac{\cos n\pi - 1}{n^2\pi^2}$

$= \begin{cases} 0, & n\text{ 為正偶數} \\ \dfrac{-2}{n^2\pi^2}, & n\text{ 為正奇數} \end{cases}$

$b_n = \dfrac{1}{1}\int_0^2 f(x)\sin\dfrac{n\pi x}{1}\,dx = \int_0^1 x\sin n\pi x\,dx$

$= -\dfrac{\cos n\pi}{n\pi} = (-1)^{n+1}\dfrac{1}{n\pi},\ n = 1,\ 2,\ 3,\ \cdots$

故所求的傅立葉級數為

$$\dfrac{1}{4} - \dfrac{2}{\pi^2}\left(\cos\pi x + \dfrac{\cos 3\pi x}{3^2} + \dfrac{\cos 5\pi x}{5^2} + \cdots\right)$$

$$+ \dfrac{1}{\pi}\left(\sin\pi x - \dfrac{\sin 2\pi x}{2} + \dfrac{\sin 3\pi x}{3} + \cdots\right).$$

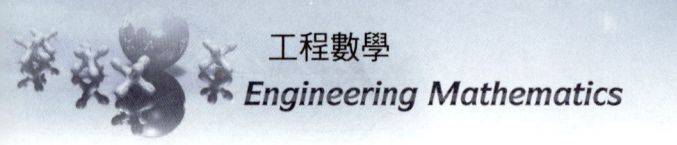

習題 7-1

求下列各函數的傅立葉級數.

1. $f(x) = e^x$, $-\pi < x < \pi$

2. $f(x) = \cos\dfrac{x}{2}$, $-\pi \leq x \leq \pi$

3. $f(x) = \begin{cases} 0, & -\pi < x < 0 \\ x^2, & 0 < x < \pi \end{cases}$

4. $f(x) = |x|$, $-\pi \leq x \leq \pi$

5. $f(x) = x - x^3$, $-1 < x < 1$

6. $f(x) = \begin{cases} 1, & 0 < x < \dfrac{\pi}{2} \\ 0, & \dfrac{\pi}{2} < x < 2\pi \end{cases}$

7-2 半幅展開式

首先，我們給出偶函數與奇函數的定義，如下：

定義 7-2-1

對於定義在 $-a \leq x \leq a$ 上的函數 $f(x)$，如果對任一 x，恆有

$$f(-x) = f(x)$$

則稱 $f(x)$ 為**偶函數** (even function)；如果對任一 x，恆有

$$f(-x) = -f(x)$$

則稱 $f(x)$ 為**奇函數** (odd function).

由定義 7-2-1 可知偶函數的圖形對稱於 y-軸，奇函數的圖形對稱於原點 (見圖 7-2-1).

對於偶函數及奇函數有下列重要性質

1. 兩個偶函數或兩個奇函數的積為偶函數.
2. 偶函數與奇函數的積為奇函數.

第7章 傅立葉級數

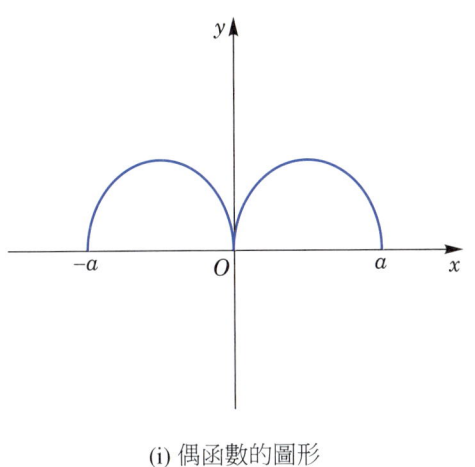

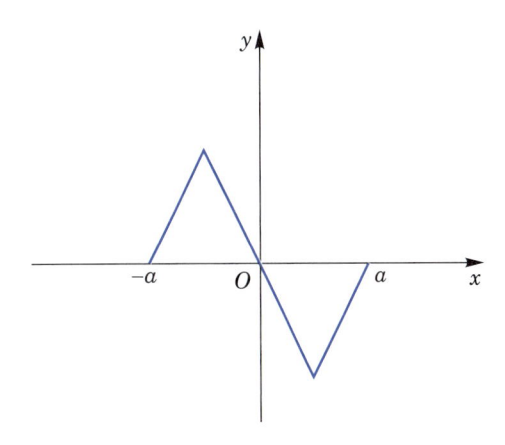

(i) 偶函數的圖形　　　　　　　　　(ii) 奇函數的圖形

圖 7-2-1

3. 若 $f(x)$ 為偶函數，則 $\int_{-L}^{L} f(x)\,dx = 2\int_{0}^{L} f(x)\,dx.$

4. 若 $f(x)$ 為奇函數，則 $\int_{-L}^{L} f(x)\,dx = 0.$

由於 $\cos\dfrac{n\pi x}{L}$ $(n = 0,\ 1,\ 2,\ 3,\ \cdots)$ 為偶函數，$\sin\dfrac{n\pi x}{L}$ $(n = 1,\ 2,\ 3,\ \cdots)$ 為奇函數，因此，

1. 若 $f(x)$ 為奇函數，則 $f(x)\cos\dfrac{n\pi x}{L}$ 為奇函數，而 $f(x)\sin\dfrac{n\pi x}{L}$ 為偶函數.

$$\int_{-L}^{L} f(x)\cos\dfrac{n\pi x}{L}\,dx = 0,\ n = 1,\ 2,\ 3,\ \cdots$$

$$\int_{-L}^{L} f(x)\sin\dfrac{n\pi x}{L}\,dx = 2\int_{0}^{L} f(x)\sin\dfrac{n\pi x}{L}\,dx,\ n = 1,\ 2,\ 3,\ \cdots$$

2. 若 $f(x)$ 為偶函數，則 $f(x)\cos\dfrac{n\pi x}{L}$ 為偶函數，而 $f(x)\sin\dfrac{n\pi x}{L}$ 為奇函數.

$$\int_{-L}^{L} f(x)\cos\dfrac{n\pi x}{L}\,dx = 2\int_{0}^{L} f(x)\cos\dfrac{n\pi x}{L}\,dx,\ n = 0,\ 1,\ 2,\ 3,\ \cdots$$

$$\int_{-L}^{L} f(x)\sin\dfrac{n\pi x}{L}\,dx = 0,\ n = 1,\ 2,\ 3,\ \cdots.$$

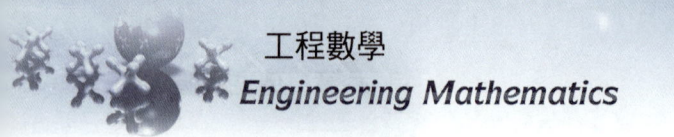

定義 7-2-2

設 f 在 $[0, L]$ 上為可積分函數，則

(1) 其在 $[0, L]$ 上的**傅立葉正弦級數** (Fourier sine series) 為 $\sum_{n=1}^{\infty} b_n \sin \frac{n\pi x}{L}$，即

$$f(x) \sim \sum_{n=1}^{\infty} b_n \sin \frac{n\pi x}{L}$$

其中 $b_n = \frac{2}{L} \int_0^L f(x) \sin \frac{n\pi x}{L} dx, \ n = 1, 2, 3, \cdots$

(2) 其在 $[0, L]$ 上的**傅立葉餘弦級數** (Fourier cosine series) 為 $\frac{a_0}{2} + \sum_{n=1}^{\infty} a_n \cos \frac{n\pi x}{L}$，即

$$f(x) \sim \frac{a_0}{2} + \sum_{n=1}^{\infty} a_n \cos \frac{n\pi x}{L}$$

其中 $a_0 = \frac{2}{L} \int_0^L f(x) \, dx, \ a_n = \frac{2}{L} \int_0^L f(x) \cos \frac{n\pi x}{L} dx, \ n = 1, 2, 3, \cdots$。

我們由 7-1 節的討論可推得下面的結果．

定理 7-2-1

設 $f(x)$ 在 $[-L, L]$ 上為分段平滑的奇函數 (偶函數)，

(1) 若 x 為 f 的連續點，則 $f(x)$ 的傅立葉正弦 (餘弦) 級數收斂到 $f(x)$．

(2) 若 x_0 為 f 的不連續點，則 $f(x)$ 的傅立葉正弦 (餘弦) 級數收斂到

$$\frac{f(x_0^+) + f(x_0^-)}{2}.$$

【例題 1】將函數

$$f(x) = \begin{cases} -3, & -5 < x < 0 \\ 3, & 0 < x < 5 \end{cases}$$

展開成傅立葉級數．

解 $f(x)$ 為奇函數，而傅立葉係數為

$$b_n = \frac{2}{5}\int_0^5 f(x)\sin\frac{n\pi x}{5}\,dx = \frac{2}{5}\int_0^5 3\sin\frac{n\pi x}{5}\,dx$$

$$= \frac{6}{5}\cdot\left(\frac{-5}{n\pi}\right)\cos\frac{n\pi x}{5}\bigg|_0^5 = \frac{-6}{n\pi}(\cos n\pi - 1)$$

$$=\begin{cases} \dfrac{12}{n\pi}, & n\text{ 為正奇數} \\ 0, & n\text{ 為正偶數} \end{cases}$$

因此，$f(x)$ 的傅立葉正弦級數為

$$\frac{12}{\pi}\left(\sin\frac{\pi}{5}x + \frac{1}{3}\sin\frac{3\pi}{5}x + \frac{1}{5}\sin\frac{5\pi}{5}x + \cdots\right).$$

【例題 2】將函數 $f(x)=|x|$（$-\pi \leq x \leq \pi$）展開成傅立葉級數．

解 此函數為偶函數，而傅立葉係數為

$$a_0 = \frac{2}{\pi}\int_0^\pi f(x)\,dx = \frac{2}{\pi}\int_0^\pi x\,dx = \pi$$

$$a_n = \frac{2}{\pi}\int_0^\pi f(x)\cos nx\,dx = \frac{2}{\pi}\int_0^\pi x\cos nx\,dx$$

$$= -\frac{2}{n\pi}\int_0^\pi \sin nx\,dx = \frac{2}{n^2\pi}[(-1)^n - 1]$$

$$=\begin{cases} 0, & n\text{ 為正偶數} \\ \dfrac{-4}{n^2\pi}, & n\text{ 為正奇數} \end{cases}$$

因此，$f(x)$ 的傅立葉餘弦級數為

$$|x| = \frac{\pi}{2} - \frac{4}{\pi}\left(\cos x + \frac{\cos 3x}{3^2} + \frac{\cos 5x}{5^2} + \cdots\right).$$

【例題 3】將函數 $f(x)=|\sin x|$（$-\pi \leq x \leq \pi$）展開成傅立葉級數．

解 $f(x)$ 為偶函數，而傅立葉係數為

$$a_0 = \frac{2}{\pi}\int_0^\pi \sin x\,dx = \frac{4}{\pi}$$

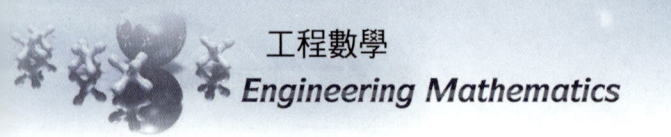

$$a_n = \frac{2}{\pi} \int_0^\pi \sin x \cos nx \, dx$$

$$= \frac{1}{\pi} \int_0^\pi [\sin(n+1)x - \sin(n-1)x] \, dx$$

$$= -\frac{1}{\pi} \left[\frac{\cos(n+1)x}{n+1} - \frac{\cos(n-1)x}{n-1} \right]_0^\pi$$

$$= -2 \frac{(-1)^n + 1}{\pi(n^2-1)}, \text{ 當 } n \neq 1$$

$$a_1 = \frac{2}{\pi} \int_0^\pi \sin x \cos x \, dx = \frac{1}{\pi} \int_0^\pi \sin 2x \, dx = 0$$

因此，

$$|\sin x| = \frac{2}{\pi} - \frac{4}{\pi} \left(\frac{\cos 2x}{3} + \frac{\cos 4x}{15} + \frac{\cos 6x}{35} + \cdots \right), \ -\pi \leq x \leq \pi.$$

定義 7-2-3

設函數 $f(x)$ 在 $[0, L]$ 上為分段連續，則其**奇延伸函數** $f_o(x)$ 定義如下

$$f_o(x) = \begin{cases} f(x), & 0 < x < L \\ -f(-x), & -L < x < 0 \\ 0, & x = 0, \pm L \end{cases}$$

偶延伸函數 $f_e(x)$ 定義如下

$$f_e(x) = \begin{cases} f(x), & 0 \leq x \leq L \\ f(-x), & -L \leq x \leq 0. \end{cases}$$

我們由定義 7-2-3 很容易得到下列的性質

1. 奇延伸函數為奇函數.
2. 偶延伸函數為偶函數.
3. 分段平滑函數的奇延伸函數與偶延伸函數均為分段平滑函數.

依定理 7-2-1，我們可有下面的結果：設函數 $f(x)$ 在 $[0, L]$ 上為分段平滑，則

動 (forced oscillation) 由下面方程式

$$m\frac{d^2y}{dt^2}+c\frac{dy}{dt}+ky=F(t) \qquad (7\text{-}3\text{-}1)$$

決定，其中 $F(t)$ 為系統所受的**外力** (external force) 且 $F(t)\neq 0$, k 為彈簧的**彈簧常數** (spring constant)，c 為**阻尼常數** (damping constant). 如果外力 $F(t)$ 為正弦或餘弦函數且 $c\neq 0$，則 (7-3-1) 式在**穩態** (steady-state) 下的解代表一有外力之頻率的**諧振** (harmonic oscillation). 如果外力 $F(t)$ 為週期 $2L$ 的週期函數，則可將 $F(t)$ 展開成傅立葉級數，以求 (7-3-1) 式的穩態解.

【例題 1】設一彈簧的彈簧常數為 $k=10$ 磅／呎，其阻尼常數為 $c=2$，而重 16 磅的物體吊於此彈簧的底端 (如圖 7-3-1 所示). 若週期為 1 的外力函數 $F(t)$(單位為磅) 是方形脈波 (見圖 7-3-2 所示)，

$$F(t)=\begin{cases} 1, & 0<t<\dfrac{1}{2} \\ -1, & \dfrac{1}{2}<t<1 \end{cases}$$

求 (7-3-1) 式在穩態下的解.

解 物體質量為 $m=\dfrac{\omega}{g}=\dfrac{16}{32}=\dfrac{1}{2}$，而 $c=2, k=10$，因此，為了求下式

$$\frac{1}{2}\frac{d^2y}{dt^2}+2\frac{dy}{dt}+10y=F(t) \quad\cdots\cdots\cdots\cdots\cdots\cdots\cdots\text{①}$$

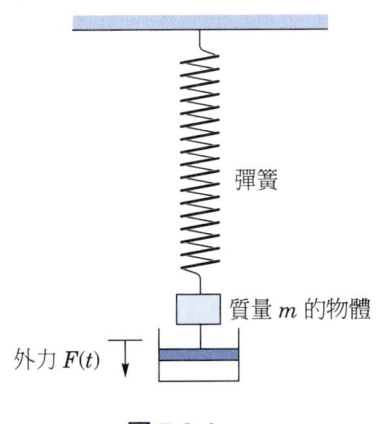

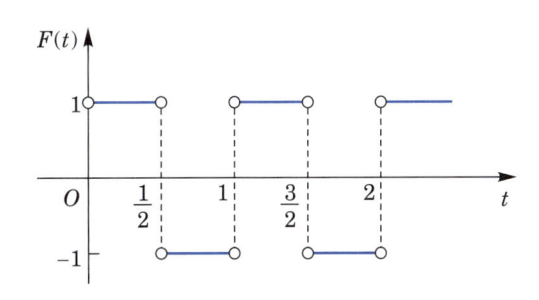

圖 7-3-1

圖 7-3-2

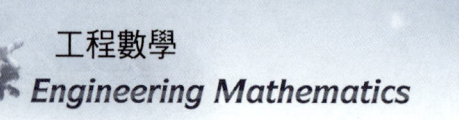

之穩態解，先將週期為 1 的外力函數 $F(t)$ 展開成傅立葉級數，可得

$$F(t) = \frac{4}{\pi}\left(\sin 2\pi t + \frac{\sin 6\pi t}{3} + \frac{\sin 10\pi t}{5} + \frac{\sin 14\pi t}{7} + \cdots\right)$$

考慮微分方程式

$$\frac{d^2 y}{dt^2} + 4\frac{dy}{dt} + 20y = \frac{8}{n\pi}\sin 2n\pi t \quad (n = 1,\ 3,\ 5,\ \cdots) \quad \cdots\cdots\cdots\text{②}$$

可得 ② 式在穩態下的特解為

$$y_n(t) = \frac{8}{n\pi\sqrt{D_n}}\sin(2n\pi t - \theta_n) \quad (n = 1,\ 3,\ 5,\ \cdots) \quad \cdots\cdots\cdots\text{③}$$

其中 $\theta_n = \tan^{-1}\dfrac{8n\pi}{20 - 4n^2\pi^2}$ 為相角，$D_n = (20 - 4n^2\pi^2)^2 + 64n^2\pi^2$，

而 $c_n = \dfrac{8}{n\pi\sqrt{D_n}}$ 為 ③ 式的振幅，由於 ② 式為線性方程式，因此，② 式在穩態下的解為

$$y_p(t) = y_1(t) + y_3(t) + y_5(t) + \cdots$$

$$= \frac{8}{\pi}\sum_{n=1,3,5,\cdots}^{\infty}\frac{1}{n\sqrt{D_n}}\sin(2n\pi t - \theta_n)$$

其中
$$\theta_n = \tan^{-1}\frac{8n\pi}{20 - 4n^2\pi^2}$$

$$D_n = (20 - 4n^2\pi^2)^2 + 64n^2\pi^2,\ n = 1,\ 3,\ 5,\ \cdots.$$

由**克希荷夫定律**可知，圖 7-3-3 所示的電路滿足下面方程式

$$L\frac{dI}{dt} + RI + \frac{1}{C}Q = E \tag{7-3-2}$$

此方程式包括電流 I 及電荷 Q 兩個相關變數，即

$$I = \frac{dQ}{dt} \tag{7-3-3}$$

第7章 傅立葉級數

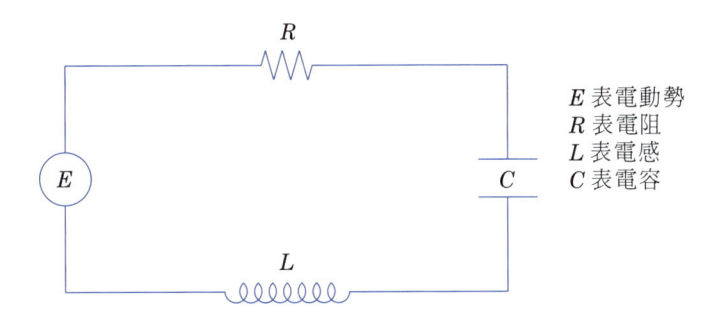

圖 7-3-3

故

$$L\frac{d^2Q}{dt^2} + R\frac{dQ}{dt} + \frac{1}{C}Q = E \tag{7-3-4}$$

如果 (7-3-2) 式對 t 作微分，再利用 (7-3-3) 式消去 Q，可得

$$L\frac{d^2I}{dt^2} + R\frac{dI}{dt} + \frac{1}{C}I = \frac{dE}{dt} \tag{7-3-5}$$

若 E 為週期 $2L$ 的函數，則可以將 E 或 $\dfrac{dE}{dt}$ 展開成傅立葉級數，以求 (7-3-4) 或 (7-3-5) 式在穩態下的解.

【例題 2】如圖 7-3-4 所示的電路，其電動勢 (以伏特計) 為

$$E(t) = \begin{cases} 1, & 0 < t < \pi \\ -1, & \pi < t < 2\pi \end{cases}, \text{週期為 } 2\pi$$

若此電路的電阻為 2 歐姆，電感為 0.1 亨利，電容為 1/200 法拉，求此電路的穩態電流.

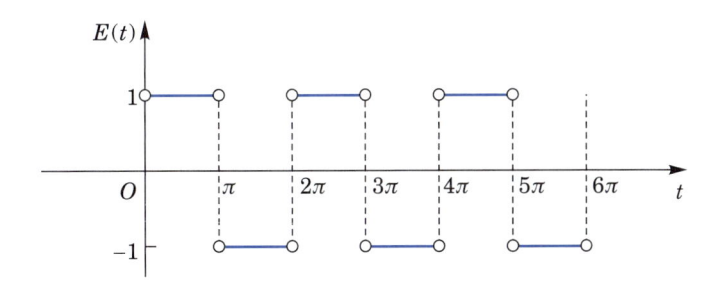

圖 7-3-4

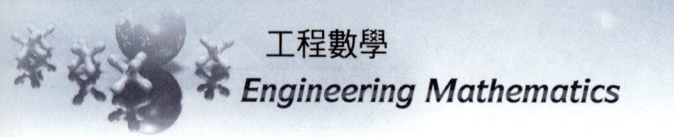

解 將 $E(t)$ 展開成傅立葉級數，可得

$$E(t) = \frac{4}{\pi}\left(\sin t + \frac{\sin 3t}{3} + \frac{\sin 5t}{5} + \cdots\right)$$

考慮微分方程式

$$0.1\frac{d^2I}{dt^2} + 2\frac{dI}{dt} + 260I = \frac{4}{\pi}\sin nt \quad (n=1,\ 3,\ 5,\ \cdots)$$

即

$$\frac{d^2I}{dt^2} + 20\frac{dI}{dt} + 2600I = \frac{40}{\pi}\sin nt \quad (n=1,\ 3,\ 5,\ \cdots) \quad \cdots\cdots\cdots\text{①}$$

① 式於穩態下的解為

$$I_n(t) = \frac{\dfrac{40}{n\pi}}{\sqrt{(2600-n^2)^2 + 400n^2}} \sin(nt - \theta_n)$$

$$= \frac{40}{n\pi\sqrt{D_n}} \sin(nt - \theta_n) \quad \cdots\cdots\cdots\cdots\cdots\cdots\cdots\cdots\cdots\text{②}$$

其中 $\theta_n = \tan^{-1}\dfrac{20n}{2600-n^2}$，$D_n = (2600-n^2)^2 + 400n^2$，$\theta_n$ 為 ② 式的相角，$c_n = \dfrac{40}{n\pi\sqrt{D_n}}$ 為 ② 式的振幅．由於 ① 式為線性微分方程式，因此所予電路的穩態電流為

$$I(t) = I_1(t) + I_3(t) + I_5(t) + \cdots = \sum_{I=1,3,5,\cdots}^{\infty} \frac{40}{n\pi\sqrt{D_n}} \sin(nt - \theta_n)$$

$$D_n = (2600-n^2)^2 + 400n^2,\ \theta_n = \tan^{-1}\frac{20n}{2600-n^2}.$$

第 7 章 傅立葉級數

習題 7-3

討論 1～2 題中各系統的穩態運動 (見圖 7-3-1).

1. $F(t) = t$, $-\dfrac{1}{2} < t < \dfrac{1}{2}$, $F(t+1) = F(t)$

$k = 40$ 克／秒², $m = 100$ 克, $c = 0.1$.

2. $F(t) = \begin{cases} F_0, & 0 < t < 1 \\ 0, & 1 < t < 3 \end{cases}$, $F(t+3) = F(t)$

$k = 3$ 克／秒², $m = 8$ 克, $c = 0.1$.

討論 3～4 題中各電路的穩態電流.

3. $E(t) = 100 \sin 50\pi t$, $0 \leq t \leq 0.02$, $E(t+0.02) = E(t)$.

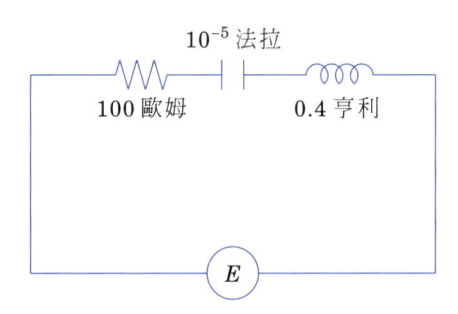

4. $E(t) = t$, $0 \leq t < 0.01$, $E(t+0.01) = E(t)$.

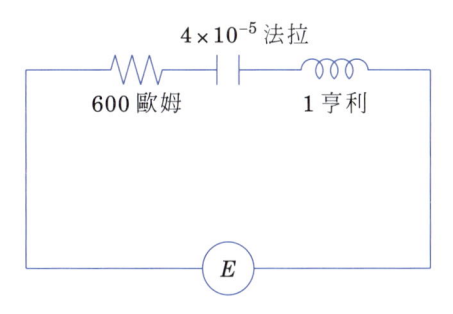

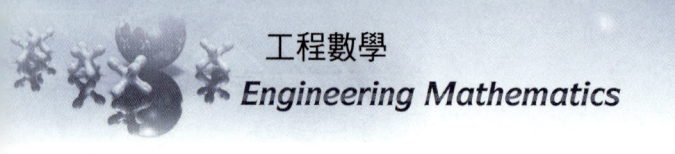

chapter 8

傅立葉變換

8-1　傅立葉積分

一、什麼是傅立葉積分

第七章中所討論的問題，均將週期函數 $f(x)$ 化成傅立葉級數，但是當 $f(x)$ 不具有週期性或週期相當大時，就不能以傅立葉級數來處理，在這種情形中，仍然可以用正弦與餘弦表示函數，只是使用積分而非求和，稱為**傅立葉積分** (Fourier integral)．今考慮定義於 x-軸上的函數 $f(x)$，而且 $f(x)$ 於每一有限區間 $[-L, L]$ 上為分段平滑，則在每一這類的區間上，

$$f(x) = a_0 + \sum_{n=1}^{\infty} \left[a_n \cos\left(\frac{n\pi x}{L}\right) + b_n \sin\left(\frac{n\pi x}{L}\right) \right]$$

將傅立葉係數之積分式代入上式，得

$$f(x) = \frac{1}{2L} \int_{-L}^{L} f(u)\, du + \frac{1}{L} \sum_{n=1}^{\infty} \cos\frac{n\pi x}{L} \int_{-L}^{L} f(u) \cos\frac{n\pi u}{L}\, du$$

$$+ \frac{1}{L} \sum_{n=1}^{\infty} \sin\frac{n\pi x}{L} \int_{-L}^{L} f(u) \sin\frac{n\pi u}{L}\, du \quad (8\text{-}1\text{-}1)$$

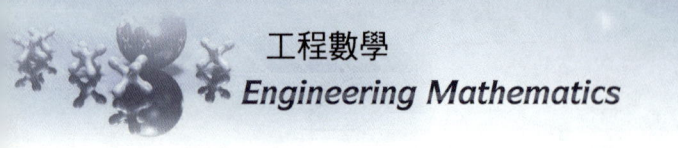

在第一類間斷點，必須以 $\frac{1}{2}[f(x^+)+f(x^-)]$ 代換上式中的 $f(x)$.

註：若函數 $f(x)$ 在 x_0 不連續，但是 $f(x_0^+) = \lim\limits_{x \to x_0^+} f(x)$, $f(x_0^-) = \lim\limits_{x \to x_0^-} f(x)$ 皆存在，則稱 x_0 為**第一類間斷點** (a point of discontinuity of the first kind).

於 (8-1-1) 式中，我們設

$$\lambda_1 = \frac{\pi}{L}, \ \lambda_2 = \frac{2\pi}{L}, \ \lambda_3 = \frac{3\pi}{L}, \ \cdots, \ \lambda_n = \frac{n\pi}{L}, \ \cdots$$

因此
$$\Delta\lambda = \lambda_{n+1} - \lambda_n = \frac{\pi}{L}$$

所以，(8-1-1) 式變成

$$f(x) = \frac{1}{2L}\int_{-L}^{L} f(u)\,du + \frac{1}{\pi}\left\{\sum_{n=1}^{\infty}\left[\cos \lambda_n x \int_{-L}^{L} f(u) \cos \lambda_n u\,du\right]\Delta\lambda\right.$$
$$\left.+\sum_{n=1}^{\infty}\left[\sin \lambda_n x \int_{-L}^{L} f(u) \sin \lambda_n u\,du\right]\Delta\lambda\right\} \tag{8-1-2}$$

假設瑕積分
$$\int_{-\infty}^{\infty} |f(x)|\,dx$$

存在，則當 $L \to \infty$ 時，$\frac{1}{2L}\left(\int_{-L}^{L} f(u)\,du\right) \to 0$，(8-1-2) 式變成

$$f(x) = \frac{1}{\pi}\int_{0}^{\infty}\left[\cos(\lambda x) \int_{-\infty}^{\infty} f(u) \cos(\lambda u)\,du\right.$$
$$\left.+ \sin(\lambda x) \int_{-\infty}^{\infty} f(u) \sin(\lambda u)\,du\right]d\lambda \tag{8-1-3}$$

如果令

$$A(\lambda) = \int_{-\infty}^{\infty} f(u) \cos(\lambda u)\,du$$

$$B(\lambda) = \int_{-\infty}^{\infty} f(u) \sin(\lambda u)\,du \tag{8-1-4}$$

則 (8-1-3) 式變成

$$f(x) = \frac{1}{\pi} \int_0^\infty [A(\lambda) \cos(\lambda x) + B(\lambda) \sin(\lambda x)] \, d\lambda \qquad (8-1-5)$$

我們稱 (8-1-5) 式為 $f(x)$ 的**傅立葉積分展開式** (Fourier integral expansion)；而在第一類間斷點，必須以 $\dfrac{f(x^+)+f(x^-)}{2}$ 代換 (8-1-5) 式中的 $f(x)$.

定義 8-1-1

令 $f(x)$ 對所有 x 有定義，且瑕積分 $\int_{-\infty}^{\infty} |f(x)| \, dx$ 收斂，則 f 的**傅立葉積分**或 f 的傅立葉積分式為

$$f(x) = \frac{1}{\pi} \int_0^\infty [A(\lambda) \cos(\lambda x) + B(\lambda) \sin(\lambda x)] \, d\lambda$$

其中傅立葉積分係數定義為

$$A(\lambda) = \int_{-\infty}^{\infty} f(u) \cos(\lambda u) \, du$$

與

$$B(\lambda) = \int_{-\infty}^{\infty} f(u) \sin(\lambda u) \, du.$$

定理 8-1-1

若 f 在每一區間 $[-L, L]$ 上均為分段連續，且假設 $\int_{-\infty}^{\infty} |f(x)| \, dx$ 收斂，則在 f 具有左、右導數的每一 x 處，f 的傅立葉積分收斂到

$$\frac{1}{2}[f(x^+) + f(x^-)]$$

尤其，若 f 在 x 處為連續，且在該處具有左、右導數時，則在 x 處的傅立葉積分收斂到 $f(x)$.

【例題 1】求 $f(x) = \begin{cases} 1, & -1 < x < 1 \\ 0, & x < -1 \text{ 或 } x > 1 \end{cases}$ 之傅立葉積分表示式.

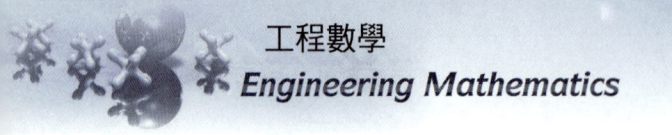

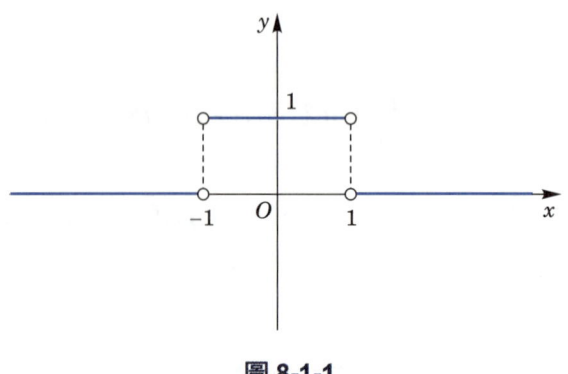

圖 8-1-1

解 因 $f(x)$ 不具有週期性，故可求出其傅立葉積分式．由 (8-1-4) 式知

$$A(\lambda) = \int_{-\infty}^{\infty} f(u) \cos(\lambda u)\, du = \int_{-1}^{1} \cos(\lambda u)\, du = \frac{2\sin\lambda}{\lambda}$$

與

$$B(\lambda) = \int_{-\infty}^{\infty} f(u) \sin(\lambda u)\, du = 0 \quad (因 f(x) 是偶函數)$$

故

$$f(x) = \frac{1}{\pi}\int_{0}^{\infty} \frac{2\sin\lambda}{\lambda}\cos(\lambda x)\, d\lambda = \frac{2}{\pi}\int_{0}^{\infty} \frac{\cos(\lambda x)\sin\lambda}{\lambda}\, d\lambda$$

讀者應注意，當 $x=0$ 時，$f(x)=1$，代入上式得

$$1 = \frac{2}{\pi}\int_{0}^{\infty} \frac{\sin\lambda}{\lambda}\, d\lambda$$

即

$$\int_{0}^{\infty} \frac{\sin\lambda}{\lambda}\, d\lambda = \frac{\pi}{2}$$

此結果與利用拉氏變換所求得之結果相同．

由例題 1 所引伸出來的問題是：當 $x=1$ 與 $x=-1$ 時，函數 $f(x)$ 為不連續，此時其積分式的值將收斂至哪一個值呢？這與傅立葉級數之理論相同（即狄利司雷定理），由於 $\dfrac{f(1^+)+f(1^-)}{2}=\dfrac{1+0}{2}=\dfrac{1}{2}$，因此，由前述討論知

$$\int_0^\infty \frac{\cos \lambda x \sin \lambda}{\lambda} d\lambda = \begin{cases} \dfrac{\pi}{2}, & 0 \le |x| < 1 \\ \dfrac{\pi}{4}, & |x| = 1 \\ 0, & |x| > 1 \end{cases}$$

【例題 2】 試利用傅立葉積分展開式，證明

$$\int_0^\infty \frac{\cos \lambda x + \lambda \sin \lambda x}{1+\lambda^2} d\lambda = \begin{cases} 0, & x < 0 \\ \dfrac{\pi}{2}, & x = 0 \\ \pi e^{-x}, & x > 0 \end{cases}$$

解 令函數 $f(x)$ 的傅立葉積分展開式為

$$f(x) = \frac{1}{\pi} \int_0^\infty \frac{\cos \lambda x + \lambda \sin \lambda x}{1+\lambda^2} d\lambda$$

因此，可以設 $\quad f(x) = \begin{cases} 0, & x < 0 \\ e^{-x}, & x > 0 \end{cases}$

由 (8-1-4) 式知

$$A(\lambda) = \int_{-\infty}^\infty f(u) \cos(\lambda u) \, du = \int_0^\infty e^{-u} \cos(\lambda u) \, du$$

$$= \lim_{t \to \infty} \int_0^t e^{-u} \cos(\lambda u) \, du = \frac{1}{1+\lambda^2}$$

$\Big($利用分部積分法二次，令 $u' = e^{-u}$, $dv = \cos(\lambda u)\, du$,

則 $du' = -e^{-u}\, du$, $v = \dfrac{1}{\lambda} \sin(\lambda u)\Big)$

與

$$B(\lambda) = \int_{-\infty}^\infty f(u) \sin(\lambda u) \, du = \int_0^\infty e^{-u} \sin(\lambda u) \, du$$

$$= \lim_{t \to \infty} \int_0^t e^{-u} \sin(\lambda u) \, du$$

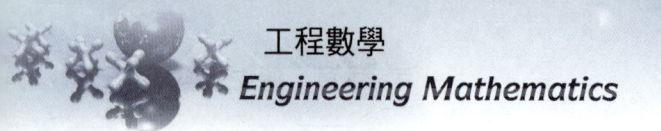

$$= \lim_{t\to\infty}\left[\frac{e^{-u}}{1+\lambda^2}(-\sin(\lambda u)-\lambda\cos(\lambda u))\Big|_0^t\right]$$

$$=\frac{\lambda}{1+\lambda^2}$$

因此，$f(x)$ 的傅立葉積分展開式為

$$f(x)=\frac{1}{\pi}\int_0^\infty [A(\lambda)\cos(\lambda x)+B(\lambda)\sin(\lambda x)]\,d\lambda$$

$$=\frac{1}{\pi}\int_0^\infty \frac{1}{1+\lambda^2}[\cos(\lambda x)+\lambda\sin(\lambda x)]\,d\lambda$$

因 $x=0$，又 $\dfrac{f(0^+)+f(0^-)}{2}=\dfrac{1+0}{2}=\dfrac{1}{2}$，故證得

$$\int_0^\infty \frac{1}{1+\lambda^2}(\cos\lambda x+\lambda\sin\lambda x)\,d\lambda=\begin{cases}0, & x<0\\ \dfrac{\pi}{2}, & x=0\\ \pi e^{-x}, & x>0\end{cases}$$

二、傅立葉正弦與餘弦的積分

當 $f(x)$ 是**偶函數**時，由 (8-1-4) 式知，$B(\lambda)=0$，而

$$A(\lambda)=2\int_0^\infty f(u)\cos\lambda u\,du$$

因此，(8-1-5) 式化成

$$f(x)=\frac{1}{\pi}\int_0^\infty A(\lambda)\cos(\lambda x)\,d\lambda \tag{8-1-6}$$

當 $f(x)$ 是**奇函數**時，由 (8-1-4) 式知，$A(\lambda)=0$，而

$$B(\lambda)=2\int_0^\infty f(u)\sin\lambda u\,du$$

因此，(8-1-5) 式化成

$$f(x) = \frac{1}{\pi} \int_0^\infty B(\lambda) \sin(\lambda x)\, d\lambda \tag{8-1-7}$$

定義 8-1-2 傅立葉正弦積分

f 在 $[0, \infty)$ 上的**傅立葉正弦積分** (Fourier sine integral) 為

$$f(x) = \frac{1}{\pi} \int_0^\infty B(\lambda) \sin(\lambda x)\, d\lambda$$

其中

$$B(\lambda) = 2 \int_0^\infty f(u) \sin(\lambda u)\, du.$$

若 f 在每一區間 $[0, L]$ 上均為片段連續，且瑕積分 $\int_0^\infty |f(x)|\, dx$ 收斂，則於 f 具有左、右導數的每一正 x 處，此正弦積分收斂到 $\frac{1}{2}[f(x^+) + f(x^-)]$，於 $x=0$ 處，積分則收斂到 0.

定義 8-1-3 傅立葉餘弦積分

f 在 $[0, \infty)$ 上的**傅立葉餘弦積分** (Fourier cosine integral) 為

$$f(x) = \frac{1}{\pi} \int_0^\infty A(\lambda) \cos(\lambda x)\, d\lambda$$

其中

$$A(\lambda) = 2 \int_0^\infty f(u) \cos(\lambda u)\, du.$$

與正弦積分相同的條件下，於 f 具有左、右導數的每一正 x 處，此餘弦積分收斂到 $\frac{1}{2}[f(x^+) + f(x^-)]$；而在 $x=0$ 處，若 f 具有右導數，則餘弦積分收斂到 $f(0^+)$.

【例題 3】試求 $f(x) = \begin{cases} x, & 0 < x < 1 \\ 2-x, & 1 < x < 2 \\ 0, & x > 2 \end{cases}$ 之傅立葉積分式.

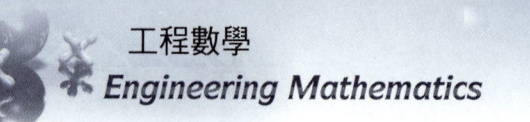

解 因為 $f(x)$ 只定義在 $x>0$，故利用傅立葉餘弦積分式

$$f(x) = \frac{1}{\pi} \int_0^\infty A(\lambda) \cos(\lambda x)\, d\lambda$$

$$= \frac{1}{\pi} \int_0^\infty \left(2 \int_0^\infty f(u) \cos(\lambda u)\, du\right) \cos(\lambda x)\, d\lambda$$

$$= \frac{2}{\pi} \int_0^\infty \left(\int_0^\infty f(u) \cos(\lambda u)\, du\right) \cos(\lambda x)\, d\lambda$$

現在，

$$\int_0^\infty f(u) \cos(\lambda u)\, du = \int_0^1 u \cos(\lambda u)\, du + \int_1^2 (2-u) \cos(\lambda u)\, du$$

$$= \frac{2\cos\lambda - 1 - \cos 2\lambda}{\lambda^2}$$

代入上式可得

$$f(x) = \frac{2}{\pi} \int_0^\infty \left(\frac{2\cos\lambda - 1 - \cos 2\lambda}{\lambda^2}\right) \cos(\lambda x)\, d\lambda.$$

【例題 4】試求下列函數

$$f(x) = e^{-kx}\, ;\, x>0 \text{ 且 } f(-x) = f(x)\ (k>0)$$

的傅立葉積分展開式，並證明

$$\int_0^\infty \frac{\cos(\lambda x)}{4+\lambda^2}\, d\lambda = \frac{\pi}{4} e^{-2x},\ x>0$$

解 因為 f 為偶函數，所以由 (8-1-6) 式知

$$f(x) = \frac{1}{\pi} \int_0^\infty A(\lambda) \cos(\lambda x)\, d\lambda$$

$$= \frac{1}{\pi} \int_0^\infty \left(2 \int_0^\infty f(u) \cos(\lambda u)\, du\right) \cos(\lambda x)\, d\lambda$$

$$= \frac{2}{\pi} \int_0^\infty \left(\int_0^\infty f(u) \cos(\lambda u)\, du\right) \cos(\lambda x)\, d\lambda$$

現在，

$$\int_0^\infty f(u)\cos(\lambda u)\,du = \int_0^\infty e^{-ku}\cos(\lambda u)\,du = \lim_{t\to\infty}\int_0^t e^{-ku}\cos(\lambda u)\,du$$

$$\left(\text{利用分部積分法二次，令 } u' = e^{-ku},\ dv = \cos(\lambda u)\,du\right)$$

$$= \lim_{t\to\infty}\left[\frac{e^{-ku}}{k^2+\lambda^2}(-k\cos\lambda u + \lambda\sin\lambda u)\Big|_0^t\right]$$

$$= \frac{k}{k^2+\lambda^2}$$

故
$$f(x) = e^{-kx} = \frac{2}{\pi}\int_0^\infty \frac{k}{k^2+\lambda^2}\cos(\lambda x)\,d\lambda$$

$$= \frac{2k}{\pi}\int_0^\infty \frac{\cos(\lambda x)}{k^2+\lambda^2}\,d\lambda\ (x>0,\ k>0)$$

當 $k=2$ 時，上式變成

$$e^{-2x} = \frac{4}{\pi}\int_0^\infty \frac{\cos(\lambda x)}{4+\lambda^2}\,d\lambda,\ x>0$$

因此，
$$\int_0^\infty \frac{\cos(\lambda x)}{4+\lambda^2}\,d\lambda = \frac{\pi}{4}e^{-2x},\ x>0.$$

習題 8-1

1. 試以傅立葉積分將下列各函數展開.

(1) $f(t) = \begin{cases} 0, & |t| > \pi \\ t, & -\pi \leq t \leq \pi \end{cases}$

(2) $f(t) = \begin{cases} 10, & \text{若 } -10 \leq t \leq 10 \\ 0, & \text{若 } |t| > 10 \end{cases}$

2. 試以傅立葉積分式表示函數

$$f(t) = \begin{cases} 0, & -\infty < t \leq 1 \\ 1+t, & -1 < t \leq 0 \\ 1-t, & 0 < t \leq 1 \\ 0, & 1 < t < \infty \end{cases}$$

並求 $\int_0^\infty \dfrac{1-\cos\lambda}{\lambda^2}\,d\lambda$.

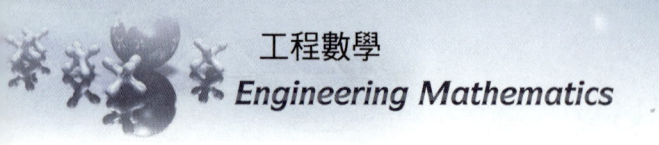

3. 設函數 $f(t)=\begin{cases} 1, & 0<t<1 \\ 0, & t>1 \end{cases}$，試求 (1) 傅立葉正弦積分，(2) 傅立葉餘弦積分．

4. 設函數 $f(x)=\begin{cases} x, & 0\leq x\leq 1 \\ x+1, & 1<x\leq 2 \\ 0, & x>2 \end{cases}$，試求 (1) 傅立葉正弦積分，(2) 傅立葉餘弦積分．

5. 試求函數 $f(t)$ 之傅立葉餘弦積分

$$f(t)=\begin{cases} 2t, & 0<t<1 \\ 0, & t>1 \end{cases}.$$

6. 試利用傅立葉積分式證明

$$\int_0^\infty \frac{\cos \lambda t}{9+\lambda^2}\,d\lambda = \frac{\pi}{6}e^{-3t} \quad (t>0).$$

7. (1) 試求下圖之傅立葉積分式．

   (2) 求 $\displaystyle\int_0^\infty \frac{\sin t}{t}\,dt$．

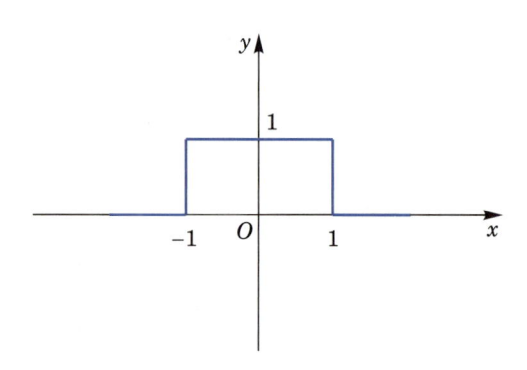

8-2　複數傅立葉級數與積分

一、複數傅立葉級數

在力學的應用與發展上，有必要考慮複數形式之傅立葉級數與積分，由定理 8-1-2 的討論得知，對一個週期為 $2L$ 之分段平滑函數 $f(x)$，可展開成全

第 8 章 傅立葉變換

三角函數形式之傅立葉級數，如下

$$f(x) = \frac{1}{2}a_0 + \sum_{n=1}^{\infty}\left(a_n \cos\frac{n\pi x}{L} + b_n \sin\frac{n\pi x}{L}\right)$$

其中

$$a_n = \frac{1}{L}\int_{-L}^{L} f(x) \cos\frac{n\pi x}{L}\,dx,\ n = 0,\ 1,\ 2,\ \cdots$$

$$b_n = \frac{1}{L}\int_{-L}^{L} f(x) \sin\frac{n\pi x}{L}\,dx,\ n = 1,\ 2,\ \cdots$$

茲依歐勒公式可得

$$\cos\frac{n\pi x}{L} = \frac{1}{2}\left[e^{i\left(\frac{n\pi x}{L}\right)} + e^{-i\left(\frac{n\pi x}{L}\right)}\right]$$

$$\sin\frac{n\pi x}{L} = \frac{1}{2i}\left[e^{i\left(\frac{n\pi x}{L}\right)} - e^{-i\left(\frac{n\pi x}{L}\right)}\right]$$

將 $\cos\dfrac{n\pi x}{L}$ 與 $\sin\dfrac{n\pi x}{L}$ 代入傅立葉三角級數中，整理後可得複數傅立葉級數如下

$$f(x) = \frac{1}{2}a_0 + \sum_{n=1}^{\infty}\left[\left(\frac{a_n - ib_n}{2}\right)e^{i\left(\frac{n\pi x}{L}\right)} + \left(\frac{a_n + ib_n}{2}\right)e^{-i\left(\frac{n\pi x}{L}\right)}\right] \qquad (8\text{-}2\text{-}1)$$

令 $c_n = \dfrac{a_n - ib_n}{2}$，則

$$c_n = \frac{a_n - ib_n}{2} = \frac{1}{2L}\int_{-L}^{L} f(x)\left[\cos\left(\frac{n\pi x}{L}\right) - i\sin\left(\frac{n\pi x}{L}\right)\right]dx$$

$$= \frac{1}{2L}\int_{-L}^{L} f(x)\,e^{-i\left(\frac{n\pi x}{L}\right)}dx,\ n = \cdots,\ -1,\ 0,\ 1,\ 2,\ \cdots$$

令 $c_{-n} = \dfrac{a_n + ib_n}{2}$，由於 c_n 與 c_{-n} 互為**共軛複數**，即 $c_{-n} = \overline{c}_n$，則

$$c_{-n} = \frac{1}{2L}\int_{-L}^{L} f(x)\,e^{i\left(\frac{n\pi x}{L}\right)}dx$$

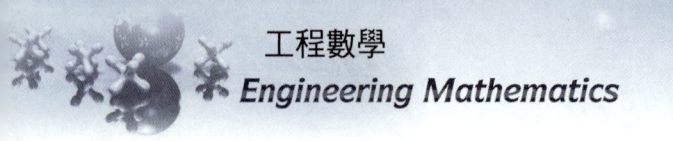

而
$$\frac{a_0}{2} = \frac{1}{2L}\int_{-L}^{L} f(x)\,dx = c_0$$

代入 (8-2-1) 式，可得複數傅立葉級數的展開式

$$f(x) = c_0 + \sum_{n=1}^{\infty}\left[c_n e^{i\left(\frac{n\pi x}{L}\right)} + c_{-n} e^{-i\left(\frac{n\pi x}{L}\right)}\right] = \sum_{n=-\infty}^{\infty} c_n e^{i\left(\frac{n\pi x}{L}\right)} \qquad (8\text{-}2\text{-}2)$$

其中係數

$$c_n = \frac{1}{2L}\int_{-L}^{L} f(x)\, e^{-i\left(\frac{n\pi x}{L}\right)} dx,$$
$$n = \cdots -1,\ 0,\ 1,\ 2,\ \cdots,\ c_n \in C\ (複數). \qquad (8\text{-}2\text{-}3)$$

定義 8-2-1　複數傅立葉級數

令 f 為具有週期 $2L$ 之分段平滑函數，則 f 的**複數傅立葉級數** (complex Fourier series) 為

$$f(x) = \sum_{n=-\infty}^{\infty} c_n e^{i\left(\frac{n\pi x}{L}\right)}$$

其中

$$c_n = \frac{1}{2L}\int_{-L}^{L} f(x)\, e^{-i\left(\frac{n\pi x}{L}\right)} dx,\ n = \cdots -1,\ 0,\ 1,\ 2,\ \cdots.$$

【例題 1】試將 $f(x) = e^{-x}$ ($-1 \le x \le 1$, $f(x+2) = f(x)$) 展開成傅立葉級數的複數形式．

解　由於週期 $T = 2L = 2$，可知 $L = 1$，故

$$c_n = \frac{1}{2L}\int_{-L}^{L} f(x)\, e^{-i\left(\frac{n\pi x}{L}\right)} dx = \frac{1}{2}\int_{-1}^{1} e^{-x} \cdot e^{-in\pi x}\, dx$$

$$= \frac{1}{2}\int_{-1}^{1} e^{-(1+in\pi)x}\, dx = \frac{1}{2}\left[\frac{e^{-(1+in\pi)x}}{-(1+in\pi)}\right]_{-1}^{1}$$

$$= \frac{1}{2}\left[\frac{e^{in\pi+1}-e^{-(1+in\pi)}}{1+in\pi}\right] = \frac{1}{2}\left[\frac{e\cdot e^{in\pi}-e^{-1}\cdot e^{-in\pi}}{1+in\pi}\right]$$

但 $e^{in\pi}=e^{-in\pi}=(-1)^n$, 故

$$c_n = \frac{(-1)^n}{1+in\pi}\cdot\frac{e-e^{-1}}{2} = \frac{(-1)^n(1-in\pi)\sinh(1)}{1+n^2\pi^2}$$

所以,
$$f(x) = \sum_{n=-\infty}^{\infty} \frac{(-1)^n(1-in\pi)\sinh(1)}{1+n^2\pi^2}e^{in\pi x}$$
$$= \sinh(1)\sum_{n=-\infty}^{\infty} \frac{(-1)^n(1-in\pi)}{1+n^2\pi^2}e^{in\pi x}.$$

【例題 2】試將週期函數 $f(x)=\begin{cases} 1, & 0\leq x\leq 1 \\ -1, & -1\leq x\leq 0 \end{cases}$, $(f(x)=f(x+2))$

展開成傅立葉級數的複數形式.

解 由於週期 $T=2L=2$, 可知 $L=1$, 故

$$c_n = \frac{1}{2L}\int_{-L}^{L} f(x)e^{-i\left(\frac{n\pi x}{L}\right)}dx = \frac{1}{2}\int_{-1}^{1} f(x)e^{-in\pi x}dx$$
$$= \frac{1}{2}\left(\int_{-1}^{0} -e^{-in\pi x}dx + \int_{0}^{1} e^{-in\pi x}dx\right)$$
$$= \frac{1}{2}\left(\frac{1}{in\pi}e^{-in\pi x}\Big|_{-1}^{0} - \frac{1}{in\pi}e^{-in\pi x}\Big|_{0}^{1}\right)$$
$$= \frac{1}{2}\left[\frac{1}{in\pi}(1-e^{-in\pi}) - \frac{1}{in\pi}(e^{-in\pi}-1)\right]$$
$$= \frac{1}{2}\frac{2-(e^{in\pi}+e^{-in\pi})}{in\pi}$$
$$= \frac{i[(-1)^n-1]}{n\pi}, \quad n\neq 0$$

又 $c_0 = \frac{1}{2L}\int_{-L}^{L} f(x)dx = \frac{1}{2}\left[\int_{-1}^{0}(-1)dx + \int_{0}^{1} 1dx\right] = 0$

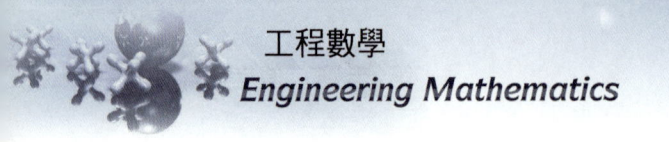

故
$$f(x) = \sum_{\substack{n=-\infty \\ n \neq 0}}^{\infty} \frac{i[(-1)^n - 1]}{n\pi} e^{in\pi x}.$$

定理 8-2-1 巴斯瓦 (Parseval's) 恆等式

$$\frac{1}{2L} \int_{-L}^{L} f^2(x)\, dx = \sum_{n=-\infty}^{\infty} |c_n|^2.$$

證 由傅立葉級數之複數形式知，

$$f(x) = \sum_{n=-\infty}^{\infty} c_n\, e^{i\left(\frac{n\pi x}{L}\right)}$$

則
$$\frac{1}{2L} \int_{-L}^{L} f^2(x)\, dx = \frac{1}{2L} \int_{-L}^{L} f(x) \cdot f(x)\, dx$$

$$= \frac{1}{2L} \int_{-L}^{L} f(x) \left[\sum_{n=-\infty}^{\infty} c_n\, e^{i\left(\frac{n\pi x}{L}\right)} \right] dx$$

$$= \sum_{n=-\infty}^{\infty} c_n \left[\frac{1}{2L} \int_{-L}^{L} f(x)\, e^{i\left(\frac{n\pi x}{L}\right)} dx \right]$$

$$= \sum_{n=-\infty}^{\infty} c_n \left[\frac{1}{2L} \int_{-L}^{L} f(x)\, e^{-i\left(\frac{(-n)\pi x}{L}\right)} dx \right]$$

$$= \sum_{n=-\infty}^{\infty} c_n \cdot c_{-n}$$

$$= \sum_{n=-\infty}^{\infty} |c_n|^2 \quad (\text{因 } c_n \text{ 與 } c_{-n} \text{ 互為共軛複數})$$

二、複數傅立葉積分式

對定義在無限區間之非週期函數 $y = f(x)$，$-\infty < x < \infty$，其傅立葉積分為

$$f(x) = \frac{1}{\pi} \int_{0}^{\infty} [A(\lambda) \cos(\lambda x) + B(\lambda) \sin(\lambda x)]\, d\lambda$$

並將 $\cos(\lambda x) = \dfrac{1}{2}(e^{i\lambda x} + e^{-i\lambda x})$, $\sin(\lambda x) = \dfrac{1}{2i}(e^{i\lambda x} - e^{-i\lambda x})$ 代入上式，得

$$f(x) = \dfrac{1}{\pi} \int_0^\infty \left[A(\lambda)\dfrac{1}{2}(e^{i\lambda x} + e^{-i\lambda x}) + B(\lambda)\dfrac{1}{2i}(e^{i\lambda x} - e^{-i\lambda x}) \right] d\lambda$$

將上式整理成

$$f(x) = \dfrac{1}{\pi} \int_0^\infty \left[\dfrac{1}{2}(A(\lambda) - iB(\lambda))\, e^{i\lambda x} + \dfrac{1}{2}(A(\lambda) + iB(\lambda))\, e^{-i\lambda x} \right] d\lambda \quad (8\text{-}2\text{-}4)$$

令 $C(\lambda) = \dfrac{1}{2}(A(\lambda) - iB(\lambda))$, $A(\lambda) \in \mathbb{R}$, $B(\lambda) \in \mathbb{R}$, 故 $C(\lambda)$ 之共軛複數為

$$\overline{C(\lambda)} = \dfrac{1}{2}(A(\lambda) + iB(\lambda)).$$ 因此，(8-2-4) 式變成

$$f(x) = \dfrac{1}{\pi} \int_0^\infty C(\lambda)\, e^{i\lambda x}\, d\lambda + \dfrac{1}{\pi} \int_0^\infty \overline{C(\lambda)}\, e^{-i\lambda x}\, d\lambda \qquad (8\text{-}2\text{-}5)$$

利用傅立葉積分係數公式 (8-1-4)，則求得

$$C(\lambda) = \dfrac{1}{2}(A(\lambda) - iB(\lambda)) = \dfrac{1}{2}\int_{-\infty}^\infty f(u)\cos(\lambda u)\, du - \dfrac{i}{2}\int_{-\infty}^\infty f(u)\sin(\lambda u)\, du$$

$$= \dfrac{1}{2}\int_{-\infty}^\infty f(u)[\cos(\lambda u) - i\sin(\lambda u)]\, du$$

$$= \dfrac{1}{2}\int_{-\infty}^\infty f(u)\, e^{-i\lambda u}\, du$$

同理，

$$\overline{C(\lambda)} = \dfrac{1}{2}(A(\lambda) + iB(\lambda)) = \dfrac{1}{2}\int_{-\infty}^\infty f(u)\, e^{i\lambda u}\, du = C(-\lambda)$$

將此式代入 (8-2-5) 式，可得

$$f(x) = \dfrac{1}{\pi}\int_0^\infty C(\lambda)\, e^{i\lambda x}\, d\lambda + \dfrac{1}{\pi}\int_0^\infty C(-\lambda)\, e^{-i\lambda x}\, d\lambda \qquad (8\text{-}2\text{-}6)$$

在 (8-2-6) 式之第二個積分中，令 $t = -\lambda$，則得

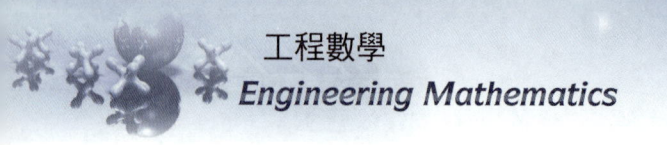

$$f(x) = \frac{1}{\pi} \int_0^\infty C(\lambda) e^{i\lambda x} d\lambda + \frac{1}{\pi} \int_0^{-\infty} C(t) e^{itx} (-1) dt$$

$$= \frac{1}{\pi} \int_0^\infty C(\lambda) e^{i\lambda x} d\lambda + \frac{1}{\pi} \int_{-\infty}^0 C(\lambda) e^{i\lambda x} d\lambda$$

$$= \frac{1}{\pi} \int_{-\infty}^\infty C(\lambda) e^{i\lambda x} d\lambda.$$

定義 8-2-2 複數傅立葉積分

f 的**複數傅立葉積分** (complex Fourier integral) 為

$$f(x) = \frac{1}{\pi} \int_{-\infty}^\infty C(\lambda) e^{i\lambda x} d\lambda$$

其中

$$C(\lambda) = \frac{1}{2} \int_{-\infty}^\infty f(u) e^{-i\lambda u} du.$$

f 的複數傅立葉積分又可寫成下式

$$f(x) = \frac{1}{\pi} \int_{-\infty}^\infty \left[\frac{1}{2} \int_{-\infty}^\infty f(u) e^{-i\lambda u} du \right] e^{i\lambda x} d\lambda$$

$$= \frac{1}{2\pi} \int_{-\infty}^\infty \left[\int_{-\infty}^\infty f(u) e^{-i\lambda(u-x)} du \right] d\lambda \qquad (8\text{-}2\text{-}7)$$

(8-2-7) 式要存在，須滿足狄利司雷收斂條件及在 $(-\infty, \infty)$ 內，$f(x)$ 要絕對可積分，亦即瑕積分

$$\int_{-\infty}^\infty |f(x)| dx \text{ 存在}$$

複數積分式中指數函數項，可利用**歐勒公式**

$$e^{-i\lambda(u-x)} = \cos \lambda(u-x) - i \sin \lambda(u-x)$$

代入 (8-2-7) 式，可得

$$f(x) = \frac{1}{2\pi} \int_{-\infty}^\infty \int_{-\infty}^\infty f(u) [\cos \lambda(u-x) - i \sin \lambda(u-x)] du\, d\lambda \qquad (8\text{-}2\text{-}8)$$

第 8 章　傅立葉變換

已知 $\cos\lambda(u-x)$ 為 λ 之偶函數，$\sin\lambda(u-x)$ 為 λ 的奇函數，可知

$$\int_{-\infty}^{\infty} f(u)\sin\lambda(u-x)\,d\lambda = 0$$

$$\int_{-\infty}^{\infty} f(u)\cos\lambda(u-x)\,d\lambda = 2\int_{0}^{\infty} f(u)\cos\lambda(u-x)\,d\lambda$$

將上兩式代入 (8-2-8) 式，得

$$f(x) = \frac{1}{\pi}\int_{0}^{\infty}\left[\int_{-\infty}^{\infty} f(u)\cos\lambda(u-x)\,du\right]d\lambda \tag{8-2-9}$$

或

$$f(x) = \frac{1}{\pi}\int_{0}^{\infty}\int_{-\infty}^{\infty} f(u)[\cos(\lambda u)\cos(\lambda x)+\sin(\lambda u)\sin(\lambda x)]\,du\,d\lambda \tag{8-2-10}$$

(8-2-10) 式稱為 $f(x)$ 之**傅立葉全三角積分式**．讀者可由 (8-2-10) 式導出傅立葉餘弦積分與正弦積分．

【例題 3】(1) 試求函數 $f(x) = e^{-2x}$ $(x>0)$ 之傅立葉積分，其中 $f(x)$ 滿足 $f(-x) = -f(x)$．

(2) 試求 $\displaystyle\int_{0}^{\infty}\frac{\lambda\sin 3\lambda\cos\lambda}{4+\lambda^2}\,d\lambda$ 之值．

解　(1) 因 $f(-x) = -f(x)$，故 f 為奇函數，因此，利用傅立葉正弦積分式

$$f(x) = \frac{2}{\pi}\int_{0}^{\infty}\left[\int_{0}^{\infty} f(u)\sin(\lambda u)\,du\right]\sin(\lambda x)\,d\lambda$$

其中 $\displaystyle\int_{0}^{\infty} f(u)\sin(\lambda u)\,du = \int_{0}^{\infty} e^{-2u}\sin(\lambda u)\,du$

$$= \lim_{t\to\infty}\int_{0}^{t} e^{-2u}\sin(\lambda u)\,du = \frac{\lambda}{4+\lambda^2}$$

代入積分式，得 $\displaystyle f(x) = e^{-2x} = \frac{2}{\pi}\int_{0}^{\infty}\frac{\lambda}{4+\lambda^2}\sin(\lambda x)\,d\lambda$．

(2) 利用三角函數之積化和差公式，

$$\sin 3\lambda\cos\lambda = \frac{1}{2}(\sin 4\lambda + \sin 2\lambda)$$

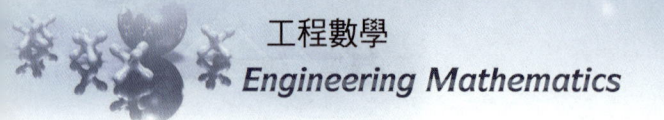

代入得

$$\int_0^\infty \frac{\lambda}{4+\lambda^2} \sin 3\lambda \cos \lambda \, d\lambda = \frac{1}{2}\int_0^\infty \frac{\lambda \sin 4\lambda}{4+\lambda^2} d\lambda + \frac{1}{2}\int_0^\infty \frac{\lambda \sin 2\lambda}{4+\lambda^2} d\lambda$$

利用 (1) 之結果，得

$$\int_0^\infty \frac{\lambda \sin 4\lambda}{4+\lambda^2} d\lambda = \frac{\pi}{2} e^{-8} \quad 與 \quad \int_0^\infty \frac{\lambda \sin 2\lambda}{4+\lambda^2} d\lambda = \frac{\pi}{2} e^{-4}$$

最後求得

$$\int_0^\infty \frac{\lambda \sin 3\lambda \cos \lambda}{4+\lambda^2} d\lambda = \frac{\pi}{4}(e^{-8} + e^{-4}).$$

【例題 4】已知 $f(x) = \begin{cases} 1, & |x| < 1 \\ 0, & |x| > 1 \end{cases}$

(1) 試求傅立葉積分式.　　(2) 利用 (1) 之結果求 $\int_0^\infty \frac{\sin \lambda}{\lambda} d\lambda.$

(3) 利用 (1) 之結果求 $\int_0^\infty \frac{\sin \lambda \cos \lambda}{\lambda} d\lambda.$

解　(1) 因 $f(x)$ 為偶函數，利用傅立葉餘弦積分式，得

$$f(x) = \frac{1}{\pi} \int_0^\infty \left[2\int_0^\infty f(u) \cos(\lambda u) \, du\right] \cos(\lambda x) \, d\lambda$$

$$= \frac{2}{\pi} \int_0^\infty \left[\int_0^\infty f(u) \cos(\lambda u) \, du\right] \cos(\lambda x) \, d\lambda$$

$$= \frac{2}{\pi} \int_0^\infty \left[\int_0^1 \cos(\lambda u) \, du\right] \cos(\lambda x) \, d\lambda$$

$$= \frac{2}{\pi} \int_0^\infty \frac{\sin \lambda}{\lambda} \cos(\lambda x) \, d\lambda$$

$$= \frac{2}{\pi} \int_0^\infty \frac{\sin \lambda \cos(\lambda x)}{\lambda} d\lambda$$

(2) 令 $x=0$ 代入上式，得

$$f(0) = 1 = \frac{2}{\pi} \int_0^\infty \frac{\sin \lambda}{\lambda} d\lambda$$

亦即

$$\int_0^\infty \frac{\sin\lambda}{\lambda}\,d\lambda = \frac{\pi}{2}.$$

(3) 令 $x=1$ 代入傅立葉餘弦積分式，得

$$f(1) = \frac{1}{2} = \frac{2}{\pi}\int_0^\infty \frac{\sin\lambda\cos\lambda}{\lambda}\,d\lambda$$

故

$$\int_0^\infty \frac{\sin\lambda\cos\lambda}{\lambda}\,d\lambda = \frac{\pi}{4}.$$

習題 8-2

1. 試寫出 f 的複數傅立葉級數，並決定級數收斂到何值．

(1) $f(x) = \begin{cases} 2x, & 0 \le x < 3 \\ f(x+3), & \text{所有 } x \end{cases}$

(2) $f(x) = \begin{cases} \dfrac{3}{4}x, & 0 \le x < 8 \\ f(x+8), & \text{所有 } x \end{cases}$

(3) $f(x) = \begin{cases} x^2, & 0 \le x < 2 \\ f(x+2), & \text{所有 } x \end{cases}$

2. 試將函數 $f(x) = \begin{cases} -1, & -2\pi < x < 0 \\ 1, & 0 < x < 2\pi \end{cases}$ 展開成複數傅立葉級數．

3. 試求下列各函數之複數傅立葉積分．

(1) $f(x) = xe^{-|x|}$

(2) $f(x) = \begin{cases} \sin(\pi x), & -5 \le x \le 5 \\ 0, & |x| > 5 \end{cases}$

4. (1) 試求下列函數之傅立葉積分式

$$f(t) = \begin{cases} 2, & |t| < 1 \\ 0, & |t| > 1 \end{cases}.$$

(2) 由 (1) 之結果求 $\displaystyle\int_0^\infty \frac{\cos t \sin t}{t}\,dt$.

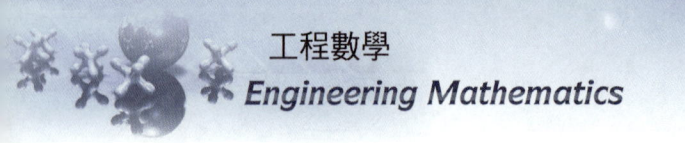

8-3 傅立葉變換

一、傅立葉變換

傅立葉變換是一種與拉普拉斯變換有些相似的積分變換，廣泛使用於解微分方程式、積分方程式，且應用於通信系統、信號分析方面．

在 8-2 節中，我們曾討論過 $f(t)$ 之複數積分式為

$$f(t) = \frac{1}{2\pi} \int_{-\infty}^{\infty} \left(\int_{-\infty}^{\infty} f(t)\, e^{-i\omega t}\, dt \right) e^{i\omega t}\, d\omega$$

改寫成
$$F(\omega) = \int_{-\infty}^{\infty} f(t)\, e^{-i\omega t}\, dt$$

與
$$f(t) = \frac{1}{2\pi} \int_{-\infty}^{\infty} F(\omega)\, e^{i\omega t}\, d\omega$$

或 $F(\omega) = \dfrac{1}{\sqrt{2\pi}} \int_{-\infty}^{\infty} f(t)\, e^{-i\omega t}\, dt$ 與 $f(t) = \dfrac{1}{\sqrt{2\pi}} \int_{-\infty}^{\infty} F(\omega)\, e^{i\omega t}\, d\omega$

$F(\omega)$ 稱為 $f(t)$ 之**相函數**，而 $f(t)$ 稱為 $F(\omega)$ 之**原相函數**，相函數 $F(\omega)$ 與原相函數 $f(t)$ 構成一個傅立葉複數變換對．

註：將定義 8-2-2 中之 λ 換成 ω．

定義 8-3-1　傅立葉變換

若 f 於 $[-L, L]$ 上為分段連續，其中 L 為任意正數，並假設瑕積分 $\int_{-\infty}^{\infty} |f(t)|\, dt$ 收斂，則 f 的**傅立葉變換** (Fourier transform) 定義為

$$\mathcal{F}\{f(t)\}(\omega) = \int_{-\infty}^{\infty} f(t)\, e^{-i\omega t}\, dt.$$

因此，f 的傅立葉變換為一種新變數 ω 的函數 $\mathcal{F}\{f(t)\}$，此函數在 ω 處之值為 $\mathcal{F}\{f(t)\}(\omega)$．習慣上，以英文小寫字母所表示的函數之傅立葉變換，常用同一字母之大寫表示．因此，$g(t)$ 的傅立葉變換可以寫成 $G(\omega)$，即

$$G(\omega) = \int_{-\infty}^{\infty} g(t)\, e^{-i\omega t}\, dt.$$

【例題 1】 如圖 8-3-1 所示，求指數函數 $f(t) = 3e^{-kt}$ ($t \geq 0, k > 0$) 之傅立葉變換.

解　$F(\omega) = \displaystyle\int_{-\infty}^{\infty} f(t)\, e^{-i\omega t}\, dt = \int_{0}^{\infty} 3e^{-kt} \cdot e^{-i\omega t}\, dt = 3\int_{0}^{\infty} e^{-(k+i\omega)t}\, dt$

$= 3 \displaystyle\lim_{h\to\infty} \int_{0}^{h} e^{-(k+i\omega)t}\, dt = \dfrac{3}{-(k+i\omega)} \lim_{h\to\infty}\left(e^{-(k+i\omega)t}\Big|_{0}^{h}\right)$

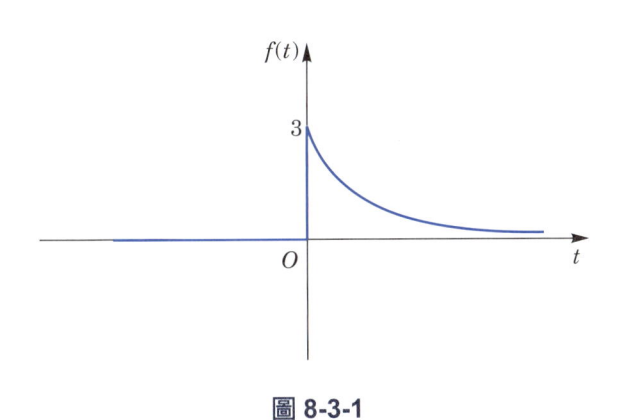

$= \dfrac{3}{-(k+i\omega)}(0-1) = \dfrac{3}{k+i\omega}.$

圖 **8-3-1**

定義　*8-3-2*　幅　譜

$f(t)$ 的幅譜為 $|F(\omega)|$ 的圖形，即函數的傅立葉變換之大小.

例如，例題 1 中的 $f(t) = 3e^{-kt}$，而

$$|F(\omega)| = \frac{3}{|k+i\omega|} = \frac{3}{\sqrt{k^2 + \omega^2}}$$

其圖形如圖 8-3-2 所示.

図 8-3-2

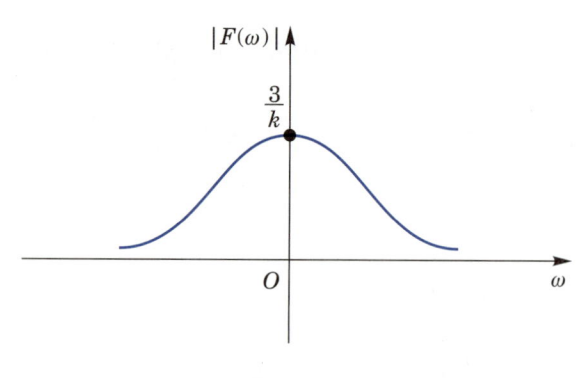

一般而言，一函數的傅立葉變換值為複數，例如例題 1 由複數形式之傅立葉積分知：

$$f(t) = \frac{1}{2\pi}\int_{-\infty}^{\infty}\left[\int_{-\infty}^{\infty} f(u)\,e^{-i\omega t}\,du\right]e^{i\omega t}\,d\omega$$

$$= \frac{1}{2\pi}\int_{-\infty}^{\infty} F(\omega)\,e^{i\omega t}\,d\omega \tag{8-3-1}$$

其中

$$F(\omega) = \int_{-\infty}^{\infty} f(u)\,e^{-i\omega t}\,du$$

令 $u=t$，得

$$F(\omega) = \int_{-\infty}^{\infty} f(t)\,e^{-i\omega t}\,dt = \mathscr{F}\{f(t)\} \tag{8-3-2}$$

故

$$f(t) = \frac{1}{2\pi}\int_{-\infty}^{\infty} F(\omega)\,e^{i\omega t}\,d\omega = \mathscr{F}^{-1}\{F(\omega)\} \tag{8-3-3}$$

稱之為 $F(\omega)$ 之**逆傅立葉變換**.

定義 8-3-3　逆傅立葉變換

$F(\omega)$ 的逆傅立葉變換以 $\mathscr{F}^{-1}\{F(\omega)\}$ 表示，並為 t 的函數，且定義

$$\mathscr{F}^{-1}\{F(\omega)\}(t) = \frac{1}{2\pi}\int_{-\infty}^{\infty} F(\omega)\,e^{i\omega t}\,d\omega$$

其中對所有 t 都必須使此積分收斂.

第8章 傅立葉變換

定義 8-3-4　傅立葉變換對

下列兩變換稱為**傅立葉變換對**

$$\mathcal{F}\{f(t)\} = F(\omega) = \int_{-\infty}^{\infty} f(t)\, e^{-i\omega t}\, dt \quad (\text{傅立葉變換})$$

$$\mathcal{F}^{-1}\{F(\omega)\} = f(t) = \frac{1}{2\pi} \int_{-\infty}^{\infty} F(\omega)\, e^{i\omega t}\, d\omega \quad (\text{逆傅立葉變換}).$$

【例題 2】由例題 1 之圖形所示，指數函數 $f(t) = 3e^{-kt}, t \geq 0, k > 0$，可得

$$\mathcal{F}\{f(t)\} = \frac{3}{k + i\omega}$$

因此

$$\mathcal{F}^{-1}\left\{\frac{3}{k+i\omega}\right\} = 3e^{-kt}$$

且 $\dfrac{3}{k+i\omega}$ 與 $3e^{-kt}$ 形成一傅立葉變換對.

定理 8-3-1　傅立葉變換之巴斯瓦恆等式

若傅立葉變換為

$$F(\omega) = \int_{-\infty}^{\infty} f(t)\, e^{-i\omega t}\, dt$$

則傅立葉積分之巴斯瓦恆等式為

$$\int_{-\infty}^{\infty} f^2(t)\, dt = \frac{1}{2\pi} \int_{-\infty}^{\infty} |F(\omega)|^2\, d\omega.$$

證 已知一定義在無限區間之非週期性函數，若展開成傅立葉複數積分式，為

$$f(t) = \frac{1}{2\pi} \int_{-\infty}^{\infty} \left[\int_{-\infty}^{\infty} f(t)\, e^{-i\omega t}\, dt\right] e^{i\omega t}\, d\omega$$

將上式表成傅立葉變換式為

$$F(\omega) = \int_{-\infty}^{\infty} f(t)\, e^{-i\omega t}\, dt \quad \cdots\cdots\cdots\cdots\cdots\cdots ①$$

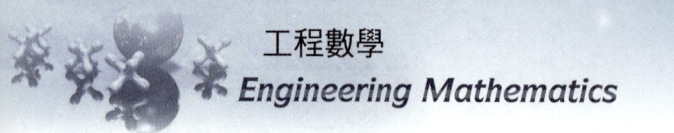

上式之共軛傅立葉變換式為

$$\overline{F(\omega)} = \int_{-\infty}^{\infty} f(t)\, e^{i\omega t}\, dt \quad \cdots\cdots\cdots\cdots\cdots\cdots ②$$

逆傅立葉變換為

$$\mathscr{F}^{-1}\{F(\omega)\} = f(t) = \frac{1}{2\pi}\int_{-\infty}^{\infty} F(\omega)\, e^{i\omega t}\, d\omega \quad \cdots\cdots\cdots\cdots ③$$

現將 ③ 式等號兩端乘以 $f(t)$ 後，對 t 由 $-\infty$ 積分至 ∞，可得

$$\int_{-\infty}^{\infty} f^2(t)\, dt = \frac{1}{2\pi}\int_{-\infty}^{\infty} F(\omega)\left[\int_{-\infty}^{\infty} f(t)\, e^{i\omega t}\, dt\right] d\omega \quad \cdots\cdots\cdots ④$$

再將 ② 式代入 ④ 式，可得

$$\int_{-\infty}^{\infty} f^2(t)\, dt = \frac{1}{2\pi}\int_{-\infty}^{\infty} F(\omega)\,\overline{F(\omega)}\, d\omega = \frac{1}{2\pi}\int_{-\infty}^{\infty} |F(\omega)|^2\, d\omega.$$

【例題 3】試證明函數

$$f(x) = \begin{cases} 0, & x < 0 \\ e^{-x}, & x > 0 \end{cases}$$

滿足巴斯瓦恆等式．

解
$$\int_{-\infty}^{\infty} f^2(x)\, dx = \int_{0}^{\infty} (e^{-x})^2\, dx = \lim_{t\to\infty} \int_{0}^{t} e^{-2x}\, dx = \frac{1}{2}$$

$$F(\omega) = \int_{-\infty}^{\infty} f(x)\, e^{-i\omega x}\, dx = \int_{0}^{\infty} e^{-x}\cdot e^{-i\omega x}\, dx = \int_{0}^{\infty} e^{-(1+i\omega)x}\, dx = \frac{1}{1+i\omega}$$

我們將 $F(\omega)$ 表成標準複數式，

$$F(\omega) = \frac{1}{1+i\omega} = \frac{1}{1+i\omega}\cdot\frac{1-i\omega}{1-i\omega} = \frac{1}{1+\omega^2} + i\frac{-\omega}{1+\omega^2}$$

故

$$[F(\omega)]^2 = \left(\frac{1}{1+\omega^2}\right)^2 + \left(\frac{-\omega}{1+\omega^2}\right)^2 = \frac{1}{1+\omega^2}$$

所以，$\dfrac{1}{2\pi}\int_{-\infty}^{\infty}|F(\omega)|^2\,d\omega = \dfrac{1}{2\pi}\int_{-\infty}^{\infty}\dfrac{d\omega}{1+\omega^2} = \dfrac{1}{\pi}\int_{0}^{\infty}\dfrac{d\omega}{1+\omega^2}$

$\qquad\qquad\qquad\qquad = \dfrac{1}{\pi}\lim\limits_{t\to\infty}\int_{0}^{t}\dfrac{d\omega}{1+\omega^2} = \dfrac{1}{\pi}\cdot\lim\limits_{t\to\infty}\tan^{-1}t$

$\qquad\qquad\qquad\qquad = \dfrac{1}{\pi}\cdot\dfrac{\pi}{2} = \dfrac{1}{2}$

故 $\int_{-\infty}^{\infty}f^2(x)\,dx = \dfrac{1}{2\pi}\int_{-\infty}^{\infty}|F(\omega)|^2\,d\omega$ 成立.

二、傅立葉餘弦變換

對一定義在無限區間之非週期性偶函數展開成傅立葉餘弦積分式，為

$$f(t) = \dfrac{2}{\pi}\int_{0}^{\infty}\left[\int_{0}^{\infty}f(t)\sin(\omega t)\,dt\right]\sin(\omega t)\,d\omega$$

將上式表成傅立葉餘弦變換對，為

$$F_s(\omega) = \int_{0}^{\infty}f(t)\sin(\omega t)\,dt \qquad (8\text{-}3\text{-}4)$$

與 $\qquad\qquad f(t) = \dfrac{2}{\pi}\int_{0}^{\infty}F_s(\omega)\sin(\omega t)\,d\omega \qquad (8\text{-}3\text{-}5)$

或寫成 $F_s(\omega) = \sqrt{\dfrac{2}{\pi}}\int_{0}^{\infty}f(t)\cos(\omega t)\,dt$ 與 $f(t) = \sqrt{\dfrac{2}{\pi}}\int_{0}^{\infty}F_s(\omega)\cos(\omega t)\,d\omega$.

定義 8-3-5 傅立葉餘弦變換

f 之 **傅立葉餘弦變換** 係以 $\mathcal{F}_c\{f(t)\}$ 表示，且定義為

$$\mathcal{F}_s\{f(t)\}(\omega) = F_s(\omega) = \int_{0}^{\infty}f(t)\cos(\omega t)\,dt.$$

【例題 4】 試求 $f(t) = \begin{cases} 2, & 0 \le t \le 2 \\ 0, & t \ge 2 \end{cases}$ 之傅立葉餘弦變換.

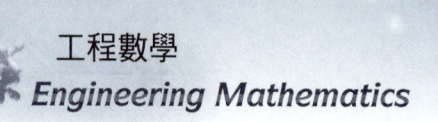

解 $\mathscr{F}_c\{f(t)\} = F_c(\omega) = \int_0^\infty f(t) \cos \omega t \, dt = \int_0^2 2 \cos \omega t \, dt$

$$= \frac{2 \sin \omega t}{\omega}\bigg|_0^2 = \frac{2 \sin(2\omega)}{\omega}.$$

定理 8-3-2 傅立葉餘弦變換之巴斯瓦恆等式

若傅立葉餘弦變換式為

$$F_c(\omega) = \int_0^\infty f(t) \cos \omega t \, dt$$

則傅立葉餘弦積分式之巴斯瓦恆等式為

$$\int_0^\infty f^2(t) \, dt = \frac{2}{\pi} \int_0^\infty F_c^2(\omega) \, d\omega.$$

證 將傅立葉餘弦逆變換式

$$f(t) = \frac{2}{\pi} \int_0^\infty F_c(\omega) \cos(\omega t) \, d\omega$$

等號的兩端乘上 $f(t)$ 後，對 t 從 0 積分至 ∞，可得

$$\int_0^\infty f^2(t) \, dt = \frac{2}{\pi} \int_0^\infty F_c(\omega) \left(\int_0^\infty f(t) \cos(\omega t) \, dt \right) d\omega$$

再將傅立葉餘弦變換式代入上式，則得

$$\int_0^\infty f^2(t) \, dt = \frac{2}{\pi} \int_0^\infty F_c^2(\omega) \, d\omega.$$

【例題 5】 試求 $f(x) = \begin{cases} 1, & |x| < 1 \\ 0, & |x| > 1 \end{cases}$ 之傅立葉餘弦變換，並求 $\int_0^\infty \frac{\sin^2 x}{x^2} dx$.

解 $\mathscr{F}_c\{f(x)\} = F_c(\omega) = \int_0^\infty f(x) \cos \omega x \, dx = \int_0^1 \cos \omega x \, dx$

$$= \frac{\sin \omega x}{\omega}\bigg|_0^1 = \frac{\sin \omega}{\omega}$$

由巴斯瓦恆等式知

$$\int_0^\infty f^2(x)\,dx = \frac{2}{\pi}\int_0^\infty \frac{\sin^2 \omega}{\omega^2}\,d\omega$$

故

$$\int_0^1 dx = \frac{2}{\pi}\int_0^\infty \frac{\sin^2 \omega}{\omega^2}\,d\omega$$

即

$$\int_0^\infty \frac{\sin^2 \omega}{\omega^2}\,d\omega = \frac{\pi}{2}$$

所以，

$$\int_0^\infty \frac{\sin^2 x}{x^2}\,dx = \frac{\pi}{2}.$$

三、傅立葉正弦變換

仿照傅立葉餘弦變換，對一定義在無限區間之非週期性之奇函數，展開成傅立葉正弦積分式，為

$$f(t) = \frac{2}{\pi}\int_0^\infty \left[\int_0^\infty f(t)\sin(\omega t)\,dt\right]\sin(\omega t)\,d\omega$$

將上式表成傅立葉正弦變換對，為

$$F_s(\omega) = \int_0^\infty f(t)\sin(\omega t)\,dt \tag{8-3-6}$$

與

$$f(t) = \frac{2}{\pi}\int_0^\infty F_s(\omega)\sin(\omega t)\,d\omega \tag{8-3-7}$$

或寫成 $F_s(\omega) = \sqrt{\dfrac{2}{\pi}}\int_0^\infty f(t)\cos(\omega t)\,dt$ 與 $f(t) = \sqrt{\dfrac{2}{\pi}}\int_0^\infty F_s(\omega)\cos(\omega t)\,d\omega$.

定義 8-3-6 傅立葉正弦變換

f 的**傅立葉正弦變換**係以 $\mathscr{F}_s\{f(t)\}$ 表示，且定義為

$$\mathscr{F}_s\{f(t)\}(\omega) = F_s(\omega) = \int_0^\infty f(t)\cos(\omega t)\,dt.$$

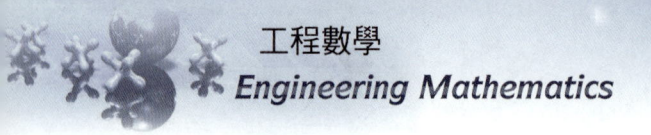

【例題 6】試求 $f(t) = \begin{cases} 2, & 0 \leq t \leq 2 \\ 0, & t \geq 2 \end{cases}$ 之傅立葉正弦變換.

解 $\mathcal{F}_s\{f(t)\} = F_s(\omega) = \int_0^\infty f(t) \sin(\omega t)\, dt = \int_0^2 2\sin(\omega t)\, dt$

$= \dfrac{2}{\omega}\left[-\cos(\omega t)\Big|_0^2\right] = \dfrac{2}{\omega}[1 - \cos(2\omega)]$.

定理 8-3-3 傅立葉正弦變換之巴斯瓦恆等式

若傅立葉正弦變換式為

$$F_s(\omega) = \int_0^\infty f(t) \sin(\omega t)\, dt$$

則傅立葉正弦積分式之巴斯瓦恆等式為

$$\int_0^\infty f^2(t)\, dt = \dfrac{2}{\pi}\int_0^\infty F_s^2(\omega)\, d\omega.$$

【例題 7】試證 $\displaystyle\int_0^\infty \dfrac{\omega \sin \omega x}{4^2 + \omega^2}\, d\omega = \dfrac{\pi}{2} e^{-4x}$.

解 因積分式內含 $\sin \omega x$，故將 e^{-4x} 以傅立葉正弦積分式展開，得

$$f(x) = e^{-4x} = \dfrac{2}{\pi}\int_0^\infty \left[\int_0^\infty f(x)\sin(\omega x)\, dx\right]\sin(\omega x)\, d\omega \quad \cdots\cdots \text{①}$$

其中 $\displaystyle\int_0^\infty f(x)\sin\omega x\, dx = \int_0^\infty e^{-4x}\sin\omega x\, dx = \lim_{t\to\infty}\int_0^t e^{-4x}\sin\omega x\, dx$

$= \dfrac{\omega}{\omega^2 + 4^2}$ (利用分部積分法)

代入 ① 式得 $e^{-4x} = \dfrac{2}{\pi}\int_0^\infty \dfrac{\omega \sin \omega x}{4^2 + \omega^2}\, d\omega$

故 $\displaystyle\int_0^\infty \dfrac{\omega \sin \omega x}{4^2 + \omega^2}\, d\omega = \dfrac{\pi}{2} e^{-4x}$.

【例題 8】若 $\int_0^\infty f(t) \sin \omega t \, dt = e^{-2\omega}$，求 $f(t)$.

解　因
$$F_s(\omega) = \int_0^\infty f(t) \sin(\omega t) \, dt = e^{-2\omega}$$

故
$$f(t) = \frac{2}{\pi} \int_0^\infty F_s(\omega) \sin(\omega t) \, d\omega$$
$$= \frac{2}{\pi} \int_0^\infty e^{-2\omega} \sin(\omega t) \, d\omega = \frac{2t}{\pi(4+t^2)}.$$

【例題 9】若已知 $F(\omega) = \dfrac{2}{4+\omega^2}$，試求 $f(t)$.

解　$f(t) = \mathscr{F}^{-1}\{F(\omega)\} = \mathscr{F}^{-1}\left\{\dfrac{2}{4+\omega^2}\right\} = \mathscr{F}^{-1}\left\{\dfrac{1}{2} \dfrac{2 \cdot 2}{2^2+\omega^2}\right\}$

查 8-4 節傅立葉變換表 8-4-1 **3.** 式得知

$$f(t) = \begin{cases} \dfrac{1}{2} e^{2t} \,,\ t \leq 0 \\ \dfrac{1}{2} e^{-2t} \,,\ t \geq 0 \end{cases}$$

某些重要的傅立葉變換，可參考本章 8-4 節.

四、傅立葉變換之性質

如同拉氏變換一樣，傅立葉變換也是由瑕積分所定義的，故與拉氏變換的性質有些類似.

性質 1　傅立葉變換之線性性質

設 $\mathscr{F}\{f(t)\} = F(\omega),\ \mathscr{F}\{g(t)\} = G(\omega)$，而 c_1 及 c_2 為任意常數，則

$$\mathscr{F}\{c_1 f(t) \pm c_2 g(t)\} = c_1 F(\omega) \pm c_2 G(\omega) \tag{8-3-8}$$

證　$\mathscr{F}\{c_1 f(t) \pm c_2 g(t)\} = \int_{-\infty}^{\infty} [c_1 f(t) \pm c_2 g(t)] e^{-i\omega t} \, dt$

$= c_1 \int_{-\infty}^{\infty} f(t) e^{-i\omega t} \, dt \pm c_2 \int_{-\infty}^{\infty} g(t) e^{-i\omega t} \, dt$

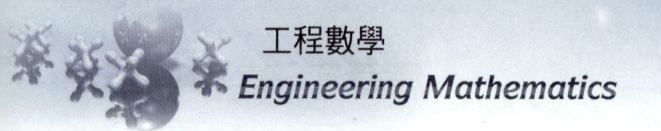

$$= c_1 \mathscr{F}\{f(t)\} \pm c_2 \mathscr{F}\{g(t)\}$$
$$= c_1 F(\omega) \pm c_2 G(\omega)$$

同理，讀者可自行證明下面類似之性質.

假設 $f(t)$ 與 $g(t)$ 具有傅立葉餘弦與正弦變換，則

$$\mathscr{F}_c\{c_1 f(t) \pm c_2 g(t)\} = c_1 F_c(\omega) \pm c_2 G_c(\omega)$$

且
$$\mathscr{F}_s\{c_1 f(t) \pm c_2 g(t)\} = c_1 F_s(\omega) \pm c_2 G_s(\omega).$$

【例題 10】 試求 $\mathscr{F}^{-1}\left\{\dfrac{1}{\omega^2 + i\omega + 2}\right\}$.

解 因
$$\frac{1}{\omega^2 + i\omega + 2} = \frac{1}{-(i\omega)^2 + i\omega + 2} = \frac{-1}{(i\omega - 2)(i\omega + 1)}$$
$$= \frac{1}{3} \frac{1}{i\omega + 1} - \frac{1}{3} \frac{1}{i\omega - 2}$$

故
$$\mathscr{F}^{-1}\left\{\frac{1}{\omega^2 + i\omega + 2}\right\} = \frac{1}{3}\mathscr{F}^{-1}\left\{\frac{1}{i\omega + 1}\right\} - \frac{1}{3}\mathscr{F}^{-1}\left\{\frac{1}{i\omega - 2}\right\}$$
$$= \frac{1}{3}\mathscr{F}^{-1}\left\{\frac{1}{i\omega + 1}\right\} + \frac{1}{3}\mathscr{F}^{-1}\left\{\frac{-1}{i\omega + (-2)}\right\}$$
$$= \begin{cases} \dfrac{1}{3} e^{-t}, & t > 0 \\ \dfrac{1}{3} e^{2t}, & t < 0 \end{cases}$$

性質 2 比例化 (scaling)

設 a 為實常數，且 $\mathscr{F}\{f(t)\} = F(\omega)$，則

$$\mathscr{F}\{f(at)\} = \frac{1}{|a|} F\left(\frac{\omega}{a}\right). \tag{8-3-9}$$

證 (i) 當 $a > 0$ 時，

$$\mathscr{F}\{f(at)\} = \int_{-\infty}^{\infty} f(at)\, e^{-i\omega t}\, dt$$

令 $at = y$, $t = \dfrac{y}{a}$, $dt = \dfrac{dy}{a}$, 代入上式得

$$\mathscr{F}\{f(at)\} = \int_{-\infty}^{\infty} f(y)\, e^{-i\omega \frac{y}{a}}\, \dfrac{dy}{a} = \dfrac{1}{a} \int_{-\infty}^{\infty} f(y)\, e^{-i\left(\frac{\omega}{a}\right)y}\, dy$$

$$= \dfrac{1}{|a|} F\left(\dfrac{\omega}{a}\right).$$

(ii) 設 $a<0$ 時,

$$\mathscr{F}\{f(at)\} = \int_{-\infty}^{\infty} f(at)\, e^{-i\omega t}\, dt = \dfrac{1}{a} \int_{\infty}^{-\infty} f(y)\, e^{-i\left(\frac{\omega}{a}\right)y}\, dy$$

$$= -\dfrac{1}{a} \int_{-\infty}^{\infty} f(y)\, e^{-i\left(\frac{\omega}{a}\right)y}\, dy = \dfrac{1}{|a|} F\left(\dfrac{\omega}{a}\right)$$

此一性質之逆式為 $\quad \mathscr{F}^{-1}\left\{F\left(\dfrac{\omega}{a}\right)\right\} = |a|\, f(at).$ \hfill (8-3-10)

性質 3　時間逆轉

若 $\mathscr{F}\{f(t)\} = F(\omega)$, 則

$$\mathscr{F}\{f(-t)\} = F(-\omega).\tag{8-3-11}$$

證　在比例化性質中, 令 $a = -1$, 則得性質 3。

性質 4　對稱性

若 $\mathscr{F}\{f(t)\} = F(\omega)$, 則

$$\mathscr{F}\{F(t)\} = 2\pi f(-\omega).\tag{8-3-12}$$

證　利用逆傅立葉變換式如下

$$f(t) = \dfrac{1}{2\pi} \int_{-\infty}^{\infty} F(\omega)\, e^{i\omega t}\, d\omega$$

則

$$2\pi f(t) = \int_{-\infty}^{\infty} F(\omega)\, e^{i\omega t}\, d\omega$$

令 $t=-t$，得 $\quad 2\pi f(-t) = \int_{-\infty}^{\infty} F(\omega) e^{-i\omega t} d\omega$

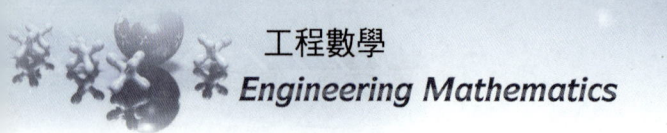

再將 t 與 ω 互換，得

$$2\pi f(-\omega) = \int_{-\infty}^{\infty} F(t) e^{-i\omega t} dt = \mathscr{F}\{F(t)\}$$

讀者應注意，若 $f(t)$ 為偶函數，即 $f(-t)=f(t)$，則變為

$$\mathscr{F}\{F(t)\} = 2\pi f(\omega).$$

【例題 11】 令 $f(t) = \begin{cases} 0, & t<0 \\ e^{-4t}, & t \geq 0 \end{cases}$，且單位階梯函數 $u(t) = \begin{cases} 0, & t<0 \\ 1, & t \geq 0 \end{cases}$，則我們得出 $f(t)=u(t)e^{-4t}$，試求 $\mathscr{F}\{f(t)\}$．

解
$$\mathscr{F}\{f(t)\} = F(\omega) = \int_{-\infty}^{\infty} f(t) e^{-i\omega t} dt = \int_{0}^{\infty} e^{-4t} e^{-i\omega t} dt$$

$$= \lim_{h \to \infty} \int_{0}^{h} e^{-(4+i\omega)t} dt = \lim_{h \to \infty} \left[\frac{-1}{4+i\omega} e^{-(4+i\omega)t} \Big|_{0}^{h} \right]$$

$$= \lim_{h \to \infty} \frac{1}{4+i\omega} \left[1 - e^{-(4+i\omega)h} \right] = \frac{1}{4+i\omega}.$$

【例題 12】 試求 $\mathscr{F}\{f(t)\}$，其中 $f(t) = \dfrac{9}{4+it}$．

解 若直接由傅立葉變換之定義計算，則頗為困難．但由例題 11 知，若 $g(t)=9u(t)e^{-4t}$，則

$$\mathscr{F}\{g(t)\} = \frac{9}{4+i\omega} = G(\omega)$$

由對稱定理，

$$\mathscr{F}\{G(t)\} = \mathscr{F}\left\{\frac{9}{4+it}\right\} = 2\pi g(-\omega) = 18\pi u(-\omega) e^{4\omega}$$

因此 $\quad F(\omega) = \begin{cases} 18\pi e^{4\omega}, & \omega \leq 0 \\ 0, & \omega > 0 \end{cases}.$

性質 5　時間移位

若 $\mathscr{F}\{f(t)\}=F(\omega)$，且 a 為任意實數，則

$$\mathscr{F}\{f(t-a)\}=e^{-i\omega a}F(\omega) \qquad (8\text{-}3\text{-}13)$$

即 $f(t-a)$ 的傅立葉變換為 $f(t)$ 的傅立葉變換乘以 $e^{-i\omega a}$.

證 因

$$\mathscr{F}\{f(t-a)\}=\int_{-\infty}^{\infty}f(t-a)\,e^{-i\omega t}\,dt$$

故令 $x=t-a,\,t=x+a,\,dt=dx$ 代入上式，得

$$\mathscr{F}\{f(t-a)\}=\int_{-\infty}^{\infty}f(x)\,e^{-i\omega(x+a)}\,dx=e^{-i\omega a}\int_{-\infty}^{\infty}f(x)\,e^{-i\omega x}\,dx$$

$$=e^{-i\omega a}F(\omega)$$

時間移位定理的逆式為：若 $\mathscr{F}\{f(t)\}=F(\omega)$，則

$$\mathscr{F}^{-1}\{e^{-i\omega a}F(\omega)\}=f(t-a) \qquad (8\text{-}3\text{-}14)$$

【例題 13】 試求 $\mathscr{F}^{-1}\left\{\dfrac{e^{4i\omega}}{1+i\omega}\right\}$.

解 利用時間移位定理的逆式，令 $a=-4$ 代入 (8-3-14) 式，得

$$\mathscr{F}^{-1}\left\{\dfrac{e^{-(-4i\omega)}}{1+i\omega}\right\}=f(t+4)$$

其中

$$f(t)=\mathscr{F}^{-1}\left\{\dfrac{1}{1+i\omega}\right\}=u(t)\,e^{-t}\quad(\text{參考例題 11})$$

因此，

$$\mathscr{F}^{-1}\left\{\dfrac{e^{4i\omega}}{1+i\omega}\right\}=f(t+4)=u(t+4)e^{-(t+4)}$$

若 $t<-4$，則此式等於 0；若 $t\geq -4$，則為 $e^{-(t+4)}$. 此函數之圖形如圖 8-3-3 所示.

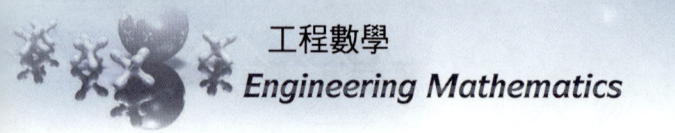

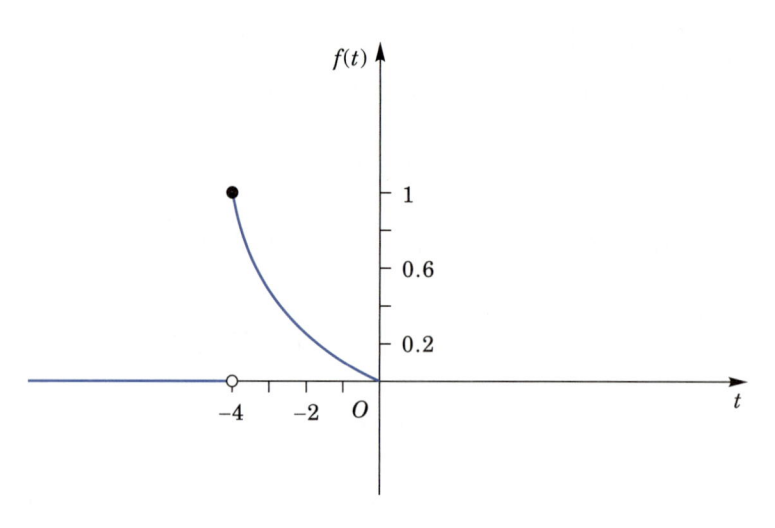

圖 8-3-3

性質 6　頻率移位 - 調變 (frequency shifting-modulation)

若 $\mathscr{F}\{f(t)\}=F(\omega)$，且 a 為一數，則

$$\mathscr{F}\{e^{iat}f(t)\}=F(\omega-a) \tag{8-3-15}$$

證 $\mathscr{F}\{e^{iat}f(t)\}=\int_{-\infty}^{\infty}e^{iat}f(t)e^{-i\omega t}\,dt=\int_{-\infty}^{\infty}f(t)e^{-i(\omega-a)t}\,dt=F(\omega-a)$

頻率移位定理的逆式為

$$\mathscr{F}^{-1}\{F(\omega-a)\}=e^{iat}f(t) \tag{8-3-16}$$

【例題 14】 試求 $\mathscr{F}^{-1}\left\{\dfrac{2e^{(\omega-1)i}}{4-(1-\omega)i}\right\}$。

解　因

$$\frac{2e^{(\omega-1)i}}{4-(1-\omega)i}=\frac{2e^{i(\omega-1)}}{4+(\omega-1)i}$$

故可將 $\dfrac{2e^{i(\omega-1)}}{4+(\omega-1)i}$ 視為 $\dfrac{2e^{i\omega}}{4+\omega i}$ 中之 ω 以 $\omega-1$ 取代所得者，並利用 (8-3-16) 式，求得

$$\mathscr{F}^{-1}\left\{\frac{2e^{(\omega-1)i}}{4-(1-\omega)i}\right\}=e^{it}f(t)$$

其中
$$f(t) = \mathscr{F}^{-1}\left\{\frac{2e^{i\omega}}{4+\omega i}\right\}$$

接著再利用時間移位定理之逆式 (8-3-14) 式，得

$$\mathscr{F}^{-1}\left\{\frac{2e^{i\omega}}{4+\omega i}\right\} = 2u(t+1)\,e^{-4(t+1)}$$

最後求得

$$\mathscr{F}^{-1}\left\{\frac{2e^{(\omega-1)i}}{4-(1-\omega)i}\right\} = 2e^{it}u(t+1)\,e^{-4(t+1)} = 2u(t+1)\,e^{-4-(4-i)t}$$

當 $t<-1$，此式等於 0；當 $t\geq -1$，則等於 $2e^{-4-(4-i)t}$。

性質 7　調幅

若 $\mathscr{F}\{f(t)\} = F(\omega)$，且 a 為一實數，則

$$\mathscr{F}\{f(t)\cos(at)\} = \frac{1}{2}[F(\omega+a)+F(\omega-a)]$$

與

$$\mathscr{F}\{f(t)\sin(at)\} = \frac{i}{2}[F(\omega+a)-F(\omega-a)] \tag{8-3-17}$$

證　利用歐勒公式

$$\cos(at) = \frac{1}{2}(e^{iat}+e^{-iat})$$

再利用頻率移位定理得，

$$\mathscr{F}\{f(t)\cos(at)\} = \mathscr{F}\left\{f(t)\cdot\frac{1}{2}(e^{iat}+e^{-iat})\right\} = \frac{1}{2}\left[\mathscr{F}\{e^{iat}f(t)\}+\mathscr{F}\{e^{-iat}f(t)\}\right]$$

$$= \frac{1}{2}[F(\omega-a)+F(\omega+a)] = \frac{1}{2}[F(\omega+a)+F(\omega-a)]$$

同理，利用 $\sin(at) = \dfrac{1}{2i}(e^{iat}-e^{-iat})$

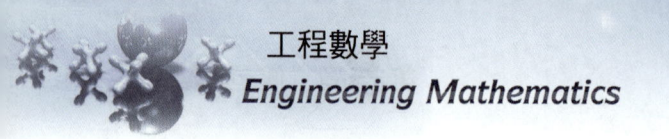

$$\mathcal{F}\{f(t)\sin(at)\} = \frac{1}{2i}\mathcal{F}\{f(t)(e^{iat}-e^{-iat})\} = \frac{1}{2i}[\mathcal{F}\{e^{iat}f(t)\}-\mathcal{F}\{e^{-iat}f(t)\}]$$

$$= \frac{1}{2i}[F(\omega-a)-F(\omega+a)] = \frac{i}{2i^2}[F(\omega-a)-F(\omega+a)]$$

$$= \frac{i}{2}[F(\omega+a)-F(\omega-a)].$$

【例題 15】 已知 $\mathcal{F}\left\{\dfrac{1}{a^2+t^2}\right\} = \dfrac{\pi}{a}e^{-a|\omega|}$，試求 $\mathcal{F}\left\{\dfrac{\sin t}{9+t^2}\right\}$.

解 利用性質 7，得知

$$\mathcal{F}\left\{\frac{\sin t}{9+t^2}\right\} = \frac{i}{2}\left[\frac{\pi}{2}e^{-3|\omega+1|} - \frac{\pi}{2}e^{-3|\omega-1|}\right] = \frac{i\pi}{4}(e^{-3|\omega+1|} - e^{-3|\omega-1|}).$$

五、傅立葉變換解常微分方程式

傅立葉變換解常微分方程式非常類似於拉氏變換解常微分方程式，需用到下列之定理.

定理 8-3-4　時間微分

若 $\lim\limits_{t\to\pm\infty} f(t) = 0$，則 $\mathcal{F}\{f'(t)\} = i\omega\,\mathcal{F}\{f(t)\}$.

證 由於
$$\mathcal{F}\{f'(t)\} = \frac{1}{2\pi}\int_{-\infty}^{\infty} f'(t)\,e^{-i\omega t}\,dt$$

利用分部積分法 (令 $u=e^{-i\omega t}$, $dv=f'(t)\,dt$)，則

$$\mathcal{F}\{f'(t)\} = \frac{1}{2\pi}\left[f(t)\,e^{-i\omega t}\Big|_{-\infty}^{\infty} + i\omega\int_{-\infty}^{\infty} f(t)\,e^{-i\omega t}\,dt\right]$$

由假設可知當 $t\to\infty$ 及 $t\to -\infty$ 時，$f(t)\to 0$，故

$$\mathcal{F}\{f'(t)\} = i\omega\,\frac{1}{2\pi}\int_{-\infty}^{\infty} f(t)\,e^{-i\omega t}\,dt = i\omega\,\mathcal{F}\{f(t)\}.$$

推論：令 n 為正整數，且 $f^{(n)}(t)$ 在每一區間 $[-L, L]$ 上均為分段連續，並且

瑕積分 $\int_{-\infty}^{\infty} \left|f^{(n-1)}(t)\right| dt$ 收斂；若

$$\lim_{t \to \pm\infty} f^{(k)}(t) = 0, \text{ 其中 } k = 0, 1, 2, \cdots, n-1$$

令 $\mathscr{F}\{f(t)\} = F(\omega)$，則

$$\mathscr{F}\{f^{(n)}(t)\} = (i\omega)^n \mathscr{F}\{f(t)\} = (i\omega)^n F(\omega)$$

特別是，

當 $n = 1$ 時，$\mathscr{F}\{f'(t)\} = i\omega F(\omega)$
當 $n = 2$ 時，$\mathscr{F}\{f''(t)\} = -\omega^2 F(\omega)$
當 $n = 3$ 時，$\mathscr{F}\{f'''(t)\} = -i\omega^3 F(\omega)$
$\vdots$
依此類推.

定理 8-3-5 頻率微分

$$\mathscr{F}\{tf(t)\} = iF'(\omega).$$

證 因

$$F(\omega) = \int_{-\infty}^{\infty} f(t) e^{-i\omega t} dt$$

可利用萊布尼茲法則，得

$$F'(\omega) = \frac{d}{d\omega} \int_{-\infty}^{\infty} f(t) e^{-i\omega t} dt = \int_{-\infty}^{\infty} \frac{\partial}{\partial \omega} [f(t) e^{-i\omega t}] dt$$

$$= \int_{-\infty}^{\infty} f(t) [-it e^{-i\omega t}] dt = -i \int_{-\infty}^{\infty} t f(t) e^{-i\omega t} dt$$

$$= -i \mathscr{F}\{tf(t)\}$$

故 $iF'(\omega) = -(i)^2 \mathscr{F}\{tf(t)\}$，即 $\mathscr{F}\{tf(t)\} = iF'(\omega)$ 得證.

推論：令 n 為一正整數，且對於每一 $L > 0$ 而言，f 在 $[-L, L]$ 上均為分段連續，並假設瑕積分 $\int_{-\infty}^{\infty} |t^n f(t)| dt$ 收斂，則

$$\mathscr{F}\{t^n f(t)\} = i^n F^{(n)}(\omega)$$

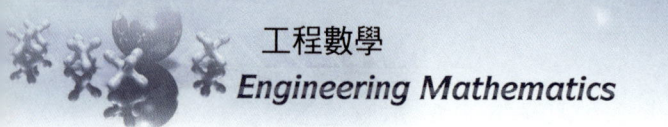

特別是，

當 $n=1$ 時，$\mathscr{F}\{t f(t)\} = iF'(\omega)$

當 $n=2$ 時，$\mathscr{F}\{t^2 f(t)\} = i^2 F''(\omega) = -F''(\omega)$

當 $n=3$ 時，$\mathscr{F}\{t^3 f(t)\} = i^3 F'''(\omega) = -iF'''(\omega)$

$\vdots$

依此類推.

【例題 16】試求 $\mathscr{F}\{e^{-2t^2}\}$.

解 因
$$F(\omega) = \mathscr{F}\{e^{-2t^2}\} = \int_{-\infty}^{\infty} e^{-2t^2} e^{-i\omega t} \, dt$$

故
$$F'(\omega) = \frac{d}{d\omega} \int_{-\infty}^{\infty} e^{-2t^2} e^{-i\omega t} \, dt = \int_{-\infty}^{\infty} \frac{\partial}{\partial \omega} [e^{-2t^2} e^{-i\omega t}] \, dt$$
$$= \int_{-\infty}^{\infty} e^{-2t^2} \cdot e^{-i\omega t} \cdot (-it) \, dt = -i \int_{-\infty}^{\infty} t e^{-i\omega t} e^{-2t^2} \, dt$$
$$= -i \left(\lim_{h \to -\infty} \int_h^0 t e^{-i\omega t} e^{-2t^2} \, dt + \lim_{h \to \infty} \int_0^h t e^{-i\omega t} e^{-2t^2} \, dt \right)$$

利用分部積分法 (令 $u = e^{-i\omega t}, dv = te^{-2t^2} dt$)，得

$$F'(\omega) = -i \left[-\frac{e^{-i\omega t} e^{-2t^2}}{4} \bigg|_{-\infty}^{\infty} - \frac{i\omega}{4} \int_{-\infty}^{\infty} e^{-i\omega t} e^{-2t^2} \, dt \right]$$
$$= -\frac{\omega}{4} \int_{-\infty}^{\infty} e^{-2t^2} e^{-i\omega t} dt = -\frac{\omega}{4} F(\omega)$$

上式為一變數可分離之微分方程式，其解為

$$F(\omega) = c e^{-\omega^2/8}$$

其中
$$c = F(0) = \int_{-\infty}^{\infty} e^{-2t^2} \, dt = 2 \int_0^{\infty} e^{-2t^2} \, dt$$
$$= \frac{2}{\sqrt{2}} \int_0^{\infty} e^{-x^2} \, dx \ (\text{令 } 2t^2 = x^2)$$

$$= \frac{2}{\sqrt{2}} \cdot \frac{\sqrt{\pi}}{2} = \sqrt{\frac{\pi}{2}}$$

於是, $$F(\omega) = \mathscr{F}\{e^{-2t^2}\} = \sqrt{\frac{\pi}{2}}\, e^{-\omega^2/8}.$$

【例題 17】試求 $\mathscr{F}\{te^{-2t^2}\}$.

解 $\mathscr{F}\{te^{-2t^2}\} = i\dfrac{d}{d\omega}\left(\sqrt{\dfrac{\pi}{2}}\, e^{-\omega^2/8}\right) = -\dfrac{i\omega}{4}\sqrt{\dfrac{\pi}{2}}\, e^{-\omega^2/8}.$

【例題 18】試求微分方程式 $y' - 2y = u(t)\, e^{-2t}$ $(t \in \mathbb{R})$ 之特解.

解 令 $\mathscr{F}\{y(t)\} = Y(\omega)$, 則得

$$\mathscr{F}\{y' - 2y\} = \mathscr{F}\{u(t)\, e^{-2t}\}$$

$$\mathscr{F}\{y'\} - 2\mathscr{F}\{y\} = \frac{1}{2 + i\omega}$$

故 $$i\omega Y(\omega) - 2Y(\omega) = \frac{1}{2 + i\omega}$$

解得 $$Y(\omega) = \frac{1}{(2+i\omega)(i\omega - 2)} = \frac{-1}{4 + \omega^2}$$

故 $$y(t) = \mathscr{F}^{-1}\left\{\frac{-1}{4+\omega^2}\right\} = -\frac{1}{4}\mathscr{F}^{-1}\left\{\frac{2\cdot 2}{2^2+\omega^2}\right\} = -\frac{1}{4}e^{-2|t|}$$

或 $$y(t) = \begin{cases} -\dfrac{1}{4}e^{2t}, & t < 0 \\ -\dfrac{1}{4}e^{-2t}, & t \geq 0 \end{cases}.$$

【例題 19】試求 $y''(t) + 2y'(t) + 2y(t) = f(t)$ 的特解; $f(t) = \begin{cases} 2, & 0 \leq t \leq 1 \\ 0, & \text{其他} \end{cases}.$

解 令 $\mathscr{F}\{y(t)\} = Y(s)$, 方程式兩端取傅立葉複數變換,

$$\mathscr{F}\{y''(t)\} + 2\mathscr{F}\{y'(t)\} + 2\mathscr{F}\{y(t)\} = \mathscr{F}\{f(t)\}$$

477

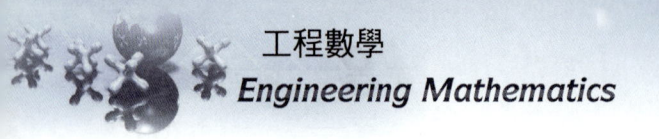

則 $$-\omega^2 Y(\omega) + 2i\omega Y(\omega) + 2Y(\omega) = \int_0^1 2e^{-i\omega t}\, dt$$

故 $$(-\omega^2 + 2i\omega + 2)Y(\omega) = \frac{2(e^{-i\omega} - 1)}{-i\omega}$$

解得 $$Y(\omega) = \frac{2(e^{-i\omega} - 1)}{i\omega\,(\omega^2 - 2i\omega - 2)}$$

逆變換得

$$f(t) = \frac{1}{2\pi}\int_{-\infty}^{\infty} \frac{2(e^{-i\omega} - 1)}{i\omega\,(\omega^2 - 2i\omega - 2)} e^{i\omega t}\, d\omega$$

$$= \frac{1}{\pi}\int_{-\infty}^{\infty} \frac{e^{-i\omega} - 1}{i\omega\,(\omega^2 - 2i\omega - 2)} e^{i\omega t}\, d\omega.$$

定理 8-3-6　積分的變換

若 f 在每一區間 $[-L, L]$ 上均為分段連續，且瑕積分 $\int_{-\infty}^{\infty}|f(t)|\,dt$ 收斂，又設 $F(0) = 0$，其中 $F(\omega) = \mathscr{F}\{f(t)\}$，則

$$\mathscr{F}\left\{\int_{-\infty}^{t} f(\mu)\, d\mu\right\} = \frac{1}{i\omega} F(\omega).$$

證 假設 $G(t) = \int_{-\infty}^{t} f(\mu)\, d\mu$，只要 $f(t)$ 連續，則

$$G'(t) = \frac{d}{dt}\int_{-\infty}^{t} f(\mu)\, d\mu = f(t)$$

由 $G(t)$ 之定義知，當 $t \to -\infty$ 時，$G(t) \to 0$，故 $G(t)$ 可定義. 另外，由 $G(t)$ 之傅立葉變換的存在條件 (比絕對可積分更限制) 為 $\lim\limits_{t\to\infty} G(t) = 0$，此表示

$$\int_{-\infty}^{\infty} f(\mu)\, d\mu = 0$$

即 $$F(\omega)\big|_{\omega=0} = \int_{-\infty}^{\infty} f(\mu)\, e^{-i\omega\mu}\, d\mu$$

第 8 章　傅立葉變換

此相當於 $F(0)=0$.

現將定理 8-3-4 應用到 $G(t)$ 上，得

$$F(\omega) = \mathscr{F}\{f(t)\} = \mathscr{F}\{G'(t)\} = i\omega \mathscr{F}\{G(t)\} = i\omega \mathscr{F}\left\{\int_{-\infty}^{t} f(\mu)\, d\mu\right\}$$

故

$$\mathscr{F}\left\{\int_{-\infty}^{t} f(\mu)\, d\mu\right\} = \frac{1}{i\omega} F(\omega)$$

六、傅立葉變換解積分方程式

定義　8-3-7　f 與 g 之褶積

若 f 與 g 均具有傅立葉變換，則 f 與 g 的**褶積** (convolution) $f * g$ 定義為

$$f(t) * g(t) = \int_{-\infty}^{\infty} f(\mu)\, g(t-\mu)\, d\mu \tag{8-3-18}$$

定理　8-3-7　時間褶積

若 $f(t)$ 與 $g(t)$ 在 $[-L, L]$ 上為分段連續，且為絕對可積分；令 $\mathscr{F}\{f(t)\}=F(\omega)$，且 $\mathscr{F}\{g(t)\}=G(\omega)$，則

$$\mathscr{F}\{f(t) * g(t)\} = F(\omega) \cdot G(\omega).$$

證　因

$$f(t) * g(t) = \int_{-\infty}^{\infty} f(\mu)\, g(t-\mu)\, d\mu$$

故

$$\mathscr{F}\{f(t) * g(t)\} = \int_{-\infty}^{\infty} \left[\int_{-\infty}^{\infty} f(\mu)\, g(t-\mu)\, d\mu\right] e^{-i\omega t}\, dt$$

$$= \int_{-\infty}^{\infty} \left[\int_{-\infty}^{\infty} f(\mu)\, g(t-\mu)\, e^{-i\omega t}\, dt\right] d\mu$$

$$= \int_{-\infty}^{\infty} \left[\int_{-\infty}^{\infty} f(\mu)\, g(t-\mu)\, e^{-i\omega(t-\mu)}\, dt\right] e^{-i\omega\mu}\, d\mu$$

令 $x = t - \mu,\, dx = dt$，代入上式可得

$$\mathcal{F}\{f(t)*g(t)\} = \int_{-\infty}^{\infty}\left[\int_{-\infty}^{\infty} f(\mu)\,g(x)\,e^{-i\omega x}\,dx\right] e^{-i\omega\mu}\,d\mu$$

$$= \left[\int_{-\infty}^{\infty} f(\mu)\,e^{-i\omega\mu}\,d\mu\right]\left[\int_{-\infty}^{\infty} g(x)\,e^{-i\omega x}\,dx\right]$$

$$= \mathcal{F}\{f(t)\} \cdot \mathcal{F}\{g(t)\}$$

$$= F(\omega) \cdot G(\omega)$$

時間褶積之逆式為

$$\mathcal{F}^{-1}\{F(\omega) \cdot G(\omega)\} = f(t)*g(t) \qquad (8\text{-}3\text{-}19)$$

定理 8-3-8 頻率褶積

$$\mathcal{F}\{f(t)\,g(t)\} = \frac{1}{2\pi} F(\omega) * G(\omega).$$

證 由逆傅立葉變換知

$$\mathcal{F}^{-1}\{F(\omega)*G(\omega)\} = \frac{1}{2\pi}\int_{-\infty}^{\infty}\left[\int_{-\infty}^{\infty} F(\lambda)\,G(\omega-\lambda)\,d\lambda\right] e^{i\omega t}\,d\omega$$

$$= \frac{1}{2\pi}\int_{-\infty}^{\infty} F(\lambda)\left[\int_{-\infty}^{\infty} G(\omega-\lambda)\,e^{i\omega t}\,d\omega\right] d\lambda$$

令 $\omega-\lambda=v$，則 $\omega=v+\lambda$，$d\omega=dv$，代入上式得

$$\mathcal{F}^{-1}\{F(\omega)*G(\omega)\} = \frac{1}{2\pi}\int_{-\infty}^{\infty} F(\lambda)\left[\int_{-\infty}^{\infty} G(v)\,e^{i(v+\lambda)t}\,dv\right] d\lambda$$

$$= \frac{1}{2\pi}\left[\int_{-\infty}^{\infty} F(\lambda)\,e^{i\lambda t}\,d\lambda\right]\left[\int_{-\infty}^{\infty} G(v)\,e^{ivt}\,dv\right]$$

$$= 2\pi\left[\frac{1}{2\pi}\int_{-\infty}^{\infty} F(\lambda)\,e^{i\lambda t}\,d\lambda\right]\left[\frac{1}{2\pi}\int_{-\infty}^{\infty} G(v)\,e^{ivt}\,dv\right]$$

$$= 2\pi[\mathcal{F}^{-1}\{F(\lambda)\}\,\mathcal{F}^{-1}\{G(v)\}]$$

$$= 2\pi f(t)\,g(t)$$

故

$$\frac{1}{2\pi}\mathcal{F}^{-1}\{F(\omega)*G(\omega)\} = f(t)\,g(t)$$

即
$$\mathcal{F}\{f(t)\,g(t)\} = \frac{1}{2\pi}[F(\omega) * G(\omega)]$$

頻率褶積之逆式為

$$\mathcal{F}^{-1}\{F(\omega) * G(\omega)\} = 2\pi f(t)\,g(t). \tag{8-3-20}$$

【例題 20】 試求 $\mathcal{F}^{-1}\left\{\dfrac{1}{(2+i\omega)(1+i\omega)}\right\}$.

解 因
$$\mathcal{F}^{-1}\left\{\frac{1}{(2+i\omega)(1+i\omega)}\right\} = u(t)\,e^{-2t} * u(t)e^{-t}$$

故利用褶積之定義計算此褶積，得

$$u(t)\,e^{-2t} * u(t)\,e^{-t} = \int_{-\infty}^{\infty} u(\mu)\,e^{-2\mu}\,u(t-\mu)\,e^{-(t-\mu)}\,d\mu$$

$$= e^{-t}\int_{-\infty}^{\infty} u(\mu)\,u(t-\mu)\,e^{-\mu}\,d\mu$$

現在，
$$u(\mu)\,u(t-\mu) = \begin{cases} 0, & \begin{cases} \mu < 0 \\ \mu > t \end{cases} \\ 1, & 0 < \mu < t \end{cases}$$

特別是，$u(\mu)\,u(t-\mu)=0$，若 $t<0$，所以，

$$e^{-t}\int_{-\infty}^{\infty} u(\mu)\,u(t-\mu)\,e^{-\mu}\,d\mu = \begin{cases} 0, & \text{若 } t<0 \\ e^{-t}\int_{0}^{t} e^{-\mu}\,d\mu, & \text{若 } t\geq 0 \end{cases}$$

由於 $\int_{0}^{t} e^{-\mu}d\mu = 1-e^{-t}$ 故求得

$$\mathcal{F}^{-1}\left\{\frac{1}{(2+i\omega)(1+i\omega)}\right\} = \begin{cases} e^{-t}(1-e^{-t}), & \text{若 } t\geq 0 \\ 0, & \text{若 } t<0 \end{cases}$$

整理得

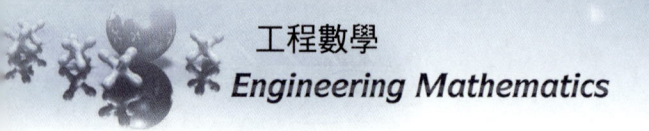

$$\mathscr{F}^{-1}\left\{\frac{1}{(2+i\omega)(1+i\omega)}\right\} = u(t)\, e^{-t}\,(1-e^{-t}).$$

【例題 21】試解下列的積分方程式

$$\int_{-\infty}^{\infty} \frac{y(v)}{(t-v)^2+4}\, dv = \frac{1}{t^2+9}.$$

解 利用傅立葉變換之褶積定理知

$$\mathscr{F}\{y(t)*f(t)\} = \mathscr{F}\left\{\int_{-\infty}^{\infty} y(v)\, f(t-v)\, dv\right\} = Y(\omega)\, F(\omega)$$

將原積分方程式取傅立葉變換，得

$$\mathscr{F}\left\{\int_{-\infty}^{\infty} \frac{y(v)}{(t-v)^2+4}\, dv\right\} = \mathscr{F}\left\{\int_{-\infty}^{\infty} \frac{y(v)}{(t-v)^2+2^2}\, dv\right\} = \mathscr{F}\left\{\frac{1}{t^2+9}\right\}$$

但

$$\mathscr{F}\left\{\frac{1}{t^2+9}\right\} = \mathscr{F}\left\{\frac{1}{t^2+3^2}\right\} = \int_{-\infty}^{\infty} \frac{1}{t^2+3^2}\, e^{-i\omega t}\, dt = \frac{\pi}{3} e^{-3\omega}$$

得

$$Y(\omega) \cdot \frac{\pi}{2} e^{-2\omega} = \frac{\pi}{3} e^{-3\omega}$$

解得

$$Y(\omega) = \frac{2}{3} e^{-\omega}$$

故上式之逆變換為

$$y(t) = \mathscr{F}^{-1}\{Y(\omega)\} = \frac{2}{3\pi(t^2+1)}.$$

習題 8-3

1. 試求下列函數之傅立葉變換．

第8章 傅立葉變換

$(1)\ f(t)=\begin{cases} 1, & 0\le t\le 1 \\ -1, & -1\le t\le 0 \\ 0, & |t|>1 \end{cases}$
$(2)\ f(t)=\begin{cases} \sin(t), & -2\le t\le 2 \\ 0, & t>|2| \end{cases}$

$(3)\ f(t)=u(t-2)e^{-t/4}$

$(4)\ f(t)=3u(t-3)e^{-3t}$

$(5)\ f(t)=3e^{-4|t|}\cos(2t)$

$(6)\ f(t)=\dfrac{\sin t}{9+t^2}$

$(7)\ f(t)=\dfrac{1}{(t+3)^2+4}$

$(8)\ f(t)=6e^{-3(t-6)^2}$

$(9)\ f(t)=te^{-t^2}$

$(10)\ f(t)=\dfrac{t}{25+t^2}$

$(11)\ f(t)=3te^{-9t^2}$

$(12)\ f(t)=5u(t)\,te^{-4t}$

2. 試求下列各函數之傅立葉正弦及傅立葉餘弦變換.

$(1)\ f(t)=e^{-t}$ $\qquad(2)\ f(t)=e^{-kt},\ k>0$

$(3)\ f(t)=\begin{cases} 1, & 0\le t<1 \\ -1, & 1\le t<2 \\ 0, & t\ge 2 \end{cases}$ $\qquad(4)\ f(t)=te^{-t}$

3. 試求下列各函數之逆傅立葉變換.

$(1)\ \dfrac{e^{(24-4\omega)i}}{4-(6-\omega)i}$ $\qquad(2)\ \dfrac{12\sin(5\omega)}{\omega+\pi}$

$(3)\ \dfrac{1+\omega i}{6-\omega^2+5\omega i}$

4. 試利用褶積求 $\dfrac{\sin(5\omega)}{\omega(2+i\omega)}$ 之逆傅立葉變換.

5. 試利用傅立葉變換解下列之微分方程式

$$y''(t)+6y'(t)+5y(t)=\delta(t-1)$$

$\delta(t-1)$ 表脈衝函數 (impluse function).

6. 若積分方程式為 $\displaystyle\int_0^\infty f(t)\cos\omega t\,dt=e^{-\omega}$,求 $f(t)$.

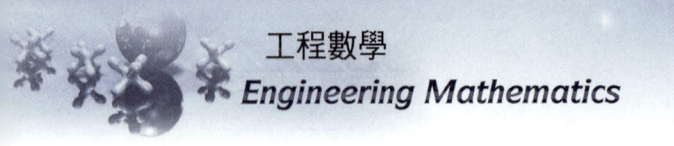

7. 若 $\int_0^\infty f(t)\cos\alpha t\, dt = \begin{cases} 1-\alpha, & 0\leq \alpha\leq 1 \\ 0, & \alpha>1 \end{cases}$，試求 $f(t)$。

8-4 傅立葉變換表

表 8-4-1　傅立葉變換

1. $f(t)=\begin{cases} 0, & t<0 \\ e^{-at}, & 0<t, a>0 \end{cases}$	$F(\omega)=\dfrac{1}{a+i\omega}$
2. $f(t)=e^{at};\ t>0,\ a<0$	$F(\omega)=\dfrac{1}{i\omega-a}$
3. $f(t)=\begin{cases} e^{at}, & t\leq 0 \\ e^{-at}, & t\geq 0 \end{cases},\ a>0$	$F(\omega)=\dfrac{2a}{a^2+\omega^2}$
4. $f(t)=e^{-at};\ t<0,\ a<0$	$F(\omega)=\dfrac{-1}{i\omega+a}$
5. $f(t)=e^{a|t|},\ a<0$	$F(\omega)=\dfrac{-2a}{\omega^2+a^2}$
6. $f(t)=\begin{cases} -e^{at}, & t<0 \\ e^{-at}, & t>0 \end{cases},\ a>0$	$F(\omega)=\dfrac{-2i\omega}{a^2+\omega^2}$
7. $f(t)=e^{-at};\ 0<t,\ a>0$	$F_c(\omega)=\sqrt{\dfrac{2}{\pi}}\dfrac{a}{a^2+\omega^2}$
8. $f(t)=e^{-at};\ 0<t,\ a>0$	$F_s(\omega)=\sqrt{\dfrac{2}{\pi}}\dfrac{\omega}{a^2+\omega^2}$
9. $f(t)=\begin{cases} 0, & -\infty<t<-k \\ a, & -k<t<0 \\ b, & 0<t<l \\ 0, & l<t<\infty \end{cases}$	$F(\omega)=\dfrac{1}{i\omega}[(b-a)+ae^{i\omega k}-be^{-i\omega l}]$
10. $f(t)=te^{-a|t|}\ (a>0)$	$F(\omega)=\dfrac{4ai}{(a^2+\omega^2)^2}$
11. $f(t)=|t|e^{-a|t|}\ (a>0)$	$F(\omega)=\dfrac{2(a^2-\omega^2)}{(a^2+\omega^2)^2}$

表 8-4-1　（續）

12. $f(t) = e^{-a^2 t^2} \quad (a > 0)$	$F(\omega) = \dfrac{\sqrt{\pi}}{a} e^{-\omega^2/4a^2}$
13. $f(t) = \dfrac{1}{a^2 + t^2} \quad (a > 0)$	$F(\omega) = \dfrac{\pi}{a} e^{-a|\omega|}$
14. $f(t) = \dfrac{t}{a^2 + t^2} \quad (a > 0)$	$F(\omega) = -\dfrac{i\pi}{2a} \omega e^{-a|\omega|}$
15. $f(t) = u(t + a) - u(t - a)$	$F(\omega) = \dfrac{2 \sin(a\omega)}{\omega}$

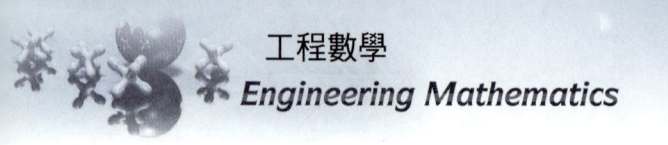

表 8-4-2　傅立葉餘弦變換

$f(t)$	$\mathscr{F}_c\{(ft)\}=F_c(\omega)$
1.　t^{r-1}　$(0<r<1)$	$\Gamma(r)\cos\left(\dfrac{\pi r}{2}\right)\omega^{-r}$
2.　e^{-at}　$(a>0)$	$\dfrac{a}{a^2+\omega^2}$
3.　te^{-at}　$(a>0)$	$\dfrac{a^2-\omega^2}{(a^2+\omega^2)^2}$
4.　$e^{-a^2t^2}$　$(a>0)$	$\dfrac{\sqrt{\pi}}{2}a^{-1}\omega e^{-\omega^2/4a^2}$
5.　$\dfrac{1}{a^2+t^2}$　$(a>0)$	$\dfrac{\pi}{2a}e^{-a\omega}$
6.　$\dfrac{1}{(a^2+t^2)^2}$　$(a>0)$	$\dfrac{\pi}{4}a^{-3}e^{-a\omega}(1+a\omega)$
7.　$\cos\left(\dfrac{t^2}{2}\right)$	$\dfrac{\sqrt{\pi}}{2}\left[\cos\left(\dfrac{\omega^2}{2}\right)+\sin\left(\dfrac{\omega^2}{2}\right)\right]$
8.　$\sin\left(\dfrac{t^2}{2}\right)$	$\dfrac{\sqrt{\pi}}{2}\left[\cos\left(\dfrac{\omega^2}{2}\right)-\sin\left(\dfrac{\omega^2}{2}\right)\right]$
9.　$\dfrac{1}{2}(1+t)e^{-t}$	$\dfrac{1}{(1+\omega^2)^2}$
10.　$\sqrt{\dfrac{2}{\pi t}}$	$\dfrac{1}{\sqrt{\omega}}$
11.　$e^{-t/\sqrt{2}}\sin\left(\dfrac{\pi}{4}+\dfrac{t}{\sqrt{2}}\right)$	$\dfrac{1}{1+\omega^2}$
12.　$e^{-t/\sqrt{2}}\cos\left(\dfrac{\pi}{4}+\dfrac{t}{\sqrt{2}}\right)$	$\dfrac{\omega^2}{1+\omega^4}$
13.　$\dfrac{2}{t}e^{-t}\sin(t)$	$\tan^{-1}\left(\dfrac{2}{\omega^2}\right)$
14.　$u(t)-u(t-a)$	$\dfrac{1}{\omega}\sin(a\omega)$

表 8-4-3 傅立葉正弦變換

$f(t)$	$\mathscr{F}_s\{(ft)\}=F_s(\omega)$
1. $\dfrac{1}{t}$	$\begin{cases} \dfrac{\pi}{2}, & 若\ \omega>0 \\ -\dfrac{\pi}{2}, & 若\ \omega<0 \end{cases}$
2. $t^{r-1}\quad(0<r<1)$	$\Gamma(r)\sin\left(\dfrac{\pi r}{2}\right)\omega^{-r}$
3. $\dfrac{1}{\sqrt{t}}$	$\sqrt{\dfrac{\pi}{2}}\,\omega^{-1/2}$
4. $e^{-at}\quad(a>0)$	$\dfrac{\omega}{a^2+\omega^2}$
5. $te^{-at}\quad(a>0)$	$\dfrac{2a\omega}{(a^2+\omega^2)^2}$
6. $te^{-a^2t^2}\quad(a>0)$	$\dfrac{\sqrt{\pi}}{4}a^{-3}\omega e^{-\omega^2/4a^2}$
7. $t^{-1}e^{-at}\quad(a>0)$	$\tan^{-1}\left(\dfrac{\omega}{a}\right)$
8. $\dfrac{t}{a^2+t^2}\quad(a>0)$	$\dfrac{\pi}{2}e^{-a\omega}$
9. $\dfrac{t}{(a^2+t^2)^2}\quad(a>0)$	$2^{-3/2}a^{-1}\omega e^{-a\omega}$
10. $\dfrac{1}{t(a^2+t^2)}\quad(a>0)$	$\dfrac{\pi}{2}a^{-2}(1-e^{-a\omega})$
11. $e^{-t/\sqrt{2}}\sin\left(\dfrac{t}{\sqrt{2}}\right)$	$\dfrac{\omega}{1+\omega^4}$
12. $\dfrac{2}{\pi}\dfrac{t}{a^2+t^2}$	$e^{-a\omega}$
13. $\dfrac{2}{\pi}\tan^{-1}\left(\dfrac{a}{t}\right)$	$\dfrac{1}{\omega}(1-e^{-a\omega})\quad(a>0)$

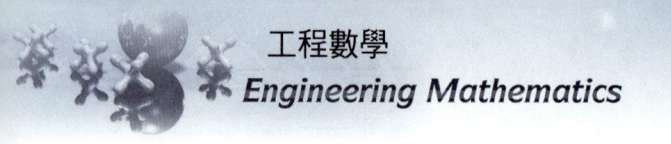

表 8-4-3　（續）

$f(t)$	$\mathscr{F}_s\{(ft)\}=F_s(\omega)$
14.　$\operatorname{erfc}\left(\dfrac{t}{2\sqrt{a}}\right)$	$\dfrac{1}{\omega}(1-e^{-a\omega^2})$
15.　$\dfrac{4}{\pi}\dfrac{t}{4+t^4}$	$e^{-\omega}\sin(\omega)$
16.　$\sqrt{\dfrac{2}{\pi t}}$	$\dfrac{1}{\sqrt{\omega}}$

chapter 9

線性微分方程組

9-1 齊次線性微分方程組

齊次線性微分方程組在工程上，尤其是電路學、自動控制或彈簧系統的振動問題，應用非常廣泛．我們曾在第四章例題中，應用**拉氏變換**解微分方程組，在本章中，我們將應用矩陣的對角線化或利用矩陣之特徵值去解線性微分方程組．

有關 n 個未知函數及 n 個微分方程式的線性方程組可表為下式

$$\begin{aligned}
x_1'(t) &= a_{11}x_1(t) + a_{12}x_2(t) + \cdots + a_{1n}x_n(t) \\
x_2'(t) &= a_{21}x_1(t) + a_{22}x_2(t) + \cdots + a_{2n}x_n(t) \\
&\vdots \\
x_n'(t) &= a_{n1}x_1(t) + a_{n2}x_2(t) + \cdots + a_{nn}x_n(t)
\end{aligned} \tag{9-1-1}$$

其中 a_{ij} 為實數，(9-1-1) 式稱為 $n \times n$ **一階線性微分方程組**．

現在，令

$$\mathbf{x}(t) = \begin{bmatrix} x_1(t) \\ x_2(t) \\ \vdots \\ x_n(t) \end{bmatrix}$$

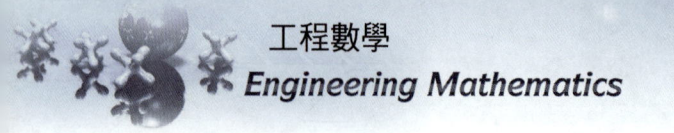

此處 $\mathbf{x}(t)$ 稱為**向量函數**，如果我們定義

$$\mathbf{x}'(t) = \frac{d\mathbf{x}(t)}{dt} = \begin{bmatrix} \dfrac{dx_1(t)}{dt} \\ \dfrac{dx_2(t)}{dt} \\ \vdots \\ \dfrac{dx_n(t)}{dt} \end{bmatrix} = \begin{bmatrix} x_1'(t) \\ x_2'(t) \\ \vdots \\ x_n'(t) \end{bmatrix}$$

而係數矩陣為

$$\mathbf{A} = \begin{bmatrix} a_{11} & a_{12} & \cdots & a_{1n} \\ a_{21} & a_{22} & \cdots & a_{2n} \\ \vdots & \vdots & \vdots & \vdots \\ a_{n1} & a_{n2} & \cdots & a_{nn} \end{bmatrix}$$

則 (9-1-1) 式可改寫成下列的形式

$$\mathbf{x}'(t) = \mathbf{A}\mathbf{x}(t) \qquad (9\text{-}1\text{-}2)$$

線性微分方程組 (9-1-1) 式在區間 $[a, b]$ 的解為任一 $n \times 1$ 的向量函數 $\mathbf{x}(t)$，此向量函數在 $[a, b]$ 為可微分且滿足 (9-1-1) 式．

【例題 1】試證

$$\mathbf{x}_1(t) = \begin{bmatrix} -2e^{2t} \\ e^{2t} \end{bmatrix} \quad \text{與} \quad \mathbf{x}_2(t) = \begin{bmatrix} e^{3t} \\ -e^{3t} \end{bmatrix}$$

皆為下列微分方程組的解

$$\mathbf{x}'(t) = \begin{bmatrix} 1 & -2 \\ 1 & 4 \end{bmatrix} \mathbf{x}(t) = \mathbf{A}\mathbf{x}(t).$$

解 已知 $\mathbf{x}_1(t) = \begin{bmatrix} -2e^{2t} \\ e^{2t} \end{bmatrix}$，微分得 $\mathbf{x}_1'(t) = \dfrac{d}{dt}\begin{bmatrix} -2e^{2t} \\ e^{2t} \end{bmatrix} = \begin{bmatrix} -4e^{2t} \\ 2e^{2t} \end{bmatrix}$，所以，

$$\mathbf{A}\mathbf{x}_1(t) = \begin{bmatrix} 1 & -2 \\ 1 & 4 \end{bmatrix}\begin{bmatrix} -2e^{2t} \\ e^{2t} \end{bmatrix} = \begin{bmatrix} -2e^{2t} - 2e^{2t} \\ -2e^{2t} + 4e^{2t} \end{bmatrix}\begin{bmatrix} -4e^{2t} \\ 2e^{2t} \end{bmatrix}$$

因為 $\mathbf{x}_1'(t)=A\mathbf{x}_1(t)$，故 $\mathbf{x}_1(t)$ 為 $\mathbf{x}'(t)=A\mathbf{x}(t)$ 的解．同理，可證得 $\mathbf{x}_2(t)$ 亦為 $\mathbf{x}'(t)=A\mathbf{x}(t)$ 的解．

定義 9-1-1

齊次微分方程組 $\mathbf{x}'(t)=A\mathbf{x}(t)$ 在 $[a, b]$ 上 n 個線性獨立解向量 $\mathbf{x}_1(t), \mathbf{x}_2(t), \cdots, \mathbf{x}_n(t)$ 的任意集合，稱為在 $[a, b]$ 上的**基本解集合** (fundamental set of solutions)．

定理 9-1-1

令 $\mathbf{x}_1(t)=\begin{bmatrix} x_{11}(t) \\ x_{21}(t) \\ \vdots \\ x_{n1}(t) \end{bmatrix}, \mathbf{x}_2(t)=\begin{bmatrix} x_{12}(t) \\ x_{22}(t) \\ \vdots \\ x_{n2}(t) \end{bmatrix}, \cdots, \mathbf{x}_n(t)=\begin{bmatrix} x_{1n}(t) \\ x_{2n}(t) \\ \vdots \\ x_{nn}(t) \end{bmatrix}$ 為齊次微分方程組 $\mathbf{x}'(t)=A\mathbf{x}(t)$ 在 $[a, b]$ 上的 n 個解向量．這些解向量的集合為線性獨立，因此，為一**基本集合** (fundamental set)，若且唯若對每一個 $t \in [a, b]$，朗士基行列式

$$W(t) = \det(\mathbf{x}_1(t), \mathbf{x}_2(t), \cdots, \mathbf{x}_n(t)) = \begin{vmatrix} x_{11}(t) & x_{12}(t) & \cdots & x_{1n}(t) \\ x_{21}(t) & x_{22}(t) & \cdots & x_{2n}(t) \\ \vdots & \vdots & & \vdots \\ x_{n1}(t) & x_{n2}(t) & \cdots & x_{nn}(t) \end{vmatrix} \neq 0.$$

【例題 2】應用定理 9-1-1 證明

$$\mathbf{x}_1(t) = \begin{bmatrix} -2e^{2t} \\ e^{2t} \end{bmatrix} \text{ 與 } \mathbf{x}_2(t) = \begin{bmatrix} e^{3t} \\ -e^{3t} \end{bmatrix}$$

可作為微分方程組 $\mathbf{x}'(t) = \begin{bmatrix} 1 & -2 \\ 1 & 4 \end{bmatrix} \mathbf{x}(t)$ 之解的基本集合．

解　在例題 1 中，曾證明 $\mathbf{x}_1(t)$ 與 $\mathbf{x}_2(t)$ 皆為齊次微分方程組的解向量．

$$W(t) = \det(\mathbf{x}_1(t), \mathbf{x}_2(t)) = \begin{vmatrix} -2e^{2t} & e^{3t} \\ e^{2t} & -e^{3t} \end{vmatrix}$$

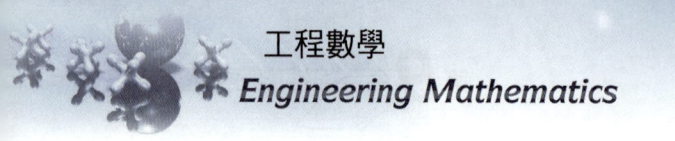

$$= 2e^{5t} - e^{5t} = e^{5t} \neq 0$$

故 $\mathbf{x}_1(t)$ 與 $\mathbf{x}_2(t)$ 為線性獨立，因此，可作為已知微分方程組解的基本集合．

定義 9-1-2

令 $\mathbf{x}_1(t), \mathbf{x}_2(t), \cdots, \mathbf{x}_n(t)$ 為 $\mathbf{x}'(t) = A\mathbf{x}(t)$ 在 $[a, b]$ 上解的基本集合，則微分方程組的**通解**為

$$\mathbf{x}(t) = c_1\mathbf{x}_1(t) + c_2\mathbf{x}_2(t) + \cdots + c_n\mathbf{x}_n(t)$$

其中 $c_1, c_2, \cdots, c_n$ 為任意常數．
$\mathbf{x}(t_0) = \mathbf{x}_0$ 稱為**初期條件**，下列的問題

$$\begin{cases} \mathbf{x}(t) = A\mathbf{x}(t) \\ \mathbf{x}(t_0) = \mathbf{x}_0 \end{cases} \tag{9-1-3}$$

稱為**初期值問題**．

【例題 3】令 $\mathbf{x}_1(t) = \begin{bmatrix} -e^{-t} \\ e^{-t} \\ 0 \end{bmatrix}$，$\mathbf{x}_2(t) = \begin{bmatrix} -e^{-t} \\ 0 \\ e^{-t} \end{bmatrix}$，$\mathbf{x}_3(t) = \begin{bmatrix} e^{-4t} \\ e^{-4t} \\ e^{-4t} \end{bmatrix}$，試證 $\mathbf{x}_1(t)$、$\mathbf{x}_2(t)$ 與 $\mathbf{x}_3(t)$ 可作為

$$\mathbf{x}'(t) = \begin{bmatrix} -2 & -1 & -1 \\ -1 & -2 & -1 \\ -1 & -1 & -2 \end{bmatrix} \mathbf{x}(t)$$

解的基本集合並寫出通解．

解

$$\mathbf{x}'_1(t) = \frac{d}{dt} \begin{bmatrix} -e^{-t} \\ e^{-t} \\ 0 \end{bmatrix} = \begin{bmatrix} e^{-t} \\ -e^{-t} \\ 0 \end{bmatrix},$$

$$\mathbf{x}_2'(t) = \frac{d}{dt}\begin{bmatrix} -e^{-t} \\ 0 \\ e^{-t} \end{bmatrix} = \begin{bmatrix} e^{-t} \\ 0 \\ -e^{-t} \end{bmatrix}$$

$$\mathbf{x}_3'(t) = \frac{d}{dt}\begin{bmatrix} e^{-4t} \\ e^{-4t} \\ e^{-4t} \end{bmatrix} = \begin{bmatrix} -4e^{-4t} \\ -4e^{-4t} \\ -4e^{-4t} \end{bmatrix}$$

將 $\mathbf{x}_1(t)$、$\mathbf{x}_2(t)$ 與 $\mathbf{x}_3(t)$ 分別代入微分方程組中, 得

$$\begin{bmatrix} -2 & -1 & -1 \\ -1 & -2 & -1 \\ -1 & -1 & -2 \end{bmatrix}\begin{bmatrix} -e^{-t} \\ e^{-t} \\ 0 \end{bmatrix} = \begin{bmatrix} 2e^{-t} - e^{-t} + 0 \\ e^{-t} - 2e^{-t} + 0 \\ e^{-t} - e^{-t} + 0 \end{bmatrix} = \begin{bmatrix} e^{-t} \\ -e^{-t} \\ 0 \end{bmatrix} = \mathbf{x}_1'(t)$$

$$\begin{bmatrix} -2 & -1 & -1 \\ -1 & -2 & -1 \\ -1 & -1 & -2 \end{bmatrix}\begin{bmatrix} -e^{-t} \\ 0 \\ e^{-t} \end{bmatrix} = \begin{bmatrix} 2e^{-t} + 0 - e^{-t} \\ e^{-t} + 0 - e^{-t} \\ e^{-t} + 0 - 2e^{-t} \end{bmatrix} = \begin{bmatrix} e^{-t} \\ 0 \\ -e^{-t} \end{bmatrix} = \mathbf{x}_2'(t)$$

$$\begin{bmatrix} -2 & -1 & -1 \\ -1 & -2 & -1 \\ -1 & -1 & -2 \end{bmatrix}\begin{bmatrix} e^{-4t} \\ e^{-4t} \\ e^{-4t} \end{bmatrix} = \begin{bmatrix} -2e^{-4t} - e^{-4t} - e^{-4t} \\ -e^{-4t} - 2e^{-4t} - e^{-4t} \\ -e^{-4t} - e^{-4t} - 2e^{-4t} \end{bmatrix} = \begin{bmatrix} -4e^{-4t} \\ -4e^{-4t} \\ -4e^{-4t} \end{bmatrix} = \mathbf{x}_3'(t)$$

所以 $\mathbf{x}_1(t)$、$\mathbf{x}_2(t)$ 與 $\mathbf{x}_3(t)$ 皆為微分方程組的解, 又

$$W(t) = \det(\mathbf{x}_1(t),\ \mathbf{x}_2(t),\ \mathbf{x}_3(t))$$

$$= \begin{vmatrix} -e^{-t} & -e^{-t} & e^{-4t} \\ e^{-t} & 0 & e^{-4t} \\ 0 & e^{-t} & e^{-4t} \end{vmatrix}$$

$$= 3e^{-6t} \neq 0$$

因此, $\mathbf{x}_1(t)$、$\mathbf{x}_2(t)$ 與 $\mathbf{x}_3(t)$ 作為一基本集合. 微分方程組的通解為

$$\mathbf{x}(t) = c_1\begin{bmatrix} -e^{-t} \\ e^{-t} \\ 0 \end{bmatrix} + c_2\begin{bmatrix} -e^{-t} \\ 0 \\ e^{-t} \end{bmatrix} + c_3\begin{bmatrix} e^{-4t} \\ e^{-4t} \\ e^{-4t} \end{bmatrix}.$$

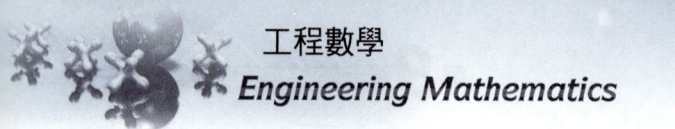

定義 9-1-3

若解向量

$$\mathbf{x}_1(t) = \begin{bmatrix} x_{11}(t) \\ x_{21}(t) \\ \vdots \\ x_{n1}(t) \end{bmatrix}, \; \mathbf{x}_2(t) = \begin{bmatrix} x_{12}(t) \\ x_{22}(t) \\ \vdots \\ x_{n2}(t) \end{bmatrix}, \; \cdots, \; \mathbf{x}_n(t) = \begin{bmatrix} x_{1n}(t) \\ x_{2n}(t) \\ \vdots \\ x_{nn}(t) \end{bmatrix}$$

作為 $\mathbf{x}'(t) = A\mathbf{x}(t)$ 在 $[a, b]$ 上解的基本集合，則矩陣

$$F = [\mathbf{x}_1(t), \; \mathbf{x}_2(t), \; \cdots, \; \mathbf{x}_n(t)] = \begin{bmatrix} x_{11}(t) & x_{12}(t) & \cdots & x_{1n}(t) \\ x_{21}(t) & x_{22}(t) & \cdots & x_{2n}(t) \\ \vdots & \vdots & & \vdots \\ x_{n1}(t) & x_{n2}(t) & \cdots & x_{nn}(t) \end{bmatrix} \quad (9\text{-}1\text{-}4)$$

稱為微分方程組的**基本矩陣** (fundamental matrix)。

【例題 4】若 $\mathbf{x}_1(t) = \begin{bmatrix} -2e^{2t} \\ e^{2t} \end{bmatrix}$ 與 $\mathbf{x}_2(t) = \begin{bmatrix} e^{3t} \\ -e^{3t} \end{bmatrix}$ 為微分方程組

$$\mathbf{x}'(t) = \begin{bmatrix} 1 & -2 \\ 1 & 4 \end{bmatrix} \mathbf{x}(t)$$

的解向量，試求此微分方程組的基本矩陣．

解 此微分方程組的基本矩陣為

$$F = [\mathbf{x}_1(t), \; \mathbf{x}_2(t)] = \begin{bmatrix} -2e^{2t} & e^{3t} \\ e^{2t} & -e^{3t} \end{bmatrix}$$

齊次微分方程組 $\mathbf{x}'(t) = A\mathbf{x}(t)$ 的通解可以寫成一基本矩陣 F 與 $n \times 1$ 常數行矩陣的乘積．若 $\mathbf{x}_1(t), \mathbf{x}_2(t), \cdots, \mathbf{x}_n(t)$ 作為 $\mathbf{x}'(t) = A\mathbf{x}(t)$ 解的基本集合，則其通解為

$\mathbf{x}(t) = c_1 \mathbf{x}_1(t) + c_2 \mathbf{x}_2(t) + \cdots + c_n \mathbf{x}_n(t)$

$$= \begin{bmatrix} c_1 x_{11}(t) + c_2 x_{12}(t) + \cdots + c_n x_{1n}(t) \\ c_1 x_{21}(t) + c_2 x_{22}(t) + \cdots + c_n x_{2n}(t) \\ \vdots & \vdots & & \vdots \\ c_1 x_{n1}(t) + c_2 x_{n2}(t) + \cdots + c_n x_{nn}(t) \end{bmatrix} = \begin{bmatrix} x_{11}(t) & x_{12}(t) & \cdots & x_{1n}(t) \\ x_{21}(t) & x_{22}(t) & \cdots & x_{2n}(t) \\ \vdots & \vdots & & \vdots \\ x_{n1}(t) & x_{n2}(t) & \cdots & x_{nn}(t) \end{bmatrix} \begin{bmatrix} c_1 \\ c_2 \\ \vdots \\ c_n \end{bmatrix}$$

或 $\mathbf{x}(t) = F\mathbf{c}$，此處 $\mathbf{c} = \begin{bmatrix} c_1 \\ c_2 \\ \vdots \\ c_n \end{bmatrix}$.

【例題 5】若 $\mathbf{x}_1(t) = e^{-t} \begin{bmatrix} -1 \\ 1 \\ 0 \end{bmatrix}$、$\mathbf{x}_2(t) = e^{-t} \begin{bmatrix} -1 \\ 0 \\ 1 \end{bmatrix}$ 與 $\mathbf{x}_3(t) = e^{-4t} \begin{bmatrix} 1 \\ 1 \\ 1 \end{bmatrix}$ 為

$\mathbf{x}'(t) = \begin{bmatrix} -2 & -1 & -1 \\ -1 & -2 & -1 \\ -1 & -1 & -2 \end{bmatrix} \mathbf{x}(t)$ 的解向量，試將其通解寫成 F 與 3×1 任意常數行矩陣的乘積.

解 微分方程組的基本矩陣為

$$F = \begin{bmatrix} -e^{-t} & -e^{-t} & e^{-4t} \\ e^{-t} & 0 & e^{-4t} \\ 0 & e^{-t} & e^{-4t} \end{bmatrix}$$

於是，微分方程組的通解可寫成

$$\mathbf{x}(t) = \begin{bmatrix} -e^{-t} & -e^{-t} & e^{-4t} \\ e^{-t} & 0 & e^{-4t} \\ 0 & e^{-t} & e^{-4t} \end{bmatrix} \begin{bmatrix} c_1 \\ c_2 \\ c_3 \end{bmatrix}.$$

習題 9-1

試證下列向量函數為已知微分方程組的解.

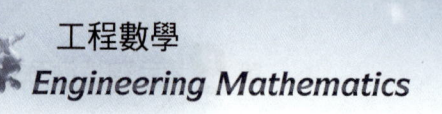

1. $\begin{aligned} x_1'(t) &= x_1(t) + 4x_2(t) \\ x_2'(t) &= x_1(t) + x_2(t) \end{aligned}$, $\mathbf{x}(t) = \begin{bmatrix} -2e^{-t} \\ e^{-t} \end{bmatrix}$

2. $\mathbf{x}'(t) = \begin{bmatrix} 3 & -18 \\ 2 & -9 \end{bmatrix} \mathbf{x}(t)$, $\mathbf{x}(t) = \begin{bmatrix} 3e^{-3t} \\ e^{-3t} \end{bmatrix}$

3. $\mathbf{x}'(t) = \begin{bmatrix} 1 & 0 & 1 \\ 1 & 1 & 0 \\ -2 & 0 & -1 \end{bmatrix} \mathbf{x}(t)$, $\mathbf{x}(t) = \begin{bmatrix} -\cos t \\ e^t + \dfrac{1}{2}\cos t - \dfrac{1}{2}\sin t \\ \cos t + \sin t \end{bmatrix}$

4. $\begin{aligned} x_1'(t) &= 5x_1(t) + 2x_2(t) + 2x_3(t) \\ x_2'(t) &= 2x_1(t) + 2x_2(t) - 4x_3(t), \\ x_3'(t) &= 2x_1(t) - 4x_2(t) + 2x_3(t) \end{aligned}$ $\mathbf{x}(t) = \begin{bmatrix} 4e^{6t} \\ e^{6t} \\ e^{6t} \end{bmatrix}$

下列每一個已知向量為微分方程組的解．試證每一個向量可作為一基本集合，並寫出微分方程組的通解．

5. $\mathbf{x}_1(t) = \begin{bmatrix} 2e^{3t} \\ e^{3t} \end{bmatrix}$, $\mathbf{x}_2(t) = \begin{bmatrix} -2e^{-t} \\ e^{-t} \end{bmatrix}$, $\mathbf{x}'(t) = \begin{bmatrix} 1 & 4 \\ 1 & 1 \end{bmatrix} \mathbf{x}(t)$

6. $\mathbf{x}_1(t) = e^{2t} \begin{bmatrix} 0 \\ 1 \end{bmatrix}$, $\mathbf{x}_2(t) = e^{2t} \begin{bmatrix} \dfrac{1}{3} \\ t \end{bmatrix}$, $\mathbf{x}'(t) = \begin{bmatrix} 2 & 0 \\ 3 & 2 \end{bmatrix} \mathbf{x}(t)$

7. $\mathbf{x}_1(t) = \begin{bmatrix} 0 \\ 1 \\ 0 \end{bmatrix}$, $\mathbf{x}_2(t) = \begin{bmatrix} -\cos t \\ \dfrac{1}{2}(\cos t - \sin t) \\ \cos t + \sin t \end{bmatrix}$, $\mathbf{x}_3(t) = \begin{bmatrix} -\sin t \\ \dfrac{1}{2}(\cos t + \sin t) \\ \sin t - \cos t \end{bmatrix}$,

$\mathbf{x}'(t) = \begin{bmatrix} 1 & 0 & 1 \\ 1 & 1 & 0 \\ -2 & 0 & -1 \end{bmatrix} \mathbf{x}(t)$

第 9 章　線性微分方程組

9-2　齊次線性微分方程組的解法

在上一節 (9-1-1) 式中,最簡單的方程組為單一方程式

$$\frac{dx}{dt} = ax \tag{9-2-1}$$

其中 a 為常數. 由微積分,可得 (9-2-1) 式的通解為

$$x = ce^{at} \tag{9-2-2}$$

若為初期值問題

$$\begin{cases} \dfrac{dx}{dt} = ax \\ x(0) = x_0 \end{cases}$$

我們只要令 $t = 0$ 代入 (9-2-2) 式,得 $c = x_0$. 於是,初期值問題的解為

$$x = x_0 e^{at}$$

在上一節微分方程組 (9-1-2) 式中,若 A 為對角線矩陣,則微分方程組 (9-1-2) 式稱為**對角線化**. 在此情形,(9-1-1) 式可寫成

$$\begin{aligned} x_1'(t) &= a_{11} x_1(t) \\ x_2'(t) &= \phantom{a_{11}} a_{22} x_2(t) \\ &\vdots \\ x_n'(t) &= \phantom{a_{11} a_{22} \cdots} a_{nn} x_n(t) \end{aligned} \tag{9-2-3}$$

或

$$\begin{bmatrix} x_1'(t) \\ x_2'(t) \\ \vdots \\ x_n'(t) \end{bmatrix} = \begin{bmatrix} a_{11} & & & \mathbf{0} \\ & a_{22} & & \\ & & \ddots & \\ \mathbf{0} & & & a_{nn} \end{bmatrix} \begin{bmatrix} x_1(t) \\ x_2(t) \\ \vdots \\ x_n(t) \end{bmatrix} \tag{9-2-4}$$

方程組 (9-2-3) 式非常容易求解,因為方程組 (9-2-3) 式可利用 (9-2-1) 式的解

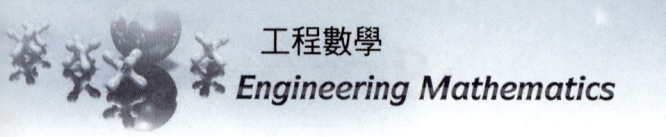

法個別求解．所以，方程組 (9-2-3) 式的解為

$$x_1(t) = c_1 e^{a_{11}t}$$
$$x_2(t) = c_2 e^{a_{22}t}$$
$$\vdots \qquad \vdots$$
$$x_n(t) = c_n e^{a_{nn}t}$$

(9-2-5)

其中 $c_1, c_2, \cdots, c_n$ 為任意常數，故方程組 (9-2-3) 式的通解為

$$\mathbf{x}(t) = \begin{bmatrix} c_1 e^{a_{11}t} \\ c_2 e^{a_{22}t} \\ \vdots \\ c_n e^{a_{nn}t} \end{bmatrix} = c_1 \begin{bmatrix} 1 \\ 0 \\ 0 \\ \vdots \\ 0 \end{bmatrix} e^{a_{11}t} + c_2 \begin{bmatrix} 0 \\ 1 \\ 0 \\ \vdots \\ 0 \end{bmatrix} e^{a_{22}t} + \cdots + c_n \begin{bmatrix} 0 \\ 0 \\ \vdots \\ 0 \\ 1 \end{bmatrix} e^{a_{nn}t}$$

於是，向量函數

$$\mathbf{x}^{(1)}(t) = \begin{bmatrix} 1 \\ 0 \\ 0 \\ \vdots \\ 0 \end{bmatrix} e^{a_{11}t}, \ \mathbf{x}^{(2)}(t) = \begin{bmatrix} 0 \\ 1 \\ 0 \\ \vdots \\ 0 \end{bmatrix} e^{a_{22}t}, \ \cdots, \ \mathbf{x}^{(n)}(t) = \begin{bmatrix} 0 \\ 0 \\ \vdots \\ 0 \\ 1 \end{bmatrix} e^{a_{nn}t}$$

作為對角線化微分方程組 (9-2-4) 式的基本矩陣．

【例題 1】求對角線化微分方程組

$$\begin{bmatrix} x_1' \\ x_2' \\ x_3' \end{bmatrix} = \begin{bmatrix} 3 & 0 & 0 \\ 0 & -2 & 0 \\ 0 & 0 & 5 \end{bmatrix} \begin{bmatrix} x_1 \\ x_2 \\ x_3 \end{bmatrix}$$

的通解．

解 微分方程組可寫成三個方程式

$$x_1' = 3x_1$$
$$x_2' = -2x_2$$
$$x_3' = 5x_3$$

第9章 線性微分方程組

積分得 $\quad x_1 = c_1 e^{3t}, \ x_2 = c_2 e^{-2t}, \ x_3 = c_3 e^{5t}$

其中 c_1、c_2 與 c_3 為任意常數．於是，

$$\mathbf{x}(t) = \begin{bmatrix} c_1 e^{3t} \\ c_2 e^{-2t} \\ c_3 e^{5t} \end{bmatrix} = c_1 \begin{bmatrix} 1 \\ 0 \\ 0 \end{bmatrix} e^{3t} + c_2 \begin{bmatrix} 0 \\ 1 \\ 0 \end{bmatrix} e^{-2t} + c_3 \begin{bmatrix} 0 \\ 0 \\ 1 \end{bmatrix} e^{5t}$$

為微分方程組的通解．

【例題 2】解下列初期值問題

$$\mathbf{x}' = \begin{bmatrix} 3 & 0 & 0 \\ 0 & -2 & 0 \\ 0 & 0 & 5 \end{bmatrix} \mathbf{x}, \ \mathbf{x}(0) = \begin{bmatrix} 1 \\ 4 \\ -2 \end{bmatrix}.$$

解 由例題 1 求得通解為

$$\mathbf{x}(t) = \begin{bmatrix} x_1(t) \\ x_2(t) \\ x_3(t) \end{bmatrix} = \begin{bmatrix} c_1 e^{3t} \\ c_2 e^{-2t} \\ c_3 e^{5t} \end{bmatrix}$$

利用已知的初期條件，我們得

$$1 = x_1(0) = c_1 e^0 = c_1$$
$$4 = x_2(0) = c_2 e^0 = c_2$$
$$-2 = x_3(0) = c_3 e^0 = c_3$$

故初期值問題的解為 $\mathbf{x}(t) = \begin{bmatrix} x_1(t) \\ x_2(t) \\ x_3(t) \end{bmatrix} = \begin{bmatrix} e^{3t} \\ 4e^{-2t} \\ -2e^{5t} \end{bmatrix}.$

上例的方程組很容易求解，因為每一方程式僅含一個未知函數，且例題 1 之方程組的係數矩陣為對角線矩陣．但若矩陣 A 不為對角線矩陣，我們應如何來處理方程組 $\mathbf{x}'(t) = A\mathbf{x}(t)$ 呢？以下是我們討論的方法．

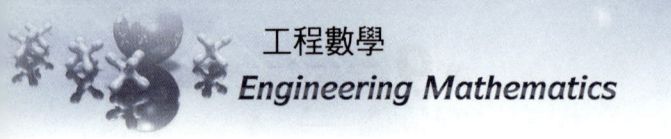

一、利用矩陣的特徵值解微分方程組

定理 9-2-1

令 λ 為矩陣 A 的特徵值，其所對應的特徵向量為 $\mathbf{v}$，則 $\mathbf{x}(t)=e^{\lambda t}\mathbf{v}$ 為 $\mathbf{x}'(t)=A\mathbf{x}(t)$ 的解．

證 若 $\mathbf{x}(t)=e^{\lambda t}\mathbf{v}$，則

$$\mathbf{x}'(t)=\lambda e^{\lambda t}\mathbf{v}=e^{\lambda t}(\lambda \mathbf{v})$$

因為 λ 為 A 的特徵值，故

$$\mathbf{x}'(t)=e^{\lambda t}(A\mathbf{v})=A(e^{\lambda t}\mathbf{v})=A\mathbf{x}(t).$$

若係數矩陣 A 具有 n 個線性獨立特徵向量 $\mathbf{v}_1, \mathbf{v}_2, \cdots, \mathbf{v}_n$，其所對應的特徵值為 $\lambda_1, \lambda_2, \cdots, \lambda_n$ (不需要相異)，則微分方程組 $\mathbf{x}'(t)=A\mathbf{x}(t)$ 的 n 個線性獨立解為

$$e^{\lambda_1 t}\mathbf{v}_1,\ e^{\lambda_2 t}\mathbf{v}_2,\ \cdots,\ e^{\lambda_n t}\mathbf{v}_n$$

故其線性組合

$$\mathbf{x}(t)=c_1 e^{\lambda_1 t}\mathbf{v}_1 + c_2 e^{\lambda_2 t}\mathbf{v}_2 + \cdots + c_n e^{\lambda_n t}\mathbf{v}_n$$

為微分方程組的通解．

【例題 3】 解下列初期值問題

$$\begin{aligned} x_1' &= 3x_1 + 4x_2 \\ x_2' &= 3x_1 + 2x_2 \\ x_1(0) &= 6,\ x_2(0) = 1 \end{aligned}.$$

解 首先將微分方程組寫成矩陣微分方程式

$$\mathbf{x}'(t)=\begin{bmatrix} 3 & 4 \\ 3 & 2 \end{bmatrix}\mathbf{x}(t),\ \mathbf{x}(0)=\begin{bmatrix} 6 \\ 1 \end{bmatrix}$$

係數矩陣的特徵方程式為

$$\det(\lambda I_3 - A) = \begin{vmatrix} \lambda - 3 & -4 \\ -3 & \lambda - 2 \end{vmatrix} = (\lambda - 3)(\lambda - 2) - 12 = (\lambda - 6)(\lambda + 1) = 0$$

可得特徵值為 $\lambda_1 = 6$ 與 $\lambda_2 = -1$，此兩特徵值所對應的特徵向量分別為

$\mathbf{v}_1 = \begin{bmatrix} 4 \\ 3 \end{bmatrix}$ 與 $\mathbf{v}_2 = \begin{bmatrix} 1 \\ -1 \end{bmatrix}$，故此微分方程組的通解為

$$\mathbf{x}(t) = c_1 e^{6t} \begin{bmatrix} 4 \\ 3 \end{bmatrix} + c_2 e^{-t} \begin{bmatrix} 1 \\ -1 \end{bmatrix} = \begin{bmatrix} 4c_1 e^{6t} + c_2 e^{-t} \\ 3c_1 e^{6t} - c_2 e^{-t} \end{bmatrix}$$

因初期條件為 $\mathbf{x}(0) = \begin{bmatrix} 6 \\ 1 \end{bmatrix}$，故 $\mathbf{x}(0) = \begin{bmatrix} 4c_1 + c_2 \\ 3c_1 - c_2 \end{bmatrix} = \begin{bmatrix} 6 \\ 1 \end{bmatrix}$

即

$$\begin{cases} 4c_1 + c_2 = 6 \\ 3c_1 - c_2 = 1 \end{cases}$$

解得 $c_1 = 1, c_2 = 2$. 因此，初期值問題的解為

$$\mathbf{x}(t) = \begin{bmatrix} 4e^{6t} + 2e^{-t} \\ 3e^{6t} - 2e^{-t} \end{bmatrix}.$$

【例題 4】解下列初期值問題

$$\mathbf{x}'(t) = \begin{bmatrix} 0 & 1 & 0 \\ 0 & 0 & 1 \\ 8 & -14 & 7 \end{bmatrix} \mathbf{x}(t), \ \mathbf{x}(0) = \begin{bmatrix} 4 \\ 6 \\ 8 \end{bmatrix}.$$

解 係數矩陣的特徵方程式為

$$\det(\lambda I_3 - A) = \begin{vmatrix} \lambda & -1 & 0 \\ 0 & \lambda & -1 \\ -8 & 14 & \lambda - 7 \end{vmatrix}$$
$$= \lambda^3 - 7\lambda^2 + 14\lambda - 8$$
$$= (\lambda - 1)(\lambda - 2)(\lambda - 4) = 0$$

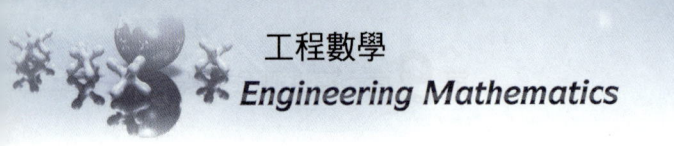

可得特徵值為 $\lambda_1 = 1, \lambda_2 = 2, \lambda_3 = 4$；此三特徵值所對應的特徵向量分別為

$$\mathbf{v}_1 = \begin{bmatrix} 1 \\ 1 \\ 1 \end{bmatrix}, \ \mathbf{v}_2 = \begin{bmatrix} 1 \\ 2 \\ 4 \end{bmatrix}, \ \mathbf{v}_3 = \begin{bmatrix} 1 \\ 4 \\ 16 \end{bmatrix}$$

故其通解為

$$\mathbf{x}(t) = c_1 e^t \begin{bmatrix} 1 \\ 1 \\ 1 \end{bmatrix} + c_2 e^{2t} \begin{bmatrix} 1 \\ 2 \\ 4 \end{bmatrix} + c_3 e^{4t} \begin{bmatrix} 1 \\ 4 \\ 16 \end{bmatrix}$$

或

$$\mathbf{x}(t) = \begin{bmatrix} 1 & 1 & 1 \\ 1 & 2 & 4 \\ 1 & 4 & 16 \end{bmatrix} \begin{bmatrix} c_1 e^t \\ c_2 e^{2t} \\ c_3 e^{4t} \end{bmatrix}$$

現在

$$\mathbf{x}(0) = \begin{bmatrix} 1 & 1 & 1 \\ 1 & 2 & 4 \\ 1 & 4 & 16 \end{bmatrix} \begin{bmatrix} c_1 \\ c_2 \\ c_3 \end{bmatrix} = \begin{bmatrix} 4 \\ 6 \\ 8 \end{bmatrix}$$

解得 $c_1 = \dfrac{4}{3}, \ c_2 = 3, \ c_3 = -\dfrac{1}{3}$. 所以，初期值問題的解為

$$\mathbf{x}(t) = \begin{bmatrix} \dfrac{4}{3} e^t + 3 e^{2t} - \dfrac{1}{3} e^{4t} \\ \dfrac{4}{3} e^t + 6 e^{2t} - \dfrac{4}{3} e^{4t} \\ \dfrac{4}{3} e^t + 12 e^{2t} - \dfrac{16}{3} e^{4t} \end{bmatrix}.$$

【例題 5】今有兩個迴圈電路，如下圖所示．我們已求得此電路所描述的方程組為

第9章 線性微分方程組

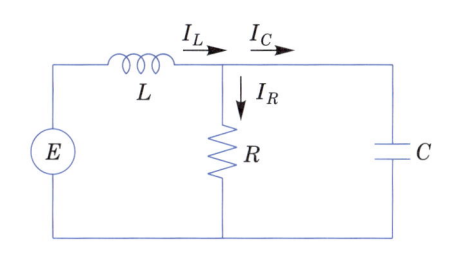

$$\begin{cases} \dfrac{dI_L}{dt} = -\dfrac{R}{L}I_R + \dfrac{E}{L} \\ \dfrac{dI_R}{dt} = -\dfrac{I_L}{RC} - \dfrac{I_R}{RC} \end{cases} \quad \cdots\cdots\cdots\cdots\cdots\cdots\cdots\cdots\cdots ①$$

試求在任何時間 t 通過電阻器與電感器的電流，其中 $R=100$ 歐姆，$C=1.5\times 10^{-4}$ 法拉，$L=8$ 亨利，$E=0$, $I_L(0)=0.2$ 安培，且 $I_R(0)=0.4$ 安培．

解 利用已知值，方程組 ① 可以寫成

$$\boldsymbol{I}'(t) = \frac{d}{dt}\begin{bmatrix} I_L(t) \\ I_R(t) \end{bmatrix} = \begin{bmatrix} 0 & -\dfrac{R}{L} \\ \dfrac{1}{RC} & -\dfrac{1}{RC} \end{bmatrix}\boldsymbol{I}(t) + \begin{bmatrix} \dfrac{E}{L} \\ 0 \end{bmatrix},\ \boldsymbol{I}(0) = \begin{bmatrix} I_L(0) \\ I_R(0) \end{bmatrix}$$

或

$$\boldsymbol{I}'(t) = \begin{bmatrix} 0 & -\dfrac{25}{2} \\ \dfrac{200}{3} & -\dfrac{200}{3} \end{bmatrix}\boldsymbol{I}(t),\ \boldsymbol{I}(0) = \begin{bmatrix} 0.2 \\ 0.4 \end{bmatrix}$$

係數矩陣的特徵值為 $\lambda_1 = -50$, $\lambda_2 = -\dfrac{50}{3}$，其所對應的特徵向量分別為 $\mathbf{v}_1 = \begin{bmatrix} 1 \\ 4 \end{bmatrix}$ 與 $\mathbf{v}_2 = \begin{bmatrix} 3 \\ 4 \end{bmatrix}$，故通解為

$$\boldsymbol{I}(t) = c_1 e^{-50t}\begin{bmatrix} 1 \\ 4 \end{bmatrix} + c_2 e^{(-50/3)t}\begin{bmatrix} 3 \\ 4 \end{bmatrix} = \begin{bmatrix} c_1 e^{-50t} + 3c_2 e^{(-50/3)t} \\ 4c_1 e^{-50t} + 4c_2 e^{(-50/3)t} \end{bmatrix}$$

利用初期條件
$$I(0) = \begin{bmatrix} 0.2 \\ 0.4 \end{bmatrix}$$

$$I(0) = \begin{bmatrix} c_1 + 3c_2 \\ 4c_1 + 4c_2 \end{bmatrix} \begin{bmatrix} 0.2 \\ 0.4 \end{bmatrix}$$

解得 $c_1 = c_2 = 0.05$. 故此初期值問題的解為

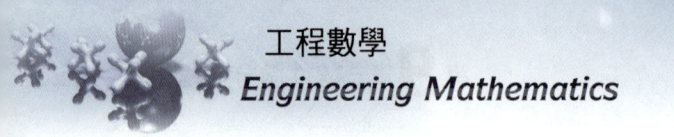

$$I(t) = \begin{bmatrix} 0.05e^{-50t} + 0.15e^{(-50/3)t} \\ 0.2e^{-50t} + 0.2e^{(-50/3)t} \end{bmatrix}.$$

【例題 6】解下列齊次微分方程組

$$x_1'(t) = 3x_1(t) - 2x_2(t)$$
$$x_2'(t) = -2x_1(t) + 3x_2(t)$$
$$x_3'(t) = 5x_3(t)$$

解 寫成矩陣形式如下

$$\mathbf{x}'(t) = \begin{bmatrix} 3 & -2 & 0 \\ -2 & 3 & 0 \\ 0 & 0 & 5 \end{bmatrix} \mathbf{x}(t)$$

係數矩陣的特徵方程式為

$$\det(\lambda \mathbf{I}_3 - \mathbf{A}) = \begin{vmatrix} \lambda-3 & 2 & 0 \\ 2 & \lambda-3 & 0 \\ 0 & 0 & \lambda-5 \end{vmatrix}$$

$$= (\lambda-5)^2(\lambda-1) = 0$$

故特徵值為 $\lambda_1 = 1$ 與 $\lambda_2 = \lambda_3 = 5$.

$\lambda_1 = 1$ 代入 $(\lambda_1 \mathbf{I}_3 - \mathbf{A})\mathbf{v} = \mathbf{0}$ 中,

$$\begin{bmatrix} -2 & 2 & 0 \\ 2 & -2 & 0 \\ 0 & 0 & -4 \end{bmatrix} \begin{bmatrix} v_1 \\ v_2 \\ v_3 \end{bmatrix} = \begin{bmatrix} 0 \\ 0 \\ 0 \end{bmatrix}$$

第 9 章　線性微分方程組

解得特徵向量為 $\mathbf{v}_1 = \begin{bmatrix} 1 \\ 1 \\ 0 \end{bmatrix}$，故 $\mathbf{x}_1(t) = e^t \begin{bmatrix} 1 \\ 1 \\ 0 \end{bmatrix}$.

$\lambda_2 = \lambda_3 = 5$ 代入 $(\lambda_2 \mathbf{I}_3 - \mathbf{A})\mathbf{v} = \mathbf{0}$ 中，

$$\begin{bmatrix} 2 & 2 & 0 \\ 2 & 2 & 0 \\ 0 & 0 & 0 \end{bmatrix} \begin{bmatrix} v_1 \\ v_2 \\ v_3 \end{bmatrix} = \begin{bmatrix} 0 \\ 0 \\ 0 \end{bmatrix}$$

解得係數矩陣之特徵向量分別為 $\mathbf{v}_2 = \begin{bmatrix} 0 \\ 0 \\ 1 \end{bmatrix}$ 與 $\mathbf{v}_3 = \begin{bmatrix} 1 \\ -1 \\ 0 \end{bmatrix}$.

於是，$\mathbf{x}_2(t) = e^{5t} \begin{bmatrix} 0 \\ 0 \\ 1 \end{bmatrix}$ 與 $\mathbf{x}_3(t) = e^{5t} \begin{bmatrix} 1 \\ -1 \\ 0 \end{bmatrix}$ 為線性獨立解.

所以，微分方程組的通解為

$$\mathbf{x}(t) = c_1 \begin{bmatrix} 1 \\ 1 \\ 0 \end{bmatrix} e^t + c_2 \begin{bmatrix} 0 \\ 0 \\ 1 \end{bmatrix} e^{5t} + c_3 \begin{bmatrix} 1 \\ -1 \\ 0 \end{bmatrix} e^{5t} = \begin{bmatrix} c_1 e^t + c_3 e^{5t} \\ c_1 e^t - c_3 e^{5t} \\ c_2 e^{5t} \end{bmatrix}.$$

讀者應注意此微分方程組的係數矩陣具有兩個相同的特徵值，但對應三個線性獨立特徵向量，故可求得微分方程組的通解。然而，如果只有兩個相同特徵值僅對應於一個特徵向量，則應如何求得微分方程組的通解呢？

令 $\mathbf{x}' = \mathbf{A}\mathbf{x}$ 為一齊次微分方程組，其係數矩陣具有兩個相同的特徵值 $\lambda_1 = \lambda_2 = \lambda$，但僅對應於一個特徵向量 $\mathbf{v}$，則此微分方程組的一解為 $\mathbf{x}_1 = \mathbf{v}e^{\lambda t}$. 若想求此微分方程組的第二個線性獨立解，我們可假設存在解的形式為

$$\mathbf{x}_2 = (\mathbf{c} + t\mathbf{d})e^{\lambda t}$$

此處 $\mathbf{c}$ 與 $\mathbf{d}$ 為待定的 $n \times 1$ 向量。我們現在求向量 $\mathbf{c}$ 與 $\mathbf{d}$ 使得 $\mathbf{x}_2$ 為 $\mathbf{x}' = \mathbf{A}\mathbf{x}$ 的線性獨立解。以 $\mathbf{x}_2 = (\mathbf{c} + t\mathbf{d})e^{\lambda t}$ 及

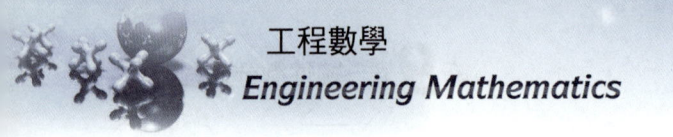

$$\mathbf{x}'_2 = (\mathbf{c}+t\mathbf{d})\frac{d}{dt}e^{\lambda t} + e^{\lambda t}\frac{d}{dt}(\mathbf{c}+t\mathbf{d})$$
$$= \lambda(\mathbf{c}+t\mathbf{d})e^{\lambda t} + \mathbf{d}e^{\lambda t}$$

代入微分方程組中，可得

$$\lambda(\mathbf{c}+t\mathbf{d})e^{\lambda t} + \mathbf{d}e^{\lambda t} = A(\mathbf{c}+t\mathbf{d})e^{\lambda t}$$

因為 $e^{\lambda t} \neq 0$，故

$$\lambda\mathbf{c} + \lambda t\mathbf{d} + \mathbf{d} = A\mathbf{c} + At\mathbf{d} \tag{9-2-6}$$

令 (9-2-6) 式中 t 的係數相等，可得

$$\lambda\mathbf{d} = A\mathbf{d}$$

上式可寫成 $(\lambda I - A)\mathbf{d} = \mathbf{0}$

此方程式說明 d 為矩陣 A 的特徵向量，其所對應的特徵值為 λ．因為我們知道 λ 所對應的唯一特徵向量為 $\mathbf{v}$，故選擇 $\mathbf{d} = \mathbf{v}$．

同理，令 (9-2-6) 式中常數矩陣相等，得

$$\lambda\mathbf{c} + \mathbf{d} = A\mathbf{c}$$

上式可寫成 $(\lambda I - A)\mathbf{c} = \mathbf{d}$

在此方程式中以 $\mathbf{v}$ 取代 $\mathbf{d}$，由於 λ 與 A 皆為已知，故我們可得解 $\mathbf{c}$．

由以上的討論我們可歸納成下面的結論：

令 $\mathbf{x}' = A\mathbf{x}$ 為一齊次微分方程組，A 為 $n \times n$ 的實數係數方陣，且 $\lambda_1 = \lambda_2 = \lambda$ 為兩相等的實數特徵值，但僅對應於單一特徵向量 $\mathbf{v}$，則

$$\mathbf{x}_1 = \mathbf{v}e^{\lambda t}$$

與 $$\mathbf{x}_2 = (\mathbf{c} + t\mathbf{v})e^{\lambda t}$$

為微分方程組 $\mathbf{x}' = A\mathbf{x}$ 的線性獨立解，此處 $\mathbf{c}$ 為 $(\lambda I - A)\mathbf{c} = \mathbf{v}$ 的 $n \times 1$ 的解向量．

讀者應注意，此結論可推廣至具有三個相等的實數特徵值情形．例如，

第 9 章 線性微分方程組

若 $\lambda_1=\lambda_2=\lambda_3=\lambda$ 僅對應於單一特徵向量 $\mathbf{v}$，則微分方程組 $\mathbf{x}'=A\mathbf{x}$ 的三個線性獨立解為

$$\mathbf{x}_1 = \mathbf{v}e^{\lambda t}$$
$$\mathbf{x}_2 = (\mathbf{c}+t\mathbf{d})e^{\lambda t}$$
$$\mathbf{x}_3 = (\mathbf{c}+t\mathbf{d}+t^2\mathbf{e})e^{\lambda t}$$

此處 $\mathbf{c}$、$\mathbf{d}$ 與 $\mathbf{e}$ 為常數向量，可代入已知方程組中求得.

【例題 7】求下列微分方程組的通解

$$\mathbf{x}' = \begin{bmatrix} 2 & 0 \\ 3 & 2 \end{bmatrix}\mathbf{x}.$$

解 係數矩陣的特徵方程式為

$$\det(\lambda I - A) = \begin{vmatrix} \lambda-2 & 0 \\ -3 & \lambda-2 \end{vmatrix} = (\lambda-2)^2 = 0$$

故特徵值為 $\lambda_1=\lambda_2=2$.

令 $\lambda=2$ 所對應的特徵向量為 $\mathbf{v}=[v_1\ v_2]^T$，則

$$\begin{bmatrix} 2-2 & 0 \\ -3 & 2-2 \end{bmatrix}\begin{bmatrix} v_1 \\ v_2 \end{bmatrix} = \begin{bmatrix} 0 \\ 0 \end{bmatrix}$$

我們由此方程組推斷 $v_1=0$ 且 v_2 為任意值. 選擇 $v_2=1$，得唯一的特徵向量為

$$\mathbf{v} = \begin{bmatrix} 0 \\ 1 \end{bmatrix}$$

故微分方程組的解為 $\mathbf{x}_1 = \begin{bmatrix} 0 \\ 1 \end{bmatrix}e^{2t}$

設微分方程組的另一解為

$$\mathbf{x}_2 = (\mathbf{c}+t\mathbf{v})e^{\lambda t}$$

上式中的常數向量 $\mathbf{c}$ 為 $(2I-A)\mathbf{c}=\mathbf{v}$ 的解.

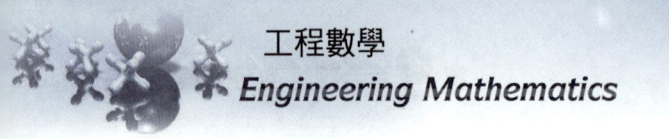

令 $\mathbf{c} = \begin{bmatrix} c_1 \\ c_2 \end{bmatrix}$，則 $\left(\begin{bmatrix} 2 & 0 \\ 0 & 2 \end{bmatrix} - \begin{bmatrix} 2 & 0 \\ 3 & 2 \end{bmatrix} \right) \begin{bmatrix} c_1 \\ c_2 \end{bmatrix} = \begin{bmatrix} 0 \\ 1 \end{bmatrix}$

或 $\begin{bmatrix} 0 & 0 \\ 3 & 0 \end{bmatrix} \begin{bmatrix} c_1 \\ c_2 \end{bmatrix} = \begin{bmatrix} 0 \\ 1 \end{bmatrix}$

解得 $c_1 = \dfrac{1}{3}$, $c_2 = 0$. 因而，$\mathbf{c} = \begin{bmatrix} \dfrac{1}{3} \\ 0 \end{bmatrix}$.

故 $\mathbf{x}_2 = \left(\begin{bmatrix} \dfrac{1}{3} \\ 0 \end{bmatrix} + \begin{bmatrix} 0 \\ 1 \end{bmatrix} t \right) e^{2t}$

於是，微分方程組的通解為

$$\mathbf{x} = c_1 \begin{bmatrix} 0 \\ 1 \end{bmatrix} e^{2t} + c_2 \left(\begin{bmatrix} \dfrac{1}{3} \\ 0 \end{bmatrix} + \begin{bmatrix} 0 \\ 1 \end{bmatrix} t \right) e^{2t} = \begin{bmatrix} \dfrac{1}{3} c_2 e^{2t} \\ c_1 e^{2t} + c_2 t e^{2t} \end{bmatrix}.$$

二、利用矩陣對角線化解微分方程組

我們考慮微分方程組

$$\begin{aligned} x_1' &= a_{11}x_1 + a_{12}x_2 + \cdots + a_{1n}x_n \\ x_2' &= a_{21}x_1 + a_{22}x_2 + \cdots + a_{2n}x_n \\ &\vdots \quad\quad \vdots \quad\quad \vdots \quad\quad\quad \vdots \\ x_n' &= a_{n1}x_1 + a_{n2}x_2 + \cdots + a_{nn}x_n \end{aligned} \tag{9-2-7}$$

此處 $x_1 = f_1(t)$, $x_2 = f_2(t)$, $\cdots$, $x_n = f_n(t)$ 為待定的函數，且 a_{ij} 為常數，則 (9-2-7) 式可寫成

$$\mathbf{x}' = A\mathbf{x}$$

由於矩陣 A 不為對角線矩陣，我們只要做下列的代換就可將 (9-2-7) 式變換

成含對角線矩陣的微分方程組．現在令

$$x_1 = p_{11}u_1 + p_{12}u_2 + \cdots + p_{1n}u_n$$
$$x_2 = p_{21}u_1 + p_{22}u_2 + \cdots + p_{2n}u_n \tag{9-2-8}$$
$$\vdots \quad \vdots \quad \vdots \quad \vdots$$
$$x_n = p_{n1}u_1 + p_{n2}u_2 + \cdots + p_{nn}u_n$$

或
$$\mathbf{x} = \mathbf{P}\mathbf{u} \tag{9-2-9}$$

其中
$$\mathbf{x} = \begin{bmatrix} x_1 \\ x_2 \\ \vdots \\ x_n \end{bmatrix}, \; \mathbf{P} = \begin{bmatrix} p_{11} & p_{12} & \cdots & p_{1n} \\ p_{21} & p_{22} & \cdots & p_{2n} \\ \vdots & \vdots & & \vdots \\ p_{n1} & p_{n2} & \cdots & p_{nn} \end{bmatrix}, \; \mathbf{u} = \begin{bmatrix} u_1 \\ u_2 \\ \vdots \\ u_n \end{bmatrix}$$

此處 p_{ij} 為待定的常數以滿足含未知函數 $u_1, u_2, \cdots, u_n$ 的新方程組 (9-2-9) 式使其含有一對角線係數矩陣．微分 (9-2-8) 式得

$$\mathbf{x}' = \mathbf{P}\mathbf{u}' \tag{9-2-10}$$

若將 $\mathbf{x} = \mathbf{P}\mathbf{u}$ 及 $\mathbf{x}' = \mathbf{P}\mathbf{u}'$ 代入原微分方程組

$$\mathbf{x}' = \mathbf{A}\mathbf{x}$$

中，且假設 $\mathbf{P}$ 為可逆矩陣，則

$$\mathbf{P}\mathbf{u}' = \mathbf{A}(\mathbf{P}\mathbf{u})$$
$$\mathbf{u}' = (\mathbf{P}^{-1}\mathbf{A}\mathbf{P})\mathbf{u}$$

或
$$\mathbf{u}' = \mathbf{D}\mathbf{u} \tag{9-2-11}$$

此處 $\mathbf{D} = \mathbf{P}^{-1}\mathbf{A}\mathbf{P}$ 為一對角線矩陣．綜合以上的討論，我們先找出使 $\mathbf{A}$ 對角線化的矩陣 $\mathbf{P}$，再由 (9-2-11) 式解得 $\mathbf{u}$，然後利用 (9-2-9) 式決定 $\mathbf{x}$，則可求得微分方程組 (9-2-7) 式的解．

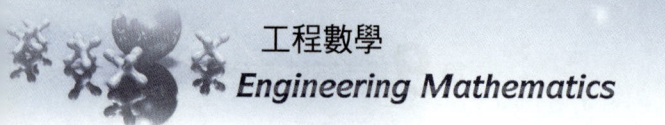

【例題 8】 解下列初期值問題

$$\begin{cases} x_1' = 3x_1 + 4x_2 \\ x_2' = 3x_1 + 2x_2 \\ x_1(0) = 6, \ x_2(0) = 1 \end{cases}.$$

解 首先將微分方程組寫成矩陣微分方程式

$$\mathbf{x}'(t) = \begin{bmatrix} 3 & 4 \\ 3 & 2 \end{bmatrix} \mathbf{x}(t), \ \mathbf{x}(0) = \begin{bmatrix} 6 \\ 1 \end{bmatrix}$$

由例題 3 得知矩陣的特徵值為 $\lambda_1 = 6$ 與 $\lambda_2 = -1$，此兩特徵值所對應之特徵向量分別為 $\mathbf{v}_1 = \begin{bmatrix} 4 \\ 3 \end{bmatrix}$ 與 $\mathbf{v}_2 = \begin{bmatrix} 1 \\ -1 \end{bmatrix}$。因此，

$$P = \begin{bmatrix} 4 & 1 \\ 3 & -1 \end{bmatrix}$$

可對角線化 A，且

$$D = P^{-1}AP = \begin{bmatrix} 6 & 0 \\ 0 & -1 \end{bmatrix}$$

因此，由代換

$$\mathbf{x} = P\mathbf{u} \ \text{及} \ \mathbf{x}' = P\mathbf{u}'$$

所得新的對角線方程組為

$$\mathbf{u}' = D\mathbf{u} = \begin{bmatrix} 6 & 0 \\ 0 & -1 \end{bmatrix} \mathbf{u} \ \text{或} \ \begin{cases} u_1' = 6u_1 \\ u_2' = -u_2 \end{cases}$$

此方程組的解為 $\mathbf{u} = \begin{bmatrix} c_1 e^{6t} \\ c_2 e^{-t} \end{bmatrix}$

所以方程組 $\mathbf{x} = P\mathbf{u}$ 的解為

$$\mathbf{x}(t) = \begin{bmatrix} 4 & 1 \\ 3 & -1 \end{bmatrix} \begin{bmatrix} c_1 e^{6t} \\ c_2 e^{-t} \end{bmatrix} = \begin{bmatrix} 4c_1 e^{6t} + c_2 e^{-t} \\ 3c_1 e^{6t} - c_2 e^{-t} \end{bmatrix}$$

因初期條件為
$$\mathbf{x}(0) = \begin{bmatrix} 6 \\ 1 \end{bmatrix}$$

故
$$\mathbf{x}(0) = \begin{bmatrix} 4c_1 + c_2 \\ 3c_1 - c_2 \end{bmatrix} = \begin{bmatrix} 6 \\ 1 \end{bmatrix}$$

解得 $c_1 = 1, c_2 = 2$. 因此，初期值問題的解為

$$\mathbf{x}(t) = \begin{bmatrix} 4e^{6t} + 2e^{-t} \\ 3e^{6t} - 2e^{-t} \end{bmatrix}.$$

【例題 9】解下列微分方程組

$$\begin{cases} x_1' = \quad x_2 \\ x_2' = \quad\quad x_3 \\ x_3' = 8x_1 - 14x_2 + 7x_3 \end{cases}$$

解 此微分方程組的矩陣形式為

$$\mathbf{x}'(t) = \begin{bmatrix} 0 & 1 & 0 \\ 0 & 0 & 1 \\ 8 & -14 & 7 \end{bmatrix} \mathbf{x}(t)$$

由例題 4 得知係數矩陣的特徵值為 $\lambda_1 = 1$、$\lambda_2 = 2$、$\lambda_3 = 4$. 此三特徵值所對應之特徵向量分別為

$$\mathbf{v}_1 = \begin{bmatrix} 1 \\ 1 \\ 1 \end{bmatrix}, \quad \mathbf{v}_2 = \begin{bmatrix} 1 \\ 2 \\ 4 \end{bmatrix}, \quad \mathbf{v}_3 = \begin{bmatrix} 1 \\ 4 \\ 16 \end{bmatrix}$$

因此，

$$P = \begin{bmatrix} 1 & 1 & 1 \\ 1 & 2 & 4 \\ 1 & 4 & 16 \end{bmatrix}$$

可對角化 A，且

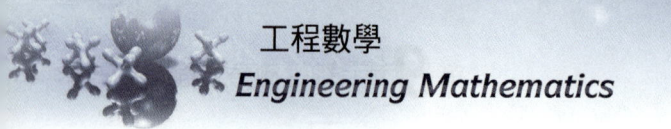

$$D = P^{-1}AP = \begin{bmatrix} 1 & 0 & 0 \\ 0 & 2 & 0 \\ 0 & 0 & 4 \end{bmatrix}$$

因此，由代換

$$\mathbf{x} = P\mathbf{u} \text{ 及 } \mathbf{x}' = P\mathbf{u}'$$

所得新的對角線方程組為

$$\mathbf{u}' = D\mathbf{u} = \begin{bmatrix} 1 & 0 & 0 \\ 0 & 2 & 0 \\ 0 & 0 & 4 \end{bmatrix} \mathbf{u} \text{ 或 } \begin{cases} u_1' = u_1 \\ u_2' = 2u_2 \\ u_3' = 4u_3 \end{cases}$$

此方程組的解為

$$\mathbf{u} = \begin{bmatrix} c_1 e^t \\ c_2 e^{2t} \\ c_3 e^{4t} \end{bmatrix}$$

所以，方程組 $\mathbf{x} = P\mathbf{u}$ 的解為

$$\mathbf{x}(t) = \begin{bmatrix} 1 & 1 & 1 \\ 1 & 2 & 4 \\ 1 & 4 & 16 \end{bmatrix} \begin{bmatrix} c_1 e^t \\ c_2 e^{2t} \\ c_3 e^{4t} \end{bmatrix} = \begin{bmatrix} c_1 e^t + c_2 e^{2t} + c_3 e^{4t} \\ c_1 e^t + 2c_2 e^{2t} + 4c_3 e^{4t} \\ c_1 e^t + 4c_2 e^{2t} + 16c_3 e^{4t} \end{bmatrix}.$$

三、利用指數矩陣解微分方程組

指數矩陣可用來解下列初期值問題

$$\mathbf{x}' = A\mathbf{x}, \ \mathbf{x}(0) = \mathbf{x}_0 \tag{9-2-12}$$

(9-2-12) 式的解類似於方程式

$$x' = ax, \ x(0) = x_0$$

解

$$x = x_0 e^{at} \tag{9-2-13}$$

我們可將上式一般化並藉指數矩陣 e^{At} (此處 $At=tA$) 來表示 (9-2-12) 式的解. 因為 e^{At} 的展開式具有無限大的收斂半徑, 故

$$\frac{d}{dt}e^{At} = \frac{d}{dt}\left(I + tA + \frac{1}{2!}t^2A^2 + \frac{1}{3!}t^3A^3 + \cdots\right)$$

$$= \left(A + tA^2 + \frac{1}{2!}t^2A^3 + \cdots\right)$$

$$= A\left(I + tA + \frac{1}{2!}t^2A^2 + \cdots\right)$$

$$= Ae^{At}$$

如果, 按照 (9-2-13) 式的形式,

$$\mathbf{x}(t) = e^{At}\mathbf{x}_0$$

可得
$$\mathbf{x}' = Ae^{At}\mathbf{x}_0 = A\mathbf{x}$$

此處 $\mathbf{x}(0)=\mathbf{x}_0$, 於是, 微分方程組 $\mathbf{x}'=A\mathbf{x}$, $\mathbf{x}(0)=\mathbf{x}_0$ 的解為

$$\mathbf{x} = e^{At}\mathbf{x}_0 \tag{9-2-14}$$

若 A 為可對角線化, 則可將 (9-2-14) 式寫成下列的形式

$$\mathbf{x} = Pe^{Dt}P^{-1}\mathbf{x}_0$$

令 $\mathbf{c} = P^{-1}\mathbf{x}_0$, P 係以矩陣 A 之特徵向量作為行所構成的矩陣, 於是,

$$\mathbf{x} = Pe^{Dt}\mathbf{c} = [\mathbf{v}_1, \ \mathbf{v}_2, \ \mathbf{v}_3, \ \cdots, \ \mathbf{v}_n]\begin{bmatrix} e^{\lambda_1 t} & & & & \mathbf{0} \\ & e^{\lambda_2 t} & & & \\ & & e^{\lambda_3 t} & & \\ & & & \ddots & \\ \mathbf{0} & & & & e^{\lambda_n t} \end{bmatrix}\begin{bmatrix} c_1 \\ c_2 \\ c_3 \\ \vdots \\ c_n \end{bmatrix}$$

$$= [\mathbf{v}_1, \ \mathbf{v}_2, \ \mathbf{v}_3, \ \cdots, \ \mathbf{v}_n]\begin{bmatrix} c_1 e^{\lambda_1 t} \\ c_2 e^{\lambda_2 t} \\ c_3 e^{\lambda_3 t} \\ \vdots \\ c_n e^{\lambda_n t} \end{bmatrix}$$

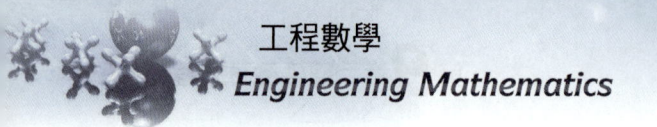

$$= c_1 e^{\lambda_1 t} \mathbf{v}_1 + c_2 e^{\lambda_2 t} \mathbf{v}_2 + c_3 e^{\lambda_3 t} \mathbf{v}_3 + \cdots + c_n e^{\lambda_n t} \mathbf{v}_n$$

【例題 10】 解下列初期值問題

$$\mathbf{x}' = \begin{bmatrix} 3 & 4 \\ 3 & 2 \end{bmatrix} \mathbf{x}, \ \mathbf{x}(0) = \begin{bmatrix} 6 \\ 1 \end{bmatrix}.$$

解 由例題 3 得知係數矩陣的特徵值為 $\lambda_1 = 6$ 與 $\lambda_2 = -1$，其所對應的特徵向量為 $\mathbf{v}_1 = \begin{bmatrix} 4 \\ 3 \end{bmatrix}$ 與 $\mathbf{v}_2 = \begin{bmatrix} 1 \\ -1 \end{bmatrix}$。於是，

$$A = PDP^{-1} = \begin{bmatrix} 4 & 1 \\ 3 & -1 \end{bmatrix} \begin{bmatrix} 6 & 0 \\ 0 & -1 \end{bmatrix} \begin{bmatrix} \dfrac{1}{7} & \dfrac{1}{7} \\ \dfrac{3}{7} & -\dfrac{4}{7} \end{bmatrix}$$

故初期值問題的解為

$$\mathbf{x} = e^{At} \mathbf{x}_0 = P e^{Dt} P^{-1} \mathbf{x}_0$$

$$= \begin{bmatrix} 4 & 1 \\ 3 & -1 \end{bmatrix} \begin{bmatrix} e^{6t} & 0 \\ 0 & e^{-t} \end{bmatrix} \begin{bmatrix} \dfrac{1}{7} & \dfrac{1}{7} \\ \dfrac{3}{7} & -\dfrac{4}{7} \end{bmatrix} \begin{bmatrix} 6 \\ 1 \end{bmatrix}$$

$$= \begin{bmatrix} 4e^{6t} & e^{-t} \\ 3e^{6t} & -e^{-t} \end{bmatrix} \begin{bmatrix} 1 \\ 2 \end{bmatrix} = \begin{bmatrix} 4e^{6t} + 2e^{-t} \\ 3e^{6t} - 2e^{-t} \end{bmatrix}$$

【例題 11】 解下列初期值問題

$$\mathbf{x}' = \begin{bmatrix} 0 & 1 & 0 \\ 0 & 0 & 1 \\ -2 & 1 & 2 \end{bmatrix} \mathbf{x}, \ \mathbf{x}(0) = \begin{bmatrix} 1 \\ 0 \\ -1 \end{bmatrix}.$$

解 係數矩陣的特徵方程式為

$$\det(\lambda I_3 - A) = \begin{vmatrix} \lambda & -1 & 0 \\ 0 & \lambda & -1 \\ 2 & -1 & \lambda-2 \end{vmatrix}$$
$$= \lambda^2(\lambda-2)+2-\lambda$$
$$= (\lambda-2)(\lambda^2-1)$$

故特徵值為 $\lambda_1 = -1$、$\lambda_2 = 1$ 與 $\lambda_3 = 2$，其所對應的特徵向量分別為

$$\mathbf{v} = \begin{bmatrix} 1 \\ -1 \\ 1 \end{bmatrix}、\mathbf{v}_2 = \begin{bmatrix} 1 \\ 1 \\ 1 \end{bmatrix} \text{ 與 } \mathbf{v}_3 = \begin{bmatrix} 1 \\ 2 \\ 4 \end{bmatrix}. \text{ 於是,}$$

$$A = PDP^{-1} = \begin{bmatrix} 1 & 1 & 1 \\ -1 & 1 & 2 \\ 1 & 1 & 4 \end{bmatrix} \begin{bmatrix} -1 & 0 & 0 \\ 0 & 1 & 0 \\ 0 & 0 & 2 \end{bmatrix} \begin{bmatrix} \frac{1}{3} & -\frac{1}{2} & \frac{1}{6} \\ 1 & \frac{1}{2} & -\frac{1}{2} \\ -\frac{1}{3} & 0 & \frac{1}{3} \end{bmatrix}$$

故初期值問題的解為

$$\mathbf{x} = e^{At}\mathbf{x}_0 = Pe^{Dt}P^{-1}\mathbf{x}_0$$

$$= \begin{bmatrix} 1 & 1 & 1 \\ -1 & 1 & 2 \\ 1 & 1 & 4 \end{bmatrix} \begin{bmatrix} e^{-t} & 0 & 0 \\ 0 & e^{t} & 0 \\ 0 & 0 & e^{2t} \end{bmatrix} \begin{bmatrix} \frac{1}{3} & -\frac{1}{2} & \frac{1}{6} \\ 1 & \frac{1}{2} & -\frac{1}{2} \\ -\frac{1}{3} & 0 & \frac{1}{3} \end{bmatrix} \begin{bmatrix} 1 \\ 0 \\ -1 \end{bmatrix}$$

$$= \begin{bmatrix} 1 & 1 & 1 \\ -1 & 1 & 2 \\ 1 & 1 & 4 \end{bmatrix} \begin{bmatrix} e^{-t} & 0 & 0 \\ 0 & e^{t} & 0 \\ 0 & 0 & e^{2t} \end{bmatrix} \begin{bmatrix} \frac{1}{6} \\ \frac{3}{2} \\ -\frac{2}{3} \end{bmatrix}$$

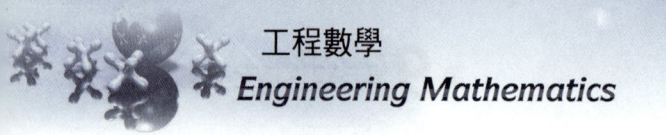

$$= \begin{bmatrix} e^{-t} & e^t & e^{2t} \\ -e^{-t} & e^t & 2e^{2t} \\ e^{-t} & e^t & 4e^{2t} \end{bmatrix} \begin{bmatrix} \dfrac{1}{6} \\ \dfrac{3}{2} \\ -\dfrac{2}{3} \end{bmatrix} = \begin{bmatrix} \dfrac{1}{6}e^{-t} + \dfrac{3}{2}e^t - \dfrac{2}{3}e^{2t} \\ -\dfrac{1}{6}e^{-t} + \dfrac{3}{2}e^t - \dfrac{4}{3}e^{2t} \\ \dfrac{1}{6}e^{-t} + \dfrac{3}{2}e^t - \dfrac{8}{3}e^{2t} \end{bmatrix}.$$

習題 9-2

利用矩陣的特徵值解下列微分方程組.

1. $\mathbf{x}' = \begin{bmatrix} 3 & -2 \\ -1 & 2 \end{bmatrix} \mathbf{x},\ \mathbf{x}(0) = \begin{bmatrix} 1 \\ -1 \end{bmatrix}$

2. $\mathbf{x}' = \begin{bmatrix} 0 & 1 & 0 \\ 0 & 0 & 1 \\ -2 & 1 & 2 \end{bmatrix} \mathbf{x},\ \mathbf{x}(0) = \begin{bmatrix} 1 \\ 1 \\ 2 \end{bmatrix}$

3. $x_1' = 4x_1 + x_3$
   $x_2' = -2x_1 + x_2$
   $x_3' = -2x_1 + x_3$
   $x_1(0) = -1,\ x_2(0) = 1,\ x_3(0) = 0$

4. 試求下列微分方程組的通解.
   $x_1' = 3x_1 - 18x_2$
   $x_2' = 2x_1 - 9x_2$

利用矩陣對角線化解下列微分方程組.

5. $\mathbf{x}' = \begin{bmatrix} 1 & 3 \\ 4 & 5 \end{bmatrix} \mathbf{x},\ \mathbf{x}'(0) = \begin{bmatrix} 1 \\ -1 \end{bmatrix}$

6. $\mathbf{x}' = \begin{bmatrix} 4 & 2 & 2 \\ 2 & 4 & 2 \\ 2 & 2 & 4 \end{bmatrix} \mathbf{x},\ \mathbf{x}(0) = \begin{bmatrix} 1 \\ 1 \\ -1 \end{bmatrix}$

利用指數矩陣解下列微分方程組.

7. $\mathbf{x}' = \begin{bmatrix} 1 & 1 \\ 9 & 1 \end{bmatrix} \mathbf{x},\ \mathbf{x}(0) = \begin{bmatrix} 1 \\ 2 \end{bmatrix}$

8. $\mathbf{x}' = \begin{bmatrix} 1 & -1 & -1 \\ 0 & 1 & 3 \\ 0 & 3 & 1 \end{bmatrix} \mathbf{x},\ \mathbf{x}(0) = \begin{bmatrix} 1 \\ 1 \\ -1 \end{bmatrix}$

第 9 章 線性微分方程組

9-3 非齊次微分方程組

n 個一階非齊次微分方程組如下所示

$$\begin{aligned} x_1' &= a_{11}x_1 + a_{12}x_2 + \cdots + a_{1n}x_n + f_1(t) \\ x_2' &= a_{21}x_1 + a_{22}x_2 + \cdots + a_{2n}x_n + f_2(t) \\ &\vdots \quad \vdots \quad \vdots \quad \vdots \quad \vdots \\ x_{3n}' &= a_{n1}x_1 + a_{n2}x_2 + \cdots + a_{nn}x_n + f_n(t) \end{aligned} \tag{9-3-1}$$

其中 $x_1, x_2, \cdots, x_n$ 為未知函數且 t 為自變數，係數 a_{ij} 可以為連續函數，但是我們僅限制於討論常數的情況，若 $f_i(t) = (0)$, $i = 1, 2, \cdots, n$，則微分方程組 (9-3-1) 式稱為**齊次**，否則稱為**非齊次**. 微分方程組 (9-3-1) 式可以寫成下列矩陣的形式

$$\mathbf{x}' = A\mathbf{x} + \mathbf{f}$$

其中
$$\mathbf{x} = \begin{bmatrix} x_1 \\ x_2 \\ \vdots \\ x_n \end{bmatrix}, \quad A = \begin{bmatrix} a_{11} & a_{12} & \cdots & a_{1n} \\ a_{21} & a_{22} & \cdots & a_{2n} \\ \vdots & \vdots & & \vdots \\ a_{n1} & a_{n2} & \cdots & a_{nn} \end{bmatrix}, \quad \mathbf{f} = \begin{bmatrix} f_1 \\ f_2 \\ \vdots \\ f_n \end{bmatrix}$$

向量函數 $\mathbf{x}'$ 為向量函數 $\mathbf{x}$ 的導函數.

我們非常容易證明非齊次微分方程組的通解為下列的形式

$$\mathbf{x} = \mathbf{x}_c + \mathbf{x}_p \tag{9-3-2}$$

其中 $\mathbf{x}_c$ 為所對應齊次微分方程組 $\mathbf{x}' = A\mathbf{x}$ 的通解，而 $\mathbf{x}_p$ 為 $\mathbf{x}' = A\mathbf{x} + \mathbf{f}$ 的任一特別解向量.

一、未定係數法

【例題 1】已知非齊次微分方程組 $\mathbf{x}' = A\mathbf{x} + \mathbf{f}$，其中

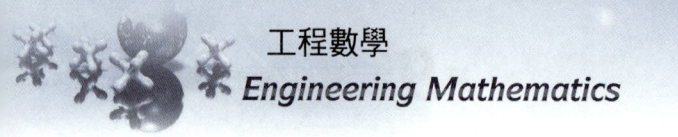

$$A = \begin{bmatrix} 1 & 0 \\ 6 & -1 \end{bmatrix}$$

試就下列向量函數解此微分方程組.

(1) $\mathbf{f}(t) = \begin{bmatrix} 2 \\ 1 \end{bmatrix}$ (2) $\mathbf{f}(t) = \begin{bmatrix} 2 \\ 1 \end{bmatrix} e^{2t}$ (3) $\mathbf{f}(t) = \begin{bmatrix} 2 \\ 1 \end{bmatrix} \sin t$ (4) $\mathbf{f}(t) = \begin{bmatrix} 2 \\ 1 \end{bmatrix} e^{t}$

解 首先解對應的齊次微分方程組 $\mathbf{x}' = A\mathbf{x}$. 特徵方程式為

$$\det(\lambda I_2 - A) = \begin{vmatrix} \lambda-1 & 0 \\ -6 & \lambda+1 \end{vmatrix} = \lambda^2 - 1 = 0$$

得特徵值為 $\lambda = \pm 1$. 對應 $\lambda = 1$ 的特徵向量為 $\mathbf{v} = \begin{bmatrix} 1 \\ 3 \end{bmatrix}$, 對應 $\lambda = -1$ 的特徵向量為 $\mathbf{v} = \begin{bmatrix} 0 \\ 1 \end{bmatrix}$. 於是, $\mathbf{x}_c$ 為 $\mathbf{x}_c = c_1 e^{t} \begin{bmatrix} 1 \\ 3 \end{bmatrix} + c_2 e^{-t} \begin{bmatrix} 0 \\ 1 \end{bmatrix}$.

現在分別就不同的向量函數 $\mathbf{x}(t)$ 求 $\mathbf{x}_p$.

(1) 我們選擇 $\mathbf{x}_p$ 為常數向量 $\mathbf{x}_p = \mathbf{p} = \begin{bmatrix} p_1 \\ p_2 \end{bmatrix}$ 的形式

將 p 代入 $\mathbf{x}' = A\mathbf{x} + \mathbf{f}$ 中, 我們得

$$\begin{bmatrix} 0 \\ 0 \end{bmatrix} = \begin{bmatrix} 1 & 0 \\ 6 & -1 \end{bmatrix} \begin{bmatrix} p_1 \\ p_2 \end{bmatrix} + \begin{bmatrix} 2 \\ 1 \end{bmatrix}$$

解得 $p_1 = -2, p_2 = -11$. 於是, $\mathbf{x}_p = -\begin{bmatrix} 2 \\ 11 \end{bmatrix}$.

微分方程組的通解為

$$\mathbf{x}(t) = c_1 e^{t} \begin{bmatrix} 1 \\ 3 \end{bmatrix} + c_2 e^{-t} \begin{bmatrix} 0 \\ 1 \end{bmatrix} - \begin{bmatrix} 2 \\ 11 \end{bmatrix}.$$

(2) 我們選擇

第9章 線性微分方程組

$$\mathbf{x}_p = \mathbf{p}e^{2t} = \begin{bmatrix} p_1 \\ p_2 \end{bmatrix} e^{2t}$$

代入已知微分方程組中，得

$$2e^{2t} \begin{bmatrix} p_1 \\ p_2 \end{bmatrix} = \begin{bmatrix} 1 & 0 \\ 6 & -1 \end{bmatrix} \begin{bmatrix} p_1 \\ p_2 \end{bmatrix} e^{2t} + \begin{bmatrix} 2 \\ 1 \end{bmatrix} e^{2t}$$

$$= \begin{bmatrix} p_1 \\ 6p_1 - p_2 \end{bmatrix} e^{2t} + \begin{bmatrix} 2 \\ 1 \end{bmatrix} e^{2t}$$

解得 $p_1 = 2$, $p_2 = \dfrac{13}{3}$. 於是，$\mathbf{x}_p = \begin{bmatrix} 2 \\ \dfrac{13}{3} \end{bmatrix} e^{2t}$.

微分方程組的通解為

$$\mathbf{x}(t) = c_1 e^t \begin{bmatrix} 1 \\ 3 \end{bmatrix} + c_2 e^{-t} \begin{bmatrix} 0 \\ 1 \end{bmatrix} + e^{2t} \begin{bmatrix} 2 \\ \dfrac{13}{3} \end{bmatrix}$$

(3) 我們選擇 $\mathbf{x}_p = \mathbf{p} \sin t + \mathbf{q} \cos t = \begin{bmatrix} p_1 \\ p_2 \end{bmatrix} \sin t + \begin{bmatrix} q_1 \\ q_2 \end{bmatrix} \cos t$ 代入微分方程組中，

$$\mathbf{p} \cos t - \mathbf{q} \sin t = \begin{bmatrix} 1 & 0 \\ 6 & -1 \end{bmatrix} \mathbf{p} \sin t + \begin{bmatrix} 1 & 0 \\ 6 & -1 \end{bmatrix} \mathbf{q} \cos t + \begin{bmatrix} 2 \\ 1 \end{bmatrix} \sin t$$

即

$$\begin{bmatrix} p_1 \\ p_2 \end{bmatrix} \cos t - \begin{bmatrix} q_1 \\ q_2 \end{bmatrix} \sin t = \begin{bmatrix} p_1 \\ 6p_1 - p_2 \end{bmatrix} \sin t + \begin{bmatrix} q_1 \\ 6q_1 - q_2 \end{bmatrix} \cos t + \begin{bmatrix} 2 \\ 1 \end{bmatrix} \sin t$$

可得下列方程組

$p_1 \cos t - q_1 \sin t = p_1 \sin t + q_1 \cos t + 2 \sin t$
$p_2 \cos t - q_2 \sin t = 6p_1 \sin t - p_2 \sin t + 6q_1 \cos t - q_2 \cos t + \sin t$

在每一個方程式中，令 $\cos t$ 與 $\sin t$ 的各別係數相等，則

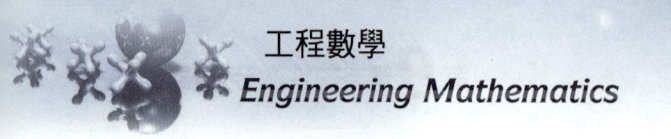

$$p_1 = q_1, \quad p_2 = 6q_1 - q_2$$
$$-q_1 = p_1 + 2, \quad -q_2 = 6p_1 - p_2 + 1$$

解得 $p_1 = q_1 = -1$, $p_2 = -\dfrac{11}{2}$, $q_2 = -\dfrac{1}{2}$. 於是，所求的特解為

$$\mathbf{x}_p = -\begin{bmatrix} 1 \\ \dfrac{11}{2} \end{bmatrix} \sin t - \begin{bmatrix} 1 \\ \dfrac{1}{2} \end{bmatrix} \cos t$$

故微分方程組的通解為

$$\mathbf{x}(t) = c_1 e^t \begin{bmatrix} 1 \\ 3 \end{bmatrix} + c_2 e^{-t} \begin{bmatrix} 0 \\ 1 \end{bmatrix} - \begin{bmatrix} 1 \\ \dfrac{11}{2} \end{bmatrix} \sin t - \begin{bmatrix} 1 \\ \dfrac{1}{2} \end{bmatrix} \cos t.$$

(4) 若我們將 $\mathbf{x}_p = \mathbf{p}e^t$ 代入已知微分方程組中，得

$$\begin{bmatrix} p_1 \\ p_2 \end{bmatrix} e^t = \begin{bmatrix} 1 & 0 \\ 6 & -1 \end{bmatrix} \begin{bmatrix} p_1 \\ p_2 \end{bmatrix} e^t + \begin{bmatrix} 2 \\ 1 \end{bmatrix} e^t$$

則
$$p_1 = p_1 + 2$$
$$p_2 = 6p_1 - p_2 + 1$$

此為不相容方程組，故無解，其乃因特解的形式 $\mathbf{p}e^t$ 包含在 $\mathbf{x}_c$ 中，所以假設 $\mathbf{x}_p = \mathbf{p}e^t$ 不能產生一線性獨立解．欲求得一線性獨立解，可用 e^t 乘以形如 $\mathbf{p} + t\mathbf{q}$ 的一階向量多項式，其中 $\mathbf{p}$ 與 $\mathbf{q}$ 為待定的 2×1 常數向量．將 $\mathbf{x}_p = (\mathbf{p} + t\mathbf{q})e^t$ 代入已知微分方程組中，得

$$(\mathbf{p} + t\mathbf{q})e^t + \mathbf{q}e^t = \begin{bmatrix} 1 & 0 \\ 6 & -1 \end{bmatrix} (\mathbf{p} + t\mathbf{q}) e^t + \begin{bmatrix} 2 \\ 1 \end{bmatrix} e^t$$

因為 $e^t \neq 0$，故

$$\begin{bmatrix} p_1 \\ p_2 \end{bmatrix} + t\begin{bmatrix} q_1 \\ q_2 \end{bmatrix} + \begin{bmatrix} q_1 \\ q_2 \end{bmatrix} = \begin{bmatrix} p_1 \\ 6p_1 - p_2 \end{bmatrix} + t\begin{bmatrix} q_1 \\ 6q_1 - q_2 \end{bmatrix} + \begin{bmatrix} 2 \\ 1 \end{bmatrix}$$

上式中令 t 的係數相等，得方程組

$$q_1 = q_1$$
$$q_2 = 6q_1 - q_2$$

再令常數向量相等,得方程組

$$p_1 + q_1 = p_1 + 2$$
$$p_2 + q_2 = 6p_1 - p_2 + 1$$

選擇 $p_1 = 1$,可得 $q_1 = 2, q_2 = 6, p_2 = \frac{1}{2}$. 將這些值代入 $\mathbf{x}_p = (\mathbf{p} + t\mathbf{q})e^t$ 中,得特解為

$$\mathbf{x}_p = \left(\begin{bmatrix} 1 \\ \frac{1}{2} \end{bmatrix} + t \begin{bmatrix} 2 \\ 6 \end{bmatrix} \right) e^t$$

故微分方程組的通解為

$$\mathbf{x}(t) = c_1 e^t \begin{bmatrix} 1 \\ 3 \end{bmatrix} + c_2 e^{-t} \begin{bmatrix} 0 \\ 1 \end{bmatrix} + e^t \begin{bmatrix} 1 \\ \frac{1}{2} \end{bmatrix} + t e^t \begin{bmatrix} 2 \\ 6 \end{bmatrix}.$$

讀者應注意,對 p_1 值不同的選擇將導致不同形式的 $\mathbf{x}_p$,但是在任何情況,通解將為 $\mathbf{x}_c + \mathbf{x}_p$.

註:疊合原理 (superposition principle)

若 $\mathbf{x}_{p_1}$ 與 $\mathbf{x}_{p_2}$ 分別為 $\mathbf{x}' = A\mathbf{x} + \mathbf{f}_1$ 與 $\mathbf{x}' = A\mathbf{x} + \mathbf{f}_2$ 的特解,則

$$\mathbf{x}_p = \mathbf{x}_{p_1} + \mathbf{x}_{p_2}$$

為 $\mathbf{x}' = A\mathbf{x} + \mathbf{f}_1 + \mathbf{f}_2$ 的特解.

【例題 2】 利用例題 1 的結果求非齊次微分方程組

$$\mathbf{x}' = \begin{bmatrix} 1 & 0 \\ 6 & -1 \end{bmatrix} \mathbf{x} + \begin{bmatrix} 2 \\ 1 \end{bmatrix} + \begin{bmatrix} 2 \\ 1 \end{bmatrix} e^t$$

的特解.

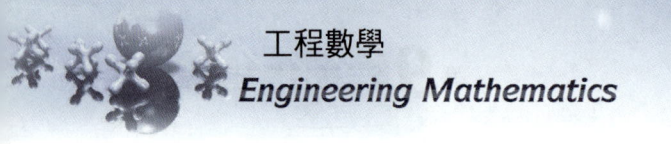

解 由例題 1 (1) 中知，$\mathbf{x}_p = -\begin{bmatrix} 2 \\ 11 \end{bmatrix}$ 為 $\mathbf{x}' = \begin{bmatrix} 1 & 0 \\ 6 & -1 \end{bmatrix}\mathbf{x} + \begin{bmatrix} 2 \\ 1 \end{bmatrix}$ 的特解.

由例題 1 (2) 中知，$\mathbf{x}_p = \begin{bmatrix} 2 \\ \dfrac{13}{3} \end{bmatrix} e^{2t}$ 為 $\mathbf{x}' = \begin{bmatrix} 1 & 0 \\ 6 & -1 \end{bmatrix}\mathbf{x} + \begin{bmatrix} 2 \\ 1 \end{bmatrix} e^{2t}$ 的特解.

於是，依疊合原理，我們知

$$\mathbf{x}_p = -\begin{bmatrix} 2 \\ 11 \end{bmatrix} + \begin{bmatrix} 2 \\ \dfrac{13}{3} \end{bmatrix} e^{2t}$$

為 $\mathbf{x}' = \begin{bmatrix} 1 & 0 \\ 6 & -1 \end{bmatrix}\mathbf{x} + \begin{bmatrix} 2 \\ 1 \end{bmatrix} + \begin{bmatrix} 2 \\ 1 \end{bmatrix} e^{2t}$ 的特解.

二、參數變化法

在 9-1 節中，我們曾討論到齊次微分方程組 $\mathbf{x}' = \mathbf{A}\mathbf{x}$ 的解向量可以寫成 $\mathbf{x} = \mathbf{F}\mathbf{c}$ 的形式，其中 $\mathbf{c}$ 為任意常數的 $n \times 1$ 行向量且 $\mathbf{F}$ 為基本矩陣. 我們假設 $\mathbf{x}_p$ 可以表示為

$$\mathbf{x}_p = \mathbf{F}\mathbf{u}$$

其中 $\mathbf{u}$ 是一將 $\mathbf{x}_p$ 完全代入非齊次微分方程組 $\mathbf{x}' = \mathbf{A}\mathbf{x} + \mathbf{f}$ 中之待定 $n \times 1$ 的向量函數，我們得

$$(\mathbf{F}\mathbf{u})' = \mathbf{A}\mathbf{F}\mathbf{u} + \mathbf{f}$$

或

$$\mathbf{F}'\mathbf{u} + \mathbf{F}\mathbf{u}' = \mathbf{A}\mathbf{F}\mathbf{u} + \mathbf{f}$$

因為 $\mathbf{F}$ 為解的基本矩陣，故 $\mathbf{F}' = \mathbf{A}\mathbf{F}$，因而導致

$$\mathbf{F}\mathbf{u}' = \mathbf{f}$$

上式等號兩端同乘以 $\mathbf{F}^{-1}$，可得

$$\mathbf{u}' = F^{-1}\mathbf{f}$$

積分之，可得

$$\mathbf{u} = \int F^{-1}\mathbf{f}\, dt \tag{9-3-3}$$

其中 $F^{-1}\mathbf{f}$ 的積分係將矩陣 $F^{-1}\mathbf{f}$ 的每一元素積分即可．微分方程組 $\mathbf{x}' = A\mathbf{x} + \mathbf{f}$ 的通解則為

$$\mathbf{x} = \mathbf{x}_c + \mathbf{x}_p = F\mathbf{c} + F\int F^{-1}\mathbf{f}\, dt \tag{9-3-4}$$

定理 9-3-1

若 $F(t)$ 為 $\mathbf{x}' = A\mathbf{x}$ 之可逆基本矩陣，則

$$\mathbf{x}' = A\mathbf{x} + \mathbf{f}(t)$$

之通解為

$$\mathbf{x}(t) = F(t)\left[\mathbf{c} + \int F^{-1}(t)\mathbf{f}(t)\, dt\right]. \tag{9-3-5}$$

定理 9-3-2

若 $F(t)$ 為 $\mathbf{x}' = A\mathbf{x}$ 之可逆基本矩陣，則初期值問題

$$\mathbf{x}' = A\mathbf{x} + \mathbf{f}(t),\ \mathbf{x}(0) = \mathbf{b}$$

之唯一解為

$$\mathbf{x}(t) = F(t)\left[F^{-1}(0)\mathbf{b} + \int_0^t F^{-1}(s)\mathbf{f}(s)\, ds\right]. \tag{9-3-6}$$

【例題 3】解非齊次微分方程組

$$\mathbf{x}' = \begin{bmatrix} 1 & 0 \\ 6 & -1 \end{bmatrix}\mathbf{x} + \begin{bmatrix} e^t \\ t \end{bmatrix}$$

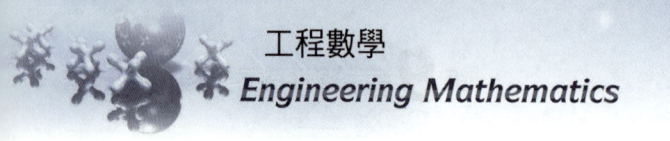

解 由例題 1 知，齊次微分方程組 $\mathbf{x}' = \begin{bmatrix} 1 & 0 \\ 6 & -1 \end{bmatrix} \mathbf{x}$ 的通解為

$$\mathbf{x}_c = c_1 \begin{bmatrix} 1 \\ 3 \end{bmatrix} e^t + c_2 \begin{bmatrix} 0 \\ 1 \end{bmatrix} e^{-t}$$

故基本矩陣為 $\quad \mathbf{F} = \begin{bmatrix} e^t & 0 \\ 3e^t & e^{-t} \end{bmatrix}$

$\mathbf{F}$ 的逆方陣為 $\quad \mathbf{F}^{-1} = \begin{bmatrix} e^t & 0 \\ -3e^t & e^t \end{bmatrix}$

於是， $\quad \mathbf{F}^{-1} \mathbf{f} = \begin{bmatrix} e^t & 0 \\ -3e^t & e^t \end{bmatrix} \begin{bmatrix} e^t \\ t \end{bmatrix} = \begin{bmatrix} 1 \\ -3e^{2t} + te^t \end{bmatrix}$

我們可利用 (9-3-3) 式計算 $\mathbf{u}$，得

$$\mathbf{u} = \int \mathbf{F}^{-1} \mathbf{f}\, dt = \begin{bmatrix} \int dt \\ \int -3e^{2t}\, dt + \int te^t\, dt \end{bmatrix} = \begin{bmatrix} t \\ -\dfrac{3}{2} e^{2t} + te^t - e^t \end{bmatrix}$$

代入 $\mathbf{x}_p = \mathbf{F}\mathbf{u}$ 中，得

$$\mathbf{x}_p = \mathbf{F}\mathbf{u} = \begin{bmatrix} e^t & 0 \\ 3e^t & e^{-t} \end{bmatrix} \begin{bmatrix} t \\ -\dfrac{3}{2} e^{2t} + te^t - e^t \end{bmatrix} = \begin{bmatrix} te^t \\ 3te^t - \dfrac{3}{2} e^t + t - 1 \end{bmatrix}$$

$$= \begin{bmatrix} 1 \\ 3 \end{bmatrix} te^t + \begin{bmatrix} 0 \\ -\dfrac{3}{2} \end{bmatrix} e^t + \begin{bmatrix} 0 \\ 1 \end{bmatrix} t + \begin{bmatrix} 0 \\ -1 \end{bmatrix}$$

最後求得通解為

$$\mathbf{x}(t) = \mathbf{x}_c + \mathbf{x}_p$$

$$= c_1 \begin{bmatrix} 1 \\ 3 \end{bmatrix} e^t + c_2 \begin{bmatrix} 0 \\ 1 \end{bmatrix} e^{-t} + \begin{bmatrix} 1 \\ 3 \end{bmatrix} te^t + \begin{bmatrix} 0 \\ -\dfrac{3}{2} \end{bmatrix} e^t + \begin{bmatrix} 0 \\ 1 \end{bmatrix} t + \begin{bmatrix} 0 \\ -1 \end{bmatrix}.$$

【例題 4】試解下列非齊次微分方程組

$$\mathbf{x}' = \begin{bmatrix} 1 & 1 \\ 4 & 1 \end{bmatrix} \mathbf{x} + e^t \begin{bmatrix} 1 \\ 1 \end{bmatrix}.$$

解 我們已知 $\mathbf{x}' = \begin{bmatrix} 1 & 1 \\ 4 & 1 \end{bmatrix} \mathbf{x}$ 之兩個線性獨立解分別為

$$\mathbf{x}_1(t) = e^{-t} \begin{bmatrix} 1 \\ -2 \end{bmatrix},\ \mathbf{x}_2(t) = e^{3t} \begin{bmatrix} 1 \\ 2 \end{bmatrix}$$

故 $\mathbf{x}' = \begin{bmatrix} 1 & 1 \\ 4 & 1 \end{bmatrix} \mathbf{x}$ 之基本矩陣為

$$\mathbf{F}(t) = \begin{bmatrix} e^{-t} & e^{3t} \\ -2e^{-t} & 2e^{3t} \end{bmatrix}$$

$$\mathbf{F}^{-1}(t) = \begin{bmatrix} \dfrac{1}{2}e^t & -\dfrac{1}{4}e^t \\ \dfrac{1}{2}e^{-3t} & \dfrac{1}{4}e^{-3t} \end{bmatrix}$$

代入(9-3-5)式中，得

$$\mathbf{x}(t) = \begin{bmatrix} e^{-t} & e^{3t} \\ -2e^{-t} & 2e^{3t} \end{bmatrix} \left(\begin{bmatrix} c_1 \\ c_2 \end{bmatrix} + \int \begin{bmatrix} \dfrac{1}{2}e^t & -\dfrac{1}{4}e^t \\ \dfrac{1}{2}e^{-3t} & \dfrac{1}{4}e^{-3t} \end{bmatrix} \begin{bmatrix} e^t \\ e^t \end{bmatrix} dt \right)$$

$$= \begin{bmatrix} e^{-t} & e^{3t} \\ -2e^{-t} & 2e^{3t} \end{bmatrix} \left(\begin{bmatrix} c_1 \\ c_2 \end{bmatrix} + \int \begin{bmatrix} \dfrac{1}{4}e^{2t} \\ \dfrac{3}{4}e^{-2t} \end{bmatrix} dt \right)$$

$$= c_1 \begin{bmatrix} e^{-t} \\ -2e^{-t} \end{bmatrix} + c_2 \begin{bmatrix} e^{3t} \\ 2e^{3t} \end{bmatrix} + \dfrac{1}{8} \begin{bmatrix} e^{-t} & e^{3t} \\ -2e^{-t} & 2e^{3t} \end{bmatrix} \begin{bmatrix} e^{2t} \\ -3e^{-2t} \end{bmatrix}$$

$$= c_1 \begin{bmatrix} e^{-t} \\ -2e^{-t} \end{bmatrix} + c_2 \begin{bmatrix} e^{3t} \\ 2e^{3t} \end{bmatrix} - \dfrac{1}{4} e^t \begin{bmatrix} 1 \\ 4 \end{bmatrix}.$$

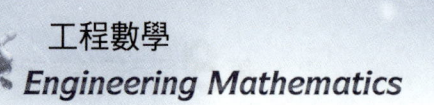

【例題 5】試解下列初期值問題

$$\mathbf{x}' = A\mathbf{x} + \mathbf{f}(t)$$

其中 $A = \begin{bmatrix} 0 & 1 \\ -1 & 2 \end{bmatrix}$, $\mathbf{f}(t) = \begin{bmatrix} 1 \\ 1 \end{bmatrix} e^{-t}$, $\mathbf{x}(0) = \begin{bmatrix} 0 \\ 0 \end{bmatrix}$

又 $\mathbf{x}' = A\mathbf{x}$ 之基本矩陣為 $F(t) = e^t \begin{bmatrix} 1-t & t \\ -t & 1+t \end{bmatrix}$.

解 因 $F^{-1}(t) = e^{-t} \begin{bmatrix} 1+t & -t \\ t & 1-t \end{bmatrix}$，所以，

$$F^{-1}(0) = e^0 \begin{bmatrix} 1 & 0 \\ 0 & 1 \end{bmatrix} = \begin{bmatrix} 1 & 0 \\ 0 & 1 \end{bmatrix}.$$

代入 (9-3-6) 式中，得

$$\mathbf{x}(t) = e^t \begin{bmatrix} 1-t & t \\ -t & 1+t \end{bmatrix} \left(\begin{bmatrix} 1 & 0 \\ 0 & 1 \end{bmatrix} \begin{bmatrix} 0 \\ 0 \end{bmatrix} + \int_0^t \begin{bmatrix} e^{-s}(1+s) & -se^{-s} \\ se^{-s} & e^{-s}(1-s) \end{bmatrix} \begin{bmatrix} e^{-s} \\ e^{-s} \end{bmatrix} ds \right)$$

$$= e^t \begin{bmatrix} 1-t & t \\ -t & 1+t \end{bmatrix} \left(\int_0^t \begin{bmatrix} e^{-2s} \\ e^{-2s} \end{bmatrix} ds \right)$$

$$= e^t \begin{bmatrix} 1-t & t \\ -t & 1+t \end{bmatrix} \begin{bmatrix} -\frac{1}{2}e^{-2t} + \frac{1}{2} \\ -\frac{1}{2}e^{-2t} + \frac{1}{2} \end{bmatrix} = e^t \begin{bmatrix} -\frac{1}{2}e^{-2t} + \frac{1}{2} \\ -\frac{1}{2}e^{-2t} + \frac{1}{2} \end{bmatrix}$$

$$= \frac{1}{2}(e^t - e^{-t}) \begin{bmatrix} 1 \\ 1 \end{bmatrix}.$$

習題 9-3

試利用未定係數法求下列微分方程組的通解.

1. $\mathbf{x}' = \begin{bmatrix} 1 & 4 \\ 1 & 1 \end{bmatrix} \mathbf{x} + \begin{bmatrix} 1 \\ 4 \end{bmatrix}$

2. $\mathbf{x}' = \begin{bmatrix} 1 & 4 \\ 1 & 1 \end{bmatrix} \mathbf{x} + \begin{bmatrix} 4e^t \\ 0 \end{bmatrix}$

3. $x_1' = x_1 + 4x_2$
   $x_2' = x_1 + x_2 - e^{-t}$

4. $x_1' + x_1 + 3x_2' = 1$, $x_1(0) = 0$
   $3x_1 + x_2' + 2x_2 = t$, $x_2(0) = 0$

利用參數變化法解下列微分方程組.

5. $\mathbf{x}' = \begin{bmatrix} 3 & 2 \\ 1 & 2 \end{bmatrix} \mathbf{x} + \begin{bmatrix} 4e^{5t} \\ 0 \end{bmatrix}$, $\mathbf{x}(0) = \begin{bmatrix} 1 \\ -1 \end{bmatrix}$

6. $x_1' = 2x_1 + x_2 - e^t$
   $x_2' = 3x_1 + 4x_2 - 7e^t$

7. $x_1' = 2x_1 + t$, $x_1(0) = 2$
   $x_2' = -3x_2 + \sin t$, $x_2(0) = -1$

8. $x_1' = x_1 - x_2 - x_3 + 1$
   $x_2' = x_2 + 3x_3$
   $x_3' = 3x_2 + x_3 + 2e^{-t}$

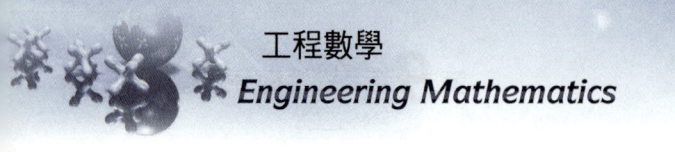

26. $\int \sec^2 u\, du = \tan u + C$ **27.** $\int \csc^2 u\, du = -\cot u + C$

28. $\int \sec u \tan u\, du = \sec u + C$ **29.** $\int \csc u \cot u\, du = -\csc u + C$

30. $\int \sin^2 u\, du = \dfrac{1}{2} u - \dfrac{1}{4} \sin 2u + C$ **31.** $\int \cos^2 u\, du = \dfrac{1}{2} u + \dfrac{1}{4} \sin 2u + C$

32. $\int \tan^2 u\, du = \tan u - u + C$ **33.** $\int \cot^2 u\, du = -\cot u - u + C$

34. $\int \sin^n u\, du = -\dfrac{1}{n} \sin^{n-1} u \cos u + \dfrac{n-1}{n} \int \sin^{n-2} u\, du$

35. $\int \cos^n u\, du = \dfrac{1}{n} \cos^{n-1} u \sin u + \dfrac{n-1}{n} \int \cos^{n-2} u\, du$

36. $\int \tan^n u\, du = \dfrac{1}{n-1} \tan^{n-1} u - \int \tan^{n-2} u\, du$

37. $\int \cot^n u\, du = -\dfrac{1}{n-1} \cot^{n-1} u - \int \cot^{n-2} u\, du$

38. $\int \sec^n u\, du = \dfrac{1}{n-1} \sec^{n-2} u \tan u + \dfrac{n-2}{n-1} \int \sec^{n-2} u\, du$

39. $\int \csc^n u\, du = -\dfrac{1}{n-1} \csc^{n-2} u \cot u + \dfrac{n-2}{n-1} \int \csc^{n-2} u\, du$

40. $\int \sin mu \sin nu\, du = -\dfrac{\sin(m+n)u}{2(m+n)} + \dfrac{\sin(m-n)u}{2(m-n)} + C$

41. $\int \cos mu \cos nu\, du = \dfrac{\sin(m+n)u}{2(m+n)} + \dfrac{\sin(m-n)u}{2(m-n)} + C$

42. $\int \sin mu \cos nu\, du = -\dfrac{\cos(m+n)u}{2(m+n)} - \dfrac{\cos(m-n)u}{2(m-n)} + C$

43. $\int u \sin u\, du = \sin u - u \cos u + C$ **44.** $\int u \cos u\, du = \cos u + u \sin u + C$

45. $\int \sin^m u \cos^n u\, du$

$= -\dfrac{\sin^{m-1} n \cos^{n+1} u}{m+n} + \dfrac{m-1}{m+n} \int \sin^{m-2} u \cos^n u\, du$

$= \dfrac{\sin^{m+1} u \cos^{n-1} u}{m+n} + \dfrac{n-1}{m+n} \int \sin^m u \cos^{n-2} u\, du$

含反三角函數的積分

46. $\int \sin^{-1} u\, du = u \sin^{-1} u + \sqrt{1-u^2} + C$ **47.** $\int \cos^{-1} u\, du = u \cos^{-1} u - \sqrt{1-u^2} + C$

48. $\int \tan^{-1} u\, du = u \tan^{-1} u - \ln \sqrt{1+u^2} + C$

49. $\int \cot^{-1} u \, du = u \cot^{-1} u + \ln\sqrt{1+u^2} + C$

50. $\int \sec^{-1} u \, du = u \sec^{-1} u - \ln|u+\sqrt{u^2-1}| + C = u \sec^{-1} u - \cosh^{-1} u + C$

51. $\int \csc^{-1} u \, du = u \csc^{-1} u + \ln|u+\sqrt{u^2-1}| + C = u \csc^{-1} u + \cosh^{-1} u + C$

含指數函數與對數函數的積分

52. $\int e^u \, du = e^u + C$

53. $\int a^u \, du = \dfrac{a^u}{\ln a} + C$

54. $\int u e^u \, du = e^u(u-1) + C$

55. $\int \ln u \, du = u \ln u - u + C$

56. $\int \dfrac{du}{u \ln u} = \ln|\ln u| + C$

57. $\int e^{au} \sin nu \, du = \dfrac{e^{au}}{a^2+n^2}(a \sin nu - n \cos nu) + C$

58. $\int e^{au} \cos nu \, du = \dfrac{e^{au}}{a^2+n^2}(a \cos nu + n \sin nu) + C$

含雙曲線函數的積分

59. $\int \sinh u \, du = \cosh u + C$

60. $\int \cosh u \, du = \sinh u + C$

61. $\int \tanh u \, du = \ln|\cosh u| + C$

62. $\int \coth u \, du = \ln|\sinh u| + C$

63. $\int \text{sech } u \, du = \tan^{-1}(\sinh u) + C$

64. $\int \text{csch } u \, du = \ln\left|\tanh \dfrac{1}{2} u\right| + C$

65. $\int \text{sech}^2 u \, du = \tanh u + C$

66. $\int \text{csch}^2 u \, du = -\coth u + C$

67. $\int \text{sech } u \tanh u \, du = -\text{sech } u + C$

68. $\int \text{csch } u \coth u \, du = -\text{csch } u + C$

69. $\int \sinh^2 u \, du = \dfrac{1}{4}\sinh 2u - \dfrac{1}{2} u + C$

70. $\int \cosh^2 u \, du = \dfrac{1}{4}\sinh 2u + \dfrac{1}{2} u + C$

71. $\int \tanh^2 u \, du = u - \tanh u + C$

72. $\int \coth^2 u \, du = u - \coth u + C$

73. $\int u \sinh u \, du = u \cosh u - \sinh u + C$

74. $\int u \cosh u \, du = u \sinh u - \cosh u + C$

75. $\int e^{au} \sinh nu \, du = \dfrac{e^{au}}{a^2-n^2}(a \sinh nu - n \cosh nu) + C$

76. $\int e^{au} \cosh nu \, du = \dfrac{e^{au}}{a^2-n^2}(a \cosh nu - n \sinh nu) + C$